Medizinische Länderkunde
Geomedical Monograph Series

2
AFGHANISTAN

Springer-Verlag Berlin Heidelberg GmbH

1968

Medizinische Länderkunde

Beiträge zur geographischen Medizin

Geomedical Monograph Series

Regional Studies in Geographical Medicine

Schriftenreihe der / Series of Monographs of the

Heidelberger Akademie der Wissenschaften · Mathematisch-naturwissenschaftliche Klasse

Begründet von / Founded by

Ernst Rodenwaldt †

Herausgegeben von / Edited by

Helmut J. Jusatz

Professor Dr. med., Direktor des Instituts

für Tropenhygiene und öffentliches Gesundheitswesen am

Südasien-Institut der Universität Heidelberg

Unter Mitarbeit von /In collaboration with

Dr. phil. BERTHOLD CARLBERG, wissenschaftl. Kartograph, Murnau/Obb. · Dr. rer. nat. HEINZ FELTEN, Säugetierabteilung des Forschungsinstituts Senckenberg, Frankfurt/Main · Prof. em. Dr. med. LUDOLPH FISCHER, ehem. Direktor des Tropenmedizinischen Instituts der Universität Tübingen · Prof. Dr. phil. HERMANN FLOHN, Direktor des Meteorologischen Instituts der Universität Bonn · Prof. Dr. phil. GERHARD PIEKARSKI, Direktor des Instituts für medizinische Parasitologie der Universität Bonn · Prof. Dr. rer. nat. ULRICH SCHWEINFURTH, Direktor des Instituts für Geographie am Südasien-Institut der Universität Heidelberg · Prof. em. Dr. phil. Drs. h. c. CARL TROLL, ehem. Direktor des Geographischen Instituts der Universität Bonn

AFGHANISTAN

Eine geographisch-medizinische Landeskunde / A Geomedical Monograph

von / by

Ludolph Fischer

Professor Dr. med.

Ordinarius emerit. für Tropenmedizin an der Universität Tübingen

Mit 16 Tafeln, 15 Abbildungen und 10 Karten

With 16 Plates, 15 Figures, and 10 Maps

Translated by

J. A. Hellen M. A. (Oxon.) Dr. phil. (Bonn) and I. F. Hellen

Newcastle upon Tyne

ISBN 978-3-642-48449-0   ISBN 978-3-642-85510-8 (eBook)
DOI 10.1007/978-3-642-85510-8

Herstellung der Karten 2—10 in der Geomedizinischen Forschungsstelle der Heidelberger Akademie der Wissenschaften, der Karte 1 nach Entwurf von Dr. B. CARLBERG in der Firma Henning Wocke, Atelier für Kartographie, Karlsruhe, in der auch der Druck der Karten erfolgte.

© by Springer-Verlag Berlin Heidelberg 1968
Originally published by Springer-Verlag Berlin Heidelberg New York in 1968
Softcover reprint of the hardcover 1st edition 1968

Library of Congress Catalog Card Number
68-56207 /
Titel-Nr. 7537

Vorwort

Mit der geomedizinischen Bearbeitung Afghanistans wird der 2. Band der Schriftenreihe „Medizinische Länderkunde — Beiträge zur geographischen Medizin" vorgelegt, die als ein Teil des wissenschaftlichen Schrifttums der Heidelberger Akademie der Wissenschaften erscheint. Auch diese Arbeit verdankt ihre Entstehung einer Anregung des verstorbenen Ordinarius für Hygiene und Leiters der Geomedizinischen Forschungsstelle der Heidelberger Akademie der Wissenschaften, Herrn Professor Dr. med. Dr. phil. h. c. ERNST RODENWALDT, dessen Vorschlag, die in Afghanistan gewonnenen Erfahrungen in einer Monographie zusammenzustellen, einem schon lange von mir gehegten Wunsche entgegenkam.

In Afghanistan war ich 1938—1941 und 1950—1952 ärztlich und wissenschaftlich tätig und habe das Land im Jahre 1964 nochmals für einige Monate besucht. Auf zahlreichen Reisen habe ich den afghanischen Raum und seine epidemiologischen Eigenarten kennengelernt; die ärztliche Tätigkeit vermittelte Kontakte zu den Menschen und Einblicke in ihre Lebensweise. Vom ersten Tage an habe ich mich in Afghanistan heimisch gefühlt und im Laufe der Zeit eine große Zuneigung zu Land und Menschen gewonnen. Nachdem ich die Entwicklung Afghanistans über einen Zeitraum von 30 Jahren beobachtet und etwa 6 Jahre zu meinem Teil am Aufbau mitgearbeitet habe, halte ich mich für berechtigt, die geomedizinischen Besonderheiten des Landes nunmehr zusammenzustellen und zu veröffentlichen. Es erscheint sinnvoll, dies in einem Augenblick zu tun, da eine lange Epoche, die u. a. von schicksalhaft auftretenden Seuchen gekennzeichnet war, unter dem Einfluß der neuzeitlichen Entwicklungsarbeiten zu Ende geht.

Eine gründliche Bearbeitung des Stoffes wäre ohne die wirksame Hilfe einiger Dienststellen und zahlreicher befreundeter Kollegen nicht möglich gewesen. So hat der Deutsche Akademische Austauschdienst mir für die Durchführung der Reise von 1964 eine sehr wesentliche Beihilfe gewährt. In Kabul hat das damals von Sr. Exzellenz Dr. A. RAHIM geleitete Königliche Gesundheitsministerium wertvolle Informationen vermittelt und in großzügiger Hilfsbereitschaft die so notwendigen Reisen im Lande ermöglicht. Das Institute of Public Health, das von Herrn Dr. S. WENZEL beratene Malaria-Institut und befreundete afghanische Kollegen haben wichtige Unterlagen beigesteuert, und Herr Dr. MANI, Direktor des Regionalbüros der WHO für Südostasien in New Delhi, hat mir fachliche Berichte der in Afghanistan tätigen WHO-Experten zugänglich gemacht. Aus dem Kreis der

deutschen Kollegen hat Frau Dr. E. BÖSHAAR, Tübingen, die Umrechnung der in der ausländischen Literatur teilweise uneinheitlich mitgeteilten Blutgruppenverteilungen auf das ABO-System übernommen. Die Grundkarte ist von Herrn Dr. B. CARLBERG, Murnau, entworfen und ausgearbeitet und von Herrn Prof. Dr. C. RATHJENS, Saarbrücken, im Hinblick auf die in jüngster Zeit mehrfach geänderten Ortsnamen durchgesehen worden. Herr Oberregierungsrat Dr. K. DAUBERT, Tübingen, ist bei der Zusammenstellung der klimatologischen Ausführungen behilflich gewesen. Herr Prof. Dr. F. FÜHNER, Hamburg, hat wesentliche Angaben über den Arbeitsbereich des Institute of Public Health vermittelt, und Herr Prof. Dr. H. HAHN, Bonn, hat das von ihm beschaffte Material für die Zusammenstellung einer Bevölkerungskarte zur Verfügung gestellt. Herr. Priv. Doz. Dr. M. KAEVER, Münster, hat den geologischen Abschnitt zusammengestellt; Frau Dr. D. BLIESKE und Herr Oberbibliotheksrat Dr. E. KÜMMERER, Tübingen, sind mir bei der Literaturbeschaffung und der Umschreibung der persischen Krankheitsnamen behilflich gewesen. Herr Prof. Dr. O. H. VOLK, Würzburg, hat den Abschnitt über die natürliche Vegetation sowie die Beschriftungen der botanischen Bildtafeln geprüft. Die Verbindung mit dem Südasien-Institut der Universität Heidelberg sowie mit dem Vorsitzenden, Herrn Prof. Dr. KRAUS, Ruhruniversität Bochum, und verschiedenen Fachvertretern der neugegründeten „Arbeitsgemeinschaft Afghanistan" brachte mir manche wertvolle Unterstützung. Die Bibliothek der WHO in Genf hat zahlreiche Publikationen zugänglich gemacht. Ihnen allen gilt mein Dank!

Herrn Dr. J. A. HELLEN, Newcastle upon Tyne, und Frau I. F. HELLEN danke ich für die Übersetzung des Textes in die englische Sprache.

Mein besonderer Dank gilt dem Herausgeber der Schriftenreihe „Medizinische Länderkunde", Herrn Prof. Dr. H. J. JUSATZ, Direktor des Instituts für Tropenhygiene am Südasien-Institut der Universität Heidelberg, und den Mitarbeitern der Geomedizinischen Forschungsstelle der Heidelberger Akademie der Wissenschaften für ihre unermüdliche Hilfe bei der Literaturbeschaffung, der Zusammenstellung von Tabellen, Abbildungen und Karten sowie für die oft schwierige redaktionelle Bearbeitung. Dem Springer-Verlag Berlin – Heidelberg – New York danke ich für sein Entgegenkommen bei der Ausstattung des Buches.

LUDOLPH FISCHER

Preface

With this geomedical study of Afghanistan, the second volume in the "Geomedical Monograph Series — Regional Studies in Geographical Medicine" is presented. It appears as a part of the scientific publications of the Heidelberg Academy of Sciences. This work also owes its origin to an idea put forward by the late ERNST RODENWALDT, Dr. med., Dr. phil. h. c., Professor Ordinarius of Hygiene and Head of the Geomedical Research Unit of the Heidelberg Academy of Sciences. His suggestion that I should record my experiences in Afghanistan in the form of a monograph coincided with a wish which I had long cherished.

From 1938 to 1941 and again from 1950 to 1952, I worked in Afghanistan as a physician and scientist, and visited the country again for several months in 1964. The numerous tours I made enabled me to come to know the Afghan area as well as its epidemiological characteristics and my medical work helped me to make contact with its people and their way of life. From the very first day I felt at home in Afghanistan and in the course of time I grew very fond of its land and people. Having witnessed the development of Afghanistan over a period of thirty years, and having spent about six years helping in its construction in my own sphere, I now feel justified in my attempt at collating and publishing this work on the geomedical peculiarities of the country. It would seem to be a useful task at this juncture when a long epoch, characterized among other things by fateful disease strikes, moves towards its close under the influence of modern development works.

A thorough analysis of the material would have been impossible had it not been for the constructive help of official departments and numerous friendly colleagues. In carrying out the tour in 1964 I received a substantial grant from the Deutscher Akademischer Austauschdienst. In Kabul the Royal Ministry of Health, then under the direction of His Excellency Dr. A. RAHIM, made valuable information available to me and by means of its generous collaboration I was able to undertake the very necessary travels in the country. The Institute of Public Health, the Malaria Institute (advised by Dr. WENZEL) together with Afghan colleagues and friends have contributed important data; Dr. MANI, Director of the WHO Regional Office for Southern Asia in New Delhi, made available the specialist reports of WHO experts engaged in Afghanistan to me. From the circle of German colleagues, Dr. ERNA BÖSHAAR of Tübingen performed the conversion of the blood groups, the distribution of which is not always uniformly stated in the literature, to the ABO system. The basic map was drafted by Dr. B. CARLBERG of Murnau and was checked by Prof. Dr. C. RATHJENS of Saarbrücken for names of towns, which have been repeatedly changed in recent times. Dr. K. DAUBERT of Tübingen assisted in the compilation of the climatological details. Professor Dr. FÜHNER of Hamburg supplied essential details on the range of activities carried out by the Institute of Public Health and Professor Dr. H. HAHN of Bonn made available the material he collected for the construction of a population map. Dr. M. KAEVER of Münster, compiled the geological section; Dr. DOROTHEA BLIESKE and Dr. E. KÜMMERER of Tübingen assisted in obtaining literature and in the transcription of Persian disease names. Professor Dr. O. H. VOLK of Würzburg checked the section on the natural vegetation as well as the titles of the botanical illustrations. The link with the South Asia Institute of the University of Heidelberg and with Professor Dr. KRAUS of the Ruhr University at Bochum, as well as with several specialists belonging to the "Arbeitsgemeinschaft Afghanistan" provided valuable support. The library of the WHO in Geneva gave me access to numerous publications. To all concerned I extend my thanks.

My thanks also go to Dr. and Mrs. J. A. HELLEN, Newcastle upon Tyne, for the translation of the text into English.

My especial thanks are addressed to the Editor of the Geomedical Monograph Series — Regional Studies in Geographical Medicine Professor Dr. H. J. JUSATZ, Director of the Institute of Tropical Hygiene at the South Asia Institute in the University of Heidelberg and to the team of the Geomedical Research Unit of the Heidelberg Academy of Sciences for their untiring assistance in the obtaining of literary material, the compilation of lists, figures and maps and last, but not least, in the often difficult editorial work. The Publisher Springer-Verlag Berlin – Heidelberg – New York receives my thanks for its willingness to co-operate in the lay-out of this book.

LUDOLPH FISCHER

Inhalt

Anhang: Tabellen

Kartenteil

Abbildungen

Contents

Annex: Tables

Maps

Figures

Einleitung

Aufgabe einer medizinischen Landeskunde ist nicht nur die Beschreibung der im Lande vorkommenden Krankheiten; es muß vielmehr angestrebt werden, über das rein Deskriptive hinaus auch die Zusammenhänge zwischen Landschaft, Klima und Lebensformen der Menschen einerseits und der Ausbreitung oder Raumgebundenheit der Krankheiten andererseits zu klären.

Boden und Klima sind im Sinne von E. MARTINI die von der Natur gegebenen „primären" Faktoren für das Zustandekommen und die Ausbreitung der Seuchen. Die Lebensformen der Menschen wie Haus- und Feldbau, Viehzucht, Ernährung, Kleidung, ja selbst die Art des Zusammenlebens bis hin zu den kultischen und rituellen Bräuchen werden ursprünglich auch von Boden und Klima mitgeprägt; sie stellen in ihrer Gesamtheit die „sekundären" Faktoren für die Ausbreitung der Seuchen dar, und in kaum einem anderen Gebiet sind die Zusammenhänge zwischen den natürlichen und kulturellen Faktoren und dem Verhalten zahlreicher Krankheiten so klar erkennbar wie in den von der modernen Technik noch nicht völlig erschlossenen ariden Ländern des Mittleren Ostens. Diese Beziehungen aufzuzeigen, ist eine der wesentlichen Aufgaben der vorliegenden Arbeit.

Geographisch ist Afghanistan ein Teil des Iranisch-Turanischen Hochlandes. Geophysische, klimatische und kulturgeographische Eigenarten ähneln oder gleichen denen des iranischen Khorassan und Seistan, der zentralasiatischen Sowjet-Republiken und des jenseits der Suleimanketten gelegenen West-Pakistan; dementsprechend sollte Afghanistan auch epidemiologisch in Verbindung mit den Anrainergebieten, aber nicht für sich allein betrachtet werden. Da die speziell auf Afghanistan gerichtete epidemiologische Fachliteratur spärlich ist, ergibt sich von selbst die Notwendigkeit, aus den in den Nachbarländern gewonnenen Untersuchungsergebnissen Rückschlüsse auf die epidemiologischen Eigenarten Afghanistans zu ziehen, so daß die Gefahr einer isolierten Betrachtung des afghanischen Raumes leicht umgangen werden kann. Unsere Darstellung ist daher zugleich ein Beitrag zur Krankheitsgeographie und Geomedizin der an Afghanistan angrenzenden Gebiete des Mittel-Ostraumes.

Die Darstellung der Entwicklung des Landes, des heutigen Gesundheitswesens und die Bearbeitung der Seuchengänge entspricht in allen wesentlichen Punkten dem heutigen Stand. Die einschlägige Literatur ist teilweise bis 1966 und 1967 berücksichtigt worden; es ist aber durchaus möglich, daß Einzelheiten schon während der Bearbeitung wieder überholt worden sind (z. B. Zahlen der Krankenhäuser und ihrer Betten); dies würde im Wesen der Entwicklung und des Fortschrittes liegen und wäre an sich sogar begrüßenswert.

Auf die Notwendigkeit einer kritischen Bewertung der statistischen Angaben sei schon hier ausdrücklich verwiesen. In einem Lande, das mit Ärzten noch viel zu dünn besetzt ist und dessen Einwohner großenteils in abgelegenen und schwer zugänglichen Gebirgen leben, ist es sehr wohl möglich, daß lokale Krankheitsausbrüche der Gesundheitsverwaltung in der Hauptstadt gar nicht bekannt werden. Dies ist unvermeidlich; daher darf auch den krankheitsstatistischen Angaben kaum je absolute Gültigkeit beigemessen werden, und der Verfasser ist sich voll und ganz über die Grenzen der Auswertbarkeit der vorhandenen Statistiken im klaren. Wohl aber geben die Zahlen auch bei kritischer Bewertung einen Anhalt für die Beurteilung der Seuchendynamik im Laufe der Jahre, und insofern sind die Angaben trotz aller Einwände, die gemacht werden müssen, Ausdruck einer Entwicklung. Die neue Aufteilung des Landes in nunmehr 29 Provinzen — an Stelle der bisherigen 12 Provinzen — wird hoffentlich auch zu rascherer Erfassung und Bekämpfung etwa auftretender Seuchenausbrüche führen.

Afghanistan steht seit einer Reihe von Jahren auch auf medizinischem Gebiet in einer Entwicklung, die in enger Zusammenarbeit mit ausländischen und internationalen Institutionen planmäßig vorangetrieben wird. Wer das Afghanistan der Vorkriegszeit und der ersten Nachkriegsjahre erlebt und das Land in allerjüngster Zeit wiedergesehen hat, es also über einen Zeitraum von fast 3 Jahrzehnten beobachtet und eine Reihe von Jahren im Rahmen der ihm gestellten Aufgaben an der Entwicklung mitgearbeitet hat, muß große Fortschritte anerkennen und wird, wenn er die Ergebnisse der vorhandenen Fachliteratur und das statistische Material mit der eigenen Erfahrung und Beobachtung kombiniert, wahrscheinlich bei aller persönlichen Zuneigung zu Land und Menschen in der Lage sein, Fortschritt und Aufbau, aber auch ihre Grenzen mit größtmöglicher Objektivität beurteilen zu können. Diese trotz der von Natur aus gegebenen ungewöhnlichen Schwierigkeiten ständig vorangetriebene Entwicklung auf dem Gebiet des Gesundheitswesens darzustellen, ist eine weitere Aufgabe unserer Arbeit.

Für den mit medizinischen Fragen nicht vertrauten Leser haben wir der Besprechung wenig bekannter Krankheiten eine kurze Begriffserläuterung vorangestellt; soweit es möglich war, sind auch die in Kabul üblichen persischen Krankheitsbezeichnungen angegeben worden. Dagegen haben wir die wissenschaftlichen Namen der Pflanzen- und Tierarten nur dort genannt, wo dies zur Kennzeichnung von Vegetationsformen oder parasitologisch wichtiger Arten unbedingt erforderlich schien; vielfach haben wir uns aber — zumal wenn die Speciesbezeichnungen nicht durch Spezialarbeiten genügend gesichert schienen — auf die Mitteilung der deutschen und englischen Bezeichnungen oder der wissenschaftlichen Gattungsnamen beschränkt.

Die Schreibweise der *Ortsnamen* in den Karten entspricht derjenigen des Times-Atlas. Im deutschsprachigen Text wird jedoch bei den bekannteren Ortsnamen die bisher übliche deutsche Schreibweise beibehalten; nur neue oder kleinere Orte sind, um ihre Auffindbarkeit in den Karten zu erleichtern, auch im Text nach der Schreibweise des Times-Atlas angegeben. Im englischen Textteil folgt die Schreibweise aller Ortsnamen der englischen phonetischen Umschrift der Times-Karte; auf die in der Orientalistik gebräuchliche Umschrift haben wir jedoch verzichtet. Das sanfte, stimmhafte s wird sowohl in der deutschen als auch in der englischen phonetischen Umschrift mit z angegeben (Hezareh—Hazara; Mazar); der Buchstabe s bedeutet in beiden Textteilen ein stimmloses, scharfes s. Die Buchstabengruppe kh steht in beiden Sprachen für das in der Kehle gesprochene ch (Sache, machen; Khanabad), während ch in der englischen Umschrift dem deutschen tsch entspricht (Tscharikar—Charikar). Dsch gleicht dem englischen j (Dschelalabad—Jalalabad). Der Bindevokal i oder e ist ein kurz gesprochenes i; die Times-Karte schreibt i; in der englischen Umschrift ist aber e gleichermaßen gebräuchlich.

Die afghanische *Zeitrechnung* beginnt mit der Flucht Mohameds von Mekka nach Medina im Jahre 622 n. Chr.; seit 1911 gilt auch in Afghanistan das Sonnenjahr, das am 21. bzw. 22. März beginnt. Der 21. III. 1964 war der 1. Tag des afghanischen Jahres 1343. Bei Zahlenangaben, die für afghanische Jahre gelten, haben wir zur Erleichterung des Verständnisses den entsprechenden Zeitraum des gregorianischen Kalenders in Klammern hinzugesetzt; die Angabe 1343 (1964/65) bezieht sich auf die Zeit vom 21. März 1964 bis 20. März 1965.

A. Land und Menschen

Die *Geschichte* Afghanistans ist seit altersher gekennzeichnet durch Kriegszüge vieler Eroberer, denen der Kampf um die wenigen nach Indien führenden Gebirgspässe Voraussetzung für die Gründung ihrer Reiche war. Die Züge der legendären baktrischen Könige im Iranisch-Turanischen Raum und der Achaemeniden, die wie später die Griechen unter Alexander über „Ariana" nach Indien zogen, die Einfälle skythischer Völker im 2. Jhdt. v. Chr. und der von E nach Baktrien und von dort nach SE vordringenden Yüe-tschi oder Tocharer zeigen, daß schon in alter Zeit der afghanische Raum viel umkämpft worden ist. Der Aufbau des Kushan-Reiches im 2. Jhdt. n. Chr., die Einbrüche der Hephthaliten im 5. und der Araber im 7. bis 9. Jhdt., die vielen Einfälle des Sultan Mahmud von Ghazni nach Indien sowie die zu furchtbaren Zerstörungen führenden Züge der Mongolen unter Tschingis Khan im 13. und Timur Leng im 15. Jhdt. setzen die Kette kriegerischer Auseinandersetzungen im afghanischen Raum fort, und auch in der Zeit der Moghulkaiser, deren Dynastie mit Babur Schah beginnt, wird um das Land an der indisch-baktrischen Königstraße gekämpft — „wer Herr von Indien sein will, muß zuvor König von Kabul sein" —, bis endlich die Neuzeit beständigere und ruhigere Verhältnisse schafft [2, 14, 24, 27, 51, 80, 103, 117, 135].

Immer führen die Heerzüge der Eroberer über die wenigen, von der Natur vorgezeichneten Straßen und Pässe, die zugleich Handels- und Kulturstraßen — auf der durch Baktrien führenden Seidenstraße sind auch die gräco-buddhistischen Kulturgüter bis weit nach China vorgedrungen — sind. Auf den gleichen Wegen aber sind mit den Heeren der Eroberer und den Karawanen auch die Seuchen gezogen, und wir haben guten Grund anzunehmen, daß im Zuge einer so dynamischen Geschichte auch Cholera, Pest, Pocken, Fleckfieber und andere Infektionen das Land durchwandert haben. Insbesondere für die Pest und die Cholera kann die Ausbreitung auf den Heer- und Karawanenstraßen vom frühen Mittelalter bis in die Neuzeit hinein nachgewiesen werden [99, 303].

I. Geographisches Bild

Es ist nicht Aufgabe dieser Arbeit, eine erschöpfende Darstellung der Geographie Afghanistans zu geben. In älterer und neuerer Zeit sind zahlreiche fachgeographische Arbeiten erschienen, die ein anschauliches Bild des Landes vermitteln und auf die verwiesen wird [23, 40, 60, 94, 95, 107, 108, 112, 116 u. a.]. Für die geomedizinische Betrachtung kommt es darauf an, die geographischen Grundlagen nur so weit zu umreißen, wie dies zum Verständnis der epidemiologischen Zusammenhänge notwendig ist. Naturgemäß können dabei die geomorphologischen und geologischen Kennzeichen des Landes nur kurz behandelt werden, indes die humangeographischen Eigenarten eingehender dargestellt werden müssen.

1. Oberflächengestaltung

Afghanistan liegt zwischen 29° und 38° N und 61° und 72° E und umfaßt etwa 650 000 qkm Fläche. Das Land wird im E vom Pamir, im N vom Victoriasee bis Kham-i-Ab durch den Amu Darya begrenzt; die weiteren in den auf nur wenigen Wegen passierbaren Steppen und Wüsten verlaufenden Grenzen gegen die UdSSR und Iran sind weitgehend offen, während im S und SE die Landesgrenze dem Safed Koh und dem Suleimangebirge folgt. So stellt Afghanistan ein Binnenland ohne Zugang zum Meer dar, das lange als „verschlossenes Land" galt und erst in allerjüngster Zeit seine Verbindung zur Außenwelt aufgenommen und gepflegt hat.

Das *orographische Bild* des Landes wird vor allem durch die verschiedenen orogenetischen Phasen angehörigen hohen Gebirgsketten bestimmt, die vom *Pamir* (Noshaq 7486 m; Tirich Mir in Pakistan 7700 m) nach SW ausstrahlen. *Safed Koh* (4755 m) und *Suleimangebirge* ziehen in ihrer Hauptrichtung zunächst nach SSW und umgreifen in gewaltigem Bogen das afghanische Zentralgebirge und die Wüstengebiete S-Afghanistans, um sich dann nach W zu wenden und in das iranische Südgebirge überzugehen. Der *Hindukusch* (in Nuristan bis 6300 m), die große, auf mehreren Hochpässen (mittlere Paßhöhe etwa 4000 m; Taf. 1 a und d) zu überquerende Trennmauer zwischen den nördlichen und südlichen Räumen des Landes, findet im W seine Fortsetzung im *Koh-i-Baba* (Shah Fuladi 5146 m) und im *Paropamisos* (Bend-i-Baba 3588 m), dem im N zwischen Belchiragh und Bala Murghao der *Bend-i-Turkestan* (3497 m) vorgelagert ist. Ein kleinerer, zwischen Obeh und Dehzawar südlich des Heri Rud gelegener Gebirgszug führt nochmals den Namen *Safed Koh,* darf aber mit dem im SE des Landes gelegenen Gebirge gleichen Namens nicht verwechselt werden. Die Höhen aller Gebirge nehmen vom Pamir nach W ständig ab bis auf etwa 2000 m.

Vom Hauptstamm des Hindukusch ziehen, sich fächerförmig nach SW ausbreitend, die Ketten des *afghanischen Zentralgebirges* im Hezaredschat; auch sie senken sich von E nach W ständig ab, bis sie in Höhen von nur 500—600 m in den rezenten Ablagerungen des Seistanbeckens untertauchen [95].

Zwischen den Gebirgsketten liegen die teilweise tief eingeschnittenen, mit unverfestigtem Schotter angefüllten *Flußtäler* (Taf. 3 a—d), die großenteils fruchtbare Anbaugebiete sind. Die *Becken* von Dschelalabad (622 m) und Kabul (1803 m) sowie die ausgedehnten *Hochflächen* von Ghazni (2220 m) und Kandahar (1044 m) geben auf Grund der rezenten, teilweise lößhaltigen Böden gleichfalls gute Anbaumöglichkeiten.

Im S des Landes liegt das etwa 18 000 qkm große bis nach Iran hineinreichende, von kahlen Bergen umgebene heiße *Seistanbecken* mit einer mittleren Höhe von etwa 500 m [95, 138, 141]. Es war wahrscheinlich eines der ältesten Frucht- und Siedlungsgebiete des Landes, das aber seit den in der Mongolenzeit erfolgten Zerstörungen kaum mehr Anbaumöglichkeiten bietet und daher heute nur dünn besiedelt ist. Die *Dasht-i-Margo* und die *Registan* sind reine Wüsten, die durch das Hilmendtal voneinander getrennt werden. Erst in der Gegenwart ist mit einer Wiedereinrichtung der alten Fruchtoase im Bereich des Hilmendflusses unterhalb von Grischk begonnen worden.

Im N des Hindukusch senkt sich das Land in die großenteils sehr fruchtbaren *baktrischen* Anbaugebiete und die ausgedehnten *turkestanischen Steppen.* Sie sind mit einer Höhenlage von 300—400 m (Kham-i-Ab 277 m) die am tiefsten gelegenen Gebiete des Landes und setzen sich jenseits des Amu Darya in den gleichartigen sowjetischen Gebieten fort.

Ein ausgesprochenes Anbaugebiet ist das nach W ziehende Tal des Heri Rud, das im N durch die von E nach W verlaufenden Ketten des Paropamisos flankiert und gegen die austrocknenden N-Winde geschützt wird [94, 95].

2. Geologischer Überblick

Die Kenntnis der geologischen Struktur Afghanistans, die ja für das Seuchengeschehen durchaus mitbestimmend sein kann, ist lange Zeit äußerst lückenhaft gewesen. Die älteren Arbeiten englischer Autoren haben zwar einzelne Teilgebiete erfaßt, aber noch keine zusammenfassende Übersicht vermittelt. Erst durch die in den letzten 2—3 Jahrzehnten durchgeführten geologischen Beobachtungen, insbesondere durch die in den letzten Jahren vorgenommenen systematischen Untersuchungen der „Deutschen Geologischen Mission in Afghanistan" wie auch ausländischer Geologen [30 a, 40 a, 56 a, 66, 67, 68, 69, 70, 70 a, b, 83, 109, 110, 143, 153, 156 u. a.] sind so viele Erkenntnisse gewonnen worden, daß es möglich ist, nachstehend einen kurzen allgemeinen Überblick zu geben, der sich auf eine Zusammenstellung M. KAEVERS gründet.

Auch geologisch wird Afghanistan durch die Gebirgsmassive des Hindukusch und seiner westlichen Ausläufer in einen ziemlich einheitlich formierten nördlichen und einen stärker differenzierten südlichen Raum geteilt.

In dem zwischen Pamir und Karakorum gelegenen, von NE nach SW verlaufenden *Wakhangebirge* sind Schiefer, Gneise und Quarzite die vorherrschenden Gesteine, indes im westlichen Badakhshan die Gebirge vorwiegend aus semimetamorphen Gesteinen des Paläozoikums und Mesozoikums, daneben aber gleichfalls aus Gneisen und Intrusiven bestehen [13, 21, 22]. Im gesamten *Hindukusch* scheinen kristalline Schiefer, Gneise und Intrusive neben metamorphen paläozoischen und mesozoischen Elementen zu überwiegen; auch im *Koh-i-Baba, Safed Koh, Paropamisos* und in den weiteren westlichen Ausläufern finden sich in den Kernen kristalline und semimetamorphe sowie nicht metamorphe paläozoische Gesteine, die jedoch von mesozoischen und tertiären Sedimenten ganz oder teilweise ummantelt sind [17, 30 a, 38, 39, 45, 48 a, 54, 95, 118, 141] (Taf. 1 a—d, Taf. 3 d).

Im *nördlich des Hindukusch* gelegenen Afghanistan lassen sich generell 3 geologische Einheiten unterscheiden, einmal die nördliche Hindukuschflanke mit den gefalteten paläozoischen und mesozoischen Schichten, ferner die tektonisch wenig beeinflußten mesozoischen und tertiären Vorberge des Hindukusch, die nur nahe der Gebirgsschwelle durch Aufschleppung steil gestellt sind und drittens der nord-afghanische Steppen- und Wüstengürtel, in dem Schotter, Sande, Löß und Lößlehm in großer Mächtigkeit den älteren Untergrund überlagern. Insbesondere die Lößlagen am Rande der Vorberge sind Anbaugebiete von guter Fruchtbarkeit [40 a, 52, 56 a, 63, 70 a, 84, 153].

Das *afghanische Zentralgebirge* besteht vorwiegend aus altpaläozoischen Tonschiefern, Quarziten und jungpaläozoischen Kalken, in denen auch die Eisenerzlager von Hajigak liegen sowie aus unterkretazischen Riffkalken und Mergeln; den N-Rand dieses Gebirges bilden oberkretazische marine Sedimente. Alttertiäre Vulkanite haben diese Schichtenfolge manchenorts durchdrungen. Jungtertiäre und quartäre klastische Gesteine finden sich in großer Verbreitung und Mächtigkeit [54, 66, 70 a, 78, 78 a, 153] (Taf. 2 a—d).

Nach S taucht das Gebirge unter den Dünen, Sanden und Schottern der *Dasht-i-Margo,* der *Dasht-i-Khash* und der Hochwüste *Registan* ab, deren Oberfläche aus Longitudinaldünen, fest-sandigem Gestein und Schotter besteht. Anzeichen subrezenter vulkanischer Tätigkeit finden sich im südlichen Hilmendtal. Im *afghanisch-pakistanischen Grenzgebirge,* das die südliche und östliche Begrenzung der Wüste darstellt, durchstoßen alttertiäre Kalke und klastische Gesteine inselberg- oder girlandenartig die rezenten Wüstensedimente, während der N-Rand der Registan von jurassischen und unterkretazischen, durch magmatische Intrusionen rekristallisierten Kalken gebildet wird [43, 44, 45, 46, 47, 53 u. a.].

SE-Afghanistan wird weitgehend von einer oligo-/miozänen Sandstein-Tonmergel-Wechselfolge bedeckt, die zum Beckeninnern mehrere tausend Meter Mächtigkeit erreicht. Diese Sedimente stehen vorwiegend konkordant zu alttertiären fossilreichen Kalken und fossilfreien Schiefertonen an. Das Tertiär überlagert diskordant den älteren Untergrund, der aus paläozoischen und mesozoischen Kalken und Schiefertonen besteht, in die manchenorts basische Intrusiva eingedrungen sind. Den Abschluß der Sedimentation dieses Raumes bilden molasse-ähnliche Schotter und jüngere klastische Gesteine. Mehrere intramontane Becken — z. B. Khost und Yakubie — sind mit quartären Tonen, Löß, Lößlehm und terrassiertem Schotter angefüllt und stellen gute An-baugebiete dar [43, 44, 67, 68, 69].

Die westliche Begrenzung des SE-afghanischen Geo-synklinalraumes bildet das Chaman-Mukur-Störungs-system, eine mehrere hundert km lange Grabenzone, die ebenfalls mit jungen klastischen Schichten verfüllt ist und die im N durch die jungpaläozoischen und mesozoischen Sedimente sowie die Peridotite des Kabulgebirges be-grenzt wird; nach E schließen sich die metamorphen Ge-steine des Siah Koh und Safed Koh an. Intramontane Becken großer Ausdehnung haben im Plio-/Pleistozän ter-restrische Sedimente, Süßwassertone, Süßwasserschluffe sowie Sande und Schotter aufgenommen, die z. B. im Becken von Dschelalabad eine Mächtigkeit von etwa 1000 m erreichen.

Tektonische Erdbeben sind in Afghanistan häufig. Sie nehmen ihren Ausgang wahrscheinlich von einem im tiefen Untergrund des Hindukusch gelegenen Zentrum [128]; ob und wie weit lokale Beben ihren Ursprung auch im afghanisch-pakistanischen Grenzgebirge haben, ist bisher nicht geklärt.

Bodenschätze scheinen reichhaltiger zu sein, als bisher angenommen worden ist. Jurakohlen kommen auf der N-Seite des Hindukusch vor; Erdöl und Erdgas sind in den baktrischen Ebenen gefunden worden. Außerdem werden Kupfer-, Blei-, Zink- und Chromerze, Schwefel, Talkum und eine Reihe von Edel- und Halbedelsteinen gefunden, unter denen Beryll, Rubine und Lapis lazuli am häufigsten sind. Im Gebiet von Mukur sollen neuer-dings bemerkenswerte Goldadern gefunden worden sein; wie weit die in jüngster Zeit bereits eingeleitete Förde-rung der teilweise gehaltreichen, leider aber auch schwefel-haltigen Eisenerze erfolgreich sein wird, bleibt abzuwar-ten. Zudem wird in Taluqan Steinsalz für den Inland-verbrauch gewonnen [26, 104, 106, 107, 115 u. a.].

3. Afghanische Mineralquellen

In dem orographisch und geologisch so vielgestalti-gen Lande findet sich eine große Zahl von *Mineralquel-len*, die zwar in den Berichten einzelner Reisender bei-läufig erwähnt worden sind, von denen aber nur wenige exakte Analysen vorliegen [33, 34]. Wohl aber werden manche der Quellen als heilkräftig angesehen, und noch heute gehört zur Quelle das Siarat, das Grab eines Heiligen, der durch Sage oder Legende mit der Quelle in Verbindung gebracht wird, und fast immer versucht der Kranke, durch Gebet oder Anrufung die Wirkung des aus der Tiefe aufsteigenden Wassers zu steigern, eine Art der Balneotherapie, die tief im Theurgischen verwurzelt ist. Klare Indikationen für die Anwendung einzelner Quellen oder Kurpläne gibt es nicht; viele wahrschein-lich völlig indifferente Wässer werden gegen die verschie-denartigsten Krankheiten angewandt, und trotz der äußerst primitiven Quellfassungen und Badeeinrichtun-gen kommen die Landbewohner von weit her, um das als heilkräftig angesehene Wasser am Ort zu trinken oder darin zu baden. Die Mehrzahl der Quellen ist allerdings überhaupt nicht erschlossen.

Die wahrscheinlich wertvollste und zugleich die ein-zige ausgebaute *Therme* im Lande ist die Quelle von *Obeh* bei Herat, die auf einer Höhe von 1750 m in einem von N gegen das breite Fruchttal des Heri Rud zustreben-den Bachtal des Paropamisos entspringt. Die kahlen Hänge des Quelltales sind mit Kalkschutt bedeckt, und im Hintergrund erhebt sich die fast 3600 m hohe Granit-

wand des Paropamisos. Eine einfache Badeeinrichtung mit Quellhaus, Siarat und dem Badehaus (Taf. 5 d) mit mehreren in Einzelkabinen untergebrachten Wannen ist schon seit Jahren im Gebrauch; ein kleiner Hotelbau dient der Unterbringung von Badegästen. Die Tempera-tur des Wassers beträgt im Quellraum 41,3° C; die Schüttung haben wir im Ablauf mit etwa 200 l/min ge-messen. Die von HAUSER [34] ausgeführte Analyse er-gibt folgende Werte:

Gelöste feste Stoffe		390,44 mg/l
Trockenrest (105° C)		367,00 mg/l
pH (Glaselektr.)		9,07

1 Liter Wasser enthält	mg	Millival
H_2SiO_3	12,4	
$Al(OH)_3$	8,3	
	20,7	
Kationen: Fe··	3,5	0,13
Ca··	28,2	1,41
Mg··	11,5	0,94
K·	9,04	0,23
Na·	57,8	2,51
	130,74	5,22
Anionen: Cl⁻	23,3	0,66
SO_4^{--}	153,0	3,19
HPO_4^{--}	Sp.	Sp.
HCO_3^-	83,4	1,37
	390,44	5,22

Nicht nachweisbar: NH_4, NO_3, H_2S, As und freie CO_2.

Es handelt sich also um eine Akratotherme, die, da die Temperatur des Wassers nahezu 30° C über dem Jahresmittel der Lufttemperatur (11—12° C auf 1750 m) liegt, wahrscheinlich aus größerer Tiefe, d. h. aus den unteren Granitlagen des Paropamisos entspringt. Bemerkenswert ist, daß das Heri Rud-Tal über einer südlich des Paropamisos von W nach E ziehenden Stö-rungslinie liegt, in deren Verlauf weitere heiße Quellen vorkommen sollen [141]. Therapeutisch scheint die Quelle bei chronisch-rheumatischen Erkrankungen wert-voll zu sein; leider wird sie nur wenig genützt, und zu-dem fehlt eine ärztliche Aufsicht.

Einen grundlegend anderen Quellentyp stellen die *CO_2-kalkhaltigen* Quellen des afghanischen Zentral-gebirges dar, von denen einige von uns untersucht wur-den. Sie sind gekennzeichnet durch ihren Gehalt an Erdalkalien, Hydrokarbonaten, Kochsalz und freier CO_2, sowie durch die Ablagerung ausgedehnter Karbo-natsinter, deren Entstehung durch die starke Evaporation begünstigt wird [62, 78 a, 91, 126]. Die *Drachenquelle von Istalif*, etwa 40 km nördlich von Kabul, entspringt am Fuße des Paghmangebirges und hat zur Bildung einer typischen „Steinernen Rinne" geführt (Taf. 4 a und d). Die *Drachenquelle von Bamian* (Taf. 4 b) ist dagegen aus einer primären Spalte ausgetreten, über der sich der gewaltige Quellsinter entwickelt hat. Sie entspringt auf 2500 m in den nördlichen Ausläufern des Koh-i-Baba in kahler Landschaft, in der tertiäre Konglomerate anste-hen [78]. Der etwa 60—80 m hohe Sinterberg, der sog. „Drachen", schiebt sich als Riegel in einer Länge von etwa 400 m quer durch das Trockental. Der Grat des Drachens verläuft horizontal, wird aber von einigen 1,50 bis 2,0 m hohen, nicht mehr sprudelnden Sinter-kegeln überragt; der ganze Sinterberg ist, wahrschein-lich durch unterirdische Erosion, der Länge nach durch eine tiefe Kluft in 2 Hälften gespalten, deren talseitige gegen die andere deutlich abgesackt ist. Die Analyse, die wir als einziges Beispiel derartiger Sinterquellen geben, wurde von HAUSER [34] im Zuge der 1951—52 gemeinsam vorgenommenen Arbeiten ausgeführt:

Gelöste feste Stoffe	3370,1	mg/l
Trockenrest (105° C)	2177,0	mg/l
pH (Glaselektr.)	6,54	
Leitfähigkeit	390	Ohm

1 Liter Wasser enthält:		mg	Millival
H_2SiO_3		33,8	—
$Al(OH)_3$		18,3	—
		52,1	—
Kationen:	$Fe^{\cdot\cdot}$	5,6	0,20
	$Ca^{\cdot\cdot}$	655,0	32,68
	$Mg^{\cdot\cdot}$	64,8	5,33
	$K^{\cdot}$	16,7	0,43
	$Na^{\cdot}$	73,7	3,20
		867,9	41,84
Anionen:	Cl^-	40,2	1,13
	SO_4^{--}	80,5	1,67
	HPO_4^{--}	1,5	0,03
	HCO_3^-	2380,0	39,01
		3370,1	41,84
Freie CO_2		4620,0	
		7990,1	

Nicht nachweisbar: Nitrate, Ammoniak, Arsen, Schwefel, Mangan.

Die Temperaturen dieser und einiger gleichartiger Quellen liegen zwischen 18,0 und 25,0° C, und mehrere dieser Quellen liegen anscheinend, wie auch die Quelle von Obeh, im Bereich des großen WE-Störungssystems. Allerdings entspringen die Quellen des Ghorbandtales offenbar aus älteren Gesteinsschichten als die Drachenquelle von Bamian. Vermutlich handelt es sich um ein ausgedehntes System gleichartiger oder doch ähnlicher Mineralquellen im mittelafghanischen Bergland, zu dem auch die Drachenquelle am Shatu-Paß (Taf. 4 c), die Quellen am Hajigak- und Unai-Paß und möglicherweise auch die Seen von Bend-i-Amir gehören.

Schwefelquellen sind gleichfalls bekannt, sind aber bisher nicht untersucht worden.

Ob und wie weit die Quellen von medizinischer Bedeutung sein können, müßte durch weitere hydrologische, geologische und balneologische Untersuchungen geklärt werden; insbesondere scheint die geringe Schüttung der meisten Quellen einer wirklichen Nützung hinderlich zu sein [33, 34].

4. Hydrologie

Die *Flüsse* Afghanistans sind nahezu völlig unkorrigierte Gebirgsflüsse, die mit sehr wechselnden Wassermengen zu Tal strömen. Sie sind fast ausnahmslos Binnenflüsse des abflußlosen Hochlandes, die teilweise (Amu Darya, Hilmend) in Binnenseen einmünden, großenteils aber, begünstigt durch die starke Verdunstung [62, 91, 126, 131], sich in den Wüsten und Steppen der Randgebiete verlieren. Lediglich der Kabulfluß mit seinen Nebenflüssen, die zusammen etwa 11% der gesamten Bodenfläche drainieren, hat Abfluß zum Indus und damit zum Meer. Die Wasserscheide zwischen der exoreischen und der endoreischen Entwässerung verläuft über den östlichen Hindukusch, den Unai-Paß und weiter westlich über das afghanisch-pakistanische Grenzgebirge; die endoreischen Entwässerungssysteme werden durch

den westlichen Hindukusch und Koh-i-Baba in einen nördlichen und einen südlichen Bereich getrennt [95, 127, 130].

Die *Wasserführung* unterliegt starken Saisonschwankungen, da sie von den Niederschlägen und der Schneeschmelze im Gebirge abhängt. Viele Flüsse, die während der Schneeschmelze oder in der Regenperiode reißende Bergflüsse darstellen, sind in der Trockenzeit nur kleine Rinnsale oder versiegen ganz, und die zahlreichen Trockenbetten gehören in den Sommermonaten zum Landschaftsbild des ariden Hochlandes. Die nach N vom Koh-i-Baba abfließenden Wasserläufe erreichen ihren Höchststand bereits im Frühjahr, indes der vom Pamir entspringende Amu Darya erst im Juli oder August seinen höchsten Wasserstand hat. Die Wasserführung des Hilmend bei Grischk schwankt im Laufe des Jahres zwischen 90 und 4000 m³/sec, extrem sogar zwischen 60 und 20 000 m³/sec, diejenige des Balkhflusses bei Tschischma-i-Schäfa (Taf. 3 a) von 20—30 m³/sec im Dezember bis 750 m³/sec im Frühjahr, und der Kabulfluß führt im Mittellauf unterhalb der Stadt Kabul zwischen 73,4 m³/sec im Januar und 425 m³/sec im April; die mittlere Wasserführung des Amu Darya bei Kham-i-Ab beträgt etwa 1740 bis 2000 m³/sec [40, 127, 130].

Ebenso sind die *Strömungsgeschwindigkeiten* sehr wechselnd und daher zahlenmäßig nicht anzugeben. Alle Flüsse stürzen zunächst als Gebirgsbäche rasch zu Tal und zeigen auch in den tiefer gelegenen Fruchtgebieten meist noch starke Strömung, ein Umstand, der epidemiologisch wichtig sein kann; eine *endemische* Cholera entwickelt sich nicht in Hochländern mit rasch strömenden Gebirgsflüssen, d. h. Flüssen mit guter „Selbstreinigung", sondern nur in Gebieten mit träge dahinziehenden oder stagnierenden Wasserläufen — z. B. im unteren Gangesgebiet —, so daß in Afghanistan nicht die Wildflüsse, sondern allenfalls die träge dahinfließenden Bewässerungsgräben gelegentlich die Verbreitung epidemischer Choleraausbrüche nachweisbar begünstigt haben (s. S. 45).

Als wichtigste Flüsse des Landes seien genannt der Amu Darya, der im N auf etwa 800 km die Landesgrenze bildet und schon vor der Einmündung des Surkh Ab (Waksh) ein typischer Tieflandfluß ist, der Hilmend (1000 km), der nach Verlassen der Gebirgsregion durch das südliche Wüstengebiet den Sumpfseen Hamum-i-Sabori und Hamum-i-Pusak zustrebt und dessen Wasser unterhalb von Grischk neuerdings durch moderne Bewässerungsanlagen für die Landwirtschaft nutzbar gemacht werden (s. S. 17), ferner der Heri Rud (850 km), der das weite Fruchttal östlich von Herat bewässert und sich später in der Oase Tedjend verliert, sowie der Kabulfluß (460 km) mit seinen Nebenflüssen Pendschir, Kunar (Taf. 3 c) und Logar, der bei Attock in den Indus mündet. Vom Hindukusch und Koh-i-Baba nach N ziehende Flüsse sind Kokscha, Kunduz, Balkhfluß und Murghab, von denen aber nur die beiden erstgenannten den Amu Darya erreichen [95, 127].

Die wenigen *Seen* des Landes, wie der Victoriasee, der Schiwasee, die Sumpfseen im Bereich der Hilmendmündung und der Salzsee Ab-i-Istada bei Ghazni, sind weder hydrologisch noch epidemiologisch bedeutungsvoll.

5. Verkehrswege

Der Lage des Landes am „Kreuzweg Asiens" entsprechend kommt den *Verkehrswegen* von jeher besondere Bedeutung zu. Die alte Zeit kennt nur Karawanenwege, Reitpfade und Fußsteige, deren Verlauf zumeist von der Natur vorgezeichnet ist; die Wege folgen den Flußtälern, verbinden die Kulturoasen innerhalb der Steppen- und Wüstengebiete miteinander und kreuzen die großen Gebirgszüge auf möglichst günstigen Pässen. Der Ak Robat (3127 m), Shibar (2987 m), Salang (3880 m), Anjuman (4225 m) und Khawak (3550 m) sind einige der wichtigsten Übergänge über den Hindukusch, die den S des Landes mit den baktrischen Gebieten verbinden; sie sind allerdings während der Wintermonate verschneit und nicht passierbar. Es sind die gleichen Pässe, auf denen früher die Heere der Eroberer gezogen sind. Auf dieser „Indisch-baktrischen Königstraße", die von Delhi über Kabul, Bamian und den Ak Robat-Paß nach N führte, und an deren frühere Bedeutung noch heute die Ruinen von Stupas erinnern [117], hat sich jahrhundertelang der Verkehr von Indien nach Turkestan abgewickelt. Von E kommend zieht sich, gleichfalls durch Baktrien oder über Bamian, der südliche Ast der Seidenstraße durch das Land; das graeco-buddhistische Kulturzentrum Bamian ist auch der Schnittpunkt der Karawanenwege, die von S nach N und von E nach W führten, gewesen [113, 117].

Mit der Einführung neuzeitlicher Fahrzeuge ergab sich die Notwendigkeit, Straßen mit geringerem Gefälle, als die alten Karawanenwege es hatten, zu bauen [113]. Der große Straßenring von Kabul durch das Ghorbandtal nach N über Mazar-i-Scherif, Herat, Kandahar, Ghazni und zurück nach Kabul folgt gleichfalls zum großen Teil alten Karawanenwegen [18, 94, 95] und überquert am Shibarpaß die westlichen Ausläufer des Hindukusch in einer Höhe von 2987 m. Er bildete mit seinen Abzweigungen nach Kunduz, Khanabad und Faizabad, nach Meschhed, Quetta, Gardez und Khost und über den Lataband nach Peshawar lange Zeit das ganze für Kraftfahrzeuge brauchbare Straßennetz des Landes, auf dem noch heute praktisch der gesamte Gütertransport und der überwiegende Anteil des Personenverkehrs mit Lastwagen und Omnibussen bewältigt wird. Die Straßen hatten weder Unterbau noch feste Decke (Taf. 5 a), waren im Winter kaum befahrbar, und in der Trockenzeit fuhr man manchenorts auf der freien Steppe in ausgefahrenen Spuren besser als auf der Straße. Die Querverbindung von Kabul durch das Hezaredschat nach Herat, die dem alten Karawanenweg von Bamian nach Khorassan folgt, ist auch heute nur mit Schwierigkeiten zu befahren.

In den letzten Jahren sind aber mit dem ständig zunehmenden Kraftwagenverkehr in dem eisenbahnlosen Land — großenteils mit amerikanischer und sowjetischer Hilfe — kürzere und technisch wesentlich bessere Straßen angelegt worden; die neue Straße von Dschelalabad durch die Tenge-Gharu nach Kabul (Taf. 5 b), die Fahrstraße über den Salangpaß mit einer Tunnelunterführung auf 3000 m (Taf. 5 c) und die Abkürzungsstraße von Shindand nach Dilaram auf der Strecke Herat-Kandahar stellen wesentliche Begradigungen dar, die Fahrstunden und Brennstoff einsparen und volkswirtschaftlich von großer Bedeutung sind. Zudem haben sie feste asphaltierte oder betonierte, staubfreie Fahrbahnen ebenso wie die neuerdings ausgebaute Straße von Kabul über Kandahar nach Herat.

Eine *Schiffahrt* wird von sowjetischen Gesellschaften auf dem Amu Darya unterhalb von Termez betrieben; Fährschiffe verkehren zwischen Afghanistan und der UdSSR, so z. B. von Pata Kisar nach Termez. Die afghanischen Flüsse gestatten dagegen keinerlei Schiffahrt; lediglich an einzelnen Flußläufen gibt es Fährbetriebe, die entweder mit flachgehenden Fährbooten oder aber mit den in ganz W-Asien seit altersher bekannten, aus aufgeblasenen Tierhäuten konstruierten Flößen versehen werden (Taf. 3 c).

Die ersten Ansätze eines *Luftverkehrs* zwischen Europa und Kabul gehen auf die Initiative der Deutschen Lufthansa in den 30er Jahren zurück. Heute ist Kabul an das internationale Flugnetz angeschlossen und verfügt über eine eigene Luftfahrtgesellschaft, die „Ariana", die nicht nur den Inlandverkehr nach Kandahar, Herat und Mazar-i-Scherif, sondern auch einen Teil des Flugdienstes ins Ausland versieht.

Als *Zugstraßen der Seuchen* sind die Verkehrswege des Landes in alter und neuer Zeit bedeutungsvoll gewesen, und wenn früher die Krankheiten mit den Karawanen zogen, so können sie heute mit den modernen Verkehrsmitteln unter Umständen sehr viel schneller verbreitet werden. Der Flughafen Kabul verfügt über einen eigenen flugärztlichen Dienst; in Kandahar wird während der Zeit der Pilgerflüge nach Mekka, die im neuen Flughafen Kandahar abgefertigt werden, gleichfalls ein ärztlicher Seuchenschutzdienst zur Überwachung der vielen Pilger und zur Durchführung der erforderlichen Schutzimpfungen unterhalten.

6. Natürliche Landschaften

Der bisher gegebene geographische und geologische Überblick zeigt bereits, daß der afghanische Raum sich in mehrere *natürliche Regionen* gliedert, die sich später im Zusammenhang mit Klima und Vegetation noch deutlicher abzeichnen werden und die nicht nur im Hinblick auf Besiedlung, Anbau und Viehzucht, sondern auch auf die epidemiologischen Eigenarten unterschiedlich zu bewerten sind.

Es sind dies: 1. das mit jungen quartären Sedimenten von großer Mächtigkeit aufgefüllte turkestanische Tiefland mit Höhenlagen von 300—1200 m (Andkhoi 330 m, Faizabad 1204 m), das großenteils Steppe, am Rande der Vorberge infolge der beträchtlichen Lößablagerungen aber auch fruchtbares Anbaugebiet ist; 2. die zentrale und hochalpine Gebirgsregion, die über 2500 m liegt, nur geringe Vegetation aufweist und die auch epidemiologisch wesentlich anders zu bewerten ist als das Tiefland; 3. die im S gelegene, vom Hilmend durchflossene Wüstenregion der Dasht-i-Margo und der Registan (500—1100 m), deren N-Grenze etwa auf einer zwischen Grischk und Farah von E nach W verlaufenden Linie liegt; 4. eine zwischen zentralem Gebirgsland und Wüsten liegende Steppen- und Halbwüstenregion mit Höhenlagen von 900—1800 m im W und 1200—2600 m im E, die in den Tälern tief in die Gebirgsmassive eindringt und im großen Bogen von Kabul über Kandahar bis etwa nach Herat herumführt und 5. das im E und SE gelegene, stark vom Monsun beeinflußte subtropische Eruchtgebiet von Dschelalabad mit den anschließenden Grenzgebirgen [147].

II. Klimatologie

Wie der gesamte Iranisch-Turanische Raum, so hat auch Afghanistan ein *extrem kontinentales* arides Klima. Das stark gegliederte Oberflächenrelief und die unterschiedliche Bodenstruktur haben zur Folge, daß auf verhältnismäßig engem Raum sehr verschiedene Klimate — vom Wüsten- und Steppenklima bis zum alpinen Klima der Hochgebirgsregionen — nebeneinander vorkommen [1, 60, 95 u. a.]. Die älteren Messungen, die sich zumeist auf nur einzelne Orte oder kurze Zeiträume beziehen [62, 129, 136, 273], geben ein nur lückenhaftes Bild; erst in neuerer Zeit sind mehrjährige Messungen von 16 in verschiedenen Regionen des Landes gelegenen Stationen vorgelegt worden, die eine ausreichende Übersicht gewähren [55].

1. Temperaturen

In Tab. I sind die Monatsmittel der in den afghanischen Stationen gemessenen Temperaturen zusammengestellt [55]. Die Tabelle zeigt einmal die wesentlich höheren Temperaturen in allen tiefer gelegenen Orten (Herat 922 m, Mazar-i-Scherif 377 m, Farah 651 m, Dschelalabad 622 m) im Vergleich zu den hochgelegenen Stationen (Kabul 1803 m, Ghazni 2222 m); zum andern sind aber auch die mittleren Sommertemperaturen der tiefgelegenen afghanischen Stationen zumeist höher als diejenigen vergleichbarer Orte Westpakistans und Indiens (Abb. 1).

perioden im ariden Hochland erkennen, als dies südlich des Grenzgebirges der Fall ist; lediglich der Temperaturgang von Peshawar stellt einen Übergangstyp zwischen demjenigen des Hochlandes und des indischen Tieflandes dar. Im turkestanischen Steppengebiet werden kurze *Frostperioden* im Dezember und Januar beobachtet; im Hochland über 1500 m bringen die Wintermonate auch zeitweise anhaltenden Frost mit sich, während in den alpinen Hochgebirgsregionen die Frostperioden durchgehend 5—8 Monate anhalten können.

Auch die *Tag- und Nachtschwankungen* der Temperaturen — in Tab. II für Kabul und Kandahar dargestellt — sind erheblich und für das Klima Afghanistans charakteristisch. Sie sind bei wolkenlosem Wetter in den Sommer- und Herbstmonaten am größten, vor allem dann, wenn im Spätsommer oder Frühherbst die Nächte länger werden und damit auch die Ausstrahlung stärker wird, während sie in der zyklonalen Periode des Winters und Frühjahrs bei bewölktem Himmel geringer sind. *Thermoisoplethen* sind erstmalig für Kabul und Herat von REINER [114] zusammengestellt worden, dem wir die Abb. 2 und 3 * verdanken, die gleichfalls die starken Kontraste im Gang der Temperaturen erkennen lassen.

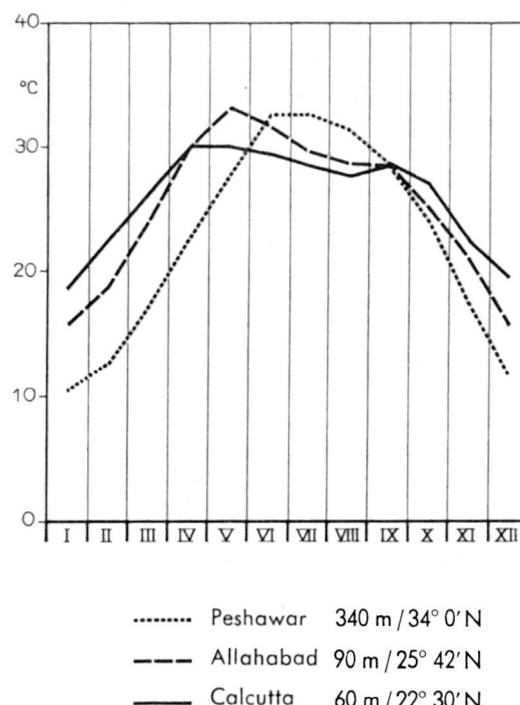

—— Kabul	1803 m / 34° 33′ N
— — — Farah	651 m / 32° 24′ N
········ Mazar-i-Scherif	377 m / 36° 42′ N

········ Peshawar	340 m / 34° 0′ N
— — — Allahabad	90 m / 25° 42′ N
—— Calcutta	60 m / 22° 30′ N

Abb. 1 a u. b. *Jahresgang der Temperatur in Afghanistan im Vergleich zu westpakistanischen und indischen Stationen.* (Zusammengestellt nach HERMAN [55], STENZ [129], Tables of Temp. [136], WALTER [151], HANN: Handb. d. Klimakunde u. KÖPPEN: Grundr. d. Klimakunde)

a) Monatsmittel von Kabul, Farah, Mazar-i-Scherif; große Jahresschwankungen, Kontrastklima mit deutlich abgegrenzter Ruhe- und Vegetationsperiode. Von Mai bis Oktober Trockenzeit mit weniger als 20 mm Regen monatlich.

b) Geringe Schwankungen im Jahresgang der Temperatur in Calcutta und Allahabad; Peshawar zeigt bereits Übergangskurve mit etwas größeren Schwankungen. Eine gemeinsame Trockenzeit kann für die 3 Orte nicht angegeben werden.

Insbesondere aber fallen die *starken Jahresschwankungen* der Temperaturen auf, die — selbst bei Bewertung nur der Monatsmittel — nicht nur in den Hochlagen, sondern auch in den tiefer gelegenen Orten 25 bis 28° C betragen. Abb. 1 zeigt die Monatsmittel der Temperaturen für Kabul, Farah und Mazar-i-Scherif im Vergleich zu Peshawar, Allahabad und Calcutta und läßt eine sehr viel stärkere Gliederung in kalte und warme Jahreszeiten, d. h. in Ruhe- und Vegetations-

Auffallend ist außerdem der fast *plötzliche Wechsel der Jahreszeiten,* der in dem raschen Anstieg der Temperaturen im Frühjahr und dem ebenso schnellen Abfall im Herbst zum Ausdruck kommt. Der nach dem im Hochland relativ langen Winter einsetzende blütenreiche Frühling und der auf den heißen, staubigen Sommer folgende frische und atmosphärisch so reizvolle Herbst sind

_____

* Auf der Rückseite der Karte Nr. 1.

für den Europäer in Kabul zumeist sehr erholsame, leider
nur zu kurze Jahreszeiten.

2. Niederschläge

Der größte Teil des Landes ist *regenarm*. In den
tiefer gelegenen Wüsten- und Steppengebieten des S
(Farah, Lashkargah), aber auch im östlichen Tiefland
(Dschelalabad) liegen die Regenhöhen unter 200 mm.
Der N (Maimana, Kunduz) hat etwas größere, den
Feldbau bereits begünstigende Regenmengen; aber auch
im Hochland von Kabul und Ghazni liegen die jährlichen Niederschlagsmengen unter 500 mm. Nur die Hoch-
gebirgsstationen im Hindukusch (Salang) teilen Niederschlagshöhen von mehr als 1000 mm mit (Tab. III). In
den Hochlagen fallen in den Wintermonaten große
Schneemengen, die die eigentlichen Wasserreservoire der
Flüsse bilden. Unterhalb von 1400 m werden kaum je
vorübergehende geringe Schneefälle beobachtet; die
Dauerschneegrenze liegt bei etwa 4500 m.

Die *Regenperiode* setzt in der Regel plötzlich ein
und ist zeitlich ziemlich scharf begrenzt; die Zahl der
Regentage ist aber nur gering. Kabul hat 58, Paghman
infolge örtlicher Wetterstörungen 83, Grischk dagegen
nur 24 und Herat 34 Regentage [131], so daß die Regenperiode in Afghanistan nicht mit den tropischen Regen-
zeiten Indiens gleichgesetzt werden kann.

In den westlichen Landesteilen (Abb. 4 a *, Kandahar)
fällt, ähnlich wie in den iranischen und mediterranen
Klimazonen, die Hauptmenge der Niederschläge im
Winter; im nördlicher gelegenen Kabul und den östlichen
Provinzen (Abb. 4 b u. c) ist das Frühjahr die eigentliche
Regenzeit. Sommer und Herbst sind dagegen fast überall im Lande nahezu oder ganz regenfrei; die Trockenzeit reicht von April bzw. Mai bis in den Spätherbst,
manchenorts bis in den Dezember hinein (Tab. III u.
Abb. 1 a); sie ist für die Ausbreitung mancher Infektionen,
insbesondere für die Entwicklung von Anophelesbrut-
plätzen in den weitgehend ausgetrockneten Flußbetten,
epidemiologisch bedeutungsvoll. Nur das in der Nähe der
pakistanischen Grenze unter dem bewaldeten Gebirge gelegene Khost, das deutlich unter Monsuneinflüssen steht,
und die Hochstationen im Hindukusch (Salang) verzeichnen auch im Sommer Regenfälle. Die weitaus größeren Teile des Landes aber gehören der ariden, die
Hochlagen der semi-ariden Klimazone an.

3. Einstrahlung, Feuchtigkeit und Verdunstung

Afghanistan gehört zu den Gebieten mit starker
Globalstrahlung (Himmels- und Sonnenstrahlung), deren
Werte für das turkestanische Tiefland mit 140, für das
zentralafghanische Bergland mit 160 und für den S mit
180 Kcal/cm² jährlich angegeben werden [77]. Ebenso
ist die *Dauer der Sonnenstrahlung* ungewöhnlich, und die
fast täglich scheinende Sonne und die große Lichtfülle
sind für den Besucher des Landes ein überraschender
Eindruck. Kabul hat z. B. 3074, Farah 3214 und Kandahar sogar 3255 Stunden Sonnenschein im Jahr, und selbst
in dem relativ regenreichen Salang-Gebiet sind noch
2238 Stunden Sonnenschein gemessen worden [55].

Die *relative Feuchtigkeit* ist gering; insbesondere der
SW des Landes zeigt ausgesprochen niedrige Werte, die
z. B. in Kandahar nur 45%, in Lashkargah 48%, in

---

* Auf der Rückseite der Karte Nr. 2.

Kabul dagegen 60% im Jahresmittel betragen. Die Jah-
resamplituden der Mittelwerte liegen in Kandahar um
50% (Januar 73%, Oktober 23%) und in Kabul um
34% (Januar 77%, Juli 43%). Allerdings können die
Tagesschwankungen teilweise groß sein [62]; Extrem-
werte unter 5% minimal und 95% maximal während
eines Tages haben wir früher in Sarobi des öfteren gemessen. Vorübergehende Schwüle ist also bei entsprechend hohen Temperaturen insbesondere in den tieferen
Lagen häufig.

Daß unter diesen Umständen die *Verdunstung* ungewöhnlich groß ist, erscheint verständlich. STENZ [126]
hat in Kabul eine jährliche Evaporation von 2305 mm,
IVEN [62] eine solche von 3031 mm gemessen. Beide
Werte liegen zwar weit auseinander, zeigen aber über-
einstimmend, daß die Verdunstung ein Vielfaches der
Niederschläge beträgt, ein Faktor, der die ungewöhnlichen Wasserverluste der Flüsse, die zudem durch Ableiten großer Wassermengen für die Irrigation der Ackerflächen gesteigert werden, erklärt.

4. Winde

Die Winde sind nur im E und SE des Landes von
Monsuneinflüssen wesentlich mitbestimmt. Trockene pas-
satische Winde — z. B. der von den Reisenden so oft beschriebene „Wind der 120 Tage" — treten im N und
NW des Landes in den Sommermonaten auf. Sie bringen
Staub und Hitze mit sich; da die Luftmassen sich über
den heißen Beckenlandschaften stark erwärmen, machen
sie den Aufenthalt im sommerlichen Seistan so unerträglich. In Kabul überwiegen im Sommer die vor allem
nachmittags auftretenden und zu starker Staubentwicklung führenden nordwestlichen Fallwinde, im Winter dagegen als Folge des Einströmens arktischer Luftmassen
die lokalen, schneidend kalten N- und NE-Winde, indes
im übrigen Land die NW-Winde vorherrschen.

Weitere Einzelheiten über barometrische Schwankungen, Bewölkung und Luftströmungen s. bei HERMAN [55].

5. Natürliche Klimazonen

Die mitgeteilten klimatologischen Daten ergeben im
Zusammenhang mit dem geographischen Bild des Landes
die Möglichkeit, einzelne Klimazonen festzulegen [129,
150, 151]. Den Versuch, in die Einteilung auch die Vegetationsverhältnisse einzubeziehen und dadurch, ähnlich
wie BOBEK dies für Iran getan hat [8], „bioklimatische
Zonen" zu entwickeln, hat VOLK [147] unternommen.
Die *Karte Nr. 2 a* zeigt die von ihm erarbeiteten Klimazonen des Landes, die mit den geographisch-geologischen
Regionen weitgehend übereinstimmen.

Das nördlich vom Hindukusch gelegene *baktrische*
und *turkestanische Tiefland* hat nur kurzdauernde Win-
ter- und Frühjahrsregen, die zumeist noch vor Beginn
der Vegetationszeit fallen, hat winterliche NW-Winde,
nur kurze Frostperioden und heiße trockene Sommer.

Die zentrale *Gebirgsregion*, das sogen. *zardsir*, d. h.
die kalte Region, ist durch ganzjährige Niederschläge,
lange und kalte Winter mit anhaltendem Frost in den
höheren Lagen und teilweise starken Schneefällen, aber
frische, wenn auch relativ kurze Sommer gekennzeichnet.

Die heiße *Wüstenregion* im S dagegen, das *garmsir*,
das nach N durch die Wachstumsgrenze der Dattelpalme
etwa auf der Höhe von Farah abgeschlossen wird, ist
völlig frostfrei und daher als Winterweide für die Herden der Nomaden geeignet; im Sommer ist das Gebiet

jedoch infolge der von N einströmenden Winde fast unerträglich heiß.

Die geographisch festgelegte *Übergangszone*, das Steppen- und Halbwüstengebiet zwischen *gärmsir* und Zentralgebirgen, steht im E noch unter geringem Einfluß des Sommermonsuns, hat aber nur geringe Niederschläge, die im E des Gebietes überwiegend als Frühjahrsregen, im W aber, wo mediterrane Einflüsse noch wirksam sind, als Winterregen fallen. Die tieferen Lagen haben keine anhaltenden Frostperioden, die Hochlagen aber deutlich ausgeprägte Winter.

Dagegen stehen die *östlichen Landesteile*, sowohl das subtropische Fruchtbecken von Dschelalabad als auch das Grenzgebirge, stark unter der Einwirkung des Monsuns. Die Tieflandbecken sind im Sommer sehr heiß, im Winter frostfrei und dienen gleichfalls als Winterweide. Im Gebirge fallen auch Sommerregen, so daß sich infolge der klimatischen Eigenarten ausgedehnte Waldgebiete entwickeln konnten.

6. Klimaphysiologische Wirkungen

In der Regel wird das aride Klima Afghanistans von den dort lebenden Ausländern gut vertragen; insbesondere werden die deutliche Ausprägung der Jahreszeiten und die in höheren Lagen fühlbare nächtliche Abkühlung als angenehm empfunden. Die in der ersten Zeit des Aufenthaltes im Hochland gelegentlich auftretende leichte Kurzluftigkeit ist Folge des geringeren Sauerstoff-Partialdruckes, an den der Organismus sich rasch anpaßt.

Die *Wärmebelastung* [20] ist im Hochland verhältnismäßig gering. Jedenfalls tritt ein ausgesprochenes Schwülegefühl auf der Höhe von Kabul und darüber nur selten und vorübergehend in der heißen Sommerzeit, insbesondere in den Mittags- und Nachmittagsstunden auf; in der Regel wird jedoch die Schwülegrenze, d. h. ein Dampfdruckwert von 14,08 mm Hg (Torr) im Hochland nur selten erreicht. In den tieferen Lagen des Landes, z. B. in Kandahar, wird dagegen die Schwülegrenze sehr viel häufiger überschritten, und in Dschelalabad und im *gärmsir* des S bringen die Sommermonate anhaltend hohe Dampfdruckwerte und damit bei ungenügender Verdunstung des Schweißes stark belastende Schwüle mit sich. Da zudem in den tieferen Lagen des Landes mit ihren weit über 32° C liegenden Temperaturen die Winde nicht mehr kühl und erfrischend, sondern heiß sind, können in den Sommermonaten die klimabedingten Belastungen in den N-, S- und E-Provinzen sehr erheblich sein, so daß nur ganz kreislaufgesunde Menschen für Sommeraufenthalte in den heißen Regionen ausgewählt werden sollten, zumal wenn die Berufsausübung mit schwerer körperlicher Arbeit verbunden ist. Abb. 4 a—c (Rückseite der Karte Nr. 2), deren Zusammenstellung wir K. DAUBERT (Bioklimat. Forschungsstelle Tübingen) verdanken, zeigt die erläuterten klimaphysiologischen Eigenarten vergleichsweise für Kandahar, Kabul und Dschelalabad.

III. Pflanzen- und Tierwelt

1. Natürliche Vegetation

Neuere Untersuchungen haben das Vorhandensein vieler in Afghanistan bisher unbekannter oder doch unbeachtet gebliebener Arten ergeben und gezeigt, daß die Flora des Landes viel reichhaltiger ist, als früher angenommen wurde. Vor allem findet sich eine deutliche Abhängigkeit der Pflanzengesellschaften von Boden, Klima und Höhenlage, und besonders in den Gebirgsregionen läßt sich, ähnlich wie im Himalaya [121], eine horizontale Gliederung der Vegetation klar erkennen [92, 93, 146]. Ähnlich wie in der Tierwelt sind auch in der Vegetation mediterrane Züge, in den heißen Gebieten aber auch tropisch-indische Einschläge erkennbar [48, 95]. Die nachstehende Skizzierung einzelner Vegetationszonen gründet sich im wesentlichen auf die von VOLK [147] angegebenen bioklimatischen Zonen (s. *Karte Nr. 2 a* und *Nr. 2 b*) *.

Im N des Landes, d. h. in Afghanisch-Turkestan, überwiegen in der Uferzone des Amu Darya die Salix-, Populus- und Tamarixarten sowie die Saxaul-Sträucher und unter den Gräsern die hohen Erianthus-Arten [93]. In dem südlich des Flusses gelegenen steppenartigen Flachland, dessen Boden größtenteils aus feinstem Löß besteht, ist infolge der kurzen Winterregenperiode nur die Ausbreitung von Pflanzen mit kurzer Entwicklungszeit möglich. Charakteristisch sind getreideflurähnliche Bestände von Therophyten (*Aegylops, Lepturus, Hordeum*, Cruciferen, Compositen), untermischt mit Geophyten (z. B. *Carex pachystylis*). Das Frühjahr bringt eine kurze Zeit prächtigen Grünens und Blühens mit sich; danach aber bleibt der Eindruck der trockenen und braunen Steppenlandschaft, die sich grundsätzlich nicht von den nördlich des Amu Darya gelegenen sowjetischen Steppen unterscheidet. Entlang den Gebirgsrändern finden sich Baumfluren von *Pistacea vera* sowie ausgedehnte Artemisiabestände, an den Rändern der Bewässerungsgräben und Flußufern wiederum Erianthusarten (*Erianthus ravennae*; s. Taf. 6 d).

Das zentrale Gebirge hat ein arides Hochlandklima mit relativ langen Wintern und somit andere Voraussetzungen für die Entwicklung der Vegetation, die bereits mancherlei Beziehungen zur Pflanzenwelt Hochasiens zeigt. Hochstämmige Gewächse treten stark zurück; charakteristisch sind *Eurotia-Artemisia*-Gesellschaften sowie blattarme dornige Polsterpflanzen wie z. B. *Acantholimum erinaceum* (Taf. 6 b) und *Acanthophyllum*-Arten, die die sogen. „Igelsteppen" bilden. Daneben finden sich Ephedra-Arten, Festucagräser, Stauden und Kameldorn (*Alhagi maurorum*) sowie Traganthsträucher, *Juniperus nana* und an den Nordhängen des Hindukusch auch Baumwacholder (*Juniperus seravschanica*; Taf. 7 a).

Ein ganz anderes Bild bietet das *südliche Wüstengebiet* des *gärmsir*. In der Stufe der Randgebirge finden sich noch Artemisiasteppen und Ephedrabestände; außerdem erwähnt NEUBAUER [93] u. a. *Pistacea cabulica*, Loniceren, Cotoneaster und *Prunus eburnus*. Im Spätsommer sahen wir südlich von Grischk ausgedehnte, prächtig violett blühende Bestände von *Halarchon vesiculosus* (*Chenopodiaceae*). Im übrigen findet sich über weite Strecken eine Halophytenflora, die wahrscheinlich derjenigen des südöstlichen Iran ähnelt [93]. Saxaulsträucher und *Aristida plumosa*, bei hohem Grundwasserstand auch Salicornieen und andere Chenopodiaceen sowie halophile Tamarisken werden von VOLK [147] angegeben.

---

* Botanische Nomenklatur nach M. KØJE u. K. H. RECHINGER; Symbolae Afghanicae, Bd. I—V, Kopenhagen 1954—1965 [76].

In der Übergangzone, der *Steppen- und Halb- wüstenregion* mit Höhenlagen von 900—1800 m im W und 1200—2600 m im E, sind gleichfalls manchenorts Artemisia-Gesellschaften und weiterhin Cousinia, *Amygdalus nana, Melica cupani, Aristida cyanantha,* ferner *Rheum ribes,* Eremurus-, Iris-, Tulipaarten und *Carex pachystylis* charakteristisch. Außerdem werden *Pistacea cabulica, Amygdalus communis* und lockere Rosengebüsche genannt; an den östlichen Hängen des Paghmangebirges finden sich bei Istalif die den meisten in Kabul lebenden Ausländern gut bekannten Bestände von *Cercis griffithii* (Judasbaum, *arghowan).* Im großen und ganzen handelt es sich um eine Steppenvegetation, die mit derjenigen E-Irans, die von Khorassan aus breit nach E vorstößt, große Verwandtschaft hat [147].

Größere *Waldbestände* finden sich nur südlich des Hindukusch in E- und SE-Afghanistan, das noch unter dem Einfluß des Sommermonsuns steht. Die Abhängigkeit der Waldformationen von der Höhenlage ist offensichtlich [60, 72, 92, 146]. In den unteren und mittleren Höhen finden sich *Olea cuspidata, Zyzyphus* und *Reptonia;* von 900—2200 m dehnt sich die Zone der immergrünen Hartlaubwälder, eine Mischwaldzone, in der *Quercus baloot* überwiegt. Darüber bilden bis etwa 3000 m *Pinus griffithii, P. gerardini,* an feuchten Standorten auch *P. excelsa,* vor allem aber die Himalayazeder *(Cedrus deodora,* Taf. 7 b) ausgedehnte Nadelholzwälder, die als südwestliche Ausläufer der Himalayawälder aufgefaßt werden [92, 111]. Völlig unberührte Wälder gibt es in Afghanistan wohl kaum mehr; insbesondere im ganzen südöstlichen Waldgebiet des Suleimangebirges wird der Wald seit langer Zeit holzwirtschaftlich genützt und ist auch vielenorts stark gelichtet worden. Die zur Erhaltung und Wiederaufforstung der Wälder notwendigen Vorarbeiten sind, großenteils mit deutscher Hilfe, in der Provinz Paktia von der afghanischen Regierung bereits eingeleitet worden.

Das *Tiefland von Dschelalabad* läßt bereits eine großenteils subtropische Pflanzenwelt erkennen, die von dem iranisch-turanischen Vegetationskreis des übrigen Landes stark abweicht. VOLK [147] nennt u. v. a. *Acacia modesta, Dahlbergia, Chamaerops ritcheana* und *Caralluma. Callotropis procera* (Asclepiadaceae; Taf. 6 c) sahen wir reichlich am Weg von Sarobi nach Dschelalabad. In diesem Gebiet ist auch Zuckerrohranbau möglich; *Saccharum spontaneum* (Taf. 6 a) fanden wir nicht nur hier, sondern auch in der Nähe von Grischk in feuchten Lagen. Die *Steppen* der E- und SE-Region sind bis zu einer Höhe von etwa 1200 m gleichfalls durch palaeotropische Florenelemente gekennzeichnet.

Zusammenfassend ergibt sich also, wie auch die *Karte Nr. 2 b* zeigt, das Bild einer Vegetation, wie sie den ariden Ländern W- und Zentralasiens eigen ist, und es scheint, daß auch auf floristischem Gebiet Afghanistan mit den übrigen Ländern des Iranisch-Turanischen Raumes weitgehend eine Einheit bildet; eine Ausnahme stellt nur die SE-Region dar, die bereits zahlreiche subtropische Vegetationsmerkmale erkennen läßt.

Arzneipflanzen sind zahlreich; VOLK [149] hat in den Bazaren des Landes bisher 173 Drogen verzeichnet, die wegen ihres Gehaltes an pharmakodynamischen Wirkstoffen in der einheimischen Krankenbehandlung verwendet werden. Wir nennen hier, ohne Rücksicht auf ärztliche Indikationen und Art der Anwendung, als Beispiele nur einige Arten wie *Artemisia* div. spec., *Atropa acuminata, Bryonia* (Cucurbitaceae), *Cannabis indica*

(Haschisch), Coloquinthen, *Datura strammonium, Ephedra, Ferula* (Asa foetida, *hing,* noch heute Exportartikel nach Indien), *Foeniculum vulgare, Glycyrrhiza glabra* (Radix liquiritiae), *Hyoscyamus reticulatus* und *H. muticus, Papaver somniferum, Peganum harmala, Punica granatum* (Granatapfel, *anar), Rheum ribes* und die Traganth-Arten.

Weitere Einzelheiten zur Systematik und Ökologie der afghanischen Pflanzengesellschaften s. bei BORNMÜLLER [10], GRIFFITH [48], HAECKL u. TROLL [49], KERSTAN [72], KØJE u. RECHINGER [76] und NEUBAUER [93].

2. Zoogeographische Übersicht

Nachstehend nennen wir nur die wichtigsten Vertreter der verhältnismäßig artenreichen wild lebenden Tierwelt des afghanischen Raumes, in dem sich mediterrane mit indischen und äthiopischen Arten begegnen [60, 95, 155].

Das *Großwild* ist im Laufe der Jahre mehr und mehr in die entlegenen Gebirgsgegenden zurückgedrängt worden, Bären sind anscheinend noch vor wenigen Jahren in den Waldgebirgen Nuristans gesehen worden [140], und der sibirische Tiger soll vor kurzem noch im Gebiet des oberen Amu Darya gelebt haben [112]. Auch die Leoparden haben sich mehr und mehr in die unzugänglichen Gebirgsregionen zurückgezogen. Wildesel leben möglicherweise vereinzelt noch im SW des Landes. Wölfe sahen wir in kalten Wintern Ende der 30er und Anfang der 40er Jahre noch bis in die unmittelbare Nähe der Vorstädte von Kabul kommen. Von medizinischem Interesse ist der Nachweis von Trichinen beim Wolf *(Canis lupus),* Sumpfluchs *(Felis chaus),* Schakal *(Canis aureus)* und Rotfuchs *(Vulpes vulpes)* [343, 344, 345]. In diesem Zusammenhang darf auch auf das Vorkommen von Wildschweinen hingewiesen werden. Weiteres zur Trichinose in Afghanistan s. S. 62.

Wildschafe sollen nur noch im Wakhangebirge, asiatische Mouflons auch in den Zentralgebirgen angetroffen worden sein [60]. Als jagdbares Wild leben auf den Steppen und im Gebirge Gazellen und Steinböcke. Kamele gehören nicht mehr zur wild lebenden Fauna; es sei aber bemerkt, daß die Heimat des baktrischen Kamels im N, diejenige des Dromedars im S des Hindukusch liegt, daß also das Gebirge die faunistische Grenze zwischen den beiden Arten darstellt. Affen sind als Vertreter der indischen Fauna nur im SE des Landes, also südlich des Hindukusch bekannt.

Unter den *Kleinsäugern* sind die Insectivora, Lagomorpha, Chiroptera und vor allem die vielen, großenteils unterirdisch lebenden Rodentia erwähnenswert [85, 96]; insbesondere ist der in den nördlichen Lößsteppen lebende *Rhombomys opimus* LICHT (Gerbillidae) als Reservoir der ruralen Hautleishmaniase epidemiologisch wichtig (s. S. 37). Springhase und Stachelschwein *(Hystrix indica* spec.) sind weit verbreitet [25].

Die *Vogelwelt* ist mit einigen Hundert Arten vertreten [95]. Tauben, Steinhühner und Wachteln werden von HUMLUM erwähnt [60]. Geier und indische Milane sind in der Nähe menschlicher Siedlungen als Aas- und Unratfresser an der Reinhaltung der Ortschaften beteiligt; auch in Kabul lebten in den 30er Jahren am Koh-Ismai zahllose Geier, die sich aber heute mit der Ausweitung des Stadtgebietes mehr und mehr verzogen haben; 1964 haben wir sie nur noch spärlich angetroffen. Der Lämmergeier soll in abgelegenen Gebirgsgegenden,

z. B. im Gebiet von Urgun, noch vorkommen [112]. Über *Ornithosen* und ihre Übertragung auf den Menschen ist bisher nichts bekannt geworden. Weiteres über die ornithologischen Funde in Afghanistan s. bei WHIST-LER [154].

Die *Reptilien* sind durch viele Arten vertreten. Warane von teilweise beträchtlicher Größe sind uns sowohl aus dem Gebiet von Kabul als auch von Sarobi und Dschelalabad bekannt; sie dürften wie auch mehrere Agamiden-Arten [124] im Lande weit verbreitet sein. Über die Schlangen Afghanistans sind bisher keine systematischen Untersuchungen bekannt geworden. Die Kobra wurde in tieferen Lagen, so bei Dschelalabad, Sarobi und Pol-i-Khumri, aber auch in der Umgebung von Kabul des öfteren gesehen; Angaben über die Artenzugehörigkeit liegen jedoch nicht vor. *Coluber ravergieri* und *Natrix tessellata* sind von SMITH [124] gefunden worden. Schlangenbisse habe ich in Kabul innerhalb meines Patientenkreises nicht gesehen; im Lande sind sie häufiger und gelegentlich auch tödlich, zumal antitoxische Seren meist nicht zur Hand sind.

Die vorkommenden Arthropodenarten sind ungewöhnlich zahlreich. Skorpione finden sich praktisch im ganzen Land; die häufigste Art ist *Buthus caucasicus;* außerdem sind *Buthotus alticola* und Priomurus-Arten beschrieben worden [41, 123, 152]. Patienten mit Skorpionstichen kamen kaum je in die ärztliche Sprechstunde; sie ließen sich nach einheimischer Manier oder gar nicht behandeln. Todesfälle nach Skorpionstichen sind mir nicht bekannt geworden. Walzenspinnen (Solpugae) sind uns häufig begegnet; dagegen ist der Nachweis, daß in Afghanistan Taranteln vorkommen, anscheinend bisher niemals eindeutig erbracht worden, obwohl von mehreren Besuchern des Landes behauptet worden ist, daß sie vorkommen.

Über die afghanischen Rethera-Arten, Heteoptera, Blattaria, Tabanidae, Formacidae und andere Insekten hat die vom Landesmuseum in Karlsruhe durchgeführte Expedition von 1956 eine umfassende Darstellung vorgelegt [5]. Die *Hyalomma*-Zecken (Ixodidae) sind fast ausnahmslos Parasiten der Haustiere, der Kamele und der wild lebenden Nager [3, 4, 71]; über die vorkommenden Ornithodorus-Arten und ihre Beziehung zum Rückfallfieber s. S. 40. Anophelen, Phlebotomen (Psychodidae) sowie die Helminthen und Protozoen werden bei den von ihnen übertragenen bzw. verursachten Krankheiten besprochen.

IV. Die Bevölkerung Afghanistans

1. Bevölkerungsdichte

Die Angaben über die *Einwohnerzahlen* des Landes schwanken zwischen 12 und 15 Millionen. 1956 und 1960 wurden einschließlich der Nomaden etwa 12,5 Millionen Menschen angenommen [60, 100, 155]; die afghanischen Angaben vom Jahre 1343 (1964/65) verzeichnen 12,5 Millionen ansässige Einwohner und 2,5 Millionen Nomaden. Es leben also etwa 23 Einwohner auf 1 qkm Fläche. Setzt man die Bevölkerungszahl jedoch in Beziehung zu der land- und forstwirtschaftlich nutzbaren Fläche, so ergibt sich eine Einwohnerzahl von etwa 115 Menschen pro qkm. Nachstehend werden die heute bestehenden 29 Provinzen und ihre Hauptstädte mit ihren Einwohnerzahlen — abgerundete Zahlen, angegeben in Tausendern — mitgeteilt.

1. Kabul (1177; Kabul 425); 2. Logar (284; Baraki Rajan 46); 3. Nangarhar (752; Dschelalabad 45); 4. Kunar (303; Chigha Serail, später Assadabad 26); 5. Laghman (204; Metarlam 67); 6. Kapisa (317; Tagab 65, neuerdings Sarobi); 7. Parwan (815; Tscharikar 84); 8 Badakhshan (317; Faizabad 58); 9. Takhar (454; Taluqan 61); 10. Kunduz (373; Kunduz 74); 11. Baghlan (573; Baghlan 92); 12. Samangan (190; Aibak 35); 13. Balkh (325; Mazar-i-Scherif 40); 14. Jawzjan (396; Schiberghan 50); 15. Faryab (399; Maimana 51); 16. Badghis (294; Qala-i-Nao 70); 17. Herat (630; Herat 66); 18. Ghor (297; Chakhcharan 56); 19. Bamyan (318; Bamyan 44); 20. Wardak (382; Maidan 50); 21. Paktia (551; Gardez 36); 22. Ghazni (718; Ghazni 40); 23. Urozgan (485; Urozgan 43); 24. Farah (289; Farah 26); 25. Chakhansour (heute Nimrouz 112; Kang, heute Zaranj 16); 26. Hilmend (292; Bust 26); 27. Kandahar (682; Kandahar 117); 28. Zabul (329; Kalat 46); 29. Katawaz-Urgun (512; Katawaz 34).

Diese Aufstellung zeigt abgerundet eine seßhafte Bevölkerung von insgesamt 12,770 Millionen; zusammen mit den 2,458 Millionen Nomaden ergibt sich eine Gesamtbevölkerung von 15,228 Millionen.

Für die Darstellung der Fleckfieber- und Pockenverbreitung in Afghanistan (Tab. VI und XI, *Karten Nr. 7, Nr. 8 und Nr. 10*) muß jedoch die *ältere*, zu Beginn der jeweiligen Berichtperiode gültige *Provinzeinteilung* mit den dazugehörigen Einwohnerzahlen herangezogen werden. Im Anfang der 50er Jahre gab es im Lande 12 Provinzen, die nachstehend in alphabetischer Reihenfolge aufgeführt werden: 1. Badakhshan (0,4 Millionen Einwohner; 10 Einw. pro qkm), 2. Farah (0,3; 4/qkm), 3. Ghazni (0,8; 27/qkm), 4. Herat (1,1; 9/qkm), 5. Jenoubi (0,9; 45/qkm), 6. Kabul (1,3; 33/qkm), 7. Kandahar (1,1; 7/qkm), 8. Kataghan (0,9; 30/qkm), 9. Maimana (0,4; 16/qkm), 10. Mashreqi (1,1; 44/qkm), 11. Mazar-i-Scherif (1,0; 18/qkm), 12. Parwan (0,7; 28/qkm).

Danach hatte Afghanistan damals eine seßhafte Bevölkerung von etwa 10 Millionen Menschen; zusammen mit den 2 Millionen Nomaden dürfte die Gesamtbevölkerung etwa 12 Millionen betragen haben [60]. Da die Zuwachsrate der Bevölkerung in den 50er Jahren nicht bekannt war, sind die in den angeführten Tabellen und Karten angegebenen Krankheitsfrequenzen für die gesamte Berichtszeit auf die Zahl von 12 Millionen Einwohner, für die einzelnen Provinzen auf die vorgenannten Einwohnerzahlen berechnet worden.

Der Versuch, eine Karte der *Bevölkerungsverteilung* (*Karte Nr. 3*) zusammenzustellen, gründet sich einmal auf die vorgenannten Zahlen, auf die Größe der einzelnen Provinzen [114 a], auf die Einwohnerzahlen mehrerer Städte [60], auf die von H. HAHN [50 a] uns überlassenen statistischen Unterlagen und auf die aus der Grundkarte (*Karte Nr. 1*) erkennbare Verteilung der Siedlungen. Es versteht sich, daß eine derartige Darstellung keinen Anspruch auf Gültigkeit in allen Einzelheiten erheben kann; sie läßt aber ohne weiteres die großen Unterschiede in der Besiedlungsdichte einzelner Regionen erkennen.

Der größte Teil der Bevölkerung lebt in den wasserreichen, fruchtbaren Tälern und Hochebenen im E des Landes, d. h. in den Provinzen Kabul (374 Einw./qkm), Nangarhar (102 Einw./qkm), Parwan (77 Einw./qkm), Kapisa (67 Einw./qkm) und Paktia (57 Einw./qkm), sodann im N des Hindukusch in den großen Fruchtoasen von Kunduz bis Mazar-i-Scherif, während nach W und SW die Bevölkerungsdichte ständig abnimmt. Die Wüstengebiete des S haben Einwohnerzahlen von nur 2 (Chakhansour) und 5 (Hilmend) Menschen pro qkm, die sich in den wenigen anbaufähigen Flußtälern angesiedelt haben, und auch das Hochland über 2500 m ist nur äußerst dünn bewohnt (Ghor 10 Einw./qkm).

Die Besiedlungsdichte des Landes hängt also, wie dies in einem Agrarland natürlich ist, von den Anbaumöglichkeiten und damit auch von den geographischen und bioklimatischen Eigenarten der früher angegebenen natürlichen Regionen ab. Die Bevölkerungsballung in den wenigen großen Städten und den in Entwicklung begriffenen Industriezentren ändern dieses Bild bisher nicht. Daß aber die Besiedlungsdichte für die Ausbreitung von Seuchen mitbestimmend sein kann, ist ohne weiteres verständlich.

2. Bevölkerungsgruppen

Infolge der zahllosen Wanderungen und Heerzüge, die im Laufe der Geschichte über den afghanischen Raum hinweggeflutet sind, stellt die Bevölkerung des Landes heute keine ethnische Einheit, sondern ein Konglomerat aus zahlreichen rassischen Elementen dar, die in einer nach und nach entwickelten Gesellschaftsordnung nebeneinander leben.

a) Die eigentlichen oder „echten" *Afghanen* oder *Pathanen* (Taf. 8 a) machen nicht ganz die Hälfte (etwa 7 Mio) der Gesamtbevölkerung aus [75, 101, 106, 155]. Sie gelten nicht als Ureinwohner des Landes, sondern als zugewanderte iranisch-arische Volksgruppe. Ihr eigentliches Siedlungszentrum liegt bei Kandahar und im afghanisch-pakistanischen Grenzgebirge; in der Neuzeit haben sie sich aber auch mehr und mehr in das heutige W-Pakistan und in den N Afghanistans ausgebreitet. Sie stellen sowohl die königliche Dynastie (seit 1747) als auch im Regierungsbereich und in der Armee die eigentliche Führungsschicht, während sie auf dem Lande meist als Grundherren leben, deren Reichtum Boden und Viehherden sind.

Die beiden Stammesgruppen, die *Durrani* im S und SW von Kandahar und die weiter östlich lebenden *Ghilzai*, sind in zahlreiche Stämme unterteilt. Anthropologische Untersuchungen liegen kaum vor; meist werden die Angehörigen afghanischer Stämme als groß, schlank und kräftig und in der Regel als mesocephal dargestellt [19]. Sicher sind aber rassisch sehr verschiedenartige Elemente unter ihnen vertreten. Charakterlich gelten sie als stolz, freiheitliebend und kriegerisch, mit ausgesprochenem Ehrgefühl, zugleich aber als äußerst gastlich. Innerhalb der Stämme leben sie nach alten Überlieferungen; die seit altersher geltende Blutrache wird jedoch in der Neuzeit zunehmend durch Zahlung eines Blutgeldes und durch die staatliche Justiz abgelöst. Die regierende Oberschicht in den Städten ist modern erzogen und für jeden Fortschritt aufgeschlossen [19, 75, 106, 120, 155].

Die afghanischen Stämme sind *sunnitische Moslem;* ihre Sprache ist das *Paschtu,* das 1936 zur Amtssprache erhoben wurde, sich aber bis heute gegen das in den Städten und von den nicht pathanischen Volksgruppen gesprochene Persisch nicht hat durchsetzen können.

Von den etwa 2.5 Millionen *Nomaden* gehören rund 2 Millionen den afghanischen Stämmen an. Sie verbringen den Winter im S und SW des Landes, die Ghilzaistämme in den Gegenden von Dschelalabad, Khost und Kandahar, die Durrani im eigentlichen *gärmsir* im Hilmendtal. Im Frühjahr ziehen ihre Karawanen mit den Herden auf die in etwa 2000 m gelegenen, nicht beackerten Steppen der Vorgebirge und mit Beginn der heißen Jahreszeit auf die Hochweiden der Zentralgebirge, um im Herbst in die tieferen Lagen nach S zurückzukehren. Der Wohlstand der Nomaden steckt in ihren Herden, den Kamelen, Ziegen und Schafen, die ihnen Milch, Wolle, Fleisch, Fett und Dung zum Brennen liefern; Gebrauchsgegenstände werden von der Bevölkerung in den Ortschaften gekauft. Wohlhabende Nomaden erwerben zunehmend im Hochland eigene Äcker, die sie als *lalmi*-Felder (s. S. 16) von den Ortsansässigen bebauen lassen [29, 87].

Manche der afghanischen Stämme sind *Handelsnomaden* (Taf. 7 c u. d), die lange Zeit in der Wirtschaft des Landes einen wesentlichen Faktor dargestellt haben. Sie ziehen im Sommer in die Zentralgebirge, bringen Gebrauchsgegenstände aller Art in die dörflich besiedelten Gebiete und halten hier, insbesondere im Wohngebiet der Tschehar-Aimak, die Nomadenbazare ab [98], um im Herbst mit Teppichen, hausgemachten Stoffen, Trockenfrüchten und anderen Erzeugnissen des Landes beladen, wieder gen S bis ins warme Industal hinunterzuziehen.

Daneben gibt es *Seminomaden,* die in den östlichen Gegenden des Hindukusch als Hirten den Winter unterhalb der Waldgrenze, den Sommer auf den Hochweiden verbringen und die Produkte ihrer Tiere gegen Gebrauchsgegenstände in den Dörfern eintauschen. Ebenso sind die pathanischen *Saisonarbeiter,* die in der Erntezeit auf die Landgüter ziehen und im Herbst in der Reisernte bei Dschelalabad tätig sind, keine „echten" Nomaden [29].

Das Nomadentum ist im *gesamten arabo-iranischen Raum* eine *uralte Lebensform;* auch die schwarzen Zelte sind arabischen Ursprungs. Die Wanderungen folgen immer den gleichen, für jeden Stamm durch ungeschriebenes Gesetz vorgezeichneten Wegen. Allerdings sind die Nomadenbazare nicht älter als 30—40 Jahre [98], so daß offensichtlich der Nomadenhandel nicht in die ursprüngliche Form des Nomadentums hineingehört.

Die *Neuzeit* hat manches verändert. Der Handel geht größtenteils mit Kraftwagen über die Landstraße; politische Spannungen erschweren den Grenzübertritt und die Wanderung der Handelskarawanen in die südlich der Grenze gelegenen Gegenden. Versuche, die Nomaden möglichst unter Wahrung ihrer ökologischen Eigenarten in eine moderne Wirtschaft einzubeziehen, werden von der afghanischen Regierung ernsthaft erwogen; ihre Verwirklichung dürfte jedoch viel Zeit benötigen, so daß die Nomadenkarawanen auch in der nächsten Zukunft aus dem Bild der afghanischen Landschaft nicht wegzudenken sein werden.

b) Die zweitgrößte Bevölkerungsgruppe sind die *Tadschiken* (Taf. 8 c) mit etwa 3 Millionen Menschen [101, 106]. Sie zählen zu den ältesten Bevölkerungselementen des Landes, die später im S von afghanischen und im N von turkmenischen Stämmen überwandert worden sind. Aber auch die Tadschiken sind eine aus mehreren verschiedenartigen Elementen zusammengeschmolzene Gruppe.

Sie sind meist kleiner als die Afghanen; es gibt aber unter ihnen auch groß gewachsene, schlanke Menschen mit schmalen Jochbögen und Adlernasen, die als Vertreter eines iranisch-arischen Menschenschlages gelten [19]. Sie leben nahezu im ganzen Lande, in den Zentralgebirgen, in den N-Provinzen, in Seistan inmitten der belutschischen Bevölkerung [138] und nördlich des Amu Darya in den sowjetischen Gebieten bis ins chinesische Singkiang hinein [120].

Die Tadschiken stellen das seßhafte Bauernvolk dar, das früher an der Entwicklung der weitläufigen Bewässerungsanlagen entscheidenden Anteil hatte. Im NE Afghanistans sind sie großenteils noch freie Bauern, im S und SW dagegen meist unter der afghanischen Oberschicht grunduntertänig geworden [106]. In der Stadt sind sie als Händler und Kaufleute und im Verwaltungsdienst als Angestellte und mittlere Beamte tätig. Sie gelten als aufgeschlossene fortschrittliche Menschen, die auf ihre Weise am Aufbau des modernen Afghanistan mitbeteiligt sind. Charakterlich gelten sie als friedliebend und verträglich; sie sprechen persisch und sind sunnitische Moslem [48 b, 75, 76 a, 106, 112, 120].

c) Die *Hezarehs* (Taf. 8 b), etwa 1—1,5 Millionen, stellen das mongolische Element der Bevölkerung dar. Sie sind durch kleinen Wuchs, relativ breite Köpfe mit hohen Jochbögen und schräg stehenden Augen gekennzeichnet und sind vermutlich im 13. bis 15. Jhdt. im Gefolge der mongolischen Eroberer ins Land gekommen [30, 75, 139]. Nach SCHURMANN [120] sind aber auch sie eine Mischbevölkerung.

Sie leben überwiegend in den östlichen Zentralgebirgen, d. h. in den ärmsten Gegenden des Landes, wo sie etwas Viehzucht und Ackerbau treiben. In der Stadt sind sie als Vertreter der dienenden Klasse Lastenträger, Straßenkehrer und Dienstboten in den Haushaltungen. Als Saisonarbeiter, die in der Erntezeit auf den Landgütern tätig sind, leben sie nach Art von Seminomaden [29]. Die Hezarehs sind Schiiten; lediglich eine kleine Gruppe der W-Hezarehs ist sunnitischen Glaubens. Ihre Sprache ist ein abgewandeltes Persisch, das zahlreiche türkische Sprachelemente enthält. Über die einzelnen Untergruppen und Stämme s. bei SCHURMANN [120].

Die eigentlichen *Mongolen (moghols)* sind ein besonderer Menschenschlag, der in den Hochlagen des Ghorat, im Gebiet von Herat und auch in Afghanisch-Turkestan in kleinen Gruppen ansässig ist und dessen Lebensweise und soziale Struktur von SCHURMANN [120] eingehend dargestellt sind.

d) Die *Turkvölker*, vertreten durch 400 000 *Turkmenen* und etwa 1,2 Millionen *Usbeken* (Taf. 8 d), sind seit dem Mittelalter aus den westturkestanischen Räumen bis an den Hindukusch vorgedrungen; sie bewohnen hauptsächlich den N des Landes von Kunduz bis Maimana, sind aber in der Neuzeit als Händler und Siedler bis nach Herat und Seistan eingewandert. Sie sind die Hersteller der afghanischen Teppiche, sind Viehzüchter und in der Stadt Händler und Handwerker. Beide Gruppen sind sunnitische Moslem [64, 75, 106, 112].

e) Daneben gibt es noch eine Reihe von *kleinen Bevölkerungsgruppen*. Im Wakhangebirge leben etwa 15—30 000 *Kirghizen*, in Kabul die zu den Turkmongolen gehörenden, persisch sprechenden, schiitischen *Qizil-Basch*, deren Zahl auf 60—200 000 angegeben wird [155], und im N Afghanistans etwa 2000 *Karakalpaks*.

Die *Nuristani*, etwa 60—90 000 Menschen, leben in den östlichen Gebirgen Afghanistans, dem heutigen Nuristan. Sie sind die früheren „Kafiren", die Ungläubigen, die erst 1898 zum Islam bekehrt worden sind. Möglicherweise stellen sie ein durch spätere Eroberer abgedrängtes Restvolk und damit eine der ältesten Bevölkerungsgruppen des Landes dar. Anthropologische

Merkmale weisen auf Beziehungen zu zentralasiatischen, orientalischen, aber auch zu dinarischen Volksgruppen hin [56]. Hausbau und Volkskunst [124 a] sind durch den Holzreichtum der Bergwälder bestimmt; über die nuristanischen Sprachen s. bei LENTZ [79].

Die sunnitischen *Tschehar-Aimak* („vier Stämme"; Firuzkuhi, Taimani, Dschamschidi, Taimuri und als fünfter die Zuri) werden von WILBER [155] zur mongoloiden, von KLIMBURG [75] dagegen zur iranischen Gruppe gezählt. Ihre Zahl beträgt etwa 400—500 000 [75, 120, 155].

Die *Belutschen* sind wahrscheinlich in den ersten christlichen Jahrhunderten aus Zentralasien eingewandert; heute leben sie in einer Zahl von 20 000 [155] bis 70 000 [75], teils nomadisierend, zumeist aber seßhaft im S des Landes. Ihre Sprache wird den dravidischen Dialekten zugerechnet.

Daneben bestehen noch kleine Gruppen von *Hindus* und *Sikhs*, die als Händler, Geldverleiher und Bankangestellte tätig sind; die im 8. Jhdt. ins Land eingedrungenen *Araber* scheinen in der ansässigen Bevölkerung aufgesogen zu sein.

So ist Afghanistan von einer großen Zahl verschiedener Bevölkerungsgruppen besiedelt, die alle im Laufe der Geschichte ihren eigenen Lebensraum gefunden haben; es hat sich nach und nach eine ethno-soziale Schichtung entwickelt, die von allen Gruppen anerkannt wird und sich traditionsgemäß bis in die Gegenwart erhalten hat.

Auf die Darstellung einer ethnographischen Karte verzichten wir, da es auch bei leidlich guter Kenntnis des Landes und gründlichem Quellenstudium z. Zt. nicht möglich ist, die Wohngebiete der einzelnen Völkergruppen genauer anzugeben, als dies in den bereits vorliegenden Karten getan worden ist [9, 75, 155].

3. Biologische und epidemiologische Aspekte

Der *Altersaufbau* der Bevölkerung ist infolge des Fehlens von Geburts- und Sterberegistern, der Unkenntnis des eigenen Alters bei der einfachen Bevölkerung und der starken Fluktuation kaum anzugeben. Lediglich im Raum von Kabul hat die Weltgesundheitsorganisation (WHO) versucht, eine Alterspyramide aufzustellen (Abb. 5; Rückseite *Karte Nr. 3*), die deutlich die hohe Kindersterblichkeit erkennen läßt, die in erster Linie auf die vielen Darminfektionen, auf die Keuchhusten- und Masernpneumonien und — jedenfalls in früheren Jahren — auf die Pocken bezogen werden muß [266, 267, 386, 399, 457]. Vom 10. Lebensjahr an nimmt die Mortalität rasch ab, und wer die vielen Infektionen des Kindesalters überstanden hat, hat verhältnismäßig gute Aussicht alt zu werden. Über die volkswirtschaftliche Bedeutung der Bevölkerungspyramide s. bei HAHN [50].

Es liegen mehrere Untersuchungen über die Verteilung der *Blutgruppen* bei den verschiedenen Bevölkerungsgruppen Afghanistans und der Nachbarländer vor [6, 11, 12, 16, 81, 82, 88]. Die auf das OAB-System bezogenen Ergebnisse der wichtigsten dieser Arbeiten einschließlich der in der Kabuler Blutbank durchgeführten Bestimmungen [7] zeigen bei allen Gruppen den für die asiatischen Völker charakteristischen hohen B-Anteil, der sich am deutlichsten bei den Pathanen abzeichnet, während bei den Tadschiken teilweise die Gruppe A, bei den Hezarehs die Gruppe 0 überwiegt. Lediglich bei den Turkvölkern dominieren A und 0 über B; der relativ hohe B-Anteil ist aber auch bei ihnen unverkennbar (Tab. IV). Die Abgrenzung bestimmter „serologischer Rassen" innerhalb der afghanischen Bevölkerung ist nach den bisher vorliegenden Untersuchungsergebnissen nicht möglich, zumal es sich teilweise um nur kleine Beobachtungsreihen handelt, die statistisch kaum bewertet werden können.

Besondere *Erkrankungsbereitschaften* einzelner *Völkergruppen* sind nicht eindeutig erwiesen worden. Die Lepra befällt zwar überwiegend die Hezarehs; dies wird aber nicht mehr als Ausdruck rassisch bedingter Erkrankungsbereitschaft, sondern eher als Folge eine allgemeinen Resistenzminderung durch Not, Armut, Unhygiene sowie Vitamin- und möglicherweise Cholesterinverarmung des Organismus infolge ständiger Unterernährung angesehen (s. auch S. 51).

Auch Beziehungen zwischen *Blutgruppenzugehörigkeit* und *Krankheiten* sind mehrfach vermutet worden, lassen sich aber in Afghanistan nicht überzeugend nachweisen. Weder die Annahme, daß die Bewohner von Pestgebieten eine nur geringe 0-Frequenz aufweisen, weil die Träger dieser Gruppe der Pest gegenüber einen Selektionsnachteil haben, noch die Auffassung, daß die teilweise geringen A-Frequenzen mit dem von jeher endemischen und epidemischen Auftreten der Pocken in Zusammenhang zu bringen sind [102, 144, 145], lassen sich aus den Daten der Tab. IV ableiten. Auf alle Fälle wären zum Nachweis selektiver Erkrankungsbereitschaften der Angehörigen einzelner Blutgruppen sehr viel umfangreichere Untersuchungen notwendig, als sie bisher vorliegen.

Daß die *Nomaden* potentielle Malariaüberträger sein können, gilt als gesichert [270 a, 389, 435] (s. auch S. 36); ebenso sind Cholera und Rückfallfieber zeitweise durch Nomaden verbreitet worden, und die großen Pestzüge von Asien nach dem W sind in früherer Zeit häufig den Wegen der Handelskarawanen gefolgt.

V. Die Lebensformen der Menschen

Wenn auch in Afghanistan die rassischen Elemente innerhalb der Bevölkerung sehr mannigfaltig sind, so haben die Menschen doch im ganzen Land verhältnismäßig ähnliche oder gar gleichartige Lebensformen entwickelt. In einem Land, das noch großenteils in alten, natürlichen Bindungen lebt, bestimmen Boden und Klima weitgehend sowohl Hausbau und Siedlungsform als auch Landwirtschaft. Viehzucht und Ernährung und letztlich auch die Art des Zusammenlebens der Menschen innerhalb ihrer Wohngemeinschaften. Alte Überlieferungen und Gewohnheiten haben sich — insbesondere bei der Landbevölkerung — bis in die Neuzeit hinein erhalten; erst die Gegenwart schafft moderne Lebensformen, neben denen die alten durchaus ihren Platz gewahrt haben. Es ist daher Aufgabe der weiteren Darstellung, die organisch gewachsenen alten Zivilisationsformen, die die ursprüngliche enge Beziehung zur Epidemiologie besonders klar erkennen lassen, mitzuteilen, zugleich aber den Ausblick auf die neuen Entwicklungen der Gegenwart zu geben.

1. Hausbau und Siedlungsanlagen

Neben den Zelten und Jurten der Nomaden und Seminomaden sind die von den Hezarehs in den lockeren Konglomeratwänden der Zentralgebirge angelegten *Höhlenwohnungen* die einfachsten Bauformen, die jedoch keinerlei Hygieneeinrichtungen zulassen.

In den *Hochgebirgen,* in denen eine Herstellung von lufttrockenen Ziegeln nicht möglich ist, werden die Häuser aus Geröllsteinen gebaut, die mit einem auf Pappelstämme gelagerten Flachdach, das mit Schilf- oder Strohmatten, Reisig und einem Belag von *gill,* d. h. naß mit Häcksel und Salz vermengtem und gut festgestampftem Lehm, abgedeckt werden. Fenster fehlen zumeist; in der Regel gibt es nur einen niedrigen Eingang und unter dem Dach eine Öffnung für den Rauchabzug. Gekocht wird häufig auf offener Feuerstelle im Raum; als Brennmaterial dienen getrocknete Dungfladen, sofern kein Brennholz vorhanden ist. Diese Bauform (Taf. 9 a), die sich in extremen Hochgebirgslagen findet, schützt zwar gegen Kälte, Regen und Schnee, läßt aber gleichfalls keinerlei Hygieneeinrichtungen zu. Reine *Holzbauten* gibt es nur in den Waldgebirgen im E und SE des Landes [94, 95].

In den *alluvialen Anbaugebieten* wird das Haus entweder von einem Fachwerk aus Pappelstämmen, das mit lufttrockenen Lehmziegeln ausgefüllt und mit *gill* verkleidet wird, oder aber von massiven, gleichfalls aus rohen Ziegeln gebauten, teilweise mächtigen Wänden getragen, die guten Wärme-, Kälte- und Erdbebenschutz bieten. Das Dach wird wie in vielen Trockenzonen in der oben angegebenen Weise konstruiert und stellt in der warmen Jahreszeit einen viel benützten Teil der Wohnung dar. Gegen die Gassen sind die Häuser fast fensterlos. Glasfenster gab es in früherer Zeit nicht; Fensteröffnungen, die von außen eingesehen werden könnten, wurden — in alten Häusern heute noch anzutreffen — durch kunstvoll geschnitzte oder mosaikartig zusammengesetzte hölzerne Schiebeläden verschlossen, und in eng besiedelten Dorf- oder Stadtteilen werden zusätzlich senkrechte Schutzmauern errichtet, die den Einblick in die benachbarten Häuser verwehren sollen (Taf. 9 d) [32, 40, 50, 60, 94, 95].

Die *Lebensdauer* der Häuser ist kurz, wenn nicht ständig für Erhaltung der Wände und Dächer gesorgt wird; meist wird schon nach kurzer Zeit ein Teil des Hauses nach dem andern durch neue An- und Umbauten ersetzt, so daß nach und nach ein unübersehbares Gewirr von Baukörpern entsteht, die eines gewissen romantisch-malerischen Reizes nicht entbehren [50, 95].

In den südlichen Gebieten des *gärmsir* und auch im N des Landes, wo wenig Pappeln wachsen oder wo Termiten den Holzbau gefährden, werden statt des Flachdaches *Kuppelhäuser* gebaut, wahrscheinlich eine der ältesten Bauformen des iranisch-turanischen Raumes (Taf. 9 c).

Ländliche Siedlungen liegen in den Flußtälern oder werden von offenen Bewässerungsgräben versorgt, deren Wasser allerdings häufig hygienisch nicht einwandfrei ist. Der afghanische Grundherr wohnt inmitten seines Feldlandes in geräumiger und fest ummauerter Bauernburg, dem *qa'leh* (Taf. 10 d). Das *Dorf* ist gleichfalls in alter Zeit ummauert gewesen, heute aber längst aus seiner Umrandung herausgewachsen. Neubauten werden im alten Stil aufgeführt und sind schon nach kurzer Zeit von den Altbauten nicht mehr zu unterscheiden. Zu fast jedem Dorf aber gehört eine einfache Moschee und ein *siarat,* ein von Bäumen umhegtes Heiligengrab, das häufig einen schattigen, stillen Ort der Ruhe und Besinnlichkeit darstellt.

Die *Städte,* die sich an den Schnittpunkten der Verkehrswege, an größeren Flüssen oder im Fruchtland entwickelt haben, lassen vielfach noch die Anlage unterhalb eines Burghügels (z. B. Kabul, Herat, Grischk) erkennen. Die Bauweise des *Stadthauses* ist im Grunde die gleiche wie diejenige der Dorfbauten; nur ist man infolge der Raummenge frühzeitig zur Entwicklung mehrstöckiger Häuser übergegangen [50, 60, 95]. Die Altstädte von Kabul, Ghazni, Kandahar und Herat zeigen die alten Anlagen noch in großer Anschaulichkeit.

Mittelpunkt jeder Siedlung, ob Dorf oder Stadt, ist der *Bazar*, in dem — in größeren Städten nach Berufsgruppen straßenweise geordnet — Kaufleute, Händler und Handwerker ihre Waren und Arbeiten anbieten, in dem Nachrichten ausgetauscht werden und die Männer sich in den Teestuben zusammenfinden, eine Welt, die mit der Reichhaltigkeit ihrer Bilder, ihres Lebens und Lärmens, kurz mit ihrer ganzen Atmosphäre die Überlieferung von Jahrhunderten verkörpert. Die alten, teilweise gegen die Sonneneinstrahlung abgedeckten Bazare von Kabul, Ghazni, Taschkurghan, Mazar-i-Scherif und Herat gehörten noch bis vor kurzer Zeit zu den reizvollsten, die wir kannten. Heute sind allerdings im Zuge der modernen Entwicklungen viele der alten Bazare saniert worden.

Hygiene-Einrichtungen gibt es in den alten Häusern praktisch nicht. In der Trockenzeit ist die Staubentwicklung groß, und in der Regenzeit sind Zugänge, Treppen und oftmals auch die mit Lehm eingestampften Böden der Zimmer, sofern sie nicht mit Matten oder Teppichen belegt sind, verschlammt, und durch undichte Dächer tropft im Frühjahr das Regenwasser in die Räume des oberen Stockwerkes. Bäder gibt es in einfachen ländlichen Verhältnissen nicht; nur die Häuser der Wohlhabenden haben auch auf dem Lande ein Duschbad, in dem man sich mittels einer Schale oder Kanne mit Wasser übergießen kann; die Verwendung stehenden Wassers, d. h. auch des Wannenbades, ist dem nach alter Sitte lebenden Moslem versagt, und die öffentlichen Bäder in der Altstadt von Kabul sind gleichfalls entsprechend dieser Vorschrift eingerichtet.

Die in der kalten Jahreszeit notwendige *Beheizung* ist wegen des Holz- und Kohlemangels ungenügend. Öfen sind in alten Häusern unbekannt; ein einfaches Metallbecken mit ausgeglühter Holzkohle, der *mangal*, wird unter den *sandali*, ein tischähnliches, mit einer nach allen Seiten weit überhängenden Decke belegtes Gestell geschoben, so daß eine Art Kleinklimakammer entsteht, in der die ganze Familie, auf dem Boden sitzend und die Decke bis zu den Schultern hochgezogen, sich wärmt. ein Platz. der zugleich nächtliche Schlafstelle ist, der aber auch die Gefahr der Verlausung und damit der Fleckfieberausbreitung mit sich bringt.

Der in den Sommermonaten so wichtige *Moskitoschutz* war bis zur Einführung der Insektizide ganz unmöglich.

Die *Küchen* der alten Häuser sind dunkel und schlecht entlüftet; es wird mit Holzkohle auf primitivem Herd gekocht, und man muß die afghanischen Hausfrauen und ihre Köche bewundern, daß sie unter so einfachen Voraussetzungen so überraschend reichhaltige und gute Gerichte bereiten können.

Die *Wasserversorgung* ist in den alten Stadtteilen meist nicht einwandfrei. Kabul hatte zwar, als erste Stadt in West- und Zentralasien, schon in den 20er Jahren eine aus dem benachbarten Paghmangebirge kommende Wasserleitung, die wenigstens die Vorstädte versorgen konnte; in der Altstadt gibt es Zapfstellen, von denen das Wasser in den aus Tierhäuten gefertigten Wassersäcken in die Häuser gebracht wird. Zudem gibt es Brunnen, deren Wasser jedoch nicht einwandfrei ist.

Latrinen haben wir in manchen Dörfern ganz vermißt, zumeist aber bedient man sich der in den Trockenzonen weit verbreiteten Fallatrinen mit einem unten nach der Gasse hin offenen Schacht, der nach Bedarf entleert wird. Kanalisationen fehlen überall, und Abwässer werden in den alten Wohngebieten durch ein Abgußrohr auf die Gasse oder in den Hof entleert, wo sie in dem lockeren Boden rasch versickern oder infolge der Trockenheit der Luft verdunsten.

In der *Neuzeit* sind aber in den Städten viele moderne Anlagen geschaffen worden. In Kabul, Kandahar, Herat und anderen größeren Städten sind großzügig geplante Vorstädte in aufgelockerter Bauweise angelegt worden [50, 107, 108]; Einzelhäuser mit bewässerten Gärten stehen hinter hohen, jede Einsicht verwehrenden Mauern. Seit einer Reihe von Jahren wird auch mit gebrannten Ziegeln gebaut und mit flachen Walmdächern aus Wellblech abgedeckt. Auf dem Dachboden werden Tanks installiert, die einmal täglich mit Paghmanwasser aufgefüllt werden, und zur Beseitigung der Abwässer und Fäkalien dienen Sickergruben, die sich durchaus bewährt haben. Öfen, die meist mit Holz, seltener mit der im Lande gewonnenen Kohle geheizt werden, sowie Moskitoschutz und eine neuzeitliche Badeeinrichtung gehören zur Ausstattung des modernen Einzelhauses. Die Küchen, die früher in Nachbarschaft der Dienerwohnung lagen, werden neuerdings mehr und mehr in den Bereich der Wohnung eingebaut; elektrische Herde und Heizplatten kommen gleichfalls in Aufnahme.

In den 60er Jahren sind die *Neuanlagen in der Hauptstadt* in erstaunlicher Weise vorangetrieben worden. Die Straßen werden asphaltiert, in der Innenstadt sind große und gut geplante Regierungs-, Hotel- und Geschäftshäuser aufgeführt worden (Taf. 10 a), und nach und nach scheint auch in den Vorstädten die Ummauerung der Einzelgrundstücke zugunsten sichtbarer Gartenanlagen zu fallen. Tiefbrunnen sorgen in einzelnen Hotels sowohl in Kabul als auch in Kunduz für einwandfreies Trinkwasser, und auch in Khost sind bereits — wie in Kabul so auch hier durch die „Deutsche Wasserwirtschaftsgruppe Afghanistan" — neue Wasserquellen erschlossen worden. Der Straßenverkehr hat sich gewandelt. Die Kamelkarawanen sind aus dem Stadtbild verschwunden; Kraftwagen und Omnibus beherrschen den Verkehr in der Hauptstadt, der neuerdings auch mit Ampeln geregelt wird. Die modernen Bauten der Ministerien, der Universität und der Hotels sind Zeichen eines sinnvoll geplanten Aufbaues, der in die Zukunft weist und der Stadt Kabul ein neues, aber dennoch eigenes Gepräge gibt.

Bei den großzügig geplanten Neuanlagen im Bereich des Hilmend-Gebietes, vor allem in Lashkargah mit seiner weiträumigen und aufgelockerten Bauweise (Taf. 10 b) sind sowohl architektonische als auch hygienische Gesichtspunkte in guter Verbindung miteinander berücksichtigt worden.

Dabei wahrt das neue Afghanistan durchaus Glauben und Überlieferung aus früherer Zeit. Es gibt zwar nur wenig wertvolle Sakralbauten im Lande; aber die *Moscheen* von Herat (Taf. 10 c) und Mazar-i-Scherif gehören zu den eindrucksvolleren Kachelbauten der islamischen Welt. Sie werden auch heute noch von den Gläubigen besucht, und die in Kabul und Lashkargah neu errichteten Moscheen zeigen, wie sehr auch heute in Afghanistan die religiösen Überlieferungen lebendig sind.

2. Landwirtschaft

a) Feldbau. Obwohl nur etwa 10% der gesamten Bodenfläche ackerbaulich genützt werden [75], ist Afghanistan dennoch ein Agrarland; 85% der Bevölkerung leben von Ackerbau oder Viehzucht [505]. Das Bild der Landwirtschaft ist jedoch, je nach Boden, Klima und Höhenlage, in den einzelnen Landesteilen recht unterschiedlich. Etwa die Hälfte des Feldbaues wird auf Irrigation, die andere Hälfte als Anbau auf Regen betrieben. Außerdem bietet das Hochland Weideflächen, so daß doch ein verhältnismäßig großer Anteil des gesamten Landes nutzbar verwendet wird. Zwei Drittel der Ackerbauflächen liegen im N des Hindukusch, vor allem im Einzugsgebiet des Kunduzflusses, die restlichen Teile in den Tälern des Hilmend, des Heri Rud und des Kabulflusses [115].

In den Fruchtoasen der Flußtäler, insbesondere im E, S und W des Landes, aber auch in den tieferen Lagen des N wird noch heute der seit ältesten Zeiten übliche Feldbau auf *Irrigation* betrieben [32, 40, 48 a, 50, 59, 95, 119]. Der Bewässerungsgraben *(dschui)* wird am Oberlauf des Flusses abgezweigt und verläuft ungedeckt mit nur geringem Gefälle viele Kilometer weit an den Hängen entlang (Taf. 11 b). Durch Anstechen des Grabens wird das Wasser auf die terrassenartig angelegten, von kleinem Wall umgebenen Felder geleitet (Taf. 11 c) und fließt dann vom oberen Feld auf das nächst tiefer gelegene, so daß mit relativ geringer Wassermenge möglichst große Flächen bewässert werden können. Die unterirdisch geführten Karize (in Iran *qanat*) sind im W und S Afghanistans, aber auch in Kohdaman bekannt. Für die Verteilung des Wassers gelten alt überlieferte Wasserrechte [28].

Hygienisch und *epidemiologisch* gesehen sind die offenen Bewässerungsgräben keineswegs immer unbedenklich. Da das Wasser auf die verschiedenste Weise — auch mit tierischen und menschlichen Fäkalien — verunreinigt wird, andererseits aber auch zum Waschen von Blattsalaten und Rohgemüsen sowie oft auch zum Trinken verwendet wird, ist die Verbreitung von bakteriellen Infektionen (z. B. Choleraausbreitung 1960) und von Amöbeninfekten jederzeit möglich. Die gedeckten Karize führen dagegen in der Regel einwandfreies Wasser, das auch als Trinkwasser benützt werden darf. Als Anophelesbrutplätze sind jedoch die *dschuis,* da sie nicht ständig Wasser führen, meist ungeeignet und daher für die Malariaausbreitung bedeutungslos, sofern sie nicht verkrautet sind und zur Bildung stehender Tümpel Anlaß geben.

In Höhen über 2200 m, im N auch in tieferen Lagen, wird vielfach *auf Regen* angebaut, ein Verfahren, das große Bodenflächen erfordert, wenn es lohnend sein soll. Insbesondere die hoch im Gebirge gelegenen *lalmi*-Felder können praktisch nicht gedüngt werden und müssen nach zweijähriger Nützung mehrere Jahre lang brach liegen. Die obere Grenze des Feldbaues liegt bei etwa 3200—3400 m; die noch höheren Lagen sind vielenorts Weideflächen, die in den Sommermonaten benützt werden können [48 a, 48 b, 65, 95, 148].

Als *Feldfrüchte* werden Weizen (jährl. 1,95 Millionen t), Gerste (378 000 t), Hirsen, Reis (319 000 t), Leguminosen und, in der Neuzeit zunehmend, auch Rog-

gen und Mais (je 713 000 t) kultiviert, während Hafer keine Rolle spielt [114 a]. Beim Anbau auf Irrigation — bis 2500 m ist Anbau von Winterweizen möglich [60] — erfolgt die erste Bewässerung im Herbst vor der Einsaat; im Frühjahr wird bis zur Ernte, die schon im Mai stattfindet, 3—4mal gewässert. Im E des Landes lassen sich in Lagen unter 1500 m 2 Ernten erzielen, wenn z. B. im Anschluß an den Weizen Mais oder Leguminosen angebaut werden. Über 2500 m ist dagegen nur Frühjahrsaussaat möglich, so daß in den Hochlagen nur eine Ernte erzielt werden kann. Hülsenfrüchte werden als Viehfutter, aber auch zur menschlichen Ernährung benützt. *Vicia fava* wird vielenorts angebaut; über *Favismus,* wie er in anderen Orientländern häufig vorkommt [137], haben wir in Afghanistan nichts erfahren. Dagegen sind neurologische, auf *Lathyrismus* (Vergiftung mit *Lathyrus sativus;* gleichfalls Leguminosenart) bezogene Krankheitsbilder in Kabul gesehen worden [443].

Die *Methoden des Feldbaues* sind alt. Gepflügt wird nach wie vor mit dem in Jahrtausenden bewährten Haken- oder Wühlpflug (Taf. 11 d), der den Boden nur oberflächlich auflockert, das nachträgliche Eggen einspart und etwa vorhandene oberflächliche Salzausscheidungen des Bodens nicht in den Wurzelbereich der Saat bringt [148]. Geschnitten wird mit der Sichel, die das billigste Gerät ist und bei deren Verwendung die Verluste durch Ausfallen überreifer Körner am geringsten sind (Taf. 11 a). Gedroschen wird, wie im ganzen Orient, mit Ochsen (Taf. 12 a), und die Reinigung des ausgedroschenen Getreides erfolgt durch Aufwerfen des Korns in den Wind (Taf. 12 d), ein Verfahren, das zwar die Kleie gut, die Unkrautsamen dagegen nur ungenügend beseitigt. Auf die früher viel diskutierte Frage des Zusammenhanges zwischen der Lepra und einer schleichenden Intoxikation mit saponinhaltigen Getreideverunreinigungen (Kornrade) sei hier nur verwiesen.

Die *Erträge* des Feldbaues sind auf den Höhen spärlich und übersteigen vielenorts nicht das 2—3fache der Aussaat. Die im N des Landes gelegenen ausgedehnten Ackerflächen am Rande der turkestanischen Lößsteppe ergeben jedoch im Trockenfeldbau gute Erträge [106], und bei Weizen sind auf gutem Boden Hektarerträge von mehr als 20 dz erzielt worden [115].

Reis wird in zahlreichen Sorten angebaut; im allgemeinen unterscheidet man aber nur den dickkörnigen *(luck)* und den schmalkörnigen *(main)* Reis. Anbaugebiete sind die Provinzen Nangarhar, das Gebiet von Khanabad und das Tal des Heri Rud, in geringerem Maße auch das Kabulbecken. Die Felder werden vom Frühjahr bis zum Spätsommer, d. h. bis zur Ernte unter Wasser gehalten und sind daher gute Brutplätze auch für Malariaüberträger [273, 441]; das Verbot, in nächster Umgebung der Hauptstadt, d. h. in Flugweite der Anophelen Reis anzubauen, ist daher berechtigt. Da der geerntete Reis in den ländlichen Reismühlen zwar geschält, aber nicht poliert wird, besteht auch bei überwiegender Reisernährung — jedoch nur auf den einheimischen Reis bezogen — keine Gefahr einer B-Avitaminose.

Der *Gemüseanbau* ist alt; gelbe Rüben, Futterrüben, Rote Rüben, Radieschen, Zwiebeln, Lauch und Salate sowie Auberginen sind seit langer Zeit bekannt. In der Neuzeit werden auch Kohl, Tomaten und Kartoffeln in zunehmendem Maße kultiviert. Für denjenigen, der das Afghanistan der früheren Zeit noch kennt, ist der Anblick von Kartoffeläckern im Logartal ein überraschendes und ungewohntes Bild. Zuckerrüben (jährl. etwa

56 000 t) werden im N in zunehmendem Maße, Zuckerrohr dagegen wird nur in der Provinz Nangarhar angebaut.

Der Anbau von *Baumwolle* (17 318 t) im N des Landes hat sich im Laufe der Zeit zu einem volkswirtschaftlich wichtigen Faktor entwickelt [75, 114 a, 115].

Die Arten der kultivierten *Früchte* sind zahlreich. Melonen bedürfen einer mindestens 6maligen Bewässerung; da die Felder aber in der Zwischenzeit wieder austrocknen, sind sie keine Anophelesbrutplätze. Viele Arten Steinobst, vor allem Aprikosen, und Weintrauben werden in Kohdaman, Kohistan und bei Kandahar angebaut und stellen wichtige Exportgüter dar. Maulbeerbäume gibt es in allen Kulturgebieten des Landes, Citrusfrüchte und Datteln dagegen nur in den heißen Provinzen des E und S.

Die *modernen Entwicklungen der Landwirtschaft*, die der anwachsenden Bevölkerung bessere Lebensmöglichkeiten schaffen und das Land von Auslandsimporten weniger abhängig machen sollen, können hier nur kurz erwähnt werden. Vor allem kam es darauf an, durch Ausweitung wasserwirtschaftlicher Maßnahmen [57, 58, 142] die *Anbauflächen* wesentlich zu *vergrößern* [115, 148]. Im N des Landes bei Kunduz und im Umkreis der alten Fruchtoasen von Tashkurghan, Mazar-i-Scherif und Akhtscha sind mit Hilfe der FAO im Rahmen des ersten Fünfjahresplanes Bewässerungssysteme erweitert und neu angelegt worden. Auch im Kunduztal vorhandene Ackerflächen können wesentlich erweitert werden, und das 1950 erstmalig angeschnittene Koksdha-Projekt sowie das neuerdings diskutierte Amu Darya-Projekt zeigen, wie sehr die afghanische Regierung um die Ausweitung der Anbaugebiete bemüht ist.

Das bedeutendste dieser Unternehmen ist die mit Anleihen der Weltbank finanzierte Erschließung des *Hilmendgebietes* durch den oberhalb von Grischk abgeleiteten Bograkanal (Taf. 12 c) und den Arghendab-Kanal (Taf. 12 b), die zur Neuanlage der Fruchtoasen Nad-i-Ali, Marjan und Darweshan sowie zur Erweiterung der Anbaugebiete um Kandahar geführt haben. Bisher werden in diesem Bereich 70 000 ha altes Ackerland vor Überschwemmungen geschützt; weitere 70 000 ha bringen infolge besserer Bewässerung eine 25%ige Ertragssteigerung, und 75 000 bzw. 8000 ha Neuland sind im Hilmend- und Arghendab-Tal erschlossen worden, auf denen bereits Weizen, Baumwolle und Luzerne wachsen. Insgesamt sollen hier eines Tages 300 000 ha Land unter Kultur genommen werden, die zugleich Lebensraum für Tausende von Neusiedlern bieten können [86, 105, 115, 132, 148, 149 a, 155]. Die neu gegründete Stadt Lashkargah ist das Zentrum dieser im Hilmendgebiet neu geschaffenen Anbaugebiete und zugleich ein Symbol der Wiederbelebung dieser einstmals so fruchtbaren Gebiete.

Das *Nangarhar-Projekt*, das wahrscheinlich heute vor seiner Vollendung steht, soll oberhalb von Dschelalabad etwa 65 000 ha Land bewässern [61, 149 a].

Über die Frage der Ausbreitungsmöglichkeit *parasitärer Infektionen* wie Ankylostomiasis oder Bilharziose in den neu erschlossenen Gebieten s. S. 62.

b) Viehzucht. Neben dem Ackerbau ist in Afghanistan die Viehzucht der nächstwichtige Sektor der Volkswirtschaft. Etwa 3 Millionen Menschen, darunter 2 Millionen Nomaden, leben ganz oder doch überwiegend von der Viehhaltung, die vorwiegend dort betrieben wird, wo eine andere Bodennützung nicht lohnend oder gar

unmöglich ist. Der kleine Bauer hält allenfalls 1 bis 2 Kühe, die er als Zugtiere und Milchlieferanten für eigenen Bedarf benötigt; die großen Schaf- und Ziegenherden, die über 80% des gesamten Viehbestandes ausmachen, grasen auf den mageren Steppen oder auf den Hochlandweiden und, soweit sie den Nomaden gehören, im Winter auf den im S gelegenen Winterweideplätzen des *gärmsir*. Yaks werden im Hochgebirge von Wakhan gehalten. Für das Jahr 1341 (1962/63) wurden 6,6 Millionen Karakulschafe, 16,3 Millionen andere, zumeist Fettschwanzschafe, 3,7 Millionen Rinder, 2,3 Millionen Ziegen, 0,3 Millionen Kamele, 1,2 Millionen Esel und 0,3 Millionen Pferde angegeben, so daß der gesamte Großviehbestand etwa 30,7 Millionen Tiere betrug [115]. Es ist verständlich, daß die tierischen Produkte wie Felle, Häute, Wolle und Därme bis zu 40% der jährlichen Ausfuhrwerte liefern.

Tierkrankheiten wie Rinderpest, Befall mit Leberegeln (vor allem bei Schafen) und anderen Parasiten führen oft zu beträchtlichen Verlusten — nach RHEIN und GHAUSSI betragen die Ausfälle bis zu 20% — in der Viehhaltung. Über die Ausbreitung der Brucellose in Afghanistan ist bisher nichts Genaues bekannt; da aber die Nachbarländer Endemiegebiete sind, ist damit zu rechnen, daß auch die afghanischen Viehbestände, vor allem die Rinder, von Brucellose befallen sind [546]. Ein tierärztlicher Dienst steht im Aufbau; das Vaccine-Zentrum Kabul hat in den letzten Jahren für veterinärmedizinische Zwecke bereits größere Mengen von Tollwutimpfstoff hergestellt, und im Jahre 1343 (1964/65) sollen im ganzen 2,364 Millionen Tiere gegen verschiedene Krankheiten geimpft worden sein [134]. Über die humane Brucellose und die Echinococcose des Menschen s. S. 57 und S. 61.

An *Geflügel* werden vor allem Hühner und Tauben, letztere manchenorts in großer Zahl als Düngerlieferanten wie auch zur Ernährung, in großen Taubentürmen (Taf. 9 b) gehalten, ähnlich wie dies in Iran üblich ist. Über Krankheiten der Vögel und über die Frage der Ornithosen beim Menschen ist uns bisher nichts bekannt geworden.

3. Ernährung

Der überwiegende Anteil der Bevölkerung ist arm und zu größter Genügsamkeit gezwungen. Für 80% der Menschen sind *Brot* und *gesüßter Tee* die Hauptnahrungsmittel [40, 86, 155]. Da aber das ganze Korn vermahlen wird, enthält das Mehl die gesamten Proteine, Vitamine und Mineralstoffe, so daß das landesübliche Fladenbrot eine relativ hochwertige Nahrung darstellt. Erst in der Neuzeit wird in den Städten auch Weißbrot nach europäischer Art gebacken, das aber bei der einheimischen Bevölkerung wenig Anklang gefunden hat. Auch geröstete Maiskolben sieht man heute in den Bazaren; im allgemeinen dient aber Mais als Viehfutter.

Eiweißspender sind vor allem *Milch* und *Milchprodukte*. Sauermilch, als *maast* (Yoghurt) oder *dogh* (verdünnte Sauermilch mit Zusatz von Gurkensaft und Gewürzen) genossen, ist nahrhaft, erfrischend und hygienisch einwandfrei, sofern sie aus gekochter Milch bereitet wird. Der Genuß ungekochter Milch ist ohnehin in Afghanistan nicht üblich. *Krout* ist ein leicht gesalzener, an der Sonne getrockneter Quark, der, ähnlich wie Bimsstein aussehend, in den Bazaren angeboten wird und nach dem Wiederaufschwemmen zur Herstellung von Gemüse- und Reisgerichten verkocht wird. *Eier* sind

zwar bisher relativ billig gewesen, aber für die große
Zahl der Armen dennoch kaum erschwinglich. Weitere
Eiweißträger sind die *Leguminosen*, z. B. die Muschong-
erbsen.

Als *Fett* wird frische Butter nur selten, wohl aber
geschmolzene, mit Rinder- oder Hammelfett versetzte
Butter *(roghan)* verwendet. Das Fett der Hammel-
schwänze *(dombah)* galt als besonders delikat, wird aber
heute vorwiegend nur noch bei der Landbevölkerung
verwendet.

Fleisch wird von der armen Bevölkerung nur selten —
einmal wöchentlich oder gar nur einmal im Monat — gegessen [155]. Hammelfleisch ist das in den Islamländern,
insbesondere in den Trockenzonen, bevorzugte Fleisch;
Rindfleisch gilt als nicht vollwertig. Alle Fleischgerichte
werden gründlich gekocht; rohes Fleisch wird nicht gegessen, und auch die am Spieß über offenem Feuer gebratenen Fleischstückchen *(kabab)* und die in Butter an-
gebratenen Fleischklöße *(kufta)* werden in der Regel nur
völlig gar genossen. Die Tatsache, daß von den gebräuchlichen Fleischarten nur das Hammelfleisch keine im Menschen entwicklungsfähigen Stadien humanpathogener
Parasiten enthält, zeigt die enge Verbindung zwischen
religiöser Vorschrift und Hygienemaßnahme. Erst in
jüngster Zeit scheint mit zunehmendem Genuß von Rindfleisch die Häufigkeit des Rinderbandwurmes beim Menschen zuzunehmen [281] (s. auch S. 62). Schweinefleisch
wird auch heute noch als „unrein" gemieden. Hühner,
Tauben, Wildenten und Steinhühner sowie Wildbret
kommen nur auf den Tisch der Wohlhabenden.

Früchte waren früher ausgesprochen billig, sind aber
im Laufe der letzten Jahre auch teurer geworden. Die
Auswahl ist in den Bazaren fast das ganze Jahr hindurch
reichhaltig. Getrocknete Maulbeeren, Trauben und Wal-
nüsse werden auch in den Wintermonaten überall angeboten. *Gemüse* werden mit reichlich Fett sehr schmack-
haft zubereitet, spielen aber in der afghanischen Küche
nicht die Rolle wie in der europäischen.

Das afghanische Nationalgericht, der als *pillao* in
vielen Abwandlungen mit Fett. Hammel- oder Hühner-
fleisch und verschiedenen Gewürzen zubereitete *Reis*, ist
für den armen Mann ein Festessen, auf der Tafel des
Wohlhabenden aber häufig anzutreffen und wird auch
von Ausländern meist gern gegessen.

Süßspeisen werden aus Reis- oder Maismehl hergestellt; auch kandierte Früchte und einfache, meist trok-
kene Reismehlkuchen finden sich im Bazar.

Getränke sind vor allem schwarzer und grüner Tee,
die beide stark gesüßt getrunken werden. Außerdem
werden die erwähnten Sauermilcharten, seltener dagegen Fruchtsäfte genossen. Neuerdings sind für unseren Geschmack übersüße Limonaden in Aufnahme gekommen.

Die *Gewürze* sind zahlreich; *turschi* sind sauer ein-
gemachte Gemüse, am ehesten unseren „Mixed pickles"
vergleichbar. Weinblätter, Curry, Ingwer, Lauch und
Zwiebeln werden reichlich verwendet, und die Bazare
bieten eine große Zahl verschiedener, dem europäischen
Geschmack nur teilweise zusagender Gewürze an.

Unter den *Genußmitteln* ist auf dem Lande wie bei
der einfachen Stadtbevölkerung nach wie vor der aus der
Wasserpfeife gerauchte Tabak üblich; er wird jedoch
mehr und mehr durch die Zigarette verdrängt. Haschisch
wird noch vielfach geraucht; das Opium dagegen hat in
Afghanistan niemals eine so große Rolle gespielt wie im
benachbarten Iran. Alkohol wird von dem weitaus grö-

ßeren Teil der Stadt- und Landbevölkerung gemieden;
nur die modernen Städter, die ausländische Sitten kennengelernt haben, setzen sich vielfach über das religiöse
Verbot hinweg.

Daß die *Landbevölkerung* besser lebt als die ärmeren
Kreise der Stadtbewohner, ist kaum anzunehmen, da die
Manufaktur- und Importwaren, die auch der Bauer kau-
fen muß (Baumwolle, Tee, Zucker), so teuer sind, daß
er viel von seinen Erzeugnissen dafür abgeben muß
[155]. Es ist jedoch zu hoffen, daß mit Erschließung
weiterer Gebiete für eine intensive Landwirtschaft der
Lebensstandard auch der Landbevölkerung sich nach und
nach bessern wird.

Die günstigsten Ernährungsverhältnisse finden sich —
jedenfalls im Hinblick auf die Eiweißversorgung — bei
den *Nomaden*, denen ihre eigenen Tiere Fleisch und
Milch in genügender Menge geben. Da aber die Milch
nur wenige Monate im Jahr überreichlich vorhanden ist,
wird der Überschuß zu eingeschmolzener Butter und
krout verarbeitet, so daß auch für die restlichen Monate
des Jahres die Fett- und Eiweißversorgung gesichert ist.
Auch bei den Nomaden ist aber das Brot eines der
Hauptnahrungsmittel; es wird im Lande gekauft oder
aber auch aus dem auf den Nomadenäckern der Hochlagen gewonnenen Getreide hergestellt.

Die Ernährung der *Oberschicht* in den Städten gleicht
sich mehr und mehr der internationalen Küche an; Konserven aller Art gewinnen zunehmende Bedeutung, ob-
gleich sie teuer sind. Der Ausländer findet heute in Kabul
viele Konserven, die er für seine Küche wünscht; allerdings haben wir uns früher im allgemeinen am wohlsten
gefühlt, wenn wir unsere Ernährung derjenigen des Landes so weit wie möglich angeglichen haben.

Die *Fastenzeit (ramadhan)* wird auch heute noch
während des 10. Monats eines jeden Mondjahres durchgeführt. Die Fasten werden von der Mehrzahl der Bewohner — ausgenommen sind Kranke, schwangere
Frauen und Reisende — streng gehalten; von Tages-
anbruch bis Sonnenuntergang darf weder gegessen noch
getrunken oder geraucht werden. In der heißen Jahreszeit ist das strenge Fasten schwierig, und gegen Ende des
ramadhan macht sich allenorts eine gewisse lähmende
Mattigkeit geltend. Dagegen haben experimentelle
Untersuchungen weder Veränderungen des Kreislaufes
noch des Mineralstoffwechsels, des Blutbildes und der
Magensaftsekretion gezeigt; lediglich die Blutzucker-
werte sinken vorübergehend ab, steigen aber nach Abschluß der Fastenzeit rasch wieder zur Norm an [73, 74,
89]. Der erzieherische Wert der von allen Schichten des
Volkes gemeinsam durchgeführten religiösen Übung darf
auch in der Neuzeit keineswegs unterschätzt werden.
Allerdings beginnt die junge aufgeklärte Generation teilweise, auch die alten Vorschriften des *ramadhan* zu
lockern oder abzulegen.

Geophagie haben wir nur äußerst selten beobachtet.
Es war nicht ersichtlich, ob sie in Beziehung zu irgend-
welchen Mangelstörungen stand oder lediglich eine
schlechte Angewohnheit der Kinder war. Ob sie z. B.
in der Schwangerschaft eine Zufuhr von resorbierbarem
Kalk und Silikaten bewirken kann, ist nicht erwiesen
[90].

4. Bekleidung

Die ursprüngliche Bekleidung der Afghanen stützt
sich auf die Erzeugnisse des Landes und entspricht zum
andern den klimatischen Eigenarten. Die weiten Leinen-

hosen, das darüberfallende Hemd, bei den afghanischen Stammen oft mit schönen Stickereien und kleinen eingestickten Spiegelchen verziert, die gleichfalls gestickten Ghazniwesten und der locker gebundene Turban, die groben Schuhe der Männer sowie die Pluderhosen, Überkleider und lang herunterfallenden Schleier der Frauen haben sich bei der Landbevölkerung und bei den Nomaden (letztere jedoch ohne Verschleierung; nur mit Überwurf) bis heute gehalten. Im Winter wird der ockergelb gegerbte und rot bestickte lange Schafpelz als Kälteschutz getragen.

Seit der Amanullahzeit hat sich in Oberschicht und Mittelstand die internationale Bekleidung mit dem 2- oder 3-teiligen Anzug eingebürgert; als Kopfbedeckung findet die Karakulkappe (kullah) weitgehend Verwendung. Seit Aufhebung der Verschleierung haben auch die afghanischen Frauen mehr Sinn für modische Fragen entwickelt und sich rasch der internationalen Bekleidung angepaßt.

5. Glaube, Überlieferung und Volksmedizin

Staatsreligion ist in Afghanistan der sunnitische Islam; etwa 80% der Bevölkerung bekennen sich zur orthodoxen Schule des Abu Hanifa; 18%, vor allem die Hezarehs und die Qizil-Basch, sind Schi'iten und die restlichen 2% Ismaeliten oder Angehörige anderer Religionsgemeinschaften (z. B. Hindus). Der Einfluß der Religion auf die verschiedensten Bereiche des Lebens ist in den konservativen Bevölkerungsschichten auch in der Gegenwart noch stark, und bis heute sind dem Moslem die Wahrung des Glaubensbekenntnisses, die Erfüllung der Gebetspflichten, das Fasten im ramadhan, die Almosenabgabe und — wenn irgend möglich — die Wallfahrt nach Mekka dringende Anliegen. Auch die Schicksalsgläubigkeit und der Gleichmut der Menschen im Ertragen von Not, Krankheiten und seelischen Erschütterungen sind letztlich religiös bedingt, soweit sie nicht aus der engen Naturverbundenheit erklärt werden können. Die Säkularisierung geht nur in der modern erzogenen jungen Generation der Städte langsam vonstatten.

Darüber hinaus werden die vorgeschriebenen Reinigungen, das Meiden „unreiner" Speisen, verbotener Genußmittel und stehenden Wassers, aber auch die traditionellen Bräuche bei religiösen oder familiären Festen sorgfältig beachtet. Daß in manchen der religiösen Vorschriften auch ein hygienischer Sinn enthalten ist, sei als bekannt vorausgesetzt und daher nur kurz vermerkt.

Die Bande der Familie sind stark. Die Brautwahl wird zumeist durch die Eltern vollzogen; erst in der Neuzeit wird — bei der ärmeren Bevölkerung aus wirtschaftlichen, bei der modernen aufgeklärten Generation aus ethischen Gründen — die Polygamie mehr und mehr durch die Einehe abgelöst. Ebenso ist, insbesondere bei den afghanischen Pathanen, die Bindung an den Stamm von großer, auch gesellschaftlicher Bedeutung.

Die gegenseitige Hilfsbereitschaft ist groß, und niemand gerät in ernsthafte Not, solange er den Schutz einer Familie genießt. Ebenso hat uns die große Gastlichkeit der afghanischen Bevölkerung, die wir in vielen Jahren bei Freunden und Bekannten, aber auch in völlig fremden Häusern auf Reisen genossen haben, stets tief beeindruckt. Allerdings wird in der Hauptstadt im Zuge der modernen Entwicklungen die überlieferte Gastlichkeit nach und nach schwinden. Ich bin aber überzeugt, daß sie sich als einer der hervorstechenden Züge des

afghanischen Menschen auf dem Lande noch lange Zeit halten wird. Weiteres über religiöses und gesellschaftliches Brauchtum s. bei KLIMBURG [75] und WILBER [155].

Die Beschneidung der Knaben wird frühzeitig, häufig schon im 1. oder 2. Lebensjahr ausgeführt und ist mit einer größeren Familienfestlichkeit verbunden.

Eng mit dem Glaubensleben verbunden ist, besonders bei der älteren Generation und der Land- und Nomadenbevölkerung, die Vorstellung von der Existenz übernatürlicher Wesen, der Geister (dschin), der Feen (pari), Engel (malak) und Riesen (div) sowie der überlebenden Seelen von Verstorbenen, die dem Menschen erscheinen können und deren Vorhandensein auch der Koran teilweise anerkennt. Insbesondere die dschin, die bösen Geister, die gelegentlich als Zwerge mit flammenden Haaren und glühenden Augen beschrieben worden sind [23, 31, 42, 155] und die dem Menschen allerlei Schabernack zufügen, sind im Volksglauben noch heute lebendig.

Von der alten Volksmedizin hat sich bis in die Neuzeit hinein vieles erhalten [31]. Einmal sind in der Behandlung durch den Mullah theurgische Elemente in Form von Anrufungen auf einen der Namen Allahs enthalten. Magische Quadrate, nach der abjad-Zahlenreihe konstruiert, werden sowohl in Afghanistan als auch in Iran unter begleitenden Gebeten auf die erkrankten Körperregionen geschrieben, werden aber auch, auf Papier geschrieben und in kleine Silberbüchsen eingeschlossen, als Talismane oder Amulette zur Abwehr von Krankheiten und bösen Geistern sowie zur Ausheilung von Krankheiten am Körper getragen. Wie tief mystische Vorstellungen und Überlieferungen im Volk verwurzelt sind, geht auch daraus hervor, daß einfache Gebrauchsgegenstände des täglichen Lebens noch heute mit alten kultischen Symbolen versehen werden [15].

Andere volksmedizinische Vorstellungen lassen sich möglicherweise auf griechische Ursprünge zurückführen. Die empedokleischen Grundqualitäten „kalt", „heiß", „feucht" und „trocken" gelten in der persischen wie auch in der indischen Medizin noch bis in die Gegenwart hinein. Bedeutungsvoll sind allerdings heute, sowohl im Hinblick auf die Krankheiten als auch auf Nahrungsmittel und Arzneien, nur noch die „kalte" und die „heiße" Qualität. So wird z. B. bei „warmen" Fiebern keine „warme" Arznei, bei „kaltem" Fieber (Malaria mit Schüttelfrost) dagegen bereitwilligst das „warme" Chinin genommen.

Über die Arzneien, die vom Bazardoktor, dem hakim abgegeben werden, ist wenig bekannt; auffallend ist nur, daß die in der Volksmedizin verwendeten Arzneien als „griechisch" (däwa-i-junani, also ionisch, d. h. griechisch) bezeichnet werden [31]. Über die im Lande vorkommenden Arzneipflanzen gibt die Aufstellung von VOLK [149] Auskunft; vgl. dazu S. 10.

Auch der Begriff der Windkrankheiten (baad) dürfte griechischen oder indischen Ursprungs sein. Rheumatische Beschwerden, Schwindel, Kopfschmerzen u. a. können durch das Vorhandensein von Wind in den Gefäßen des Körpers verursacht werden, eine Auffassung, die früher wahrscheinlich im gesamten mittelasiatischen Raum von Persien über Indien bis nach Tibet gegolten hat.

Blutentziehungskuren durch Aderlaß oder blutiges Schröpfen werden oft angewandt, und auch das unblutige Schröpfen — als Sauggefäß dient ein kleiner ausgehöhlter Kürbis; daher die Bezeichnung kadugak —, das starke örtliche Hyperämie verursacht, ist viel im Gebrauch. Brennkegel werden, nach hippokratischer Vorstellung meist als letzter Behandlungsversuch, bei chronischen Erkrankungen der verschiedensten Art gesetzt.

So hat sich hier am „Kreuzweg Asiens", dem Schnittpunkt mehrerer Kulturen, bis in die Gegenwart hinein eine Volksmedizin erhalten, die griechische, indische und möglicherweise auch arabische Elemente enthält, die allerdings bei dem hohen Ansehen, das die moderne westliche Heilkunde genießt, mehr und mehr verschwindet und sich wahrscheinlich nur in den abgelegen-. Landgebieten noch längere Zeit halten wird.

6. Wirtschaftliche Aspekte

Struktur und Entwicklung der afghanischen Volkswirtschaft stehen mit den geomedizinischen Problemen kaum in Zusammenhang und werden daher nur kurz gestreift; der an wirtschaftspolitischen Fragen interessierte Leser sei auf die umfangreiche Fachliteratur verwiesen [2 a, 35, 36, 37, 86, 97, 115, 122, 125, 132, 133, 134, 134 a].

Kulturgeographische Eigenarten und die erst in allerjüngster Zeit begonnene industrielle Entwicklung des Landes machen es verständlich, daß sich Handwerk und Heimarbeit bis heute erhalten haben. Wahrscheinlich sind etwa 10% der gesamten Bevölkerung als Handwerker oder in kleinen industriellen Heimbetrieben tätig [60, 115], und die zahlreichen Handwerker wie Kesselschmiede, Schreiner, Schuhmacher, Schneider, Mützenmacher und Bäcker, die in den Bazaren an offener Straße ihre Arbeit verrichten, bestimmen weitgehend das Leben und Treiben in den alten Stadtvierteln. Allerdings hat im Laufe der letzten 3 Jahrzehnte die Gediegenheit handwerklicher Arbeit durch die Einfuhr billiger Gebrauchsgegenstände aus dem Auslande sehr gelitten.

Dagegen hat sich die *Teppichknüpferei* im N des Landes als reine Heimarbeit erhalten, die großenteils von Frauen und Mädchen verrichtet wird. Der achteckige *filpai*, der Elefantentritt, ist charakteristisch für die dunkelroten Teppiche afghanischer Provenienz, von denen diejenigen aus Daulatabad und Andkhoi die bekanntesten sind. Die schöne alte, in vielen Nuancen hergestellte Krappwurzelfarbe wird allerdings mehr und mehr durch synthetische Farben verdrängt. Als wertvollster Teppich gilt der *Mauri*, der gleichfalls im N des Landes nach Bucharamustern geknüpft wird.

Die moderne *Wirtschaftsentwicklung* des Landes hat teilweise schon vor dem Kriege begonnen, ist aber in den Nachkriegsjahren im Zuge der beiden Fünfjahrespläne mit Hilfe ausländischer Experten und internationaler Institutionen wesentlich vorangetrieben worden.

Über die Erschließung *landwirtschaftlicher Anbaugebiete* durch moderne Bewässerungsanlagen und über den Aufbau der Viehzucht ist bereits auf S. 17 das Notwendige gesagt worden.

Für den Ausbau *industrieller Anlagen,* der im Laufe der letzten Jahre große Fortschritte gemacht hat, ist neben dem Verkehrsproblem — der gesamte Güterverkehr rollt mit Kraftwagen über die Landstraßen — vor allem die Frage der Energiegewinnung entscheidend [122]. Jurakohlen werden in den kleinen Stollen von Ishpushta und neuerdings bei Karhkar und in Dar-e-Suf bei Mazar-i-Scherif abgebaut; im Jahre 1342 (1963/64) wurden 99 200 t gefördert, von denen ein wesentlicher Teil in den beiden Zementwerken Ghori bei Pol-i-Khumri und Dschebel-uz-Seradsch verwendet wird, so

daß für die übrigen Industrien und den Privatbedarf der Bevölkerung nur verhältnismäßig kleine Mengen übrig bleiben. Zudem verteuert der Lastwagentransport über den Hindukusch die wenig hochwertige Kohle derart, daß die Kohlenförderung kaum geeignet ist, die seit Jahren betriebenen Abholzungen der Wälder im E des Landes zu verhindern [26, 75, 104, 107 u. a.].

Erdöl und *Erdgas* sind in den baktrischen Ebenen im Gebiet von Mazar-i-Scherif und Shiberghan gefunden worden; sie sollen, vor allem das Erdgas, mit sowjetischer Hilfe gefördert und teilweise in die UdSSR exportiert werden [104, 115].

Im wesentlichen ist Afghanistan darauf angewiesen, die vorhandenen *Wasserkräfte* in *elektrische Energie* umzusetzen. Kleinere Kraftwerke sind schon vor dem Kriege erbaut worden; in der Nachkriegszeit sind mit ausländischer Hilfe weitere Anlagen errichtet worden wie z. B. Grischk (3500 kw), Sarobi (22 000—43 000 kw; Taf. 13 b), Arghendab (30 000 kw), Kadjakai (130 000 kw) und das neuerdings fertiggestellte Werk Mahipar in der Schlucht des Kabulflusses unterhalb der Hauptstadt (60 000 kw). Nimmt man noch die vor kurzer Zeit in Bau befindlichen Werke wie Naghlu (50 000 kw), Dschelalabad (11 000 kw), Laghman (5000 kw) und die vielen in älterer Zeit angelegten, mit Dieselaggregaten betriebenen Werke hinzu, so ergibt sich eine Strommenge — schon für das Jahr 1341 (1962/63) wird eine Gesamtproduktion von 149,8 Millionen kwh angegeben —, die vielleicht für eine Reihe von Jahren die Stromversorgung sichern kann, die aber bei dem ständigen Voranschreiten der Industrieentwicklung schon in absehbarer Zeit nicht mehr ausreicht, so daß der Bau weiterer Anlagen notwendig wird [115]. Die Erschließung von Nutzwasserquellen für die industrielle Entwicklung ist eine der entscheidenden Aufgaben der „Deutschen Wasserwirtschaftsgruppe Afghanistan".

Wesentlichster Industriezweig ist die *Textilverarbeitung.* In den großen Anlagen von Pol-i-Khumri und Gulbahar (Taf. 13 a) — letztere mit 46 300 Spindeln und 1400 Webstühlen — könnten jährlich 60 Millionen laufende Meter Baumwollstoffe hergestellt werden; die tatsächliche Produktion im Jahre 1341 (1962/63) betrug jedoch nur 35,8 Millionen Meter. Wollstoffe werden in nur geringer Menge und Güte in Kandahar und Kabul fabriziert [115, 133, 134, 134 a]; die Produktionen haben aber in den letzten Jahren gute Fortschritte gemacht.

Als weitere *Industriezweige* nennen wir ohne Anspruch auf Vollständigkeit die Zementfabriken in Dschebel-uz-Seradsch und Ghori, in denen 1342 (1963/64) etwa 103 000 t Zement erzeugt worden sind [115, 133, 134], eine Brikettfabrik, eine Seifen- und Kerzenfabrikation, eine Zündholzfabrik, je eine Stein- und Marmorschleiferei in Kabul und im neuen Lash-Kargha sowie die beiden Zuckerraffinerien in Dschelalabad (Rohrzucker) und Baghlan (Rübenzucker; jährlich ca. 7000 t). In Kandahar besteht seit Jahren eine aus kleinen Anfängen entwickelte Konservenfabrik für die Verarbeitung von Früchten; eine neue Anlage, die jährlich etwa 35 000 t Frischobst zu Trockenfrüchten, Obstkonserven und Fruchtsäften verarbeiten kann, ist 1962 in Betrieb genommen worden, und neuerdings hat auch Kabul eine Anlage zur Aufbereitung von Trauben zu Trockenfrüchten. Die Gerberei, im Hinblick auf die Schafzucht ein wirtschaftlich wichtiger Faktor, soll noch verbesserungsbedürftig sein [75, 115].

Über die im Lande vorkommenden *Erze*, deren Abbau teilweise eingeleitet worden ist und über das Vorkommen von Steinsalz s. S. 4.

In der *Exportbilanz* stehen an erster Stelle die Karakulfelle mit etwa 1,5 bis 2,0 Millionen Stück, die zumeist von den USA abgenommen werden, sodann Frischobst (23 000 t), Trockenobst (22 600 t), Wolle (5750 t), Baumwolle (9370 t) und Teppiche mit 164 800 qm. Es folgen Häute und Därme. Die *Einfuhr* besteht dagegen zum großen Teil aus Konsumgütern, d. h. Nahrungsmitteln (Weizen!), Stoffen, Bekleidung und Schuhen, andererseits aus Investitionsgütern wie Treibstoffen, Kraftwagen, Maschinen und anderen Grundstoffen für

die industrielle Verarbeitung [Zahlen für 1342 (1963/64)] [75, 115, 133, 155].

Im ganzen gesehen steht der industrielle Aufbau Afghanistans noch im Anfang. Geplant ist zwar die Anlage eines weiteren Industriezentrums auf Erdöl- und Erdgasbasis in der Gegend von Mazar-i-Scherif; bisher sind aber [1342 (1963/64)] in den im Lande tätigen 72 Industriebetrieben nur etwa 20 000 Menschen, d. h. 1,4% der Bevölkerung, beschäftigt, und der Anteil der industriellen Wertschöpfung wird derzeit auf höchstens 5% vom Brutto-Sozialprodukt geschätzt [115]. Afghanistan wird also sicher noch lange Zeit den Charakter eines Agrarlandes bewahren.

B. Medizinische Fakultäten, Ärzteschaft, Krankenhäuser und Öffentlicher Gesundheitsdienst

Im Zuge der bisher angedeuteten Entwicklungen auf landwirtschaftlichem und industriellem Gebiet mußten auch das Unterrichts- und das Gesundheitswesen neuzeitlich ausgebaut werden. Die *Grund-, Mittel-, Ober-* und *Fachschulen* sind in den Nachkriegsjahren im ganzen Lande wesentlich weiterentwickelt worden, und auch die lange vernachlässigte Ausbildung der Frauen ist durch die Gründung von Mädchenschulen in der Neuzeit sehr gepflegt worden. Der durch die rasche Ausweitung des Schuldienstes entstandene Lehrermangel soll durch die Einrichtung besonderer *Lehrerbildungsanstalten* behoben werden [75, 115, 133, 421, 505].

Im Hinblick auf den großen Ärztemangel, das Fehlen moderner Hygieneeinrichtungen, die hohe Morbidität, die vielen epidemischen Krankheitsausbrüche, die Unterernährung breiter Volksschichten und die hohe Kindersterblichkeit mußte es aber für die afghanische Regierung ein besonderes Anliegen sein, die Ausbildung von Ärzten, die Einrichtung von Krankenhäusern und den Aufbau eines Öffentlichen Gesundheitsdienstes rasch voranzutreiben.

I. Die Medizinischen Fakultäten

1. Die Medizinschule in Kabul

Um dem dringendsten Ärztemangel abzuhelfen, wurden in den 20er und 30er Jahren mehrere europäische und indische Ärzte ins Land gerufen, die sowohl im staatlichen Dienst als auch in der ärztlichen Praxis in der Hauptstadt tätig waren. Junge Afghanen, meist Abiturienten der fremdsprachlichen Oberschulen, gingen ins Ausland, um dort ihr Medizinstudium zu absolvieren.

Vor allem aber gründete bereits im Jahre 1932 das afghanische Unterrichtsministerium in Kabul eine *Medizinschule (maktab-i-tibi);* sie bildete in verkürztem dreijährigem Studium eine Reihe von Hilfsärzten aus, die die erste einheimische Ärztegeneration stellten und zumeist im Lande in einfachen Ambulanzen beschäftigt wurden. Ich habe selbst mehrere Jahre mit Schülern dieser *maktab-i-tibi* im poliklinischen Dienst der Stadt Kabul gearbeitet und war erfreut über ihren Arbeits- und Lerneifer. Sie haben später fast ausnahmslos ihr Studium an der Fakultät ergänzt und mit dem regulären Staatsexamen abgeschlossen. Die *maktab-i-tibi* wurde im Zuge

der weiteren Entwicklungen gegen Ende der 30er Jahre wieder aufgehoben.

2. Die Medizinische Fakultät der Universität Kabul

Zugleich mit der *maktab-i-tibi* wurde 1932 als erste Fakultät der späteren Universität die *Medizinische Fakultät* Kabul mit angeschlossenen naturwissenschaftlichen Fächern begründet, die den jungen Afghanen die Möglichkeit geben sollte, im Lande ein medizinisches Vollstudium abzuleisten. Die erste Dozentengeneration wurde von türkischen Fachärzten gestellt, und die ersten 8 Studenten verließen im Jahre 1938 die Fakultät, um ihre praktische Ausbildung in den Krankenhäusern zu vervollständigen. Auch während der Kriegszeit wurde der Unterricht weitergeführt, und in den ersten Nachkriegsjahren waren in Kabul vor allem französische Dozenten tätig, deren Verdienst es ist, der Fakultät ihr heutiges Gepräge gegeben zu haben [214, 460]. Der Lehrplan wurde in seinen Grundzügen dem französischen Unterrichtssystem angeglichen; das Studium dauert 11 Semester, und der Doktorgrad wird nach Bestehen der Hauptprüfungen ohne besonderes Rigorosum und ohne Vorlage einer Dissertation verliehen. Die französischen Dozenten unterrichteten in ihrer Landessprache; Dolmetscher übersetzten Satz für Satz, zweifellos ein Nachteil, der den Unterricht erschwerte und verzögerte. Dennoch ging die Entwicklung der Fakultät gut voran, und schon im Jahre 1950 waren 17 Lehrstühle — Anatomie, Histologie, Physiologie, Bakteriologie und Hygiene, Innere Medizin, Chirurgie, Neurologie und Psychiatrie, Pädiatrie, Dermatologie und Venerologie, Otologie, Ophthalmologie, Röntgenkunde, Gerichtliche und Soziale Medizin, Pharmakologie, Biochemie, Gynäkologie sowie Epidemiologie und Infektionskrankheiten — vertreten [214]. Mit Auslaufen ihrer Verträge wurden die französischen Dozenten nach und nach durch *afghanische Lehrkräfte* ersetzt, d. h. durch Kollegen, die im Auslande studiert oder ihre Weiterbildung an ausländischen Kliniken genossen hatten; sie vertreten heute die überwiegende Mehrzahl der vorklinischen und klinischen Lehrfächer an der Medizinischen Fakultät in Kabul [75, 115].

Für die *vorklinischen Fächer* wurden in der Nachkriegszeit Institutsbauten in Aliabad erstellt und mit

den notwendigsten Einrichtungen und Apparaturen ausgestattet. Die größten Schwierigkeiten brachte der Ana-
tomieunterricht mit sich, der wegen des bis 1948 bestehenden Verbotes der Leichenöffnung nur an Hand von
Modellen und Lehrtafeln abgehalten werden konnte, ein
Verfahren, das dem jungen Mediziner nur unvollständige Vorstellungen von der morphologischen, topogra-
phischen und funktionellen Anatomie vermitteln konnte
[75, 155].

Der *klinische Unterricht* wurde in dem 1939 eröffne-
ten Universitätskrankenhaus Aliabad (damals 350 Betten) und im Frauenkrankenhaus (150 Betten) durchgeführt. Gynäkologie und Geburtshilfe wurden, da eine
Untersuchung der Frauen durch Ärzte in jener Zeit
nahezu unmöglich war, anfangs durch eine deutsche und
eine türkische, später durch eine französische Ärztin vertreten. Außerdem standen für den klinischen Unterricht
die Staatliche Poliklinik mit ihrem sehr großen ambulanten Krankengut, das Tuberkulose-Sanatorium und die
Neuro-Psychiatrische Abteilung (80 Betten) zur Verfügung.

Die *Zahl der Studenten* stieg von Jahr zu Jahr an,
und bereits in den 50er Jahren, insbesondere aber seit
Aufhebung der Verschleierung im Jahre 1959, besuchen
auch Frauen in steigendem Maße die Fakultät. 1963
waren von den 644 Studenten 104 und 1966 von 655
eingetragenen Hörern 111 Studentinnen [75, 386]. Als
Frauen- oder Kinderärztinnen, in der Tuberkulosebekämpfung und Fürsorgearbeit, d. h. überall dort, wo es
gilt, mit den Frauen in den Familien der Kranken Kontakt zu finden, können Ärztinnen sehr segensreiche
Arbeit leisten, wenn es gilt, aus früherer Zeit überlieferte
Vorurteile nach und nach durch moderne Vorstellungen
zu ersetzen [421]. Von 1932 bis 1967 haben im ganzen
758 junge Ärzte und Ärztinnen, von denen allerdings
viele ihren Beruf nicht oder nicht mehr ausüben, das
Studium an der Medizinischen Fakultät in Kabul abgeschlossen [386].

Die *zahnärztliche Ausbildung* läßt noch zu wünschen
übrig. Eine zahnärztliche Abteilung der Medizinischen
Fakultät besteht bisher nicht; es wird aber in Kabul ein
neues Zahnärztliches Institut gebaut, zu dessen Aufgaben
u. a. auch die Ausbildung des zahnärztlichen Nachwuch-
ses gehören wird.

Dagegen ist der Fakultät die 1936 gegründete *Kran-
kenpflegeschule* angeschlossen, die im Jahre 1966 von
77 Schülern und 85 Schülerinnen besucht wurde [155,
386]. Außerdem bestehen Ausbildungsmöglichkeiten für
Technische Assistenten und *Assistentinnen* sowie für
Röntgenassistenten. Obwohl im Laufe der letzten Jahre
bereits zahlreiche Absolventen dieser Schulen ihre Arbeit
in Krankenhäusern und Instituten aufgenommen haben,
besteht immer noch ein großer Bedarf an ausgebildeten
Hilfskräften für den ärztlichen Dienst.

In der Kriegs- und Nachkriegszeit wurden weitere
Fakultäten gegründet, und seit 1946 hat Kabul eine
Universität, die gegenwärtig 11 Fakultäten umfaßt.
Neben der Medizinischen (1932 gegründet), der Juristi-
schen (1938), der Naturwissenschaftlichen (1942), der
Literaturwissenschaftlichen (1944), der Theologischen
(1950), der Technologischen (1956), der Landwirtschaft-
lichen (1956), der Wirtschaftswissenschaftlichen (1957),
der Pharmazeutischen (1959) und der Pädagogischen
(1962) Fakultät hat Kabul auch eine Haushaltskund-
liche Fakultät (1962), die nur von Studentinnen besucht
wird [75, 134, 386].

Die afghanische Regierung hat Bestmögliches getan,
die Entwicklung der Universität voranzutreiben. Die
Zahl der Dozenten einschließlich der am Unterricht beteiligten Assistenten — darunter 64 Ausländer — betrug 1964 bei einer Studentenzahl von 3126 insgesamt
503, so daß das Zahlenverhältnis Dozent : Studenten
mit etwa 1 : 6 äußerst günstig ist [114 a, 134]. Um das
Unterrichtsniveau zu heben, hat das afghanische Kultus-
ministerium Partnerschaften mit ausländischen Fakultäten — z. B. die Verbindung der Medizinischen Fakultät
mit Lyon und mit der Sorbonne, der Naturwissenschaftlichen und der Wirtschaftswissenschaftlichen Fakultät
mit Bonn bzw. Köln — abgeschlossen, die Gastdozenten
nach Kabul beurlauben. Einheimische Dozenten werden
von Zeit zu Zeit mit Hilfe von Stipendien zur weiteren Fortbildung ins Ausland geschickt. Die Krankenhäuser und Institute in Aliabad sind erweitert worden, und
als Beginn des groß angelegten Projektes einer vollstän-
digen Universitätsstadt sind in Aliabad vor wenigen
Jahren ein neues Vorlesungsgebäude, ein Bibliothekshaus
und ein Studentenwohnheim mit 1200 Betten — zumeist
in Zwei- bis Dreibettenzimmern untergebracht — mit
eigener Wäscherei, Bäckerei und modernem Küchen-
betrieb, der auch europäische Kost verabreicht, gebaut
worden (Taf. 14 b—d).

Wenn bisher in der Universität Kabul die Lehrtätig-
keit durchaus im Vordergrund gestanden hat, so wird
es Aufgabe der nächsten Zukunft sein, auch die wissen-
schaftliche Forschungsarbeit zu entwickeln, eine Aufgabe,
bei deren Lösung gerade die ausländischen Gastdozenten helfen sollten. Ansätze sind bereits erkennbar, und
die Gründung einiger wissenschaftlicher Zeitschriften, wie
z. B. der „Geographical Review", der zoologisch-para-
sitologisch orientierten „Science" oder des neuen „Afghan
Medical Journal", mögen auch den jungen Afghanen Impulse für die Bearbeitung wissenschaftlicher Fragen, deren
es in ihrem Lande so viele gibt, und die Veröffentlichung
ihrer Ergebnisse in einheimischen Fachzeitschriften geben.
Bei meinem letzten Besuch in Kabul habe ich sehr stark
den Eindruck gewonnen, daß sowohl die afghanischen
Dozenten als auch die Studenten wirklich von der Notwendigkeit ihrer Tätigkeit überzeugt sind und sich von
ernsthaftem Verantwortungsgefühl gegenüber den Aufgaben der Zukunft leiten lassen. Wer die Entwicklung
der Universität Kabul in 3 Jahrzehnten von ihren Anfängen bis zum heutigen Stand verfolgt und miterlebt
hat, kann an dem bisher erreichten Fortschritt nicht ohne
Anerkennung vorübergehen und wird auch der zukünfti-
gen Aufbauarbeit mit Zuversicht entgegensehen.

3. Die Universität Dschelalabad

Eine weitere Universität ist im Jahre 1963 in Dschelalabad gegründet worden. Sie ist vor allem für die
Absolventen der in den wärmeren Gegenden des Landes
befindlichen Schulen bestimmt, die ihre Abschlußprüfun-
gen im Mai ablegen und auf den Semesterbeginn in
Kabul bis zum März des kommenden Jahres warten
müßten. Als paschtu-sprachige Universität betont sie
besonders ihre Eigenart als afghanische Hochschule.

Zur Zeit der Gründung hat in Dschelalabad nur die
Medizinische Fakultät, deren Institute und Krankenabteilungen allerdings noch weiteren Ausbaues bedürfen, ihre
Unterrichtstätigkeit aufgenommen; erst in neuester Zeit
ist auch eine *Landwirtschaftliche Fakultät* eröffnet worden. Weitere Fakultäten bestehen jedoch noch nicht.

II. Die Ärzteschaft

Noch in den 30er Jahren haben in Kabul die ausländischen Ärzte, die an der Fakultät und in den Städtischen Polikliniken tätig waren, einen wesentlichen Teil auch der Stadtpraxis versehen. Daneben praktizierten bereits einige afghanische Ärzte, die im Auslande studiert hatten; diese wurden jedoch mehr und mehr in leitende Stellen der Medizinalverwaltung übernommen, die von jeher in afghanischen Händen gelegen hatte, aber von ausländischen Fachkräften beraten wurde. Die ohnehin zu kleine Zahl der praktizierenden Ärzte wurde dadurch weiterhin verringert, und der Ärztemangel war auch in den 40er Jahren selbst in der Hauptstadt noch sehr fühlbar. Ganz unzureichend aber war damals die ärztliche Versorgung in den Provinzstädten und auf dem Lande, und unsere Kranken kamen oft in mehrtägiger Reise aus weit entlegenen Orten nach Kabul, um sich hier untersuchen und behandeln zu lassen.

In den Nachkriegsjahren stieg jedoch die *Zahl der Ärzte*, wenn auch langsam, so doch stetig von Jahr zu Jahr an. Im Jahre 1955 waren etwa 200 Ärzte [500, 540], d. h. bei Annahme einer Bevölkerungszahl von damals 10—12 Millionen 1 Arzt auf 50—60 000 Einwohner, in Afghanistan tätig; für 1960 nahm WILBER [155] etwa 300 Ärzte an, und 1343 (1964/65) gab es im ganzen Lande 427 bzw. 441 Ärzte [134, 134a]. Heute hat Afghanistan nach Survey of Progress [134 a] 546 Ärzte, d. h. bei einer Bevölkerung von 15 Millionen Menschen einen Arzt auf etwa 27 500 Einwohner; es ist also im Vergleich zu anderen Ländern des Mittleren Ostens auch gegenwärtig mit Ärzten noch stark unterbesetzt [540], zumal in der angegebenen Zahl auch die für die Allgemeinpraxis kaum oder gar nicht in Frage kommenden Fach- und Krankenhausärzte sowie die Assistenzärzte enthalten sind.

Sodann ist die *Verteilung der Ärzte im Lande* äußerst ungleichmäßig. In der Provinz Kabul mit ihren 1,177 Millionen Einwohnern sind im ganzen 452 Ärzte und Assistenzärzte, d. h. auf 2600 Einwohner ein Arzt, ansässig, und da diese Ärzte fast ausnahmslos in der Stadt leben, kommt in Kabul bei Annahme einer Einwohnerzahl von 425 000 auf je 940 Anwohner ein Arzt [134, 134 a]. Stadt und Provinz Kabul sind also zahlenmäßig sehr viel besser mit Ärzten versorgt, als dem Landesdurchschnitt entspricht. Dies ist verständlich, da Kabul über die meisten Krankenhäuser im Lande verfügt und zudem das Leben in der Stadt attraktiver ist als auf dem Lande. Auch die größeren Provinzstädte wie Kandahar, Herat, Mazar-i-Scherif, Kunduz, Dschelalabad und Pol-i-Khumri sind verhältnismäßig gut mit Ärzten besetzt, während in den übrigen Provinzen, insbesondere in den entlegenen Gebirgsgegenden, nur in der jeweiligen Provinzhauptstadt ein einziger Arzt tätig ist, so daß auf dem Lande die ärztliche Versorgung immer noch unzureichend ist. Es ist aber damit zu rechnen, daß mit der Ausbildung weiterer Ärzte in Kabul nach und nach eine Besserung dieses Zustandes eintreten wird; zudem ist es infolge der raschen Entwicklung des Straßen- und Luftverkehrs schon heute möglich, Schwerkranke auch aus entlegenen Landgebieten innerhalb kurzer Zeit in die Krankenhäuser der Hauptstadt einzuweisen.

Fachärzte werden in den Universitätskrankenhäusern in Kabul ausgebildet; darüber hinaus hat die afghanische Regierung sich immer bemüht, befähigte Ärzte wenigstens für einen Teil ihrer fachärztlichen Ausbildungszeit an anerkannte Universitätskliniken des europäischen oder amerikanischen Auslandes zu entsenden.

Ausländische Ärzte, deren Zahl für das Jahr 1343 (1964/65) noch mit 30 angegeben wurde [134], sind heute in Kabul nur mehr als Lehrer an der Fakultät, als Fachkräfte an Krankenhäusern und Instituten, als Berater im Auftrage der großen internationalen Organisationen, als Botschaftsärzte und im Auftrage größerer ausländischer Firmen als Baustellenärzte tätig. Für das Jahr 1345 (1966/67) werden nach Survey of Progress [134 a] noch 11 in afghanischen Diensten stehende ausländische Ärzte angegeben. Die Arztstellen in der Provinz, soweit sie dem Gesundheitsministerium unterstehen, sind im Laufe der letzten Jahre mehr und mehr von einheimischen Ärzten übernommen worden. Eine Lizenz zur Ausübung freier Praxis in der afghanischen Bevölkerung wird ausländischen Ärzten und Beratern vertraglich nicht mehr zugebilligt; wohl aber sind sie befugt, die im Lande lebenden Ausländer in ihrer Freizeit ärztlich zu versorgen und im Auftrage ihrer Dienststellen gemeinsam mit den niedergelassenen afghanischen Ärzten Konsiliartätigkeit auszuüben.

Die Mehrzahl aller afghanischen Ärzte ist — auch in den Städten — vom Gesundheitsministerium mit Gehalt *angestellt*. Zu ihren Aufgaben gehört die Versorgung des ihnen anvertrauten Krankenhauses und der damit meist verbundenen ambulanten Sprechstunden, die in den Städten oftmals von mehr als 100 Kranken an einem Vormittag besucht werden. Hausbesuche müssen im Rahmen der vertraglichen Tätigkeit auf Anforderung gemacht werden; die Privatpraxis, die außerhalb der Dienstzeiten ausgeübt werden darf, kann zwar in den größeren Städten einträglich sein; auf dem Lande, vor allem in den armen Gebieten, stellt sie praktisch kaum eine Aufbesserung der Dienstbezüge dar.

Dabei sind aber gerade auf dem Lande die Schwierigkeiten der ärztlichen Tätigkeit auch heute noch ganz unvorstellbar. Not und Elend der zahllosen Kranken in den Dörfern, die weiten und vor allem im Gebirge oft kaum gangbaren Wege, der Mangel an sanitären Einrichtungen in den Häusern, die neben der ärztlichen Behandlung geübte Anwendung volksmedizinischer oder kurpfuscherischer Methoden, die Scheu der Kranken, insbesondere der Frauen vor den ärztlichen Untersuchungen, die bei der Untersuchung der oft noch auf dem Bodenteppich liegenden Patienten sich ergebenden Schwierigkeiten, die Vorurteile gegen die gegebenen Verordnungen und die mühevolle Beschaffung von Arzneimitteln, das alles sind Erschwerungen der Arbeit für den Arzt, die kaum zu bewältigen und auf dem Lande viel fühlbarer sind als in der Stadt. Es ist daher verständlich, daß ein Teil der jungen Ärzte wenig Neigung hat, Landstellen anzunehmen, zumal wenn auch wirtschaftlich kein entsprechender Ausgleich geboten werden kann.

Die *zukünftige Entwicklung*, die sich bereits abzeichnet, wird dahin gehen, die entlegenen Gebiete nach und nach dichter mit Regierungsärzten zu besetzen und weitere ländliche Polikliniken und Landkrankenhäuser einzurichten. Auch die fahrbaren motorisierten *Sanitätseinheiten*, die in einigen Städten stationiert sind (*s. Karte Nr. 4*), stellen, insbesondere bei Seuchenausbrüchen, bereits eine Erweiterung der ärztlichen Arbeitsmöglichkeiten dar.

Ärztliche *Standesorganisationen* nach Art unserer Ärztekammern oder ärztlichen Vereinigungen gibt es in Afghanistan bisher nicht.

Das *Apothekenwesen* untersteht gleichfalls dem Gesundheitsministerium. Das zentrale Arzneimitteldepot in Kabul beliefert die Krankenhäuser und die staatlichen Apotheken mit Medikamenten und Geräten; daneben bestehen in Kabul 57. im ganzen Lande 192 Apotheken (Stand von 1964 [114 a, 134]), die ihre Arzneien im Auslande frei einkaufen, so daß heute eine verwirrende Vielzahl von Originalmedikamenten aus den verschiedensten Ländern im Bazar angeboten wird, und der praktische Arzt tut gut, sich im Beginn seiner Tätigkeit zunächst einen Überblick über die vorhandenen Medikamente zu bilden. Ausländische Originalpräparate werden von den Kranken bei weitem bevorzugt; das in die vom Apotheker angefertigten Rezepturen gesetzte Vertrauen ist nur begrenzt. Mit der Gründung der Pharmazeutischen Fakultät im Jahre 1959 ist ein ganz entscheidender Schritt zur Verbesserung der Apothekerausbildung und damit des gesamten Apothekenwesens getan worden.

III. Die Krankenhäuser

Im Laufe der letzten Jahrzehnte sind sowohl in den Städten als auch auf dem Lande zahlreiche Krankenhäuser eingerichtet worden, deren neuere teilweise recht gut ausgestattet sind. Die überwiegende Mehrzahl der Häuser untersteht dem Gesundheitsministerium; lediglich einige Industriekrankenhäuser gehören in den Zuständigkeitsbereich des Arbeits- und Minenministeriums sowie der Textil-, der Baumwoll- oder der Erdölgesellschaft und sind für die Arbeiter und Angestellten der genannten Institutionen bestimmt (s. auch Tab. V). Die nachfolgende Zusammenstellung gibt eine Übersicht über die derzeit in Kabul und in den Provinzen vorhandenen Krankenhäuser, jedoch unter Auslassung der Militärhospitäler, über die keine statistischen Angaben veröffentlicht worden sind.

1. Die Krankenhäuser in Kabul

Das *Universitätskrankenhaus* (Männerkrankenhaus) in Kabul-Aliabad, das einschließlich der Tuberkulosestation für Männer etwa 500 Betten hat, ist gegen Ende der 30er Jahre gebaut, seither aber mehrfach erweitert worden. Fachärztliche Abteilungen für die wichtigsten Teilgebiete der klinischen Medizin sind vorhanden; die Zahl der für die einzelnen Fächer verfügbaren Betten ist jedoch, insbesondere in den kleineren Spezialabteilungen, unzureichend. Die Gebäude sind nicht mehr modern; sie sind aber arbeitsfähig und mit ihren Einrichtungen einschließlich der operativen Ausstattung und der Röntgeneinrichtung den derzeitigen Ansprüchen noch gewachsen. Die Ärzte sind überwiegend Afghanen, die teilweise in Kabul, zum Teil aber auch in Westeuropa oder Amerika und neuerdings auch in den osteuropäischen Ländern zu Fachärzten ausgebildet worden sind. Einige ausländische Dozenten, die in der Fakultät unterrichten (s. S. 21), stehen als Fachberater zur Verfügung. Schwestern und Pfleger sind in Kabul ausgebildet; die Verpflegung der Kranken ist afghanisch.

Das *Frauenkrankenhaus* ist ein alter, mehrfach umgebauter Gebäudekomplex in der Altstadt mit etwa 300 Betten. Es verfügt sowohl über eine geburtshilflichgynäkologische als auch über eine chirurgische und eine interne Station und ist infolge ständiger Ergänzung seiner

Einrichtungen auch heute noch arbeitsfähig; allerdings ist die Notwendigkeit, in absehbarer Zeit ein geräumigeres und modernes Frauenkrankenhaus zu bauen, nicht zu verkennen. Die im gleichen Gelände untergebrachte *Kinderärztliche Abteilung* steht unter der Leitung eines afghanischen Dozenten für Kinderheilkunde; im Hinblick auf die große Häufigkeit der Säuglings- und Kleinkinderkrankheiten sowie die hohe Kindersterblichkeit kommt ihr eine besondere und ständig zunehmende Bedeutung zu. Die heute in Kabul tätigen 15 Kinderärzte sind bei weitem nicht in der Lage, die gesamte, infolge der ärztlichen Aufklärungsarbeit stetig ansteigende pädiatrische Praxis zu bewältigen, und dementsprechend bedarf auch die Kinderheilkunde — d. h. klinische und poliklinische Versorgung der kranken Kinder — eines weiteren Ausbaues.

Das *Avicenna-Krankenhaus* mit seinen 110 Betten ist durch Umbau der früheren Städtischen Poliklinik im Stadtteil Tschendaol entstanden; ihm angeschlossen ist eine Privatabteilung, an der amerikanische Ärzte und Schwestern arbeiten. Die ärztliche Leitung des Hauses liegt in Händen eines afghanischen Chirurgen (Taf. 13 c).

Das neueste und modernste Krankenhaus Kabuls ist das erst vor wenigen Jahren eröffnete *Wezir Akbar-Krankenhaus* mit 180 Betten, mit neuzeitlichen Operationseinrichtungen, Röntgenstation, Physikalisch-therapeutischer Abteilung sowie mit moderner Wäscherei und einer Küche, die sowohl afghanische als auch europäische Kost verabreichen kann. Gelände und Bauweise lassen bei Bedarf Erweiterungen ohne Schwierigkeiten zu. Tschechische Fachärzte, deren Ehefrauen teilweise gleichfalls — als Assistentinnen, Schwestern oder Gymnastinnen — im Krankenhause tätig sind, arbeiten in den einzelnen Abteilungen; der Chefarzt ist wiederum ein afghanischer Kollege.

Das *Geburtshilfliche Krankenhaus* im Stadtteil Schararah, früher gleichfalls Städtische Poliklinik, mit seinen 65 Betten steht im Dienst der Hilfsorganisation „Mutter und Kind" *(rozantoon)* und ist gleichfalls durch mehrfache Erweiterungsbauten zu einem arbeitsfähigen Komplex gestaltet worden. Seine Aufgaben und Leistungen werden S. 26 besprochen.

Die beiden *Tuberkulose-Krankenhäuser* in Aliabad, eines für Männer (100 Betten) und eines für Frauen und Kinder (67 Betten), sind ältere Anlagen, in denen überwiegend konservative Therapie getrieben wird.

Die *Gesamtzahl* der in Kabul vorhandenen *Krankenbetten* hat sich von 919 im Jahre 1338 (1959/60) auf 1147 im Jahre 1342 (1963/64) entwickelt und dürfte heute, wenn man noch die Bettenstation im Armenhaus, die Krankenabteilung des Arbeitsministeriums. des „Institute of Technology", der Gefangenenanstalt und die kleinen Landkrankenhäuser in Paghman und Mirbachakot einbezieht, etwa 1400 betragen [133, 134, 134 a, 482]; d. h. es kommt, wenn man nur die Einwohnerzahl der Stadt berücksichtigt, auf etwa 300 Einwohner ein Krankenbett und, wenn man als Einzugsgebiet die Provinz ansetzt, auf etwa 840 Einwohner ein Bett. Da aber die Kranken de facto aus allen Landesteilen zur Behandlung nach Kabul kommen, dürfte die angegebene Zahl der Krankenbetten keineswegs zu hoch, wenn überhaupt ausreichend sein.

Außerdem verfügt Kabul über eine gleichfalls dem Gesundheitsministerium unterstehende *Zentralpoliklinik*, in der von mehreren Fachärzten vormittags ambulante

Sprechstunden gehalten werden, die regelmäßig einen starken Zulauf haben. Zahlen über die heutige Krankenfrequenz sind mir nicht bekannt geworden; in früherer Zeit, d. h. Ende der 30er und Anfang der 40er Jahre, hatten wir in jeder unserer 3 Städtischen Polikliniken, die inzwischen anderen Zwecken zugänglich gemacht worden sind, an manchen Tagen weit über 100 Kranke an einem Vormittag zu versorgen, und die Gesamtzahl unserer Patienten betrug im Jahr über 23 000 [264], obwohl auch damals neben den Städtischen Institutionen bereits die staatliche Poliklinik mit ihrem gleichfalls sehr starken Durchgang an Kranken bestand. Im Jahre 1964 wurde die Errichtung eines Neubaues für die Zentralpoliklinik, die längst zu klein und unmodern geworden war, geplant. Es ist anzunehmen, daß der Bau inzwischen begonnen worden ist und möglicherweise bereits vor der Vollendung steht.

Wenn die in Kabul lebenden Europäer und anderen Ausländer sich bisher den afghanischen Krankenhäusern nur ungern anvertrauen, so darf man ihnen dies nicht verargen. Es ist natürlich, daß der Kranke sein Vertrauen zunächst dem Arzt seines eigenen Landes entgegenbringt, der seine Sprache spricht, der wie er empfindet und zu dem er bald den für eine erfolgreiche Behandlung so notwendigen persönlichen Kontakt findet. In den Krankenhäusern Kabuls, die naturgemäß in erster Linie für afghanische und nicht für ausländische Kranke gebaut und eingerichtet worden sind, bringen die ungewohnte Ernährung und die Pflege durch die in der Regel nur persisch sprechenden Schwestern wohl die entscheidenden Belastungen für den landfremden Kranken mit sich. Im neuen Avicenna- und im Wezir Akbar-Krankenhaus wird diesen Schwierigkeiten schon so weit wie möglich Rechnung getragen; trotzdem ist es manchem europäischen Patienten noch schwer, sich in die Atmosphäre eines afghanischen Krankenhauses einzuleben, sofern er nicht mit den Landesgewohnheiten eng vertraut ist. Zudem stehen auch bei der afghanischen Bevölkerung die europäischen und amerikanischen Kliniken in hohem Ansehen, und wohlhabende Afghanen reisen auch heute noch gern ins Ausland, insbesondere wenn schwierige Operationen notwendig werden, und dementsprechend sollte man es auch dem Ausländer nicht verübeln, wenn er den Wunsch hat, in Krankheitstagen eine europäische oder amerikanische Krankenanstalt oder doch den Arzt seines Landes aufzusuchen. Wir sind aber überzeugt, daß mit fortschreitender Entwicklung auch die Ausländer mehr und mehr Vertrauen zum afghanischen Krankenhaus und seiner Atmosphäre gewinnen werden.

2. Die Provinzkrankenhäuser

Die *größeren Provinzhauptstädte* wie Herat oder Kandahar verfügen gleichfalls über Männer- und Frauenkrankenhäuser, die zwar zumeist alt, aber mit den notwendigsten Einrichtungen wie Röntgengerät, Laboratorium, Operationsraum und Zahnstation ausgestattet und damit arbeitsfähig sind. Dagegen ist das von der Baumwoll-Gesellschaft in Kunduz erbaute Spinzar-Krankenhaus (*spinzar* = weißes Gold, d. h. Baumwolle) gut eingerichtet, und das Krankenhaus in der neuen Stadt Lashkargah, das wir 1964 kurz vor seiner Eröffnung sahen, machte einen ganz neuzeitlichen Eindruck, so daß offensichtlich auch die Entwicklung der Krankenhäuser in den Provinzstädten von der afghanischen Regierung in wirksamer Weise gefördert wird.

Die Zahl der *Landkrankenhäuser* in den *kleinen Orten* ist so weit vermehrt worden, daß heute jede Provinz wenigstens über ein kleines Krankenhaus — und sei es nur eines mit 10—20 Betten — verfügt. Allerdings lassen die *älteren* dieser Häuser nahezu jede Einrichtung vermissen. Operationsräume, Laboratorien und Mikroskope fehlen, und mancherorts stehen nur einfache ländliche Bauten zur Verfügung, in denen der einzige ansässige Arzt lediglich klinische Untersuchungen mit Hörrohr und Fieberthermometer und die einfachsten medikamentösen Behandlungen sowie die notwendigen Impfungen und allenfalls einige therapeutische Injektionen durchführen kann. Er kann zwar Schwerkranke jederzeit nach Kabul überweisen; für ihn selbst ergibt sich aber kaum eine befriedigende ärztliche Arbeit und keine Möglichkeit, sich eigene Erfahrungen anzueignen oder sich fachlich fortzubilden.

Dagegen sind die *neu erbauten Provinzkrankenhäuser* teilweise sehr gut ausgestattet. Das 1964 eröffnete Krankenhaus in der Provinz Logar (Taf. 13 d) ist mit der Aufteilung in Bettentrakt, Poliklinik, Operationsabteilung, Röntgenstation und Laboratorium ein richtunggebendes Beispiel für die weitere Entwicklung derartiger Landkrankenhäuser. Für die jungen afghanischen Ärzte muß es eine Freude sein, in einem solchen Rahmen arbeiten zu dürfen; allerdings sind, wenn die vorhandenen Apparaturen und Einrichtungen sinnvoll ausgenützt werden sollen, vielseitig und gründlich ausgebildete Ärzte notwendig.

Die *Karte Nr. 4* zeigt *Lage und Verteilung* der derzeit in Afghanistan vorhandenen Krankenhäuser. Naturgemäß findet sich die Mehrzahl der Krankenhäuser und Polikliniken in den dicht besiedelten Gebieten der Provinz Kabul, im Osten des Landes und in den größeren Städten Kandahar, Herat und Mazar-i-Scherif, die zugleich die wichtigsten Aufbau- und Entwicklungszentren des Landes sind, und auch die in den letzten Jahren neu erbauten Krankenhäuser sind überwiegend in den wirtschaftlich bedeutungsvollen Aufbauzentren errichtet worden, wie z. B. in Lashkargah, im Logartal oder in der Provinz Paktia. Dagegen stehen für die in den dünn besiedelten Gebirgen lebenden Einwohner bisher nur wenige kleine Krankenhäuser zur Verfügung, so daß die Bevölkerung der Zentralgebirge vorerst noch darauf angewiesen ist, in Krankheitstagen weite Wege zu Fuß, mit Pferd oder auf dem Esel bis zur nächsten ärztlichen Sprechstunde zurückzulegen, sofern nicht Kraftwagenverbindungen bestehen. Die Landgemeinden bedürfen in Zukunft dringend weiterer Krankenhäuser (s. auch S. 23).

Die *Gesamtzahl der Krankenbetten im Lande* wurde für das Jahr 1338 (1959/60) mit 1654 und für das Jahr 1343 (1964/65) mit 2271 angegeben [115, 133, 134]. Nach der in Tab. V gegebenen Aufstellung verfügt das Land gegenwärtig bereits über etwa 2730 Krankenbetten [482]*. Allerdings ist, entsprechend der ungleichmäßigen Verteilung der Krankenhäuser, auch das Zahlenverhältnis Krankenbett pro Einwohner in den einzelnen Provinzen noch sehr unterschiedlich. Die Entwicklung der letzten Jahre zeigt aber, daß die afghanischen Gesundheitsbehörden viel dazu getan haben, die Zahl der Betten auch in den Provinzen zu vermehren, und

---

* Die oben angegebene Bettenzahl liegt etwas höher als die in Surv. Progr. [134, 134 a] mitgeteilte, da einige Spezialabteilungen, die in Stat. Rep. [482] genannt sind, sowie einige Neugründungen aus dem Jahre 1967 bereits berücksichtigt sind.

man darf hoffen und erwarten, daß diese Entwicklung im Zuge der zahlreichen im Lande begonnenen Aufbauarbeiten auch in Zukunft anhalten wird.

IV. Der Öffentliche Gesundheitsdienst

Die Hygienebedingungen waren bis in die Neuzeit hinein unzureichend [155, 202, 204, 399, 457] und sind es in den alten Stadtvierteln und auf dem Lande noch heute. Die vielfachen Verunreinigungen des Gebrauchs- und Trinkwassers sowie der in den Bazaren offen ausliegenden Nahrungsmittel, die unzulänglichen Latrinen und das Fehlen von Kanalisationen begünstigen epidemische Ausbrüche zahlreicher Infektionskrankheiten, deren Bekämpfung und Verhütung gleichermaßen wichtig ist. Alte Überlieferungen nicht nur im Gebrauch des Wassers, sondern auch auf dem Gebiet der Ernährung sowie der Säuglings- und Kleinkinderpflege sind mit modernen Hygienevorstellungen längst nicht mehr vereinbar und bedürfen dringend einer grundlegenden Berichtigung. So ist die Entwicklung der *Öffentlichen Gesundheitspflege* in neuerer Zeit gleichfalls eines der großen Anliegen der afghanischen Regierung geworden. Einige der wichtigsten Institutionen des heutigen Gesundheitsdienstes, ihre Aufgaben und Arbeitsmethoden sollen nachstehend kurz besprochen werden; die Maßnahmen der speziellen Infektionsabwehr, z. B. Pockenschutz (s. S. 49), Malaria- (s. S. 35), Tuberkulose- (s. S. 51) oder Cholerabekämpfung (s. S. 45) werden bei der Darstellung der zugehörigen Krankheiten erörtert.

1. Die Organisation „Mutter und Kind"

Die Gründung der mit großzügiger Hilfe von WHO und UNICEF entwickelten Organisation „Mutter und Kind" *(rozantoon)* ist zweifellos einer der wichtigsten Schritte, die die afghanische Regierung zur Besserung der Volksgesundheit unternommen hat. Die völlige Unkenntnis der meisten, insbesondere der ganz jungen Frauen auf dem Gebiet der Vorsorge während der Schwangerschaft, die oftmals zu Sturzgeburten und schweren Dammrissen führenden Entbindungen in der Hockstellung, die Anwendung ungeeigneter Manipulationen zur Behandlung der Geburtskomplikationen oder der Sterilität [213], das unsterile Arbeiten der früher ganz ungenügend ausgebildeten Hebammen sowie das Einbinden der Säuglinge, das zur Wärmestauung und damit zum Tod der Kinder führen konnte, das übermäßig lange und doch meist ungenügende Stillen und die Unkenntnis moderner Ernährung und Pflege der Säuglinge zeigen, wie sehr die afghanischen Frauen noch bis in die Gegenwart hinein in alten Gewohnheiten und Überlieferungen — sehr zum Schaden von Mutter und Kind — verhaftet sind.

Aufgabe der neuen Organisation sollte es sein, hier grundlegend Wandel zu schaffen, d. h. die Frauen schon während der Schwangerschaft zu beraten und auf die Entbindung vorzubereiten, die Entbindungen nach modernen und ärztlich vertretbaren Gesichtspunkten durchzuführen, die jungen Mütter über Ernährung und Pflege des Säuglings zu unterweisen und zugleich auch Hebammen für den Dienst in der Stadt und in der Provinz auszubilden.

Daß mit einer derartigen Institution sehr ernsthaft in alte Überlieferungen eingegriffen werden mußte, war den Gründern von vornherein klar, und daß bisher die

Frauen ihre Entbindungen fast ausnahmslos in ihren Wohnungen, aber kaum je in einer Klinik vornahmen, war gleichfalls bekannt. So fing die Organisation im Jahre 1329 (1950/51) mit nur 6 Betten im Krankenhaus Schararah, einer der früheren Städtischen Polikliniken, ihre Tätigkeit an. Als erste WHO-Expertin wurde eine dänische Frauenärztin gewonnen, die mit unermüdlicher Ausdauer die Beratung der Frauen, die Leitung der Geburten, die Belehrung der Mütter über richtiges Wickeln der Kinder in Windeln, Ernährung und Brustpflege sowie auch die Ausbildung der ersten Hebammen durchgeführt hat, und das Krankenhaus Schararah, inzwischen mehrfach erweitert und umgebaut, wurde im Laufe der Jahre zum Zentrum der *Rozantoon*-Organisation entwickelt.

Heute ist ein afghanischer, in den USA ausgebildeter Frauenarzt Präsident der *Rozantoon*-Organisation und Chefarzt des Krankenhauses; Oberschwester war zur Zeit meines letzten Besuches — ein besonders gutes Beispiel für die Bereitschaft auch der Oberschichten, am Aufbau des modernen Afghanistan aktiv mitzuarbeiten — eine Angehörige der königlichen Familie. Beiden zur Seite stehen 7 afghanische Ärzte und mehrere dort bereits ausgebildete Schwestern und Hebammen; amerikanische Fachkräfte stehen im Auftrag von UNICEF beratend zur Verfügung. Operative Geburtshilfe wird jederzeit bei Bedarf geleistet; Kaiserschnittentbindungen sind bei der großen Zahl enger Becken an der Tagesordnung. Die Bettenzahl konnte schon in den 50er Jahren auf den heutigen Stand — 50 Entbindungsbetten und 15 Betten für gynäkologisch Kranke — gebracht werden, und die Zahl der Entbindungen hat von 104 im Jahre 1330 (1951/52) auf 1458 im Jahre 1342 (1963/64), die Gesamtzahl der Patientinnen von jährlich 139 auf 1946 in der gleichen Zeit zugenommen. Während früher die große Mehrzahl aller Entbindungen in Kabul ohne jede fachliche Hilfe vor sich ging, werden heute etwa 30% aller Entbindungen im Krankenhaus und weitere 20% unter fachlicher Hilfe einer ausgebildeten Hebamme im Hause der Schwangeren ausgeführt. 50% aller Entbindungen werden allerdings auch heute noch ohne jede fachliche Kontrolle und großenteils auch ohne die notwendigen hygienischen Maßnahmen vorgenommen [282, 386].

Für eine unkomplizierte Entbindung wird mit einem Krankenhausaufenthalt von etwa 6 Tagen gerechnet; in dieser Zeit werden die Mütter über die oben angegebenen Gebiete der Säuglingspflege sowie über das Nähen von Säuglingskleidung unterrichtet, und auch nach dem Verlassen des Krankenhauses dürfen die Frauen sich mit ihren Säuglingen wieder vorstellen, um ärztlichen Rat, Milch oder Nährmittel so lange in Empfang zu nehmen, bis die Kinder an den Pädiater verwiesen werden.

Hebammen wurden vor dem Kriege im Frauenkrankenhaus von einer deutschen Oberschwester geschult; heute werden sie im Krankenhaus Schararah in dreijähriger Unterrichtszeit ausgebildet. Bisher — Stand von 1964 — haben 125 Hebammen die Ausbildung abgeschlossen, von denen die in Kabul ansässigen zumeist auch nach Beendigung ihrer Schulzeit im Beruf tätig bleiben, während die auf dem Lande lebenden Mädchen in der Regel nach der Heirat dem Beruf verlorengehen.

Berücksichtigt man, welche Schwierigkeiten beim Aufbau der gesamten Institution zu überwinden waren, so muß der in wenigen Jahren erzielte Erfolg überraschen, und es ist erstaunlich zu erfahren, daß neuerdings neben der Zentralstelle in Kabul 7 weitere Beratungsstellen, diese allerdings nur für ambulante Sprechstundenbesuche, eingerichtet worden sind. Darüber hinaus sind auch in den Krankenhäusern der größeren Provinzstädte mehrere *Rozantoon*-Einheiten eröffnet worden, die in der *Karte Nr. 4* als „Maternity-Stationen" verzeichnet sind.

2. Das Vaccine-Zentrum

In den 30er und 40er Jahren hat das damals unter der Leitung des türkischen Bakteriologen Prof. Dr. BERKE stehende *Bakteriologische Laboratorium* in Kabul-Darulfunun erstmalig Pocken-, Cholera-, Fleckfieber-, Typhus-, Paratyphus- und auch Tollwutimpfstoffe hergestellt [202, 203], so daß schon damals bei Epidemiegefahr teilweise mit landeseigenen Impfstoffen gearbeitet werden konnte, die zum Zweck des Seuchenschutzes stets unentgeltlich abgegeben wurden. An der erfolgreichen Bekämpfung der Choleraepidemien von 1938 und 1939 (s. S. 44) hatte das kleine Institut durch die Herstellung der für Massenimpfungen erforderlichen Vaccinemengen bereits hervorragenden Anteil.

Bei dem ständig anwachsenden Bedarf an Impfstoffen erwiesen sich jedoch die Einrichtungen des Hauses schließlich als unzureichend, und so faßte das afghanische Gesundheitsministerium im März 1955 den Plan, eine Neueinrichtung für das Institut zu beschaffen, die mit Mitteln der WHO finanziert wurde, und Ende 1956 konnte in dem nunmehr erweiterten und modernisierten *Vaccine-Zentrum* die Produktion von Impfstoffen anlaufen.

Das neue Institut hat bereits 1960 für den Choleraschutz etwa 2,7 Millionen Portionen Impfstoff geliefert [134]; im Jahre 1342 (1963/64) hat es für mehr als 2,85 Millionen Menschen Pockenimpfstoff, etwa 300 000 Portionen Fleckfiebervaccine, 56 275 Dosen Tollwutimpfstoff (nach [134] jedoch 46 000), sowie 60 000 ml Choleravaccine geliefert [133, 134], und 1965 ergab sich wiederum Gelegenheit, das neue Vaccine-Zentrum durch Herstellung der erforderlichen Impfstoffe an der Bekämpfung der im N des Landes ausgebrochenen Cholera zu beteiligen. Bei den letzten Cholera- und Pockenepidemien in E-Pakistan hat das Kabuler Vaccine-Zentrum je 100 000 Portionen Pocken- und Choleraimpfstoff in die befallenen Gebiete geliefert [478]. So ist das Institut, das übrigens neuerdings auch Impfstoffe für veterinärmedizinische Zwecke in großem Maße herstellt, in kurzer Zeit sowohl im Lande als auch darüber hinaus zu Ansehen und Bedeutung gelangt; SMITH [478] nennt es mit Recht „a national pride".

3. Das Public Health Institute

Der Bau eines *Public Health Institute* in Kabul, dessen Aufgabe zunächst die Klärung epidemiologischer Eigenarten der im Lande auftretenden Krankheiten und die Ausbildung der für die Gesundheitspflege benötigten Fachkräfte sein sollte, wurde bereits im Jahre 1956 geplant [386, 543]. Das Haus ist mit Mitteln der WHO [532] und Hilfe der Bundesrepublik Deutschland gebaut und Ende 1962 eröffnet worden. Die Zahl der eingerichteten Abteilungen zeigt aber, daß der Aufgabenbereich des Institutes schon jetzt sehr viel umfangreicher ist, als er ursprünglich geplant war; er umfaßt praktisch alle wichtigen Gebiete der Öffentlichen Gesundheitspflege, und das Institut soll sowohl mit den Kran-

kenhäusern und den praktischen Ärzten in Stadt und Land als auch mit den Spezialinstituten, wie z. B. dem Institut zur Malariabekämpfung oder dem Tuberkulosezentrum, möglichst eng zusammenarbeiten (Taf. 14 a).

Das Haus enthält eine *Abteilung für Mikrobiologie* mit Sektionen für Bakteriologie, Immuno Serologie, Parasitologie, Entomologie und Hämatologie, eine *Abteilung für Biochemie und Ernährungskunde* mit Sektionen für Nahrungsmittelprüfung, Wasseranalysen, Prüfung von Arzneimitteln und Drogen sowie einer Sektion für biochemische Arbeiten, ferner eine *Abteilung für Epidemiologie und Krankheitsstatistik*, die die Meldungen über die im Lande auftretenden Infektionskrankheiten statistisch und epidemiologisch auswertet und damit auch die Grundlagen für die Seuchenbekämpfung schafft. Die Abteilung *Mother and Child Health* — nicht identisch mit der bereits besprochenen *Rozantoon*-Organisation, aber in engem Kontakt mit ihr stehend — soll Probleme der Kinderpflege sowie der Schwestern- und Hebammenausbildung bearbeiten, und die *Abteilung für Public Health Administration* befaßt sich mit den Fragen der Ausbildung auf dem Gebiet der Öffentlichen Hygiene; angeschlossen ist eine besondere Sektion für die wichtige Umwelt- und Gewerbehygiene. Als besondere *Abteilung* wird die *Blutbank* geführt, die die Krankenhäuser in Kabul und den größeren Provinzstädten mit Blutkonserven versorgt, und neuerdings ist auch eine veterinärmedizinische Abteilung angeschlossen worden. die vor allem virologische Probleme bearbeiten soll [7, 386, 543].

Seit 1963 sind am Institut (Abteilung für Mikrobiologie) Experten der WHO tätig. Die Bundesrepublik Deutschland hat eine, bis Anfang 1968 von einem Hamburger Mikrobiologen geleitete Arbeitsgruppe entsandt, die auf den Gebieten der Lebensmittelhygiene, der tierärztlichen Virologie, der klinischen Chemie und Mikroskopie, der Arzneimittelprüfung und — in Zusammenarbeit mit der Wasserwirtschaftsgruppe — auch auf dem Gebiet der Trinkwasserüberwachung tätig ist; auch die Blutbank ist bis 1965 von einem westdeutschen Facharzt betreut worden. Die Zusammenarbeit mit dem Hygiene-Institut Hamburg ist durch eine Vereinbarung geregelt, deren zukünftige Weiterführung ein dringendes Anliegen beider Partner ist. UNICEF hat Laboratoriumseinrichtungen, Lehrmittel, Fachbücher und Zeitschriften zur Verfügung gestellt; außerdem hat die WHO 13 Ausbildungsbeihilfen (je 4 für „Public Health", Epidemiologie und Laboratoriumstechnik, 1 für Bibliothekwesen) an junge Afghanen vergeben, die im Auslande für ihre spätere Tätigkeit im Dienst des afghanischen Gesundheitswesens geschult werden sollen [543].

Von den zahlreichen Aufgaben des Instituts soll hier als eine der wichtigsten nur die *Überprüfung der Wasserversorgung* besonders erwähnt werden. Chemische Wasseranalysen werden in der Abteilung für Biochemie und Ernährungskunde (Section of Water and Sewage) ausgeführt; es können aber auch bakteriologische Untersuchungen des Gebrauchswassers, d. h. des Paghmanwassers (s. S. 15), der in der Stadt und in den Vorstädten gebohrten, meist nur Oberflächenwasser liefernden Brunnen und der mit Ausweitung der Stadt neu angelegten Wasserzufuhren vorgenommen werden [386]. Der teilweise hohe Gehalt des Wassers an Coli-Bakterien, vor allem in den gebohrten Brunnen, macht derartige Kontrollen von Zeit zu Zeit unbedingt notwendig. Allerdings sind die Infektionsgefahren wesentlich mehr in den durch

die Stadt fließenden offenen Gräben zu suchen, deren
stets stark verunreinigtes Wasser eigentlich zum Spren-
gen der staubigen Straßen benützt werden soll, das aber
auch zum Benetzen von Früchten und zum Spülen von
Salaten und Rohgemüsen verwendet wird.

So hat das Institut in kurzer Zeit einen äußerst
wichtigen, in die Zukunft weisenden Aufgabenbereich
gefunden, und es ist zu hoffen, daß eines Tages das
reichhaltige anfallende Material auch wissenschaftlich
ausgewertet werden kann. Der Bericht über den Choleraausbruch vom Jahre 1965 ist bereits auf Grund der im
Institut eingegangenen Meldungen ausgearbeitet worden
[160] und zeigt, wie wichtig eine exakte Krankheits-
meldung für die Erkenntnis epidemiologischer Zusammenhänge und damit auch für die Seuchenbekämpfung
ist.

4. Der Rote Halbmond

Die dem zivilen Roten Kreuz entsprechende afghanische Organisation ist der *Rote Halbmond* (Red Crescent; *Afghani Sera Miasht*, d. h. Afghanischer Roter
Mond), deren Zentrale in Kabul ansässig ist, die aber
im Lande im ganzen 18 Zweigstellen in verschiedenen
Provinzstädten unterhält *(s. Karte Nr. 4)*. Die Organisation hat bei zahlreichen Unfällen und Katastrophen-
ereignissen, insbesondere bei den in den Fruchttälern der
Flüsse so häufigen Überschwemmungen und bei Berg-
stürzen, wertvolle Hilfe geleistet. Im Jahre 1967 ist sie
bei mindestens 10 Hochwasserkatastrophen zum Einsatz
gekommen und hat die Einwohner der betroffenen Gebiete mit ärztlicher Hilfe, Arzneien, Nahrungsmitteln,
Kleidung und Decken, aber auch mit Geldspenden unterstützt. Zudem unterhält der Afghanische Rote Halbmond
im Lande mehrere ärztliche Sprechstunden für Bedürftige.

Einmal im Jahr wird im Rahmen einer Aufklärungs-
woche mit Vorträgen, Lehrveranstaltungen und Darbie-
tungen um Mitgliedschaft und Geldspenden für die so
wichtige und uneigennützige Arbeit der Gesellschaft im
ganzen Lande geworben.

Der afghanische Rote Halbmond unterhält Kontakte
mit den entsprechenden Organisationen der Nachbarländer sowie zur Liga der Rotkreuzgesellschaften in Genf
und gewinnt in der Gesundheitspflege des Landes ständig
zunehmende Bedeutung [162, 386].

5. Industrie- und Gewerbehygiene

Der Aufbau der jungen Industrie des Landes bringt
bereits jetzt das Problem einer *gewerbeärztlichen Aufsicht* und der Betreuung erkrankter Arbeiter und An-
gestellter mit sich. Die Textilgesellschaft unterhält schon
seit Jahren in Pol-i-Khumri, in Djebel-uz-Seradj und
neuerdings auch in Gulbahar ein Krankenhaus für ihre
Werksangehörigen, die Baumwollgesellschaft hat in Kunduz das neue Spinzar-Krankenhaus gebaut (s. S. 25),
und das Arbeitsministerium sowie die Ölgesellschaft
haben kleinere Krankenabteilungen bei ihren Arbeits-
stellen eingerichtet (s. Tab. V). In Gulbahar sind zur
Betreuung der Arbeiter nicht nur Wohnhäuser, sondern
auch Schule, Erholungsstätten und Moschee gebaut worden [75], so daß die Textilsiedlung Gulbahar eine moderne, in sich geschlossene Anlage mit sozialer Note darstellt, die vielleicht ein Beispiel für künftige Gründun-
gen ähnlicher Art sein kann.

Mit zunehmender Industrialisierung wird aber die
werksärztliche Tätigkeit innerhalb der Betriebe steigende

Bedeutung gewinnen, und wenn auch das Industrie- und
Bergbauministerium bereits seit mehreren Jahren eine
Abteilung für Gewerbehygiene unterhält, so bedürfen
doch der planmäßige Unfallschutz und eine nach modernen Gesichtspunkten arbeitende Gewerbehygiene, in
deren Bereich auch die vielen kleinen Heimbetriebe einbezogen werden müßten, noch weiteren Ausbaues.

6. Krankenversicherungen

Die erste Krankenversicherung hat die Banke-Millie
in Kabul für ihre Angestellten eingerichtet; sie gewährt
gegen einen geringen Abzug vom Gehalt freie ärztliche
Untersuchung und Behandlung sowie eine recht groß-
zügige Versorgung mit Arzneimitteln. Die Bank hat
jahrelang einen hauptamtlich tätigen europäischen Ver-
tragsarzt für eine Behandlung ihrer Angestellten und
deren Angehörigen beschäftigt, der erst in den 50er Jahren durch einen afghanischen Kollegen ersetzt wurde.

In ähnlicher Weise haben die Industriegesellschaften
eine Krankenversicherung eingerichtet, und auch den bei
den verschiedenen Ministerien tätigen Beamten und Angestellten wird gegen Abzug von 3% ihres Gehaltes
freie ärztliche Behandlung zugesichert [399]. Da die Ge-
haltsabzüge nur gering, die Arzneien, insbesondere die
aus dem Ausland eingeführten Originalpräparate teuer
sind, trägt die jeweilige Behörde die Hauptlast der
Krankenversicherung für ihre Arbeitnehmer, und es ist
nur natürlich, daß eine so betont soziale Krankenhilfe,
bei der die Lasten fast ganz auf den Versicherungsträger
entfallen, auch ihre Gefahren in sich birgt. Andererseits
sind die Gehälter zumeist nicht hoch, so daß die wirtschaftliche Lage für die große Mehrzahl der Arbeitnehmer die Notwendigkeit einer großzügigen und wirksamen Krankenfürsorge nach sich zieht.

Auf die Werkskrankenhäuser der Industriegesellschaften in Pol-i-Khumri, Kunduz und Gulbahar wurde
bereits verwiesen.

7. Sonstige Einrichtungen

Das *Schulärztewesen* hat während der letzten Jahre
mancherlei Fortschritte gemacht. Überwachung der Kinder auf Tuberkulose, Unterernährung, Avitaminosen und
Zahnschäden gehören zum schulärztlichen Dienst, und
Schutzimpfungen werden gleichfalls durchgeführt [399,
457].

Kindergärten stehen Kindern vom 4. Lebensjahr bis
zum schulpflichtigen Alter offen; die Kinder werden
vor der Aufnahme ärztlich untersucht und laufend über-
wacht. Kabul hatte bisher 2 mit Hilfe von UNICEF
eingerichtete Kindergärten; ein weiterer ist im Herbst
1967 in Kandahar eröffnet worden. Milchpulver, Nährmittel, Vitaminpräparate und auch Seife werden vom
„Welfare Centre" kostenlos an bedürftige Kinder abgegeben [457].

Das *Armenhaus* in Kabul *(marastoon)*, das in erster
Linie Bettler aufnimmt, unterhält Werkstätten, in denen
die Insassen angelernt werden, einfache Arbeiten zu verrichten. Eine Krankenabteilung mit 15 Betten (s. Tab. V)
und ein ambulanter ärztlicher Dienst mit regelmäßiger
Überwachung der Insassen und Behandlung der Kranken sind vorhanden [457].

Dagegen kommt in Afghanistan den *Waisenhäusern*
bisher eine nur geringe Bedeutung zu, da die Waisen-
kinder bei dem ausgeprägten Familiensinn der afghanischen Bevölkerung und den weit verzweigten Verwandt-

schaften fast immer irgendwo in der engeren oder weiteren Familie Aufnahme finden [155, 457].

Überblickt man abschließend diese Zusammenstellung der wichtigsten Einrichtungen der Öffentlichen Gesundheits- und Wohlfahrtspflege, so läßt sie, obwohl sie keineswegs Anspruch auf Vollständigkeit erhebt, eine sehr fortschrittliche Entwicklung erkennen, die in den letzten Jahren erfolgreich angelaufen ist. WHO und UNICEF haben wertvolle Impulse sowie materielle und personelle Hilfe gegeben; ihre Experten haben gemeinsam mit einheimischen Fachkräften den Aufbau der genannten Institutionen vorangetrieben und damit äußerst segensreiche Einrichtungen geschaffen. Daß bei der Realisierung der umfassenden Pläne oftmals die Personalfrage schwerer zu lösen ist als die Beschaffung der Geldmittel und die Erstellung der Bauten, ist verständlich, wenn man bedenkt, auf wie vielen Gebieten zugleich der Aufbau des Landes vorangetrieben werden soll, und die Ausbildung von zuverlässigen Fachkräften kann mit der heutigen Entwicklung kaum Schritt halten. Andererseits ist auf dem Gebiet der Gesundheits- und Wohlfahrtspflege für die seit Aufhebung der Verschleierung mehr und mehr ins Berufsleben strebenden Frauen ein weites Feld der Betätigung gegeben, und da die jungen Afghaninnen sehr geneigt sind, soziale Berufe zu ergreifen, ist zu hoffen, daß in Zukunft auch ausreichend Hilfskräfte für dieses so wichtige Gebiet verfügbar sein werden.

C. Die Krankheiten des Landes

Die geographisch-klimatologische Übersicht hat gezeigt, daß Afghanistan ein arides, teilweise auch semiarides Land ist. Die kahlen Gebirge, die trockenen Steppen und Wüsten, die lockeren, wasserdurchlässigen Alluvialböden der meisten Fruchtoasen, die rasch dahinströmenden Gebirgsflüsse sowie die geringen Niederschlagsmengen, die intensive Einstrahlung und die starke Evaporation sind für die Ausbreitung mancher Infektionen zweifellos ungünstig, so daß Afghanistan nicht unserer Vorstellung von einem „Seuchenland" entspricht; zum mindesten schaffen die naturgegebenen Eigenarten andere epidemiologische Bedingungen, als das feucht-tropische Tiefland sie bietet. *Diese an den Raum gebundenen Besonderheiten der Krankheitsausbreitung aufzuzeigen, ist Aufgabe der weiteren Darstellung.*

Es ist nicht beabsichtigt, alle im Lande vorkommenden Krankheiten zu besprechen. Manche sind für die geomedizinische Analyse unwesentlich; andere sind statistisch nicht genügend erfaßt, und es werden daher nur diejenigen Krankheiten — zumeist Infektionen — abgehandelt, die für die angedeutete geomedizinische Betrachtung wesentlich sind.

Auf die Notwendigkeit, Vergleiche mit den geographisch und klimatisch gleichartigen oder doch ähnlichen Nachbarländern anzustellen, um die Einheit des gesamten iranisch-turanischen Hochlandes auch auf epidemiologischem Gebiet darzustellen, wurde bereits hingewiesen (S. 1). Zudem wird es überall da, wo afghanische Angaben fehlen oder ungenügend sind, erforderlich sein, Daten aus den Nachbarländern zur Beurteilung des epidemiologischen Geschehens in Afghanistan heranzuziehen.

Auch die Grenzen der Auswertbarkeit statistischer Angaben sind bereits hervorgehoben worden (s. S. 1). Die beigefügten Krankheitstabellen gründen sich zumeist auf die WHO-Wochenberichte, die aber aus den früher bereits angegebenen Gründen gelegentlich nur unvollständige Erkrankungszahlen wiedergeben können. Die Meldungen bringen in der Regel die Zahl der ärztlich versorgten oder in Krankenhäusern behandelten Kranken, die aber gerade in Epidemiezeiten manchmal nur einen geringen Teil aller Befallenen ausmachen. Erst in neuerer Zeit ist mit der Neugründung mehrerer Provinzkrankenhäuser auch die statistische Erfassung einzelner Krankheitsfälle besser geworden. Kleine Differenzen zwischen Wochen-, Monats-, Quartals- und Jahres-abschlußmeldungen lassen sich ohne weiteres aus dem verspäteten Eingang von Nachmeldungen einzelner Verdachtsfälle oder anderen Berichtigungen erklären.

Diese Einschränkung der Bewertbarkeit zahlenmäßiger Angaben ist aber nicht entscheidend, da es gilt, die Seuchendynamik und nicht die absolute Zahl der Fälle als solche darzustellen, und wenn auch die verfügbaren Einzelangaben nicht immer exakt sein mögen, so lassen die mitgeteilten Tabellen und Kurven doch erkennen, ob eine Krankheit im Laufe der Berichtsjahre zu- oder abgenommen hat, ob größere Epidemien verzeichnet worden sind, ob besondere jahreszeitliche Abhängigkeiten des Auftretens bestehen und ob sich unter den eingeleiteten Bekämpfungsmaßnahmen die Seuchenlage grundlegend geändert hat.

Es muß aber bei der Beurteilung der im Lande vorkommenden Krankheiten noch ein weiterer Vorbehalt eingeräumt werden. Über eine große Zahl von Krankheiten sind überhaupt keine Meldungen veröffentlicht worden, und dementsprechend kann sich die Bewertung ihrer Häufigkeit und Verlaufseigenarten nur auf die eigene, in mehrjähriger ärztlicher Tätigkeit gewonnene Erfahrung stützen. Es versteht sich aber von selbst, daß in einer fachinternen Sprechstunde ein anderer Krankheitsquerschnitt als in einer chirurgischen oder dermatologischen Poliklinik beobachtet wird. Um den Einwand einer einseitigen Beurteilung abzuwenden, habe ich versucht, einmal mit Hilfe der verfügbaren Literatur, vor allem aber auch durch Erfahrungsaustausch mit den anderen gleichzeitig in Kabul tätigen Ärzten eine möglichst breite Grundlage für die Beurteilung der geomedizinischen Eigenarten Afghanistans zu gewinnen. Dennoch ist es natürlich durchaus möglich, daß der eine oder andere Arzt innerhalb seines Tätigkeitsbereiches andere Beobachtungen gemacht und ein anderes Bild vom Krankheitsquerschnitt des Landes gewonnen hat, als es nachstehend beschrieben wird.

I. Durch Arthropoden übertragene Krankheiten

1. Malaria

Eines der größten, zugleich eines der am erfolgreichsten in Angriff genommenen Probleme der gesamten Gesundheitsfürsorge ist in Afghanistan die Malariabekämpfung. Schon im 19. Jahrh. wiesen einzelne Autoren [303, 417] darauf hin, daß in Iran und Afghanistan die Malaria in fast allen Wohngebieten weit verbreitet wäre und daß beide Länder zu dem ausgedehnten westasiatischen, von Turkestan über Iran-Turan bis zum Punjab reichenden Malariagebiet gehörten, dessen bösartige Fieber schon im Altertum gefürchtet waren. Aber noch während des 2. Weltkrieges und in den ersten Nachkriegsjahren ist die Malaria in Afghanistan höchstwahrscheinlich die weitest verbreitete Krankheit gewesen [266, 474].

Ursache und Wesen der Malaria dürfen in ihren Grundlagen als bekannt vorausgesetzt werden. Es handelt sich um eine durch Plasmodien verursachte Protozoeninfektion, die durch Stechmücken der Gattung Anopheles von Mensch zu Mensch übertragen wird. Dabei müssen entsprechend den Erregerarten 3 klinisch unterscheidbare Malariaarten, die Malaria tertiana (*Pl. vivax*; ganz selten *Pl. ovale*), die Malaria tropica (*Pl. falciparum*), und die Malaria quartana (*Pl. malariae*), angenommen werden. Die Mücken infizieren den Menschen beim Stich mit den Sichelkeimen (*Sporozoiten*), die sich zunächst in Leberparenchymzellen des Wirtes zu Schizonten entwickeln (*exoerythrozytäre Phase*), die dann ihrerseits in die Blutbahn eingeschwemmt werden und die mit Schüttelfrösten und Rhythmusfieber einhergehende *erythrozytäre* Phase der Krankheit verursachen. Mit Eintritt der Blutinfektion beginnt auch die Bildung der Geschlechtsformen (*Gametozyten*), die von den am Parasitenträger saugenden Mücken aufgenommen werden und sich über die Oocysten wieder zu Sporozoiten, d. h. den in die Speicheldrüsen der Mücke einwandernden und damit infektiösen Parasitenformen entwickeln, womit die Infektionskette geschlossen ist.

Bestimmend für die *Malariaepidemiologie* ist neben der Zahl der Parasitenträger im Endemiegebiet das Überträgerproblem, und da die einzelnen Anophelesarten an unterschiedliche Lebensbedingungen — z. B. Klima. Brutplatzbiotope — gebunden sind, müssen auch die epidemiologischen Grundlagen der Malaria in den einzelnen Ländern verschiedenartig sein. In den Malariagebieten gemäßigter Zonen tritt entsprechend der kurzen Vegetationszeit der Anophelen und der langsamen Entwicklung der Parasiten im Überträger nur in der warmen Jahreszeit eine „*Saisonmalaria*" auf; in den tropischen Gebieten dagegen herrscht die Malaria *ganzjährig*.

Aufgrund der in der Bevölkerung festgestellten „Parasitenrate" im Blut oder der „Milzrate" (Anteil positiver Blutbefunde oder nachweisbarer Milzschwellungen in Prozenten aller untersuchten Personen) kann man die Intensität des Malariabefalls in einzelnen Endemiegebieten angeben. In *hypoendemischen* Zonen liegt die Milzrate unter 10%, in *mesoendemischen* zwischen 11 und 50%, in *hyperendemischen* zwischen 51 und 75% und in *holoendemischen* Gebieten ständig über 75%.

a) Malariaverbreitung in Afghanistan (s. Karte Nr. 5). Es ist schwer, ein exaktes Bild der Verbreitung der Malaria im Lande vor Beginn der Bekämpfung zu geben. Die Angaben aus früherer Zeit beziehen sich zumeist auf lokale Ausbrüche. So sahen wir z. B. während der Epidemie von 1939 in unseren Städtischen Polikliniken in Kabul im ganzen 4247 Malariakranke; zeitweise waren bis zu 41% aller Patienten malariakrank [271]. Schon damals zeigte sich, daß das Hochland von Kabul

ein Endemiegebiet war, in dem unter geeigneten Voraussetzungen sehr wohl erhebliche Sommerepidemien ausbrechen konnten. Darüber hinaus aber gab es vor dem Kriege keine systematische Bestandsaufnahme, die über die tatsächliche Verbreitung der Krankheit hätte Auskunft geben können.

Etwas weitere Aufschlüsse gaben die Beobachtungen von LINDBERG [366], die einmal zeigten, daß gegen Ende der 40er Jahre zahlreiche Siedlungsgebiete in Afghanistan von Malaria befallen waren und die zum anderen die ersten Angaben über die Anophelen des Landes brachten. Einer WHO-Mitteilung entnehmen wir, daß in der Zeit von Januar bis Juni 1949, also in der malariaarmen Hälfte des Jahres, 99 849 Malariaerkrankungen bekannt geworden sind [526, 527]; es fanden sich aber keine Angaben über die Art der Infektionen oder die Befallsraten einzelner Gebiete. So war auch in den ersten Nachkriegsjahren das Bild der Malariaverbreitung in Afghanistan noch ganz lückenhaft.

Erst die im Beginn der 50er Jahre durchgeführten systematischen Untersuchungen, die als Grundlage für die Bekämpfungsmaßnahmen dienen sollten [245, 273, 313, 441], gaben genauere Auskunft über die wirkliche Ausbreitung der Malaria in einzelnen Provinzen des Landes. Wie im benachbarten Iran so waren auch in Afghanistan damals nahezu alle Wohn- und Anbaugebiete bis zu einer Höhe von 2000 m von Malaria befallen; sie sind zwar heute großenteils malariafrei, müssen aber nach wie vor als „potentielle" Fiebergebiete angesehen werden. In umschriebenen Zonen, z. B. in der Gegend von Faizabad, ist die Malaria selbst in Höhen von 2500 m endemisch gewesen [386], und auch aus Ghazni (2222 m) sind mir autochthone Tertianafälle von früher her bekannt. *Im allgemeinen aber darf man für Afghanistan die obere Malariagrenze bei etwa 2000 m oder doch nur wenig darüber ansetzen.*

Als *hypendemische Malariagebiete* wurden nur die Hochlagen zwischen 1500 und 2000 m angesehen, zu denen auch das Kabulbecken gehört. Die hier gefundenen Milzraten waren von Ort zu Ort sehr verschieden; sie lagen vielenorts unter 10%, betrugen in den Reisanbaugebieten um Tagab im Oktober 1952 dagegen 31,7%, lagen aber im Mittel bei 10,5%, so daß die damalige Provinz Kabul ebenso wie das Gebiet von Gardez (MR 7%) noch als hypendemisch angesprochen wurde. Die Trockengebiete im W und N des Landes waren auch unterhalb von 1500 m großenteils hypendemische Zonen und sind als solche in der *Karte Nr. 5* dargestellt.

Mesoendemische Zonen waren zumeist die mittleren Höhenlagen unter 1500 m, wie z. B. das gesamte Anbaugebiet im Heri Rud-Tal (MR 25%), örtlich umschriebene Gebiete in Badakhshan (MR 14,4%) und bei Kunduz (MR 33%), ferner eine ausgedehnte westlich und südwestlich von Kandahar zu der durch Klima und Vegetation gekennzeichneten „Steppen- und Halbwüstenregion" VOLKS (s. S. 10) gehörige Zone und auch die Anbaugebiete am Unterlauf des Hilmendflusses.

In allen tieferen, d h warmen Lagen, insbesondere in den fruchtbaren Anbaugebieten, ist früher die Malaria in sehr besorgniserregender Weise *hyperendemisch* aufgetreten, so in der E-Provinz (Laghman 1949 MR 76%, vereinzelt bis 91%), in der Provinz Kataghan, einem der meist gefürchteten Malariagebiete jener Zeit (MR 75%, Khanabad 50%) sowie im Süden um Qaleh-i-Bust (MR 75,6%), also im Bereich des heutigen Lashkargah und der umliegenden, durch moderne Bewässerung neu erschlossenen Landwirtschaftsgebiete. *Holoendemische* Malariazonen mit einer Milzrate von ständig mehr als 75% sind dagegen in Afghanistan nicht ermittelt worden.

Diese Zusammenstellung, die sich im wesentlichen auf die Darstellungen von RAO [441], DHIR u. RAHIM [245] und auf die vom Malaria-Institut in Kabul überlassenen Daten stützt, gibt zwar nur einen schematischen Überblick über die Verbreitung der Malaria in früheren Jahren; sie zeigt aber, daß die Befallsdichte einmal von den Höhenlagen der Orte, zum anderen von der Landschaftsform abhängig ist. Die dicht besiedelten Anbaugebiete, insbesondere die heißen Tieflandzonen, waren wesentlich stärker befallen als die nur dünn besiedelten, an Brutplätzen armen Steppenlandschaften, und die stark profilierte Oberflächengestaltung des Landes, die die Anlage von Siedlungs- und Wohngebieten verschiedenster Höhenlagen in enger Nachbarschaft bedingt, hat auch zur Folge, daß Gebiete mit hyperendemischer Malaria und solche mit nur spärlichem Befall nahe beieinander liegen können, wie dies die kartographische Darstellung *(Karte Nr. 5)* erkennen läßt.

b) Die Malariaarten. Schon in älteren Arbeiten wurde die Auffassung vertreten, daß im Hochland die Malaria tertiana, in den tieferen Lagen Turkestans und im E des Landes jedoch die Malaria tropica überwiegt. In Kabul haben wir in dem besonders warmen Sommer 1939 mit einem Anteil von etwa 70% Tertiana- und 30% Tropicaerkrankungen gerechnet [271]. Die Untersuchungen aus der Nachkriegszeit haben jedoch genauere Einblicke in die Verteilung der einzelnen Malariaarten gebracht.

Plasmodium vivax überwiegt in allen Hochlagen und ist, entgegen unseren früheren Vorstellungen, in Kabul wahrscheinlich nahezu die einzige überhaupt vorkommende Malariaart [313]; jedenfalls sind in den Nachkriegsjahren lediglich im Spätsommer vereinzelte Tropicafälle beobachtet worden. In den tieferen Lagen scheint *Pl. vivax* jedoch nur im Beginn der Malariasaison zu überwiegen; im Spätsommer wird die Malaria tertiana mehr und mehr durch die Tropica abgelöst [245, 273].

Die *klinischen Verläufe* der Malaria tertiana waren zumeist typisch; Quotidianfieber haben wir häufig, lange primäre Latenzen dagegen nur bei einzelnen im Hochland von Kabul oder Ghazni erworbenen Infektionen gesehen. Schwarzwasserfieber soll gelegentlich auch bei Malaria tertiana aufgetreten sein. Die Rezidivrate der afghanischen Tertiana scheint verhältnismäßig gering zu sein; jedenfalls fehlt den abgebildeten Jahreskurven (Abb. 6—8) der durch Spätrezidive bedingte typische Frühjahrsgipfel.

Die Infektion mit *Plasmodium falciparum* gilt in allen tiefer gelegenen, also in den heißeren Malariagebieten wie z. B. in Kataghan, Nangarhar, Grischk und Herat insbesondere am Ende der Übertragungszeit von August bis November als die weitaus häufigste Malariaart [245]. In Sarobi (1200 m) haben wir in Übereinstimmung mit DHIR u. RAHIM [245] im Beginn der Malariasaison Infektionen mit *Pl. vivax*, später überwiegend Tropicainfekte gesehen [273].

Die klinischen Bilder zeigten alle Übergänge von den leichten bis zu den schwersten bösartigen und tödlichen Formen; Schwarzwasserfieber wurde als Komplikation der Tropica mehrfach beobachtet.

Mischinfektionen mit Pl. falciparum und *Pl. vivax* kamen nur selten vor [245].

Infektionen mit *Plasmodium malariae* sind in Kataghan und in der E-Provinz im Gebiet von Laghman vereinzelt beobachtet worden [245, 441]; in Kabul und Sarobi habe ich keine Quartanafälle gesehen.

Plasmodium ovale ist in Afghanistan und den Nachbarländern bisher unbekannt. Einzelfälle sind im Libanon [217], in Israel [469] und Armenien [376] beobachtet worden; endemisch scheint jedoch *Pl. ovale* im gesamten Orient und Mittel-Ostraum nicht vorzukommen.

c) Die Anophelen Afghanistans. Weitere Voraussetzung für eine wirkungsvolle Bekämpfung der Malaria war neben der Kenntnis der einzelnen Malariagebiete eine möglichst vollständige Bestandsaufnahme der im Lande lebenden Anophelesarten, da nur auf diese Weise die entscheidenden Überträger und ihre Lebensgewohnheiten gefunden werden konnten. Nach Gründung des Malariaüberwachungsdienstes wurden planmäßige entomologische Beobachtungen ausgeführt, deren Ergebnisse vor allem in den Arbeiten von RAO [441], DHIR u. RAHIM [245] und IYENGAR [313] zusammengestellt worden sind; sie bildeten den Ausgangspunkt für die späteren Bekämpfungsmaßnahmen.

Die *Karte Nr. 6* gibt eine Darstellung der uns bekannt gewordenen *Anophelesfundorte* Afghanistans, wobei allerdings berücksichtigt werden muß, daß es sich bei den vermerkten Fundplätzen zumeist um größere Gebiete in der Umgebung der jeweils angegebenen Orte handelt. Darüber hinaus haben wir auch die wichtigsten Anophelesfunde aus den angrenzenden Provinzen der Nachbarländer aufgezeichnet, um den Vergleich der afghanischen Anophelenfauna mit derjenigen der geographisch und klimatisch ähnlichen Anrainergebiete zu ermöglichen. Die westpakistanischen Funde sind so zahlreich, daß wir nur die wichtigsten eintragen konnten; die Angaben über Iran gründen sich auf die Arbeiten des Malariainstituts in Teheran, die uns dankenswerterweise zugänglich gemacht wurden. Schwierig war jedoch die Darstellung der in den turkestanischen Sowjet-Republiken erhobenen Anophelesfunde, die zwar sehr gründlich bearbeitet sind, deren Angaben sich aber meist auch auf ganze Provinzen und nicht auf einzelne Orte beziehen, so daß wir sie nur ungenau zur Darstellung bringen konnten. Zudem liegen die meisten Fundorte, ebenso wie diejenigen der unberücksichtigt gebliebenen *A. algeriensis*, außerhalb des Kartenblattes.

Eine andere Schwierigkeit bringt die Einordnung einzelner Anophelesarten in die geographisch-faunistischen Gruppen mit sich; so wird z. B. *A. pulcherrimus* von MULLIGAN u. BAILY [392] wie auch von COVELL [230] als mediterrane, von W. FISHER [274] dagegen als orientalische Art angesprochen. Wir unterscheiden in der folgenden Aufstellung paläarktische, mediterrane, indische bzw. orientalisch-indische und orientalisch-alpine Arten und folgen damit im wesentlichen den von COVELL [230, 231], von FOOTE u. CROOK [276] und von WEYER [512] benützten Einteilungen.

DHIR u. RAHIM [245] haben in Afghanistan zunächst 16 Arten von Anophelen gefunden; später wurde *A. habibi* als 17. Art festgestellt. Nimmt man die in den Grenzgebieten der Nachbarländer lebenden Anophelen hinzu, so ergeben sich für den afghanischen, den angrenzenden Iranisch-Turanischen Raum und Belutschistan mit der NW-Grenzprovinz im ganzen 25 Anophelesarten, die nachstehend in alphabetischer Reihenfolge aufgeführt werden.

1. *A. annularis* v. d. Wulp, 1884. Indische Art; in ganz Indien, Malaya und Südchina in den Ebenen häufig, in Hochlagen jedoch selten. *In Afghanistan nur südlich des Hindukusch* bei Laghman (650 m), vereinzelt auch bei Kabul (1803 m). Im pakistanischen Grenzgebiet häufig. Brütet in Tümpeln mit dichter Vegetation, auch in Reisfeldern. Kontakt zum Menschen wechselnd; in Afghanistan nicht als Überträger bekannt [181, 225, 230, 245, 276, 396, 429, 430, 432, 441].

2. *A. claviger (bifurcatus)* Meigen, 1804. Paläarktische Art; Verbreitung von Europa über Nordiran, Turkestan bis zum Pamir, auch in Hochlagen über 2000 m. *In Afghanistan nur nördlich des Hindukusch* bei Kunduz und Khanabad. Brütet in kühlem, strömendem, auch in beschattetem Wasser. In Afghanistan als Überträger unbekannt; soll jedoch in manchen Gebirgstälern Turkestans und Kazakhstans Malariaüberträger gewesen sein. Subspecies bei den afghanischen Funden nicht angegeben [199, 245, 251, 276, 293, 298, 416].

3. *A. culicifacies* Giles, 1901. Orientalisch-indische Art; in Südiran, Belutschistan und ganz Zentral-Indien weit verbreitet. Überwiegend in Ebenen; selten in Hochlagen bis 2000 m. *In Afghanistan nur südlich des Hindukusch* bei Laghman, Kunar und Kabul. In Westpakistan von Quetta bis Peshawar häufig; in Südostiran bei Zahidan, jedoch nicht nördlicher als Birjand. Brütet in Gräben, Tümpeln, Flußbetten und Reisfeldern. Adulte Mucken hausgebunden. Im nördlichen und zentralen Indien wichtigster Überträger; *in Afghanistan jedoch nur bei Laghman als Überträger erwiesen* [163, 181, 221, 222, 224, 225, 245, 251, 252, 308, 309, 313, 396, 429, 430, 432, 436, 441].

4. *A. d'thali* Patton, 1905. Teils als mediterrane, teils als „saharo-indische" Art aufgefaßt. Von Nordafrika bis Belutschistan. *In Afghanistan nicht bekannt;* in Westpakistan vereinzelt von Chaman bis Peshawar. Brütet in Tümpeln, Bächen, auch in Brackwasser. Epidemiologisch in Westpakistan wahrscheinlich bedeutungslos [221, 276, 396, 430, 432, 463].

5. *A. fluviatilis* James, 1902. Orientalisch-indische Art. Von Arabien über Westpakistan bis Indien häufig. In Kashmir bis 2500 m. *In Afghanistan nur südlich des Hindukusch* bei Laghman und Kabul; in Westpakistan von Quetta bis Peshawar. Brütet in Flußbetten und bewachsenen Gräben. Adulte Mücken hausgebunden. In Indien teilweise wichtiger Überträger; in Afghanistan bedeutungslos [181, 221, 230, 245, 251, 276, 314, 396, 430, 432, 441].

6. *A. gigas* Giles, 1901. Orientalisch-alpine Art; in Westpakistan und Nordindien bis 2500 m. Epidemiologisch bedeutungslos. *In Afghanistan nicht bekannt;* in Westpakistan bei Rawalpindi und Malakand [225, 231, 430].

7. *A. habibi* Mulligan u. Puri, 1936. Am ehesten den mediterranen oder orientalischen Arten zuzurechnen. Von Belutschistan bis Indien vereinzelt. In Westpakistan nur vereinzelt bei Quetta. *In Afghanistan ein einziges Mal bei Kunduz nördlich des Hindukusch.* Brütet in Bewässerungsgräben mit frischem Wasser. Adulte außerhalb der Häuser in Karizen. Epidemiologisch bedeutungslos [386, 392].

8. *A. hyrcanus* Pallas, 1771. Trotz weiter Verbreitung auch in S-Europa als orientalisch-indische Art angegeben. Vom Mittelmeerraum über Balkan, Kleinasien, Iran, Turkestan und Indien bis China, Japan und Südostasien. *In Afghanistan nur vereinzelt nördlich und südlich des Hindukusch (var. pseudopictus u. var. sinensis);* auch im benachbarten Westpakistan, Südiran und Usbekistan. Brütet in Sümpfen und Reisfeldern. Adulte nur wenig hausgebunden. In Afghanistan nicht als Überträger bekannt [181, 199, 215, 230, 245, 251, 273, 290, 298, 336, 365, 396, 416, 432, 512].

9. *A. lindesayi* Giles, 1900. Orientalisch-alpine Art. Vereinzelt in Westpakistan und Nordindien; aber auch im südlichen Tajikistan. *In Afghanistan unbekannt.* Brütet in Tümpeln der Gebirgsbäche; epidemiologisch in Westpakistan und Indien wahrscheinlich ganz bedeutungslos, da vorwiegend Freilandschnake [219, 230, 396, 432].

10. *A. maculatus* Theobald, 1901. Orientalisch-indische Art. In Indien und Südostasien in Hochlagen bis 1500 m. *In Afghanistan nur südlich des Hindukusch;* in Westpakistan am S-Rand der Grenzgebirge. Brütet in durchströmten Tümpeln der Flußbetten. In Afghanistan kein Malariaüberträger, wohl aber im E-Himalaya [225, 230, 276, 396, 430, 432, 495, 512].

11. *A. maculipennis* Meigen, 1818. Paläarktische Art; von Westeuropa bis Ostasien. Wichtiger Malariaüberträger der gemäßigten Zonen. In Nordiran von Azerbaidjan bis Khorassan und Turkmenistan (*A. mac. typicus* u. *A. mac. subalpinus*), in Turkmenistan auch *A. mac. messeae*. In Iran aber auch bis nach Khuzistan und in Iraq in mittleren Höhenlagen. *In Afghanistan unbekannt.* In Westpakistan und Belutschistan, also südlich des Hindukusch, unbekannt [174, 219, 251, 284, 298, 321, 335 a, 339, 395, 416, 495, 506, 512, 552].

12. *A. marteri (subsp. sogdianus)* Senevet u. Prunelle, 1927. Mediterrane Art. Vom Mittelmeerraum über Kleinasien, Nordiran bis Turkestan und Tadjikistan teilweise weit verbreitet. *In Afghanistan unbekannt.* Brütet in schattigen Tümpeln und Flußbetten; epidemiologische Bedeutung ungeklärt [200, 219, 332, 335 a, 466].

13. *A. moghulensis* Christophers, 1924. Indische Art. In Westpakistan von Belutschistan bis Kohat-Hangu. *In Afghanistan nur südlich des Hindukusch bei Laghman,* aber nicht in höheren Lagen. Brütet in Tümpeln und Flußbetten. In Afghanistan kein Malariaüberträger [245, 276, 396, 432, 441].

14. *A. multicolor* Cambouliu, 1902. Mediterrane Art; von Nordafrika über Kleinasien, Iran bis Nordwestindien. *In Afghanistan nur südlich des Hindukusch* bei Kandahar und Grischk; in Westpakistan bei Quetta und Fort Sandeman. Brütet in Tümpeln und Gräben. Adulte Mücken teilweise hausgebunden. In Afghanistan nicht als Überträger bekannt [232, 245, 392, 429, 430, 441, 512].

15. *A. nigripes (plumbeus)* Staeger, 1839. Paläarktische Art; von Europa bis Kaukasien. In Azerbaidjan, den Kaspischen Regionen, Tadjikistan und vereinzelt auch im Punjab in höheren Lagen. Einzige in Westpakistan beschriebene paläarktische Art. *In Afghanistan jedoch bisher unbekannt.* Brütet meist in Baumlöchern, nicht in offenen Gewässern. Freilandschnake, als Überträger bedeutungslos [174, 219, 225, 230, 298, 321, 333, 335 a, 512].

16. *A. pallidus* Theobald, 1901. Orientalisch-indische Art; in den Zentralprovinzen Indiens häufig, in Westpakistan nur vereinzelt bei Kohat-Hangu und Rawalpindi. *In Afghanistan unbekannt; niemals nördlich des Hindukusch gefunden.* Brütet in Gräben und Tümpeln; in Indien teilweise Überträger, in Westpakistan

wahrscheinlich bedeutungslos [230, 335 a, 429, 430, 512].

17. *A. pulcherrimus* Theobald, 1902. Mediterrane Art; von Syrien über Iraq bis Turkestan, Turkmenistan, Kazakhstan und Nordindien. *In Afghanistan nördlich und südlich des Hindukusch.* Auch in Westpakistan. Brütet in Tümpeln und Reisfeldern. In Afghanistan nicht als Überträger bekannt, wohl aber in Turkestan (Murghab) [174, 181, 219, 230, 245, 251, 298, 365, 386, 396, 416, 432, 441, 506, 512].

18. *A. sacharovi* Favre, 1903. Subspecies des Maculipenniskreises. Paläarktisch-mediterrane Art; von Europa über Asien bis Sinkiang. *In Afghanistan nur nördlich des Hindukusch;* einziger Fundort Dand-i-Ghori in der Provinz Kataghan. Ferner in Nordiran, Azerbaidjan, Usbekistan, Urgut und am Syr-Darya. Auffallenderweise aber auch in Iraq im Gebiet des Schatt-el-Arab. Brütet in Tümpeln, Flußbetten, Reisfeldern, auch in Brackwasser. In Westzentralasien vielenorts als Überträger angesehen; in Afghanistan unwichtig und in jüngster Zeit nicht mehr angetroffen [251, 260, 298, 321, 333, 335 a, 365, 370, 386, 416, 504, 506, 547, 552].

19. *A. sergenti* Theobald, 1907. Mediterrane Art. Von Nordafrika über Kleinasien bis Westpakistan. *In Afghanistan unbekannt;* in Belutschistan vereinzelt bei Quetta. Brütet in Reisfeldern, Gräben; adulte Mücken häufig hausgebunden. Überträgerrolle unterschiedlich beurteilt [221, 225, 274, 276, 286, 365, 512].

20. *A. splendidus* Koidzumi, 1923. Indische Art; von Vorderindien bis Ostasien in Ebenen und im Hochland bis 2000 m. *In Afghanistan nur südlich des Hindukusch,* in Westpakistan von Belutschistan bis zum Punjab. Brütet in Tümpeln der Gebirgsflüsse und Bewässerungsgräben. Adulte überwiegend zoophil; in Afghanistan nicht als Überträger anzusehen [181, 230, 245, 429, 430, 432, 441, 512].

21. *A. stephensi* Liston, 1901. Orientalisch-indische Art. Vom Iraq bis Indien weit verbreitet. *In Afghanistan nur südlich des Hindukusch,* ferner in Westpakistan und Südiran. Eng an menschliche Siedlungen gebunden; vor allem in den alluvialen Flußebenen Westasiens gefürchteter Überträger; in Afghanistan bisher epidemiologisch bedeutungslos [163, 181, 221, 225, 230, 245, 273, 309, 313, 335 a, 365, 370, 392, 396, 424, 430, 432, 441, 495].

22. *A. subpictus* Grassi, 1899. Orientalisch-indische Art; in ganz Vorder- und Hinterindien und darüber hinaus verbreitet. *In Afghanistan nur südlich des Hindukusch* bei Laghman, Kunar und Kabul; in Westpakistan von Quetta bis Peshawar. Brütet in Tümpeln und Gräben, auch in verunreinigtem Wasser. Adulte in Ställen und Häusern. Bei zahlreichem Auftreten in Indien als Überträger angesehen; in Afghanistan jedoch bedeutungslos [181, 221, 245, 313, 396, 441].

23. *A. superpictus* Grassi, 1899. Mediterrane Art; von Südeuropa bis Westpakistan, vor allem in semiariden und ariden Gebieten, besonders auch in Hochlagen. *In Afghanistan nördlich und südlich des Hindukusch im ganzen Land weit verbreitet.* In Westpakistan von Belutschistan bis ins Punjab, ferner in Turkestan (Rushan-District), Tadjikistan und den westlichen Pamirgebirgen (Vanch-District) bis 2600 m. Brütet in Randtümpeln der Gebirgsflüsse, selten auch in Reisfeldern. Adulte nur teilweise hausgebunden; große Flugweiten bis zu 6 km. Gieriger Blutsauger. *In Afghanistan wie auch in manchen Nachbargebieten der wichtigste und vielenorts praktisch*

der einzige bedeutende Überträger [163, 174, 199, 219, 221, 230, 245, 251, 267, 273, 298, 335 a, 365, 366, 370, 386, 392, 396, 416, 424, 432, 441, 507, 512, 550 u. v. a.].

24. *A. turkhudi* Liston, 1901. Orientalisch-indische Art; in Westpakistan und Südostiran sporadisch. *In Afghanistan vereinzelt nur südlich des Hindukusch; hier* aber nicht als Überträger bekannt [163, 174, 221, 245, 308, 309, 392, 396, 430, 441].

25. *A. vagus* Dönitz, 1922. Orientalisch-indische Art; in Indien und Südostasien verbreitet. *In Afghanistan nur südlich des Hindukusch* bei Laghman; aus Westpakistan und Südiran bisher nicht bekannt. Brütet in Tümpeln und Entwässerungsgräben, auch in Sumpfgebieten. Adulte in Ställen und Häusern. Epidemiologisch fast überall bedeutungslos; in Afghanistan nicht als Überträger anzusehen [230, 245, 441, 512].

Diese Zusammenstellung der in Afghanistan und den Randgebieten der Nachbarländer nachgewiesenen Anophelen sowie die kartographische Aufzeichnung der Fundorte *(Karte Nr. 6)* zeigen, daß im afghanischen Raum indische, bzw. orientalisch-indische, paläarktische und mediterrane Arten einander begegnen und daß die Verbreitungsgebiete mancher Arten sich innerhalb des Landes überschneiden, indes andere Arten und Formenkreise nur im S oder im N Afghanistans vorkommen.

Die *indischen* und *orientalisch-indischen* Arten *A. annularis, A. culicifacies, A. fluviatilis, A. maculatus, A. moghulensis, A. splendidus, A. stephensi, A. subpictus, A. turkhudi* und *A. vagus* dringen von S bis an den Hindukusch vor; sie kommen sowohl in den warmen Lagen der E-Provinz (600—700 m) als auch bei Kandahar (1044 m) und Kabul (1803 m) vor, sind aber niemals nördlich des Hindukusch angetroffen worden. Lediglich die orientalisch-alpine Art *A. lindesayi* kommt als Mücke der Gebirgsregionen und Hochlagen auch in Tadjikistan, also nördlich der großen Zentralgebirge vor [219]; in Afghanistan fehlt sie jedoch ganz. *A. hyrcanus,* der nördlich und südlich des Hindukusch nachgewiesen worden ist, nimmt auf Grund seiner ungewöhnlich weiten Verbreitung vom Mittelmeerraum bis nach Fern-Ost eine Sonderstellung ein, und es fragt sich, ob überhaupt diese Art, wie bisher üblich, zu den orientalischen Anophelen gezählt werden sollte.

Die wenigen in Afghanistan nachgewiesenen *paläarktischen* Arten sind nur nördlich des Hindukusch angetroffen worden; außerhalb des Landes sind jedoch *A. nigripes (plumbeus)* in den Gebirgen des Punjab und *A. maculipennis* sowie *A. sacharovi* auch im südlichen Iran und Iraq im Gebiet des Schatt-el-Arab gefunden worden; in Afghanistan selbst aber gibt es nach den bisherigen Funden südlich des Hindukusch keine paläarktische Anophelesart.

Es stellt also in Afghanistan der Hindukusch eine faunistische Grenze dar zwischen den im Lande lebenden orientalisch-indischen und den paläarktischen Anophelesarten, ein Tatbestand, auf den m. W. bisher noch nicht hingewiesen worden ist, der aber auf anderen Gebieten den Zoologen — z. B. Heimatgebiete des einhöckrigen und des zweihöckrigen „baktrischen" Kamels — und Botanikern — Verbreitung der Baumvegetation — bekannt ist und der auch auf epidemiologischem Gebiet — Ausbreitungsweise der Hautleishmaniasen (s. S. 38) — erkennbar ist. Die Grenze der Ausbreitungsgebiete der beiden Gruppen von Anophelen, die in der *Karte Nr. 6* verzeichnet ist, läuft offenbar von ENE nach WSW über das Hochgebirge und ist bis nach Ostiran zu verfolgen, während in Zentral- und Westiran, wo ein trennendes Gebirge fehlt, die Verbreitungsgebiete der einzelnen Formenkreise sich stark überschneiden.

Lediglich von den in Afghanistan lebenden vier *mediterranen* Arten kommen zwei, *A. superpictus* und *A. pulcherrimus*, im ganzen Lande, also nördlich und südlich des Hindukusch, vor. Auch in den im NE, W und E angrenzenden Nachbarländern reicht das Verbreitungsgebiet des mediterranen *A. superpictus* weit in die Vegetationsbereiche sowohl der indischen als auch der paläarktischen Arten hinein, so daß anscheinend die mediterranen Arten im gesamten Iranisch-Turanischen Raum die weitesten Ausbreitungszonen besiedeln, wieder ein Hinweis darauf, daß auch die Fauna des Mittel-Ostraumes mediterrane Züge birgt und daß auch die Anophelen Afghanistans nur gemeinsam mit denen der gleichartigen oder ähnlich gestalteten Anrainergebiete betrachtet werden sollten.

In Westpakistan sind zusätzlich einige mediterrane *(A. d'thali, A. marteri, A. sergenti)*, orientalisch-indische *(A. pallidus)* und orientalisch-alpine *(A. gigas)* Arten vertreten, die in Afghanistan fehlen, und wenn in einigen früheren Arbeiten [286, 316] die nördliche Ausbreitungsgrenze der orientalisch-indischen Anophelen in das Gebiet der Indus-Grenze oder des afghanisch-pakistanischen Grenzgebirges verlegt worden ist, so kann diese Annahme sich nur auf einzelne Arten wie z. B. *A. gigas* beziehen und keine allgemeine Gültigkeit beanspruchen; jedenfalls ist der Hindukusch sehr viel eindeutiger als nördliche Grenze der Verbreitungszone indischer und orientalisch-indischer Anophelen erkennbar.

d) Das Überträgerproblem. Der weitaus wichtigste und praktisch einzige Malariaüberträger in Afghanistan ist *A. superpictus*, eine Mücke des ariden Hochlandes, deren Lebensgewohnheiten in vielen Endemiegebieten von Griechenland über Kleinasien bis in den Mittleren Osten für das epidemiologische Bild der Malaria mitbestimmend sind.

Brutplätze von *A. superpictus* (Taf. 15 c, 16 a und d) sind vor allem die kleinen, von klarem Wasser schwach durchströmten und mit nur geringer Algenvegetation besetzten, stark besonnten *Tümpel in ausgetrockneten Flußbetten* [245, 273, 313, 370, 441, 512]. Sie sind in allen Malariagebieten des Landes in gleicher Weise anzutreffen, und da die Brutplätze erst nach der Schneeschmelze im Hochgebirge und nach Aufhören der Frühjahrsregen durch Austrocknen der Flüsse entstehen, können sich auch die Larven von *A. superpictus* erst in der sommerlichen Trockensaison, d. h. ab Ende Juni entwickeln. Die Brutzeit setzt mit Beginn der Trockenzeit rasch ein und geht im Herbst ebenso unvermittelt zu Ende (Abb. 6 auf Rückseite der *Karte Nr. 5*).

Reisfelder werden von *A. superpictus* weniger häufig besiedelt, es sei denn, daß die benachbarten Flußläufe nahezu ganz ausgetrocknet sind und kaum mehr Bruttümpel bieten, wie wir dies 1964 im Heri-Rud-Tal östlich von Herat gesehen haben. Übrigens fanden wir früher auch in Sarobi vereinzelt Larven und Eigelege von *A. superpictus* in Reisfeldern, und zwar fast nur an den Zufluß- und Ausflußöffnungen, d. h. an durchströmten Plätzen, die den natürlicherweise bevorzugten Biotopen der Art wenigstens teilweise ähneln.

Die Vegetationszeit der *adulten Mücken* (Abb. 6) beginnt im Juli und endet gleichfalls im Oktober mit der Einwinterung der Weibchen [313]. Die Frage, wie weit *A. superpictus* hausgebunden sei, ist unterschiedlich beantwortet worden. IYENGAR fand die Art in Kabul auch tagsüber in Wohnräumen, hebt aber ausdrücklich hervor, daß in diesen die Feuchtigkeit um 10—30% höher gewesen sei als an Schattenplätzen im Freien. In dem wärmeren und trockneren Sarobi war dagegen *A. superpictus* tagsüber kaum in Häusern anzutreffen; anscheinend lebt die Art hier als Gastschnake, die nur bei Nacht zum Blutsaugen einfliegt, sich tagsüber aber an schattigen Plätzen außerhalb der Wohnbauten aufhält, und im Gebiet von Laghman und Herat traten wir tagsüber *A. superpictus* in offenen dunklen Ställen oder in Mauerritzen im Freien (Taf. 16 b und c), aber nicht in Wohnräumen an. Ähnliche Beobachtungen liegen aus dem Iraq, Iran und Syrien vor [370], und wahrscheinlich ist die unterschiedliche Hausgebundenheit abhängig von den lokal- und mikroklimatischen Eigenarten, in erster Linie der Feuchtigkeit in den einzelnen Gebieten.

Die *Sporozoitenrate* adulter Weibchen von *A. superpictus* ist in den afghanischen Beobachtungsgebieten sehr unterschiedlich gewesen. Sie betrug vor Beginn der Malariabekämpfung in der hyperendemischen E-Provinz 0,4%, in Kataghan 0,17%, in Kabul 0,39% und in Sarobi 0,26% [245, 273, 313, 441], war aber auch in den weniger stark befallenen Gebieten des Landes genügend hoch, um bei den gegebenen klimatischen Eigenarten und dem engen Kontakt der Mücken zum Menschen die Infektion im Gleichgewicht zu halten.

Außerdem fand RAO [441] im Jahre 1949 in der E-Provinz bei Laghman *A. culicifacies* zu 0,44% infiziert und wies damit in dem subtropischen Gebiet südöstlich des Hindukusch eine orientalisch-indische Art, und zwar den wichtigsten Vektor Zentral-Indiens, als weiteren Überträger nach. *A. culicifacies* scheint u. a. auch Brutgewässer, die denen von *A. superpictus* ähneln, zu besiedeln, brütet aber vor allem in Bewässerungsgräben, stehenden Tümpeln und insbesondere in Reisfeldern, deren es gerade im Gebiet von Laghman viele gibt [232, 430, 441]. Da die Reisfelder nach dem Bepflanzen für die Dauer von 120—160 Tagen ständig unter Bewässerung gehalten werden [86], bieten sie gerade in der eigentlichen Vegetationszeit der Mücken ein günstiges Biotop für *A. culicifacies* und andere Reisfeldbrüter.

Bewässerungsgräben älterer Art *(dschui;* pers. auch *dschub;* Taf. 11 b), insbesondere bewachsene Gräben mit verwahrlosten Uferkanten, mögen sicher manchen Anophelesarten als Brutplätze dienen, sofern sie ständig Wasser führen; für die Entwicklung der afghanischen Malariaüberträger sind sie kaum von Bedeutung gewesen; wir haben auch fast niemals Anopheleslarven in ihnen gefunden.

A. stephensi wurde bisher in Afghanistan nicht infiziert gefunden; die Art gilt in den alluvialen Flußgebieten des Schatt-el-Arab und in Westpakistan im Indusgebiet [370] als gefürchteter Überträger, ist aber im ariden Hochland relativ selten vertreten und kann allenfalls als „potentieller" Malariaüberträger angesehen werden. Die Brutbiotope ähneln denen von *A. culicifacies*, und anscheinend ist *A. stephensi* in der E-Provinz Afghanistans überwiegend Reisfeldbrüter.

Alle anderen in der Aufstellung S. 32 und 33 und in der *Karte Nr. 6* verzeichneten Arten sind in Afghanistan keine Überträger und daher epidemiologisch indifferent.

e) Jahresgang der Malaria. Die Tatsache, daß in ganz Afghanistan *A. superpictus* der entscheidende Überträger ist, erscheint wesentlich für die Deutung des epidemiologischen Bildes der Malaria. Da *A. superpictus* nur in den Sommermonaten auftritt, muß die *Übertragungsperiode* für die Zeit von Juli bis September angesetzt werden [245, 313]; es resultiert eine Saisonmalaria, deren Verlaufskurve mit etwa zweimonatigem Abstand der Vegetationskurve der Anophelen folgt und die — charakteristisch für das aride Hochland des Mittleren Ostens — stets eine *Malaria der Trockenzeit ist*, die erst dann grassiert, wenn die Sommertemperaturen bereits kulminiert haben und die nur wenige Monate anhält, um im Oktober oder November rasch wieder abzufallen (Abb. 6—8; s. Rückseite der *Karte Nr. 5 u. 6*). Das trockene Hochland und das aride Klima schaffen also die Voraussetzungen für die Ansiedlung einer an die Umweltfaktoren angepaßten Überträgerart, die ihrerseits wiederum das epidemiologische Bild der Malaria bestimmt.

Wenn *A. superpictus* vielenorts nur wenig hausgebunden ist, so wird dadurch die Malariaausbreitung nicht behindert. Einmal fliegen die Mücken als Gastschnaken bei Nacht in die Wohnräume ein, um am Menschen Blut zu saugen; zum andern wird die Ausbreitung der Infektion ermöglicht oder begünstigt durch den in den Ländern des Mittel-Ostraumes während der heißen Zeit geübten Brauch des Schlafens im Freien. Die Infektionskette wird geschlossen durch die ihrerseits wieder durch das Klima bestimmten Lebensgewohnheiten des Menschen, und die Epidemiologie der Malaria in den Ländern des Mittleren Ostens zeigt besonders anschaulich, *wie sehr das Zusammenwirken aller drei Faktoren, Geomorphe, Klima und Lebensformen der Menschen, das Bild der Seuche gestaltet.*

Vergleicht man die gefundenen Zusammenhänge mit den in den *Nachbarländern* gewonnenen Untersuchungsergebnissen, so zeigt sich eine auffallende Übereinstimmung in weiten Gebieten des ariden Hochlandes; auch in den höher gelegenen Trockenzonen Irans und im Iraq [365, 370, 424] herrscht gleichfalls die durch *A. superpictus* übertragene Saisonmalaria der Trockenzeit, während im regenreichen Indien bei anderen geographischen und klimatischen Verhältnissen und anderen Überträgerarten die Malaria ganzjährig mit starker Häufung der Fälle während der Monsunregen auftritt. Die durchgeführte Analyse ergibt also, daß *Afghanistan mit dem übrigen Iranisch-Turanischen Hochland* nicht nur, wie bisher auseinandergesetzt, in geographisch-klimatologischer, sondern, *soweit es die Malaria betrifft, auch in geomedizinischer und epidemiologischer Hinsicht weitgehend eine Einheit bildet.*

f) Die Malariabekämpfung. Bereits 1948 war in Kabul ein erster Malariaüberwachungsdienst eröffnet worden, der mit zunächst nur wenigen Mitarbeitern die *Vorbereitungsphase (preparatory phase)* der Malariakampagne, d. h. die entomologische und epidemiologische Bestandsaufnahme einleitete. Die ungeahnte Ausweitung der Arbeiten machte aber sehr bald die Gründung einer wesentlich größeren Organisation notwendig, die mit Hilfe der WHO geschaffen wurde. 1949 wurde in Kabul das *Zentrale Malaria-Institut* eingerichtet, dessen vordringliche Aufgabe es war, die für die Bekämpfung erforderlichen Entomologen, Laboranten und Techniker auszubilden und dann in den Malariagebieten zum Einsatz zu bringen [245, 252, 386]. Das Institut wird seither laufend von einem Malariologen der WHO beraten, der dem Regionalbüro der WHO in New Delhi untersteht (Taf. 15 a).

Sodann wurden in den am stärksten gefährdeten Gebieten *Provinzinstitute*, „Regional Headquarters", „Malaria Units" und „Subunits" eingerichtet; heute verfügt Afghanistan über 1 Zentralinstitut, 3 Regional Headquarters und 23 Units bzw. Subunits, die in der *Karte Nr. 6* verzeichnet sind. Das Provinzinstitut (Taf. 15 b) wird von einem Malariologen (Arzt) geleitet und verfügt je nach Bevölkerungszahl des zu versorgenden Gebietes über einen Fachentomologen, 5—13 Inspektoren, 1—4 Insektensammler, 5—13 technische Hilfskräfte, 20 bis 50 Insektizidsprüher und 10—16 weitere Arbeiter und Angestellte. Der Arbeitsplan sieht vor, daß jeder Inspektor ein mit 10 000 Einwohnern besiedeltes Gebiet ständig zu überwachen hat [252]. Mit dieser Einrichtung war die Voraussetzung für die Eröffnung der *Aktionsphase (attack phase*, in der Regel 3 bis 4 Jahre dauernd) gegeben, deren Ziel es ist, die Malariaübertragung im Lande zu unterbrechen und die Parasitenreservoire in der Bevölkerung so weit wie möglich zu reduzieren.

Die Arbeiten wurden in den hyperendemischen Malariagebieten von Laghman und Kunar begonnen, in denen 1948 die ersten 8000 Menschen unter Schutz gestellt werden konnten; sie wurden danach auf Pol-i-Khumri ausgedehnt, wo die vielen durch Malaria tropica bedingten Ausfälle an Arbeitskräften die Textilverarbeitung zeitweise ernsthaft gefährdeten, und in den folgenden Jahren wurden die Gebiete von Kunduz, Kandahar und Herat gleichfalls in die „attack phase" einbezogen. Die Zahl der unter Schutz gestellten Einwohner stieg von 570 000 im Jahre 1951 auf 1,4 Millionen im Jahre 1955, betrug 1963 bereits 4 Millionen und 1966/67 etwa 5,1 Millionen [133, 134, 134 a, 245], und für das Jahr 1967 wurde geplant, den Malariaschutz auf insgesamt 7,8 Millionen Seßhafte und 2,5 Millionen Nomaden und damit wahrscheinlich auf die gesamte malariagefährdete Bevölkerung auszudehnen [386]. Dabei soll möglichst jeder Fieberfall durch Blutuntersuchung auf Malaria kontrolliert und vorsorglich sofort mit Chloroquine und Primaquine behandelt werden.

Gleichzeitig wurde die *Bekämpfung der Überträger* in Wohnräumen und Brutplätzen eingeleitet. *Auf dem Lande* erlangten die Angehörigen der Malariatruppe nach anfänglichen Schwierigkeiten verhältnismäßig bald Zutritt zu den Häusern und konnten Innenräume und Stallbauten mit wässerigen DDT-Suspensionen (1 g/qm Wandfläche) besprühen. Da jedoch die Wirkung auf *A. superpictus* in den aus rohen Lehmmauern erstellten Gebäuden nachweislich nur 10—12 Wochen anhielt [475], mußten die Anwendungen in entsprechenden Intervallen wiederholt werden. Zusätzlich wurden während der ganzen Brutzeit die Larvenbiotope mit öligen DDT-Lösungen besprüht.

In den *städtischen Wohngebieten* wurde dagegen den Insektizid-Sprühern der Eintritt in die Häuser teilweise sehr viel länger verwehrt, so daß man sich anfangs vielenorts auf wiederholte DDT-Behandlung lediglich der Larvenbiotope beschränken mußte [245, 252].

Die *Kosten des Verfahrens* waren relativ gering; sie betrugen für die reine Larvenbekämpfung nur 0,5 Afghani (0,02 US $) und für das kombinierte Brutplatz- und „indoor"-Sprühen etwa 2,7 Afghani (0,12 US $) pro Kopf der Bevölkerung [252].

Die *Ergebnisse* waren überraschend; schon nach 3 bis 4 Jahren zeigte sich in fast allen Endemiegebieten ein Rückgang der Malaria, der am besten durch die nachstehend wiedergegebene Entwicklung der Milz- und Parasitenraten veranschaulicht werden kann [245].

Ort bzw. Provinz	Milzrate in % vorher %	(Jahr)	1953 %	Parasitenrate in % vorher %	(Jahr)	1953 %
Pol-i-Khumri	76,0	1948	11,0	14,2	1948	0,55
Baghlan	74,7	1951	24,7	23,5	1951	3,3
Khanabad	47,6	1950	20,5	9,9	1950	1,7
Taluqan	60,3	1951	14,6	8,1	1951	0,0
Laghman	76,2	1949	9,0	18,5	1949	0,0
Kandahar Prov.	46,0	1952	22,0	13,1	1952	9,3
Khost	65,6	1952	19,5	?	1952	3,1
Kabul	21,0	1951	10,0	13,4	1951	0,55
Sarobi	58,0	1951	10,0	22,5	1951	1,6

Zahlreiche bisher hyperendemische und mesoendemische Malariagebiete konnten schon ab 1953 in die *Konsolidierung (consolidation phase)*, in der die restlichen Parasitenreservoire ausgelöscht werden sollen, übernommen werden. Im Jahre 1962, also 14 Jahre nach Beginn der Arbeiten, lebten etwa 2% und im Sommer 1963 bereits 11% der Gesamtbevölkerung in Gebieten, die unter Konsolidierung standen mit einer Parasitenrate von nur mehr 0,01%; die Gesamtzahl der im Lande gemeldeten Malariafälle betrug 661 [526]. 1965 (19,2% der Bevölkerung unter Konsolidierung) wurden noch 33 kleine autochthone Malariaherde verzeichnet; in den unter Konsolidierung stehenden Gebieten betrug die Parasitenrate 0,06%, und schon bei meinem letzten Aufenthalt in Afghanistan im Herbst 1964 schien in allen besuchten Endemiegebieten, z. B. in Sarobi, Laghman, Kunar, Pol-i-Khumri und im Heri Rud-Tal, insbesondere aber in dem früher so stark verseuchten Gebiet von Kunduz, die Malaria praktisch ausgestorben zu sein, ein Erfolg der Malariakampagne, der uneingeschränkte Anerkennung verdient und der um so größer erscheint, wenn man berücksichtigt, welche Schwierigkeiten das Land mit seiner Unwegsamkeit den Arbeiten entgegenstellt.

Auch die Anophelen sind in den früheren Malariagebieten nur mehr in geringer Zahl anzutreffen. *A. superpictus* scheint manchenorts nahezu ausgerottet zu sein; da er bisher keine merkliche Resistenz gegen Insektizide entwickelt hat, sind trotz der teilweise nur geringen Hausgebundenheit der Mücke die Erfolge des „indoor"-Sprühens gut gewesen. Grundsätzlich dürfen aber weder *A. superpictus*, noch *A. stephensi* oder andere Arten als ausgerottet angesehen werden. Es kann ja auch nicht das Ziel der Bekämpfungsmaßnahmen sein, die Anophelen im Lande gänzlich zu vernichten; man wird einen erträglichen „*Anophelismus ohne Malaria*" erreichen, d. h. die Anophelen können zahlenmäßig so weit verringert werden, daß bei der gleichfalls sehr verminderten Parasitenrate die Malaria auf die Dauer nicht mehr im Gleichgewicht bleibt und mehr und mehr zurückgeht.

Trotz dieser sehr günstigen Ergebnisse sollte man in den heute in der Konsolidierung stehenden Gebieten die *Erhaltungsphase (maintenance phase)*, also die letzte, lediglich auf Überwachung beschränkte Bekämpfungsphase *nicht zu früh einleiten*. Es ist durchaus damit zu rechnen, daß in abgelegenen Gebirgstälern unerkannt gebliebene Malariaherde vorhanden sind, und es ist sehr wohl möglich, daß aus diesen Einzelherden die Infektion in andere Gebiete verschleppt wird. Insbesondere ist damit zu rechnen, daß auf Baustellen, wo zahlreiche Menschen ohne genügenden Moskitoschutz eng beieinander leben, hin und wieder örtliche Malariaausbrüche auftre-

ten werden. Die Malaria ist in Afghanistan weitgehend zurückgedrängt: sie ist aber nicht ausgestorben, und im Jahre 1966 wurden unter 640 000 Blutproben 2320 als malariapositiv befunden, so daß also mehr Fälle vorhanden sind, als in den Vorjahren angenommen worden war [386].

Zudem muß man, nachdem *A. superpictus* in vielen Gebieten epidemiologisch nahezu indifferent geworden ist, mit der Möglichkeit rechnen, daß andere, bisher weniger anthropophile Anophelesarten sich an den Menschen anpassen werden. Es ist m. E. nicht ausgeschlossen, daß eines Tages *A. stephensi* oder einer der anderen orientalisch-indischen Überträger, die bisher epidemiologisch unwichtig waren, im südlich Afghanistan die Rolle eines Malariaüberträgers übernimmt, und es sollte daher bei den weiteren Überwachungsarbeiten auch die Möglichkeit eines „Überträgerwechsels" in Betracht gezogen werden.

Eine besondere Aufmerksamkeit wird im Zusammenhang mit der Malariabekämpfung neuerdings sowohl in Afghanistan als auch in Westpakistan dem Zug der *Nomaden* entgegengebracht, die zeitweise sicher *potentielle Malariaverbreiter* sind, eine Tatsache, der vom afghanischen Malariadienst durch Errichtung von Kontrollpunkten an den wichtigsten Grenzübergängen Rechnung getragen wird [386, 435].

Die *Mekka-Pilger* dürften heute kaum mehr ein großes epidemiologisches Problem darstellen, da bei der modernen Art des Reisens die Infektionsgelegenheiten sehr viel geringer sind als früher. Andererseits kommen die Pilger an der arabischen Küste sowohl mit *A. gambiae*, der auch in den Städten Malaria überträgt, als auch mit *A. stephensi* in Kontakt, so daß bei der großen Zahl der jährlich aus dem iranisch-turanisch-pakistanischen Raum nach Mekka reisenden Pilger (etwa 25 000 bis 30 000) immerhin mit der Möglichkeit vereinzelter Malariainfektionen zu rechnen ist. Die afghanischen Pilger bekommen vor der Abreise in Kandahar prophylaktisch Chloroquine [386], und auch in Mekka haben die Gesundheitsbehörden die Überwachung auf Malaria in ihren Arbeitsbereich mit einbezogen [261].

Der afghanische Malariadienst rechnet damit, bis zum Jahre 1972 die Malaria gänzlich ausgerottet zu haben [386]. Schon jetzt hat die Institution in enger Zusammenarbeit von afghanischen Malariologen und WHO-Experten eines der größten Seuchenprobleme des Landes mit ungewöhnlichem Erfolg bearbeitet, und sollten auch in Zukunft die Arbeiten in ebenso wirksamer Weise fortgeführt werden können, so darf man hoffen, daß das gesteckte Ziel auch erreicht sein wird.

2. Die Leishmaniasen

Es handelt sich um Infektionen mit Protozoen der Gattung Leishmania (Flagellatae), die durch Phlebotomen (Psychodidae: Schmetterlingsmücken) übertragen werden. Die Verbreitung der Krankheit ist somit an die Vegetationszonen der übertragenden Insekten gebunden. In der alten Welt sind 2 Arten von Leishmaniasen bekannt, einmal die *viscerale* Form, *Kala-Azar (L. donovani)*, eine schwere, mit Fieber, Anämie sowie Milz- und Leberschwellung einhergehende Allgemeininfektion und zum andern die lokale Hautleishmaniase oder *Orientbeule* (auch Baghdadbeule; in Kabul *sāldānah**) سالدانه

---

* Nach der englischen oder international gebräuchlichen Krankheitsbezeichnung folgen in Klammern die phonetische Umschrift der in Kabul üblichen persischen Krankheitsbezeichnung und die Wiedergabe in persischen Schriftzeichen.

„Jahresknoten"), die unbehandelt in der Regel nach ein-jähriger Krankheitsdauer abheilt.

a) *Ausbreitung im Lande*. Die *Orientbeule* ist als die einzige im Lande vorkommende Leishmaniase in vielen Gebieten Afghanistans seit langer Zeit endemisch [413]. In Herat und Kandahar, aber auch in Kabul und im E des Landes haben wir zahlreiche Erkrankungsfälle gesehen, und in den afghanisch-turkestanischen Gebieten scheint die Krankheit gleichfalls häufig — nach CUTLER [234] manchenorts bei 30—50% der Kinder — auf-zutreten. Wahrscheinlich ist das gesamte bewohnte Af-ghanistan bis zu einer Höhe von 1800 m — darüber haben wir weder autochthone Fälle noch Phlebotomen angetroffen — befallen und gehört somit zu dem aus-gedehnten von Kleinasien über Iran bis in die zentral-asiatischen Sowjetrepubliken und nach Westpakistan rei-chenden Endemiegebiet, das nahezu die gesamte aride und semiaride Zone Westasiens umfaßt [413].

Anscheinend hat sich aber in Afghanistan während der ersten Nachkriegsjahre das Endemiegebiet ausgewei-tet. Vor dem Kriege gab es z. B. in Kabul praktisch nur im alten Stadtteil Dehmasang vereinzelt einheimische Orientbeulen; die übrigen Stadtviertel und die umlie-genden Dörfer waren nahezu frei [266, 319 a], und die Mehrzahl unserer Kranken mit Orientbeulen kamen aus den Herdgebieten im W und SW des Landes. In den ersten Nachkriegsjahren nahm dagegen auch in Kabul die Zahl der autochthonen Fälle stark zu, und die Krankheit brei-tete sich über das ganze Stadtgebiet und die Nachbar-dörfer aus, höchstwahrscheinlich infolge des damals rasch zunehmenden Reiseverkehrs von Ort zu Ort und auch von den Endemiegebieten in die Hauptstadt, in der es während der warmen Jahreszeit stets reichlich Phlebo-tomen gab [267, 269, 270].

Eine Bevorzugung einzelner *Lebensalter*, wie sie in Ländern mit hyperendemischem Befall, z. B. in Südiran gelegentlich gesehen worden ist [295, 413], haben wir in Kabul nicht beobachtet. Es erkrankten Kinder und Er-wachsene aller Altersgruppen, offenbar weil Durchseu-chung und Exposition relativ gering waren und infolge-dessen nicht, wie in stärker durchseuchten Gebieten, die Mehrzahl der Anwohner schon im Kindesalter infiziert und damit für später immunisiert wurde.

b) *Krankheitsformen*. Wie in Iran und in den be-nachbarten Sowjetrepubliken kommt auch in Afghani-stan die Hautleishmaniase in *zwei klinisch und epide-miologisch verschiedenartigen Formen* vor [177, 253, 352], deren Erregerstämme, da sie keine Kreuzimmuni-tät der einen Form gegen die andere bewirken, gleich-falls als unterschiedlich angesehen werden müssen [272]. Im N des Landes überwiegt, genau wie in den jenseits des Amu Darja gelegenen Gebieten [468] und in Nord-iran [177], die sogen. *rurale* oder *feuchte* Form, die vor allem in ländlichen Gebieten auftritt. Sie kommt nach kurzer, manchmal nur 10tägiger Inkubationszeit zur Entwicklung, ulzeriert rasch und stark und heilt meist schon im Laufe von mehreren Monaten ab. Im W, S und E Afghanistans dagegen findet sich, ähnlich wie im süd-lichen Iran, lediglich die *trockene* oder *urbane* Form, die eine auffallend lange und ungleichmäßige, mehrere Wo-chen oder gar Monate dauernde Inkubationszeit hat und durch die charakteristischen borkigen Beläge sowie durch die nur langsam fortschreitende Ulzeration kenntlich ist und in der Regel nach Ablauf eines Jahres abheilt; es sind aber auch Einzelfälle von mehrjähriger Dauer be-kannt geworden [272].

Jahreszeitliche Schwankungen der Häufigkeit von Neuerkrankungen haben wir bei den trockenen Formen der Orientbeule mit ihrer wechselnd langen Inkubation in Kabul nicht gesehen. Die Kranken kamen zu allen Jahreszeiten in die Sprechstunden unserer Polikliniken, und auch die nur ungenauen anamnestischen Angaben ließen keine Rückschlüsse auf den tatsächlichen Beginn der Krankheit zu. Dagegen läßt die feuchte Form in-folge der nur kurzen Inkubation manchenorts deutliche Saisongebundenheit mit Häufung der Neuerkrankun-gen in den Sommermonaten erkennen [175].

c) *Epidemiologisch* unterscheiden sich die beiden Arten der Orientbeule sehr wesentlich. Die nördlich des Hindukusch, in Nordiran und jenseits des Amu Darya endemische *rurale* oder *feuchte* Form scheint primär eine Zoonose unterirdisch lebender Nager zu sein. Als wich-tigstes tierisches Reservoir wird von den sowjetischen und iranischen Forschern [175, 255] die Rennmaus *Rhombomys opimus* LICHT (Gerbillidae) angesehen, de-ren Populationen im Murghab-Tal im Mittel zu etwa 30% (im Mai 2,3%, im Spätsommer 56,3%) mit *L. tro-pica* infiziert waren [351, 352, 353]. Ähnliche Befunde (Infektionsraten von 35,5%) wurden in Tadjikistan ge-sehen, während *Meriones erythrourus* GRAY und *Sper-mophillopsis leptodactylus*, beide typische Vertreter der Sandwüstenfauna, wesentlich seltener (Mer. erythr. 6,7%) infiziert waren [413, 468] und somit als Reservoir von untergeordneter Bedeutung zu sein scheinen.

Phlebotomen wurden insbesondere in alten Nager-bauten in großer Zahl angetroffen; am häufigsten (76,2% aller gefangenen Phlebotomen) war in Südwestturkmeni-stan die Art *P. arpaclensis*, die zu etwa 48% mit *L. tro-pica* infiziert war [410, 468]; außerdem wurden *P. cau-casicus*, *P. sergenti* und, erstmalig in den UdSSR, auch *P. sumaricus* als Infektionsträger nachgewiesen, und in Us-bekistan wurden in Nagerbauten, die etwa 500—2000 m von menschlichen Siedlungen entfernt lagen, *P. arpaclen-sis* und *P. mongolensis* in den Sommermonaten zu 22,7% mit Leptomonaden infiziert angetroffen [243, 249]. Da es sich bei den genannten Phlebotomen um überwie-gend zoophile Arten handelt, ist die Annahme, daß die Infektion mit *L. tropica* eine Zoonose sei, die durch in-fizierte Phlebotomen innerhalb der Nagerpopulation verbreitet wird, berechtigt. Die Beobachtung, daß auch Vogelnester Aufenthaltsorte von Phlebotomen sein kön-nen, steht nicht im Widerspruch zu dieser Annahme [410, 411].

In der *Nähe menschlicher Siedlungen* ist die Infek-tionsrate sowohl bei den Nagern als auch bei den Phle-botomen höher als in unbewohnten Gebieten [249, 468], insbesondere *P. papatasii* (Infektionsrate bis 19,2%) und *P. arpaclensis* scheinen die Verbindung zwischen Nagerbauten und menschlichen Wohnungen zu suchen und müssen demnach in den turkmenischen und usbeki-schen Gebieten als die wichtigsten Überträger der Haut-leishmaniase von den tierischen Reservoiren auf den Menschen angesehen werden. Eine Rückübertragung vom Menschen auf die Nager wäre denkbar, ist aber bisher nicht nachgewiesen worden; anscheinend kann der In-fektionskreis innerhalb der Nagerpopulationen durch die zoophilen Arten, vor allem *P. mongolensis* und *P. cau-casicus*, aber auch *P. arpaclensis* allein erhalten werden [243, 249, 468].

In den lößbedeckten Hügellandschaften und Steppen des nördlichen Afghanistan, das geographisch, klimatisch und faunistisch den jenseits des Amu Darya gelegenen

Gebieten weitgehend entspricht, scheint in Höhen von 400—800 m gleichfalls *Rhombomys opimus*, der in bewohnten Oasen bis zu 60 und 80% mit *L. tropica* infiziert gefunden worden ist, das wichtigste tierische Reservoir zu sein [253, 254]. Leider liegen über die Phlebotomen Afghanistans bisher keine systematischen Untersuchungen vor; es darf aber bereits auf Grund der angegebenen Untersuchungsergebnisse vermutet werden, daß die epidemiologischen Zusammenhänge ganz ähnlich sind wie in den nördlich des Amu Darya gelegenen Endemiegebieten, d. h. daß auch im nördlichen Afghanistan die rurale Form der Hautleishmaniase eine Zoonose der Nager ist, die durch Phlebotomen auf den Menschen übertragen wird.

Die *trockene* Form der Hautleishmaniase ist epidemiologisch anders zu bewerten. In den steinigen Gebieten SW-Afghanistans gibt es anscheinend keine zoonotische Leishmaniase. Tierische Reservoire sind hier unbekannt, so daß offenbar die Infektionskette direkt vom Menschen über die Phlebotomen zum Menschen führt. Die übertragenen Phlebotomen sind auch in SW-Afghanistan bisher nicht untersucht worden; es liegt nahe, *P. papatasii* und *P. sergenti*, die in Iran, Tadjikistan und im Iraq Überträger zu sein scheinen [249, 295, 359, 360, 426], auch als Vektor der urbanen Hautleishmaniase Afghanistans zu vermuten. Vor allem muß aber darauf hingewiesen werden, daß nördlich und südlich der großen Gebirgsketten unterschiedliche Gesetzmäßigkeiten für die Ausbreitung der Leishmaniasen gelten und daß der Hindukusch sich, soweit die bisher vorliegenden Ergebnisse bereits Rückschlüsse zulassen, als epidemiologische Grenze zwischen den beiden Formen der Orientbeule in Afghanistan abzeichnet.

In der Neuzeit sind im Zuge der gegen die Malaria gerichteten DDT-Anwendungen auch die Phlebotomenpopulationen stark gelichtet und teilweise sogar vernichtet worden, und ähnlich wie das Pappatacifieber sind, jedenfalls in den mir bekannten Gebieten, auch die Leishmaniasen sehr viel seltener geworden. Die rurale Form kann wahrscheinlich nur durch die Dezimierung der Nagerpopulationen wirksam bekämpft werden, wie dies in einzelnen sowjetischen Endemiegebieten bereits mit gutem Erfolg durchgeführt worden ist. In Afghanistan sind m. W. auch in jüngster Zeit derartige Versuche noch nicht unternommen worden.

Kala-Azar ist in Afghanistan unbekannt. Kutane und viscerale Leishmaniasen haben weitgehend getrennte Ausbreitungsgebiete; im ariden Hochland sind die Hautleishmaniasen endemisch, während Kala-Azar sich vor allem in den unter Monsuneinflüssen stehenden feuchten Gebieten Bengalens findet. Einzelfälle sind auch in Iran und im Iraq beobachtet worden [197, 315, 334, 425, 444], und kleinere Herdgebiete, in denen beide Arten nebeneinander vorgekommen sind, hat es noch vor wenigen Jahren in den usbekischen und tadjikischen Republiken sowie auch in Kashmir gegeben [285, 315, 353, 354, 385]. Als Überträger gilt im indischen Raum vor allem *P. argentipes*, in den transkaukasischen Gebieten *P. major*, vielleicht manchenorts auch *P. chinensis* und *P. kandelaki* [353], während *P. papatasii* in Kala-Azar-Gebieten nur selten gefunden worden ist [374]. Die Möglichkeit, daß in Tadjikistan Schakale ein tierisches Reservoir für *L. donovani* sein können, ist von MARU-ASHVILI [374] erwogen worden.

So zeigt also in Afghanistan auch die Epidemiologie der Leishmaniasen in anschaulicher Weise die Abhängig-

keit der Krankheitsausbreitung von Boden, Klima und natürlicher Tierwelt, und es ergibt sich, daß Afghanistan auch auf diesem Gebiet eine geomedizinische Einheit mit dem übrigen Iranisch-Turanischen Raum bildet.

3. Fleckfieber

Von den im westasiatischen Raum vorkommenden *Rickettsiosen* ist in Afghanistan bisher nur das *klassische Fleckfieber* (Typhus exanthematicus; pers. *hōmāyē-lūkā-dār*, حمای لکه دار) bekannt geworden. Es ist eine hoch fieberhaft verlaufende, akute Infektionskrankheit, deren Erreger, *Rickettsia prowazeki*, durch den Stich infizierter Kleiderläuse von Mensch zu Mensch übertragen wird. Tierische Reservoire sind bisher nicht bekannt. Das Fleckfieber ist eine Krankheit der Not und des Elends und tritt epidemisch in Zeiten starker Verlausung auf, wie dies aus den beiden Weltkriegen bekannt ist. Das gleichfalls durch Läuse übertragene *Wolhynische Fieber* (Fünftagefieber; *R. quintana*) und das aus Nagerreservoiren durch Flöhe auf den Menschen übertragene *murine Fleckfieber* (*R. mooseri*), das gelegentlich in Hafenstädten am Persischen Golf [188] und auch in Indien [322, 481] gesehen wurde, sind ebenso wie die *durch Zecken verbreiteten* Rickettsiosen in Afghanistan bisher nicht bekannt. Die Frage des Vorkommens von *Q-Fieber* (*R. burneti*) wird bei den Zoonosen des Landes besprochen (s. S. 59).

a) Ausbreitung im Lande. Bis in die 50er Jahre ist das Fleckfieber in nahezu allen Ländern des Mittleren Ostens und somit auch in Afghanistan endemisch gewesen und in den verschiedensten Teilen des Landes auch epidemisch aufgetreten [211]. In Kabul kannten wir es in der Vorkriegs- und Kriegszeit [266, 267]; allerdings liegen aus jenen Jahren keine verwertbaren Meldungen über die Häufigkeit der Krankheit in einzelnen Jahren oder über den bevorzugten Befall einzelner Provinzen vor; lediglich BERKE [201] berichtet über eine schwere Epidemie, die im Jahre 1937, also noch vor dem Kriege, in Aibak bei Mazar-i-Scherif geherrscht hat.

Genauere Angaben liegen erst aus der Nachkriegszeit vor, und wir haben versucht, mit den *Karten Nr. 7 u. 8* und der dazugehörigen Tab. VI einen Überblick über die Verbreitung und Häufigkeit des Fiebers in den Jahren 1948—1953 und die Entwicklung des Seuchengeschehens bis 1964 zu geben. Die Darstellung gründet sich auf die amtlichen Meldungen des afghanischen Gesundheitsministeriums an die WHO [513, 521]; es ist anzunehmen, daß dabei im wesentlichen nur die Hospitalfälle erfaßt worden sind, so daß die angegebenen Zahlen, wie bereits S. 29 hervorgehoben, bei weitem nicht denjenigen der tatsächlich aufgetretenen Erkrankungen entsprechen. Karten und Tabelle können also nur vergleichend den ungefähren Durchseuchungsgrad in den einzelnen Provinzen des Landes sowie die registrierten größeren Ausbrüche angeben.

Zunächst fallen einige im Lauf der Jahre beobachtete größere *Epidemien* in einzelnen Provinzen auf. In Kandahar soll schon 1947/48 ein größerer Ausbruch mit nahezu 1000 Erkrankungen und hoher Letalität geherrscht haben, und im Winter 1949/50 sind Stadt und Provinz wiederum von einer Fleckfieberepidemie mit mehr als 1800 Fällen betroffen worden, während in Kabul, das in fast jedem Winter zahlreiche Erkrankungen aufzuweisen hatte, im Jahre 1951 insgesamt 476 Fälle gemeldet wurden. Auch in Herat (1953), Mazar-i-Scherif

(1949/50) und der Provinz Parwan (1953) sind epidemische Ausbrüche verzeichnet worden, die aber niemals das Ausmaß der genannten Epidemien von Kabul und Kandahar erreicht haben. In allen anderen Provinzen ist die Zahl der Fleckfieberfälle auffallend gering und größere Ausbrüche fehlen, soweit die Meldungen bindende Rückschlüsse erlauben.

Überblickt man den *Durchseuchungsgrad des Landes während der ganzen Berichtszeit* von 1948—1953 und bezieht die Erkrankungszahlen auf die Zahl der Einwohner, so ergibt sich das gleiche Bild. Kandahar ist mit 138,7 Krankheitsfällen auf 100 000 Einwohner die am stärksten durchseuchte Provinz; an 2. Stelle steht Kabul, während der Durchseuchungsgrad aller anderen Provinzen wesentlich unter dem Landesdurchschnitt von 47,9 (jährlich also 8) Erkrankungen auf 100 000 Einwohner bleibt. Ein Vergleich der Fleckfieberdurchseuchung Afghanistans mit derjenigen anderer Länder des Iranisch-Turanischen Raumes ist kaum möglich, da die erforderlichen Angaben fehlen; soweit jedoch die wenigen vorhandenen Zahlen ein Urteil zulassen, scheint in Afghanistan auch vor Beginn der Bekämpfungsmaßnahmen das Fleckfieber kaum stärker verbreitet gewesen zu sein als im übrigen Mittel-Ostraum [211].

Eine unmittelbare Beziehung der Erkrankungszahlen zur *Bevölkerungsdichte* der einzelnen Provinzen läßt sich nicht ableiten. Wohl haben die damaligen Provinzen Kabul (33 Einw./qkm) und Jenoubi (45 Einw./qkm) verhältnismäßig viel Fleckfieber in jedem Jahre gehabt; aber in der am stärksten befallenen Provinz Kandahar wohnten nur 7 Menschen auf 1 qkm. Viel näher liegt die Annahme, daß die Ballung vieler Einwohner auf engem Raum in den großen Städten Kabul, Kandahar und Herat, die alle mehrfach epidemische Ausbrüche verzeichnet haben, für die Gesamtdurchseuchungsrate, die die *Karte Nr. 7* angibt, bestimmend ist. Das Fleckfieber ist viel mehr eine Krankheit der großen Städte, insbesondere der alten Wohnviertel, als des offenen Landes mit seinen großenteils weit auseinander liegenden Dörfern und Einzelhöfen.

Es ist gelegentlich angenommen worden, daß auch *die afghanischen Nomaden* an der Ausbreitung des Fleckfiebers beteiligt sind [36, 180]. Diese Möglichkeit ist zuzugeben; ich halte es aber für wenig wahrscheinlich, daß die Nomaden als Verbreiter des Fiebers jemals eine entscheidende Rolle gespielt haben. Einmal leben sie in der kalten Jahreszeit in ihren Winterquartieren im S und E des Landes unter sich, und zum andern pflegen sie während ihrer Wanderung nach N, die ja bereits im Frühjahr, also noch während der Fleckfieberzeit beginnt, keinen sehr engen Kontakt zur seßhaften Bevölkerung, so daß eine Übertragung von infizierten Läusen auf die Dorfbewohner nur gelegentlich stattfinden kann. Daß innerhalb einer Nomadengruppe, wie in jeder anderen Wohn- und Lebensgemeinschaft im Lande, das Fleckfieber sich ausbreiten kann, ist anzunehmen; aber gerade diese Fälle sind fast immer der statistischen Erfassung entgangen, da die Nomaden nur selten die Krankenhäuser der Städte aufsuchen. Sicher aber ist es richtig, auch die Nomaden so weit wie möglich in die modernen Abwehrmaßnahmen einzubeziehen.

b) Saisongebundenheit des Fleckfiebers. Die Abb. 10 (auf der Rückseite der *Karte Nr. 7)* zeigt die Beziehung der Fleckfieberhäufigkeit zu den Jahreszeiten für die Jahre von 1949 bis 1951. Wenn auch Einzelfälle in allen Jahreszeiten vorkommen, so treten doch Häufungen des

Fiebers immer in *der kalten Jahreszeit* auf, insbesondere am *Ende des Winters,* wenn die Verlausung der Bevölkerung und die Durchseuchung der Läusepopulationen mit den Rickettsien am stärksten sind. Dieser Jahres-ablauf mit dem Gipfel der Krankheitsfrequenz am Ende des Winters, den die murinen Fieber nicht erkennen lassen, ist charakteristisch für das klassische Fleckfieber. Mit Einsetzen der vorsommerlichen Wärme, die natürlicherweise die Menschen aus der Enge ihrer Wohnungen ins Freie treibt, zu größerer Sauberkeit, luftigerer Bekleidung und häufigerem Wäschewechsel veranlaßt, gehen regelmäßig die Erkrankungszahlen zurück; nur in langanhaltenden Wintern mag auch das Fleckfieber später als sonst, immer aber mit Beginn der warmen Jahreszeit, abnehmen. Da tierische Reservoire nicht anzunehmen sind, müssen die wenigen Einzelfälle und Spätrezidive, die im Laufe des Sommers und Herbstes trotz nur geringer Verlausung auftreten, ausreichen, die Infektion bis in den nächsten Winter hinein zu erhalten.

Es ist ohne weiteres verständlich, daß diese winterlichen Fleckfieber vor allem in den Armenvierteln der eng bebauten alten Stadtteile grassieren. Die ungenügenden Hygienebedingungen und das durch den Mangel an Heizmaterial bedingte enge Zusammenhocken unter dem *sandali* (s. S. 15), der als Kleinklimakammer ideale Bedingungen für die Entwicklung von Läusen schafft, haben stets die Ausbreitung der Krankheit innerhalb der Wohngemeinschaften in den alten Stadtvierteln begünstigt, indes die wohlhabende Bevölkerung, die meist unter den wesentlich besseren Hygienebedingungen der neuen Vorstädte lebt, naturgemäß viel weniger exponiert ist.

c) Die Schwere der Krankheitsverläufe ist unterschiedlich beurteilt worden. Die WHO-Beobachter [178] haben in Kandahar überwiegend schwere Fälle mit hoher Letalität gesehen. Ich selbst hatte früher in Kabul den Eindruck, daß das Fleckfieber in Afghanistan, ähnlich wie in manchen Gebieten Südrußlands, relativ leicht verläuft, und BERKE [201] hat bei nicht schutzgeimpften Kranken in Kabul während der 40er Jahre, also vor Einführung der Antibiotica, eine Letalität von nur 14,4% beobachtet, die eindeutig unter der in Iran beobachteten Rate von 17—21,9% [299, 453] liegt. Daß eine partielle Durchseuchungsimmunität mancher Bevölkerungsgruppen besteht, halte ich bei der nur geringen Endemizität der Krankheit für unwahrscheinlich; ob milde Zweiterkrankungen, wie aus Kazakhstan berichtet [384], in Afghanistan überhaupt für den Ablauf mancher Krankheitsfälle und für das epidemiologische Bild eine Rolle spielen, ist nicht bekannt. Wahrscheinlich sind Allgemeinzustand und individuelle Resistenz, ärztliche Behandlung und Pflege eher für die Art des Verlaufs maßgebend als die manchmal vermutete unterschiedliche Virulenz einzelner Erregerstämme. Mit Einführung der Antibiotica auch in die Behandlung des Fleckfiebers dürften die therapeutischen Erfolge wesentlich besser geworden sein als in früheren Jahren.

d) Die Bekämpfung des Fleckfiebers stieß in der Vorkriegs- und Kriegszeit noch auf große Schwierigkeiten. Die Hygieneverhältnisse der alten Wohnungen waren kaum zu ändern, eine Isolierung der Kranken war aus Gründen familiärer Tradition meist unmöglich, und Insektizide zur Vernichtung der Läuse standen noch nicht zur Verfügung. So stellte damals die Schutzimpfung, deren Wirkung unbestritten war, die aber immer nur bei verhältnismäßig kleinen Bevölkerungsgruppen angewandt

werden konnte, praktisch die einzige Möglichkeit einer
Bekämpfung des Fleckfiebers dar. DDT wurde erstmalig
im Winter 1949/50 in Kandahar in größerem Umfang
angewandt.

Im Jahre 1951 haben WHO, UNICEF und das
afghanische Gesundheitsministerium gemeinsam die planmäßige Bekämpfung des Fiebers zunächst in den meist-
befallenen Provinzen Kabul und Kandahar aufgenommen. Insgesamt wurden bis Mitte März 1952 in den beiden Provinzen 312 832 Personen und in anderen gefährdeten Gebieten weitere 70 000 Menschen mit 10%igem
DDT behandelt. Die Aktion, die notwendigerweise die
Privatsphäre der Wohngemeinschaften berühren mußte,
stellte für Stadt und Land etwas völlig Neuartiges dar,
wurde aber bald mit Interesse von der Bevölkerung aufgenommen, zumal unter den 172 Helfern auch zahlreiche
weibliche Mitarbeiterinnen zur Behandlung der Frauen
und Mädchen tätig waren. Die Kosten waren gering; sie
beliefen sich pro Kopf auf etwa 0,60 Afghani (0,024 $).
Geimpft wurden dagegen nur Personen, die in unmittel-
barem Kontakt zu Kranken und damit zu infizierten
Läusen standen [36, 178, 386].

Die *Ergebnisse* der Bekämpfung waren ungewöhnlich; die Abb. 9 auf der Rückseite der *Karte Nr. 7* und
der Vergleich der *Karte Nr. 8* mit *Karte Nr. 7* zeigen,
daß bereits 1—2 Jahre nach Beginn der Aktion die Zahl
der gemeldeten Fleckfieberfälle schlagartig zurückging.
Die großen Epidemien, wie sie in Kandahar und Kabul
aufgetreten waren, blieben aus, und nach 1954 wurden,
abgesehen von einem kleinen Ausbruch in der Provinz
Parwan im Jahre 1960, nur mehr Einzelfälle registriert.
Auch wenn in den folgenden Jahren zahlreiche Erkrankungen nicht beobachtet worden und in den Meldungen
nicht erschienen sind, so muß man doch annehmen, daß
die Gefahr größerer Fleckfieberausbrüche bereits 1953
überwunden war und daß die später noch aufgetretenen
Einzelfälle und kleinen Gruppenerkrankungen epidemiologisch nicht annähernd die Bedeutung mehr hatten, wie
sie in früherer Zeit jeder Einzelerkrankung zukommen
mußte.

Das heißt aber nicht, daß es in Afghanistan in Zukunft kein Fleckfieber mehr geben wird! Es ist durchaus
damit zu rechnen, daß in Städten und Dörfern, vor
allem in den alten Wohnquartieren, in den Wintermonaten von Zeit zu Zeit wieder Fleckfieber ausbrechen
wird. Aber der Erfolg der bisherigen Bekämpfung hat
gezeigt, daß es möglich ist, derartige Ausbrüche, wenn
sie schnell genug erkannt werden, durch systematische
Entlausung der Anwohner und zusätzliche Impfung ex-
ponierter Personen zu unterdrücken. Die bei ähnlichen
Arbeiten in Iran beobachtete DDT-Resistenz der Läuse
[381, 545] dürfte bisher in Afghanistan kein Problem
darstellen, da nur bei Bedarf und nicht regelmäßig in
jedem Jahr mit den gleichen Insektiziden am gleichen
Ort gearbeitet werden muß.

Die Erfolge der Fleckfieberbekämpfung zeigen wiederum, mit welch gutem Ergebnis die afghanische Regierung in sinnvoller Zusammenarbeit mit WHO und
UNICEF eines ihrer vielen ernsten volksgesundheitlichen
Probleme gelöst hat, und wenn in den kommenden Jahren
in den einzelnen Provinzen des Landes ein sorgfältiger
Überwachungsdienst durchgeführt wird, der ja mit der
nach und nach zunehmenden Zahl einheimischer Ärzte
wirksamer als früher werden muß, so darf man hoffen,
daß die bisher erzielten Erfolge auch von Dauer sein
werden.

4. Rückfallfieber

Die Rückfallfieber (Febris recurrens; *hōmāye-rād-
scheāh*, راجعه حمای) bilden eine Gruppe von akuten
Infektionskrankheiten, die durch wiederholte Fieberrezi-
dive von mehrtägiger Dauer gekennzeichnet sind und
durch verschiedene Arten von *Borrelien* (früher als
„Blutspirochäten" bezeichnet) verursacht werden. Überträger sind entweder Kleiderläuse oder Zecken, so daß
man die saisongebundenen, meist *epidemisch* auftretenden *Läuserückfallfieber* von den *endemischen*, während
des ganzen Jahres, aber in der Regel nur als Einzelfälle
auftretenden *Zeckenrückfallfiebern* unterscheiden muß.

a) Ausbreitung im Lande. Das Auftreten von Rück-
fallfiebern im gesamten Mittleren Osten, insbesondere
auch im Iranisch-Turanischen Raum, ist bereits in der
Vorkriegszeit wiederholt beschrieben worden. Allerdings
wurden die Erkrankungen keineswegs einheitlich beurteilt. Während WILLCOX [539] und BODMAN u. STEWART
[209] vor allem gehäuft auftretende Läusefieber sahen,
haben andere Autoren [182, 288, 302, 327, 328, 375,
440] schon frühzeitig darauf hingewiesen, daß die Rückfallfieber der iranisch-turanischen Länder mit Einschluß
der zentralasiatischen Sowjetrepubliken als endemische
Fieber überwiegend durch Zecken übertragen werden.

Es ist außerordentlich schwierig, ein klares Bild von
der tatsächlichen Ausbreitung und Häufigkeit der Rückfallfieber in Afghanistan zu gewinnen. Die statistischen
Angaben erscheinen so unvollständig, daß sie kaum bindende Schlüsse zulassen, und die Zahl der speziell auf
das afghanische Recurrensfieber gerichteten Publikationen ist minimal. Die in den 50er Jahren erschienenen
Berichte der WHO [513] zeigen aber, daß damals noch
in den meisten Provinzen des Landes Rückfallfieber aufgetreten sind. Zwei größere epidemische Ausbrüche sollen
1950 und 1951 die Provinz Kabul betroffen haben; daneben werden die Provinzen Kandahar, Jenoubi (Gardez), Ghazni und Parwan und im N des Landes Mazar-
i-Scherif und Badakhshan genannt, während aus der
damaligen Provinz Herat keine Erkrankungen mitgeteilt
werden. Tab. IX bringt die Zusammenstellung aller in
den WHO-Berichten veröffentlichten Zahlen. Sie ergeben
bei Annahme einer Bevölkerungszahl von etwa 12 Millionen für die Jahre 1948—1951 noch eine jährliche
Durchseuchungsrate von 0,8 bis 1,1 Erkrankungen auf
100 000 Einwohner, zeigen aber in den folgenden Jahren
nur wenige Einzelerkrankungen, so daß scheinbar das
Land schon seit Mitte der 50er Jahre fast völlig frei von
Rückfallfieber ist. Und doch birgt gerade die Epidemiologie der Recurrensfieber im ariden Mittel-Ostraum
immer noch eine Reihe von Problemen, die auf Grund
des vorliegenden Zahlenmaterials erörtert werden müssen, obwohl dieses nur gering ist.

b) Epidemiologie. Tab. IX und Abb. 11 (s. Rückseite d. *Karte Nr. 8*), die die Zahl der mitgeteilten Fälle
in den einzelnen Monaten angeben, lassen zunächst einmal erkennen, daß die Rückfallfieber — wenn auch nur
in kleiner Zahl — in Afghanistan *in allen Jahreszeiten*
auftreten können; es besteht also anscheinend nur eine
unvollständige Saisongebundenheit des Auftretens, ein
Hinweis darauf, daß es sich wenigstens bei einem Teil
der Fälle um *zeckenübertragene*, *endemische* Recurrenserkrankungen handeln könnte, die infolge der biologi-
schen Eigenarten ihrer Überträger während des ganzen
Jahres und zumeist als Einzelerkrankungen auftreten.

Daneben fällt aber in den Jahren 1949—1951 eine deutliche Häufung von Erkrankungsfällen *in den Frühjahrsmonaten* mit plötzlichem Anstieg im März und Gipfel der Kurve im April auf, so daß es naheliegt anzunehmen, daß dieser Saisongipfel durch *epidemische Ausbrüche von Läuserückfallfieber* bewirkt worden ist, die ähnlich wie das Fleckfieber am Ende des Winters in der Zeit stärkster Durchseuchung der Läusepopulationen auftreten. Naturgemäß sind derartige Schlußfolgerungen bei der kleinen Zahl der gemeldeten Fälle nur bedingt verwertbar; dennoch darf man bei Wahrung der notwendigen Kritik aus der epidemiologischen Analyse und dem Vergleich mit den Nachbarländern die Vermutung ableiten, daß in Afghanistan bis in die Neuzeit hinein sowohl das endemische, durch Zecken übertragene, als auch das epidemische, durch Läuse verbreitete Rückfallfieber nebeneinander bestanden haben [266, 268].

Eine eindeutige Klärung dieser Frage ist nur durch Erforschung des Erreger-Überträger-Verhältnisses, d. h. der Borrelien und ihrer Entwicklung in den Läusen und Zecken möglich. Da derartige Untersuchungen wohl in Iran und den zentralasiatischen Sowjetrepubliken, nicht aber in Afghanistan angestellt worden sind, muß die epidemiologische Analyse des afghanischen Rückfallfiebers sich in entscheidenden Punkten auf die in den Nachbarländern gewonnenen Ergebnisse stützen.

Von den zahlreichen im Mittel-Ostraum einschl. der zentralasiatischen Sowjetrepubliken nachgewiesenen Ornithodorus-Arten — genannt seien hier nur O. crossi, O. erraticus, O. lahorensis, O. papillipes, O. tholozani und O. verrucosus [239, 403, 405, 440] — wird heute O. tholozani als der entscheidende und praktisch wohl einzige Überträger der *B. persica* auf den Menschen angesehen [191, 239, 403, 437, 455, 499], während O. verrucosus nur in den kaukasischen und transkaukasischen Gebieten humane Infektionen zu übertragen scheint [372, 470]. Entscheidend ist aber der vor einigen Jahren geglückte Nachweis, daß O. tholozani auch in der Umgebung von Kabul vorkommt, und BALTAZARD, BAHMAYAN u. CHAMSA [191] halten es auf Grund ihrer eigenen Beobachtungen für äußerst wahrscheinlich, daß das endemische Rückfallfieber auch in Afghanistan durch *B. persica* verursacht und durch O. tholozani übertragen wird, also den gleichen epidemiologischen Gesetzmäßigkeiten unterliegt wie die Zeckenfieber der geographisch und klimatisch gleichartigen Nachbargebiete.

Daß daneben auch *Läuserückfallfieber* im Lande vorkommen, muß gleichfalls auf Grund der epidemiologischen Beobachtungen als gesichert gelten. Die von SÉNÉCAL u. AHMED [461] in Kabul bei Gefängnisinsassen beschriebenen 100 Erkrankungsfälle sind eindeutig Läusefieber gewesen, und auch ich kenne aus ärztlicher Erfahrung gut die im Spätwinter oder Frühjahr auftretenden Fieber des „europäischen", d. h. des Läuserückfallfiebers, die manchmal als kleine Familienepidemien auftraten.

Die Frage, ob eine epidemiologisch evtl. bedeutungsvolle „kreuzweise" Übertragung von Zeckenborrelien durch Läuse und von Läuseborrelien durch Zecken möglich sei, ist mehrfach geprüft worden. Es scheint, daß Läusefieberborrelien sich in Zecken begrenzte Zeit halten und auch vermehren können, daß aber eine Infektion von Versuchstieren oder Menschen mit derartigen „überträgerfremden" Borrelien nicht angeht [406, 479] und daß andererseits humane Zeckenfieberborrelien sich in

Läusen nicht entwickeln [357]. Lediglich mit einigen auf Nagern lebenden, nicht humanpathogenen Borrelienarten, die normalerweise durch Zecken übertragen werden, ließen sich Läuse infizieren [187, 189]. Die Möglichkeit der Entwicklung epidemischer Recurrensausbrüche aus endemischen Herden durch einen „Überträgerwechsel" scheidet also als epidemischer Faktor aus, und in Übereinstimmung mit den epidemiologischen Überlegungen sprechen auch die Ergebnisse der genannten Arbeiten dafür, daß noch in jüngster Zeit im Mittel-Ostraum und somit wahrscheinlich auch in Afghanistan tatsächlich *zwei verschiedenartige Rückfallfieber nebeneinander bestanden haben*, wie dies schon in früheren Arbeiten vermutet worden ist [268].

Auch die Frage nach der Bedeutung *tierischer Reservoire* ist bisher nicht in Afghanistan, wohl aber in den Nachbarländern bearbeitet worden. In den transkaukasischen Gebieten gilt O. lahorensis als Überträger nur innerhalb der Nagerpopulationen (Gerbillidae und Muridae div. spec.), nicht aber als Überträger auf den Menschen [406, 493]. Im sowjetischen Turkestan ist dagegen auch die anthropophile Art O. tholozani gelegentlich infiziert in Nagerbauten gefunden worden [405, 470, 493], so daß möglicherweise hier das endemische Fieber primär eine Zoonose ist, die unter geeigneten Bedingungen auf den Menschen übertragen werden kann. Da aber Zecken viele Jahre lang infektionstüchtig bleiben und die Infektion auch transovariell auf die nächste Generation vererben können, ist es fraglich, ob überhaupt die Notwendigkeit tierischer Reservoire für die Erhaltung der Infektion besteht. Bei den Untersuchungen haben sich bisher gerade im Mittel-Ostraum zahlreiche offene Fragen, aber keine endgültige Antwort ergeben, und es ist bisher auch nicht bewiesen, ob in Afghanistan dieselben Zusammenhänge wie in Iran und den nördlich des Amu Darya gelegenen Gebieten bestehen oder nicht, wenngleich dies wahrscheinlich ist. Für die Läusefieber ist bisher von der Mehrzahl aller Forscher das Vorhandensein tierischer Reservoire verneint worden.

c) Bekämpfung. Im Laufe der letzten Jahre sind in Afghanistan, ebenso wie in Iran, die Rückfallfiebererkrankungen sehr zurückgegangen, und in den 60er Jahren sind keine Fälle mehr gemeldet worden. Daß die durch Läuse übertragenen epidemischen Fieber im Zuge der gegen das Fleckfieber gerichteten DDT-Anwendungen praktisch verschwunden sind, ist verständlich. Aber auch die Zeckenpopulationen dürften, soweit sie sich in den Wohnräumen der Menschen aufgehalten haben, durch die wiederholten DDT-Anwendungen — insbesondere bei der Malariabekämpfung — dezimiert worden sein, so daß auch die Zeckenfieber zurückgegangen sind. In den Wohngebieten der Städte haben zudem die Sanierung der Altstadtviertel und die Errichtung von Neubauten zu entscheidenden Erfolgen auch auf dem Gebiet der Rückfallfieberbekämpfung geführt. Auf dem Lande, in Dörfern und Einzelhöfen, deren Bauweise den Zecken besonders günstige Aufenthaltsbedingungen gewährt, werden wahrscheinlich trotz der DDT-Kampagne auch heute noch — wenn auch wesentlich seltener als früher und meist statistisch nicht erfaßt — Recurrenserkrankungen auftreten, und wenn auch das epidemische Läusefieber praktisch beseitigt ist, so wird das endemische Rückfallfieber sich mancherorts versteckt und nahezu unbemerkt doch noch erhalten haben.

Ob die afghanischen Nomaden infolge ihres engeren Kontaktes zu den Nagerpopulationen und damit zu infizierten Ornithodorus-Arten häufiger an Rückfallfieber erkranken als die seßhafte Bevölkerung, ist nicht bekannt. Daß andererseits Karawanserails und Nomadenlager als Zeckenbiotope gefürchtete Infektionsplätze gewesen sind — wahrscheinlich sind sie es teilweise auch heute noch —, ist in älteren Berichten aus Iran [417] mitgeteilt und dürfte auch für Afghanistan gelten. Da aber heute das Rückfallfieber nur mehr sporadisch aufzutreten scheint und kein großes volksgesundheitliches Problem mehr darstellt, darf man auch die Nomaden nicht mehr als wesentliche epidemiologische Faktoren ansehen, zumal auch sie in den Seuchenschutz einbezogen sind.

5. Viruskrankheiten

In den warmen Ländern der Alten und der Neuen Welt gibt es einige durch Insekten übertragene Viruskrankheiten, die teilweise endemisch sind, teilweise aber auch zu schweren Epidemien geführt haben. Das *Pappatacifieber (Sandfliegenfieber)* ist eine gutartige Krankheit mit meist nur dreitägigem Fieber, aber oftmals verzögerter Rekonvaleszenz, die durch Phlebotomen übertragen wird und in der Regel eine nur kurzdauernde Immunität hinterläßt. Das durch *Aëdes aegypti* und einige andere Aëdes-Arten verbreitete *Denguefieber* hält etwa 7 Tage an, verläuft mit einer charakteristischen zweigipfligen Fieberkurve, Hautausschlägen und den sog. Dengue-Rheumatoiden, ist gleichfalls prognostisch günstig und hinterläßt eine meist mehrere Jahre anhaltende Immunität. Große Dengue-Epidemien sind sowohl in den subtropischen Gebieten Amerikas als auch in der Alten Welt, insbesondere in Indien, den Mittelmeerländern und Australien beobachtet worden. Die gefährlichste dieser Virusinfektionen, das *Gelbfieber*, ist eine Krankheit der afrikanischen und amerikanischen Tropenländer, ist aber im gesamten asiatischen Raum und somit auch in Afghanistan nicht bekannt.

a) Das Pappatacifieber ist in Afghanistan, ähnlich wie in den benachbarten iranisch-turanischen Gebieten bis in die Neuzeit hinein weit verbreitet gewesen [266, 267]. Entgegen der Annahme älterer Autoren, daß das Fieber in Höhen über 600 m nicht vorkomme, haben wir in Afghanistan in jedem Jahr nach Beginn der Phlebotomenzeit selbst in Kabul (1803 m) zahlreiche Fiebererkrankungen gesehen, die zwar bei dem Fehlen geeigneter Laboratoriumseinrichtungen virologisch nicht gesichert werden konnten, klinisch und epidemiologisch aber einwandfrei als Pappatacifieber imponierten. Größere epidemische Ausbrüche, wie sie in den tiefer gelegenen Gebieten des Mittel-Ostraumes und den zentralasiatischen Sowjetrepubliken auftraten, wurden jedoch im Hochland nicht beobachtet. Grundsätzlich dürfte aber das ganze bewohnte Afghanistan bis zu einer Höhe von etwa 1800 m befallen sein; in darüber liegenden Gebieten sind keine Erkrankungen an Pappatacifieber bekannt geworden.

Die *epidemiologischen* Eigenarten des Pappatacifiebers sind in Afghanistan bisher nicht erforscht worden, so daß als Grundlage für die Beurteilung nur die Ergebnisse der in den Nachbarländern durchgeführten Untersuchungen herangezogen werden können. In den jenseits des Amu Darya gelegenen Endemiegebieten ist vor allem *P papatasii*, der ja auch als Überträger der Hautleishmaniase gilt (s. S. 37), in Nähe menschlicher Siedlungen gefunden worden [247, 248, 373, 404, 410], und auch im Iraq, in Iran und der NW-Grenzprovinz ist neben anderen Arten regelmäßig *P. papatasii* angetroffen worden [359, 423, 431, 444]. Da diese Art Kontakt zum Menschen sucht und in benachbarten Ländern der westasiatischen Trockenzonen als Überträger gilt [423], liegt es nahe zu vermuten, daß auch in Afghanistan der an das aride Klima gut angepaßte *P. papatasii* der entscheidende Überträger sei. Da die Mücke aber nur in Höhen bis 600 bzw. 900 m vorkommen soll [373, 423], ist zu erwägen, ob nicht in den Hochlagen auch andere Arten das Virus übertragen. In den gebirgigen, nördlich Afghanistans gelegenen kirgisischen Endemiegebieten, in denen *P. papatasii* fehlte, erwies sich *P. caucasicus* als ausgesprochen anthropophil [404]; ob jedoch die Art Überträger ist und ob sie überhaupt in Afghanistan vorkommt, ist gleichfalls bisher unbekannt.

Die *jahreszeitlichen Schwankungen* der Häufigkeit des Fiebers folgen den Hauptentwicklungszeiten der adulten Phlebotomen. So sahen z. B. PETROV u. VISKOVSKY in Taschkent (480 m) eine zweigipflige Jahreskurve mit einem Frühjahrsgipfel bald nach Erscheinen der ersten Überträgergeneration, einer vorübergehenden Abnahme der Erkrankungen von Ende Juni bis Anfang August und einem zweiten Gipfel in den Monaten August und September, ähnlich wie wir dies früher im Küstengebiet des Schwarzen Meeres gesehen haben [538]. In höher gelegenen Gegenden scheint dagegen das Fieber nur während der Sommermonate aufzutreten [227], und in Afghanistan tritt nach unseren eigenen Beobachtungen in den wärmeren Lagen die Krankheit früher und häufiger auf als im Hochland von Kabul, wo wir sie — wieder in Abhängigkeit von der Phlebotomensaison — von Ende Mai bis in den Sommer hinein, nicht aber im Spätsommer und Herbst gesehen haben.

Ähnlich wie die Einwohnerschaft Turkestans [404] scheint auch die einheimische afghanische Bevölkerung durch wiederholte Erkrankungen im Kindesalter frühzeitig eine *Durchseuchungsimmunität* zu entwickeln, so daß wir bei erwachsenen Einheimischen kaum jemals klinisch voll entwickelte Krankheitsbilder gesehen haben. Dagegen erkrankten, wie auch von PAVLOVSKY [404] berichtet, nicht immune Ausländer oftmals schon während des ersten Aufenthaltsjahres. *Reinfekte* haben wir mehrfach beobachtet; es ist nicht entschieden, ob sie Folge einer nur unvollständig entwickelten Immunität [233] oder aber Neuinfektionen mit anderen Virusstämmen sind.

Auch die Frage nach der *Überwinterung* des Virus und des Wiederauflebens der Krankheit im nächsten Frühjahr ist ungeklärt; ob wirklich eine Übertragung des Erregers auf die Nachkommenschaft der Phlebotomen, die nur im Larvenstadium und nicht als Adulte überwintern, stattfindet, ist jedenfalls nicht gesichert [390, 404, 452].

Die *Bekämpfung* ist vor Einführung der Insektizide schwierig und wenig aussichtsreich gewesen, da die Phlebotomen in Moskitonetze mit einer Maschenweite von mehr als 1,5 mm ohne weiteres eindringen und zudem der Netzschutz für die breiten Massen der Bevölkerung unerschwinglich ist. Im Zuge der Malariabekämpfung mit DDT sind aber auch die Phlebotomenpopulationen weitgehend dezimiert worden, so daß das Pappatacifieber im Lauf der letzten Jahre, vor allem in den von der Malariaprotektion betroffenen Gebieten, ungleich seltener als früher auftritt und mancherorts völlig ausgestorben ist. Ähnlich scheint dies auch in Nordostiran zu sein, wo

LEWIS [359] schon 1957, offenbar als Folge der DDT-Anwendungen, keine Phlebotomen mehr fand.

b) Ob das *Denguefieber* das im benachbarten Westpakistan, in nahezu allen tief gelegenen Gebieten Indiens, in Südiran und im Iraq immer noch vorkommt [161, 275, 276, 503], in Afghanistan überhaupt auftritt, ist nicht bekannt; jedenfalls wird das Land zumeist als denguefrei angesehen [378, 503, 541]. Nimmt man an, daß das echte Denguefieber auf Gebiete mit einer Jahresisotherme von mindestens 14° C beschränkt ist [242], so könnte das Fieber, sofern es überhaupt in Afghanistan endemisch wäre, nur in den tieferen Lagen des Landes auftreten, in denen es aber bisher auch niemals eindeutig festgestellt worden ist.

Es ist auch unbekannt, ob in Afghanistan geeignete *Überträger* vorkommen; jedenfalls sind in den Jahren meines Aufenthaltes im Lande weder *Aëdes aegypti* noch *A. albipictus* oder *A. scutellaris* nachgewiesen worden. *A. aegypti* findet sich in erster Linie im Küstengebiet des Persischen Golfes [251], im Iraq [394] und in Nordwestiran, neuerdings aber auch in Westpakistan im Gebiet von Kohat-Hangu, Lahore und Peshawar [172, 226, 246, 432], also am Südrand des afghanisch-pakistanischen Grenzgebirges, und es ist von einzelnen Autoren angenommen worden, daß *A. aegypti* im Laufe der Jahre im Stromgebiet des Indus landeinwärts gewandert [246, 305, 432] und heute Überträger des Denguefiebers in Westpakistan ist. In Afghanistan und in den nördlich des Amu Darya gelegenen Gebieten ist aber unseres Wissens die Art bisher niemals beobachtet worden [267, 276].

A. albipictus bevorzugt feuchte Brutgebiete mit Regenhöhen von mindestens 1000 mm [246, 503], ist aber gleichfalls neuerdings in Westpakistan selbst in Höhenlagen von etwa 1700 m aufgetreten [172, 432], während *A. scutellaris* in fast allen Nachbarländern Afghanistans unbekannt ist, und die übrigen auf dem iranischen Plateau gefundenen Arten *A. caspicus, A. pulchritarsis, A. geniculatus* und *A. vexans,* die möglicherweise in Afghanistan zu erwarten wären, nicht als Überträger gelten. Es sind also anscheinend die Voraussetzungen für die Ausbreitung des Denguefiebers in Afghanistan, soweit dies das Überträgerproblem betrifft, bisher nicht gegeben, auch wenn die subtropischen Gebiete der Ostprovinz noch durchaus in einer für die Ansiedlung von *A. aegypti* geeigneten Klimazone gelegen sind.

Um so mehr mußte es auffallen, daß wir *dengue-artige Fieber* einzeln und gehäuft des öfteren sowohl in Sarobi als auch in Kabul gesehen haben. Aber auch damals haben weder die im Lande tätigen Entomologen noch ich selbst Aëdesmücken gefunden, und da virologische Untersuchungen nicht möglich waren, konnten die Erkrankungen ätiologisch nicht geklärt werden. Es wäre denkbar, daß andere durch Culicinen übertragene, dem Dengue-Virus verwandte Erregertypen Ursache dieser Erkrankungen gewesen sind. Jedenfalls scheint es, gerade im Hinblick auf die Ausweitung der Verbreitungsgebiete von *A. aegypti* und *A. albipictus* an den Südhängen des afghanisch-pakistanischen Grenzgebirges wünschenswert, daß entomologische Untersuchungen nicht nur der Anophelen sondern auch der epidemiologisch differenten Culicinen vorgenommen werden.

So zeigt also auch die Epidemiologie der durch Insekten übertragenen Viruskrankheiten die enge Verbindung des afghanischen Raumes mit den übrigen iranisch-turanischen Ländern.

II. Durch Wasser und Nahrungsmittel übertragene Infektionskrankheiten

1. Cholera

a) Endemische und epidemische Cholera (wā̆bā̆, وبا*).*
Der Erreger der Cholera *(Vibrio cholerae)* wird beim Genuß infizierten Wassers aufgenommen und verursacht nach ungewöhnlich kurzer, nur wenige Stunden bis Tage dauernder Inkubationszeit eine akute Infektionskrankheit, die mit Brechdurchfällen, schwersten Wasserverlusten und Kreislaufstörungen einhergeht und auch bei moderner Behandlung in einem hohen Prozentsatz der Fälle zum Tode führt. Quelle der Krankheitsausbreitung sind zumeist Kranke, die durch Ausscheidung von Vibrionen das Trinkwasser verunreinigen; gesunde Keimausscheider spielen dagegen eine nur geringe Rolle. In ihren Heimatgebieten herrscht die Cholera endemisch; sie hat aber während der letzten 150 Jahre wiederholt alle Erdteile außer Australien mit großen Pandemien überzogen [448, 449, 450, 486].

Die Heimat der *endemischen* Cholera in Indien und Ostpakistan liegt im Bereich der großen Flußniederungen sowie im Mündungsgebiet des Ganges und Brahmaputra, aber auch des Godavary-Flusses, wo seit altersher die Cholera als *Nistseuche* bekannt ist [206, 419, 420, 490]. Sie ist also an das feuchte Tiefland gebunden; in Höhen über 75 m (Ostpakistan) bzw. über 150 m (Indien) gibt es keine endemische Cholera mehr [206, 489].

Als *Seuchenherd* gelten die träge dahinströmenden infizierten Tieflandflüsse und das stagnierende Wasser der Gräben, Brunnen und Tümpel, das infolge von Fäulnisprozessen hohe, für die Entwicklung der Vibrionen günstige pH-Werte zeigt. Cholerakeime sind in den Flüssen und Brunnen der Endemiegebiete zu fast allen Jahreszeiten nachgewiesen worden [158, 208, 229, 238, 323, 489].

Jahreszeitliche Schwankungen der Häufigkeit sind auch bei der endemischen Cholera bekannt; sie tritt im allgemeinen in der heißen Jahreszeit vermehrt auf. Monsunregen können die Inhzierten Entleerungen der Kranken in die Wasserbehälter einschwemmen; andererseits können durch die Regenfälle infizierte Tümpel überflutet und gereinigt werden, so daß offenbar die örtlichen Gegebenheiten, die für die Erhaltung der Endemie maßgebend sind, in einzelnen Gebieten recht unterschiedlich sein können. Zusammentreffen von großer Feuchtigkeit mit hohen Temperaturen und intermittierenden Regenfällen bei hohem Grundwasserstand scheint die besten Voraussetzungen für die Erhaltung oder Ausbreitung der Seuche zu schaffen [229, 323, 458, 489].

Epidemische Ausbrüche innerhalb des Endemiegebietes, die teilweise durch die bei den großen Pilgerfesten entstehenden Wasserverunreinigungen verursacht werden, sind sowohl in Indien als auch in Ostpakistan beobachtet worden [195, 488], und auch in Calcutta, wo nach Filtrierung des Wassers die endemische Cholera deutlich zurückgegangen war, traten selbst in jüngster Zeit infolge von Wasserverunreinigungen wiederholt epidemische Ausbrüche auf [159, 208, 229, 238, 323, 451, 458].

Außerdem ist die Cholera wiederholt aus ihren eigentlichen Endemiegebieten ausgebrochen und hat als *Wanderseuche* benachbarte und ferner liegende Länder in manchmal mehrjährigen Zügen heimgesucht, ein Vorgang, dessen Ursachen und Gesetzmäßigkeiten bisher nur ungenügend geklärt sind [166, 318, 319, 458]. Wohl ist seit langer Zeit bekannt, daß die Cholera im wesentlichen den Verkehrswegen folgt; warum aber die Krankheit sich plötzlich in einem Lande, das ganz andere geophysische, hydrologische und klimatische Bedingungen als das Ursprungsland der Seuche hat, ausbreitet, warum sie ihre wiederholten Wanderungen von Bengalen nach Ostasien, nach Südindien und nach NW in das Iranisch-Turanische Hochland angetreten hat, ist unbekannt, und die folgende Darstellung der Choleraausbrüche in Afghanistan muß sich daher im wesentlichen auf die Beschreibung des Seuchenablaufes beschränken; die kausale Analyse bleibt jedoch unvollständig.

b) Cholerazüge in Afghanistan. Daß die großen Pandemien des 19. Jahrhunderts auch Afghanistan erreicht haben, darf als gesichert gelten [288, 300, 419, 450, 486]; jedenfalls ist in der 2. Hälfte des vergangenen Jahrhunderts die Krankheit mehrfach im Lande aufgetreten [42]. Auch die letzte von 1899 bis 1923 dauernde Pandemie hat wahrscheinlich sowohl Afghanistan als auch Iran erreicht.

Die in neuerer Zeit nach 1930 erfolgten Wanderungen der Krankheit lassen sich bereits sehr viel eindeutiger verfolgen als die früheren und sind in der *Karte Nr. 9* dargestellt. So wanderte die Cholera im *Juli 1930* aus der NW-Grenzprovinz, die damals stark befallen war, über die Khaiberstraße nach Dschelalabad, Kabul und Tscharikar, von hier aus durchs Logartal und entlang dem großen Verkehrsweg nach Ghazni, wo innerhalb von 2 Tagen bis zu 160 Neuerkrankungen verzeichnet wurden, sodann, wiederum dem Karawanen- und Straßenweg folgend, über Mukur in das Gebiet von Kandahar, bis sie Ende August nach und nach erlosch. Die Gesamtzahl der Erkrankungen und Todesfälle ist nicht bekannt geworden. Für die Verbreitung entlang den Verkehrswegen sind wahrscheinlich Handelskarawanen oder einzeln reisende Kontaktpersonen verantwortlich gewesen, nicht aber Nomaden, da diese während des Hochsommers die Straße in der SW-Richtung praktisch nicht begehen.

Ein unbedeutender Ausbruch erfolgte im *Oktober 1936* in Zurmat (S-Provinz), der bemerkenswert ist, weil etwa 4 Wochen später auch in der NW-Grenzprovinz Cholera ausbrach und die Möglichkeit einer Verbreitung durch den im Herbst nach S gehenden Nomadenzug nicht ausgeschlossen werden kann [220, 517].

Sehr viel folgenschwerer war die *Choleraepidemie von 1938,* die bereits Ende April in Peshawar begann, im Mai mit einer Nomadenkarawane durch das Logartal nach Kabul eingeschleppt wurde und von hier aus, wieder der Verkehrsstraße folgend, nach Kandahar und weiter über Seistan nach Khorassan wanderte. Es ist aber heute nicht mehr ersichtlich, wie weit sie nach W und NW in die Provinz Herat oder gar ins iranische Khorassan vorgedrungen ist.

In Kabul haben wir damals sofort nach Bekanntwerden des ersten Falles einen Schutzdienst eingerichtet und versucht, durch Behandlung der Kranken, Chlorung des Wasserreservoirs und der Fall-Latrinen in der Altstadt, Sperrung der Einfuhr von Frischobst aus den Choleragebieten der S-Provinz, Umleitung des Nomadenzuges um die Stadt herum und Impfung möglichst vieler Menschen mit der in Kabul hergestellten Vaccine (s. S. 27) die Krankheit zu bekämpfen. Es gelang zwar nicht, einzelne Kontaktfälle zu verhüten; wohl aber konnten wir eine epidemische Ausbreitung der Seuche in der Stadt, deren alte Wohnviertel denkbar gute Voraussetzungen für ihre Verbreitung boten, vermeiden. Allerdings mögen das trockene Klima und die Durchlässigkeit des alluvialen Lößbodens unsere Bemühungen wesentlich begünstigt haben. Im Lande wurde in den an Straßen und Nomadenwegen gelegenen Ortschaften in ähnlicher Weise mit Desinfektionsmaßnahmen und Schutzimpfungen gearbeitet; im ganzen sollen 1938 etwa 500 000 Menschen in Stadt und Land vom Impfschutz erfaßt worden sein [220, 266, 301].

Im Herbst ging die Zahl der Erkrankungen zurück. In Kabul traten Mitte November die letzten Fälle auf; völlig cholerafrei war das Land jedoch erst ab Januar 1939. Die Gesamtzahl der gemeldeten Erkrankungen betrug 3855 mit einer Letalität von 55,5% (2141 Todesfälle), ein Ergebnis, das bei der damals noch ungenügenden ärztlichen Versorgung des offenen Landes nicht überrascht [220, 515, 516, 517].

Diese Epidemie ist bemerkenswert, weil sie unverhältnismäßig früh im Jahr, d. h. unmittelbar im Anschluß an die Regenzeit begann (s. Abb. 12; Rückseite d. *Karte Nr. 9*) und sich dann über das ganze Jahr hingezogen hat. Sie hat die Bedeutung des Nomadenzuges für die Ausbreitung der Cholera von Land zu Land gezeigt, hat uns aber auch gelehrt, daß es in einer Stadt, in der Boden und Klima „seuchenfeindlich" sind, auch bei ungenügenden Hygienebedingungen mit verhältnismäßig einfachen Mitteln gelingen kann, große epidemische Ausbrüche zu verhüten, wenn nur die Infektion der zahlreichen Brunnen in der Altstadt und der zentralen Wasserreservoire vermieden wird.

Wenige Monate nach Erlöschen der Epidemie des Vorjahres traten im *Juni 1939* erneut Cholerafälle im Gebiet von Grischk auf, die offensichtlich, da das benachbarte Belutschistan völlig cholerafrei war, nicht auf eine Einschleppung aus den jenseits des Grenzgebirges gelegenen Gebieten, sondern vielmehr auf ein Wiederaufflackern der überwinterten vorjährigen Epidemie bezogen werden müssen. Die ersten Fälle traten am 25. VI. auf; innerhalb weniger Wochen breitete sich die Krankheit, den Straßen, Karawanenwegen und dem Lauf des Hilmendflusses folgend, fächerförmig nach verschiedenen Richtungen aus und drang im Laufe des Sommers einmal nach Kandahar, zum andern wieder in die Provinz Herat vor. Ob dabei die Stadt Herat und das iranische Khorassan befallen wurden, ist nicht mehr ersichtlich. Die Einzelheiten dieser Choleraausbreitung, so weit aus den vorhandenen Unterlagen erkennbar, sind gleichfalls in der *Karte Nr. 9* angegeben [220, 517].

Die Abwehrmaßnahmen wurden nach den Erfahrungen des Vorjahres rasch eingeleitet und bestanden neben der Behandlung der Kranken vor allem in der Durchführung von Schutzimpfungen in befallenen und gefährdeten Ortschaften sowie Sperrung der Epidemiegebiete. Ab Ende Oktober wurden keine Neuerkrankungen mehr gemeldet, und am 8. XII. 39 wurde das Land als cholerafrei erklärt. Die Gesamtzahl der gemeldeten Fälle betrug 1444 mit einer Letalität von 57,8% (835 Todesfälle). Bakteriologische Untersuchungen über die Art der Keime sind nicht mitgeteilt worden.

Auch diese Epidemie ist während der Trockenzeit aufgetreten (Abb. 12 *). Sie muß epidemiologisch, da eine Einschleppung aus den Nachbargebieten nicht erkennbar

---

* siehe Rückseite der *Karte Nr. 9*.

ist, als Teilerscheinung der bereits im Vorjahre begonnenen Wanderung der Seuche aus ihren Endemiegebieten nach NW in den Iranisch-Turanischen Raum angesehen werden [318, 319].

Einige unbedeutende, örtlich begrenzte Ausbrüche sind *1941 und 1946* aus der Südprovinz berichtet worden [208, 220, 301, 517]. Danach blieb Afghanistan 14 Jahre lang von der Cholera verschont, obwohl im benachbarten Westpakistan mehrfach epidemische Ausbrüche auftraten und Karawanenverbindungen immer unterhalten wurden.

Erst *im Jahre 1960* ist die Cholera, von Westpakistan kommend, wo Ende Mai bereits zahlreiche Erkrankungen aufgetreten waren, wieder nach Afghanistan eingebrochen. Mitte August drang sie von Quetta nach Kandahar vor, wo bis in den November hinein 268 Erkrankungen (61 Todesfälle) gemeldet wurden. Unabhängig davon wanderte die Krankheit im September von Peshawar nach Dschelalabad und breitete sich in der Ostprovinz aus, in der 395 Erkrankungen (56 Todesfälle) bekannt wurden. Durch einen bereits infizierten Einzelreisenden, der später erkrankte, wurde sie nach Kabul verschleppt, wo dank der rasch eingeleiteten Abwehrmaßnahmen nur 20 gemeldete Fälle (7 Todesfälle) auftraten.

Im Oktober griff die Seuche auch auf die Provinz Kataghan über, die 206 Fälle (75 Todesfälle), davon 65 in der Stadt Baghlan, meldete. Ob wirklich wandernde Nomaden für die Ausbreitung nach N verantwortlich gewesen sind, wie die sowjetischen Autoren angenommen haben [415], erscheint fraglich, da der Zug der afghanischen Nomaden im Oktober nicht nach N führt; eher kommen Handelskarawanen oder andere Reisende als Verbreiter in Frage. Im November erlosch die Epidemie, und Ende des Monats war das Land wieder cholerafrei. Die Gesamtzahl der Erkrankungsfälle wird mit 889 (199 Todesfälle) angegeben.

Zur Bekämpfung zog die afghanische Regierung eine sowjetische Expertengruppe heran, die in den gefährdeten und befallenen Ortschaften einen ausgedehnten Impfschutz, kombiniert mit der Anwendung von Phagen und zum andern eine möglichst gründliche, gleichfalls durch Phagen unterstützte Behandlung aller Erkrankten durchführte [415]. Die Erfolge waren, obwohl nicht genügend Krankenhausbetten verfügbar waren, überraschend gut. Die Phagenbehandlung soll sich bewährt haben, und die Letalität wurde erstmalig auf 22,4% gesenkt, ein vor allem im Hinblick auf die Unzulänglichkeiten der Unterbringung und Versorgung vieler Kranken beachtlicher Fortschritt.

Epidemiologisch ist bemerkenswert, daß die Krankheit wieder den Verkehrswegen gefolgt ist; zum andern hat sich gezeigt, daß auch die langsam fließenden Bewässerungsgräben im N des Landes geeignet sind, die Cholera zu verbreiten, wenn sie erst einmal mit Vibrionen infiziert sind [415]. Bakteriologisch sind klassische Choleravibrionen *(Ogawastamm)* nachgewiesen worden [415, 515, 517].

Ein *letztes Übergreifen der Cholera* auf den Mittel-Ostraum wurde *1965* beobachtet. Die Epidemie begann in dem Dorf Arabkhana bei Andkhoi, wo bereits im Mai die ersten Durchfallerkrankungen auftraten. Von hier breitete sich die Krankheit nach SW bis Herat und nach E über den ganzen N des Landes bis nach Khanabad und Taluqan aus. Dagegen wanderte sie nicht nach S, so daß die früher so häufig befallenen Gebiete der Süd- und Ostprovinz verschont blieben.

Der isolierte Befall der Nordprovinzen mußte den Verdacht erwecken, daß diesmal die Krankheit nicht, wie so oft, aus dem süd-östlichen Grenzland eingeschleppt worden sei. Es wird vermutet, daß ein von Mekka auf dem Luftwege nach Kabul zurückgekehrter Pilger sich auf der Rückreise infiziert habe und nach der Heimkehr in seinem Dorf erkrankt sei [160]. Die weitere Ausbreitung von Ort zu Ort erfolgte wahrscheinlich durch Reisende mit Omnibussen und Kraftwagen sowie durch Karawanen oder Fußgänger entlang den Straßen; mit einer mittleren Reisegeschwindigkeit von 6,6 km pro Tag erreichte die Cholera am 18. VIII. Taluqan und, bei Annahme einer Geschwindigkeit von 4,4 km pro Tag, am 25. VIII. auch Herat.

Die Abwehrmaßnahmen wurden bei dieser Epidemie im wesentlichen von afghanischen Ärzten, unterstützt durch eine sowjetische Bakteriologengruppe, durchgeführt. Die Kranken, deren Isolierung zwar in der Stadt, nicht aber in den Dörfern möglich war, wurden mit Chloramphenicol, großen Infusionen und Phagen behandelt [386]; zusätzlich wurden an den Provinzgrenzen Quarantänestationen eingerichtet, die den Impfschutz zu überwachen und teilweise auch selbst durchzuführen hatten. Im ganzen sind in den gefährdeten und befallenen Gebieten 111 000 Personen geimpft worden. Das Trink- und Gebrauchswasser wurde, soweit dies möglich war, desinfiziert.

Mit Beginn des Herbstes ging die Zahl der Erkrankungen zurück; ab 3. Oktober war Afghanistan wieder cholerafrei. Die Gesamtzahl der gemeldeten Fälle betrug 1564, die Letalität 20,8% (325 Todesfälle). Bakteriologisch wurden sowohl *klassische Choleravibrionen* als auch, erstmalig in Afghanistan, *El Tor-Stämme* nachgewiesen; somit schien ein Zusammenhang mit der im gleichen Jahr in Südostasien herrschenden El Tor-Cholera zu bestehen.

Auch dieser letzte Choleraausbruch in Afghanistan muß als Teil einer größeren Epidemie im Mittel-Ostraum angesehen werden. Bereits im Juli traten in den *iranischen Ostprovinzen* die ersten Fälle auf, die zu einer ausgedehnten, bis Ende November anhaltenden Epidemie (2943 gemeldete Fälle) führten. Ob die Krankheit durch den Grenzverkehr aus Afghanistan eingeschleppt wurde, ist nicht geklärt worden, muß aber als möglich erachtet werden. Im gleichen Jahre berichtete auch die *Sowjetunion*, daß in der Zeit vom 21. VIII. bis 13. IX. im ganzen 570 Choleraerkrankungen (23 Todesfälle) in der *Republik Kara Kalpak* und in der Region von *Khorezm* (Usbekistan) aufgetreten seien, bei denen bakteriologisch *Ogawa-Stämme* nachgewiesen wurden. Auch für diese Fälle ist die Möglichkeit einer Einschleppung durch den Grenzverkehr aus Afghanistan mit Fährschiffen über den Amu Darya nicht auszuschließen; jedenfalls haben damals die sowjetischen Behörden im Zuge ihrer Seuchenbekämpfung vorübergehend die Einreise aus Afghanistan gesperrt [160, 386, 517].

c) Epidemiologische Deutung der Choleravorkommen in Afghanistan. Aus der Berichterstattung über die Choleraausbrüche der letzten Jahrzehnte ergibt sich einmal, daß der gesamte Iranisch-Turanische Raum *kein Endemiegebiet der Cholera* ist. Das aride Hochland, die starke Einstrahlung, die Durchlässigkeit des Bodens in den alluvialen Siedlungsgebieten und die rasch strömenden Hochlandflüsse schaffen Bedingungen, die die Entwicklung einer endemischen Cholera erschweren oder verhindern. *Epidemische* Ausbrüche sind dagegen des öfteren aufgetreten; sie sind aber immer nach einigen Monaten wieder erloschen, und nur ein einziges Mal (1938/39) ist die Krankheit nach der Überwinterung im folgenden Jahre erneut aufgeflackert.

Weiterhin zeigt sich, daß die in Afghanistan beobachteten Choleraausbrüche nicht als isoliertes Seuchengeschehen innerhalb des Landes angesehen werden dürfen. Ähnlich wie die Epidemien von 1938 und 1939 Teilerscheinungen einer *größeren Cholerawanderung* waren, die schon Mitte der 30er Jahre in Indien begonnen hatte [319], müssen auch die neuen Epidemien von 1960 und 1965 im Zusammenhang mit Ausbrüchen in den Nachbarländern gesehen werden, deren letzter noch im Jahre 1966 in Iraq (227 gemeldete Fälle) erfolgt ist [517].

Die Wanderungen der Cholera folgen vor allem den *Verkehrswegen*. In älterer Zeit — in Afghanistan nachweislich noch 1938 — ist die Krankheit mit den Karawanen verbreitet worden, und ebenso wie schon 1930 ist sie auch später der großen Straße nach dem SW des Landes gefolgt, sei es mit Handelskarawanen, Nomaden oder Einzelreisenden. In der Neuzeit ist sie zum Teil auch mit den modernen Verkehrsmitteln, vor allem dem Kraftwagen (z. B. 1960) auf den gleichen Straßen wesentlich schneller als früher gereist; sie kann aber auch auf dem Luftwege in sehr viel kürzerer Zeit große Entfernungen zurücklegen (möglicherweise 1965), und so ist in der Neuzeit die Ausbreitung der Krankheit sprunghafter und unübersichtlicher als früher geworden. Daß auch in Afghanistan, also außerhalb des Endemiegebietes, langsam fließende *infizierte Wasserläufe* die Krankheit verschleppen können, haben die sowjetischen Experten 1960 in N-Afghanistan eindeutig gezeigt [415]; dagegen dürfen die rasch strömenden modernen Bewässerungskanäle in den neu erschlossenen Anbaugebieten im S des Landes höchstwahrscheinlich im Hinblick auf die Seuchenausbreitung unbedenklich sein.

In Afghanistan ist die Cholera wie in den benachbarten ariden Ländern eine *Krankheit der heißen Sommer-Trockenzeit*. Abb. 12 zeigt, daß alle ab 1930 beobachteten Choleraausbrüche mit Ende der Regenzeit begonnen und den Sommer über angehalten haben, um mit Einsetzen der kühlen Jahreszeit wieder zu erlöschen. Die Epidemien sind saisongebunden und treten in der Zeit des Wassermangels auf, wenn die Infektion einzelner Wassertümpel oder Brunnen besonders folgenschwer ist, nicht aber in den niederschlagsreichen Wintermonaten. Die epidemiologischen Eigenarten der Krankheit sind also wesentlich anders als in den indischen Endemiegebieten.

Und schließlich zeigt die Darstellung, daß es auch in der Neuzeit zumeist erst nach mehreren Monaten gelingt, die Epidemie zum Erlöschen zu bringen. Die Hygienebedingungen auf dem Lande und in den alten städtischen Wohnvierteln sowie die Verwendung von Oberflächenwasser aus den Irrigationsgräben stellen noch immer erschwerende Faktoren bei der Seuchenbekämpfung dar. Alte Lebensgewohnheiten innerhalb der Familien erschweren die Isolierung der Kranken, die Zahl der Hospitalbetten reicht für den Seuchenfall oftmals nicht aus, und selbst wenn von seiten der Gesundheitsbehörden alles nur Mögliche getan wird, so ist anscheinend der natürliche Ablauf der Seuche nur schwer vorzeitig zu durchbrechen.

Auffallend gebessert haben sich dagegen in neuester Zeit die *Behandlungserfolge*. Der Rückgang der Letalität von 57,8 auf 22,4 bzw. 20,8% bei den letzten Ausbrüchen zeigt einen Fortschritt, der anscheinend nicht nur auf die ausländische Hilfe zu beziehen ist, sondern auch den Rückschluß auf eine erfolgreiche Weiterentwicklung der jungen afghanischen Ärzteschaft zuläßt, die ja im Jahre 1965 bereits den entscheidenden Anteil an der Cholerabekämpfung selbständig übernommen hat.

Ob in den nächsten Jahren die Cholera erneut aus ihren Endemiegebieten ausbrechen und auch den Iranisch-Turanischen Raum befallen wird, kann niemand voraussagen. Auf alle Fälle sollten aber für den Fall eines unerwarteten Seuchenausbruches die notwendigen Quarantänemaßnahmen zeitig vorbereitet werden, damit im Falle der Gefahr sogleich mit allen verfügbaren Mitteln die Abwehr eingeleitet werden kann.

2. Typhus- und Paratyphusinfektionen

Typhus abdominalis und Paratyphus (*mūrĕqāh*, محرقه) sind hochfieberhafte Infektionskrankheiten, die in allen Ländern der Erde auftreten und deren Erreger, die *Salmonellen (S. typhi;* zahlreiche Salmonellen der *Paratyphusgruppe)* beim Genuß infizierter Nahrungsmittel, vor allem Milch, Früchte und Blattsalate, aber auch Trinkwasser, aufgenommen werden. Rekonvaleszenten und gesunde Keimausscheider spielen bei der Verbreitung der Krankheit eine hervorragende Rolle (insbesondere Lebensmittelhändler und Küchenpersonal); auch die Düngung der Gärten mit frischen Fäkalien kann zur Verunreinigung von Salaten und Rohgemüsen führen, während den im Orient in Überfluß vorhandenen Fliegen keine wesentliche Bedeutung für die Ausbreitung typhöser Infektionen zukommt.

a) Verbreitung im Lande und Häufigkeit. In Kabul haben wir zu allen Zeiten verhältnismäßig viel typhöse und paratyphöse Erkrankungen gesehen, und auch in anderen Teilen des Landes waren sie stets vorhanden. Die ungenügenden Hygienebedingungen in den alten Wohnvierteln, die unzulängliche Wasserversorgung der Innenstadt durch Wasserträger, die vielfachen Verunreinigungen der Früchte und Blattsalate in den Bazaren durch das den offenen Gräben entnommene Wasser sowie die aus den Dörfern in die Stadt gebrachten Milchprodukte schaffen viele Infektionsmöglichkeiten.

Es ist jedoch schwer, ein klares Bild von der *Verbreitung* und *Häufigkeit* der Krankheit zu gewinnen. Tab. VIII zeigt die Zahl der in den Jahren 1948 bis 1966 statistisch erfaßten Typhus- und Paratyphusfälle. Die Zahlen sind auffallend niedrig, und es ist anzunehmen, daß in der Aufstellung nur die in den Krankenhäusern behandelten Fälle — und auch diese wahrscheinlich nicht vollständig — enthalten sind und daß die wirkliche Zahl der Erkrankungen wesentlich höher ist. Dennoch glaube ich aus der Tabelle schließen zu dürfen, daß Afghanistan, wahrscheinlich infolge seiner geophysischen und klimatischen Eigenarten, weniger stark befallen ist als manche der Nachbarländer; so haben z. B. Iran und Iraq jährlich mehrere Tausend, d. h. ein Vielfaches der in Afghanistan erfaßten Fälle gemeldet.

Die Tabelle läßt weiterhin erkennen, daß in den Jahren 1948, 1950, 1953 und 1954 die typhösen Erkrankungen häufiger waren als in anderen Jahren. Dies ist auch in den Nachbarländern der Fall gewesen, und es ist bekannt, daß im Beginn der 50er Jahre in den meisten Ländern des Orients und Mittleren Ostens der Typhus abdominalis, offensichtlich als Folge des in den Nachkriegsjahren rasch zunehmenden Reiseverkehrs von

Stadt zu Stadt und von Land zu Land, merklich zugenommen hat [502].

Im übrigen hat sich die Zahl der Erkrankungen im Laufe der Jahre ziemlich konstant gehalten. Es ist jedoch zu bedenken, daß infolge der Entwicklung des Krankenhauswesens und der ärztlichen Versorgung sowie der verfeinerten bakteriologischen Diagnostik heute ein höherer Prozentsatz aller tatsächlich auftretenden Fälle erkannt wird und in den Meldungen erscheint, als dies früher der Fall war, und daß die Gesamtzahl der Infektionen wahrscheinlich zurückgegangen ist, ohne daß dies bereits in den Statistiken zum Ausdruck kommt.

b) Jahreszeitliche Schwankungen der Häufigkeit lassen die wenigen vorliegenden Berichte [513] nicht einwandfrei erkennen. Rein empirisch hatte ich früher den Eindruck, daß typhöse Erkrankungen in Kabul in den Sommer- und Herbstmonaten häufiger auftraten als in der kalten Jahreszeit, was epidemiologisch verständlich wäre. Tab. VII zeigt die Zahl der in einzelnen Monaten gemeldeten Fälle für die Jahre 1948—1951. Wohl zeigen Juni und Juli höheren Befall als die übrigen Monate; andererseits fällt die Epidemie von 1950 in den Januar, so daß auf Grund der leider nur kurzen Berichtszeit und der kleinen Zahl der Fälle eine sichere Abhängigkeit von den Jahreszeiten nicht erkennbar ist. Anscheinend bestimmen einzelne örtliche Ausbrüche den Gang der Jahreskurven mehr als saisonbedingte Abhängigkeiten. Auch über den bevorzugten Befall einzelner Provinzen, insbesondere in Beziehung zur Bevölkerungsdichte, finden sich in den vorliegenden Berichten keine Hinweise.

c) Die klinischen Verläufe entsprachen keineswegs immer den klassischen Krankheitsformen, wie dies auch bei früheren Epidemien im zentral- und vorderasiatischen Raum beobachtet worden ist [292]. In der Regel waren bei der einheimischen Bevölkerung die Krankheitsverläufe relativ milde, und auch vor Einführung der Antibiotica sahen wir oftmals nur kurzdauernde intermittierende Fieberverläufe ohne Entwicklung einer Continua. Kontaktinfektionen innerhalb der Wohngemeinschaften waren trotz der oftmals ganz unzureichenden Hygienebedingungen relativ selten, so daß möglicherweise bei der einheimischen Bevölkerung eine gewisse Durchseuchungsimmunität besteht. Bei Ausländern kamen jedoch vereinzelt auch schwere und anhaltende Krankheitszustände zur Beobachtung. Über die Letalität bei Einheimischen und Ausländern liegen keine Angaben vor.

Bakteriologisch überwiegt *Salmonella typhi.* Tab. VIII zeigt, daß in den Jahren 1952—1964 von insgesamt 7441 Erkrankungen 7003 Typhus- und nur 438, also 5,9% Paratyphusinfektionen waren. In der Paratyphusgruppe scheint *Paratyphus B* der häufigste zu sein; A und C sind dagegen selten. Als sporadische Einzelfälle sind mir typhusartige Krankheitsbilder, bei denen *Bact. alcaligenes faecalis* nachgewiesen wurde, in Erinnerung.

Mit der Einführung der Antibiotica ist die Behandlung der typhösen Infektionen wesentlich leistungsfähiger und sicherer geworden als früher. Es darf damit gerechnet werden, daß mit weiterer Besserung der Therapie, vor allem aber mit der Weiterentwicklung hygienischer Einrichtungen sowie der Marktüberwachung nach und nach ein Rückgang der Typhus- und Paratyphuserkrankungen erfolgen wird; einstweilen sollte man den im Lande lebenden Ausländern noch einen zuverlässigen Impfschutz anraten.

3. Ruhr und ruhrartige Infektionen

Echte Ruhr und ruhrähnliche Erkrankungen (*pītsch* oder *pētsch*, ‎ﭘﻴﭻ) sind in Afghanistan wie in fast allen Ländern des Vorderen und Mittleren Ostens vor allem in den Sommermonaten außerordentlich häufig. Dabei handelt es sich sowohl um Amöbeninfektionen als auch um bakterielle Ruhr und um sogen. „unspezifische" bakterielle Dickdarmkatarrhe.

a) Amöbeninfektionen. Von den zahlreichen im Darm des Menschen lebenden Amöbenarten ist nur die Ruhramöbe (*Entamoeba histolytica*)) pathogen, die in den meisten Ländern der Erde, in warmen Zonen jedoch häufiger als in den gemäßigten, vorkommt [272]. Die Infektion erfolgt durch Cysten, die mit Nahrungsmitteln, in erster Linie den mit verunreinigtem Oberflächenwasser gegossenen Blattsalaten und Rohgemüsen aufgenommen werden. Infiziertes Küchenpersonal ist im Auslande an der Verbreitung der Amoebiasis stark beteiligt; ebenso kommt den Fliegen eine wesentliche Rolle bei der Verschleppung der Cysten zu. Amöbeninfektionen sind im allgemeinen in den ariden Zonen häufiger als in den feuchten Tropen; sie treten aber nicht immer in Erscheinung, da sie jahrelang latent bleiben können, ehe sie durch Hinzutreten sekundärer bakterieller Darminfekte zur Entwicklung der klinisch manifesten Amöbencolitis führen.

Über die *Häufigkeit* der *Amöbeninfektionen* in Afghanistan gibt es keine ausreichenden Angaben. Wahrscheinlich entspricht die Durchseuchung derjenigen der Nachbarländer des Iranisch-Turanischen Raumes. So betrug z. B. während der 40er Jahre in Taschkent der Befall der Bevölkerung mit *Entamoeba histolytica* etwa 12,7% [356], in anderen Gebieten Turkestans bis zu 40% [257] und im nördlichen Indien (Amritsar) 1961 bei einzelnen untersuchten Gruppen 13,6 bzw. 29,8% [228], so daß offenbar der gesamte Iranisch-turanische Raum wie auch Indien mit Amöben stark infiziert sind Dabei handelt es sich aber zumeist um *latente Infekte* ohne klinische Symptome, und sicher verläuft auch in Afghanistan die große Mehrzahl aller Amöbeninfekte über lange Zeit latent.

Die *klinisch manifeste Amöbencolitis,* die z.B. in Südiran etwa 3,8% aller beobachteten Ruhrerkrankungen ausmachte [483], ist auch in Afghanistan, jedenfalls in den Hochlagen, selten [386]. Für diese Annahme sprechen nicht nur die in Kabul gemachten Erfahrungen, sondern auch die Beobachtungen an Heimkehrern aus Afghanistan, bei denen zwar des öfteren Amöben, aber nur selten colitische Erscheinungen gefunden wurden. Wahrscheinlich tritt aber in den tiefer gelegenen heißen Provinzen des Landes die klinisch manifeste Amöbenruhr wesentlich häufiger auf als im Hochland, wie dies auch aus anderen Ländern bekannt ist.

Tab. X gibt eine Zusammenstellung der in den Jahren 1952—1964 gemeldeten Fälle von Amöbenruhr. Da nur ein Bruchteil der tatsächlichen Fälle in ärztliche Behandlung kommt, ist anzunehmen, daß die wirkliche Zahl ein Vielfaches der angegebenen Werte beträgt. Wie in anderen Ländern [393] scheint aber auch in Afghanistan die Häufigkeit der Amöbenruhr im Laufe der letzten 10 Jahre abgenommen zu haben.

Die *klinischen Bilder* zeigen alle Übergänge von den leichtesten katarrhalischen zu den schwersten ulcerösen Formen; leider wird aber den Durchfallerkrankungen nicht immer die notwendige Aufmerksamkeit geschenkt, so daß eine planmäßige Behandlung häufig nicht möglich ist. Leberkomplikationen (Amöbenhepatitis und Leberabszeß) sind gelegentlich beobachtet worden.

Über die Häufigkeit der Infektionen mit *apathogenen Amöben* wie *Entamoeba coli, Dientamoeba fragilis* oder *Endolimax nana* sind keine Beobachtungen bekannt geworden.

b) Bakterielle Ruhr. Ungleich häufiger als die Amöbencolitis ist dagegen die *bakterielle Ruhr*, und auch diese Tatsache entspricht den Verhältnissen in den Nachbarländern, insbesondere den in Südiran gemachten Beobachtungen, wo 37,3% aller untersuchten Ruhrfälle bakteriell bedingt waren [483, 520]. Die Zahl der in Afghanistan von 1952—1966 gemeldeten Fälle ist in Tab. X wiedergegeben; da Durchfallerkrankungen etwas Alltägliches und keineswegs immer ein Anlaß zur ärztlichen Behandlung sind, können die Zahlen kein Bild der wirklichen Verbreitung der Krankheit geben, wenngleich sie zeigen, daß die bakteriellen Infekte wesentlich häufiger sind als die Amöbencolitis. Die bakterielle Ruhr, die klinisch in allen Schattierungen vom leichten, kaum beachteten Darmkatarrh bis zur schweren, mit Wasserverlusten einhergehenden, ulcerösen Dysenterie vorkommt, dürfte in Afghanistan, insbesondere in den Sommermonaten, zu den häufigsten und in der Pädiatrie auch zu den gefürchtetsten Krankheiten gehören; die früher sehr hohe Sterblichkeit der Kleinkinder war, ebenso wie in Iran und Turkestan [266, 338, 386, 417], großenteils durch bakterielle Ruhrinfekte bedingt.

Bakteriologisch kam sowohl *Shiga-Kruse*- als auch *Flexner-Ruhr* zur Beobachtung; besonders häufig scheint aber wie auch im benachbarten Westpakistan [349] die *E-Ruhr (Kruse-Sonne)* zu sein, die zu teilweise schwer toxischen und hochfieberhaften Krankheitszuständen führte. Selten sahen wir auch *Paratyphus-Infektionen* (z. B. Paratyphus A) unter dem klinischen Bild einer Ruhr verlaufen [266, 386], wie dies schon vor Jahren in anderen Ländern des Mittel-Ostraumes, z. B. in Mesopotamien, beobachtet worden ist [347].

Die *Behandlung* der bakteriellen Ruhrerkrankungen ist heute im Zeitalter der Sulfonamide und Antibiotica ein bei weitem nicht mehr so schweres Problem wie früher in der Vorkriegs- und Kriegszeit.

c) Unspezifische Darmkatarrhe. Ungewöhnlich oft treten im ganzen Lande wie auch in den Nachbarländern die sogen. „unspezifischen" bakteriellen Darmkatarrhe sowohl bei Einheimischen als auch bei Ausländern auf. STEWART [483] fand in Südiran unter den von ihm beobachteten „Ruhr"-Kranken bis zu 56,5% derartiger unspezifischer Infekte, und in Afghanistan mögen die Zahlenverhältnisse ähnlich sein. Möglicherweise handelt es sich dabei großenteils um leichte echte Ruhrinfekte, vielleicht zum Teil auch um Infekte mit atypischen Coli-Bakterien [157]. Menschen mit ungenügender Salzsäureproduktion im Magen erkranken häufiger als Magengesunde.

d) Über die *Balantidienruhr (Balantidium coli;* Ciliata, Protozoa) ist in Afghanistan nichts bekannt. Sie scheint in den meisten Ländern des Mittleren Ostens wie auch in den zentralasiatischen Sowjetrepubliken selten zu sein [277, 379, 400]. Praktisch spielt sie in Afghanistan, selbst wenn sie gelegentlich vorkommen sollte, keine Rolle. Die *Lambliase (Lamblia intestinalis* oder *Giardia lamblia;* Flagellata, Protozoa) ist möglicherweise im Iranisch-Turanischen Raum wie auch in anderen warmen Ländern etwas häufiger als in Europa; in Kabul wurde

sie jedoch anläßlich einer Schuluntersuchung in nur 1,3% der mikroskopierten Stuhlproben gefunden, so daß den Lamblieninfektionen keine wesentliche Bedeutung zuzukommen scheint [386].

III. Kontaktinfektionen

1. Pocken

Die *Pocken* (Variola; *tschi-tschak,* چیچك), deren Erreger die den Viren zugeordneten Elementarkörperchen sind, gehören zu den seit dem Altertum bekannten Seuchen, die in allen Erdteilen aufgetreten sind. Sie sind eine kontagiöse Krankheit, die durch Kontakt- oder Tröpfcheninfektion verbreitet wird. Die Länder Asiens waren von jeher stark befallen, und erst nach Einführung des Impfschutzes ist es in der Neuzeit gelungen, die Krankheit in vielen Ländern zu beseitigen oder doch einzudämmen. Trotz gründlicher Abwehrmaßnahmen sind aber in der Nachkriegszeit noch vereinzelte kleinere Ausbrüche als Folge einer Einschleppung aus Asien auch in nordeuropäischen Ländern aufgetreten.

a) Verbreitung im Lande. Auch in Afghanistan haben die Pocken bis in die Neuzeit hinein in nahezu allen Teilen des Landes geherrscht [394 a]. Epidemische Ausbrüche, teilweise auf den Raum einzelner Ortschaften lokalisiert, teilweise auf größere Gebiete übergreifend, hat es ähnlich wie in Iran [417], Turkestan und anderen Ländern des Orients und Zentralasiens [303] immer wieder gegeben, und in den schwer zugänglichen Gebirgsdörfern des Hindukusch hatten wir noch kurz vor dem Kriege Gelegenheit, das Pockenelend in großer Eindringlichkeit zu erleben.

Über die Zahl der *nach 1949 gemeldeten Pockenfälle* geben Tab. XI und Abb. 13 * Auskunft. Sie zeigen für die Jahre 1949 und 1950 verhältnismäßig kleine Erkrankungszahlen, die wahrscheinlich auf die nur unvollständige Erfassung der Krankheitsfälle bezogen werden müssen. In den folgenden Jahren liegt dagegen die Zahl der jährlich gemeldeten Pockenfälle zwischen 1000 und 2180; bei Annahme einer seßhaften Bevölkerung von damals 10 Millionen Menschen [60, 100] würde dies einer jährlichen Befallsrate von 10,0 bis 21,8 Erkrankungen auf 100 000 Einwohner entsprechen. Der Vergleich mit Indien und Pakistan — Mittel 26,7, in der NW-Grenzprovinz 6,0 Fälle auf 100 000 Einw. [477] — zeigt, daß die in Afghanistan gemeldeten Zahlen annehmbar sind und daß das Land in den 50er Jahren zwar stärker befallen war als die benachbarten Gebiete Westpakistans, aber keineswegs so stark wie Indien, insbesondere nicht so stark wie die am meisten heimgesuchte Provinz Orissa (45,1 Fälle pro 100 000 Einw. jährlich). Dennoch mußten die Zahlen besorgniserregend sein, da in einer auf engstem Raum unter völlig unzureichenden Hygienebedingungen lebenden Familie jeder Einzelfall die Gefahr epidemischer Ausbrüche innerhalb der Wohngemeinschaft und darüber hinaus mit sich brachte. Über die Häufigkeit der Pocken bei den Nomaden gibt es keine Unterlagen; es ist aber anzunehmen, daß auch sie, insbesondere in den Winterquartieren, zeitweise von der Krankheit befallen worden sind.

Seit 1956/57 ist die Zahl der Erkrankungen rasch abgesunken, so daß in den 60er Jahren, abgesehen von einem einmaligen Anstieg auf 554 Erkrankungen im

---

* siehe Rückseite der *Karte Nr. 10.*

Jahre 1963, nur Einzelfälle und unbedeutende lokale Ausbrüche verzeichnet worden sind (vergl. Abb. 13 *).

Aus der *Karte Nr. 10* ist der sehr *unterschiedliche Befall einzelner Provinzen* in der Berichtszeit von 1952—1964 ersichtlich, für den jedoch die *Bevölkerungsdichte* anscheinend nur *ein* bestimmender Faktor ist. So zeigen z. B. die dicht besiedelten Provinzen Jenoubi (45 Einw./qkm), Kabul (33/qkm), Kataghan (30/qkm) und Parwan (28/qkm) überdurchschnittlichen Pockenbefall; andererseits sind aber in den gleichfalls stark bevölkerten Provinzen Ghazni (27/qkm) und Mashreqi (44/qkm) in der gesamten Berichtszeit so geringe, in der nur äußerst dünn besiedelten Provinz Farah (4/qkm) dagegen so hohe Befallsraten beobachtet worden, daß offensichtlich neben der Bevölkerungsdichte auch andere Faktoren für die Stärke der Durchseuchung maßgebend sein müssen.

Diese sind wahrscheinlich in der Eigenart der Landschaft und *Siedlungsform* zu suchen. Die größeren *Städte* wie Kabul, Kandahar und Herat weisen keinen ungewöhnlich starken Befall auf, und es scheint, daß die Pocken überwiegend eine Krankheit des offenen Landes, d. h. der Dörfer, sind, und insbesondere stellen die Gebirgsgegenden, z. B. die Provinz Parwan, in denen die Menschen in alten Dörfern eng zusammenleben, ein Milieu dar, in dem die Pocken sich viel hartnäckiger eingenistet haben als in den Städten, in denen die ärztliche Fürsorge wie auch die Hygieneverhältnisse stets etwas besser gewesen sind. Offensichtlich sind die Pocken mehr eine endemische Krankheit des offenen Landes, als das Fleckfieber es ist, dessen epidemiologisches Bild weitgehend durch örtliche Ausbrüche in den großen Wohnvierteln auch der Städte bestimmt wird.

b) Jahreszeitliche Schwankungen der Pockenhäufigkeit sind in Abb. 14 * dargestellt. Sieht man von einigen zeitlich und örtlich begrenzten Ausbrüchen ab, so zeigt sich, jedenfalls für die Zeit vor 1955, eindeutig, daß in Afghanistan die Pocken ganz überwiegend eine *Krankheit der kalten Jahreszeit* sind. Im Herbst steigen die Erkrankungszahlen an, erreichen ihr Maximum in den Wintermonaten, gehen im Frühjahr wieder zurück und sind im Sommer am niedrigsten; sie zeigen den Jahresgang einer Kontaktseuche, der aus den durch Land und Klima bestimmten Formen des Zusammenlebens der Menschen in den Wintermonaten verständlich ist. Erst mit dem Rückgang der Krankheit nach 1956 wird die Zahl der gemeldeten Fälle so klein, daß eine Saisongebundenheit nicht mehr deutlich erkennbar ist.

c) Klinische Aspekte. Über die *Schwere der Erkrankungen* in den einzelnen Jahren gibt es keine verwertbaren Unterlagen. Die Letalität wechselt anscheinend stark; gelegentlich sind nur wenige Todesfälle verzeichnet; in Badakhshan und Kandahar ist dagegen 1953 und 1954 eine Letalität von mehr als 50% gesehen worden [399], und sicher sind früher für die hohe Kindersterblichkeit auch die Pocken mitbestimmend gewesen, eine Bedrohung, die erst mit dem Rückgang der Krankheit an Bedeutung verloren hat.

d) Bekämpfung. Früher beschränkte sich die Bekämpfung der Pocken in Afghanistan auf die Ausübung der Variolation mit virulentem Pustelinhalt, ein in Asien weit verbreitetes Verfahren, das aber oftmals mehr Schaden als Nutzen gestiftet hat. In den 30er Jahren hat BERKE [203] erstmalig einen neuzeitlichen Impfschutz

eingerichtet, und bereits von 1936—1939 wurden etwa 3 Millionen Menschen im Lande geimpft mit dem Ergebnis, daß in den geschützten Gebieten die Pockenerkrankungen wesentlich zurückgingen.

In der Nachkriegszeit wurden die Arbeiten wieder aufgenommen, und neuerdings hat das in Kabul mit Hilfe der WHO eingerichtete Vaccine-Zentrum [532] (s. S. 27) die Grundlage für einen umfassenden Impfschutz geschaffen, der inzwischen auch gesetzlich geregelt ist und Kleinkinder, Schüler und Militärdienstanwärter erfassen soll. Im Jahre 1341 (1962/63) sind nach Mitteilung des Survey of Progress [133, 134] in Kabul über 2,5 Millionen und im Jahre 1342 im ganzen 2,85 Millionen Portionen Pockenimpfstoff, in den folgenden Jahren [134 a] 185 330 ** bzw. 325 000 und im Jahre 1345 (1966/67) etwa 140 000 Portionen hergestellt worden. Daneben ist neuerdings auch Trockenimpfstoff sowjetischer Herstellung verwendet worden [386]. Die Krankenhauseinrichtungen sind verbessert, Isoliermöglichkeiten geschaffen worden, und eine bewegliche Pockenschutzeinheit kann im Lande arbeiten, so daß heute bereits ein recht wirksamer Pockenschutzdienst eingesetzt werden kann, dessen Tätigkeit auch durch die in der *Rozantoon*-Organisation (s. S. 26) geleistete Aufklärungsarbeit wesentlich unterstützt wird und dem neuerdings ein WHO-Experte beratend zur Seite steht.

Die *Erfolge* der 1953—1954 begonnenen Pockenbekämpfung sind offensichtlich. Tab. XI und Abb. 13 * sowie die *Karte Nr. 10* zeigen den plötzlich einsetzenden und auch anhaltenden Abfall der gemeldeten Pockenerkrankungen. Im Jahre 1963 sind zwar noch 2 lokalisierte Ausbrüche in den Provinzen Kandahar und Mazar-i-Scherif aufgetreten; seither aber ist die Infektionsrate im Lande auf 1,7 und in den letzten beiden Jahren auf 0,65—0,7 Erkrankungen pro 100 000 Einwohner zurückgegangen.

Das besagt aber nicht, daß es heute in Afghanistan keine Pocken mehr gibt; es muß sicher damit gerechnet werden, daß in abgelegenen Gebieten immer noch Einzelfälle und auch örtlich begrenzte Ausbrüche auftreten, die statistisch nicht erfaßt werden, die aber immer noch die Gefahr größerer Epidemien in sich bergen, und es muß das Ziel der afghanischen Gesundheitsbehörden sein, gemeinsam mit der WHO auch diese Herdgebiete zu erfassen und zu sanieren, um die Pockengefahr im Lande endgültig zu überwinden.

2. Windpocken

Die *Windpocken* (Varicellen; *āb-i-tschi-tschắk*, ب چیچك T) gelten als eine gutartige Kinderkrankheit, die in fast allen Ländern der Erde verbreitet sind, denen aber zumeist keine große Bedeutung beigemessen wird.

In *Afghanistan* ist die Krankheit als Kontaktinfektion sicher stark verbreitet. In den Meldungen tritt sie jedoch erst in den letzten Jahren auf; im Jahre 1343 (1964/65) sind 863, im darauf folgenden Jahre 1440 und im Jahre 1345 (1966/67) 2314 Fälle mitgeteilt worden [134 a]. Über den Befall einzelner Provinzen und etwa beobachtete jahreszeitliche Schwankungen sind keine Angaben bekannt geworden.

---

* siehe Rückseite der *Karte Nr. 10.*

** Die Angaben in [134] und [134 a] sind teilweise widersprechend; es ist nicht ersichtlich, ob für das Jahr 1343 die Zahl von 1,853 Millionen oder aber 185 330 gilt.

Wenn auch in der Regel die klinische Diagnose keine großen Schwierigkeiten bereitet, so sollte doch in einem Lande, in dem die Pocken immer noch vereinzelt vorkommen, auch den Varicellen größte Aufmerksamkeit entgegengebracht werden, zumal da eine sichere Abgrenzung gegen echte Pocken ohne virologische Diagnose zu Anfang kaum möglich ist.

3. Trachom

Auch das *Trachom* (Ägyptische Augenkrankheit, Körnerkrankheit; *kōkrāh*, كوكره) gehört zu den kontagiösen Virusinfektionen. Für die Ausbreitung der Krankheit sind neben geographischen und klimatischen Eigenarten eines Landes vor allem die Lebensgewohnheiten der Bewohner und die Hygienebedingungen maßgebend. Besonders stark befallen sind in der Regel heiße Trockenzonen, in denen der durch Sonne, Wind und Staub bewirkte chronische Reizzustand der Augenbindehäute günstige Bedingungen für das Eindringen der Infektion schafft [472, 473]. Wassermangel, insbesondere aber die gemeinsame Benützung unsauberer Handtücher, mit denen häufig auch die entzündeten Augen erkrankter Familienangehöriger ausgewischt werden, bewirken die Verbreitung der Infektion innerhalb der Wohngemeinschaft [391]. Fliegen sind als Überträger conjunctivitischer Sekrete gleichfalls an der Ausbreitung des Trachoms wesentlich beteiligt [198, 380, 471].

Die den Trockenzonen angehörenden *Länder des Mittleren Ostens*, die asiatische Türkei, Iraq und Iran haben auch in der Neuzeit teilweise noch starken Trachombefall gehabt [397, 454, 497]. In Iran sind die Gebiete am Persischen Golf mit einer Infektionsrate von 73—90% (aktive und vernarbte Trachome) die am stärksten befallenen Landesteile; aber auch in dem an Afghanistan grenzenden Seistan sind Befallsraten von 30 bis 40% gefunden worden [294, 454, 497], und im Punjab waren noch in jüngster Zeit mancherorts 60—70% der Bevölkerung infiziert [492], während in Indien im allgemeinen die Häufigkeit der Krankheit von Norden nach Süden mit zunehmenden Monsunregeneinflüssen abnimmt [402]. In den zentralasiatischen Sowjetrepubliken scheint dagegen der Befall, der mit 2,1—20% angegeben wird, bereits wesentlich niedriger zu sein als in den anderen genannten Ländern [472, 473].

Es ist also anzunehmen, daß *auch in Afghanistan* das Trachom in nahezu allen Teilen des Landes endemisch ist, eine Annahme, die durch die große Zahl der halb oder ganz erblindeten Augenkranken, denen man im Straßenbild begegnete, gestützt wird. Leider waren aber bis in die Gegenwart hinein die Zahlenangaben über die tatsächliche Verbreitung des Trachoms sehr unvollständig und teilweise auch widersprechend. So fanden wir im Jahre 1940 in Kabul bei der Untersuchung von Lebensmittelhändlern sowie Teestuben- und Garküchenbesitzern, also an einer ausgesuchten und von Zeit zu Zeit kontrollierten Berufsgruppe, einen Befall von 13,5% mit aktiven Trachomen, ein Ergebnis, mit dem die im Jahre 1952 von POIROT [416 a] an Oberschülern in Kabul, also an einer anders ausgewählten Personengruppe erhobenen Befunde recht gut übereinstimmen. MOUTINHO [391] gibt dagegen für Afghanistan wie auch für die Nachbarländer eine Trachomhäufigkeit von mehr als 30% an, und BAUM [198] teilt 1949 mit, daß in seiner augenärztlichen Sprechstunde in Kabul, also wie-

der einer einseitig ausgewählten Personengruppe, 85% der Patienten trachomkrank waren.

Ein etwas genaueres Bild über die tatsächliche Verbreitung des Trachoms im Lande haben erst die in den letzten Jahren von der WHO und dem afghanischen Gesundheitsministerium gemeinsam durchgeführten Bestandsaufnahmen in einzelnen Gebieten des Landes vermittelt, deren vorläufige Ergebnisse uns dankenswerterweise zur Verfügung gestellt wurden, auf die aber, da die breit angelegten Arbeiten noch nicht abgeschlossen sind, hier nur kurz verwiesen werden kann. So wurde z. B. in Herat eine Infektionsrate von insgesamt 70,2% (36,0% aktive, 34,2% abgeheilte Trachome) und in den umliegenden Dörfern eine solche von 63,3%, in Kandahar von 58,9% (31,6% aktive, 27,3% abgeheilte) und in den Dörfern der Umgebung von Kabul von 35,6% ermittelt [422]. Auffallend niedrig liegen dagegen die Befallsraten im N des Landes (Mazar-i-Scherif mit 13,2%) und in den E-Provinzen (9%) [433]. Insgesamt dürfte aber, soweit die bisher vorliegenden Ergebnisse bereits verallgemeinert werden können, die Annahme, daß in Afghanistan mehr als 30% der Bevölkerung im Laufe ihres Lebens einmal vom Trachom befallen werden, zu Recht bestehen. Die Durchseuchung scheint ähnlich zu sein wie in manchen der Nachbarländer, wenngleich große regionäre Unterschiede bestehen.

Das Gesundheitsministerium in Kabul und die WHO haben gemeinsam, zunächst in den am stärksten befallenen Gebieten, die *Bekämpfung* des Trachoms eingeleitet, bei der die Erfassung und Behandlung möglichst aller Kranken, aber auch die Erziehung zur Sauberkeit und die Beseitigung der Fliegenplage im Vordergrund stehen müssen. Ergebnisse der Aktion sind noch nicht zur Veröffentlichung verfügbar; es soll hier mit diesem Hinweis nur gezeigt werden, daß die afghanischen Gesundheitsbehörden gemeinsam mit den WHO-Experten bemüht sind, mit der Bekämpfung des Trachoms ein weiteres, und zwar ein besonders schwieriges Problem der Öffentlichen Gesundheitspflege anzugreifen und zu lösen.

4. Lepra

Die *Lepra* (Aussatz; *dschĕzấm*, جذام) ist seit dem Altertum bekannt. Erreger ist das *Mycobacterium leprae*, das durch direkten Kontakt von Mensch zu Mensch übertragen wird. Aus den ältesten bekannten Krankheitsherden in Indien, China und Ägypten hat sich die Krankheit in der ganzen Welt ausgebreitet. Sie ist im Laufe der Zeit in den gemäßigten Zonen zurückgegangen, in vielen tropischen und subtropischen Ländern aber auch heute noch verbreitet. Im Mittleren Osten — von Arabien bis nach Iran und Afghanistan — ist die Lepra Jahrhunderte lang endemisch gewesen, wenn auch nicht mit so hohen Befallsraten, wie die feuchten Tropenländer sie aufzuweisen haben [223, 368].

In *Afghanistan* ist *Lepra heute selten*. LICHTWARDT [361] rechnete in den 30er Jahren mit einer Infektionsrate von 0,5‰, was bei Annahme einer Bevölkerung von damals 10 Millionen Einwohnern etwa 5000 Leprakranke in ganz Afghanistan ergeben würde. Die Dermatologische Poliklinik in Kabul hat im Laufe von 4 Jahren 163 Leprakranke gesehen, d. h. 0,24% aller Patienten [297], während in den Städtischen Polikliniken, die vorwiegend interne Krankheiten behandelten, die Lepra nur ausnahmsweise vorkam. GÜRÜN [297] schätzt, daß in Afghanistan im ganzen 25 000—30 000

Lepröse leben und daß die Krankheit im Zunehmen begriffen sei, während die afghanischen Kollegen heute 250—300 Leprakranke angeben, eine Zahl, die sich allerdings wohl nur auf das Hezaredschat beziehen dürfte. Wie hoch tatsächlich der Befall ist, läßt sich somit überhaupt nicht angeben, und auch die Vergleichszahlen aus Iran und der Türkei, die mit je 2000 bzw. 2500—3000 angegeben werden, gestatten kaum Rückschlüsse auf die Häufigkeit der Lepra in Afghanistan. Auf Grund der eigenen Beobachtungen möchte ich aber annehmen, daß die Krankheit im großen und ganzen selten ist und daß die Schätzung Gürüns wahrscheinlich wesentlich zu hoch gegriffen ist.

Als *Ausbreitungsgebiet* der Krankheit kannten wir früher nur das Bergland des Hezaredschat, in dessen mongolischer Bevölkerung, die aus armen Bergbauern besteht, die Lepra auch heute noch endemisch ist [266, 386]. Später wurden einige weitere, aber sicher unbedeutende Herde in Nuristan, in den S-Provinzen, bei Kandahar und im N des Landes gefunden [297], so daß offenbar nur der W des Landes ganz leprafrei ist. Jenseits der Grenze beginnen dann in Khorassan die iranischen Lepragebiete, die bis nach Mazanderan reichen [387].

Eine besondere *Empfänglichkeit einzelner Bevölkerungsgruppen* wurde noch von Lichtwardt [361, 362] angenommen, der in Afghanistan die Krankheit nur bei Angehörigen der mongolischen Gruppe und in Iran überwiegend bei der türkischen Bevölkerung, niemals aber bei Pathanen und äußerst selten bei reinen Iranern („true Iranians") sah. Es wäre aber unberechtigt, nach diesen wenigen Hinweisen eine rassische Empfänglichkeit der Mongolen- oder Turkstämme anzunehmen. Selbst wenn es eine solche geben sollte, so sehen wir doch heute die Lepra überwiegend als eine Krankheit der Armut und des Elends an, die in erster Linie die in den nur kärglich bebauten Zentralgebirgen ansässigen Hezarehs befällt, deren Resistenz durch Unterernährung sowie Eiweiß- und Vitaminmangel herabgesetzt ist. Daß daneben auch Angehörige anderer Volksgruppen erkranken können, zeigt die Untersuchung Gürüns [297, 358].

Die von Jahr zu Jahr steigende Zahl der Leprakranken in der Dermatologischen Poliklinik in Kabul (1949 nur 0,16%, 1952 bereits 0,43% aller Patienten) besagt nicht, daß die Krankheit häufiger geworden ist; sie spricht vielmehr dafür, daß die ärztlichen Institutionen leistungsfähiger geworden sind, wirksamere Arzneien abgeben können und daher größeres Vertrauen genießen als früher.

Lepra kommt in allen *Altersgruppen* der Bevölkerung vor. Viele Erkrankungen werden bei der Einstellungsuntersuchung für den Militärdienst gefunden, so daß anscheinend zahlreiche Patienten schon in der Jugend erkranken. Bei dem schleichenden Beginn der Krankheit ist es aber zumeist nicht möglich zu ermitteln, wann wirklich die ersten Symptome aufgetreten sind.

Nach der Aufstellung der Kabuler Dermatologischen Poliklinik, die allerdings nicht mehr der heute üblichen Einteilung entspricht, wurden unter 157 ausgewerteten Fällen folgende *klinische Formen* beobachtet:

Tuberkuloide Lepra	17,2%
Lepra lepromatosa	14,7%
Lepra maculo-anaesthetica	34,4%
Lepra mutilans	3,2%
Gemischte Formen	30,6%

Dieses Bild weicht stark ab von den in der Türkei gewonnenen Ergebnissen, nach denen — allerdings bei den Insassen eines Leprosoriums, das naturgemäß einen anderen Krankheitsquerschnitt zeigt — 56,3% lepromatöse Fälle und nur 2,1% tuberkuloide Formen gefunden wurden [447].

Die planmäßige *Bekämpfung der Lepra* steht in Afghanistan noch im Anfang. Die Kranken leben zumeist in ihren Dörfern und werden, sofern dies möglich ist, in der nächstgelegenen ärztlichen Ambulanz beraten und behandelt; moderne Chemotherapeutica wie DDS (*Diamino-Diphenyl-Sulfone*) stehen in den Lepragebieten zur Verfügung. Der Plan, ein Leprosorium einzurichten, wurde erstmalig 1939 diskutiert, dann aber während des Krieges im Hinblick auf dringlichere Gesundheitsprobleme zurückgestellt. Neuerdings wird die Einrichtung eines Lepraheims in der Provinz Bamian, dem eigentlichen Endemiegebiet der Lepra, erwogen [386].

5. Tuberkulose

a) Verbreitung im Lande. Wie in den meisten Ländern des Vorderen und Mittleren Ostens ist auch in Afghanistan die *Tuberkulose (mărăz-i-sell*, مرض سل) bis heute stark verbreitet; möglicherweise stellt sie nach der Malaria das größte volksgesundheitliche Problem dar [474], über dessen Ausmaß allerdings bisher nur wenig exakte Angaben vorliegen. Schon in der Vorkriegs- und Kriegszeit sahen wir, obwohl die Untersuchungsmöglichkeiten damals noch ganz unzureichend waren, in Kabul und im Lande viele Kranke mit schweren Tuberkulosen und waren bereits damals überzeugt, daß die Krankheit ungleich stärker verbreitet war als in vielen andern, insbesondere den europäischen Ländern. Armut und Unterernährung, das Zusammenleben der Menschen auf engstem Raum, die ungenügende Lüftung der Wohnungen und die mangelhafte Beheizung in der kalten Jahreszeit, vor allem aber die unvorstellbare Staubentwicklung in den alten Häusern und das Leben der Frauen, die verschleiert und von Licht, Sonne und körperlicher Ertüchtigung praktisch ausgeschlossen waren, haben die Ausbreitung der Krankheit immer stark begünstigt. Statistische Angaben über die wirkliche Durchseuchung der Bevölkerung in Stadt und Land fehlten aber damals noch ganz.

Die ersten Krankheitsmeldungen wurden in der Nachkriegszeit bekannt. In der Zeit vom 1. I.—30. VI. 1949 wurden in Afghanistan 1648 Tuberkuloseerkrankungen statistisch erfaßt [536]; Angaben über Schwere der Erkrankungen und Organbefall fehlen, und offenbar sind nur die in den Krankenhäusern beobachteten Kranken gemeldet worden, die naturgemäß nur einen Bruchteil der wirklich vorhandenen ausmachen, so daß die Meldung keinen Hinweis auf die tatsächliche Verbreitung der Tuberkulose gibt.

Dagegen haben die 1950 von französischen Ärzten in den Oberschulen von Kabul durchgeführten Reihenuntersuchungen, deren Ergebnis in der nachstehenden Tabelle mitgeteilt wird, erstmalig einen Überblick über die Verbreitung der Tuberkulose bei Kindern und Jugendlichen vermittelt [462]. Sie zeigen sowohl bei Knaben als auch bei Mädchen eine mit zunehmendem Alter fast geradlinig ansteigende Häufigkeit positiver Kutanreaktionen und besagen, daß praktisch jeder erwachsene Oberschüler in Kabul bereits irgendwann in seinem Leben eine tuberkulöse Infektion durchgemacht hat. Ähnliche Verhältnisse finden sich bei Schülern in Lahore, die im Durchschnitt aller Klassen zu 67,77% positive Reaktionen zeigten [183]. Dabei bezieht sich die Kabuler Statistik auf die Schüler höherer Lehranstalten, die zumeist aus wirtschaftlich gehobenen Familien oder aus dem Mittelstand kommen; vermutlich steigt bei den Kindern der Armen die Kurve positiver Hautreaktionen bereits wesentlich früher und steiler an. Da aber bei den Untersuchungen keine Beobachtungen über die Zahl der aktiven und inaktiven bzw. abgeheilten Erkrankungen gemacht werden konnten, geben auch diese Arbeiten nur begrenzten Aufschluß, und wir wissen bis heute nicht recht, wie weit die Krankheit in einzelnen Provinzen und Städten bei den verschiedenen Alters- und Berufsgruppen verbreitet ist.

Positive Kutanreaktionen in Prozent der Untersuchten nach dem Lebensalter:

	Knaben	Mädchen
6 Jahre:	11,90%	13,00%
10 Jahre:	34,90%	28,75%
14 Jahre:	48,72%	43,00%
16 Jahre:	49,60%	47,88%
20 Jahre:	73,21%	—
23 Jahre:	85,10%	—

b) Auch über die *klinischen Krankheitsformen* der Tuberkulose in Afghanistan sind wir bisher wenig unterrichtet. In unseren Polikliniken herrschten die Lungenerkrankungen bei weitem vor, und zumeist sahen wir Kranke mit weit fortgeschrittener offener und cavernöser Lungenschwindsucht, denen kaum oder gar nicht mehr zu helfen war. Außerdem aber kamen zahlreiche extrapulmonale Formen, insbesondere Knochen- und Gelenktuberkulosen vor. Dagegen sahen wir Miliartuberkulosen und tuberkulöse Meningitiden nur selten, und vor allem die Hauttuberkulosen, die angeblich auch in anderen Ländern des Mittleren Ostens selten sein sollen [216], traten bei den Patienten unserer Polikliniken wie auch in der eigenen Sprechstunde kaum in Erscheinung, während der Dermatologe sie sehr viel häufiger beobachtet hat [234].

Da viele Kranke zu spät in die Behandlung kamen, da sie den stationären Krankenhausaufenthalt zumeist ablehnten und zudem ständig den Arzt wechselten, mußte das Tuberkuloseelend mit den unvermeidbaren Umgebungsinfektionen innerhalb der Wohngemeinschaften sich in erschreckender Weise ausbreiten, so daß die noch sehr begrenzten Behandlungsmöglichkeiten es kaum lindern konnten.

c) *Bekämpfung der Tuberkulose.* Die Notwendigkeit einer planmäßigen Tuberkulosebekämpfung wurde frühzeitig erkannt, und schon in den 30er Jahren gründete das Gesundheitsministerium in Kabul ein zunächst allerdings nur sehr einfach eingerichtetes Sanatorium für Männer und wenige Jahre später ein weiteres für Frauen, die beide später wesentlich modernisiert sein sollen. Leider konnten aber vor dem Kriege noch keine Reihenuntersuchungen zur Erfassung von Kranken durchgeführt werden, und während der Kriegszeit war an eine grundlegende Erweiterung des Tuberkuloseschutzdienstes nicht zu denken, obwohl die Notwendigkeit einer solchen mehrfach erörtert wurde [183 a, 265].

So konnte das afghanische Gesundheitsministerium erst im Jahre 1954 gemeinsam mit WHO-Experten die Frage der Tuberkulosebekämpfung wieder aufnehmen

und in Kabul in einer der früheren Städtischen Polikliniken (Stadtteil Dirwaza-i-Lahori) ein *Tuberkulosezentrum* einrichten, um von hier aus die Bekämpfung der Krankheit nicht nur in der Hauptstadt, sondern auch in Dschelalabad, Mazar-i-Scherif, Pol-i-Khumri und Kandahar einzuleiten. Das Institut wurde fachärztlich besetzt und mit Durchleuchtungs-, Aufnahme- und Schirmbildgeräten ausgestattet, so daß nunmehr auch Reihenuntersuchungen in Kabul und in den Provinzen vorgenommen werden konnten, durch die zunächst Kinder, Schüler und Studenten verschiedener Altersgruppen erfaßt wurden. Zusätzlich wurden Hauttests und bei positiven Befunden möglichst auch Umgebungsuntersuchungen durchgeführt.

Über das *Ausmaß der begonnenen Arbeiten* läßt sich ein endgültiges Bild noch nicht geben, da die Ergebnisberichte noch nicht veröffentlich sind. Nach Survey of Progress [134] sind im Jahre 1341 (1962/63) rund 30 000, 1342 (1963/64) bereits 52 000 und 1343 (1964/65) etwa 64 500 Personen röntgenologisch untersucht worden [*]. Damit ist schon ein wesentlicher Anteil der jugendlichen Bevölkerungsgruppen in mehreren Städten des Landes erfaßt worden, und wahrscheinlich ist die Aktion inzwischen auch auf die Landbevölkerung ausgedehnt worden, so daß vermutlich heute ein wesentlich vollständigeres Bild über die Verbreitung der Krankheit vorliegt als vor Beginn der Aktion.

Neben den diagnostischen Erhebungen sind auch *prophylaktische Maßnahmen* eingeleitet worden; im Jahre 1341 (1962/63) sind 15 200, im Jahre 1342 (1963/64) etwa 17 100 und 1343 (1964/65) bereits 34 280 BCG-Schutzimpfungen ausgeführt worden [134] [*]. Für die Jahre 1344 (1965/66) und 1345 (1966/67) ist die Zahl der durchgeführten Schutzimpfungen auf 52 797 bzw. 41 796 erhöht worden [134 a].

Außerdem hat die Arbeitsgruppe die *Behandlung* der ermittelten Kranken übernommen, deren ständig steigende Zahlen für das Jahr 1341 (1962/63) mit 1080, und für das Jahr 1343 (1964/65) mit 1940 und für 1344 (1965/66) mit 2020 angegeben worden [134 a] [*] und die nicht nur aus Kabul, sondern auch weit aus dem Lande herkommen, um die Fürsorgestelle aufzusuchen. Da die Zahl der Betten in den Tuberkulosekrankenhäusern sehr begrenzt ist, wird die große Mehrzahl der Patienten ambulant beraten und hat sich nach ärztlicher Weisung von Zeit zu Zeit wieder vorzustellen. Arzneimittel wie Rimifon, PAS und Streptomycin sowie für kranke Kinder auch Vitamine, Trockenmilchpräparate und Seife werden unentgeltlich abgegeben.

Laufende Röntgenkontrollen werden gleichfalls unentgeltlich durchgeführt, und viele Patienten, insbesondere die Mütter mit kranken Kindern, haben sich ganz entgegen früheren Gepflogenheiten längst daran gewöhnt, zu den angesetzten Nachbeobachtungen regelmäßig und pünktlich zu erscheinen, eine Tatsache, die am anschaulichsten zeigt, daß die Bevölkerung der Tuberkulosezentrale, deren Tätigkeit durch sinnvolle Aufklärungsarbeit ergänzt wird, Vertrauen entgegenbringt.

---

[*] Die in *Survey of Progress 1964/65* [134] angegebenen Zahlen weichen von denen des gleichen Jahrbuches 1962/64 so wesentlich ab, daß es unmöglich ist, verbindliche Angaben daraus zu entnehmen. Wir haben lediglich die Angaben aus dem Heft 1964/65 und 1966/67 mitgeteilt. Genaue Zahlen sind erst mit dem Erscheinen der Tätigkeitsberichte der Tuberkulosezentrale zu erwarten.

Über die *Erfolge* dieser groß angelegten Aktion wird man Abschließendes erst sagen können, wenn ein ausführlicher Ergebnisbericht vorliegt. Bisher kann man nur annehmen, daß, auch wenn es eine Zwangsisolierung nicht gibt und sicher immer noch eine Unzahl von Familieninfektionen erfolgt, vielen Lungenkranken wirksam geholfen wird in einer Weise, die wir früher in Afghanistan nicht kannten und auch nicht für möglich hielten. Die unermüdlichen Bemühungen der beteiligten Ärzte, Schwestern und ihrer Helfer, die sich über die Schwierigkeiten ihrer Arbeit ebenso wie über die Notwendigkeit der übernommenen Aufgabe im klaren sind, erscheinen um so anerkennenswerter, als bei der Tuberkulosebekämpfung die Erfolge sich nur langsam im Laufe von Jahren zeigen und die zu leistende Arbeit ein besonderes Maß an Ausdauer, Geduld und Energie erfordert.

6. Influenza, Pneumonien, Meningitis und Encephalitis

a) Influenza. Westasien ist im Laufe der letzten Jahrzehnte mehrmals von *Influenzaepidemien* heimgesucht worden, die sich gelegentlich bis nach Europa, aber auch nach Südostasien ausgebreitet haben. In Iran wurde 1950 eine weit verbreitete Epidemie von influenzaartigem Charakter mit Affektionen der Atmungsorgane beobachtet; ob es sich dabei um echte Virusgrippe gehandelt hat, ist nicht bekannt. Im gleichen Jahr trat in Israel ein milder Ausbruch von Influenzaerkrankungen auf [280]; hier wurden 1952 einzelne Fälle als zum Typ B gehörig ermittelt [312].

Aus *Afghanistan* ist 1949 ein epidemischer Influenzaausbruch mitgeteilt worden [524]; eine wesentlich stärkere Epidemie scheint 1956 und 1957 geherrscht zu haben [133, 524]. Über den weiteren Verlauf der Krankheitsfrequenz in den folgenden Jahren gibt Tab. XII Auskunft, in der die in den Jahren 1952—1966/67 in den Krankenhäusern beobachteten und gemeldeten Influenzaerkrankungen angegeben sind [133, 134, 134 a]. Die Zahl der stationär wegen Grippe behandelten Patienten hat in den 60er Jahren ständig abgenommen; die Annahme, daß mit Besserung der hausärztlichen Versorgung die Kranken mehr als früher in ihren Wohnungen behandelt worden sind, könnte möglicherweise, sofern die Meldungen vollständig sind, den Rückgang der Erkrankungszahlen im Laufe der letzten Jahre erklären. Für das Jahr 1966/67 teilt Survey of Progress [134 a] nochmals einen starken Anstieg der Influenzaerkrankungen mit. Da jedoch die Diagnosen virologisch nicht gesichert sind, ist damit zu rechnen, daß es sich bei den gemeldeten Fällen keineswegs immer um echte Virus-Influenza, sondern auch um unspezifische Erkältungskrankheiten gehandelt hat.

Jahreszeitliche Abhängigkeiten der Häufigkeit sind aus den vorhandenen Berichten nicht sicher erkennbar. Lediglich für die Jahre 1953—1955 liegen Meldungen aus einzelnen Monaten vor [523, 524], die eine gewisse Häufung nicht nur im Winter, sondern auch in den Übergangsmonaten erkennen lassen. Wetterschwankungen und ungenügende Beheizung der Wohnungen mögen im Frühjahr und Herbst eine gesteigerte Erkrankungsbereitschaft für Erkältungen und Influenzainfektionen schaffen. Ein entscheidendes Problem des Öffentlichen Gesundheitsdienstes scheint aber die Influenza in Afghanistan nicht zu sein.

b) Pneumonien (Lungenentzündung; *sinăh-băghăl* بغل سينه) treten als begleitende *Bronchopneumonien* (katarrhalische Lungenentzündung) im Verlauf von Influenza- und Erkältungskrankheiten, aber auch als echte *lobäre Pneumonien* auf. Epidemiologisch lassen sie keine Besonderheiten gegenüber den in anderen Ländern beobachteten Eigenarten erkennen; 1949 wurden von Januar bis Juni 692 Fälle gemeldet [523]; weitere statistische Angaben sind anscheinend nicht veröffentlicht worden. Bei Kleinkindern galt früher jede Lungenentzündung als ausgesprochen gefährlich; an der hohen Kindersterblichkeit hatten die Pneumonien erheblichen Anteil. Erst seit Einführung der Sulfonamide und Antibiotica in die Behandlung und Besserung des Allgemeinzustandes der Kinder infolge besserer Ernährung sind die Lungenentzündungen weniger gefahrvoll geworden als früher.

c) Über das Auftreten echter *Meningokokken-Meningitis* (epidemische Genickstarre) liegen kaum Meldungen vor. Als kosmopolitische Krankheit kommt sie wie in anderen Ländern auch in Afghanistan vor. Während jedoch in Iran in einzelnen Jahren, so z. B. 1958 und 1959, jährlich 2000—3000 Fälle erfaßt wurden, hat Afghanistan immer nur Einzelfälle gemeldet [529, 530]. Epidemische Ausbrüche in einzelnen Städten oder Provinzen sowie jahreszeitliche Schwankungen der Häufigkeit sind nicht bekannt, und auch aus der eigenen ärztlichen Tätigkeit kann ich mich nur an seltene Einzelfälle erinnern, die zudem nicht immer bakteriologisch gesichert werden konnten.

d) Ein epidemischer Ausbruch einer *encephalitisartigen* Erkrankung (Gehirnentzündung) von insgesamt 27 Fällen (14 Todesfälle) ist im Mai 1958 in einem Dorf bei Maidan (Provinz Wardak), also in der Nähe von Kabul, im Zusammenhang mit ähnlichen Krankheitszuständen beim Schlachtvieh beobachtet worden [170]. Für eine durch Insekten übertragene Encephalitis fand sich kein Anhalt; es ist auch unklar, ob es sich um eine Kontaktinfektion oder um eine Nahrungsmitteübertragung gehandelt hat und welcher Art die Krankheit gewesen ist.

7. Hepatitis epidemica

Über die Verbreitung der *Hepatitis epidemica* (Virushepatitis, epidemische Gelbsucht) in Afghanistan sind bisher keine statistischen Angaben bekannt geworden. Es ist aber anzunehmen, daß die Krankheit im Lande endemisch ist und ähnlich wie in Indien, Westpakistan, Iraq und Israel auch zu epidemischen Ausbrüchen führt [335, 522]. Auf Grund eigener Erfahrung vermute ich, daß die Hepatitis in Afghanistan häufiger auftritt als dies in Westeuropa unter normalen Verhältnissen der Fall ist. Wir sahen in Kabul gelegentlich schwere und auch hartnäckige Erkrankungen, von denen anscheinend Ausländer mehr betroffen wurden als Einheimische, bei denen wahrscheinlich mildere Krankheitsverläufe vorkommen. Auch FÜHNER (Pers. Mittlg.) sah die Krankheit bei Deutschen häufig, fand aber bei der afghanischen Bevölkerung nur selten akute Fälle.

Aussagen über Verteilung auf einzelne Altersgruppen der Bevölkerung, die Verbreitung in Stadt und Land — in Israel schien in den 50er Jahren die Landbevölkerung stärker befallen zu sein als diejenige der Städte [355] — oder jahreszeitliche Schwankungen der Häufigkeit können jedoch bisher nicht gemacht werden. Ob die in Israel beobachtete Häufung der Fälle in den Wintermonaten auch in Afghanistan besteht, müßte noch untersucht werden. Auf alle Fälle muß man aber annehmen, daß auch bei der Hepatitis die wirkliche Zahl der Erkrankungen, insbesondere auf dem Lande, ungleich höher liegt, als den Ärzten bekannt ist, da viele Patienten gar nicht in die Behandlung kommen. Weiterhin darf man hoffen, daß mit Besserung der Hygienebedingungen, insbesondere der Wasserversorgung und der Abfall- und Abwasserbeseitigung, im Laufe der Jahre auch die Hepatitis seltener werden wird.

8. Diphtherie

a) Verbreitung in der Vorkriegszeit. Wie in den meisten westasiatischen Ländern ist auch in Afghanistan die *Diphtherie (khŏnāq, خناق)* am Ende des 19. und in der ersten Hälfte des 20. Jahrhunderts eine seltene Krankheit gewesen [266, 304, 317, 417]. Ich kann mich nur an wenige Einzelfälle erinnern, die ich in der Zeit vor dem Kriege und in den ersten Kriegsjahren in Kabul gesehen habe; den Kinderärzten war die Krankheit besser bekannt, aber auch sie fanden sie nur verhältnismäßig selten.

Die Ursachen für die Seltenheit der Krankheit im gesamten westasiatischen Raum sind unbekannt. Der früher viel geringere Verkehr von Land zu Land und die infolgedessen nur spärlichen Kontaktmöglichkeiten, die ja für die Ausbreitung vieler Zivilisationsseuchen so bedeutungsvoll sind, mögen eine wesentliche Rolle dabei gespielt haben; für das Vorliegen einer antitoxischen Immunität der Bevölkerung, wie sie im Punjab vielleicht besteht [382], gibt es in Afghanistan bisher keine Anhaltspunkte.

b) Ausbreitung in der Neuzeit. Schon während der Kriegszeit, insbesondere aber in den Jahren nach dem Kriege scheint in manchen Ländern eine Zunahme der Diphtheriemorbidität eingetreten zu sein. In der nach KANTERS Angaben [324] zusammengestellten Tab. XIII ist die Diphtheriehäufigkeit in einigen europäischen und westasiatischen Ländern, bezogen auf 100 000 Einwohner, vergleichsweise für die Jahre 1934—1938 und 1949—1953 dargestellt. Die Tabelle zeigt einmal, daß in den meisten Ländern Westasiens die Krankheit seltener auftritt als in Europa. Eine Ausnahme bildet Israel, dessen hohe Befallsrate wahrscheinlich durch die europäischen Einwanderer mitverursacht worden ist. Im übrigen scheint aber die Krankheit um so seltener zu werden, je weiter man nach E gelangt; Afghanistan hat möglicherweise von den Vergleichsländern die niedrigste Infektionsrate, was durchaus der eigenen Erfahrung und derjenigen anderer im Lande tätiger Ärzte entspricht [386]. Allerdings ist es fraglich, ob in den 30er Jahren die Diagnosen bereits immer einwandfrei gestellt wurden, und es wird von manchen Kollegen ernsthaft geltend gemacht, daß schon damals die Diphtherie in Kabul häufiger war, als in der Regel angenommen wurde.

Zum andern ergibt die Aufstellung, daß in den genannten Ländern die Diphtherie in den Nachkriegsjahren an Häufigkeit teilweise erheblich *zugenommen* hat. Insbesondere in Iran und Iraq ist der Anstieg der Erkrankungszahlen offensichtlich, und für Indien sehen manche Autoren in dem Zunehmen der Morbidität heute bereits ein ernstes Problem [205]. Es fragt sich also, ob auch in Afghanistan eine entsprechende Zunahme der Erkrankungsrate in den Nachkriegsjahren erkennbar ist.

Rein empirisch möchte ich dies annehmen, und auch andere Ärzte waren der Meinung, daß in den 50er Jahren die Diphtheriehäufigkeit, jedenfalls in den Städten, zugenommen hat [386]. Tab. XIV, in der die Zahlen der 1948—1966 erfaßten Fälle sowie die Morbidität auf 100 000 Einwohner verzeichnet sind, zeigt, sofern die geringen gemeldeten Zahlen überhaupt bindende Schlüsse zulassen, daß auch in den ersten Jahren nach dem Kriege in Afghanistan die Diphtherie noch selten beobachtet wurde, daß aber im Beginn der 50er Jahre die Zahl der gemeldeten Fälle deutlich zugenommen hat. Die Infektionsrate fällt allerdings schon nach einigen Jahren auf die früheren niedrigen Werte zurück, läßt aber ab 1963 einen erneuten Anstieg erkennen, der bis zum Ende der Berichtszeit anhält. Eine konstante Zunahme der Diphtheriehäufigkeit ist also kaum erkennbar. Die Krankheit kommt und geht, und die gemeldeten Zahlen zeigen keine Gesetzmäßigkeit des Verlaufs; sie erreichen aber neuerdings gelegentlich wieder Werte, die früher nur selten vorkamen, und so ist die Krankheit, über viele Jahre gesehen, vielleicht doch häufiger geworden, wie dies rein erfahrungsmäßig von ärztlicher Seite auch angenommen worden ist.

Die Ursachen für die zeitweise beobachtete Steigerung der Krankheitszahlen mögen überwiegend in exogenen Faktoren zu suchen sein. Entscheidend ist wahrscheinlich der ständig zunehmende Reiseverkehr mit den europäischen Endemieländern; außerdem schaffen die ungenügenden Hygienebedingungen und Wohnverhältnisse in den alten Stadtvierteln günstige Ausbreitungsbedingungen, so daß, wenn erst einmal eine stärkere Einschleppung erfolgt ist, auch mit Ansteigen der Durchseuchung gerechnet werden muß.

c) Jahreszeitliche Schwankungen der Häufigkeit. Die Diphtherie gilt als Saisonkrankheit, die vor allem in Jahreszeiten mit häufigem Wetterwechsel auftritt. In Iran scheint der Gipfel der Jahreskurve im Oktober und November, also in der Zeit der wandernden Tiefdruckgebiete, in Turkmenistan und Usbekistan gleichfalls im Herbst mit seinen plötzlichen Temperaturrückgängen und in Indien während der Regenzeit zu liegen [324]. In Afghanistan ist vielleicht mit einer gewissen Häufung der Erkrankungen in den Übergangsjahreszeiten zu rechnen; die Zahl der gemeldeten Erkrankungen ist aber so gering, daß sie Rückschlüsse auf eine Regelmäßigkeit des Jahresablaufs nicht zuläßt. Kleinere Epidemien sollen vor allem im Oktober des öfteren auftreten [551], und da die Krankheit offenbar doch eine gewisse Tendenz zur Ausbreitung zeigt, sollte man ihr in Zukunft gesteigerte Aufmerksamkeit widmen.

d) Über die *klinischen Verläufe* bei afghanischen Patienten kann ich keine verbindlichen Angaben machen, da ich zu wenig Fälle gesehen habe, um mir ein eigenes Urteil bilden zu können. Ich bin aber geneigt, anzunehmen, daß die Krankheit ähnlich wie in Südiran [304] verhältnismäßig milde verläuft, und anscheinend ist ihr auch an der bisher hohen Kleinkindersterblichkeit kein wesentlicher Anteil beigemessen worden [457]. Es sollen aber auch ausgesprochen schwere Fälle mit nachfolgenden Lähmungen und Herzkomplikationen beobachtet worden sein; insbesondere wird die Prognose dadurch getrübt, daß die erkrankten Kinder oftmals zu spät in die Behandlung gebracht werden [386].

Auch über den bevorzugten Befall einzelner *Altersgruppen* haben wir keine ausreichenden Unterlagen ermitteln können; die kinderärztliche Erfahrung besagt, daß überwiegend Kinder im Alter von 2—8 Jahren, Säuglinge im 1. Lebensjahr dagegen nur äußerst selten erkranken [551].

Die *Bekämpfung* hat sich bisher auf die Behandlung der Einzelfälle beschränkt; ob Schutzimpfungen bereits in größerem Umfang oder nur gelegentlich ausgeführt werden, ist mir nicht bekannt.

9. Akute Exantheme

a) *Masern* (Morbilli; *sŭrkhäkän* سرخکان) sind anscheinend in Afghanistan und den benachbarten Ländern des Mittleren Ostens seit langer Zeit bekannt. In Iran, Arabien und Indien sollen sie in der 2. Hälfte des 19. Jhdt. teilweise epidemisch aufgetreten sein [303, 417], und es liegt nahe anzunehmen, daß derartige Ausbrüche sich auch in Afghanistan ereignet haben.

In der *Neuzeit*, d. h. in den Kriegs- und Nachkriegsjahren, haben wir Masern in Kabul *häufig gesehen*. Die nachstehende Tabelle bringt die Zahlen der jährlich gemeldeten Erkrankungen für die Jahre 1949—1964; sie enthält wahrscheinlich nur die in den Krankenhäusern statistisch erfaßten und damit ein Bruchteil der wirklich aufgetretenen Fälle. Masernkranke Kinder werden zumeist im Elternhaus behandelt, sofern überhaupt ärztliche Hilfe in Anspruch genommen wird.

Masern in Afghanistan

Jahr	Zahl der gemeldeten Fälle	Jahr	Zahl der gemeldeten Fälle
1949	396	1957	1104
1950	463	1958	1496
1951	766	1959	958
1952	1652	1960	651
1953	2269	1961	3157
1954	1536	1962	2071
1955	1742	1963	1420
1956	1098	1964	248

Die Tabelle zeigt trotz aller Schwankungen der gemeldeten Zahlen, daß die Häufigkeit der Masern im Laufe der Jahre ziemlich konstant geblieben ist; jedenfalls ist eine eindeutige Zu- oder Abnahme während der Berichtszeit nicht erkennbar.

Auch über den unterschiedlichen *Befall einzelner Provinzen* gibt es nur unvollständige statistische Unterlagen. Die einzige bekannt gewordene Angabe [528] zeigt, daß die Provinzen Kabul und Kandahar eindeutig bevorzugt befallen sind, ein Hinweis darauf, daß Masern eine Krankheit der Städte sind, in denen das enge Zusammenleben in den alten Wohnvierteln die Ausbreitung einer so kontagiösen Krankheit sehr viel mehr begünstigt, als dies in kleinen Dörfern oder einzeln gelegenen Gehöften der Fall ist.

Der *jahreszeitliche* Gang der Krankheit ist aus Abb. 15 ersichtlich. Schon in älteren Arbeiten wurde mehrfach darauf hingewiesen, daß auch im Mittleren Osten die Masern in der kalten Jahreszeit gehäuft auftreten [266, 303, 417]. Die der Abb. 15 zugrundeliegenden Monatsmittel der Erkrankungszahlen einer längeren Reihe von Jahren (1952—1963) zeigen, daß in Afghanistan Masern zwar während des ganzen Jahres auftreten, daß aber ihre größte Häufigkeit eindeutig in den Wintermonaten liegt, was bei der leichten Übertragbarkeit der Krankheit und dem engen Zusammenleben der Familien im Winter ohne weiteres verständlich ist.

Klinische Eigenarten. Masern galten in Afghanistan stets als ungewöhnlich *schwere* und *gefährliche Kinderkrankheit*. Die Letalität infolge der Komplikationen,

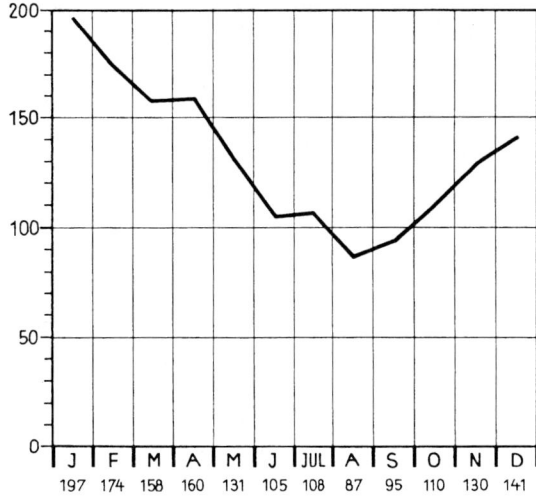

Abb. 15. *Masern in Afghanistan 1952—1963;* Mittel der in den einzelnen Monaten gemeldeten Fälle. (Zusammengestellt nach Mittlg. Inst. Publ. Health Kabul [386])

insbesondere der früher so häufigen Bronchopneumonien, ist für unbehandelte Kleinstkinder mit 50% angegeben worden [457]. Neben Pocken und Keuchhusten haben Masern stets einen wesentlichen Teil der hohen Kindersterblichkeit verursacht, eine Beobachtung, die in ähnlicher Weise auch im Iran des 19. Jhdt. gemacht worden ist [417]. In jüngster Zeit ist aber die kinderärztliche Versorgung wesentlich vorangeschritten, das Vertrauen zur Krankenhausbehandlung ist gewachsen, die Resistenz der Kinder hat infolge besserer Pflege und Ernährung wenigstens in den Städten zugenommen, und vor allem können die gefürchteten Komplikationen durch Sulfonamide und Antibiotica verhütet oder unterdrückt werden, so daß die Krankheit viel von ihren früheren Schrecken verloren hat; in ärztlich gut versorgten Gebieten beträgt heute die Letalität zwischen 1 und 3% [457, 551]. Dennoch werden Masern von den Kinderärzten in Kabul auch heute noch als ernste Krankheit angesehen.

b) *Scharlach* (Scarlatina; *mäkhmäläk*, مخملك) scheint bis in die Neuzeit hinein im ganzen Mittel-Ostraum praktisch unbekannt gewesen zu sein. Als östliche Grenze der Verbreitung galt am Ende des 19. Jahrhunderts die kleinasiatische Küste; Syrien, das damalige Mesopotamien, Arabien, Iran und wahrscheinlich auch Indien dürften praktisch scharlachfrei gewesen sein [303, 317, 417].

Auch in der 1. Hälfte des 20. Jahrhunderts war Scharlach im Orient, Mittleren Osten und den zentralasiatischen Sowjetrepubliken äußerst *selten*. In den 20er Jahren hatte Syrien eine Morbidität von 0,5 auf 100 000 Einwohner [207]; in Usbekistan wurde 1 Fall auf 57 000 Kinder [164] und in Taschkent ein einziger Ausbruch von insgesamt 21 Fällen [207] beobachtet. In Afghanistan habe ich in den Jahren 1938—1941 keinen sicheren Fall gesehen; die in Klinik und Praxis tätigen Kollegen berichteten das Gleiche, so daß damals das Land höchstwahrscheinlich *praktisch scharlachfrei* war [266]. Ob rassisch bedingte Resistenz [207] oder klimatische Eigenarten der ariden Zone Ursache für das Fehlen der Krankheit waren, ist unentschieden.

Eine *Änderung des Bildes* trat in der Nachkriegszeit am Ende der 40er Jahre ein, als der Scharlach begann, sich *auch in Westasien zunehmend auszubreiten.* Auf Cypern stieg die Zahl der gemeldeten Fälle von 25 im Jahre 1950 auf 227 im Jahre 1951; in Israel wurden 1949 noch 518, im Jahre 1950 bereits 1311 und im 1. Halbjahr 1951 sogar 1232 Fälle beobachtet [498]. In Iran nahm in den Jahren 1950—1953 die Zahl der Scharlacherkrankungen von 54 auf 624 jährlich zu, und heute ist in Teheran die Krankheit durchaus bekannt.

Auch in *Afghanistan* scheint der Scharlach bei seinem Vordringen nach E eingewandert zu sein. So wurden 1948 erstmalig 110 Fälle gemeldet; 1949 trat ein Rückgang auf 41 Fälle ein, und seither sind keine Scharlacherkrankungen mehr gemeldet worden. Es sollen aber in Kabul auch gegenwärtig gelegentlich Scharlachfälle vorkommen, wenngleich die Krankheit *nach wie vor selten* ist [386].

Über die Ursachen für die Ausbreitung des Scharlach nach E in der Neuzeit ist ebenso wenig bekannt wie über sein früheres Fehlen im westasiatischen Raum. Vermutlich handelt es sich um ein komplexes epidemiologisches Geschehen [207], bei dem der in den Nachkriegsjahren rasch ansteigende Reiseverkehr von Land zu Land nur ein, allerdings wesentlicher Faktor gewesen ist.

In Afghanistan ist Scharlach infolge seiner Seltenheit kein nennenswertes Problem des Öffentlichen Gesundheitsdienstes; dennoch wäre es begrüßenswert, wenn die wenigen auftretenden Fälle in Zukunft wieder gemeldet würden, da nur auf diese Weise das möglicherweise weitere Vordringen der Krankheit nach E beobachtet werden könnte.

c) Röteln (Rubeolae; *sŭrkhăkăn-tschăh,* سرخکانچه) scheinen in Afghanistan selten zu sein; ich kann mich nicht erinnern, in den Jahren meines Aufenthaltes im Lande einwandfreie Fälle gesehen zu haben. Es ist aber möglich, daß die Kinderärzte in Kabul Röteln häufiger sehen; verwertbare Berichte über Verbreitung und Häufigkeit der Krankheit sind bisher nicht bekannt geworden, und schon im Hinblick auf die Gutartigkeit der Krankheit erscheint sie von untergeordneter Bedeutung.

10. Keuchhusten

a) Häufigkeit und Verbreitung. In Afghanistan und den angrenzenden Ländern ist der *Keuchhusten* (Pertussis; *siăh sŭrfăh,* سیا ه سرفه, d. h. „schwarzer Husten") als Kinderkrankheit gut bekannt. Es ist aber kaum möglich, ein klares Bild von der tatsächlichen *Häufigkeit* und *Verbreitung im Lande* zu gewinnen. Die Meldungen sind aus den schon angegebenen Gründen unvollständig, zumal da Keuchhustenkinder oftmals überhaupt nicht ärztlich behandelt werden. Nach den eigenen Beobachtungen halte ich den Keuchhusten in Kabul für eine wohl häufige, aber nicht übermäßig verbreitete Krankheit, ohne aber diese Auffassung zahlenmäßig belegen zu können, und wahrscheinlich wird der Kinderarzt ganz andere Eindrücke von der Frequenz der Erkrankungen haben. Tab. XV bringt die Zahl der in den Jahren 1952—1966 gemeldeten, d. h. der in den Krankenhäusern behandelten und somit nur einen kleinen Teil der tatsächlich aufgetretenen Erkrankungsfälle; sie gibt daher keinen Aufschluß über die wirkliche Häufigkeit der Krankheit im Lande.

Ob der Keuchhusten im Laufe der Jahre häufiger oder seltener geworden ist, läßt sich gleichfalls aus der Tabelle nicht erkennen. In Iran und Iraq ist 1951 und 1955 ein starker Anstieg verzeichnet worden; in Afghanistan fallen die Jahre 1953 und 1966/67 durch besondere Häufung der Fälle auf. Aber eine gleichsinnige Zu- oder Abnahme ist im Laufe der Berichtszeit nicht erkennbar.

Über die *Befallsrate einzelner Provinzen* oder Städte können keine detaillierten Angaben gemacht werden; ebenso ist nicht bekannt, ob epidemische Ausbrüche nur in den Wohngebieten der Städte oder auch auf dem Lande aufgetreten sind.

Jahreszeitliche Abhängigkeiten der Häufigkeit sind gleichfalls aus den vorhandenen Unterlagen nicht zu entnehmen. Wahrscheinlich haben, wie in andern Ländern, auch in Afghanistan weder Jahreszeit noch Klima oder Wetter einen Einfluß auf die epidemischen Häufungen. Lediglich in Iran scheint nach den vorhandenen Meldungen [525] der Keuchhusten eine Krankheit der trockenheißen Sommermonate zu sein, eine Erscheinung, über deren Ursache bisher nichts bekannt ist.

b) Klinische Aspekte. Wenn auch der Keuchhusten keine übermäßig häufige Krankheit zu sein scheint, so ist er doch stets sehr gefürchtet gewesen. Vor Einführung der modernen Arzneimittel waren, besonders bei schwachen und unterernährten Säuglingen, komplizierende Bronchopneumonien wie auch Kreislaufstörungen außerordentlich häufig, und die Letalität ist, ohne daß wir sie zahlenmäßig angeben können, immer sehr hoch gewesen.

Im Laufe der letzten 20 Jahre ist aber die Keuchhustenletalität nicht nur in Amerika und Europa, sondern auch in vielen Ländern Asiens erheblich zurückgegangen. Sie ist in der Bundesrepublik Deutschland von 2,64% im Jahre 1949 auf 0,92% im Jahre 1959 gesunken; Iraq hat [525] in den 50er Jahren eine Letalität von 1,5% (nach Epidem. Vit. Stat. Rep. 5, 323, 1952 [537] jedoch unter 0,5‰) berichtet, und auch in Afghanistan, wo früher der Keuchhusten neben Pocken, Masern und Darminfektionen eine der wesentlichen Ursachen für die hohe Kindersterblichkeit war, ist in der Neuzeit eine grundlegende Besserung eingetreten. Naturgemäß sind Säuglinge nach wie vor mehr gefährdet als größere Kinder; ganz allgemein aber haben die Wirkung der Sulfonamide und Antibiotica, die gründlichere ärztliche Versorgung und der gebesserte Allgemeinzustand der Kinder die Gefahren der Krankheit wesentlich vermindert, so daß sich auch auf diesem Gebiet, jedenfalls in den Städten, die Verhältnisse sehr zum Guten entwickelt haben. Auf dem Lande wird jedoch der in der Stadt bereits erreichte Fortschritt wohl wesentlich langsamer eintreten.

11. Mumps

Mumps (Parotitis epidemica; *kălă-tschărăk,* كله چرك) ist den Kinderärzten in Kabul gut bekannt; über Häufigkeit und Verbreitung der Krankheit in Stadt und Land liegen jedoch keine Berichte vor, so daß ein krankheitsgeographischer Überblick nicht gegeben werden kann. Da die Krankheit gutartig ist und nur selten zu Komplikationen führt, ist sie im Zusammenhang mit den geomedizinischen Fragen von untergeordneter Bedeutung.

12. Poliomyelitis

Die *Poliomyelitis* (epidemische Kinderlähme) ist eine virusbedingte Infektionskrankheit, die zum Teil durch Tröpfchenübertragung verbreitet wird und vor allem

Kinder und Jugendliche befällt. Die Erreger sind ubiqui-
tär; die Mehrzahl der Infektionen verläuft inapparent,
also ohne Lähmungen oder andere klinische Symptome,
führt aber zur Bildung von Antikörpern (sogen. stille
Feiung), deren Nachweis die Abgrenzung von Endemiegebieten ermöglicht. Als Zivilisationsseuche ist anscheinend die Krankheit in vielen Ländern im Zunehmen begriffen.

Die meisten *westasiatischen Länder* — außer Israel —
haben während der letzten 15—20 Jahre nur wenig klinisch manifeste Erkrankungen gemeldet [279, 408, 533,
544]. Die asiatische Türkei gilt als Endemiegebiet, in
dem von Zeit zu Zeit Einzelfälle, aber nur selten epidemische Ausbrüche auftreten [409]; aus den übrigen Ländern Westasiens sind keine Beobachtungen über eine
etwa bestehende Endemizität veröffentlicht worden.

Bemerkenswert ist aber die auch in Westasien beobachtete ständige *Zunahme* der Erkrankungen während
der letzten 10—15 Jahre. In Iraq stieg von 1950—1957
die Zahl der jährlich gemeldeten Fälle von 49 auf 301,
in Libanon von 3 auf 47, und in Iran wurden 1959 und
1960 jeweils 71 bzw. 101 paralytische Fälle gemeldet,
von denen die Mehrzahl naturgemäß in Teheran und
der nächsten Umgebung der Stadt beobachtet worden ist
[171, 533]. Aber trotz dieses Ansteigens der Erkrankungszahlen scheint auch in jüngster Zeit in den genannten Ländern die Poliomyelitis noch eine relativ seltene
Krankheit zu sein.

In *Afghanistan* haben wir die Poliomyelitis als klinische Krankheit früher nicht gekannt; jedenfalls kamen
vor dem Kriege und in den Kriegsjahren keine akuten
paralytischen Fälle zur Beobachtung. Von afghanischen
Kollegen wird mitgeteilt, daß die Krankheit im Beginn
der 50er Jahre eingeschleppt worden sei und sich seither
rasch ausgebreitet habe, eine Auffassung, die möglich erscheint, für die ich aber keine Gewähr übernehmen kann.
Jedenfalls sind heute sowohl den Neurologen als auch
den Orthopäden Spätschäden nach Poliomyelitis auch in
Kabul vertraute Krankheitsbilder.

Einzelheiten über die *klinischen Verlaufsformen* der
Krankheit und den Befall einzelner Altersgruppen sind
aus Afghanistan bisher nicht berichtet worden. In Iran
traten 87% der Erkrankungen bei Säuglingen und Kleinkindern in den ersten 3 Lebensjahren auf. Die Letalität
soll bei Kindern hoch sein; für Kabul wird sie mit 50%
angegeben [457]. Ätiologisch scheint in Westasien, sowohl in der Türkei als auch in Indien, der Virustyp I
zu überwiegen [408, 409]; aus Afghanistan fehlen entsprechende Angaben. Auch jahreszeitliche Schwankungen
der Häufigkeit, wie sie in Europa vorkommen, sind im
Mittleren Osten bisher nur vereinzelt beobachtet worden; wohl wurde in Iran eine Häufung der Fälle im
Sommer, in Iraq und Libanon jedoch im Frühjahr beobachtet, aber im übrigen scheint die Krankheit während
des ganzen Jahres aufzutreten [409].

Weitere Einzelheiten können nicht mitgeteilt werden.
Es muß abgewartet werden, wie sich das epidemiologische Bild der Krankheit in Zukunft entwickelt und ob
die bisher beobachtete Zunahme der Morbidität anhält;
nützlich wäre es, durch Untersuchungen auf Antikörper
einen Einblick in die Immunitätslage der Bevölkerung zu
gewinnen.

13. Infektiöse Mononukleose

Zu den Kontaktinfektionen ist auch die *infektiöse
Mononukleose* (früher *Pfeiffersches Drüsenfieber*) zu

rechnen, eine gutartige, fieberhaft verlaufende Virus-
Krankheit, die mit Mandelentzündung, Lymphknoten-
schwellungen und Blutbildveränderungen einhergeht.
Früher haben wir die Krankheit in Kabul nicht gekannt;
FÜHNER [281] hat erstmalig darauf hingewiesen, daß sie
vorkommt und über einen 1960/61 beobachteten epidemischen Ausbruch von 28 gesicherten Erkrankungsfällen
in einer Gruppe von 450 Deutschen berichtet. Die Krankheit befiel alle anwesenden (bis 45 Jahre) Altersgruppen,
erwies sich also nicht als reine Kinderkrankheit, wie früher angenommen wurde; ähnlich wie bei der Poliomyelitis wurden Familieninfektionen nicht beobachtet, und
eine jahreszeitlich bedingte Schwankung der Häufigkeit
war gleichfalls nicht erkennbar.

14. Tetanus

Infektionen mit *Tetanus* (Wundstarrkrampf; Erreger
Clostridium tetani) dringen vor allem durch erdver-
schmutzte Wunden in den menschlichen Organismus ein.
In den meisten Ländern des Orients und Mittleren
Ostens ist die Infektion wahrscheinlich weit verbreitet.
Während in der Bundesrepublik Deutschland auf 1 Million Einwohner im Jahr 4 Todesfälle an Tetanus gezählt
werden, sind im Iraq 1953—1957 jährlich 100—300,
d. h. 15—30 Todesfälle auf 1 Million Einwohner gemeldet worden [535]. Aus *Afghanistan* liegen keine statistischen Angaben vor; nach klinischer Erfahrung scheint
aber die Krankheit verhältnismäßig häufig vorzukommen; dementsprechend ist jedem, der längere Zeit im
Lande weilt, die aktive Immunisierung anzuraten.

15. Noma

Anhangsweise sei hier noch der sogen. *Wasserkrebs*
(Noma, Wangenbrand) genannt, der zwar keine Kontaktinfektion im eigentlichen Sinne ist, sondern eine
Komplikation im Verlauf anderer Infektionskrankheiten
und vor allem bei Kindern auftritt. Es handelt sich um
eine Infektion der Wangen mit unbekanntem Erreger,
die rasch zu starkem Gewebszerfall und häufig zum
Tode führt. In Europa ist die Krankheit selten geworden. In Kabul haben wir Noma des öfteren gesehen
[266]; REYNAUD [446] hat innerhalb von 2 Jahren etwa
30 Erkrankungsfälle bei zumeist unterernährten und
wenig resistenten Kindern gefunden. Die Letalität wird
im allgemeinen mit 50—75% angegeben; durch planmäßige Penicillinbehandlung konnte REYNAUD jedoch bei
den älteren Kindern in 76,9% der Fälle Heilung erzielen.

IV. Anthropozoonosen

Es handelt sich um eine Gruppe ätiologisch und epidemiologisch verschiedenartiger Infektionen, die bei Tieren vorkommen, aber auch auf den Menschen übertragen
werden können. Manche dieser Krankheiten sind in den
west- und zentralasiatischen Räumen weit verbreitet; da
jedoch aus Afghanistan kaum verwertbare Angaben über
das Auftreten der Anthropozoonosen vorliegen, können
sie nur kurz auf Grund der aus den Nachbarländern veröffentlichten Daten besprochen werden.

1. Brucellosen

Die *Brucellosen* sind Infektionen mit mehreren eng
verwandten Erregertypen (z. B. *Brucella abortus, B. melitensis, B. suis*), die epizootisch bei Haustieren, als sogen.

Bangsche Krankheit und als *Maltafieber,* aber auch beim Menschen vorkommen. Das Vorherrschen der einen oder anderen Form der Brucellose hängt im wesentlichen ab von der Verbreitung der einzelnen Erregerarten in den Milchprodukten oder im Fleisch der menschlichen Nahrung. In Gebieten mit Rinderzucht überwiegt *B. abortus,* bei Ziegen- und Schafhaltung *B. melitensis.* Die beim Menschen entstehende Erkrankung verläuft mit hartnäckigem „undulierendem" Fieber, Knochen- und Gelenkbeteiligung und Befall innerer Organe.

Im gesamten Vorderen und Mittleren Osten scheint in den Viehzuchtgebieten die Brucellose wesentlich stärker verbreitet zu sein, als nach den früheren Beobachtungen angenommen werden mußte. In der Türkei, in Israel, Libanon, Syrien und Iran sind noch vor wenigen Jahren beim Vieh Infektionsraten von 20—43% — sowohl *B. abortus* als auch *B. melitensis* — beobachtet worden, während humane Erkrankungen immer nur selten gewesen sind [168, 240, 256, 546]. Dagegen scheint in der Nordwestgrenzprovinz die Brucellose beim Milchvieh praktisch zu fehlen [465], während im Punjab sowohl tierische als auch humane Infektionen endemisch sind [377].

Über die Verbreitung der Brucellose in *Afghanistan* sind bisher keine systematischen Untersuchungen bekannt geworden. WUNDT [546] teilt zwar mit, daß 1953 bis 1957 im Gebiet von Kabul Rinder- und Schafbrucellosen beobachtet worden seien; darüber hinaus finden sich aber keine Angaben, und auch der im Jahre 1967 erschienene letzte „Survey of Progress" [134 a] bringt keine Mitteilungen über Infektionen mit Brucellen in Afghanistan. *Humane* Erkrankungen haben wir weder in den 30er noch im Beginn der 50er Jahre einwandfrei feststellen können; es liegt aber nahe anzunehmen, daß sie vorkommen. Insbesondere in den ausgedehnten Viehzuchtgebieten im N des Landes muß durchaus mit dem Vorhandensein von Brucellosen gerechnet werden. Wahrscheinlich sind aber auch hier die menschlichen Infektionen verhältnismäßig selten, da Milch fast ausschließlich in gekochtem Zustand genossen wird, so daß vermutlich der im Lande bereitete Frischkäse das wichtigste, vielleicht gar das einzige für die Übertragung bedeutungsvolle Nahrungsmittel ist. Auf alle Fälle erscheint es notwendig, im Zusammenhang mit der Förderung der Rinder- und Schafzuchten, denen in der Neuzeit große Bedeutung beigemessen wird [134 a], auch Untersuchungen über die Durchseuchung der Herden und der Bevölkerung anzustellen, die einen Überblick über die tatsächliche Verbreitung der Brucellosen in den einzelnen Provinzen vermitteln können. Insbesondere für die neu erschlossenen Landwirtschaftsgebiete im S scheinen derartige Maßnahmen wichtig zu sein.

2. Milzbrand

Beim *Milzbrand* (Anthrax; Erreger *Bac. anthracis;* *siāh-zakhm,* سیاه زخم) handelt es sich um eine Infektion der Haustiere, die der Mensch durch Kontakt mit kranken Tieren oder infektiösen tierischen Produkten erwerben kann. Exponiert sind vor allem Schlachter, Tierhalter, Gerber sowie Arbeiter in Abdeckereien und in Betrieben, die Lumpen verarbeiten. Klinisch unterscheidet man den Haut-, Lungen- und Darmmilzbrand.

Sowohl aus der asiatischen Türkei als auch aus dem Iraq liegen Meldungen über zahlreiche Erkrankungen vor; in der Türkei betrug die Zahl der gemeldeten Fälle noch in den 50er Jahren bis zu 1758 jährlich [514]. In *Afghanistan* kommt Milzbrand enzootisch bei Schafen, sporadisch auch bei Ziegen und Pferden vor. Als Herdgebiete werden die Provinzen Herat, Kataghan und Kabul genannt [329]; es muß aber vermutet werden, daß der Milzbrand auch in den übrigen Provinzen des Landes endemisch ist. Über Erkrankungen des Menschen, die gleichfalls bekannt sind, liegen anscheinend keine statistischen Angaben vor; lediglich für das Jahr 1962/63 sind im Lande 25 Fälle, die in den Krankenhäusern beobachtet wurden, gemeldet worden [386]. Besonderheiten der Epidemiologie gegenüber anderen Ländern dürften nicht bestehen.

3. Tollwut

Die *Tollwut* (Lyssa, Rabies; *măräz-i-säg-i-diwānăh,* مرض سگ دیوانه) ist eine virusbedingte Epizootie, die in allen Erdteilen verbreitet ist und durch den Biß infizierter Tiere auf den Menschen übertragen wird. In den Ländern des Mittleren Ostens sind vor allem herumstreunende Hunde, aber auch Wölfe und Schakale [193, 235, 287], in Indien weiterhin Tiger, Affen und Katzen [167] infiziert; weitaus wichtigste Infektionsquellen für den Menschen sind aber zweifellos die Hunde.

Die Krankheit ist auch in *Afghanistan* bei Hunden häufig. Wenn auch Zahlen über die Häufigkeit ines Auftretens bisher nicht veröffentlicht worden sind, so ist das Problem der Lyssa den Ärzten und Bakteriologen seit vielen Jahren gut bekannt, und das Bakteriologische Laboratorium in Kabul hat schon in den 30er Jahren begonnen, die von tollwütigen oder wutverdächtigen Hunden gebissenen Kranken durch Schutzimpfungen mit inaktiviertem oder abgetötetem Virus zu immunisieren. Allerdings konnten damals nur die in Kabul und der nächsten Umgebung ansässigen Patienten geschützt werden.

Heute ist der Wutschutz im Lande wesentlich weiter ausgebaut worden. Im Jahre 1341 (1962/63) wurden im Vaccine-Zentrum in Kabul 44 000 und 1342 (1963/64) etwas über 56 000 Ampullen Impfstoff hergestellt [133, 134]. Die Zahl der von Hunden gebissenen und immunisierten Patienten wird für die gleichen Jahre mit 436 bzw. 378 angegeben. In den folgenden Jahren ist jedoch, wahrscheinlich infolge geringeren Bedarfes, die Impfstoffproduktion stark reduziert worden [134, 134 a]. Daneben sind aber in den letzten Jahren regelmäßig etwa 1000—2000 Ampullen Impfstoff für tierärztliche Zwecke hergestellt worden [133, 134, 134 a], so daß heute der Schutz gegen die Tollwut bereits recht wirksam durchgeführt werden kann.

4. Weitere, bisher in Afghanistan nicht beobachtete Anthropozoonosen

Nachstehend werden noch einige auf den Menschen übertragbare Epizootien genannt, die in Afghanistan bisher nicht bekannt geworden sind, deren Auftreten aber möglich erscheint.

a) Leptospirosen. Infektionen mit Leptospiren sind nicht nur in den Nagerpopulationen sondern auch bei anderen Säugetieren, wie Füchsen, Hunden, Pferden, Kühen, Katzen und Schweinen, weit verbreitet. Durch Kontakt mit infizierten Tieren oder deren Ausscheidungen kann der Mensch die Infektion erwerben, die dann ein septikämisches Krankheitsgeschehen mit nachfolgender Organschädigung, z. B. der Leber, verursacht.

In Israel und Iran sind beim Zuchtvieh zahlreiche Leptospirenarten wie z. B. *L. canicola*, *L. grippo-typhosa*, *L. hyos*, *L. ictero-haemorrhagica* und *L. pomona* nachgewiesen worden [335, 439]; in Iran wurde *L. grippotyphosa* auch beim Menschen gefunden.

Da *Afghanistan* insbesondere in den N-Provinzen sehr ähnliche geophysische, klimatische, landwirtschaftliche und auch parasitologische Eigenarten aufweist wie Nordiran, liegt die Vermutung nahe, daß auch in den baktrischen Viehzuchtgebieten enzootische Leptospirosen und gelegentlich auch humane Erkrankungen vorkommen.

b) Das *Q-Fieber* ist eine in aller Welt insbesondere beim Vieh verbreitete *Rickettsiose (R. burneti)*. Die Art der Übertragung auf den Menschen ist noch nicht endgültig geklärt; wahrscheinlich sind die Inhalation von infiziertem Staub (Heu, Stroh, trockener Zeckenkot) und direkter Kontakt mit infizierten Ausscheidungen der Tiere die wichtigsten Übertragungsarten. Beim Menschen verläuft das Q-Fieber unter dem Bild einer hartnäckigen Bronchopneumonie.

In der Türkei, in Israel, Iraq, Nordiran und den zentralasiatischen Sowjetrepubliken ist das Zuchtvieh teilweise stark durchseucht; in Tadjikistan haben die sowjetischen Forscher manchenorts auch bei 13—24% der untersuchten Personen spezifische Antikörper gefunden als Zeichen dafür, daß auch humane Infektionen weit verbreitet sind. Offenbar bildet also nahezu der gesamte Iranisch-Turanische Raum ein ausgedehntes, stark durchseuchtes Endemiegebiet [210, 283, 289, 310, 325, 326, 337, 350, 427, 428, 438, 456, 487, 494, 549].

In *Afghanistan* ist bisher das Q-Fieber niemals nachgewiesen worden; wir kennen zwar Krankheitsbilder, die wir als „Viruspneumonien" gedeutet haben, die aber mikrobiologisch und serologisch nicht gesichert werden konnten. Da aber Grasländer, Steppengebiete, Länder mit extensiver Bodenbewirtschaftung und umfangreichen Viehhaltungen, insbesondere auch Gebiete mit Wanderherden (Nomaden!) bevorzugt befallen sind [494], muß man vermuten, daß insbesondere im N Afghanistans genau wie in den Nachbarländern die Infektion endemisch ist. Es sollte Aufgabe des tierärztlichen und humanen Gesundheitsdienstes sein, diese Frage zu klären und gegebenenfalls die notwendigen Abwehrmaßnahmen einzuleiten.

c) Die *Pest (ṭā-ún,* طاعون *)* ist heute in Afghanistan unbekannt. Ein letzter epidemischer Ausbruch soll das Land 1905 von Kabul aus bis ins Hilmendtal durchzogen haben [434]; seither aber gilt das Land als pestfrei.

Wohl aber liegt nördlich des Amu Darya das große Gebiet der *enzootischen Nagerpest*, das sich von China durch die zentralasiatischen Steppen bis nach Kurdistan erstreckt und in dem die Seuche durch das Nebeneinanderleben resistenter *(Meriones persicus, M. libycus)* und empfänglicher *(M. tristami, M. vinogradovi)* Nagerarten ständig erhalten bleibt [186, 190, 192, 194, 196, 291, 434, 531]. Überträger innerhalb der Nagerpopulationen sind Flöhe der Gattungen Xenopsylla, Nosopsyllus und Stenoponia, die zwar spezifische Nagerflöhe sind, aber gelegentlich auch am Menschen Blut saugen [194, 348]. Diese zentralasiatische Pest ist also epidemiologisch anders zu bewerten als die indische, für deren Erhaltung manchenorts Bandicots (Bandicota; Muridae), anderen-

orts aber lediglich Ratten maßgebend sind [418, 459, 467].

Daß diese Nagerpest auch den Menschen befallen kann, beweisen die in Kurdistan beobachteten „accidentellen" Ausbrüche im Beginn der 50er Jahre [531]. Allerdings sind sie selten, da in den dünn besiedelten Endemiegebieten die Nagerflöhe nur wenig Kontakt zum Menschen finden und ihn nur als Notwirt aufsuchen. Ist jedoch erst einmal eine Infektion innerhalb einer Wohngemeinschaft aufgetreten, so kann sie durch humane Flöhe *(Pulex irritans)* leicht weiterverbreitet werden [190, 348].

Afghanistan scheint bisher auch von *Nagerpest* frei zu sein; die von KULLMANN [346] im N des Landes untersuchten Nager und ihre Flöhe (Xenopsylla- und Nosopsyllusarten [412]) sind bisher nicht als Pestträger ermittelt worden. Da aber neuerdings bekannt geworden ist, daß auch Kamele an Bubonenpest erkranken können [262], gewinnt das Problem der Pestendemizität für den Karawanenverkehr Bedeutung, so daß weitere Untersuchungen zur Frage der Nager und ihrer Ektoparasiten in N-Afghanistan wünschenswert erscheinen.

d) Über die *Toxoplasmose*, die als natürliche Infektion bei zahlreichen Tierarten, am häufigsten bei Hunden, vorkommt und gleichfalls auf den Menschen übertragbar ist, sind aus Afghanistan wie auch aus den übrigen Ländern des Mittel-Ostraumes keine Mitteilungen bekannt geworden.

V. Venerische und dermatologische Erkrankungen

1. Venerische Infektionen

Daß in Afghanistan wie auch in anderen Ländern des ariden westasiatischen Raumes neben der venerischen auch die *endemische, nicht venerische Syphilis* vorkommt [216, 296, 306] ist anzunehmen; insbesondere soll sie bei den Nomaden endemisch sein [36, 234]. Die Infektion wird überwiegend im Kindesalter, nicht aber kongenital erworben. Über die Infektionshäufigkeit bei einzelnen Stämmen oder Altersgruppen ist bisher nichts bekannt.

Über die Verbreitung der *venerischen Syphilis* bei der afghanischen Bevölkerung gingen in früherer Zeit die Auffassungen sehr auseinander. In unseren vorwiegend fachinternistisch ausgerichteten Städtischen Polikliniken sahen wir kaum venerische Krankheiten und waren daher geneigt, ihre Häufigkeit nur gering zu veranschlagen. CUTLER [234] sah dagegen in einer Spezialambulanz — also bei einer anders ausgewählten Patientengruppe — in Herat bei etwa 8,4% und in Kabul bei 50% der Patienten Anzeichen einer frischen oder abgeheilten spezifischen Infektion.

Die neuen, durch die WHO-Experten durchgeführten Untersuchungen [401] haben jedoch ein wesentlich anderes Bild ergeben. So wurden in Kabul im Beginn der 50er Jahre unter 7768 Patienten einer Fachambulanz, also wiederum in einer bereits ausgewählten Krankengruppe, nur 29 Patienten (27 männl.; 2 weibl.) mit frischer primärer, 79 (53 bzw. 26) mit sekundärer und 241 Patienten (158 bzw. 83) mit latenter seropositiver Lues diagnostiziert, und THIERS u. Mitarb. [496] fanden, gleichfalls in Kabul, unter 3534 Kranken im ganzen 80 Syphilisinfektionen der verschiedenen Stadien. Die beiden Statistiken zeigen also innerhalb des beobach-

teten Patientenkreises einen Befall von 4,5 bzw. 2,3%.
Die Mehrzahl der infizierten Kranken waren unverheiratete Männer im Alter von 20—30 Jahren. Primäre und sekundäre Stadien traten in allen üblichen Erscheinungsformen auf; die tertiären Veränderungen wurden mehrfach als tiefgreifende Ulzerationen der Nase und des Gaumens beobachtet, indes die Aortitis und andere viscerale Formen ebenso wie die Neurolues nur äußerst selten gesehen wurden [401, 496].

Auch die *kongenitale Lues* ist anscheinend relativ selten; sie soll in den westlichen Provinzen des Landes häufiger sein als in Kabul. Die Diagnose gründet sich meist auf den serologischen Nachweis; klinische Symptome, insbesondere die typische Hutchinsonsche Trias und vor allem die charakteristischen Zahnveränderungen fehlten fast immer [496].

Die am weitesten verbreitete venerische Krankheit scheint die *Gonorrhoe* (*sōzak*, سوزاك) zu sein, die PARANJPE und seine Arbeitsgruppe im ganzen 290mal (nur frische Fälle!) in ihrem Patientenkreis gefunden haben. Wiederum sind, wie auch bei der Syphilis, die Unverheirateten der Altersgruppe von 21—30 Jahren am stärksten befallen. Unspezifische postgonorrhoische Harnröhrenkatarrhe wurden häufig, andere Komplikationen im Verlauf der Gonorrhoe dagegen nur selten gesehen [401].

Ulcus molle und *Lymphogranuloma inguinale* scheinen in Kabul, wie auch sonst im Orient [216], kaum bekannt zu sein; PARANJPE [401] sah im ganzen 12 Fälle von weichem Schanker in seiner Krankengruppe von mehr als 7000 Patienten.

Es ergibt sich also, daß in Kabul die *venerischen Erkrankungen keineswegs so häufig* sind, wie man auf Grund früherer Beobachtungen teilweise vermutet hat. Der Islam, dessen Vorschriften in weiten Kreisen der Bevölkerung noch streng gewahrt werden, schreibt voreheliche Enthaltsamkeit und eheliche Treue vor, und eine öffentliche Prostitution, die als Infektionsherd dienen könnte, gibt es in Kabul nicht [401]. Dabei ist zuzugeben, daß der moderne Reiseverkehr von Land zu Land und das zunehmende Außerachtlassen religiöser Vorschriften in der Neuzeit die Ausbreitung von venerischen Infektionen begünstigen können.

Frauen sind nur selten von Geschlechtskrankheiten befallen; nach GADE [282, 401] wurden unter 3500 graviden Frauen der Poliklinik Schararah nur 21, d. h. 0,6% venerisch Erkrankte gefunden. In den meisten *Berufsgruppen* waren die Infektionsraten gering. Die Studenten einiger Fakultäten der Universität waren völlig frei; nur in einem Lehrerseminar, dessen Schüler zumeist aus den westlichen Provinzen stammten, fand sich ein Befall von 4,4% zumeist congenitaler Syphilis, und unter den Insassen des Armenhauses und des Gefängnisses wurden gleichfalls höhere Infektionsraten nachgewiesen. Insgesamt aber nehmen die WHO-Experten auf Grund einer in der Zeit von März 1952 bis August 1953 durchgeführten Testung von 7160 anamnestisch und klinisch gesunden Einwohnern der Stadt und ihrer nächsten Umgebung eine *mittlere Befallsrate von 2,2%* venerisch Erkrankter an.

Die WHO hat zur *Bekämpfung* der Geschlechtskrankheiten bereits im Beginn der 50er Jahre durch Einrichtung einer Spezialklinik und Bereitstellung von Fachkräften sehr wesentliche Beiträge geleistet. Dabei war es äußerst schwierig, das entwickelte Arbeitsprogramm durchzuführen. Eine Ermittlung von Kontaktpersonen war kaum je möglich; viele Kranke kamen mit verschleppten Krankheitsprozessen, und insbesondere die damals noch verschleierten Frauen ließen sich naturgemäß nur widerstrebend von den Ärzten der Klinik untersuchen und behandeln. Dennoch konnte im Hinblick auf die verhältnismäßig günstige Seuchenlage die Klinik im Herbst 1953 geschlossen und ihr Aufgabenbereich den in Kabul ansässigen Ärzten und der zur Fakultät gehörigen Dermatologischen Poliklinik anvertraut werden, so daß die Expertengruppe sich nunmehr den westlichen Provinzen Kandahar und Herat zuwenden konnte, in denen bisher systematische Bekämpfungsarbeiten noch nicht eingeleitet worden waren. Allem Anschein nach waren also ab 1955 die Verhältnisse bereits sehr viel günstiger, als CUTLER sie noch im Jahre 1948 angetroffen hatte [234, 401, 496].

2. Nichtvenerische dermatologische Krankheiten

Die rein *dermatologischen* Affektionen sollen nur kurz mit einigen Beispielen gestreift werden, deren Mitteilung sich auf die nicht sehr umfangreichen eigenen Erfahrungen stützt. In den Städtischen Polikliniken sahen wir naturgemäß verhältnismäßig wenig Hautkranke, und es wäre Aufgabe der in Afghanistan tätigen Dermatologen, über dieses so wichtige Fachgebiet wieder einmal ausführlich zu berichten, wie dies zuletzt von THIERS und seinen Mitarbeitern getan worden ist [496].

Weit verbreitet sind die oberflächlichen *Mykosen*, unter denen der *Favus* wegen seiner Hartnäckigkeit am meisten gefürchtet ist. THIERS [496] sah unter 3534 Patienten der Dermatologischen Ambulanz in Kabul im ganzen 185, d. h. 5,2% Favus-Kranke, eine Frequenz, die wahrscheinlich die in manchen Gebieten Irans damals noch vorhandene Infektionsrate keineswegs erreicht. *Mikrosporie, Trichophytie* und *Pityriasis versicolor* gehören gleichfalls zu den häufig vorhandenen oberflächlichen Pilzerkrankungen.

Wiederholt fanden wir das anscheinend im ganzen Orient und Mittleren Osten weit verbreitete virusbedingte *Molluscum contagiosum. Bakterielle* Dermatosen wie *Impetigo, Akne* und *Pyodermien* sahen wir — in Übereinstimmung mit THIERS — häufig, insbesondere bei den armen Bevölkerungsschichten, die unter ungenügenden Hygienebedingungen leben und keine ausreichende Reinigung und Pflege der Haut betreiben können.

Die in allen tropischen und subtropischen Ländern weit verbreitete, auf einem Pigmentverlust der Haut beruhende *Vitiligo* scheint auch in Afghanistan häufig zu sein, während wir die von THIERS gleichfalls häufig beobachtete *Psoriasis* (Schuppenflechte) nur ganz selten gesehen haben, wie dies auch in manchen anderen Gebieten Westasiens, z. B. Israel, der Fall sein soll [491].

Auch auf *Mangelkrankheiten* beruhende pellagraartige, mit Desquamation und Hyperkeratosen einhergehende Hautveränderungen kamen mehrfach zur Beobachtung. Über die *Berufsdermatosen* bei Bäckern, Maurern, Schuhmachern, Gerbern u. a., die im Iraq auffallend häufig zu sein scheinen [216], kann ich keine Erfahrungen mitteilen; typische Industriedermatosen (z. B. Ölekzeme!) werden höchstwahrscheinlich in Zukunft zunehmend auftreten. Weitere Angaben über die im Lande vorkommenden dermatologischen Erkrankungen s. bei THIERS u. Mitarb. [496].

VI. Durch Würmer verursachte Krankheiten

Infektionen mit parasitierenden Würmern der verschiedensten Art sind in den meisten warmen Ländern auch der ariden Zonen ungleich häufiger als in Nordeuropa. Klimatische Eigenarten, Feldbau auf Irrigation, Düngung mit menschlichen Faekalien und Genuß infizierter Nahrungsmittel schaffen die Voraussetzungen für die Entwicklung zahlreicher Wurmerkrankungen. Nachstehend werden, ohne Rücksicht auf die zoologische Systematik, nur diejenigen der beim Menschen bekannten Helminthen besprochen, die für den afghanischen Raum und seine Anrainergebiete charakteristisch sind; auf eine Darstellung aller möglicherweise vorkommenden Würmer muß jedoch verzichtet werden. Die wenigen bisher vorliegenden Berichte über die in Afghanistan durchgeführten helminthologischen Untersuchungen zeigen aber, daß gerade auf diesem Gebiet noch mit äußerst wichtigen Ergebnissen zu rechnen ist, die für die human- und veterinärmedizinische Seuchenbekämpfung gleichermaßen bedeutungsvoll sein müssen.

1. Echinococcose

Das vordringlichste helminthologische Problem ist in Afghanistan allem Anschein nach die *Echinococcose.* Der *Hundebandwurm (E. granulosus* und *E. alveolaris;* Tae-

u. a. auch durch das Fressen infizierter Feldmäuse, die — jedenfalls in Europa — Zwischenwirte des *E. alveolaris* sind.

Daß der Echinococcus in *Afghanistan* beim Menschen vorkommt, wissen wir seit Jahren; über die Häufigkeit der Erkrankung — 1962/63 wurden 10 Fälle in Kabul gemeldet [386] — und den Befall der Zwischenwirte fehlen jedoch alle Angaben, so daß nur ein Vergleich mit den Nachbarländern eine Beurteilung der afghanischen Verhältnisse gestattet. Die nachfolgende Aufstellung gibt einen Überblick über die Verbreitung des Echinococcus in mehreren Städten und Ländern Westasiens, der zeigt, daß *der gesamte Mittel-Ostraum,* soweit er untersucht worden ist, *ein dicht befallenes Endemiegebiet* darstellt.

Was für die Nachbarländer gilt, darf auch für Afghanistan als gültig vermutet werden. Auch hier ist wahrscheinlich der Befall der Nutztiere hoch, und insbesondere für die ländliche und nomadisierende Bevölkerung bringt der Kontakt zum Nutzvieh und den Hunden die Gefahr der Infektion mit sich. Bei den Schlachtungen auf dem Lande und in der Karawane, die zumeist im Freien ausgeführt werden, haben die Hunde praktisch zu allen Abfällen Zugang, so daß viele Infektionsgelegenheiten gegeben sind. Zu welchem Prozentsatz die vielen herrenlos herumstreunenden Hunde infiziert sind, ist unbekannt. In Europäerhäusern fand KULLMANN [346] in Kabul etwa 21% der Hunde mit adulten Echinococcen infiziert; nach entsprechender Auf-

Echinococcose im Mittel-Ost-Raum

Stadt bzw. Land	Cystenbefall bei					Adulte Würmer bei Hunden	Autor
	Rindern %	Schafen %	Ziegen %	Büffeln %	Kamelen %	%	
Libanon	47,0	11,6			67,4	11,75 32,9	PIPKIN et al., 1951 [414]
Syrien und Beirut	45,7		13,8—27,8		100	20—25	TURNER et al., 1936 [501]
Iraq Baghdad		42,0	40,0	50,0	75,0	18—85	IMARI, 1962 [311]
Iraq Baghdad	16,0	30,0				86,5	KELLY et al., 1959 [330]
Iran Teheran	6,0	3,13				13,0	KHALIL [169] zit. n. ALAVI, 1964
Iran Ahwaz	14,73		4,3	57,76	11,32		ALAVI et al., 1964 [169]
West-Pakistan Rawalpindi	15,4	4,6	2,0			18,2	LUBINSKY, 1959 [369]

niidae, Cestoidea) lebt als adulter Wurm im Darm von Hunden *(E. granulosus)* und wildlebenden Caniden *(E. alveolaris),* die mit dem Kot die abgestoßenen Wurmglieder und die Eier ausscheiden. Zwischenträger sind Haustiere wie Schafe und Rinder, in Asien zusätzlich Ziegen, Büffel und Kamele, die sich durch Aufnahme der Glieder oder Eier mit dem Weidefutter infizieren und in deren Organen sich die typischen Cysten (Finnen) entwickeln. Auch der Mensch kann bei engem Kontakt mit Hunden durch orale Infektion mit den Wurmeiern zum Finnenträger werden; das äußerst folgenschwere Krankheitsgeschehen wird durch die Entwicklung der Cysten in der Leber, den Lungen oder anderen Organen bestimmt. Hunde infizieren sich mit dem *E. granulosus* an cystenhaltigen Schlachtabfällen, wildlebenden Caniden

klärung der Hundehalter über Gefahren der Infektion und ihre Vermeidung durch einwandfreie Fütterung sah er nach Jahresfrist nur noch 1 Infektion unter 20 Hunden.

Klinisch scheint in Kabul und auch bei Kranken aus anderen Landesteilen nur der cystische, also der *E. granulosus,* vorzukommen. Die von mir gesehenen Fälle waren Lungenechinococcosen. Wie häufig daneben die Leberechinococcose ist, entzieht sich meiner Kenntnis. In Baghdad hatten dagegen etwa 61,4% der Kranken Leber- und nur 15% Lungenechinococcose [250].

Nördlich des Amu Darya ist in Kazakhstan auch der *E. alveolaris* endemisch und bedingt dort etwa 1/3 der beobachteten Erkrankungen [179]; ob er im nördlichen Afghanistan vorkommt, müßte untersucht werden.

Auf die für die *Bekämpfung* erforderlichen Maßnahmen hat LEHMENSICK [355] bereits hingewiesen. Es wird aber bei den Nomaden und der Dorfbevölkerung schwer sein, die Infektionskette zu unterbrechen, da man die Menschen nicht vom Nutzvieh trennen und die Infektion der Hunde kaum ganz verhüten kann. In der Stadt ist durch Schulung der Fleischbeschauer — Kabul hat heute ein staatliches Schlachthaus — sicher leichter ein Erfolg zu erzielen. Eine weitere Notwendigkeit ist die Beseitigung herumstreunender herrenloser Hunde; zudem sollten Haushunde von Zeit zu Zeit auf Wurmbefall untersucht werden.

2. Taeniasis

Der *Rinderbandwurm (Taenia saginata;* Taeniidae, Cestoidea), der als Finne im Muskelfleisch der Rinder, als adulter Wurm im Darm des Menschen lebt, soll im Libanon, Iraq und Iran, insbesondere bei der armen Bevölkerung, die das billigere Rindfleisch bevorzugt und oftmals als *kebab* in ungenügend geröstetem Zustand genießt, weit verbreitet sein [173, 341, 393]. In der afghanischen Bevölkerung, die ganz überwiegend Hammelfleisch ißt, war früher *T. saginata* kaum bekannt. Es scheint aber im Laufe der Jahre der Genuß von Rindfleisch auch als *kebab* mehr und mehr in Aufnahme gekommen zu sein, so daß neuerdings auch bei der einheimischen Bevölkerung der Wurm überraschend häufig gefunden wird [281]; bei Schülern einer Mittelschule in Kabul betrug 1965 die Infektionsrate 5,3% [386].

Der *Schweinebandwurm (T. solium)* dürfte dagegen im Lande unbekannt sein, da es bisher keine Schweinehaltung gibt.

3. Infektionen durch Darmnematoden

a) Hakenwürmer (Ancylostomatidae, Nematoda) sind Parasiten der feucht-warmen Tropen und Subtropen. In Asien sind beide Arten, *Ancylostoma duodenale* und *Necator americanus,* weit verbreitet. Die Larven leben in lockerem, vom Süßwasser durchfeuchteten Boden; sie bohren sich durch die Haut des Menschen ein und entwickeln sich nach der Wanderung durch den Organismus im Dünndarm zu adulten, blutsaugenden Würmern, die fortschreitende Blutarmut, Beschwerden im Bereich der Verdauungsorgane und Kreislaufstörungen verursachen.

Im Mittleren Osten sind die Kaspische Niederung, das Küstengebiet des Persischen Golfes und das iranische Seistan teilweise stark — manchenorts bis zu 40% — befallen [185, 258, 320, 393]; in Lahore wurde jedoch eine Infektionsrate von nur 12,92% gefunden [165].

In *Afghanistan* sind Hakenwürmer niemals ein wesentliches Gefahrenmoment gewesen. Das trockene Hochland bietet kaum geeignete Entwicklungsmöglichkeiten für die Larven, und auch aus den tiefer gelegenen Gebieten im E und W des Landes sind bisher keine sicheren Befunde mitgeteilt worden. Erst 1965 wurden in einer Schule in Kabul bei 0,5% der Schüler Ancylostomen nachgewiesen, so daß grundsätzlich mit dem Vorhandensein von Hakenwürmern gerechnet werden muß.

Ob die im S des Landes neu erschlossenen Landwirtschaftsgebiete auf die Dauer hakenwurmfrei bleiben werden, ist schwer vorauszusagen. Eine Einschleppung aus dem benachbarten Seistan ist möglich, und in dem durch Irrigation bewässerten Feldland müßten eigentlich gute Bedingungen für die Entwicklung der Larven gegeben

sein, es sei denn, daß die trockene Hitze eine allzu rasche Ausdörrung der Bodenoberfläche bewirkt. Jedenfalls wird es sich empfehlen, bei der ansässigen oder neu angesiedelten Bevölkerung von Zeit zu Zeit Kontrollen auf Hakenwurmbefall vorzunehmen.

b) Auf die *übrigen im Darm des Menschen parasitierenden Nematoden* wie *Ascaris lumbricoides, Enterobius vermicularis, Trichostrongylus colubriformis* und *Trichuris trichiura,* die sämtlich im Mittel-Ostraum endemisch zu sein scheinen [173, 184, 185, 383, 393, 484, 485, 508], wird hier nicht eingegangen. Es ist anzunehmen, daß sie auch in Afghanistan vorkommen, und manche von ihnen kennen wir gut aus eigener Erfahrung. Da aber genaue Angaben über ihre Häufigkeit und Verbreitung im Lande nicht bekannt geworden sind, muß ohnehin auf eine genauere Besprechung verzichtet werden.

4. Trichinose

Menschliche Infektionen mit *Trichinen (Trichinella spiralis;* Trichinellidae, Nematoda) sind in Afghanistan bisher unbekannt. Das Problem der Trichinose hat aber eine unerwartete Bedeutung gewonnen, seit KULLMANN [343, 344, 345] im Jahre 1965 erstmalig bei wild lebenden Tieren — Sumpfluchs *(Felis chaus),* Wolf *(Canis lupus),* Schakal *(Canis aureus)* und Rotfuchs *(Vulpes vulpes)* — Muskeltrichinen nachgewiesen hat. Man darf annehmen, daß es sich bisher um eine reine Zoonose handelt. Da Schweine, die ja die Hauptüberträger auf den Menschen sind, nicht gehalten werden, sind Humaninfektionen noch nicht aufgetreten; das religiöse Tabu stellt also einen wirksamen Schutz gegen die Erkrankung des Menschen dar.

5. Sonstige, bisher nicht beobachtete, aber möglicherweise vorkommende Helminthosen

a) Die *Blasenbilharziose (Schistosoma haematobium;* Schistosomatidae, Trematoda) ist eine Krankheit warmer Tieflandgebiete, in denen die Wurmlarven und die als Zwischenwirte dienenden Schnecken gute Entwicklungsmöglichkeiten finden. Aus den vom Kranken ins Wasser ausgeschiedenen Wurmeiern schlüpfen die *Wimperlarven (Miracidien),* die sich in Süßwasserschnecken zu frei schwimmenden Cercarien entwickeln. Diese dringen durch die intakte Haut in den Menschen ein und entwickeln sich zu adulten Würmern, die dann eine hartnäckige Blasenerkrankung verursachen. Der Ackerbau auf Irrigation, das Spülen von Wäschestücken in cercarienhaltigen Gewässern, das Baden, ja selbst die rituellen Waschungen in infiziertem Wasser können die Ausbreitung der Krankheit bewirken.

Endemiegebiete im Mittel-Ostraum sind Südiran und Iraq [176, 241, 393, 509, 510, 511], wo die Bilharziose sich während der letzten Jahre im Zuge der Erschließung neuer Anbaugebiete auf Irrigation manchenorts rasch ausgebreitet hat. In *Afghanistan* ist die Krankheit bisher nicht einwandfrei nachgewiesen worden. Das gebirgige Hochland mit seinen kalten und zumeist rasch strömenden Flüssen bietet keine Voraussetzungen für die Entwicklung der Cercarien und der Zwischenwirte. Lediglich das iranisch-afghanische Grenzgebiet in der Senke des Hilmend-Sees soll ganz spärlich befallen sein [236, 237], und damit erhebt sich die Frage, ob die neu erschlossenen Landwirtschaftsgebiete im S des Landes nicht möglicherweise eines Tages Endemiegebiete werden können. So lange nicht bekannt ist, ob hier Schnecken, die als Zwischenwirte geeignet sind, leben, ist es nicht möglich, eine Prognose zu stellen; es dürfte sich aber im Hinblick auf die zitierte Beobachtung empfehlen, das klimatisch für die Entwicklung der Bilharziose durchaus geeignete Gebiet von Zeit zu Zeit auf das Vorkommen von *S. haematobium* und Zwischenwirtsschnecken zu beobachten.

Die *Darmbilharziose (S. mansoni)* ist im gesamten Orient und im Mittleren Osten unbekannt [237].

b) *Leberegel (Fasciola hepatica;* Fasciolidae, Trematoda) scheinen in Westasien und auch in N-Afghanistan beim Weidevieh weit verbreitet zu sein [346, 393]; humane Infektionen sind bisher nicht mitgeteilt worden. Über das Vorkommen von *Dicrocoelium dendriticum (kleiner Leberegel;* Dicrocoeliidae, Trematoda) in Afghanistan ist nichts bekannt [346].

c) Der *Dracunculus medinensis (Medinawurm;* Dracunculidae, Nematoda), dessen Larven sich in Cyclopskrebsen entwickeln, wird durch Trinken von Wasser, das mit infizierten Cyclopiden verunreinigt ist, verbreitet. Er ist in Afghanistan, wenn überhaupt, so nur in der Umgebung von Balkh endemisch gewesen [259, 364, 367], ist aber schon seit langer Zeit im Lande ganz unbekannt. Die nächstgelegenen Endemiegebiete dürften am Persischen Golf zu suchen sein.

d) Auch Infektionen mit *Filarien* (Filariidae, Nematoda) sind im ariden Hochland Afghanistans unbekannt, und es ist auch nicht damit zu rechnen, daß etwa eingeschleppte Einzelfälle sich im Lande ausbreiten werden, wie die in den Nachbarländern gemachten Erfahrungen gezeigt haben [218, 244, 259, 445, 476].

VII. Kosmopolitische, nicht infektiöse Krankheiten

Afghanistan bietet auch auf dem Gebiet der *nicht infektiösen, kosmopolitischen Krankheiten* einige Besonderheiten, auf die wir, um das geomedizinische Bild des Landes abzurunden, nachstehend noch kurz verweisen.

1. Herz- und Kreislaufkrankheiten

Auffallend war vor allem die Häufigkeit der *arteriellen Hypertension.* Etwa 7% meiner Sprechstundenpatienten litten an Hochdruckbeschwerden, und zwar oftmals schon bei relativ geringen Drucksteigerungen, die bei unseren einheimischen Hypertoniekranken wahrscheinlich noch keine Beachtung gefunden hätten. Frauen (9,1% aller Patienten) waren insbesondere im klimakterischen Alter häufiger betroffen als Männer (5,5%). Fast immer handelte es sich um essentiellen Hochdruck; die renale Hypertension kam in der Sprechstunde kaum vor.

Eine befriedigende Erklärung für das häufige Auftreten des Hochdrucks in Kabul kann nicht gegeben werden. Die Annahme einer Reaktion auf den Höhenaufenthalt liegt nahe. Auffallend ist aber im Gegensatz zu unseren Beobachtungen das Absinken des Blutdruckes in extremen Hochlagen von 4000 m z. B. in den südamerikanischen Anden, das als Ausdruck einer reaktiven Gefäßerweiterung infolge des geringen Sauerstoffpartialdruckes gedeutet worden ist [307, 363]. Allerdings sind die in so extremen Hochlagen auftretenden Kreislaufeffekte nicht ohne weiteres mit denen von Kabul (1803 m) vergleichbar. Am ehesten wird man die anhaltenden Drucksteigerungen bei Ausländern in Kabul als ungenügende Anpassung im Sinne v. MURALTS bzw. als

Adaptationskrankheit (SELYE) ansehen; warum sie bei Einheimischen auch auftreten, bleibt ungeklärt. Übrigens liegen auch gegenteilige Beobachtungen vor; RAOULT DE LA VIGNE hebt z. B. die Seltenheit der Drucksteigerungen hervor [442], was aus der andersartigen Zusammensetzung der Klientel des Psychiaters gegenüber derjenigen des Internisten verständlich sein kann.

Herzinfarkte waren, wie auch in den Hochlagen der Anden [307, 363], bei der afghanischen Bevölkerung in Kabul und wahrscheinlich im ganzen Lande selten, eine Erscheinung, die wohl eher auf die weniger hektische Lebensweise der einheimischen Bevölkerung als auf die in der Höhe angeblich bessere Coronardurchblutung bezogen werden muß.

Funktionelle Herzbeschwerden der verschiedensten Art waren ungemein häufig, indes die *Endocarditis* und nachfolgende organische *Klappenfehler* in unserem Patientenkreis relativ selten beobachtet wurden. Dagegen scheint die *Arteriosklerose* in ihren verschiedenen Erscheinungsformen verhältnismäßig häufig aufzutreten [386]. Über *Akklimatisation* und *Wärmebelastung* s. S. 9.

2. Magen-Darmkrankheiten

Unter den *Magen-Darmerkrankungen* fiel in der Vorkriegszeit die Seltenheit der *Magen-* und *Duodenalulcera* auf; in den 50er Jahren fanden wir dagegen das Ulcus wesentlich häufiger, und auch nach Mitteilungen afghanischer Kollegen [386] scheinen sowohl das Magen- als auch das Zwölffingerdarmgeschwür an Häufigkeit zuzunehmen. Wie weit die verbesserte Röntgendiagnostik, die Änderung der Lebensweise mit Zunahme der Reiz- und Genußmittel oder das unruhiger werdende Arbeitstempo für diese Entwicklung maßgebend ist, bleibt vorerst unentschieden. Wenn wir das Ulcus fast nur bei Männern fanden, so hat dies einen Grund darin, daß die Frauen seltener zur Untersuchung kamen, bei der sie sich entkleiden und ärztliche Handgriffe zulassen mußten, die sie allenfalls von einer Ärztin hätten vornehmen lassen. Zum andern sind naturgemäß Männer mehr den Reizwirkungen des täglichen Lebens ausgesetzt als die Frauen.

Gastritiden waren häufig. Ob echte *Sprue* in Afghanistan vorkommt, ist nicht bekannt. NIMEH [398] hält zwar auch im Mittleren Osten die Sprue für häufig; es ist aber m. E. bisher nicht entschieden, ob es sich bei den in Afghanistan beobachteten sprue-ähnlichen Krankheitsbildern, die zweifellos vorkommen, um echte Sprue oder aber um alte, mit Diarrhoen einhergehende Magen-Darmkatarrhe bei nahezu völligem Fermentschwund handelt.

3. Carcinome

Wie in manchen anderen Ländern des Orients sind auch in Afghanistan früher die *Carcinome* äußerst selten gewesen. Während meines ersten Aufenthaltes im Lande sah ich in 3½ Jahren unter Tausenden von Patienten nur 4 Carcinomkranke (Magencarcinome und Knochenmetastasen), eine Beobachtung, die von anderen damals in Kabul tätigen Ärzten bestätigt wurde, und auch POLAK hebt bereits hervor, daß zu seiner Zeit in Iran der Krebs außerordentlich selten gewesen sei [266, 417].

In den Nachkriegsjahren sind aber auch die Carcinome häufiger geworden, sei es infolge verbesserter Diagnostik, zunehmenden Verbrauches von carcinogenen Reizmitteln oder längerer Lebensdauer der Menschen.

Magen- und Bronchialcarcinome scheinen zahlenmäßig zu überwiegen, während der Gebärmutterkrebs unbekannt oder doch sehr selten zu sein scheint. In der Statistik des Gesundheitsministeriums für das Jahr 1341 (1962/63) sind 77 maligne Tumoren aller Art verzeichnet, darunter 8 Magen- und 8 Bronchialkrebse, ein deutlicher Hinweis, daß die Carcinome gegenüber unseren früheren Beobachtungen an Häufigkeit zugenommen haben [386].

4. Endemischer Kropf

Einige Besonderheiten bietet in Afghanistan das *Kropfproblem.* Im benachbarten Iran wurden früher Kröpfe überhaupt nicht beobachtet [417], und erst in neuerer Zeit sind einige Herdgebiete im N des Landes bekannt geworden [331]. Wohl aber zieht sich ein ausgedehntes Kropfgebiet durch die gesamten mittelasiatischen Zentralgebirge vom Pamir über den Himalaya bis nach Nepal und dem inneren China hinüber [303], und die in den Hochgebirgstälern Afghanistans endemischen Kropfvorkommen müssen wohl, ebenso wie die nördlich des Amu Darya in Tadjikistan und Usbekistan gelegenen Kropfzonen, in Zusammenhang mit diesem mittelasiatischen Kropfgebiet gesehen werden.

Ätiologisch sind diese Kropfvorkommen umstritten. Der Jodmangel scheint in den S ziehenden Tälern des Himalaya nicht die Ursache zu sein [331], während in Westpakistan, Tadjikistan, Usbekistan und an den NW-Hängen des Pamir anscheinend eine Beziehung zwischen Kropfhäufigkeit und Jodmangel besteht, so daß man geneigt ist, in Afghanistan ähnliche Zusammenhänge zu vermuten. Wasseranalysen aus den afghanischen Kropfgebieten liegen bisher nicht vor; aber Kröpfe kommen anscheinend vor allem in den Hochgebirgstälern vor, deren Wasser aus Urgestein stammt. Andererseits soll es auch außerhalb der Hochgebirge im N des Landes auf kalkreichen und rezenten Böden Kröpfe geben, so daß der Jodmangel allein das Problem nicht klärt; wahrscheinlich sind die Ursachen komplexer Art, wie dies von KELLY u. SNEDDEN [331] erwogen wird, die u. a. auch auf Verunreinigung des Trinkwassers mit Bakterien oder Fäkalien als mögliche Kropfursache hinweisen. Es wäre lohnend, diesem Problem auch in den afghanischen Kropfgebieten nachzugehen.

5. Harnkonkremente

Harnsteine scheinen häufig vorzukommen [266, 386], und wahrscheinlich gehört Afghanistan zu der großen „Steinzone". die sich von Arabien über Israel, Iraq, Iran und Westpakistan bis zum Hindukusch und in die zentralasiatischen Sowjetrepubliken durch das aride Westasien hindurchzieht [212, 303]. Tatsächlich sahen wir in Kabul Harnsteine auffallend häufig, und schon bei kleinen Kindern fanden sich große Ausgußsteine der Blase. Auch in den afghanischen Krankheitsstatistiken sind Steine gut bekannt, leider findet sich keine Trennung zwischen Nierenbecken- und Blasensteinen [386].

Über die Struktur der Steine liegen bisher keine analytischen Arbeiten vor, und dementsprechend ist auch die Ursache der Steinbildung nicht bekannt. Die Bilharziose scheidet als Ursache aus, und daß die Konkrementstehung Folge von Avitaminosen sei, ist unbewiesen. Vielleich geben die Untersuchungen der FRANKschen Arbeitsgruppe aus Israel [278] einen Hinweis, die in dem ungenügenden Ersatz der durch die in den Trocken-

zonen inapparente Transpiration entstehenden großen Wasserverluste und die dadurch bedingte übermäßige Harneindickung eine der Hauptursachen für die Steinbildung in den ariden Ländern vermutet.

6. Sonstige Krankheiten

Die organischen Erkrankungen des *Knochengerüstes,* die *rheumatischen* Affektionen und *Stoffwechselstörungen* werden, da sie keine für das Land charakteristischen Eigenarten der Häufigkeit und des Verlaufes zeigen, hier nicht besprochen. Erwähnenswert sind chronische *Emphysembronchitiden* bei alten Haschischrauchern und andererseits die Seltenheit der *Bandscheibenschäden,* insbesondere bei der meist auf harter Unterlage auf dem Boden schlafenden Land- und ärmeren Stadtbevölkerung im Gegensatz zu ihrer Häufigkeit bei den modern eingerichteten Großstadtbewohnern z. B. in Teheran, wo Bandscheibenschäden heute alltäglich sein sollen.

Über die verschiedenen *Anämien,* die *Thalassämie* und die *Hämoglobinanomalien,* die in Indien und Iran teilweise schon gut bekannt sind, liegen aus Afghanistan noch keine Untersuchungen vor; ihre Erforschung wäre eine lohnende Aufgabe für hämatologisch interessierte Ärzte.

Unter den *neurologisch-psychiatrischen* Krankheiten fällt die Häufigkeit der *Epilepsie* und der *Debilität* auf, während *Schizophrenie* und *Paranoia* anscheinend relativ selten beobachtet werden. *Multiple Sklerose,* amyotrophische *Lateralsklerose* und andere Systemerkrankungen des Rückenmarkes bieten anscheinend keine Besonderheiten [442].

Die *kinderärztlichen Fragen* sind bereits mehrfach im Zusammenhang mit den Infektionskrankheiten erwähnt worden. Es sei hier nur noch einmal auf die hohe Zahl der bereits bei der Geburt untergewichtigen Kinder, auf die Häufigkeit folgenschwerer Unterernährung mit Eiweiß- und Vitaminmangel und auf die hohe Sterblichkeit der Kleinkinder hingewiesen, die früher auf 50% oder mehr geschätzt worden ist. Diarrhoen, echte Ruhr, typhöse Infektionen, Keuchhusten, Masern und in früherer Zeit auch Pocken waren die häufigsten Ursachen für die hohe Mortalität der oft unterernährten Kleinkinder [266, 399, 457, 464, 542, 551].

Inzwischen ist auch auf dem Gebiet der *Kinderfürsorge* viel geschehen. Durch Aufklärung der Mütter über die notwendige Pflege der Kinder, Besserung der Ernährung, Verabreichung von Vitaminen und Nährpräparaten, Tuberkulosefürsorge, Impfschutz und ärztliche Überwachung der Kindergärten und Schulen haben die afghanischen Gesundheitsbehörden mit Hilfe der WHO und UNICEF bereits sichtbare Erfolge erzielt. Wohl ist auch heute das Elend der unterernährten und kranken Kinder noch groß, aber im großen und ganzen scheint doch — nach den bei meinem letzten Besuch in Kabul gewonnenen Eindrücken zu urteilen — der Allgemeinzustand der Kinder wesentlich besser zu sein als früher. Auch die Kinderärzte in Kabul bestätigten diese Auffassung, und die Sterblichkeit der Kleinkinder wird neuerdings von ausländischen Beobachtern mit 15—30% geschätzt [75, 155].

Es sollen diese Fortschritte der Kinderpflege hier zum Abschluß nochmals ausdrücklich hervorgehoben werden; ihnen kommt besondere Bedeutung zu, da es sich dabei um die Pflege der jungen, heranwachsenden Generation handelt, die in nächster Zukunft die heute begonnenen Aufbauarbeiten des Landes weiterführen soll.

Abschluß

Da bei der Besprechung der einzelnen Krankheiten und Krankheitsgruppen bereits die epidemiologischen Zusammenhänge und die jeweils eingeleiteten Bekämpfungsmaßnahmen erläutert worden sind, erübrigt es sich, den bisher gemachten Ausführungen eine eingehende Epikrise anzufügen; es sollen lediglich die Ergebnisse der durchgeführten Untersuchung nochmals kurz zusammengefaßt werden.

Es gibt wohl — abgesehen von den Regenwaldzonen der eigentlichen Tropen — kaum Länder, welche die *zwischen Landschaft und Krankheit bestehenden Beziehungen* so eindeutig erkennen lassen wie die ariden Gebiete des Mittel-Ostraumes. Die Ansiedlung bestimmter Anophelesarten ist einerseits von der Landschaft, d. h. dem Boden mit seinen Brutbiotopen, zum andern von dem ariden Klima abhängig; die Art der im Lande lebenden Überträger bestimmt dann ihrerseits den Jahresgang der Malaria. Die Cholera befällt das Iranisch-Turanische Hochland als Wanderseuche; sie war aber in Afghanistan niemals endemisch wie im feucht-tropischen Indien in den Mündungsgebieten der großen Flüsse, da das trockene Hochland mit seinen rasch strömenden Flüssen keine geeigneten Voraussetzungen für das „Einnisten" der Seuche bietet. Das Auftreten der enzootischen Pest in den nördlich des Amu Darya gelegenen Gebieten und in Kurdistan sowie die Epidemiologie der Leishmaniasen, d. h. das Vorkommen der cutanen und das Fehlen der viszeralen Formen, sind weitere Beispiele für den engen *Zusammenhang zwischen Boden, Klima, tierischen Reservoiren und Übertragern der Krankheiten.*

Und weiterhin sind auch die *Lebensformen der Menschen,* die in einem von der Technik noch nicht erschlossenen Land ihrerseits weitgehend von Boden und Klima abhängig sind, mitentscheidend für das Schließen der Infektionsketten. Im Dorf- oder Stadthaus alter Bauart war vor Einführung der Insektizide ein wirksamer Moskitoschutz undenkbar; andererseits ermöglicht das in den Trockenzonen während des Sommers übliche Schlafen im Freien die Infektion des Menschen mit Malaria auch durch Anophelen, die wenig oder gar nicht hausgebunden sind. Der Feldbau auf Irrigation und die Verwendung von verunreinigtem Oberflächenwasser aus den Bewässerungsgräben schaffen Infektionsquellen, die es in Gebieten mit Regenanbau nicht gibt. Das Zusammenleben der Menschen auf engstem Raum während der kalten Wintermonate begünstigt die Verlausung und damit die Ausbreitung des Fleckfiebers, aber auch diejenige der Tuberkulose und anderer Kontaktinfektionen innerhalb der Wohngemeinschaften. Auch die Ausbreitung der Kröpfe in dem riesigen zentralasiatischen Kropfgebiet hängt wahrscheinlich mit den Eigenarten des Bodens und dem Wassergebrauch zusammen.

Das Nomadentum, eine der in den ariden Zonen ältesten und wirtschaftlich notwendigen Lebensformen, unterliegt eigenen epidemiologischen Gesetzmäßigkeiten; die Nomaden sind potentielle Verbreiter der Malaria und des Fleckfiebers; sie haben mehrfach die Cholera im Lande verschleppt, und die bei den Wanderstämmen vorkommende endemische, nicht venerische Syphilis ist ausgesprochen eine Krankheit der Trockenzonen. So zeigt sich also nochmals deutlich, wie sehr *Boden, Klima und die* durch sie bedingten *Lebensformen der Menschen gemeinsam* die Ausbreitung und Wanderwege vieler Krankheiten bestimmen.

Zum andern wurde gezeigt, daß man Afghanistan als geomedizinischen Raum nicht isoliert betrachten kann Vergleiche mit den Anrainergebieten haben gelehrt, daß die Länder des Iranisch-Turanischen Raumes, die schon lange als *geographische Einheit* aufgefaßt werden, *auch epidemiologisch als zusammengehörig* angesehen werden müssen. Manche epidemiologischen Eigenarten des Landes weisen nach dem N. Die Übertragung der Leishmaniasen in N-Afghanistan entspricht derjenigen in den jenseits des Amu Darya gelegenen Gebiete, die Malariaüberträger sind nördlich und südlich des Oxus teilweise die gleichen, die Verbreitung der Helminthen weist in N-Afghanistan und den zentralasiatischen Sowjetrepubliken manche Gemeinsamkeit auf, und vielleicht läßt auch die Epidemiologie der endemischen Kröpfe in Afghanistan eines Tages Analogien zu derjenigen in den nördlichen Pamirtälern erkennen. Andere epidemiologische Übereinstimmungen weisen nach Iran und Belutschistan. Afghanistan stellt also *auch epidemiologisch mit den benachbarten Ländern des Mittel-Ostraumes eine Einheit dar.*

Daß es innerhalb eines orographisch so stark gegliederten Landes *verschiedenartige geographische, klimatische und auch epidemiologische Zonen* gibt, versteht sich von selbst. Es sei nochmals darauf hingewiesen, daß der *Hindukusch* nicht nur eine geographische und klimatische, sondern auch eine epidemiologische Schranke zwischen N- und S-Afghanistan ist, wie die Verbreitungsgebiete einzelner Anophelesarten, die Epidemiologie der Leishmaniasen und die Eigenarten der enzootischen Pest in den nördlich und südlich des Gebirges gelegenen Gebieten zeigen. In sehr viel geringerem Maße stellt das Suleimangebirge eine epidemiologische Schranke dar, wie wir dies früher einmal vermutet haben. Nur die Ausbreitung der in Westpakistan vertretenen Aedesarten scheint nach N durch die Ketten des Suleimangebirges begrenzt zu sein. Im übrigen ähnelt die semiaride Zone Westpakistans in epidemiologischer Hinsicht mehr dem iranisch-turanischen als dem indischen Raum, dessen grundlegend andere epidemiologische Gegebenheiten erst im Bereich der Monsungebiete erkennbar werden.

Und letztlich sei nochmals hervorgehoben, daß wir Afghanistan inmitten der Dynamik eines *Aufbauprozesses* kennen gelernt haben, in dem die Bekämpfung der im Lande heimischen Krankheiten zwar nur einen Teil, aber doch einen sehr wesentlichen Anteil der Entwicklungsarbeiten darstellt. Sieht man von den ersten Versuchen der Seuchenbekämpfung in der Vorkriegszeit ab, die eigentlich immer nur lokalen Charakter hatten, so sind der in der Nachkriegszeit begonnene Aufbau des Gesundheitswesens und die damit verbundene systematische Seuchenbekämpfung kaum älter als 20 Jahre. In dieser Zeit hat die afghanische Regierung gemeinsam mit den Fachberatern der WHO und UNICEF den Kampf gegen die Malaria, das Fleckfieber, die Cholera, die Pocken, die Tuberkulose und andere Volksseuchen in planvoller Weise durchgeführt, und die beigegebenen Tabellen, Diagramme und Karten lassen erkennen, welche Erfolge in kurzer Zeit erzielt worden sind.

Daß damit die Infektionskrankheiten ausgerottet worden sind, wird kein kritischer Beurteiler annehmen, und sicher wird es von Zeit zu Zeit wieder örtliche Malaria- oder Pockenausbrüche geben; es ist auch damit zu rechnen, daß eines Tages die Cholera wieder aus ihren Endemiegebieten ausbrechen und vielleicht auch in

Afghanistan einfallen wird. Das sind unvermeidbare, im Grunde schicksalhafte Gegebenheiten. Entscheidend ist nur, wie das Land derartige Gefahren abwehren wird, und die Ergebnisse des in den letzten beiden Jahrzehnten geführten Kampfes gegen die Seuchen lassen darauf schließen, daß heute die Voraussetzungen für die Eindämmung eines unerwarteten Seuchenausbruches sehr viel besser sind als in früherer Zeit.

Hand in Hand mit der Krankheitsbekämpfung sind die Entwicklung des *Gesundheitswesens* und der *Ärzteschaft* sowie der Ausbau der *Institute* und der *Universität* vorangegangen. Die Lehrstühle werden mehr und mehr mit einheimischen Fachkräften besetzt; Partnerschaften mit ausländischen Fakultäten gewähren fruchtbare Zusammenarbeit mit den Gastdozenten, erfolgreiche Unterrichtstätigkeit und, gleichsam als nächste Stufe, auch die Durchführung wissenschaftlicher Forschungsarbeiten auf den verschiedensten Fachgebieten.

An weiteren *Aufgaben für die Zukunft* fehlt es nicht. Es müssen noch viele große und mit hohen Kosten verbundene Projekte des Öffentlichen Gesundheitsdienstes, die teilweise eng mit dem wirtschaftlichen Aufbau des Landes verknüpft sind, in Angriff genommen oder weitergeführt werden, wie z. B. die Wasserversorgungen,

Kanalisationen, Anlage weiterer Krankenhäuser in den Provinzen, Besserung der Ernährung zur Linderung der Mangelkrankheiten, Bekämpfung der Tuberkulose, des Trachoms, der Pocken und etwa auftretender neuer Malariaausbrüche, weiterer Ausbau der schul- und gewerbeärztlichen Tätigkeit u. v. a. m. Wer aber vor dem Kriege und später in der Nachkriegszeit jeweils mehrere Jahre in Afghanistan ärztlich tätig war und das Land in jüngster Zeit wiedergesehen hat, wird uneingeschränkt anerkennen, was in den vergangenen Jahren geleistet worden ist und wird auch mit Vertrauen der weiteren Aufbauarbeit entgegensehen, in der nicht nur ausgebildete Fachkräfte sowie technische, chemische und medikamentöse Hilfsmittel, sondern auch die Aufklärung der Bevölkerung über die Bedeutung der Seuchenbekämpfung und der Öffentlichen Hygiene durch Presse und Rundfunk ihren Platz haben werden.

Die junge afghanische Ärztegeneration ist überzeugt von der Wichtigkeit ihrer Arbeit, und wenn der Aufbau in gleicher Weise wie bisher weitergeführt wird, so darf man in voller Überzeugung die Zuversicht der jungen afghanischen Kollegen teilen und sollte ihnen bei der Lösung ihrer Aufgaben helfen, wo immer sich eine Möglichkeit dafür ergibt.

Introduction

The function of a regional medical geography is not merely to describe those diseases which occur in a given country but rather to seek to move beyond this descriptive phase to an elucidation of relationships—relationships between the region, its climate and the way of life of the people on the one hand, and the distribution and localization of diseases on the other.

If we follow E. Martini's definition, then soil and climate are to be regarded as "primary" factors furnished by nature for the occurrence and spread of diseases. Man's way of life as expressed in his house types and agriculture, stock raising, nutrition, clothing and even the mode of communal life (including its cult and ritual aspects), have also been shaped by soil and climate. In their totality they represent the "secondary" factors in the spread of disease and there is scarcely any other area in which the relations between natural and cultural factors and the behaviour of numerous diseases are so clearly recognisable as in the arid countries of the Middle East which have as yet not been completely opened up by modern technology. One of the essential aims of this work is to demonstrate these relationships.

Geographically Afghanistan is part of the Iranian-Turanian plateau. Geophysically, climatically and in terms of its human geography, the country's characteristics are similar to or the same as those of the Iranian Khorassan and Seistan, the Soviet central Asian republics and West Pakistan beyond the Sulaiman Range. It therefore follows that in epidemiological terms Afghanistan should be considered in context with its neighbouring territories rather than in isolation. Since literature in the field of epidemiology which treats of Afghanistan is scarce, it is necessary to consider the outcome of research from neighbouring countries and to draw conclusions concerning the epidemiological characteristics of Afghanistan from these, with the result that the hazard implicit in a dissociated study of that country can be readily avoided. Thus it is that our presentation is conjointly a contribution to the geography of diseases and the geomedicine of the areas of the Middle East bordering on Afghanistan.

In all essential points the description of the development of the country, of the present health services and the dynamics of epidemics corresponds with the present situation. Literature on the subject has in part been considered to take account of publications in the years 1966 and 1967, but it is possible, however, that during the writing details have already been overtaken by events—as for example, the numbers of hospitals and beds; this would be in the very nature of development and progress, and desirable in itself.

At this point it should be stressed that a critical approach to all statistical material is requisite. In a country in which doctors are thin on the ground and large numbers of inhabitants live in remote and not readily accessible mountains, it is quite possible that reports of localized outbreaks of disease never reach the health authorities in the capital. This is unavoidable and for such reasons statistical data on diseases can scarcely ever be regarded as wholly valid and the author is fully aware of the limitations implicit in utilization of such data. Nevertheless, they do provide a clue to the evaluation of the dynamics of diseases over the course of years, even if viewed critically, and in this manner and despite all the objections which must be raised, they are the expression of development. It is hoped that the recent division of the country into 29 provinces, in the place of 12 which have existed until now, will lead to speedier registration and action against outbreaks of epidemics which may possibly occur.

For a number of years Afghanistan has entered into development in the medical field which, in close cooperation with foreign and international institutions, is being systematically advanced. Anyone who has seen Afghanistan in the pre-war period and during the first years after the war and has revisited the country in recent years—that is, observed it over a period of almost three decades and cooperated in the development within the framework of tasks set him over a number of years—must acknowledge great progress. Combining the findings in the literature on the subject as well as the statistical data with his own experience and observations, and possessing a personal affection for land and people, he will be able to judge with the greatest objectivity possible not only the progress and development but also the limitations. To present this development, which in spite of unusually difficult circumstances conditioned by nature is continuously promoted, will be another aspect of this work.

For the reader who is unfamiliar with medical problems, the treatment of less well known diseases is preceded by a short explanation of the terms employed; as far as possible the Persian names of diseases as used in Kabul have also been added. Scientific names of plant and animal species have, however, only been mentioned where it appeared to be absolutely essential for the characterization of vegetation forms or parasitologically important animal species. Frequently, however,—and especially when the names of species did not seem to be adequately defined by special studies—the information remains confined to German and English names or to scientific generic names.

The spelling of place names in the maps has been done in accordance with that of the Times Atlas, although in the German part of the text the hitherto normal German way of spelling has been retained where well known places are concerned. So too in the German version of the text only new or smaller places have been spelled in accordance with the Times Atlas in order to make it easier to locate them in the maps. In the English part of the text the spelling of all place names follows the English phonetic transcription of the Times Atlas. The transcription used by orientalists has been dropped. Both in the German and in the English phonetic transcription, the letter z designates the soft, voiced s (Hezareh—Hazara; Mazar), and the letter s stands for the breathed, sibilant s. The letters kh denote the guttural ch (Sache, machen; Khanabad) in both languages, whereas ch in the English transcription correspond to the German tsch (Tscharikar—Charikar). The English letter j is pronounced dsch in German (Dschelalabad—Jalalabad). The connecting vowels i ore e are pronounced like the vowel in "ink"; the Times Map spells this sound with

i, but the letter e is commonly used in phonetic transcriptions too.

The Afghan recording of time begins with Mohammed's flight from Mecca to Medina in the year 622 A. D.; since 1911 the solar year has also been recognised in Afghanistan and this starts on March 21st or 22nd. March 21st, 1964, was the first day of the Afghan year 1343. Numerical data valid for Afghan years has been supplemented by the figures for the corresponding period of the Gregorian calendar in brackets; thus the figure 1343 (1964/65) refers to the period from March 21st, 1964, to March 20th, 1965.

A. Land and People

The *history* of Afghanistan has, since ancient times, been marked by the military expeditions of numerous conquerors to whom the struggles for a few mountain passes which opened the way to India were the precondition for the foundation of their empires. The expeditions of the legendary Bactrian kings in the Iranian-Turanian area, of the Achaemenians advancing towards India by way of the "Ariana" as were the Greeks to do at a later stage under Alexander's leadership, the invasions of the Scythian peoples in the second century B. C. and those of the Yue-chi or Tochars arriving in Bactria from the east and pressing on from there to the south east—all of these events demonstrate how even in ancient times the Afghan territory was exposed to frequent conquests. The establishment of the Kushan Empire in the second century A. D., the inroads of the Hephthalites during the 5th and those of the Arabs during the 7th, 8th and 9th century and the numerous invasions of Sultan Mahmud of Ghazni into India as well as the expeditions of the Mongols under Jenghiz Khan in the 13th and under Timur Lang (Tamerlane) in the 15th century which led to appalling devastation, all continue the sequence of military struggles in the Afghan region. The time of the Mogul emperors, whose dynasty begins with Babur Shah, is marked by military disputes over the territory along the India-Bactria King's Road—echoing the saying that "he who wants to rule India must first be king of Kabul"—and it is not until modern times that quieter and more permanent conditions develop [2, 14, 24, 27, 51, 80, 103, 117, 135].

The line of march of conquerors' armies always passed over the few roads and passes that nature provided, and these were routes along which culture and commerce flowed at the same time. Along the Silk Road which ran across Bactria, Graeco-Buddhist cultural achievements were also transmitted and even penetrated as far as China. But together with the armies of conquerors and merchant caravans diseases moved along these roads and there is good reason to accept that in the course of so dynamic a history, cholera, plague, smallpox, typhus and other infectious diseases too, migrated across the country. In the case of plague and cholera in particular, such movements along the military and commercial roads can be verified from the Dark Ages through to modern times [99, 303].

I. Geographical Survey

It is not the aim of this work to provide an exhaustive account of the geography of Afghanistan. In former as well as in more recent times numerous specialist works of geography have been published which give a vivid picture of the country and these will be drawn on [23, 40, 60, 94, 95, 107, 108, 112, 116 *inter alia*]. A geomedical study requires an outline of the geographical basis only in so far as it is necessary for an understanding of epidemiological interrelations. Thus the geomorphological and geological features can only be considered briefly whereas features in the field of human geography require more detailed accounts.

1. Surface Formations

Afghanistan lies between 29° N and 38° N and 61° E and 72° E, comprising an area of about 650,000 square kilometres within its frontiers. In the east the country borders on the Pamir and in the north from Lake Victoria to Kham-i-Ab on the Amu Darya; the remaining boundaries towards the U.S.S.R. and Iran are largely open, running as they do across deserts and steppes impassable save for a very few routes; in the south and south east the border follows the Safed Koh and the Sulaiman Range. Thus Afghanistan is a landlocked state without access to the sea and was for a long time known as a closed area, maintaining links with the outside world only in the most recent times.

The *orographical* picture of the country is chiefly determined by high mountain ranges which belong to different orogenic phases and fan out from the Pamir towards the south west (Noshaq 7,486 m.; Tirich Mir in Pakistan 7,700 m.). *Safed Koh* (4,755 m.) and the *Sulaiman Mountains* are at first mainly directed towards the S.S.W. and thus encircle the Afghan Central Mountains and the desert areas of southern Afghanistan in a huge bow before turning west and passing on into the southern mountains of Iran. The *Hindu Kush* (which reaches up to 6,300 m. in Nuristan) is the great dividing wall between the northern and southern parts of the country which can be crossed by way of several high passes, the average height of which is about 4,000 m. (see Plate 1 a and d) and is continued in the west as the *Koh-i-Baba* (Shah Fuladi 5,146 m.) and the *Paropamisus* (Band-i-

Baba 3,588 m.); in the north between the Belchiragh and the Bala Murghab the *Band-i-Turkestan* (3,497 m.) extends in front of it. Another, smaller mountain range between Obeh and Dehzawar south of the Heri Rud is named the Safed Koh but should not be confused with the similarly-named mountains in the south east of the country. The height of all the mountains decreases progressively westward away from the Pamir to a height of about 2,000 m.

Originating from the main trunk of the Hindu Kush the ranges of the *Afghan Central Mountains* spread like a fan to the south west into the Hazarajat, and they too continue to lose height from east to west until they finally dip below the recent deposits of the Seistan Basin [95] at a height of 500 to 600 m.

Between the chains of mountains lie *river valleys* (Plate 3 a—d) which are at times deeply incised and filled by unconsolidated gravel; in many of these are situated fertile cultivated areas. Because of their recently formed and in some parts loessial soils, the *basins* of Jalalabad (622 m.) and Kabul (1,803 m.) as well as the *plateaux* of Ghazni (2,220 m.) and Kandahar (1,044 m.) provide equally good opportunities for cultivation.

In the south of the country and surrounded by barren mountains lies the hot *Seistan Basin* with an average altitude of 500 m. [95, 138, 141]. It measures some 18,000 square kilometres and extends into Iran. This basin probably constituted one of the oldest areas of cultivation and settlement in the country but the devastations of the Mongol period destroyed practically all the opportunities for cultivation, leaving the area thinly populated to the present day. The *Dasht-i-Margo* and the *Registan* are complete deserts, divided from each other by the Helmand valley. Only at the present time the re-establishment of the ancient fruit oasis in the district of the Helmand river below Girishk has been started.

North of the Hindu Kush the country falls away to the in the main very fertile *Bactric* cultivation zones and the extensive *Turkestan steppes*. With an elevation of 3—400 m. (Kham-i-Ab 277 m.) they form the lowest areas of the country and continue in the similar Soviet areas beyond the Amu Darya.

The Heri Rud valley forms a marked agricultural area, opening as it does to the west whilst at the same time being protected from the dessicating north winds by the mountain chains of the Paropamisus which run in an east to west direction.

2. Geological Survey

Knowledge of Afghanistan's geological structure, which may well have a bearing on the occurrence of diseases, has for a long period remained fragmentary. The earlier works of English writers, although dealing with particular localities, did not furnish a comprehensive review. Only the geological observations effected over the last two or three decades [30 a, 40 a, 56 a, 66, 67, 68, 69, 70, 70 a, b, 83, 109, 110, 143, 153, 156 *inter alia*], and particularly the systematic investigations of the "Deutsche Geologische Mission in Afghanistan" over recent years as well as those of Soviet geologists, have yielded so much information as to permit the short general survey following below, which is based on a synopsis by M. KAEVER.

Geologically Afghanistan is divided by the mountain massifs of the Hindu Kush and its western branches into a fairly homogeneous northern and a more differentiated southern region.

In the *Wakhan Mountains,* which are situated between the Pamir and Karakorum and run in a N. E. to S. W. direction, slates, gneisses and quartzites are the predominant rocks, while in western Badakhshan the mountains consist mainly of semi-metamorphic rocks of Palaeozoic and Mesozoic age as well as of gneisses and intrusiva [13, 21, 22]. Throughout the entire *Hindu Kush* crystalline slates, gneisses and intrusiva seem to predominate along with Palaeozoic and Mesozoic metamorphic elements; in the Koh-i-Baba, Safed Koh, Paropamisus and other western extensions too, cores of crystalline and semi-metamorphic as well as unmetamorphosed Palaeozoic rocks are to be found. These are, however, mantled in part or whole by Mesozoic or Tertiary sediments [17, 30 a, 38, 45, 48 a, 54, 95, 118, 141]; (Plate 1 a—d; 3 d).

North of the *Hindu Kush* in Afghanistan it is generally possible to distinguish three geological units: the northern flank of the Hindu Kush with folded Palaeozoic and Mesozoic strata, then the tectonically little disturbed Mesozoic and Tertiary mountainous foreland of the Hindu Kush the strata of which are tilted only near the mountain basement as a result of overthrusting, and finally the northern Afghan belt of steppes and deserts where gravel, sands, loess and loess-loam of great thickness shroud the older rocks beneath. Loess deposits on the edge of the foothills in particular form agricultural lands of good fertility [40 a, 52, 56 a, 63, 70 a, 84, 153].

The *Afghan Central Mountains* consist mainly of early Palaeozoic clay-slates and quartzites, late Palaeozoic limestones—in which the iron ore deposits of Hajigak have been found—as well as lower Cretaceous reef limestones and marls; the northern edge of this mountain range is formed by upper Cretaceous marine sediments. Early Tertiary volcanics have penetrated this series of strata in several places. Late Tertiary and Quaternary clastic rocks are widely distributed and of great thickness [54, 66, 70 a, 78, 78 a, 153] (Plate 2 a to d).

Towards the south the mountains dip under the dunes, sands and gravels of the *Dasht-i-Margo*, the *Dasht-i-Khash* and the Registan high desert, the surface of which consists of longitudinal dunes, solid arenaceous rocks and gravel. Indications of sub-recent volcanic activity are to be found in the southern Helmand valley. In the *Afghan-Pakistan Border Mountains* which form the southern and eastern limits of the desert, early Tertiary limestones and clastic rocks break through the recent desert sediments as Inselberge or like a garland, whilst the northern fringe of Registan is made up of Jurassic and lower Cretaceous limestones, recrystallized by magmatic intrusions [43, 44, 45, 46, 47, 53 *inter alia*].

South-eastern Afghanistan is for the main part covered by an alternating succession of Oligo-/Miocene sandstones and argillaceous marls which attain a depth of several thousand metres towards the centre of the basin. The sediments lie predominantly concordant with early Tertiary limestones which are rich in fossils, and unfossiliferous clay-slates. The Tertiary lies discordantly above older sub-strata consisting of Palaeozoic and Mesozoic limestones and clay-slates, penetrated in places by basic intrusiva. The cessation of sedimentation in this area is marked by molasses-like gravels and younger clastic rocks. Several intermontane basins—as for example Khost and Yakubie—are filled with Quaternary clays, loess, loess-loam and terraced gravels and form good agricultural areas [43, 44, 67, 68, 69].

The western limitation of the south east Afghanistan geosyncline is formed by the Chaman-Mukur tectonically active zone, a rift valley several hundred kilometres long which is also filled by young clastic strata; in the north it is bounded by upper Palaeozoic and Mesozoic sediments as well as by the peridotites of the Kabul mountains. Towards the east the metamorphic rocks of the Siah Koh and Safed Koh link up. During the Plio-/Pleistocene intermontane basins of great extent accumulated terrestrial sediments, clayey and silty lake deposits as well as sands and gravels and in the Jalalabad Basin, for instance, these attain a thickness of c. 1,000 m.

Tectonic earthquakes occur frequently in Afghanistan. They probably originate from an epicentre far beneath the Hindu Kush (128); to date it has not been established whether and to what extent local earthquakes have their origin in the Afghan-Pakistan border ranges.

Mineral resources appear to be more abundant than has hitherto been accepted. Jurassic coal occurs on the northern side of the Hindu Kush, and mineral oil and natural gas have been discovered in the Bactrian plains. In addition to these, copper, lead, zinc, and chromium ore as well as sulphur, talc, several precious and semi-precious stones—among which beryl, rubies, and lapis lazuli predominate—have been found. In the region of Mukur remarkable gold lodes have recently been reported. It remains to be seen to what extent mining of iron ore, which has already been started, will prove successful, as some deposits are of high content but, unfortunately, sulphurous. Furthermore, rock salt is being mined for domestic consumption in Taluquan [26, 75, 104, 106, 107, 115 *inter alia*].

3. Afghan Mineral Springs

In this country which offers such orographic and geological variety a great number of *mineral springs* are mentioned incidentally in the reports of individual travellers, but they are not supported by many exact analyses [33, 34]. Many of the springs are, however, considered to be therapeutic and even in present times a spring is linked with the *siarat,* the grave of a saint related to it by saga or legend. It nearly always happens that sick people seek to increase the effect of the water rising from the depths by their prayers or invocations—a form of balneo-therapy which is deeply rooted in theurgy. There are no definite indications of the use and application of individual springs, nor are there any plans for the course of treatments. Many waters which are probably completely indifferent are applied against the most diverse diseases but, despite the most primitive settings of these springs and of their spa equipment, the inhabitants of the country travel far in order to drink the water, which is held to be curative, on the spot or to bathe in it. Nonetheless, the majority of springs have not been opened up at all.

What is probably the most valuable and at the same time the only developed *thermal spring* in the country is that of *Obeh* near Herat, which rises at an altitude of 1,750 m. in the valley of a stream of the Paropamisus, running towards the broad Heri Rud valley, itself a fruit-growing area. The bare slopes of the stream valley are covered by limestone detritus and in the background soars the practically 3,600 metres high granite wall of the Paropamisus. A simple spa installation with spa hall, *Siarat* and bath house (Plate 5 d) which contains several bath tubs in individual cabins, has already been in use for years. A small hotel building serves to lodge guests of the spa. The temperature of the water is 41.3° C. and we found the flow to be at about 200 litres a minute. The analysis made by HAUSER [34] furnishes the following values:

solid matter in solution	390.44 mg/Ltr
dry residuum (105° C.)	367.00 mg/Ltr
pH (glass electrode)	9.07

1 litre of water contains		mg	millival
H_2SiO_3		12.4	
$Al(OH)_3$		8.3	
		20.7	
Kations	Fe¨	3.5	0.13
	Ca¨	28.2	1.41
	Mg¨	11.5	0.94
	K·	9.04	0.23
	Na·	57.8	2.51
		130.74	5.22
Anions	Cl⁻	23.3	0.66
	So_4⁻⁻	153.0	3.19
	HPO_4⁻⁻	Trace	Trace
	HCO_3⁻	83.4	1.37
		390.44	5.22

Not verifiable: NH_4, NO_3, H_2S, As and free CO_2

Thus this is an acrato-thermal spring which, since the temperature of the water lies almost 30° C. above the mean annual air temperature (11—12° C. at 1,750 m.), probably rises from greater depth—i. e. from the lower granite strata of the Paropamisus. It is worth noticing that the Heri Rud valley lies over a line of disturbance which runs from west to east, south of the Paropamisus, in the course of which further hot springs are said to occur [141]. Therapeutically the spring appears to be valuable in cases of chronic rheumatic illness, but it is a pity that so little use is made of it and that medical supervision is also lacking.

A fundamentally different type of spring is represented by the *CO_2-calcareous springs* of the Afghan central mountains, some of which we have investigated. They are distinguished by their content of alkaline earths, hydrocarbons, sodium chloride and free CO_2, as well as by the deposits of extensive carbonate sinter, the formation of which is favoured by high evaporation [62, 78 a, 91, 126]. The *dragon spring at Istalif*, about 40 kilometres north of Kabul, emerges at the foot of the Paghman mountains and has led to the formation of a typical stony channel (Plates 3 a and d). On the other hand, the *dragon spring at Bamyan* (Plate 4 b) has flowed out of an original cleft, above which the huge spring sinter has developed. It rises at a height of 2,500 m. in the northern off-shoots of the Koh-i-Baba in a barren landscape in which Tertiary conglomerates occur [78]. The so-called "dragon"—a sinter hill some 60 to 80 metres high—extends across the arid valley like a bar some 400 metres in length. The dragon's spine runs horizontally but is surmounted, however, by some 1.5 to 2 metre-high sinter cones which have stopped effervescing. The entire sinter hill has been split lengthwise into two parts by a deep cleft, the valleyward one of which has sagged away markedly from the other. The analysis we give as the sole example of such sinter springs was carried out by HAUSER [34] in the course of investigations undertaken together in the years 1951 to 1952:

solid matter in solution	3370.1 mg/Ltr
dry residuum (105° C.)	2177.0 mg/Ltr
pH	6.54
conductivity	390 Ohm

1 liter of water contains		mg	millival
H_2SiO_3		33.8	—
$Al(OH)_3$		18.3	—
		52.1	—
Kations	Fe··	5.6	0.20
	Ca··	655.0	32.68
	Mg··	64.8	5.33
	K·	16.7	0.43
	Na·	73.7	3.20
		867.9	41.84
Anions	Cl⁻	40.2	1.13
	SO_4⁻⁻	80.5	1.67
	HPO_4⁻⁻	1.5	0.03
	HCO_3⁻	2,380.0	39.01
		3,370.1	41.84
Free CO_2		4,620.0	
		7,990.1	

Not verifiable: NH_4, NO_3, H_2S, As, Mn.

The temperatures of these and some similar springs were between 19.0 and 25.0° C., and several of these springs appear to lie—like the Obeh spring—in the vicinity of the large west/east disturbance line. It must be admitted that the springs of the Ghorband valley obviously flow from older rock strata than those of the dragon spring at Bamian. Presumably there is an extensive system of homogeneous or at least similar mineral springs in the central Afghan mountain country, to which the dragon spring at the Shatu Pass (Plate 4 c), the springs at the Hajigak and Unai Passes and possibly even the Bend-e-Amir lakes, belong.

Sulphur springs are known as well, although they have not as yet been investigated. Whether and in how far the springs can be of medical importance would have to be cleared up by further hydrological, geological and balneological investigations. Above all it appears that it is the low discharge rate of most springs that seems to impede their effective utilization [33, 34].

4. Hydrology

Afghanistan's *rivers* are almost wholly untamed mountain streams which discharge highly changeable amounts of water. With scarcely any exception they are the inland rivers of an areic plateau, partly (Amu Darya, Helmand) flowing into inland lakes, but largely—favoured by a high degree of evaporation [62, 91, 126, 131]—disappearing in the deserts and steppes of the border areas. Only the Kabul river with its tributaries, jointly draining about 11 per cent of the entire surface area, flows into the Indus river and thus to the sea. The watershed between exoreic and endoreic drainage runs across the eastern Hindu Kush, the Unai Pass and further west across the Afghan-Pakistan border mountains; the endoreic drainage systems are separated into a

northern and southern province by the western Hindu Kush and the Koh-i-Baba [95, 127, 130].

The *discharge* is subject to marked seasonal fluctuations dependent on precipitation and the thawing of snow in the mountains. Many rivers which form torrential mountain rivers during the thaw or rainy season are no more than tiny streamlets during the dry season or may dry up completely. During the summer months the numerous dry river beds are part of the scene on the arid plateau. The water courses which make their way from the Koh-i-Baba to the north already reach their peak in the spring whereas the Amu Darya, coming from the Pamir, only attains its peak in July or August. In the course of the year the flow of water in the Helmand at Girishk fluctuated between 90 and 4,000 m³/sec., the extremes being at 60 and 20,000 m³/sec.; that of the river Balkh at Chishma-i-Shefa (Plate 3 a) between 20 and 30 m³/sec. in December and 750 m³/sec. in spring; the Kabul river in its middle course below the city of Kabul ranged between 73.4 m³/sec. in January and 425 m³/sec. in April; the mean water flow of the Amu Darya at Kham-i-Ab amounts to about 1,740—2,000 m³/sec. [40, 127, 130].

The *velocities of flow* also vary greatly and can therefore not be evaluated quantitatively. All rivers start out as mountain streams rushing downhill at great speed, and even when they pass through the lower lying fruit-growing districts they still flow very fast—a fact which can be of epidemiological importance. *Endemic* cholera does not develop in plateau areas with fast flowing mountain rivers—i. e. rivers with effective self-purification—but only in areas with sluggish or stagnant waters, as in the lower Ganges region. So it is that in Afghanistan it is not the wild rivers but rather the slow moving irrigation channels which have been proved to favour the spread of epidemic cholera outbreaks at times (see page 109).

The most important rivers of the country are the following: the Amu Darya which acts as a frontier for a length of 800 km. in the north and is a typical lowland river even before it is joined by the Surkh-Ab (Waksh); the Helmand (1,000 km.) which, after leaving the mountain region, runs across the southern desert area towards the swamp lakes (Hamum-i-Sabori and Hamum-i-Pusak), the water of which has recently been made available for agriculture by modern irrigation plants situated below Girishk (see page 83); next there is the Heri Rud (850 km.) which waters the broad fruit-growing valley east of Herat but then disappears in the Tedjend Oasis at a later stage; the Kabul river (460 km.) with its tributaries the Panjshir, Kunar (Plate 3 c) and Logar, joins the Indus at Logar. The rivers which flow from the Hindu Kush and Koh-i-Baba to the north are the Koksha, Kunduz, Balkh and Murghab, of which only the two former ones reach the Amu Darya [95, 127].

The few *lakes* of the country—Lake Victoria, Lake Shiwa, the swamp lakes in the area at the mouth of the Helmand and the salt lake Ab-i-Istada near Ghazni—are neither hydrologically nor epidemiologically of importance.

5. Communications

Coinciding with the country's position at the "crossroads of Asia", *communications* have always been of special importance. Ancient times knew only caravan routes, riding tracks and foot paths, the course of which in most cases had been determined by nature. These routes follow river valleys, linking the cultivated oases within the steppe and desert areas with one another and across the big mountain ranges at the most favourable high level passes. The Ak Robat (3,127 m.), Shibar (2,987 m.), Salang (3,880 m.), Anjuman (4,225 m.) and Khawak (3,550 m.) are some of the most important passes across the Hindu Kush, connecting the south of the country with the Bactrian areas; during the winter months, however, they are covered by snow and impassable. They are the very same passes which were used by the armies of conquerors in ancient times and on the India-Bactria King's Road leading from Delhi to Kabul, Bamyan and the Ak Robat Pass to the north and of whose earlier importance the traveller is still reminded by the ruins of stupas (117), the traffic between India and Turkestan took place over many centuries. Coming from the east and also running across Bactria or Bamyan, the southern branch of the Silk Road runs through the country. Bamyan, the Graeco-Buddhist cultural centre, also acted as a crossing point of caravan routes which led from the south to the north and east to the west [113, 117].

The introduction of modern vehicles resulted in the necessity of constructing roads [113] with a gentler gradient than had been the case with the old caravan routes. So too the great ring of roads from Kabul through the Ghorband valley to the north via Mazar-i-Sharif, Herat, Kandahar, Ghazni and back to Kabul follows in the main the ancient carvan routes [18, 94, 95], and at the Shibar Pass it crosses the western outliers of the Hindu Kush at an altitude of 2,987 m. Together with its branches to Kunduz, Khanabad and Faizabad to Meshed, Quetta, Gardez and Khost and across the Lataband to Peshawar, for a long time it acted as the only network of roads in the entire country capable of taking motor traffic. Even nowadays practically all goods traffic and the greater part of passenger transport is conducted by lorries and motorbuses on these roads. The roads had neither foundations nor solid cappings (Plate 5 a) and in winter were scarcely passable, whilst in summer to drive along tracks on the open steppe was often more comfortable than to keep to the road. Even today the direct link from Kabul across the Hazarajat to Herat, which follows the old caravan route from Bamyan to Khorassan, can only be used with difficulty.

Over recent years, however, together with the continual increase in motor traffic in a country without railways, shorter and technically much improved roads have been constructed, largely with American and Soviet aid. The new road from Jalalabad across the Tenge-Gharu to Kabul (Plate 5 b), the highway over the Salang Pass with a tunnel at a height of 3,000 m. (Plate 5 c) and the short-cut from Shindand to Dilaram on the Herat—Kandahar section all represent substantial re-alignments which save hours of driving time, as well as fuel and amount to an economic improvement of great importance. In addition they have solid asphalted or concrete, dust-free roadways just like the newly improved highway from Kabul to Herat.

Navigation on the Amu Darya below Termez is carried on by Soviet companies. Ferries ply between Afghanistan and the U.S.S.R., as for example between Pata Kisar and Termez. The Afghan rivers on the other hand permit no navigation and only on certain rivers are ferry services operated with the aid of shallow-draught boats or rafts buoyed up by inflated animal skins in a manner common to western Asia since antiquity (Plate 3 c).

The first beginnings of *air traffic* between Europe and Kabul go back to the initiative of the German Lufthansa in the Thirties. Today Kabul is connected to the international air network and has its own air transport company known as "Ariana" which is concerned not only with inland traffic to Kandahar, Herat and Mazar-i-Sharif but also with part of the services to overseas countries.

As *disease routeways* the roads have been of importance in ancient as well as in modern times, and if diseases moved with caravans then they may quite conceivably travel and spread much faster with the modern means of communications. Kabul has its own air-medical service available. During the season of pilgrim flights to Mecca which depart from the new Kandahar airport, a medical disease-prevention service is maintained there both to check-out the numerous pilgrims and to provide the necessary vaccinations.

6. Natural Regions

The geological and geographical survey which has been presented so far may already have indicated the division of the Afghan area into several *natural regions* which will emerge more distinctly at a later stage when seen in connection with climate and vegetation; not only is it possible to assess them differently in terms of settlement, cultivation and stock raising but also in respect of their epidemiological characteristics.

They may be grouped as:

1) The Turkestan Lowland, with elevations between 300 and 1,200 metres (Andkhoi 330 m., Faizabad 1,204 m.), filled with late Quaternary sediments of great thickness and consisting largely of steppe together with some fertile areas under cultivation which owe their origin to considerable deposits of loess on the margin of the foothills.

2) The central and high alpine mountain region, lying at over 2,500 metres and supporting little vegetation, which demands an epidemiological assessment which is essentially different from that required for the lowland.

3) The desert region of the Dasht-i-Margo and Registan (500—1,100 m.) in the south of the country which is traversed by the Helmand and extends in the north to an east-west line roughly linking Girishk and Farah.

4) A steppe and semi-desert region between the central mountain region and deserts, attaining altitudes between 900 and 1,800 metres in the west and 1,200 and 2,600 metres in the east. This region penetrates deeply into the mountain massifs along the valleys and runs in a great bow from Kabul to Kandahar which extends almost as far as Herat.

5) The sub-tropical fruit-growing Jalalabad area which falls under the influence of the monsoon, together with the adjoining border mountains [147].

II. Climatology

Afghanistan, in common with the entire Iranian-Turanian area, has an *extreme continental* arid climate. The highly accidented surface relief and the varying soil structure have the effect in a comparatively small area of producing highly differentiated climates, which range from desert and steppe climate to the alpine climate of high mountain regions, which exist side by side [1, 60, 95 inter alia]. Older measurements, which relate mostly to particular places or to short periods only [62, 129, 136, 273] result in fragmentary representation and it is only in more recent times that records of measurements taken in 16 different stations of the country over a period of several years have become available and grant sufficient perspective [55].

1. Temperatures

In Table I the monthly mean temperatures, as measured at the Afghan stations, have been brought together [55]. On the one hand the table shows the significantly higher temperatures in all lower-lying places (Herat 922 m., Mazar-i-Sharif 377 m., Farah 651 m., Jalalabad 622 m.) by comparison with stations at high altitudes (Kabul 1,803 m., Ghazni 2,222 m.); on the other hand, however, the mean summer temperatures of the low-lying Afghan stations are mostly higher than those of comparable places in West Pakistan and India (Fig. 1 a and b).

recognition of a much more differentiated grouping into cold and warm seasons—i. e. periods of rest and vegetative growth in the arid highlands—than is the case south of the border mountains. It is only the movement of temperature at Peshawar which represents a type intermediate between those of the highland and the Indian lowland. In the Turkestan steppe area short periods of frost were observed in December and January; in the highlands above 1,500 metres the winter months are at times also accompanied by continuous frost, whilst in the alpine high mountain regions frost periods may well last 5 to 8 months.

Day and night temperature fluctuations as represented in Table II for Kabul and Kandahar, are likewise remarkable and characteristic of the Afghan climate. They are greatest during periods of cloudless weather in the summer and autumn months, particularly when the nights grow longer in late summer and early autumn and there is a corresponding increase in radiation; they are less during the cyclonic periods of winter and spring when the skies are clouded. *Thermoisopleths* for Kabul and Herat have been compiled for the first time by REINER [114] and we are indebted to him for Figs. 2 and 3 (reverse of *Map No 1*) which demonstrate the strong contrasts in temperature movements.

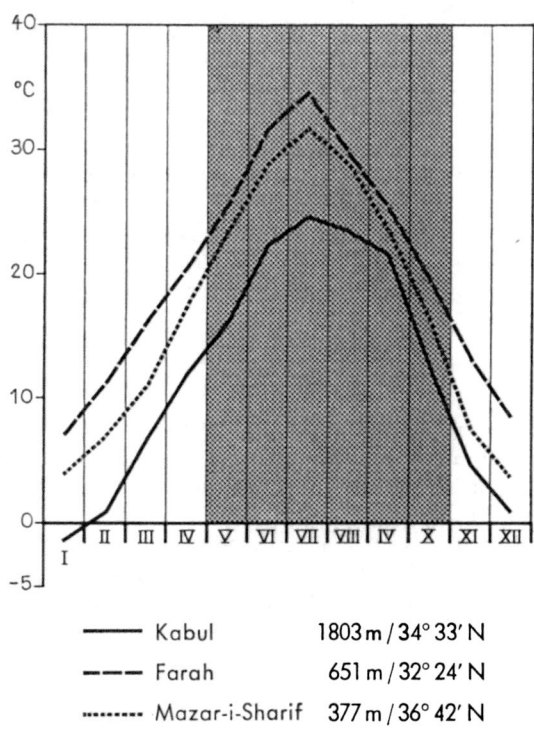 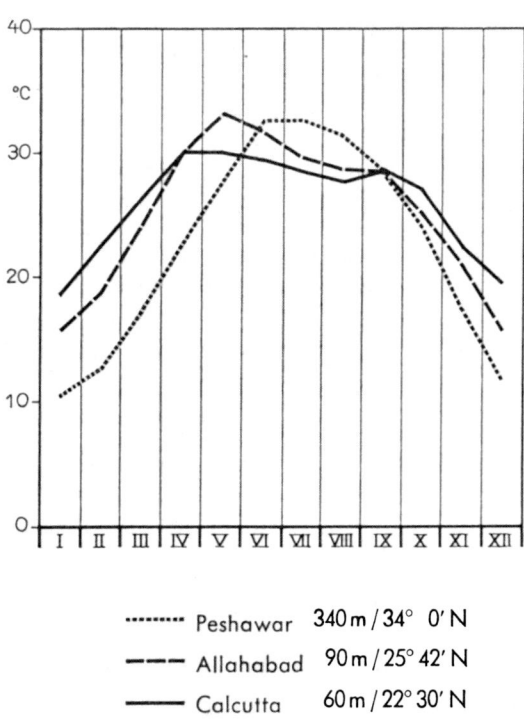

———	Kabul	1803 m / 34° 33′ N
-----	Farah	651 m / 32° 24′ N
·········	Mazar-i-Sharif	377 m / 36° 42′ N

·········	Peshawar	340 m / 34° 0′ N
-----	Allahabad	90 m / 25° 42′ N
———	Calcutta	60 m / 22° 30′ N

Fig. 1 and b. *Mean monthly temperatures in Afghanistan, compared with data from stations in West-Pakistan and India.* [Compiled from HERMAN (55), STENZ (129), Tables of Temperature (136), WALTER (151), HANN: Handb. d. Klimakunde and KÖPPEN: Grundr. d. Klimakunde]

a) Mean monthly temperatures in Kabul, Farah and Mazar-i-Sharif; pronounced annual deviations, seasonal climate with marked resting and vegetation periods. Dry season from May to October with less than 20 mm rain per month.

b) Slight deviations in the annual course of temperature in Calcutta and Allahabad; more pronounced deviations in Peshawar. The three places have no common dry season.

Especially noticeable, however, are the *high annual fluctuations* of temperatures which, even if only the monthly averages are considered, amount to 25 to 28° C. not only at high altitudes but also in lower-lying localities. Figure 1 shows the mean monthly temperatures in Kabul, Farah and Mazar-i-Sharif compared with Peshawar, Allahabad and Calcutta and permits the

Furthermore the almost *sudden transition* from winter to summer which is expressed in the speedy rise of temperatures in spring and the equally fast decline in autumn, is remarkable. The spring so rich in flowers after the relatively long winter in the highlands and the refreshing and atmospherically envigorating autumn which follows on the hot and dusty summer are most pleasant seasons of recovery for the European in Kabul, even if they are all too short.

2. Precipitation

The greater part of the country *lacks rain*. In the lower-lying desert and steppe areas of the south (Farah, Lashkargah), as well as in the eastern lowland (Jalalabad), rainfall amounts to less than 200 mm. The north (Maimana, Kunduz) enjoys somewhat higher amounts which provide more favourable conditions for cultivation, but even in the highland of Kabul and Ghazni the annual amount of precipitation remains below 500 mm. Only the stations in the high mountains of the Hindu Kush (Salang) report precipitation of more than 1,000 mm. (Table III). At high altitudes large amounts of snow fall during the winter months and these form the true water reservoirs of the rivers. It is scarcely ever that even small, passing snowfalls are observed below 1,400 m. and the permanent snow line lies at about 4,500 m.

The *rainy season* usually starts suddenly and is fairly well defined in time, the number of rain days being but small. Kabul has 58 whereas Paghman, owing to local weather disturbances, has 83. Girishk by contrast has only 24 and Herat 34, so that the rainy season in Afghanistan is not to be compared with the tropical rainy season of India.

In the western parts of the country (Fig. 4 a, Kandahar, reverse of *Map No 2*) which are similar to the Iranian and Mediterranean climatic zones, the main quantity of rain falls in winter; in Kabul, which lies further to the north, as well as in the eastern provinces (Fig. 4 b and c) spring is the actual rainy season. Summer and autumn however, are almost or in some cases wholly free of rain nearly everywhere in the country; the dry season lasts from April of May until late autumn and in some places through to December (Table III and Fig. 1 a), and it is of epidemiological significance in the spread of certain infections and particularly so for the development of breeding-places of anopheline mosquitoes in river beds which have by then largely dried out. Only Khost, situated in the vicinity of the Pakistani border below forested mountains, which is clearly affected by the influence of monsoons, and the high stations (Salang) of the Hindu Kush also record rainfall in summer. By far the greater part of the country belongs to the arid climatic zone whilst the high parts fall into the semi-arid.

3. Radiation, Humidity and Evaporation

Afghanistan is one of those areas having strong *global radiation* (sky and solar radiation), the value of which stands at 140 for the Turkestan lowland, at 160 for the central Afghan mountain country and at 180 Kcal/cm² for the south [77]. The duration of solar radiation is equally unusual, and to the visitor in the country the great abundance of light and almost daily sunshine make an impressive surprise. Kabul, for instance, enjoys 3,074, Farah 3,214 and Kandahar 3,255 hours of sunshine in the year and even in the comparatively rainy Salang area 2,238 hours of sunshine have been recorded [55].

Relative humidity is low and in the south west of the country there are markedly low values which amount to only 45% in Kandahar, 48% in Lashkargah, whereas the mean annual value for Kabul reaches 60%.

The annual range of mean values is about 50% in Kandahar (73% in January, 23% in October) and about 34% in Kabul (77% in January, 43% in July). Diurnal fluctuations can, however, be great at times [62]: extreme values below 5% minimum and 95% maximum in the course of a single day have been recorded by us in Sarobi. Thus temporary sultriness at correspondingly high temperatures occurs frequently, especially at the lower altitudes.

It would appear to be obvious that *evaporation* is unusually high under such circumstances. STENZ [126] has recorded an annual evaporation of 2,305 mm. in Kabul and IVEN [62] even measured 3,031 mm. Both values, despite their wide divergence, confirm that evaporation is many times greater than precipitation, a factor which explains the unusual water losses of the rivers which is further increased by diverting large amounts of water for the irrigation of cultivated lands.

4. Winds

Only in the east and south east of the country are the winds essentially determined by the influence of the monsoons. Dry trade winds—as for example "the 120 day wind" so often described by travellers—occur in the north and north west of the country during the summer months. They bear dust and heat along with them and as the air masses heat up strongly over the hot basin regions a sojourn in Seistan becomes intolerable in the summer. North westerly katabatic winds dominate in Kabul during the summer, developing mainly in the afternoon and cause a heavy build-up of dust. As a result of the inflow of arctic air masses in the winter, localized and bitingly cold north and north easterly winds prevail whilst in the remainder of the country the north westerlies predominate. For further details of barometric fluctuations, cloudiness, and air currents cf. HERMAN [55].

5. Natural Climatic Zones

The climatological data given so far, together with the geographical description of the country enable us to discern in this connection, individual climatic zones [129, 150, 151]. An attempt to incorporate the vegetation conditions in this system and thus, in a manner similar to BOBEK's work on Iran [8], to develop "bioclimatic zones", has been made by VOLK [147]. Map number 2 a shows the climatic zones which have been worked out by him which are largely in accordance with geographical-geological regions.

The *Bactrian* and *Turkestan lowland* which is situated to the north of the Hindu Kush, only benefits from rains of short duration in winter and spring which fall for the main part before the beginning of the vegetative period. It has north westerly winds in winter, only short periods of frost and hot, dry summers.

The central *mountain region*, the so-called *zardsir* or cold region, is characterized by precipitation throughout the year, and long, cold winters with continuous frost at the higher altitudes. Snow falls are in part heavy but the summers, albeit short, are fresh.

The hot *desert region* in the south—the *garmsir*—is, on the other hand, delimited by the growth-line of the date palm in the north at about the altitude of Farah. It is completely free from frost and thus suitable for the winter grazing of the nomads' herds; in summer, however, the area is almost unbearably hot owing to the winds which flow down from the north.

The *transition zone,* itself determined by geographical circumstances, is an area of steppe and semi-desert between the *garmsir* and central mountains. It continues to experience something of the summer monsoon influence in the east, but enjoys only scant precipitation which falls predominantly as spring rains in the east of the area, whereas in the west where Mediterranean influences are still effective they are winter rains. The lower altitudes have no continuously frosty periods but the higher areas show well defined winters.

Eastern parts of the country, including the subtropical fruit-growing Jalalabad basin as well as the border mountains, are, however, strongly affected by the monsoon. The lowland basins are very hot in summer, frost-free in winter and are equally as useful for winter grazing. Summer rains also fall in the mountains and because of these climatic singularities extensive forest areas have been able to develop.

6. Climato-Physiological Effects

As a rule foreigners living in Afghanistan can tolerate its arid climate very well, and the marked distinctiveness of the seasons and the sensible temperature drops at higher altitudes are in particular considered to be pleasant. In the beginning when one stops in the highland some shortness of breath may be experienced at times, but this is a result of the low oxygen pressure and the organism quickly adapts to it.

Heat stress [20] is comparatively limited in the highland. At the altitude of Kabul and higher up a marked feeling of sultriness in the hot summertime and especially at the noonday and afternoon hours is rare and of a passing nature; as a rule the threshold of absolute humidity (i. e. a vapour pressure of 14.08) is only rarely attained in the highland. In the lower areas of the country, as for instance at Kandahar, the humidity threshold is exceeded much more frequently and in Jalalabad and in the *garmsir* of the south the summer months are accompanied by continuously high vapour pressure values, which, because of the inadequate evaporation of perspiration, cause a sultriness which is extremely taxing. At lower altitudes when temperatures rise considerably above 32° C., the winds are no longer cool and refreshing but hot, with the result that during the summer months the stress conditioned by the climate in the northern, southern and eastern provinces can be important. Only those persons who possess a very sound circulation should be selected for summer residence in hot regions, particularly if the daily work is connected with heavy physical exertion. Figures 4 a—c (reverse of Map 2) for the compilation of which we are indebted to K. Daubert (Bioclimatic Research Centre, Tübingen), show the climato-physiological peculiarities mentioned above and compare those of Kandahar, Kabul and Jalalabad.

III. Flora and Fauna

1. The Natural Vegetation

The most up-to-date investigations have established the existence of many species unknown or at least unnoticed in Afghanistan until now and these have shown that the flora of the country is much more abundant than had previously been supposed. Above all a marked dependence of plant communities on soil, climate and altitude has been established and in the mountain regions particularly, a horizontal division of the vegetation similar to that in the Himalaya [121] is clearly to be recognized [92, 93, 146]. As in the animal kingdom, so too in the vegetation Mediterranean influences—and in the hot areas tropical Indian traits—are recognizable [48, 95]. The ensuing sketch of individual vegetation zones is based essentially on the bioclimatic zones put forward by Volk [147] (vide Maps 2 a and b), but naturally it does not present an exhaustive description of the plant associations *.

In the north of the country, that is in *Afghan Turkestan,* the *Salix, Populus* and *Tamarix* species, together with saxaul bushes and, among the grasses, the high *Erianthus* species predominate in the zone along the banks of the Amu Darya [93]. In the steppe-like plain south of the river, the soil of which consists in the main of the finest loess, only the spread of plants with a short development period is possible because of the brief period of winter rains. Cornfield-like stands of therophytes (*Aegylops, Lepturus, Hordeum,* crucifers, composites) mixed with geophytes (e. g. *Carex pachystylis*) are characteristic. Spring brings a short period of splendid greening and flowering, but thereafter there is the impression of the dry, brown, steppe landscape which remains fundamentally indistinguishable from the Soviet steppes north of the Amu Darya. Along the mountain edges are found stands of *Pistacea vera* trees as well as extensive stands of artemisia, whilst on the edges of irrigation channels and river banks there are *Erianthus* species (*Erianthus ravennae;* vide Plate 6 d).

The central mountains have an arid highland climate with relatively long winters. They thus possess conditions for the development of vegetation which are different and display various relationships with the flora of High Asia. Tall plants recede markedly and the *Eurotia-Artemisia* associations as well as thorny cushion plants, poor in leaves, such as *Acantholimum erinaceum* (Plate 6 b) and species of *Acanthophyllum* which form the so-called "hedgehog steppe" are characteristic. Apart from these, there are species of ephedra, festuca grasses, perennials and camel thorn (*Alhagi maurorum*) as well as tragacanth bushes, *Juniperus nana* and on the northern slopes of the Hindu Kush even tree junipers (*Juniperus seravschanica;* Plate 7 a).

The southern desert area of the *garmsir* present quite a different picture. On the cuesta of the contiguous mountains can still be found artemisia steppes and ephedra stands; Neubauer [93], moreover, mentions, *inter alia, Pistacea cabulica,* lonicera, cotoneaster and *Prunus eburnus.* In late summer south of Girishk we saw extensive and splendidly flowering stands of violet *Halarchon vesiculosus* (Chenopodiaceae). In addition large stretches of halophyte flora, probably resembling that of south east Iran, can be found [93]. Saxaul bushes and *Aristida plumosa* and, in localities with high ground-water levels, salicorns and other chenopodiaceae, as well as halophile tamarisks, are to be found according to Volk [147].

---

* Botanical nomenlcature according to M. Køje and K. H. Rechinger: Symbolae Afghanicae, Vol. I—V. Copenhagen, 1954—1965 [76].

In the transitional zone—the steppe and semi-desert region with altitudes of 900—1,800 m. in the west and 1,200—2,600 m. in the east—artemisia associations are characteristic in many places and they are accompanied by cousinia, *Amygdalus nana*, *Melica cupani*, *Aristida cyanantha*, *Rheum ribes*, *Carex pachystylis* as well as species of eremurus, iris and tulip. *Pistacea cabulica*, *Amygdalus communis* and sparse rose bushes are also cited; near Istalif on the eastern slopes of the Paghman mountains there are stands of *Cercis griffithii* (Judas tree, *arghowan*) which are well known to most foreigners living in Kabul. On the whole it is a steppe vegetation, closely related to that of eastern Iran, which spreads along a broad front from Khorassan to the east [147].

Larger blocks of forest are only found south of the Hindu Kush in eastern and south eastern Afghanistan which comes under in influence of the summer monsoon. The dependence of forest formations on altitude is self-evident [60, 72, 92, 146]. At lower and middle altitudes *Olea cuspidata*, *Zyzyphus* and *Reptonia* are found; the zone of evergreen hard-leaved forest extends from 900 to 2,200 m. and it is a mixed wood zone in which *Quercus baloot* predominates. Above that up to a height of about 3,000 m. *Pinus griffithii*, *P. gerardini*—in moist places even *P. excelsa*—but above all Himalayan cedars (*Cedrus deodora*, Plate 7 b) form extensive coniferous forests which are regarded as being the south western extensions of the Himalayan forests [92, 111]. There are scarcely any completely untouched forests left in Afghanistan and in the case of the entire south eastern forest area of the Sulaiman Mountains in particular the forest is being used by the timber industry and has been markedly cleared in many places. The Afghan government, helped chiefly by German aid, has already begun the necessary preliminary work on maintenance and reafforestation of the woodlands, particularly in the Pactia Province.

The *Jalalabad lowland* already presents a largely sub-tropical flora which differs greatly from the Iranian-Turanian vegetation realm of the remainder of the country. VOLK [147] mentions *Acacia modesta*, *Dahlbergia*, *Chamaerops ritcheana* and *Carualluma*. We observed *Callotropis procera* (Asclepiadeaceae, Plate 6 c) in abundance on the road from Sarobi to Jalalabad and even sugar cane cultivation is possible in this area; not only did we find *Saccharum spontaneum* (Plate 6 a) here but also noticed it in damp localities in the vicinity of Girishk. The steppes of the eastern and south eastern region up to a height of about 1,200 m. are equally marked by elements of the palaeo-tropical flora.

In summary the picture of vegetation that emerges is that peculiar to the arid countries of western and central Asia. It would appear that in the field of vegetation Afghanistan makes up a far-reaching uniformity with the remaining countries of the Iranian-Turanian area. This is also brought out in *Map No 2 b*. The south eastern region alone presents an exception since numerous sub-tropical attributes are noticeable in the vegetation there.

Medicinal plants are numerous; VOLK [149] has so far recorded 173 drugs in the bazaars of the country which are being used in the native treatment of patients on account of their pharmaco-dynamically active substances. Without concerning ourselves with medical indications and the method of application we list a few examples of some species like *Artemisia* div. spec.,

Atropa acuminata, *Bryonia* (cucurbitaceae), *Cannabis indica* (hashish), coloquinth, *Datura strammonium*, *Ephedra*, *Ferula* (Asa foetida; *hing*—which is still exported to India), *Foeniculum vulgare*, *Glycyrrhiza glabra* (Radix liquiritiae), *Hyoscyamus reticulata*, *H. muticus*, *Papaver somniferum*, *Paganum harmala*, *Punica granatum* (pomegranate, *anar*), *Rheum ribes* and tragacanth species.

For further details on the systematics and ecology of Afghan plant communities the reader is referred to: BORNMÜLLER [10], GRIFFITH [48], HAECKL and TROLL [49], KERSTAN [72], KØJE and RECHINGER [76] and NEUBAUER [93].

2. Zoo-geographical Survey

In the ensuing section only the most important representatives of the relatively numerous species of wild life in the Afghan area, in which Mediterranean palaeo-arctic species encounter Indian and Ethiopian sorts, are mentioned [60, 95, 155].

In the course of time big game have been progressively driven back into the remote mountain areas. It would appear that bears were seen in the wooded mountains of Nuristan only a few years back [140], and the Siberian tiger is said to have lived in the area of the upper Amu Darya until quite recently [112]. So too, leopards have withdrawn more and more to inaccessible mountain regions. Wild asses are possible still living here and there in the south west of the country. During the cold winters of the late Thirties and early Forties we saw wolves venturing even as far as the immediate vicinity of the Kabul suburbs. Evidence of trichinosis in the wolf (*Canis lupus*), swamp lynx (*Felis chaus*), the jackal (*Canis aureus*) and the red fox (*Vulpes vulpes*) may be of medical interest [343, 344, 345], and in this connection the existence of wild pigs should be mentioned. For further details on trichinosis in Afghanistan vide page 126.

Wild sheep are said only to have been sighted in the Wakhan Mountains, but Asiatic mouflons have also been seen in the central mountain ranges [60]. Amongst the game animals gazelles and ibex inhabit the steppes and mountains. Camels no longer belong to the wild fauna, although it should be mentioned that the home of the Bactrian camel lies in the north and that of the dromedary to the south of the Hindu Kush, so that the mountains form the faunal boundary between the two species. Monkeys as representatives of the the Indian fauna are known only in the south east of the country, i. e. south of the Hindu Kush.

Among the *small mammals* the insectivora, lagomorpha, chiroptera and above all the numerous rodents which live for the main part below ground should be mentioned [85, 96]. In particular the *Rhombomys opimus* LICHT (Gerbillidae), which lives in the northern loess-steppes and acts as a reservoir for rural dermal leishmaniasis, is epidemiologically important (vide page 102). Jumping hare and porcupine (*Hystrix indica* spec.) are widely known [25].

The *bird kingdom* is represented by several hundred species [95]. Pigeons, rock partridge, and quail are mentioned by HUMLUM [60]. Vultures and Indian hawks which act as carrion and refuse eaters in the vicinity of human settlements play a part in keeping villages clean. Even in Kabul innumerable vultures lived at Koh Ismai in the 1930's, but they have moved further and further away as the town has been extended in recent years; in fact we encountered none in 1964. The great bearded vulture is said to occur in remote mountain areas, as for example in the Urgun region, to this day. Nothing has yet been established on the subject of ornithoses and their transmission to man. For further details on ornithological findings in Afghanistan the reader is referred to WHISTLER [154].

Reptiles are represented by many species. Monitor lizards of considerable size at times are known in the Kabul area as well as in Sarobi and Jalalabad and several species of agamidae appear to be widely spread in the country [124]. As yet no systematic studies of Afghanistan's snakes have been published. Cobras have been sighted frequently at lower altitudes near such places as Jalalabad, Sarobi and Pol-i-Khumri as well as in the environs of Kabul. There are, however, no details on membership of particular species. *Coluber ravergieri* and *Natrix tessellata* have been found by SMITH [124]. Snakebites have not been observed by myself in Kabul, but in the countryside they are more frequent, even at times lethal since anti-toxic sera are generally not to hand.

Those species of arthropods which do occur are unusually numerous. Scorpions are found practically throughout the country, the most frequent species being those of *Buthus caucasicus*. *Buthotus alticola* and species of Priomurus have also been described [41, 123, 152]. It is seldom that patients suffering from scorpion bites come to the surgery—either they are treated by native means or not at all. Death as a consequence of a scorpion bite has not come to my knowledge. Sun-scorpions (Solpugae) have frequently been seen but proof of the existence of tarantulas in Afghanistan appears never to have been clearly established.

In 1962 an expedition from the Landesmuseum in Karlsruhe made a comprehensive collection of Afghan species of Rethera, Heteoptera, Blattaria, Tabanidae, Formacidae and other insects. Hyalomma ticks (Ixodidae) are almost without exception parasitic upon domestic animals, camels and wild rodents [3, 4, 71]. For the relationship between relapsing fever and those Ornithodorus species which occur see page 106. Anopheline mosquitoes, sandflies (Psychodidae) as well as helminths and protozoa will be considered in connection with those diseases transmitted or caused by them.

IV. The Population of Afghanistan

1. Density of Population

Data on the numbers of inhabitants of the country range between 12 and 15 million. In 1956 and 1960, the number of people including nomads was estimated to be about 12.5 million [60, 100, 155]. The Afghan figures for the years 1343 (1964/65) list 12.5 million sedentary inhabitants and 2.5 million nomads. This would mean an average of 23 inhabitants to the square kilometre, but if the population is set against the area available for agriculture and forestry purposes, the ratio changes to 115 people to the square kilometre. In the following, the present 29 provinces and their capitals with population totals rounded off to the nearest thousand are listed.

1. Kabul (1,177; Kabul 425); 2. Logar (284; Baraki Rajan 46); 3. Nangarhar (752; Jalalabad 45); 4. Kunar (303; Chigha Serail, in future Assadabad 26); 5. Laghman (204; Meterlam 67); 6. Kapisa (317; Tagab 65, in future Sarobi); 7. Parwan (815; Charikar 84); 8. Badakhshan (317; Faizabad 58); 9. Takhar (454; Taluqan 61); 10. Kunduz (373; Kunduz 74); 11. Baghlan (573; Baghlan 92); 12. Samangan (190; Aibak 35); 13. Balkh (325; Mazar-i-Sharif 40); 14. Jawzjan (396; Shiberghan 50); 15. Faryab (399; Maimana 51); 16. Badghis (294; Qalai-Nao 70); 17. Herat (630; Herat 66); 18. Ghor (297; Chakhcharan 56); 19. Bamyan (318; Bamyan 44); 20. Wardak (382; Maidan 50); 21. Paktia (551; Gardez 36); 22. Ghazni (718; Ghazni 40); 23. Urozgan (475; Urozgan 43); 24. Farah (289; Farah 26); 25. Chakhansour (nowadays Nimruz 112; Kang, nowadays Zaranj 16); 26. Helmand (292; Bust 26); 27. Kandahar (682; Kandahar 117); 28. Zabul (329; Kalat 46); 29. Katawaz-Orgoon (512; Katawaz 34).

Rounded off, this amounts to 12.770 million sedentary inhabitants and, including the 2.458 million nomads, to a total population of 15.228 million.

For the presentation of data on the distribution of epidemic typhus and smallpox in Afghanistan (Table VI and XI; Maps Nr. 7, 8 and 10), however, the older provincial division with respective numbers of inhabitants, which was in effect at the beginning of the periods reported, had to be used. Early in the 'fifties, the country was divided into the 12 provinces listed below in alphabetical order: 1. Badakhsahn (0.4 million inhabitants; 10 inhabitants per square km); 2. Farah (0.3; 4/km²); 3. Ghazni (0.8; 27/km²); 4. Herat (1.1; 9/km²) 5. Jenoubi (0.9; 45/km²) 6. Kabul (1.3; 33/km²); 7. Kandahar (1.1; 7/km²); 8. Kataghan (0.9; 30/km²); 9. Maimana (0.4; 16/km²); 10. Mashreqi (1.1; 44/km²); 11. Mazar-i-Sharif (1.0; 18/km²); 12. Parwan (0.7; 28/km²).

According to this figures, Afghanistan had about 10 million sedentary inhabitants at that time; including the 2 million nomads the total population probably amounted to about 12 million [60]. Since the annual increase in population was not recorded in the fifties, the figures for the frequency of the diseases have been calculated during the whole period reported for a total population of 12 million, or for the numbers of inhabitants in the single provinces as stated above, respectively.

The attempt of compiling a map of the distribution of population *(Map No 3)* is based on the data given above, on the size of the different provinces [114 a], on the number of inhabitants of several towns [60], on statistical data kindly made available by H. HAHN [50 a] and on the distribution of settlements discernible in the base map (Map 1). Such a presentation cannot, of course, claim to be valid in all detail, but it does permit the difference in the settlement density of individual regions to be recognized immediately.

The major part of the population lives in the valleys and plateaux in the east of the country which are both fertile and rich in water—i. e. in the Kabul Province (374 inhabitants per km²), Nangarhar Province (102 per km²), the Parwan Province (77 per km²); the Kapisa Province (67 per km²) and in the Paktia Province (57 per km²), followed by the large fruit oases between Kunduz and Mazar-i-Sharif in the north of the Hindu Kush; the density of population decreases steadily towards the west and south west. The desert areas in the south only attain 2 persons per square kilometre in Chakansour and 5 persons in Helmand where the inhabitants are settled in the few cultivable river valleys; at higher altitudes (i. e. over 2,500 m.) too, the land is but sparsely populated (Ghor—10 persons per km²). As is natural enough in an agrarian country the population density thus depends on the possibilities for cultivation as well as on the geographical and bioclimatic peculiarities of the natural regions described earlier. Agglomeration of population in the few large towns of the country and the industrial centres in the process of development has not changed this picture so far. Nevertheless, it is clearly understandable that the density of population can be a determining factor in the spread of diseases.

2. The Population Groups

As a result of the innumerable migrations and campaigns which have ebbed and flowed across the Afghan country in the course of history, the population does not form an ethnic unit but rather a conglomerate composed of numerous racial elements living side-by-side in a social order which evolved gradually.

a) "True" or proper Afghans or Pathans (Plate 8 a) amount to almost half of the total population (about 7 million) [75, 101, 106, 155]. They are not held to be the original inhabitants of the country but an immigrant Iranian-Aryan group. Their real centre of settlement lies around Kandahar and in the Afghan-Pakistani border mountains, but in modern times they have spread more and more into the present West Pakistan and northern Afghanistan. Since 1747 they have provided the royal dynasty as well as the leadership of the army and government and those who live in the countryside are land owners whose wealth is made up of land and livestock.

Both tribal groups of the Durrani in the south and south west of Kandahar and the Ghilzai who live further to the east are broken up into numerous clans. There have been scarcely any anthropological investigations and for the most part members of the Afghan tribes are described as being tall, slim, vigorous and in general mesocephalic [19]. But it is sure that very varied racial elements are represented among their number. As far as their character is concerned they are held to be proud, freedom loving and bellicose with a pronounced sense of honour combined at the same time with extreme hospitableness. Within their tribes they live in accordance with old traditions; in modern times the blood feuds which have been exercised since antiquity are increasingly substituted by payment of blood money and the exercise of the law by the state. The ruling upper class in the towns has received a modern education and is susceptible to all forms of progress [19, 75, 106, 120, 155].

The Afghan tribes are Sunnite moslems. Their language is Pashtoo which was declared the official language in 1936, but until the present time it has failed to assert itself over Persian which is spoken in the towns and by the non-Pathan population groups.

Out of a total of about 2.5 million nomads about 2 million belong to Afghan tribes. They spend the winter in the south and south west of the country and in the spring their caravans together with the herds wander to the uncultivated steppes of the foothills at a height

of about 2,000 m. With the onset of the hot season they move on to the high pastures of the central mountains in order to return to the low altitudes of the south in autumn. The wealth of the nomads is bound up with their herds, the camels, goats and sheep providing them with milk, wool, meat, fat and dung for fuel whilst everyday articles are bought from the population in villages. Wealthy nomads are increasingly acquiring their own fields in the highland which are cultivated for them by sedentary people as lalmi fields (vide page 82) [29, 87].

Some of the Afghan nomads are trading nomads (Plate 7 c and d) who have for a long time constituted an essential factor in the economy of the country. In summer they migrate to the central mountains, taking with them all manner of commodities to areas settled only by villages. There, especially in the environs of the Chahar-Aimak, they stage the great nomad bazaars [98], returning south to the warm valley of the Indus in the autumn, laden with carpets, home-made cloths, dried fruit and other products of the country.

At the same time there are semi-nomads who spend the winter as herders in the eastern parts of the Hindu Kush below the tree-line and the summer on the high pastures. When they visit villages they exchange some of their animal products for everyday articles they need. Pathan seasonal workers who move to the estates during the harvest and find work with the rice crop near Jalalabad in autumn are not "genuine" nomads [29].

Nomadism is an ancient way of life in the entire Arabo-Iranian area and even the black tents are of Arab origin. Migrations always follow the same routes which are laid down for every tribe by an unwritten law. The nomad bazaars are, however, not more than 30 to 40 years old [98], so that the trade of the nomads does not represent an original form of nomadism.

Modern times have brought much change. Trade is in the main carried on by motor vehicles on the main roads; political tensions complicate the crossing of frontiers and the journeys of trade caravans to areas south of the border. Attempts to integrate the nomads with modern economic life, whilst at the same time preserving their ecological peculiarities, are being seriously considered by the Afghan government. The realisation of such plans might take a great deal of time so that, as far as the immediate future is concerned, one cannot visualise the Afghan landscape without the nomad caravans.

b) The second largest population group are the Tajiks (Plate 8 c) with about 3 million people [101, 106]. They belong to the oldest population elements of the country which have been subject to Afghan infiltration in the south and, at a later date, to the Turkmen influx in the north. But even the Tajiks themselves form a group composed of several different elements.

As a rule they are smaller than the Afghans, although there are tall, slim people with narrow cheek bones and aquiline noses among them who are thought to be representatives of an Iranian-Aryan type [19]. They live scattered across almost the entire country in the central mountains, in the northern provinces, in Seistan among the Baluchi population [138], north of the Amu Darya in the Soviet areas and even as far as Chinese Singkiang [120].

The Tajiks constitute the sedentary peasant population which once played a decisive role in the development of extensive irrigation installations. In north eastern Afghanistan they are still largely yeomen, but in the south and south west they have mostly become subservient to the Afghan upper class [106]. In the towns they take over the role of traders and businessmen or work as clerks or in the middle ranks of the civil service. They are held to be an open-minded, progressive people, participating in their own manner in the building of a modern Afghanistan. They are said to be peace-loving and tolerant; they speak Persian and are Sunnite moslems [50, 75, 106, 112, 120].

c) The *Hazaras* (Plate 8 b) who number about 1 to 1.5 million people represent the mongoloid element of the population. They are distinguished by shorter growth, relatively broad heads with high cheek bones and slanted eyes; they probably entered the country in the wake of the mongol conquerors in the 13th to 15th centuries [30, 75, 139]. According to SCHURMANN, they, too, are a mixed population [120].

They live predominantly in the eastern central mountains, that is in the poorest areas of the country, where they carry on some agriculture and stock raising. In towns they form the servant class as porters, road sweepers and domestic servants. As seasonal labourers working on country estates during harvest-time they live in the manner of semi-nomads [29]. The Hazaras are Shiites and only a small group of western Hazaras is Sunnite. Their language is a modified form of Persian which contains numerous Turkish language elements. For details on individual sub-groups and tribes the reader is referred to SCHURMANN [120].

The real *Mongols (moghols)* are a special sort of people, settled in small groups at high altitudes in the Ghorat, in the Herat area and in the Afghan part of Turkestan; their way of life and social structure have been described in detail by SCHURMANN [120].

d) The *Turk peoples* are represented by 400,000 Turkmen and about 1.2 million Uzbeks (Plate 8 d) and ever since the Middle Ages they have penetrated as far as the Hindu Kush from the western Turkestan areas They live chiefly in the north of the country between Kunduz and Maimana, but as traders and settlers in modern times they have migrated as far as Herat and Seistan. They are the producers of Afghan carpets, breed cattle and when living in towns work as traders and craftsmen. Both groups are Sunnite moslems [64, 75, 106, 112].

e) Apart from these there are a number of *small population groups*. In the Wakhan Mountains there live about 15 to 30,000 Kirghiz; in Kabul the *Qizil-Bash*, numbering between 60 and 200,000, a people who belong to the Turk Mongols, are shiite by faith and speak Persian [155]; in the north of Afghanistan there are the *Karakalpaks* about 2,000 in number.

The *Nuristani* who total 60 to 90,000 people, live in the eastern mountains of Afghanistan, the modern Nuristan. They are the former "Kafirs", the unbelievers who were converted to Islam as late as 1898. It is possible that they represent a remnant people—and thus one of the oldest groups in the country—pushed aside by later conquerors. Anthropological criteria point towards relationships with central-Asian, oriental and also dinaric population groups [56]. Housebuilding and native art [124 a] are marked by the abundance of timber from the mountain forests. For details of the languages of Nuristan see LENTZ [79].

The Sunnite *Chahar-Aimak* ("four tribes": Firuzkuhi, Taimani, Jamshidi, Taimuri plus a fifth, the Zuri) are classed among the mongol groups by WILBER [155] but among the Iranic by KLIMBURG [75]. They number about 400,000 to 450,000 people [75, 120, 155].

The Baluchi probably migrated from Central Asia in the first century A. D. Today there are about 20,000 to 70,000 of them, in part living as nomads but mostly sedentary in the southern part of the country. Their language is related to the Dravidian dialects.

In addition there are still some small groups of *Hindus* and *Sikhs* who act as traders, money lenders and bank employees; *Arabs* who moved in in the 8th century appear to have been absorbed by the resident population.

Thus Afghanistan is inhabited by a large number of different population groups, all of which have found their own territory in the course of history; in the course of time there developed an ethno-social stratification which is recognized by all groups and this has followed in its own traditions, continuing until the present day.

The inclusion of an ethnographical map is foregone here since even with the moderately accurate knowledge of the country and thorough study of the sources it is not possible at the moment to locate the habitats of individual population groups more exactly than has been done in existing maps [9, 75, 155].

3. Biological and Epidemiological Aspects

It is scarcely possible to give an account of the *age composition* of the population because registers of birth and death are not kept, the ordinary man is uncertain of his own age and the population fluctuates strongly. Only in the case of the Kabul area has the World Health Organization (WHO) attempted to construct an age pyramid (Fig. 5; reverse of *Map No 3)*; it demonstrates clearly the high infant mortality which must above all be attributed to intestinal infections, whooping cough and measles-pneumonia and, in former years at least, smallpox [266, 267, 386, 399, 457]. After the tenth year of age the mortality declines rapidly and those who have succeeded in surviving the numerous infections of infancy stand a relatively good chance of reaching old age. For details on the economic importance of the population pyramid the reader is referred to HAHN [50].

There have been several investigations into the distribution of *blood groups* within the different *population groups* of Afghanistan and its neighbouring countries [6, 11, 12, 16, 81, 82, 88]. The results of the more important work, including tests [7] carried out at the Kabul blood bank, and related to the 0AB system, show the high proportion of the B constituent in all groups—a situation characteristic of Asian peoples—, and most clearly marked among the Pathans. Group A dominates in part among the Tajiks and group 0 among the Hazaras. Only among the Turk peoples do groups A and 0 outnumber group B, but even among them the relatively high proportion of B-carriers is unmistakable (Table IV). Any determination of distinct "serological races" within the Afghan population is not possible on the basis of hitherto published research results, particularly so since some of them are but small series of observations which can scarcely be statistically evaluated.

Special *disease susceptibilities* among individual population groups have not been established with certainty. It is true that leprosy occurs predominantly among the Hazaras, but this is no longer considered as an indication of a racially-conditioned disease susceptibility, but far more as the result of a general weakening of resistance by need, poverty, lack of hygiene as well as impoverishment of the organism by vitamin deficiency, and possibly shortage of cholesterine as a result of continuous malnutrition (cf. page 115).

Relationships between *blood group membership* and *diseases* have likewise been suggested more than once but cannot be proved convincingly in Afghanistan. Neither the assumption that the inhabitants of plague areas manifest only a low 0-frequency because the carriers of the group have a selectional disadvantage towards plague, nor the view that the in part low A-frequencies can be seen in connection with the epidemic occurrence of smallpox, endemic there since time immemorial [102, 144, 145], can be deduced from the data of Table IV. In any case much more comprehensive investigations than are as yet available would be necessary to prove the selective disease susceptibility of members of particular blood groups.

That *nomads* can potentially act as malaria carriers is held to be certain [270 a, 389, 435] (cf. page 101); at times cholera and relapsing fever have been spread by nomads in just the same way and in earlier times the great waves of plague from Asia to the West have frequently followed the routes of trade caravans.

V. People and their Way of Life

However varied may be the racial elements within the population of Afghanistan, there have developed relatively similar or even identical ways of life. In a country that still lives mainly within old, natural bonds, soil and climate largely determine building type and settlement forms as well as agriculture, stock raising and nutrition and lastly even the manner of communal life of people within their communities. Old traditions and customs have been retained until present times and especially so among the rural population; only our present times have created modern genres de vie, alongside which the older forms have managed to retain their place. It is therefore the objective of our further description to discuss the "organically-aged" forms of civilization which permit a particularly clear recognition of their originally close relationship to epidemiology, and also to clear the view towards the new developments of modern times.

1. House Construction and the Layout of Settlements

Apart from the tents and yurts of the nomads and semi-nomads, the *cave dwellings* laid out by the Hazaras in the loosely compacted conglomerate walls of the central mountains are the simplest building form. They permit no kind of sanitary installation.

In the *high mountains* where the production of air-dried bricks is impossible, houses are built from boulders. They are covered with a flat roof based on poplar trunks and finished off with reed or straw mats, twigs and a lining of *gill*—that is, a wet loam mixed with salt and chopped straw and well compacted. Windows are for the most part absent and as a rule there is a single low entrance and an opening in the roof for the escape of smoke. Cooking is often done over an open fire in the room, cakes of dried dung serving as fuel. This form of building (Plate 9 a) is found at almost all extremely high mountain altitudes and although it offers protection against cold, rain and snow it is equally unable to permit sanitary installations. Purely *timber buildings* exist only in the wooded mountains of the east and south east of the country [94, 95].

In the *alluvial cultivation areas* the house is supported either by a framework of poplar poles, filled by air-dried loam bricks and dressed with *gill*, or by massive and at times robust walls made of green bricks which afford good protection against heat, cold and earthquakes. As in many arid regions, the roof is constructed in the manner described above and forms a much used part of the dwelling during the warm season. The houses are almost without windows facing on to the alleys. In earlier times there were no glass windows and those window openings which might have been looked through from outside were closed by beautifully carved or mosaic-like sliding shutters of wood which are still to be seen in old houses; in densely settled parts of villages and towns, additional vertical protective walls were erected with the intention of barring the view into neighbouring houses (Plate 9 d) [32, 40, 50, 60, 94, 95].

The *durability of these houses* is short unless continued care is taken over the maintenance of walls and roofs; usually one part after another is substituted by new additions or alterations after a short time, with the result that in the course of time an intricate tangle of buildings, not lacking in a certain romantic and picturesque charm, is created [50, 95].

In the southern areas of the *garmsir* as well as in the north of the country where few poplars grow or termites endanger wooden structures, the place of flat roofs is taken over by *dome-shaped* ones which probably represent one of the oldest forms of construction in the Iranian-Turanian area (Plate 9 c).

Rural settlements are situated in the river valleys and are often supplied by open irrigation ditches, the water of which is frequently of doubtful hygiene. The Afghan landlord lives amidst his fields in a spacious and strongly-walled fortification—the *qaleh* (Plate 10 d). In old times the *village* was also surrounded by walls, but has long-since outgrown its frame. New buildings are made in the old style and after a short time they are no longer distinguishable from the old. Almost every village has a simple mosque as well as its *siarat*, the grave of a saint, which is surrounded by trees and often provides a quiet place of tranquillity and contemplation.

Towns, which have grown up at the intersection of traffic routes, on large rivers or in the fruit-growing areas, frequently allow the plan beneath the castle hill to be discerned (Kabul, Herat, *Girishk*, for example). The construction of the *urban house* is principally the same as that of village buildings, but for the fact that scarcity of space prompted the development of multi-storeyed buildings at an early stage [50, 60, 95]. The old towns of Kabul, Ghazni, Kandahar and Herat still show the old plan remarkably clearly.

At the centre of every settlement, be it town or village, is the bazaar, where—in larger towns arranged by streets according to craft and trade—businessmen, traders and craftsmen offer their goods and skills, where news is exchanged and the menfolk meet in tea rooms; in total it forms a microcosm, embodying in its atmosphere the traditions of centuries. The old bazaars of Kabul, Ghazni, Tashkurghan, Mazar-i-Sharif and Herat, part covered-over to protect from solar radiation, were until recently the most charming of any known to us. Nowadays, however, many of the old bazaars have been reconstructed in the course of modern development.

There are practically no *sanitary installations* in the old houses. During the dry season a great deal of dust builds up and in the rainy season entrances, stairways and even the floors of living rooms—which are made of compacted loam—are muddy unless they are covered by mats or carpets. In spring the rain drips through leaky roofs into the rooms of the upper storey. Under simple rural conditions there are no baths, whereas in the country only the houses of the well-to-do can boast a sort of showerbath in which one can rinse onself by pouring water over the body from a bowl or jug. The use of static water, including that in a bath, is not permitted for the moslem who conducts himself in accordance with old customs and for this reason even the public baths in the old part of Kabul are arranged in keeping with this rule.

Due to the lack of wood and coal, *heating*, although necessary in the cold season, is inadequate. Stoves are unknown in old houses; a simple metal basin (the *mangal*) filled with glowing charcoal is placed beneath the *sandali*, a table-like rack that is covered by a blanket which hangs down low on all sides, so that a sort of micro-climate is created in which the entire family, seated on the floor and with the blanket pulled up to the shoulders, huddles together. This place also serves as the sleeping area at night—a fact which increases the danger of passing on lice and with it the spread of typhus.

Protection from mosquitoes, so important in the summer months, was quite impossible until the introduction of insecticides.

Kitchens in old houses are dark and badly aired and cooking with charcoal is carried out over primitive stoves. It is a matter of some admiration that Afghan housewives and their cooks succeed in producing such rich and good meals under such simple conditions.

Water supplies in the older parts of towns are in most cases open to objection. Kabul, however, was the first town in central Asia to have a water supply brought from the nearby Paghman Mountains as early at the 1920's and this was at least able to supply the suburbs; in the old core of the town there are standpipes from which water is taken to the houses in water bags made from animals skins. In addition there are wells, the water of which is not reliable.

Latrines are lacking altogether in some villages, but shaft latrines, which are widely used in arid zones, serve the majority of people. These have a shaft which is open at the lower end and leads to the alleyway from which it can be emptied as need arises. Piped sewerage is everywhere lacking and in the old residential areas sewerage effluent is let out into the back lane through a pipe where it quickly seeps into the porous soil or, thanks to the aridity of the air, evaporates.

In *modern times* many up-to-date plans have been put into effect. In Kabul, Kandahar, Herat and other large towns extensive open-style suburbs have been created [50, 107, 108]; detached houses with irrigated gardens stand behind high, peep-proof walls. For a number of years burnt bricks and a flat hip-roof of corrugated iron have even been used. In the loft tanks have been installed and these are filled with water from the Paghman once a day, and drainage pits which clear away dirty water and faeces have proved very successful. Wood-fired stoves, or in rarer cases stoves using coal mined in the country, as well as mosquito protection and modern bath installation, are part of the equipment of a modern detached house. Kitchens which used to be located near the servants' quarters, tend to become more and more integrated with the residential part of the house; even electric cookers and hot-plates are being accepted.

During the 'sixties *new plans* have been pushed ahead *in the capital* at a speed which at times is truly astonishing. Roads are being covered with asphalt, large and well-designed government, hotel and business buildings have been erected in the city (Plate 10 a) and gradually, even in the suburbs, the walls which enclose private properties seem to disappear in favour of visible gardens. Deep wells provide drinking water of irreproachable quality in some of the hotels in Kabul and Kunduz and as in Kabul, so in Khost, new water springs have already been opened up by the "Deutsche Wasserwirtschaftsgruppe Afghanistan". Road traffic has been transformed; camel caravans have disappeared from the scene and cars and 'buses dominate the capital's traffic which is regulated by traffic lights. The modern buildings of the ministries, the university and hotels are signs of a well planned reconstruction programme which points to the future and gives Kabul a new but nevertheless individual character.

In the case of new large-scale developments in the Helmand district, particularly in Lashkargah with its widely-spaced and dispersed manner of building (Plate 10 b) architectonic as well as hygiene viewpoints have been borne in mind and combined in a fortunate way.

At the same time Afghanistan strongly adheres to beliefs and traditions from earlier times. There are only a few significant religious buildings in the country; although the *mosques* of Herat (Plate 10 c) and Mazar-i-Sharif belong to the more impressive tiled buildings of the Islamic world. They are still visited by believers and the newly erected mosques in Kabul and Lashkargah show how very much alive are religious traditions in Afghanistan even at the present time.

2. Farming

a) *Agriculture.* Although only 10 per cent of its entire surface is used for agricultural purposes [75], Afghanistan must be described as an agrarian country; 85 per cent of the population earn their living by agriculture or stock raising [505]. The pattern of agriculture, however, varies considerably in the different parts of the country according to soil, climate and altitude. About half the tillage is based on irrigation, the other half on rainfall agriculture. Besides this there are grazing areas in the highland, so that a comparatively large part of the total country is turned to good account. Two thirds of the arable fields are situated north of the Hindu Kush, the remainder in the valleys of the Helmand, Heri Rud and Kabul rivers [115].

In the fruit oases of the river valleys, especially in the east, south and west of the country as well at lower elevations in the north, tillage is still based on *irrigation* as it has been since time immemorial [32, 40, 48 a, 50, 59, 95, 119]. The irrigation ditch *(jui)* branches off from the upper course of the river and runs for many miles, quite uncovered, across the slopes with only a slight rate of fall (Plate 11 b). By breaking the channel the water is guided to the fields, which are arranged in terraces and surrounded by low walls (Plate 11 c), and runs from one field to the next lower one with the effect that a relatively small amount of water serves the largest possible area. The *karez (qanat* in Iran) which runs below the surface, is known in the west and south of Afghanistan as well as in Kohdaman. The sharing of water is carried out in accordance with old, customary water rights [28].

From a *hygienic* and *epidemiological* angle these open irrigation channels are by no means unobjectionable. As the water is contaminated in a variety of ways—even by animal and human excreta—but on the other hand also used for drinking as well as the washing of lettuces and other raw vegetables, the spread of bacterial infections, as in the case of the cholera epidemic in 1960, and of amoebic infections, remains a constant likelihood. The enclosed *karez,* however, carries clean water as a rule and this can quite well be used for drinking purposes. The *juis* at least are unsuitable as breeding places for anopheles since they do not contain water at all times and are thus unimportant in the spread of malaria.

At heights above 2,200 m. and also at lower altitudes in the north, there is a good deal of *rainfall agriculture,* a practice which requires large areas of land if it is to prove worthwhile. Being situated high up in the mountains, the *lalmi* fields cannot practicably be manured and need a fallow period of 8 to 10 years for every two years of cultivation. The upper limit of tillage is at about 3,400 m. and even higher sites may be used as pastures by nomads during the summer months [48 a, 48 b, 65, 95, 148].

Crops grown are wheat (1.95 million t annually), barley (378,000 t), millets, rice (319,000 t) and legumes and, increasingly in modern times, rye as well as maize (713,000 t each); oats, however, are not important [114 a]. Where cultivation is based on irrigation—the growing of winter wheat is possible up to a height of 2,500 m. [60]—water is applied on one occasion in autumn; in spring, 3 to 4 applications are made until the grain is harvested as early as May. In areas below 1,500 m. in the east of the country two crops may be obtained if, after reaping wheat for example, maize or legumes are grown. Above 2,500 m., however, only spring sowing is possible, so that only a single crop can be obtained at higher altitudes. Legumes are used as fodder for cattle, but also for human consumption. *Vicia fava* is grown in many places; favism occurs frequently in many other oriental countries [137] but was not observed by us in Afghanistan. Nonetheless, neurological patterns of disease related to lathyrism (poisoning by *Lathyrus sativus,* also a species of the leguminosae) have been seen in Kabul at times [443].

The *methods of tillage* are ancient. Ploughing is carried out with a hook or grubbing plough (Plate 11 d) which has proved successful for millenia; it merely loosens the surface and saves harrowing afterwards,

and in addition it does not transfer any possible salt efflorescence at the soil surface down to the seed root level [148]. A sickle, the cheapest tool, is used for cutting and it is also the instrument which causes the lowest losses through dropping over-ripe grains (Plate 11 a). Threshing is carried out by oxen (Plate 12 a) in common with places throughout the Orient and the threshed grain is cleaned by throwing it into the wind (Plate 12 d), a process that is good for removing husks but less so for weed seeds. The question, much debated in earlier times, of a link between leprosy and a lingering intoxication from saponiniferous grain impurities (corn-cockle) can only be mentioned here.

The *yields* from tillage in high areas are meagre and in many places they do not exceed a two or three-fold increase over the amount sown. The extensive fields on the fringe of the Turkestan loess steppe in the north of the country, however, return good yields under dry agriculture [106] and in the case of wheat yields of more than 2,000 kilos per hectare have been recorded on good soils [115].

Numerous varieties of *rice* are grown, but on the whole only thick-grained *(luck)* and thin-grained *(main)* rice are distinguished. Areas of cultivation are the Nangarhar Province, Khanabad region, the Heri Rud valley and to a small degree the Kabul basin as well. The fields are kept under water from spring until late summer, that is until harvest time and thus provide good breeding places for malaria vectors [273, 441]; the ban on growing rice within the immediate vicinity of the capital—that is within flying range of the malaria vectors—is thus justified. As the harvested rice is peeled but not polished in the rural rice mills, there is no danger of B-avitaminosis, even where rice is the pre-eminent foodstuff.

The *growing of vegetables* is based on old traditions; carrots, turnips, beetroot, radishes, onions, leeks, lettuces and aubergines have been known for a long time and in modern times there has also been increasingly the cultivation of cabbage, tomatoes and potatoes. For those who recall the Afghanistan of an earlier time, the sight of potato fields in the Logar valley must present an astonishing and unaccustomed picture. In the north sugar beet are grown increasingly but sugar cane is confined to the Nangarhar Province.

The cultivation of *cotton* (17,318 t) in the north of the country has developed to an economically important factor in the course of time [75, 114 a, 115].

The kinds of cultivated *fruit* are numerous. Melons require irrigation to be repeated on at least six occasions, but since the fields dry out again in the intervening periods they are not breeding places for anopheles. Many kinds of stoned fruit and especially apricots, as well as grapes, are grown in Kohdaman, Kohistan and near Kandahar and constitute important export commodities. In all cultivated areas of the country mulberry trees are to be found, but citrus fruit and dates are confined to the hot areas of the south and east.

Modern developments in agriculture which are intended to provide better opportunities for the lives of the growing population as well as to make the country less dependent on imports from foreign countries, can only briefly be mentioned here. The main aim has been to *increase the cultivable areas* significantly [115, 148] by extending irrigation [57, 58, 142]. In the north of the country near Kunduz and in the environs of the old fruit oases of Tashkurghan, Mazar-i-Sharif and Akcha, irrigation systems have been extended or newly developed with the aid of FAO and within the framework of the first Five Year Plan. The existing cultivated areas in the Kunduz valley as well could be extended considerably, and the Koksha project first entered into in 1950, as well as the recently discussed Amu Darya project, show how much the Afghan government is striving to enlarge the cultivated area.

The most important of these enterprises is the opening up of the Helmand District with the waters of the Bogra Canal (Plate 12 c) which starts about Girishk and which is being financed by loans from the World Bank. It will make possible the creation of the new fruit oases of Nad-i-Ali, Marjan and Darweshan as well as enlarging the agricultural area near Kandahar by the waters of the Arghendab Canal (Plate 12 b). So far 70,000 ha. of existing fields in this district have been protected from flooding; another 70,000 ha. have increased their yields by 25 per cent. thanks to improved irrigation and 75,000 ha., 8,000 ha. of which was virgin land, have been opened up in the Helmand-Arghendab valley where wheat, cotton and lucerne are already growing. The intention is to bring altogether some 300,000 ha. under the plough eventually and to provide at the same time a living for thousands of new settlers [86, 105, 115, 132, 148, 149 a, 155]. The recently founded town of Lashkargah is the centre of the newly created agricultural area in the Helmand district and at the same time a symbol of the regeneration of these once so fertile areas.

The *Nangarhar project* which is probably now near completion, is intended to irrigate about 65,000 ha. of fields near Jalalabad [61, 149 a].

For details on the question of the possibility of spreading *parasitic infections* like ankylostomiasis and bilharziosis in newly opened areas the reader is referred to page 126 and 127.

b) *Stock raising.* Next to agriculture stock raising is the second most important sector of the Afghan economy. About three million people, two million of whom are nomads, live entirely or predominantly from their stock which are mainly kept where other forms of land use are not economic or are totally impossible. A peasant may keep one or two cows as draught animals and milk producers for his own needs. The great flocks of sheep and goats which constitute over 80 per cent of the entire livestock population, graze on the meagre steppes or on the highland pastures; if they belong to nomads they also feed on the winter pastures of the *garmsir* in the south. Yaks are kept in the high Wakhan mountains. For the year 1341 (1962/63), 6.6 million Karakul sheep, 16.3 million other mostly fat-tailed sheep, 3.7 million cattle, 2.3 million goats, 0.3 million camels, 1.2 million donkeys and 0.3 million horses were reported, so that the entire population of large cattle amounted to about 30.7 million animals [115]. It is not surprising that animals products like hides, skins, wool and catgut provide up to 40 per cent of the annual export values.

Animal diseases like cattle-plague, liver fluke infestation (especially in sheep) and other parasitic types often lead to considerable losses—up to 20 per cent according to RHEIN and GHAUSSI. To date nothing definite is known about the spread of brucellosis in Afghanistan, but since the neighbouring countries are endemic areas it must be assumed that the Afghan animals are affected by brucellosis [546]—and this is especially so in the case of cattle. A veterinary service is being built up; the vaccination centre in Kabul has already produced considerable quantities of rabies vaccine for veterinary purposes in recent years. In the year 1343 (1964/65) a total of 2,364,00 animals is said to have been immunised against various diseases [134]. For details on human brucellosis and echinococcosis see page 122 and page 125.

Poultry farming concerns itself chiefly with chickens and pigeons; great numbers of the latter are often kept in large dove cots (Plate 9 b), partly to produce fertilizer and partly food—a practice analogous to that in Iran. Nothing has come to our attention concerning bird diseases or the question of ornithoses in man.

3. Nutrition

The greatest part of the population is poor and forced into the strictest frugality. *Bread* and *tea* are the main foodstuffs for 80 per cent of the population [40, 86, 155]. But because the whole grain is ground, the flour contains the entire protein, vitamins and minerals, and the national flat bread constitutes a relatively valuable food. It has only been in modern times that the European type of white bread has been baked in towns, but it has not been accepted with enthusiasm by the native population. Roasted maize cobs can be seen in the bazaars today, but on the whole maize serves as cattle fodder.

Protein is supplied in the main by *milk* and *milk products*. Sour milk in the form of *maast* (yoghurt) or *dogh* (diluted sour milk with cucumber juice and spices added) is nutritious, refreshing and hygienically unobjectionable so long as it is prepared from boiled milk. In any case it is not usual in Afghanistan to consume unboiled milk. *Krout* is a slightly salted, sun-dried cottage cheese which looks like a piece of pumice stone and is offered in the bazaars; it is reconstituted with water and is used to complete vegetable and rice dishes. *Eggs,* although they are relatively cheap to date, are, nevertheless, not within reach of the great numbers of poor people. *Legumes* such as muschong peas, provide further opportunities for protein consumption.

As for *fat* fresh butter is but rarely used, although melted butter mixed with fat of beef and mutton *(roghan)* is popular. The fat of sheep tails *(dombah)* is regarded as a special delicacy, although it is now chiefly used by the rural population.

Meat is only rarely enjoyed by the poor population—that is, once a week or even only once a month [155]. Mutton is the meat preferred in the Islamic countries, especially in the arid zones; beef is not considered as being of top quality. All meat dishes are boiled thoroughly; raw meat is never taken and even the small pieces of meat *(kabab)* grilled on a spit over an open fire and the meatballs fried in butter *(kufta)* are only touched when completed cooked-through. The fact that of all the usual kinds of meat, mutton is the only one not containing human pathogenic parasites at a stage capable of further development in the human body, shows the close connection between religious rule and hygienic measures. Only in the most recent times as consumption of beef increases does the frequency of bovine tape worm among humans appear to be on the increase as well [281; see also page 126]. Pork is still avoided as being unclean. Chickens, pigeons, wild ducks and rock partridge as well as game are only seen on the tables of the rich.

Fruit used to be really cheap but it has increased in price in recent years. The selection available in the bazaars is plentiful almost throughout the year. Dried mulberries, grapes and walnuts are offered everywhere, even during the winter months. *Vegetables* are prepared with much fat in a very tasty way, but do not play the role in Afghan cuisine that they occupy in the European one.

The Afghan national dish, *rice* prepared in many different ways with fat, mutton or chicken and various spices as *pillao*, is a feast for the poor man but makes frequent appearances on the table of the wealthy and is generally well liked by foreigners as well.

Sweet dishes are made from rice- or maize-flour; candied fruit and simple, mainly rather dry rice cakes may be found in the bazaar.

Beverages are chiefly black and green tea, both of which are drunk strongly sweetened. In addition the sour milk preparations mentioned above are also enjoyed; fruit juices are taken more rarely. Recently lemonades, which are rather too sweet for our taste, have also been introduced.

Spices are numerous: *turshi* are sour vegetable pickles, rather like our own mixed pickles. Grape leaves, curry, ginger, leek and onions are much used and the bazaars offer great numbers of different spices—albeit not always agreable to the European taste.

As for *other luxuries*, tobacco smoked from a hookah continues to be enjoyed by the rural as well as the humble urban population as was always the case, but the cigarette is increasing in popularity. Hashish is still frequently smoked but opium, however, has never played so important a role as in neighbouring Iran. Alcohol is avoided by the great majority of population in town and country alike and it is only modern townspeople who have been introduced to foreign habits who often ignore the religious prohibition.

It would be scarcely correct to assume that the *rural population* enjoys a higher living standard than the poorer classes of the urban population because manufactured and imported goods which the farmer is also obliged to buy (cotton, sugar, tea) are so expensive that he must give much of his produce in order to be able to buy them [155]. It is, however, to be hoped that the opening up of large areas for intensive agriculture will gradually improve the standard of living of the rural population.

The most favourable nutritional state, in any case as regards protein supplies, is to be found among the *nomads* whose own stock supply them with sufficient meat and milk. As milk is abundant only for a few months of the year, the surplus is made into melted butter and *krout*, so that a fat and protein supply is ensured for the remaining months of the year. With the nomads too, bread is one of the main foodstuffs; it is bought in the country or made from grain grown in the high altitude fields of the nomads.

The food of the well-to-do *upper class* in the towns is adapting increasingly to international cuisine and although they are expensive, tinned food of all kinds are gaining in importance. The foreigner in Kabul will find many of the canned foods he may want, even though we ourselves have always felt happiest when adapting our diet as far as possible to that of the country.

The *fasting time (ramadhan)* is still observed during the tenth month of every lunar year. It is kept strictly by the majority of the population with the sole exception of sick people, pregnant women and travellers. From daybreak to sunset no eating, drinking or smoking is permitted. In the hot season strict fasting is difficult and towards the end of *ramadhan* a certain paralyzing languor is noticeable everywhere. Despite this experimental tests have shown neither a change in the circulation nor of the mineral metabolism, the blood picture or secretion of gastric juices; only the blood sugar values drop temporarily but rise quickly to their normal level once the fast is over [73, 74, 89]. The educational value of this religious exercise which is carried out by all sections of the people, cannot be underrated in any way even in modern times, even though some of the young enlightened generation are beginning to relax or ignore the old rules of ramadhan.

Geophagy was observed only on extremely rare occasions. It was not clear whether it was related to any deficiency symptoms or just to the bad habits of children. It has not, for example, been proved whether geophagy can effect an increase of re-absorbable calcium and silicates during pregnancy [90].

4. Clothing

The original dress of the Afghans is based on the products of the country and corresponds to the climatic peculiarities. Wide linen trousers with shirts falling down over them which among the Afghan tribes are often beautifully decorated with embroidery or small mirrors sewn on the cloth, the similarly embroidered waistcoats and the loosely-tied turban, the coarse shoes of the men as well as the baggy trousers, the long trailing veils and the top dresses of the women—all these have persisted among the rural population and the nomads until recent times, even though the latter go without a veil but have instead a shawl. In winter a long sheepskin, tanned and ochre yellow and embroidered in red, is worn as protection aginst the cold.

Since the time of Amanullah the international dress of a two or three-piece suit has been accepted by the middle and upper classes and the karakul cap *(kullah)* is widely worn as a head-dress. Since the rule on the wearing of veils has been lifted, Afghan women have developed a fashion sense as well and have quickly adpated to international dress.

5. Beliefs, Traditions and Folk Medicine

The state religion in Afghanistan is Sunni Islam; about 80 per cent of the population confesses the orthodox school of Abu Hanifa, while 18 per cent, mainly the Hazaras and Qizil-Bash, are shiite. The remaining 2 per cent are Ismaelis or members of other religious communities (e. g. Hindus). Even in present times the influence of religion is still strong in many spheres of life among the conservative stratum of the population and the maintenance of his creed, the fulfilment of his prayer commitments, the fasting during Ramadhan, the giving of alms and, if at all possible, the pilgrimage to Mecca, remain close to the heart of a moslem. The belief in fate too, as well as the equanimity of people when enduring hardships, diseases and spiritual troubles are in the final analysis conditioned by religion unless they can be explained by their close relationship with nature. Secularization moves slowly and only then among the young townspeople who have been educated in the modern manner.

The prescribed ablutions, the avoidance of "unclean" dishes, of forbidden luxuries and static water as well as traditional customs at religious and family festivals are, moreover, carefully observed. It is therefore assumed that many religious rules embody an hygienic intent and for that reason it is mentioned but briefly.

Family ties are strong. The choice of a bride is for the most part made by the parents. Only in recent years has polygamy gradually given way to monogamy and this for economic reasons among the poorer section of the population and for ethical reasons among the modern and enlightened generation. Similarly *tribal* ties are of great, even social importance, especially among the Afghan Pathans.

Readiness to help each other is great and nobody will suffer serious hardship as long as he enjoys the protection of a family. The great hospitality which we met among the Afghan population on our travels in the course of many years, whether it was from friends or in the homes of total strangers, never failed to impress us deeply. In the capital, however, traditional hospitality is bound gradually to disappear as modern development proceeds. Nevertheless, I am convinced that it will persist in rural areas for a long time to come as one of the most striking characteristics of the Afghan people. For further details on religious and social customs the reader is referred to KLIMBURG [75] and WILBER [155].

Circumcision of boys is carried out early, often in the first or second year of life, and is associated with considerable family celebrations.

Closely related to the world of belief is the recognition of the existence of *supernatural beings*—of spirits *(jinn),* of fairies *(pari),* of angels *(malak)* and giants *(div),* as well as the souls of the deceased—who may appear to human beings and whose existence is partly acknowledged by the Koran. These beliefs are held especially by the older generation and among the rural population and nomads. Most widely spread is the popular belief in *jinn,* evil spirits described at times as dwarfs with flaming hair and glowing eyes who are said to play pranks on humans [23, 31, 42, 155].

Many features of the old *folk medicine* have survived into modern times [31]. Theurgical elements in the shape of invoking one of the names of Allah constituted the treatment by the mullah. In Afghanistan as well as in Iran, magic squares, constructed in accordance with the *abjad* number series, are drawn on the sick parts of the body whilst prayers are said or written on paper and enclosed in small silver boxes to be worn on the body as talismans or amulettes with the intention of averting or even curing diseases and deterring evil spirits. The depth to which magical prescriptions and traditions are rooted among the people may be appreciated from the fact that even today the simple commodities of daily life are still decorated with old cult symbols [15].

Other popular medical concepts may possibly be attributed to Greek origins. The basic empedocleic qualities of "cold", "hot", "damp" and "dry" are still valid in Persian as well as in Indian medicine today. But the only matters of significance concerning diseases, as well as foodstuffs and medicines, are the qualities of "hot" and "cold". Thus with "warm" fevers no "warm"

medicine is accepted, whereas the "warm" drug is eagerly taken in cases of "cold" fever (malaria with shivering cold).

Little is known about the medicaments handed out by bazaar physicians *(hakim),* but it is worth noting that the drugs used in folk medicine are called "Greek" *(dawa-i-junani,* i. e. ionic or Greek) [31]. For details on medicinal plants which occur in the country see the list compiled by VOLK [149] and compare page 76.

The term *"wind diseases" (baad)* may well be of Greek or Indian origin. Rheumatic troubles, dizziness, headaches *inter alia* may be caused by wind in the body vessels—a view that was probably held in the entire Middle East from Persia to India and even beyond to Tibet.

Blood-letting cures by bleeding or cupping are often applied, as is bloodless cupping. This latter causes a strong local hyperaemia; a small, hollowed pumpkin serves as a suction vessel, hence the term *kadugak. Cauterizing cones,* which according to Hippocratic notions were the ultimate therapy, are applied in cases of chronic disease.

Thus here at the "crossroads of Asia", the meeting point of several cultures, a folk medicine containing Greek, Indian and possibly Arabic elements, has survived, even though it is progressively disappearing in the face of modern western medicine which is highly regarded. It will probably continue somewhat longer only in rural areas.

6. Economic Aspects

The structure and development of the Afghan economy is barely related to geomedical problems and will therefore only be mentioned briefly. The reader who is interested in politico-economic questions will find the field well covered in the subject literature [2 a, 35, 36, 37, 75, 86, 97, 115, 122, 125, 132, 133, 134, 134 a *inter alia).*

Cultural geographical peculiarities and an industrial development that was only started in recent times go a long way in explaining the fact that handicrafts and cottage industry have been preserved until now. It is estimated that about 10 per cent of the tribal population are employed as craftsmen or in small cottage industries [60, 115], and numerous artisans such as the metalsmiths, carpenters, cobblers, tailors, hatters and bakers who work in the open streets of the bazaars, to a large degree determine the life and events in the old quarters of the town. The quality of craftsmanship has, however, suffered greatly in the course of the last three decades on account of the import of cheap commodities from overseas.

Despite this the *manufacture of carpets* in the north of the country, which is largely carried out by girls and women, has been preserved as a cottage industry. The eight-cornered *filpai* or elephant footstep, is characteristic of the dark red carpets of the Afghan provinces and those from Daulatabad and Andkhoi are the best known. The beautiful old colour which was produced in many shades from madder roots is increasingly being replaced by synthetic dyes. The *mauri* carpets which are also made in the north of the country and follow the Bokhara patterns are regarded as the most valuable.

The *modern economic development* of the country had in part been begun before the war, but it has been considerably accelerated in the course of two five years plans with the help of foreign experts and international institutions.

The opening up of *agricultural cultivation areas by* modern irrigation works and the restructuring of stock raising has already been dealt with to a sufficient degree on page 82.

For the extension of *industrial plants*, which has progressed markedly over the last few years, the transport problem (all goods traffic is carried on the roads) and above all the question of power supply have become the key issues [122]. Jurassic coal is extracted from drift mines at Ishpushtah and more recently from pits at Karkhar and Dar-i-Suf near Mazar-i-Sharif. In the year 1342 (1963/64) some 99,200 tons were mined, a considerable part of which was used in the two cement factories at Ghori near Pol-i-Khumri and Jabel-uz-Seraj, so that comparatively little was left over for the remaining industries and private consumption. What is more, transport by lorry across the Hindu Kush increases the cost of coal—which is in any case not very valuable—to such a degree that coalmining is scarcely the means which might halt the cutting-down of the forests in the east of the country which has continued for years [26, 75, 104, 107 *inter alia*).

Mineral oil and *natural gas* have been discovered in the Bactrian plains in the region of Mazar-i-Sharif and Shiberghan. With the use of Soviet aid and particularly in the case of the natural gas, these are to be exploited and exported in part to the U.S.S.R. [104, 115].

In the main Afghanistan is dependent on transforming the existing *water power* into *electrical energy*. Smaller power stations had already been built before the war and since then further plant like that at Girishk (3,500 Kw.), Sarobi (22—43,000 Kw.) (Plate 13 b), Arghendab (30,000 Kw.), Kajakai (130,000 Kw.) and the recently completed Mahipar works in the gorge of the Kabul river below the capital (60,000 Kw.) have been built with the help of foreign aid. If plants like that at Naghlu (50,000 Kw.), Jalalabad (11,000 Kw.) and Laghman (5,000 Kw.) which were still in the process of construction a short while ago, together with those installations which were set up at an earlier date and are run on diesel fuel, are added together it would seem that the total amount of electrical power can guarantee the supply of electricity for some years ahead. In the year 1341 (1962/63) a total output of 149.8 million Kwh. was quoted, but in view of the continuous progress of industrial development this will cease to be sufficient in the already forseeable future. The construction of more plants will become a necessity [115]. The opening up of springs for use in water supplies for industrial development is one of the important tasks of the *Deutsche Wasserwirtschaftsgruppe Afghanistan*.

The most significant branch of industry is that of *textile mills*. In the large factories of Pol-i-Khumri and Gulbahar (Plate 13 a)—the latter with 46,000 spindles and 1,400 looms—60 million running metres of cloth could be produced each year, although the actual production only amounted to 35.8 million metres in 1341 (1962/63). Woollen cloths are only produced in small quantities and of limited quality in Kandahar and Kabul [115, 133, 134, 134 a].

Without any claim that they represent a complete coverage, further *branches of industry* should be cited as follows: the cement factories in Jabel-uz-Seraj and Ghori where about 103,000 tons of cement were produced in 1342 (1963/64) [115, 133, 134]; a briquette factory; a soap and candle factory; a match factory; a stone and marble grinding works in Kabul and in the new Lashkargah; two sugar refineries, the one for cane in Jalalabad and the other for beet in Baghlan, together producing about 7,000 tons a year. In Kandahar there has been a fruit-canning factory for years which started from small beginnings. A new plant designed to produce dried fruit, canned fruit and fruit juices from about 35,000 tons of fresh fruit annually began production in 1962 and of late Kabul has got a plant for the processing of grapes into dried fruit. In the field of tanning which is economically important as far as sheep raising is concerned, there is still room for improvement [75, 115].

For information on the *ores* which occur in the country, mining of which has started in some parts as well as on rock salt deposits see page 70.

The *export balance* is headed by karakul pelts which number about 1.5 to 2 million pieces, most of which went to the U.S.A. These are followed by fresh fruit (23,000 tons), dried fruit (22,600 tons), wool (5,750 tons), cotton (9,370 tons) and carpets amounting to 164,800 square metres, as well as hides and gut. On the other hand, *imports* consist in the main of consumer goods such as foodstuffs (even wheat), cloth fabrics, clothing and shoes as well as investment goods such as fuels, motor vehicles, machines and other basic materials for industrial manufactures [figures for 1342 (1963/64); 75, 115, 133, 155].

On the whole the industrial structure of Afghanistan is still in its infancy. The organizing of another industrial centre based on natural gas and mineral oil is planned in the region of Mazar-i-Sharif. But by 1342 (1963/64) only 20,000 persons, that is about 1.4 per cent of the population, are employed in the 72 industrial forms which operate in the country. As a proportion of the current gross national product, industrial production is estimated to have a maximum 5 per cent share [115]. It is therefore clear that Afghanistan is certain to retain the character of an agrarian state for a long time to come.

B. Medical Faculties, the Medical Profession, Hospitals and the Public Health Service

Together with the developments in the agricultural and industrial fields which have been mentioned above, education and public health were in need of modernization. During the years after the war, *primary, secondary, grammar* and *technical schools* have been significantly developed throughout the country. Even the education of women which had been for long neglected, has, thanks to the establishment of girls' schools, been very much improved in recent times. The shortage of teachers, which has been caused by the rapid expansion of educational services, is to be met by the setting up of special *teacher training* colleges [75, 115, 133, 421, 505].

But considering the shortage of physicians, the lack of modern sanitary installations, the high mortality, the malnutrition among a large section of the population and the high infant mortality, it was a matter of special concern to the government to promote the training of doctors, the equipping of hospitals and the organization of a public health service.

I. The Medical Faculties

1. The Medical School in Kabul

In order to counter the urgent shortage of doctors, several European and Indian physicians were called to the country in the 'twenties and 'thirties, and these took up positions in the state service as well as in private medical practice in the capital. Young Afghans—mostly those who had completed their schooling in foreign-language grammar schools—went abroad in order to study medicine.

But above all the Afghan Ministry of Education founded a *medical school (maktab-i-tibi)* as early as 1932. In a shortened three year "crash" course a number of assistant doctors were trained, and employed for the most part in simple ambulances in the country. I myself worked for several years with students of this *maktab-i-tibi* in the out-patient-clinic of the city of Kabul and was most pleased by their eagerness to work and learn. Almost without exception they completed their studies in the university and took the regular state examination. Towards the end of the 'thirties in the course of further developments the *maktab-i-tibi* was closed down.

2. The Faculty of Medicine in the University of Kabul

In 1932, at the same time as the *maktab-i-tibi* was founded, the *medical faculty,* as the first faculty of what was to become the University of Kabul, was set up together with related science subjects. The intention was to offer young Afghans the opportunity of a full period of medical study in their own country. The first generation of lecturers was provided by Turkish specialists and the first eight students left the faculty in 1938 in order to complete their training in hospitals. During the war years the courses were still continued and in the first years after it the lecturers who worked there were chiefly French, and to them must be given the credit for investing the faculty with its present character [214, 460]. The programme of studies in its basic features is adapted to the French system of education; the course is made up of eleven semesters, and after passing the main examinations the doctor's degree is awarded without a special oral examination or submission of a thesis. The French lecturers taught in their own language, interpreters translating sentence by sentence—an undoubted disadvantage which made the courses more difficult and slowed them down. Nevertheless, the development of the faculty progressed well and already in 1950 the following seventeen chairs had been established: anatomy, histology, physiology, bacteriology and hygiene, internal diseases, surgery, neurology and psychiatry, paediatrics, dermatology and venereology, otology, ophthalmology, radiology, forensic and social medicine,

pharmacology, bio-chemistry, gynaecology and epidemiology incl. infectious diseases [214]. Gradually as their contracts came to an end, the positions of the French lecturers were taken over by *Afghan staff,* that is by colleagues who had studied abroad or undergone further training in foreign hospitals. They now represent the majority of lecturers in the pre-clinical and clinical subjects in the medical faculty of Kabul University [75, 115].

After the war, buildings to house the department of *pre-clinical studies* were erected in Aliabad and equipped with the most necessary installations and apparatuses. The greatest difficulties were encountered in the course of anatomy instruction, which, due to an interdict on the dissection of corpses being in existence until 1948, had to be given with the aid of models and teaching diagrams—a procedure which could achieve no more than an incomplete understanding of morphological, topographical and functional anatomy among the young medical students [75, 155].

Clinical instruction was conducted in Aliabad University Hospital, opened in 1939 and containing 350 beds, as well as in the hospital for women which had 150 beds. Since an examination of women patients by male doctors was almost an impossibility in those days, gynaecology and obstetrics were first presented by a German and Turkish, and later a French, female doctor. In addition the state out-patient clinic with its vast number of patients, the tuberculosis sanatorium and the neuro-psychiatric ward (80 beds) were available for clinical instruction purposes.

The *student numbers* increased every year and already in the 'fifties, but particularly after the abolition of the veil in 1959, more and more women attended medical courses. In 1963, 104 of the 644 undergraduates were female, and of 655 enrolled in 1966, 111 were women [75, 386]. As specialists for women's diseases or for children, in the struggle against T. B. and in the social services—in short, wheresoever the establishing of contact with the women in patients' families is important—female doctors can perform the most beneficial work, and particularly is this the case where the prejudices handed down from olden times have to be gradually replaced by modern concepts [421]. In the period from 1932 to 1967, 758 young doctors of both sexes had completed their studies at the medical faculty of Kabul University, although many of them had ceased or had never practiced their profession [386].

Dental training still leaves a lot of room for improvement. So far no dental department has been set up within the medical faculty, although a new dental school is being built in Kabul and one of its tasks will be the training of dental personnel.

A *nursing school,* founded in 1936, is, however, attached to the medical faculty; in 1966 it was attended by 77 male and 75 female pupils [155, 386]. There are, moreover, training facilities for *male* as well as *female technical assistants* and for *radiology assistants.* Although many students who completed their training in these schools have taken up positions in hospitals and institutions in the course of recent years, there is still a great demand for trained personnel to assist the medical service.

In the years during and after the war, further faculties were established and since 1946, Kabul has had a *university* which now comprises eleven faculties. Apart from the medical faculty founded in 1932, there are now a faculty of law (1938), one of science (1942), one of arts (1944), one for theology (1950), and others for technology (1956), agriculture (1956), economics (1957), pharmacy (1959) and pedagogics (1962). Since 1962 there has also been a faculty of domestic science which is attended by female students only [75, 134, 386].

The Afghan government has done everything possible to press forward with the development of the university. In 1964 the number of academic staff, including assistants taking part in teaching, including 64 foreigners, amounted to 503; thus with a total of 3,126 students the staff/student ratio was about 1 : 6, undoubtedly a satisfactory proportion [114 a, 134]. In order to raise the standard of teaching, the Afghan Ministry of Eduation has entered into partnership with overseas faculties—as for example, the connection with the medical faculty of Lyon and La Sorbonne, with the natural science and economics faculties of Bonn and Cologne respectively, lecturers from which are given leave of absence to teach in Kabul as guest lecturers. From time to time Afghan lecturers are given scholarships for further studies overseas. The hospitals and departments at Aliabad have been enlarged and as a start to the grand project of an all-inclusive university city at Aliabad, new lecture halls, a library and a student hall of residence with 1,200 beds—most of which are arranged in 2 or 3 bed rooms—plus its own laundry, bakery and modern refectory where European food is also served, have been built (Plate 14 b—d).

If teaching has been well to the fore at Kabul University so far, then the task of the near future will be to develop scientific research as well, and in this endeavour the participation of foreign guest lecturers ought to be particularly helpful. The beginnings of this are already discernible and the inception of such scientific periodicals as the "Geographical Review" or the zoology and parasitology-oriented "Science" as well as the "Afghan Medical Journal" to name but three, may provide the incentives for the young Afghan in the investigation of scientific problems—numerous enough in their own country—and for the publication of their results in their own specialist journals.

During my last visit to Kabul I was deeply impressed by students and teachers alike who appeared to be genuinely convinced of the necessity of their activities and to be motivated by a serious sense of responsibility for the tasks of the future. Anyone who has followed the development of Kabul University over a period of three decades from its start to its present state cannot encounter the present level of progress without approbation and will also face the future development with a feeling of confidence.

3. The University of Jalalabad

In 1963 a second university was founded in Jalalabad. It is primarily intended for school-leavers from the hotter parts of the country who take their examinations in May and are then required to wait until the beginning of term in Kabul in March of the following year. With Pashtoo being spoken, the character of an Afghan university is emphasized.

At the time of its foundation only the *medical faculty,* the departments and wards of which are still in need of further improvement, offered courses for under-

graduates, although in recent times a *Faculty of Agriculture* has been added as well. So far no further faculties have been opened.

II. The Medical Profession

Even in the 'thirties, foreign doctors who were employed in the faculty of medicine and in the municipal out-patient clinics also looked after a substantial part of the medical practices in the city. There were already some Afghan doctors in addition who had studied abroad, but these were appointed in increasing numbers to leading positions in the medical administration, which has always been in Afghan hands although advised by foreign specialists. Thus the already too small numbers of practicing physicians were further diminished and in the 'forties the lack of doctors, even in the capital, was still very strongly felt. The medical service in provincial towns and in the country areas was totally inadequate at that time, however, and out-patients often travelled for several days from remote places in order to be medically examined and treated in Kabul.

In the years after the war the *number of doctors* increased every year, albeit slowly. In the year 1955 there were about 200 physicians [500, 540]; i. e. with an estimated population of 10 to 12 million inhabitants there was one doctor available for every 50,000 to 60,000 persons in Afghanistan. In 1960 WILBER [155] placed the number of physicians at about 300, and in 1343 (1964/65) there were 427 resp. 441 in the entire country [134, 134 a]. At present Afghanistan has about 546 doctors according to Survey of Progress [134 a], that is with a population of 15 million, one for every 27,500 inhabitants. By comparison with other countries in the Middle East it is considerably understaffed with doctors, even at the present time [540], the more so since specialists and hospital doctors are contained in this total, although they rarely or never take over general practitioners' duties.

Furthermore the *distribution of doctors throughout the country* is extremely unbalanced. In the Kabul Province with its 1.177 million inhabitants, a total of 452 doctors and assistant doctors are registered, i. e. one doctor for 2,600 inhabitants, and as these are almost without exception living in the city, Kabul with a population estimated at 425,000, has one doctor for every 940 inhabitants [134, 134 a]. The city and province of Kabul are thus comparatively much better supplied with doctors than the average for the country. This is to be expected because most of the country's hospitals are in Kabul and life is far more attractive in the town than in the country. Larger provincial towns such as Kandahar, Herat, Mazar-i-Sharif, Jalalabad and Pol-i-Khumri are relatively well supplied with doctors, whilst the remaining provinces, and particularly those in the remote mountain areas, do not have more than one doctor in each, practicing in the provincial capitals, so that medical care in the country is still totally inadequate. It is expected, however, that with the training of more doctors in Kabul, an improvement on this situation will be gradually achieved. Besides this, thanks to speedy development of road and air transport, it is already possible to transfer serious cases from remote country areas to hospitals in the capital within a short time.

Specialists are trained in the university hospitals of Kabul. Apart from this the Afghan government has always been concerned to send able doctors to recognized university clinics in Europe or the U.S.A. for at least part of their specialist training.

Foreign doctors, who still numbered thirty in 1343 (1964/65) [134], are now employed as lecturers in the Faculty at Kabul, as specialists in hospitals and institutes, as advisers commissioned by international organisations, as embassy doctors and as doctors at construction sites under the aegis of big overseas firms. According to "Survey of Progress", eleven foreign doctors were quoted as being employed in Afghanistan in the year 1345 (1966/67) [134 a]. Medical situations in the provinces, in so far as they are under the control of the Ministry of Health, have been taken over more and more by indigenous doctors. A permit to conduct a private practice among the Afghan population is no longer granted to foreign doctors and consultants on a contract basis, although they are, nonetheless, allowed to attend to foreigners domiciled in the country in their free time; they may also undertake consultative activities with registered Afghan doctors where commissioned by superior authorities.

The greater proportion of all Afghan doctors, even in the towns, is *employed on a salary basis* by the Ministry of Health. It falls within their responsibility to look after the hospital under their care and following that to attend to the out-patient visiting time connected with it, which in the towns may often be attended by more than one hundred people in a single morning. If requested, bedside visits must also be made in accordance with the contract. A private practice which may be run outside regular hours, can be remunerative in town, but in the country and particularly in poor areas, it provides virtually no increase in salary.

Yet it is in the country that difficulties in the carrying out of medical services are still unimaginably great. Need and misery among the innumerable patients in the villages, the long distances involved, tracks which are scarcely passable in the mountains, the lack of sanitary arrangements in the houses, the application of folk- or quack medicine along with correct medical treatment, the bashfulness of patients, especially among women, towards medical examination, the difficulties of conducting an examination which arise from the position of patients who lie on the carpeted ground, prejudice against prescriptions which are given, as well as the troublesome business of obtaining medicines—all these contribute in making the physician's task so difficult that this is a practically impossible undertaking and far more so in the country areas than the towns. Quite understandably some young doctors show little inclination to accept a rural post, particularly as no commensurate financial incentive can be offered.

Future development, which is already discernible, will aim at staffing the remoter areas more closely with government doctors and setting up more rural out-patient clinics and hospitals. Mobile, motorized *sanitary units* which are based on some towns (see Map No. 4) also offer an extension of medical facilities, particularly in cases of epidemic outbreaks.

Professional medical organisations, akin to our medical societies do not as yet exist in Afghanistan.

Pharmacies are also under the control of the health ministry. The central medical supplies depôt in Kabul supplies hospitals and state dispensaries with medicines and instruments, and in addition there are 57 pharmacies in Kabul and a further 192 throughout the country [i. e. situation in 1964: 114 a, 134], and these purchase their medicines quite unrestrictedly from abroad with the result that a confusing multitude of proprietary medicaments from different countries is offered for sale in the bazaar. The general practitioner is well advised to acquire some general knowledge of the medicines offered at the start of his career. Foreign proprietary medicines are much preferred by patients and confidence in prescriptions made up by pharmacists is limited. With the foundation of the Faculty of Pharmacy in 1959, a decisive step foward was made towards the improvement of pharmaceutical training and thus for the entire dispensary organisation.

III. Hospitals

In the course of the last decades, in towns as well as in the country, numerous hospitals have been established, the newer ones of which are at times reasonably well equipped. The great majority of hospitals is under the control of the Health Ministry, while a few industrial hospitals are under the authority of the Ministry of Public Works and Mining as well as some under the aegis of textile, cotton and oil companies. They are intended for the workers and salaried staff of these institutions (see also Table V). The following summary provides an outline of hospitals at present available in Kabul and in the provinces, although it omits the military hospitals for which no statistical data have been published.

1. The Hospitals in Kabul

The *University Hospital* (for men) situated in Kabul-Aliabad, has about 500 beds, including those of the tuberculosis ward, and was built towards the end of the 'thirties and has been enlarged on several occasions since then. There are specialist wards for the most important branches of clinical medicine, but the number of beds available for certain subjects, particularly in the smaller specialist wards, is inadequate. The buildings are no longer modern although they are able to function and their equipment, including the fittings of the operation theatres and the X-ray installations, is still sufficient for present demands. The doctors are mainly Afghans, some of whom have been trained in their specialism in Kabul, some in Western Europe and America and in recent times some even in Eastern Eruopean countries. A few foreign lecturers who teach in the faculty (vide page 87) are available for consultations. Both male and female nurses are Kabul-trained. Food for the patients is prepared in the Afghan manner.

The *Hospital for Women* is an old complex of buildings in the old part of the town. It has undergone several alterations and now houses 300 beds. It includes an obstetrics-gynaecology ward as well as a surgical and internal diseases wards. Thanks to continuous additions to its equipment, it is able to fulfil its function, although the necessity of building a more spacious and more up-to-date hospital in the foreseeable future cannot be ignored. The *children's ward* is located in the same area and is headed by a lecturer in pediatrics of Afghan nationality. In view of the high frequency of infant and small children's diseases and the high child mortality, it is of especial and ever-increasing importance. The fifteen pediatricians practicing in Kabul are by no means capable of coping with all the cases which arise from the increased volume of pediatric practice resulting from medical information campaigns. Children's medicine—that is the clinical and ambulant care of sick children—accordingly needs further expansion.

The *Avicenna Hospital* with its 110 beds has been converted from the former municipal out-patient clinic in the Chendaol part of the town; attached to it is a private ward run by American doctors and nurses. The medical direction of the hospital is in the hands of an Afghan surgeon (Plate 13 c).

The newest and most modern hospital in Kabul is the *Wezir Akbar Hospital*, opened only a few years ago. It has 180 beds, modern operation theatre facilities, an X-ray station, a physiotherapy ward as well as a modern laundry and kitchen which prepares both Afghan and European diets. The site and the building style both permit any requisite extensions without difficulty. Czechoslovak specialists, whose wives are often employed in the same hospital as assistants, nursing sisters or gymnastic instructors, are in charge of the individual ward and again the chief physician is an Afghan colleague.

The *Maternity Hospital* in the Shararah part of the city was also a former municipal out-patient clinic. With its 65 beds, it is run by the charitable organisation "Mother and Child" (*rozantoon*). Several alterations and extensions have made it into a viable complex and its duties and achievements are mentioned on page 91.

Both the *tuberculosis hospitals in Aliabad*, the one for men (100 beds), the other for women and children (67 beds), are older establishments in which conservative forms of treatment prevail, and their equipment permits active treatment of tuberculosis to a limited degree only.

The *total number of hospital beds* available in Kabul has risen from 919 in 1338 (1959/60) to 1,447 in 1342 (1963/64) and might well amount to 1,400 if the ward in the Poorhouse, the sick beds of the Ministry of Public Works, the Institute of Technology, and of the prison as well as the small country hospitals at Paghman and Mirbachakot were inlcuded [133, 134, 134 a, 482]. If one took account only of the inhabitants of the city itself, there would therefore be approximately one bed for every 300 people, but if one allows for the province as a catchment area this ratio would rise to one bed for every 840 people. Since, however, patients in fact travel from all over the country to Kabul for treatment, the number of beds per person should by no means be taken as excessive but rather more likely as being insufficient.

In addition Kabul has a *central out-patient clinic* which is also under the control of the health ministry. Out-patient consultations are held there by several specialists in the forenoons and they are always in great demand. Figures on the current attendance frequency of patients were unobtainable. In the earlier years—that is in the late 'thirties and early 'forties—each of our three municipal out-patient clinics (which have since been converted for other purposes), have experienced days when the total number of patients to be attended to in the course of a single morning far exceeded one hundred, and total numbers amounted to more than 23,000 a year [264], although even at that time the municipal institutions shared their work with the national out-patient clinic

which was equally well attended. In 1964 the erection of a new building for the central out-patient clinic was planned because the original structure had long since become too small and out-of-date. It is to be expected that building has started in the interim and that it may even be approaching completion.

If Europeans and other foreigners living in Kabul have so far not liked to trust themselves to Afghan hospitals they should not be criticized. It is only natural that the patient places his trust firstly in doctors of his own home country who speak his language, react as he does and enable him to establish the personal contact which is necessary for successful treatment. In the Kabul hospitals, which are obviously built primarily for Afghan rather than European patients, unaccustomed meals and nursing by staff who generally speak no other language than Persian, probably constitute the greatest strains for the foreign patient. In the new Avicenna and Wezir Akbar hospitals these difficulties are being met as far as possible but it nevertheless still proves difficult for some European patients to adapt to the atmosphere of an Afghan hospital unless they are well acquainted with the customs of the country. European and American hospitals are, moreover, held in high esteem even among the Afghan population and well-to-do Afghans prefer even nowadays to go abroad, particularly if difficult operations are required. Accordingly it would seem wrong to criticize the foreigner if he wishes to enter a European or American hospital, or at least to consult a doctor of his own country in times of sickness. We are, nevertheless, convinced that as development progresses foreigners too will gain more and more confidence in the Afghan hospital and its atmosphere.

2. The Provincial Hospitals

The *larger provincial capitals*, like Herat or Kandahar, also have their own hospitals for men and for women which, although they are old, are nevertheless equipped with essentials like x-ray apparatus, laboratory, operation theatre and dental ward and are thus viable. The Spinzar Hospital (*spinzar* = white gold, i. e. cotton) on the other hand is well equipped and was built by the Cotton Company in Kunduz; similarly the hospital in the new town of Lashkargah which I saw shortly before it was opened in 1964, impressed me with its up-to-date air. It is therefore obvious that the Afghan government is also effective in its support of the development of hospitals in provincial towns.

The number of *rural hospitals* in the *smaller places* has been increased to a degree such that every province has at least one hospital, albeit of only 10 to 20 beds. Admittedly the *older* of these hospitals are lacking in almost all forms of equipment. Operation theatres, laboratories and microscopes are absent and in some places only simple country buildings are available in which only local physicians carry out their medical examinations merely with the aid of stethoscope and thermometer. Only the most simple form of treatment by medicaments, the most urgent vaccinations and possibly a few therapeutic injections can be carried out. Seriously-ill patients may be transferred to Kabul at any time, but for the doctor himself this scarcely represents satisfying medical work and offers no chance of acquiring direct experience or of advancing professional knowledge.

On the other hand *newly equipped provincial hospitals* are at times very well equipped. The hospital opened in Logar Province (Plate 13 d)in 1964 represents an example for the future development of such rural hospitals in the way in which its wards, out-patient clinic, operation wing, x-ray station and laboratories are laid out. The young Afghan doctors must be delighted to be able to work in such surroundings. In order that full-use of the apparatus and equipment available should be made, versatile and well-trained doctors are required.

Map No 4 shows the *location and distribution* of existing hospitals in contemporary Afghanistan. As is only to be expected the majority of hospitals and poly-clinics is to be found in the densely settled areas of Kabul Province, in the east of the country and in the larger towns of Kandahar, Herat and Mazar-i-Sharif, which are also the most important development and reconstruction centres in the country. Those hospitals which have been newly erected in recent years are situated for the main part in economically important development centres like Lashkargah, in the Logar valley or in the Paktia Province. For the inhabitants of thinly populated mountain districts however, only a few small hospitals are available, so that in case of sickness the population of the central mountains will have to continue, at least for the meantime, to cover long distances on foot, on horseback or by donkey to reach the nearest surgery unless motor transport connections are close at hand.

The *total number of hospital beds in the country* was put at 1,654 in 1338 (1959/60) and 2,271 in 1343 (1964/65) [115, 133, 134]. According to the list given in Table V the country already has about 2,730 hospital beds [482]*. But in accordance with the uneven distribution of hospitals the relationship of hospital beds to the number of inhabitants varies considerably from province to province. Nevertheless, the developments of recent years demonstrate that the Afghan health authorities have done much to increase the number of beds in the provinces as well, and it is to be hoped and expected that this development of numerous schemes begun throughout the country will continue in the future.

IV. The Public Health Service

Until modern times the hygiene conditions were un-satisfactory [155, 202, 204, 399, 457] and these continue to be so in the old town quarters and in rural areas. The multiple contamination of domestic and drinking water as well as of foodstuffs openly exhibited in the bazaars, inadequate latrines and the lack of sewerage systems all favour epidemic outbreaks of numerous infectious diseases, the prevention of which is just as important as their combatting. Old traditions not only in the use of water but also in the sphere of eating habits and in the care of babies and small children do not measure up to modern concepts of hygiene and are urgently in need of fundamental correction. Thus the *maintenance of public health* has also become one of the great concerns of the Afghan government in recent times. Some of the most important institutions of the

present-day health service, their responsibilities and their methods will be briefly outlined in the following section. The methods taken to combat special infections, such as protection against smallpox (vide page 114) and the fight against malaria (vide page 100), tuberculosis (vide page 116) and cholera (vide page 108), will be discussed together with the description of the diseases themselves.

1. The "Mother and Child" Organization

The setting up of the "Mother and Child" organization *(rozantoon)* and its subsequent development with the help of generous aid from WHO and UNICEF, was undoubtedly one of the most important steps taken by the Afghan government towards the improvement of public health. The total ignorance of most women, especially the young ones, about taking precautions during pregnancy, deliveries in a squatting position which often lead to precipitate deliveries and grave ruptures of the perineum, the use of inappropriate manipulations to treat complications during birth or in cases of sterility [213], the unsterile work of midwives who in earlier times had not received adequate training, the swaddling of babies which when prolonged excessively could cause heat congestion and thus lead to the death of babies, unduly prolonged although generally still inadequate breast feeding and the ignorance of modern babycare and feeding methods—all these demonstrate how Afghan women, even in modern times, are bound by old customs and traditions which are frequently to the disadvantage of both mother and child.

It was the *task of the new organization* to effect a fundamental change in these matters: to advise women already during their pregnancy and to prepare for confinement, to carry out the delivery in accordance with modern and medically-approved methods, to instruct young mothers in babycare and feeding and at the same time to train midwives for service in the city and the provinces.

That such an institution would seriously interfere with old traditions was quite clear to its originators and it was also known to them that most women gave birth in their own homes and scarcely ever in hospital. In 1329 (1950/51) the organization started off with 6 beds only in the Shararah Hospital, one of the former municipal out-patient clinics. The first expert who was persuaded to undertake this task by the WHO was a Danish woman gynaecologist. She was indefatigable in her persistence in advising women, overseeing their deliveries, teaching mothers the correct way of applying baby napkins, how to feed them and also how to tend their own breasts and at the same time training the first midwives. The Shararah Hospital which had been altered and enlarged on several occasions in the intervening period developed in the course of years to become the centre of the *Rozantoon* Organization.

Now an Afghan gynaecologist who received his training in the U.S.A. is president of the *Rozantoon* Organization and chief physician of the hospital. When I last visited the hospital a member of the royal family was matron—a particularly good example of the preparedness of even the upper classes to contribute actively to the building of a modern Afghanistan. Both are assisted by seven Afghan doctors and several nurses and midwives who received their training there; American

---

* The number of beds given above is somewhat higher than that stated in Surv. Progr. [134, 134 a] as some special wards mentioned in Stat. Rep. [482] as well as some new establishments dating from 1967 have been taken into account.

specialists under the aegis of UNICEF are available to give advice. If required operative obstetrics are carried out at any time; since a great number of women have a narrow pelvis, Caesarian sections are everyday requirements. Already in the 'fifties it was possible to raise the number of beds to its present level—that is 50 beds for deliveries and 15 for gynaecological cases—and the number of confinements increased from 104 in 1330 (1951/52) to 1,458 in 1342 (1963/64), while the total number of patients rose from 39 per year to 1,946 per year over the same period. Whereas in earlier years the great majority of deliveries in Kabul took place without any trained assistance, today about 30 per cent of all deliveries are carried out in hospital and another 20 per cent with the help of a trained midwife in the house of the pregnant woman. Fifty per cent of all deliveries do, however, take place without trained supervision and largely without even the most necessary hygiene measures [282, 386].

In the case of an uncomplicated delivery, a six-day stay in hospital is normal; during this period the mothers are instructed in those fields of babycare which were mentioned above and taught to sew baby clothing. After they have left the hospital the women are welcome to present themselves again with their babies in order to receive medical advice, milk and foodstuffs until the children are passed on to a pediatrician.

Before the war *midwives* were trained by a German head nursing sister in the women's hospital; now they take a 3-year course at Shararah Hospital. Up to the year 1964, 125 midwives had completed their training and of these, those who remained in Kabul for the main part stayed in their jobs once they had completed their course whilst those girls who lived in the rural areas generally gave up their jobs once they married.

Considering the difficulties which had to be overcome when setting up the entire institution, the success which has come after only a few years is bound to be a surprise and it is astonishing to learn that apart from the centre in Kabul, seven further advisory centres, albeit run only on an out-patient basis, have been opened recently. In addition to these, several *Rozantoon* units have been opened in hospitals in the larger provincial towns as well and these have been included as "maternity stations" in *Map No 4*.

2. The Vaccine Centre

In the 'thirties and 'forties the *Bacteriological Laboratory* in Kabul-Darulfunun which was then headed by Professor BERKE, a Turkish bacteriologist, was producing vaccines against smallpox, cholera, typhus, paratyphus and rabies for the first time [202, 203]. Already at that time it was possible therefore to meet, at least in part, the danger of an epidemic by domestically-produced vaccines which were always distributed free of charge in order to control and protect against epidemics. By producing the quantity of vaccine required for mass vaccination campaigns, the laboratory was already in a position to make an outstanding contribution in the successful fight against the cholera epidemics of 1938 and 1939 (vide page 109).

With the demand for vaccines continuing to increase, the equipment of that establishment eventually proved to be too small and so in March, 1955, the Afghan Health Ministry drew up a plan to procure new equipment for the institute. These were financed and implemented with the help of WHO and late in 1956 production of vaccines recommenced in what was now an enlarged and modernized *Vaccine Centre*.

Already by 1960 the new centre had produced about 2.7 million lots of vaccine for immunization against cholera [134]; in 1342 (1963/64) it had supplied smallpox vaccine for more than 2.85 million persons, together with about 300,000 lots of typhus vaccine and 56,275 doses of rabies vaccine (according to [134], 46,000 units as well as 60,000 ml of cholera vaccine [133, 134]). In 1965 another occasion arose which required that the vaccine centre should produce the vaccines needed to fight an outbreak of cholera in the north of the country. During the last cholera and smallpox epidemics in East Pakistan, the Kabul vaccine centre sent 100,000 lots each of cholera and smallpox vaccine to the affected areas [478]. Thus the institute—which has, incidentally, taken up the large-scale production of vaccine for veterinary purposes—has gained recognition and importance both inside and outside the country in a short space of time. SMITH [478] quite rightly terms it "a national pride".

3. The Public Health Institute

The construction of a *Public Health Institute* in Kabul had already been planned in 1956 [386, 543]. It was intended to investigate the epidemiological characteristics of the diseases which affected the country and to train specialists needed for a public health service. The establishment was built with financial support of the WHO [532], as well as aid from the Federal Republic of Germany, and was opened late in 1962. The number of departments established shows how the scope of the institute's activities has already grown far beyond what was originally planned; it includes practically all essential aspects of a public health service. The institute is required to collaborate as closely as possible with hospitals and general practitioners in town and country and also with special institutions such as the Malaria Eradication Institute and the Tuberculosis Centre (Plate 14 a).

The establishment contains a *Microbiology Department* with divisions for bacteriology, immuno-serology, parasitology, entomology and haematology, a *Department of Biochemistry and Dietetics* with division for food testing, water analysis, medicament and drug testing as well as a division for bio-chemical work, and a *Department of Epidemiology and Disease Statistics* which analyses statistically and epidemiologically the reports on infectious diseases occurring throughout the country and thus provides a foundation for the fight against epidemic diseases. The *Mother and Child Health Department*—although not identical with the *Rozantoon* organisation although they are in close contact with each other—concerns itself with problems of childcare and the training of nurses and midwives, and the department for *Public Health Administration* works on questions of training in the field of public hygiene; attached to it is a special section for the all-important Environmental and Industrial Hygiene. A special Department too, is the *Blood Bank* which provides hospitals in Kabul and in the larger provincial towns with blood stocks and recently a *Department of Veterinary Medicine* has been added which is designed primarily for virological studies [7, 386, 543].

Since 1963 experts from WHO have been employed at the institute (Microbiology Department). Another group of experts, headed by a microbiologist from Hamburg until the beginning of 1968, has been delegated by the German Federal Republic and is active in the fields of food hygiene, veterinary virology, clinical chemistry and microscopy, drug testing, and—in collaboration with the staff of the "Deutsche Wasserwirtschaftsgruppe"—water analysis. The blood bank, too, was administered by a West-German specialist until 1965. Collaboration with the Institute of Hygiene in Hamburg has been confirmed by a mutual agreement, and its continuation is the concern of both partners. UNICEF contributed laboratory equipment, teaching aids, specialist literature and periodicals and in addition the WHO made thirteen grants to enable young Afghans to be trained overseas for eventual employment in the Afghan health service; four each were set aside for public health, epidemiology and laboratory technology and one for librarianship [543].

Of the numerous activities of the institute, only the *testing of water supplies* as one of major importance, will be singled out for special mention. Chemical analyses of water are undertaken in the Department of Bio-chemistry and Dietetics (Section of Water and Sewage), but bacteriological tests of domestic water can also be carried out as in the cases of Paghman water (vide page 81), of wells which have been bored in the town and suburbs and mainly supply surface water and of the water supplies which have been newly constructed as part of the expansion of the city [386]. The in part high percentage of Coli bacteria in the water, particularly in the bored wells, makes such controls absolutely essential from time to time. The dangers of infections, however, are far more often found in the open ditches which run across the city; their highly contaminated waters are intended for spraying the dusty roads, but are also used for sprinkling fruit and for washing lettuce and other raw vegetables.

Thus the institute has managed in a short time to fulfil an important role that points to future developments; it is also to be hoped that one day the wealth of material collected there may be scientifically evaluated. The report on the cholera outbreak of 1965 has already been analysed on the basis of information received at the institute [160] and shows how important is exact information on disease for the recognition of epidemiological relationships and thus for the fight against epidemics as well.

4. The "Red Crescent"

The Afghan organization equivalent to the Red Cross is the *Red Crescent (Afghani Sera Miasht* or the Afghan Red Moon); its headquarters are in Kabul, but a total of eighteen branches are maintained in various provincial towns throughout the country (vide *Map 4)*. On the occasion of numerous accidents and catastrophies, and particularly with landslides and floods which are so frequent with the rivers of fruit-growing valleys, this organization has given valuable assistance. In 1967 it was active throughout at least ten floodwater catastrophies and supported the inhabitants of the affected areas with medical aid, medicines, foodstuffs, clothing and blankets as well as with direct financial assistance. The Afghan Red Crescent also maintains several medical consulting rooms in rural areas for people in need.

Once a year an information week with lectures, instruction and displays throughout the country encourages membership and elicits many donations towards this very important work of the society.

The Afghan Red Crescent maintains contact with the analogous organizations of the adjacent countries, as well as with the League of Red Cross Societies in Geneva, and continues to gain increasing significance in the maintenance of public health in the country [162, 386].

5. Industrial and Occupational Hygiene

The development of the country's young industry is already accompanied by the problem of *inspection by medical officers* and the care of sick workers and salaried staff. For years a hospital has been maintained for its employees by the Textile Company at Pol-i-Khumri, at Jabel-uz-Seradj and more recently at Gulbahar as well. The Cotton Company has built the new Spinzar Hospital (vide page 90), and the Ministry of Public Works as well as the Oil Company have set up small hospital wards near their work places (vide Table V). At Gulbahar not only homes but also a school, recreation centres and a mosque have been built for the welfare of the workers [75]. The effect is that the settlement around the textile plant at Gulbahar presents a modern, integrated scheme with a social stamp which may yet set an example for future developments of a similar kind.

With increasing industrialization, medical care and supervision in the industrial firms will certainly gain importance; although a Department for Occupational Hygiene has been maintained by the Ministry of Mining for years, planned protection from accidents in accordance with contemporary principles still requires further development and application to the numerous, small cottage industries.

6. Health Insurance

The first-ever health insurance was set up by the Banke-Millie in Kabul for its employees. In return for a small deduction from their salary it grants them free medical examination and treatment as well as a rather generous provision of medicaments. For years the bank employed a European doctor under contract for the treatment of its employees and their families and not until the 'fifties was he replaced by an Afghan colleague.

Industrial companies have arranged health insurance in similar ways, and the civil servants and employees of the various ministries are granted free medical treatment in return for a 3 per cent. deduction from their salaries [399]. Since salary deductions are small, but the price of medicines and especially the proprietary ones from abroad substantial, the employers concerned undoubtedly bear the greater burden of the health insurance for their employees. It is only natural that a system with such markedly social intentions which places the burden almost wholly on the insurance bearer also contains some dangers. On the other hand, salaries are not high for the great majority of workers, so that the economic situation necessitates a generous and effective welfare programme in case of illness.

The hospitals of the industrial concerns in Pol-i-Khumri, Kunduz and Gulbahar have been mentioned above.

7. Other Institutions

In recent years *medical care in schools* has made considerable progress. Children are checked for tuberculosis, malnutrition, avitaminosis and dental effects and protective vaccinations are also carried out [399, 457].

Kindergardens are open to children from the fourth year until they are of school age and before they enter the children are medically examined and remain under supervision. So far Kabul has two kindergardens set up with the aid of UNICEF, but another one was opened at Kandahar in the autumn of 1967. Milk powder, cereals, vitamin preparations and even soap are distributed free of charge by the welfare centre to those in need [457].

The *Workhouse* in Kabul *(marastoon)*, which in the first line caters for beggars, maintains workshops where the inmates are taught to perform simple jobs. A sick bay with 15 beds (vide Table V) and an out-patient medical service with regular supervision of the inmates and the treatment of patients is provided [457].

Orphanages are, by contrast, of little importance in Afghanistan to date since the marked sense of family ties among the Afghan population and the far-reaching relationships almost always provide children with a home in the close or extended kinship circle [155, 457].

On taking a final retrospective view of this outline of the major institutions connected with public health and welfare services—and granted that no claim is made that it is complete—, it is possible to recognise a very progressive development which has been fortunate in having made a successful start in recent years. WHO and UNICEF have contributed valuable impetuses in addition to personal and material aid. Together with indigenous trained personel their experts have pressed on with the establishment of the institutions already cited and have thus created most beneficial facilities. Understandably enough, if one appreciates the comprehensiveness of the plans, the problem of staffing has often presented more difficulties than the procuring of finance or the actual erection of buildings. It has to be remembered that the development of the country is necessarily being promoted in many fields at the same time and the training of reliable staff can scarcely keep pace with the speed of the present development. On the other hand a wide field of opportunity has been opened up for women in the health and welfare services since the abolition of the veil, and as young Afghan girls entering a profession are much inclined to take up social work it may be hoped that in the future sufficient candidates will be available for this important work.

C. The Diseases of the Country

The geographical-climatological review has shown that Afghanistan is an arid and in part semi-arid country. The barren mountain ranges, the arid steppes and deserts, the light alluvial soils of most fruit oases which are permeable to water, the fast-flowing mountain streams and the high degree of evaporation are all without doubt unfavourable to the spread of many infections and Afghanistan does not therefore comply with our idea of a "country of epidemic diseases". The natural features at least provide epidemiological conditions which are distinct from those in humid tropical lowlands. *The aim of the ensuing discussion will be to demonstrate the individual features in the spreading of diseases which are conditioned by the area.*

It is not intended to discuss all the diseases that occur in the country. Some are of no significance in geomedical analysis, others again are not sufficiently documented statistically. For such reasons only those diseases which are important from a geomedical standpoint—and they are in the main infectious ones—will be treated.

Attention has already been drawn to the necessity of making comparisons with geographically and climatologically homogeneous or at least similar adjacent countries in order that the unity of the entire Iranian-Turanian plateaux may be recognised from an epidemiological aspect as well (page 67). Moreover, in all cases where Afghan data are lacking or not available in sufficient quantity, data from neighbouring countries will be required to assess the epidemiological occurrences in Afghanistan.

The interpretative limitations of statistical data have also been emphasized (vide page 67). The tables of diseases which have been included are based mainly on WHO weekly reports which are, however, unable to give the complete figures of infectious cases for reasons already mentioned at an earlier stage. As a rule the reports only refer to the number of medically treated or hospitalized patients who, particularly in periods of epidemics, constitute only a fraction of the total infected. Only in recent times has the setting up of new provincial hospitals also led to a better statistical recording of individual cases. Small differences between weekly, monthly, quarterly or annual reports can be explained easily by the late entries of single suspected cases or by other corrections.

This limitation imposed on the evaluation of quantitative data is not decisive, however, since the aim of this presentation is not the absolute number of cases but rather the dynamic of epidemics. Even if the individual data available are not always exact, the additional tables and graphs still permit the reader to note whether a disease has increased or decreased in the period under review, whether larger epidemics have been reported, whether a special seasonal dependency of the occurrence exists and whether measures to fight epidemics which have been taken so far have fundamentally altered the position.

But when the diseases which occur in the country are assessed yet another reservation must be made. There are a great number of diseases on which no reports at all have been published, and accordingly the assessment of their frequency and the characteristics of their course can only be based on personal experience acquired during many years of medical practice. It is obvious, however, that the cross section of diseases observed in the consulting room of a specialist for internal diseases will differ from that in a surgical or dermatological clinic. In order to avoid being accused of one-sidedness in my assessment, I have sought to gain as broad a basis as possible for the evaluation of the geomedical characteristics of Afghanistan by drawing on the available literature, and, on the other hand, by exchanging experiences with other colleagues who were working in Kabul at the same time. Nevertheless, it is quite possible that one medical doctor or another may have made different observations within his field of activity, gaining thereby a picture of the disease cross-section in the country which differs from what it is described as being in the following.

I. Diseases Transmitted by Arthropods

1. Malaria

In Afghanistan one of the greatest problems, and at the same time one of the most successfully handled problems, of the entire health service is the fight against malaria. As early as the 19th century various authors [303, 417] pointed out the fact that malaria was widespread in almost all the inhabited areas of Iran and Afghanistan, and that both countries were part of the extensive western Asian malaria belt stretching from Turkestan across Iran-Turan to the Punjab, the malignant fevers of which were feared already in antiquity. But it was also highly probable that even during World War II and in the first years after the war malaria was the most widespread disease in Afghanistan [266, 474].

The basic features relating the *origin and character of malaria* may be taken as read. It is a protozoan infection caused by plasmodia which are transmitted from person to person by mosquitoes of the genus *Anopheles*. According to the type of agent three clinically differentiable kinds of malaria are recognised: malaria tertiana (*Plasmodium vivax* and very rarely, *P. ovale*), malaria tropica (*P. falciparum*) and malaria quartana (*P. malariae*). When biting the mosquitoes infect man with falciform germs (*sporozoites*) which will first develop into schizonts in the liver parenchymal cells of the host (*exoerythrocytic phase*); later the products of segmentation (*merozoites*) pass into the blood stream where they invade erythrocytes (*trophozoites* growing into *schizonts*) causing the *intraerythrocytic* phase of the disease which is accompanied by shivering and rhythmic fever. Early or later in the course of the blood infection the formation of sexual forms (*gametocytes*) also starts and these are taken up again by the mosquito sucking from the parasite carrier. They develop by way of being oocysts until they are once again sporozoites—i. e. those parasitic forms which move into the salivary gland of the mosquito and are thus infectious, completing the cycle of infection.

The decisive factor as far as the *epidemiology of malaria* is concerned, apart, that is, from the number of parasite vectors in the endemic area, the problem of transmission. Since the particular species of *Anopheles* are linked to varying conditions of life—climate and breeding-place biotope, for example—the epidemiological bases of malaria in different countries must also vary. In accordance with the short breeding period of the anopheline mosquitoes and the slow development of

parasites in the vector *seasonal malaria* only occurs during the warm months in the malarial areas of the temperate zones; in the tropical areas by contrast, malaria reigns *throughout the year*.

On the basis of the "parasite rate" or the "spleen rate" determined among the population (i. e. the percentage share of positive blood findings or verifiable spleen swellings among all persons examined), the intensity of malarial infection in individual endemic areas can be specified. In *hypoendemic* zones the spleen rate lies below 10 per cent, in *mesoendemic* zones it lies between 11 and 50 per cent, in *hyperendemic* zones between 51 and 75 per cent and in *holoendemic* zones perpetually above 75 per cent.

a) The Distribution of Malaria in Afghanistan (vide *Map No 5*). It is difficult to give an exact picture of the distribution of malaria in Afghanistan before the fight against it began. Data from earlier times refer in the main to local outbreaks. During the epidemic of the year 1939 for example, we saw a total of 4,247 malaria patients in our out-patient clinics in Kabul; at times as many as 41 per cent of all patients were suffering from malaria [271]. It already became clear at that time that the Kabul plateau was an endemic area in which serious summer epidemics could well occur provided that conditions proved to be favourable. But apart from that there was no systematic inventory before the war which could have furnished information on the *de facto* distribution of the disease.

Some further information was made available through the observations of LINDBERG [366] which on the one hand showed that numerous settled areas in Afghanistan were infected by malaria in the late 'forties, and on the other hand provided the first data on the anopheline mosquitoes of the country. One WHO communication reported 99,849 cases of malaria in the period between January and June, 1949, which is the half of the year poor in malaria outbreaks [526, 527]; but there were no details on the type of infection or the infection rate in individual areas. So too in the immediate post-war years the picture of the distribution of malaria in Afghanistan remained similarly incomplete.

It was only with the systematic investigations carried out at the beginning of the 'fifties, which were intended as a basis for counter-measures against the disease [245, 273, 313, 441], that more exact information on the true distribution of malaria in the various provinces of the country was provided. As in neighbouring Iran, almost all inhabited and cultivated areas in Afghanistan up to a height of 2,000 metres were then infected. Although these areas are by this time largely clear of malaria they must still be regarded as "potential" fever areas. In restricted zones, as for example in the Faizabad district, malaria has been endemic even at heights of 2,500 metres [386], and from Ghazni too (2,222 m.), autochthonous cases of benign tertian malaria have, in former years, come to my attention. *In general, however, the upper malaria limit in Afghanistan can be put at a height of about 2,000 metres or only slightly above.*

Only the altitudes between 1,500 and 2,000 metres are regarded as *hypoendemic malaria regions;* the Kabul Basin lies within this region. Spleen rates reported from here varied greatly from place to place. In many they remained below 10 per cent, but in the rice-growing areas around Tagab they amounted to 31.7 per cent in October, 1952, with an average of 10.5 per cent, so that the Kabul Province like the Gardez District (spleen rate 7%) were still considered as hypoendemic. The arid areas in the west and north of the country, even those below a height of 1,500 metres, were largely hypoendemic zones and are presented as such in *Map No 5*.

Mesoendemic zones were mostly the medium altitudes below 1,500 metres, as for example the entire agricultural region in the Heri Rud valley (spleen rate 25%), locally restricted areas in Badakhshan (spleen rate 14.4%) and in the vicinity of Kunduz (spleen rate 33%), as well as in an extended zone marked by its climate and vegetation as a "steppe and semi-desert" (VOLK: vide page 76) lying to the west and south of Kandahar, as well as in the cultivated areas on the lower course of the Helmand river. At all lower and hence warmer altitudes and especially in the fertile agricultural areas, malaria formerly occurred *hyperendemically* and was a matter of great concern: such conditions occurred in the Eastern Province (Laghman 1949—spleen rate 76% and in single cases up to 91%), in the Kataghan Province which was one of the most dreaded malaria areas of that time (spleen rate 75%; Khanabad 50%) as well as around Qaleh-i-Bust (spleen rate 75.6%), and in the locality of the present Lashkargah and the agricultural area around it newly opened-up by modern methods of irrigation. *Holoendemic* malaria regions with a spleen rate permanently in excess of 75 per cent have, however, not been reported in Afghanistan.

Although it gives nothing but a schematic review of the distribution of malaria in earlier years, this compilation—which in its main features has been based on the accounts by RAO [441], DHIR and RAHIM [245] and on data lent by the Malaria Institute in Kabul—still shows that the density of infection depends in part on the altitude of places and in part on the landscape type. The densely-settled cultivated areas, especially the hot lowland zones, were infected to a considerably higher degree than the steppe regions which are thinly settled and poor in breeding sites. In addition the markedly accidented topography of the country, which conditions the situation of settlements and inhabited areas at very different altitudes in close proximity, also results in the closeness of areas with hyperendemic malaria and those with sparse infection—a situation which can be seen in the cartographic presentation *(Map No 5)*.

b) The types of malaria. The view that benign tertian malaria prevails in the highlands and subtertian malaria at the lower altitudes of Turkestan and the east of the country was already put forward in earlier work on the subject. In the unusually warm summer of 1939 we rated the proportion of tertian cases at about 70 per cent and those of subtertian infections at about 30 per cent in Kabul [271], but investigations carried out in the post-war years have produced more exact insights into the distribution of various types of malaria.

Plasmodium vivax dominates in all high altitude areas and is, contrary to our earlier opinion, probably the only type of malaria occurring in Kabul [313]; in the post-war years and only in late summer isolated cases of tropica have been observed. But at lower altitudes only *P. vivax* seems to predominate at the start of the malaria season and as summer progresses so benign tertian malaria gives way more and more to subtertian malaria [245, 273].

The *clinical course* taken by tertian malaria follows for the most part a typical patern; quotidian fever we encountered on frequent occasions but long, primary latencies in only a few instances where the infection had been picked up in the Kabul highland or at Ghazni. Blackwater fever is said to have occurred at times in conjunction with tertian malaria. The relapse rate of Afghan tertian malaria appears to be relatively low. In any case the annual graph shown below (Figs. 6 to 8) lacks the typical spring climax which is conditioned by late relapses.

Infection by *Plasmodium falciparum* is held to be by far the most common type of malaria in all lower-lying and therefore hotter malarial areas, as for example at Kataghan, Nangarhar, Girishk and Herat, and especially so towards the end of the infectious season from August until November [245]. In Sarobi (1,200 m.) our findings were in agreement with DHIR and RAHIM [245] and we observed infection by *P. vivax* predominate at the start of the malarial season and give way to subtertian infections later on [273].

The clinical records show all gradations from mild to grave malignant and even lethal forms; at times blackwater fever, which developed as a complication of subtertian malaria, was observed.

Mixed infections with *P. falciparum* and *P. vivax* seldom, occurred [245].

Isolated infections with *Plasmodium malariae* have been observed at Kataghan and in the Eastern Province district of Laghman [245, 441]; I saw no cases of quartan malaria in Kabul and Sarobi.

Plasmodium ovale has so far remained unknown in Afghanistan and its neighbouring countries. Isolated cases have been reported from the Lebanon [217], Israel [469] and Armenia [376], but *P. ovale* does not appear to be endemic anywhere in the Orient or Middle East.

c) The Afghan anopheline mosquitoes. A further condition for a successful campaign against malaria was, in addition to a knowledge of all malarial areas, as complete an inventory as possible of anopheline species living in the country, because this was the only way of tracing the decisive vectors and their habits. Following the setting up of the Malaria Control Service, planned entomological observations were undertaken, the results of which have been chiefly collated in the work of RAO [431], DHIR and RAHIM [245] and IYENGAR [313]. They formed the point of departure for the subsequent measures taken against malaria.

Map No 6 gives a representation of all those *places* known to us where *anopheline mosquitoes* have been recorded, but it should be remembered that the places marked represent larger areas in the vicinity of such places. In addition we have included the most important finds of anopheline mosquitoes from the border provinces of neighbouring countries in order that a comparison between the Afghan species discovered and those of geographically and climatologically similar border areas may be made. West Pakistani findings were so numerous that only the most important could be included. The data for Iran were based on the research conducted by the Institute of Malariology in Teheran which were kindly made available to us. Representation of the entomological discoveries in the Turkestan Soviet Republics was difficult since in most cases these, despite having been most thoroughly investigated, refer to entire provinces instead of specific places, with the result that we were unable to plot them exactly. On top of this difficulty, most of the places where discoveries had been made lie outside the area covered by our map sheet, as well as the rare finds of *A. algeriensis* which, therefore, have not been considered.

Another difficulty occurs when classifying certain species of *Anopheles* in geographical-faunistic groups: *A. pulcherrimus,* for example, is called a Mediterranean species by MULLIGAN and BAILY [392] as well as by COVELL [230], whereas W. FISHER [274] calls it an oriental one. In the following list we distinguish palaearctic, Mediterranean, Indian or Oriental-Indian and Indian-Alpine species, thus following the classifications employed by COVELL [230, 231], FOOTE and CROOK [276] and by WEYER [512] in their main divisions.

In the first instance DHIR and RAHIM [245] found 16 species of anopheles in Afghanistan; later a 17th species, *A. habibi,* was confirmed. If anopheline mosquitoes living in border areas of neighbouring countries are taken into consideration as well, 25 species are counted in the Afghan area, the Iranian-Turanian border district and Baluchistan together with the North West Frontier Province. They will be described below in alphabetical order.

1. *A. annularis* v. d. WULP 1884. An Indian species which is common all over the Indian, Malayan and south Chinese lowlands, but rare at higher altitudes. It is found in *Afghanistan only to the south of the Hindu Kush* near Laghman (650 m.) and also sporadically near Kabul (1,803 m.). It is frequent in the Pakistan border areas. It breeds in pools with dense vegetation, as well as in rice fields; its contact with man is variable and it is not known as a vector in Afghanistan [181, 225, 230, 245, 276, 396, 429, 430, 432, 441].

2. *A. claviger (bifurcatus)* MEIGEN 1804. Palaearctic species; spread from Europe across northern Iran, Turkestan to the Pamir, even at altitudes above 2,000 m. It is found *in Afghanistan only north of the Hindu Kush* near Kunduz and Khanabad. It breeds in cool, flowing, even shaded waters. In Afghanistan it is unknown as a malaria vector but is said to have played a role as vector in some mountain valleys of Turkestan and Kazakhstan. Sub-species have not been reported in the Afghan findings [199, 245, 251, 276, 293, 298, 416].

3. *A. culicifacies* GILES 1901. An Oriental-Indian species; widely distributed throughout southern Iran, Baluchistan and the whole of central India. Predominant in plains and rarely at higher altitudes up to 2,000 m. *In Afghanistan only south of the Hindu Kush* near Laghman, Kunar and Kabul. Frequent in West Pakistan from Quetta to Peshawar; in south east Iran near Zahidan but not further north than Birjand. It breeds in ditches, pools, river beds and rice fields. Adult mosquitoes are house-bound. The most important of all vectors in northern and central India, but *in Afghanistan only proved as a vector near Laghman* [163, 181, 221, 222, 224, 225, 245, 251, 252, 308, 309, 313, 396, 429, 430, 432, 441].

4. *A. d'thali* PATTON 1905. Considered to be partly a Mediterranean and partly a "Saharo-Indian" species. It occurs from North Africa to Baluchistan. It is *unknown in Afghanistan,* but occurs sporadically in West Pakistan from Chaman to Peshawar. It breeds in pools, brooks and even in brackish water. From the epidemiological stand point it is probably without significance in West Pakistan [221, 276, 396, 430, 432, 463].

5. *A. fluviatilis* JAMES 1902. An Oriental-Indian species. Abundant from Arabia to West Pakistan and India. In Kashmir up to altitudes of 2,500 m. *In Afghanistan only south of the Hindu Kush* near Laghman and Kabul; in West Pakistan from Quetta to Peshawar. It breeds in river beds and overgrown ditches. Adult mosquitoes are house-bound. In India at times an important vector; insignificant in Afghanistan [181, 221, 230, 245, 251, 276, 314, 396, 430, 432, 441].

6. *A. gigas* GILES 1901. Oriental-Alpine species. In West Pakistan and northern India up to altitudes of 2,500 m. Epidemiologically insignificant. *Unknown in Afghanistan;* in West Pakistan near Rawalpindi and Malakand [225, 231, 430].

7. *A. habibi* MULLIGAN and PURI 1936. Best grouped with the Mediterranean species. Sporadic from Baluchistan to India; sporadic only in West Pakistan near Quetta. *Found on only a single occasion in Afghanistan near Kunduz north of the Hindu Kush.* Breeds in irrigation ditches with fresh water. Adults outside houses in qanats. Epidemiologically insigificant [386, 392].

8. *A. hyrcanus* PALLAS 1771. Despite wide distribution even in southern Europe it is counted among the Oriental-Indian species. From the Mediterranean area across the Balkans, Asia Minor, Iran, Turkestan and India to China, Japan and South East Asia. *In Afghanistan occurring only sporadically north and south of the Hindu Kush (var. pseudopictus and var. sinensis);* also in neighbouring districts of West Pakistan, southern Iran, and Uzbekistan. Breeds in swamps and rice fields. Adults house-bound to a slight degree. Unknown as a vector in Afghanistan [181, 199, 215, 230, 245, 251, 273, 290, 298, 336, 365, 396, 416, 432, 512].

9. *A. lindesayi* GILES 1900. Oriental-Alpine species. Sporadic in West Pakistan and northern India, but also in southern Turkestan. *Unknown in Afghanistan.* Breeds in pools of mountain streams; epidemiologically probably completely insignificant and it is predominantly an outdoor mosquito [213, 230, 396, 432].

10. *A. maculatus* THEOBALD 1901. Oriental-Indian species. Found at higher altitudes up to 1,500 m. in India and South East Asia. *In Afghanistan south of the Hindu Kush only;* in West Pakistan on the southern edge of the border mountains. Breeds in non-stagnant pools in river beds. Not a vector of malaria in Afghanistan, but known as such in the eastern Himalaya [225, 230, 276, 396, 430, 432, 495, 512].

11. *A. maculipennis* MEIGEN 1818. Palaearctic species; from western Europe to eastern Asia. Important vector of malaria in the temperate zones. In northern Iran from Azerbaijan to Khorassan and Turkmenistan *(A. mac. typicus* and *A. mac. subalpinus)* and in Turkmenistan *(A. mac. messeae).* Also encountered up to Khuzistan in Iran, and at medium altitude in Iraq. South of the Hindu Kush and *throughout Afghanistan it is unknown.* [174, 219, 251, 284, 321, 335 a, 339, 395, 416, 495, 506, 512, 552].

12. *A. marteri (subsp. sogdianus)* SENEVET & PRUNELLE 1927. Mediterranean species widely distributed from the Mediterranean across Asia Minor and northern Iran to Turkestan and Tajikstan. *Unknown in Afghanistan.* Breeds in shady pools and river beds; its epidemiological significance is not yet established [200, 219, 332, 335 a, 466].

13. *A. moghulensis* CHRISTOPHERS 1924. Indian species. In West Pakistan from Baluchistan to Kohat-Han-

gu. *In Afghanistan only south of the Hindu Kush* near Laghman, but not at higher altitudes. Breeds in pools and river beds. Not confirmed as a malaria vector in Afghanistan [245, 276, 396, 432, 441].

14. *A. multicolor* CAMBOULIU 1902. Mediterranean species; from North Africa across Asia Minor and Iran to north west India. *In Afghanistan only south of the Hindu Kush* near Kandahar and Girishk; in West Pakistan near Quetta and Fort Sandeman. Breeds in pools and ditches. Adult mosquitoes to some extent housebound. Not known as a vector in Afghanistan [232, 245, 392, 429, 430, 441, 512].

15. *A. nigripes (plumbeus)* STAEGER 1839. Palaearctic species; from Europe to Caucasia; in Azerbaijan, the Caspian regions, Tajikstan and also sporadically at higher altitudes in the Punjab. The only Palaearctic species known in West Pakistan. *In Afghanistan, however, it is unknown.* Breeds mostly in tree cavities, not in open waters. An outdoor mosquito, insignificant as a vector [174, 219, 225, 230, 298, 321, 333, 335 a, 512].

16. *A. pallidus* THEOBALD 1901. Oriental-Indian species; frequent in the Central Provinces but only sporadic in West Pakistan near Kohat-Hangu and Rawalpindi. *Unknown in Afghanistan and never found north of the Hindu Kush.* Breeds in pools and ditches. In India at times a vector; in West Pakistan probably insignificant [230, 335 a, 429, 430, 512].

17. *A. pulcherrimus* THEOBALD 1902. Mediterranean species; from Syria by way of Iraq to Turkestan, Turkmenistan, Kazakhstan and northern India. *In Afghanistan north and south of the Hindu Kush,* also found in West Pakistan. Breeds in pools and ricefields. Unknown as a vector in Afghanistan, although it is known to be such in Turkestan (Murghab) [174, 181, 219, 230, 245, 251, 298, 365, 386, 396, 416, 432, 441, 506, 512].

18. *A. sacharovi* FAVRE 1903. Subspecies of the maculipennis group; Palaearctic-Mediterranean species. From Europe across Asia to Sinkiang. *Only north of the Hindu Kush in Afghanistan;* only breeding place located at Dand-i-Ghori in Kataghan Province. Also in northern Iran, Azerbaijan, Uzbekistan, Urgut and Syr-Darya. But remarkably enough, in the Shatt-el-Arab district in Iraq. Breeds in pools, river beds, ricefields and in brackish water as well. In west central Asia considered to be a vector in many places; in Afghanistan insignificant and no longer reported in recent times [251, 260, 298, 321, 333, 335 a, 365, 370, 386, 416, 504, 506, 547, 552].

19. *A. sergenti* THEOBALD 1907. Mediterranean species. From North Africa across Asia Minor to West Pakistan. *Unknown in Afghanistan;* in Baluchistan sporadic round Quetta. Breeds in ricefields, ditches; the adult mosquitoes are frequently housebound. Its role as a vector has been variably assessed [221, 225, 274, 276, 286, 365, 512].

20. *A. splendidus* KOIDZUMI 1923. Indian species. Nearer India to eastern Asia in plains and at altitudes up to 2,000 m. *In Afghanistan only south of the Hindu Kush;* in West Pakistan from Baluchistan to the Punjab. Breeds in the pools of mountain rivers and in irrigation ditches. Adults are predominantly zoophilic. Not regarded as a vector in Afghanistan [181, 230, 245, 429, 430, 432, 441, 512].

21. *A. stephensi* LISTON 1901. Oriental-Indian species. Widely distributed from Iraq to India. *In Afghanistan only south of the Hindu Kush,* but also in West

Pakistan and southern Iran. Closely linked with human settlements; a vector and particularly feared in the alluvial river plains of western Asia; so far epidemiologically insignificant in Afghanistan [163, 181, 221, 225, 230, 245, 273, 309, 313, 335 a, 365, 370, 392, 396, 424, 430, 432, 441, 495].

22. *A. subpictus* GRASSI 1899. Oriental-Indian species. Distributed throughout nearer and further India as well as further afield. *In Afghanistan only south of the Hindu Kush,* near Laghman, Kunar and Kabul; in West Pakistan from Quetta to Peshawar. Breeds in pools and ditches, even in contaminated waters. Adults found in stables and houses. In India where it occurs in large numbers it is regarded as a vector, but it is without significance in Afghanistan [181, 221, 245, 313, 396, 441].

23. *A. superpictus* GRASSI 1899. Mediterranean species; from southern Europe to West Pakistan, especially in arid and semi-arid areas and at high altitudes. *In Afghanistan it is found north and south of the Hindu Kush and is widely spread throughout the country.* In West Pakistan from Baluchistan to the Punjab, also in Turkestan (Rushan District), Tajikstan and in the western Pamir mountains (Vanch District) up to a height of 2,600 m. Breeds in pools on the side of mountain streams and at times in rice fields as well. Adults are partly house-bound; extensive flying range of up to 6 kilometres. Greedy blood suckers. *In Afghanistan, as in many neighbouring areas, the most important and practically the only important vector* [163, 174, 199, 219, 221, 230, 245, 251, 267, 273, 298, 335 a, 365, 366, 370, 386, 392, 396, 416, 424, 432, 441, 507, 512, 550 inter alia].

24. *A turkhudi* LISTON 1901. Oriental-Indian species; scattered in West Pakistan and south east Iran as well as *in Afghanistan where it was found south of the Hindu Kush only,* albeit not recognized as a vector [163, 174, 221, 245, 308, 309, 392, 396, 430, 441].

25. *A. vagus* DÖNITZ 1922. Oriental-Indian species; distributed over India and South East Asia. *In Afghanistan only south of the Hindu Kush,* near Laghman; in West Pakistan and southern Iran hitherto unknown. Breeds in pools and irrigation ditches as well as in swamps. Almost everywhere it is epidemiologically insignificant. Not regarded as a vector in Afghanistan [230, 245, 441, 512].

This compilation of anopheline mosquitoes reported from Afghanistan and the border areas of the neighbouring countries, as well as the cartographic record of the localities in which they have been found *(Map No 6),* show that Indian (i. e. Oriental-Indian), Palaearctic, and Mediterranean species meet up in Afghanistan and that the areas of distribution of many species overlap within the country, whilst other species and forms occur only in the south or north of Afghanistan.

The *Indian* and *Oriental-Indian* species *A. annularis, A. culicifacies, A. fluviatilis, A. maculatus, A. moghulensis, A. splendidus, A. stephensi, A. subpictus, A. turkhudi* and *A. vagus* extend from the south to the Hindu Kush; they occur in warm sites in the Eastern Province (600—700 m.) as well as near Kandahar (1,044 m.) and Kabul (1,803 m.), but have as yet never been traced north of the Hindu Kush. Only the *Oriental-Alpine* species *A. lindesayi,* a mosquito of mountain areas and high altitudes, also occurs in Tajikstan, that is north of the great central mountains [219]; in Afghanistan, however, it is completely absent. *A. hyrcanus* which has been recorded both north and south of the Hindu Kush, occupies a special position in the field—due to its extensive distribution from the Mediterranean to the Far East—, and the question must be asked whether this species should be counted among the Oriental group as has hitherto been the case.

The few *Palaearctic* species recorded in Afghanistan have only been traced north of the Hindu Kush; but outside the country, *A. nigripes (plumbeus)* has been found in the mountains of the Punjab and *A. sacharovi* has been found in southern Iran and Iraq in the Shatt-el-Arab district as well. Nevertheless, the findings to date suggest that practically no Palaearctic species of *Anopheles* are to be found south of the Hindu Kush.

Thus the Hindu Kush presents a faunal frontier in Afghanistan between Oriental-Indian and Palaearctic species of Anopheles living in the country. This is a fact which to my knowledge has as yet not been pointed out, although where other manifestations are concerned, it is well known to zoologists in examples such as the respective home areas of the single-humped and double-humped (Bactric) camel and to botanists in the distribution of arboreal vegetation; it can also be recognized in epidemiology in the manner in which cutaneous leishmaniasis is spread (vide page 102). The dividing line between the areas of distribution areas of both groups of anopheline mosquitoes as recorded in *Map No 6*, evidently runs from E.N.E. to W.S.W. across the high mountains and can be traced as far as eastern Iran, while in central and western Iran, where there is no separating range of mountains, the distribution areas of different related groups show considerable overlap.

Of the four *Mediterranean* species occurring in Afghanistan, only two, *A. superpictus* and *A. pulcherrimus*, are found throughout the country—that is, north and south of the Hindu Kush. In the neighbouring countries in the north west, west and east, the area of distribution of the Mediterranean *A. superpictus* extends far into the vegetation domain of Indian as well as Palaearctic species, so that Mediterranean species appear to occupy the largest distribution zones in the entire Iranian-Turanian area; this points again to the fact that the fauna of the Middle East contains Mediterranean traits as well and that even the Afghan anopheline mosquitoes ought to be seen in conjunction with those of homogeneous or similarly configured contiguous territories.

In addition there are some Mediterranean species (*A. d'thali, A. marteri, A. sergenti*), some Oriental-Indian species (*A. pallidus*) and Oriental-Alpine species (*A. gigas*) represented in West Pakistan which are lacking in Afghanistan. If in certain earlier studies [286, 316], the northern limit of the distribution of Oriental-Indian anopheline mosquitoes was placed in the vicinity of the Indus frontier or of the Afghan-Pakistan border mountains, this assumption can only refer to individual species like *A. gigas* and not claim any overall validity; in any case the Hindu Kush is more clearly recognized as the northern limit of the area of distribution of Indian and Oriental-Indian species of *Anopheles*.

d) The vector problem. By far the most important and practically the sole malaria vector in Afghanistan is *A. superpictus*, a mosquito of the arid highland, the habits of which help to determine the epidemiological pattern of malaria in many endemic areas from Greece by way of Asia Minor to the Middle East.

Small *pools in dry river beds* with low current velocity, limited vegetation of algae and, consequently, clear water, which are exposed to the sunlight are the breeding places preferred by *A. superpictus* (Table 15 c, 16 a and d) [245, 273, 313, 370, 441, 512]. They are to be found alike in all malaria areas of the country, and since these breeding places only materialise after the snow-melt in the high mountains and after the ending of the spring rains when the rivers dry out, the larvae of *A. superpictus* can develop not before June, i. e. during the dry summer season. The breeding season sets in swiftly at the start of the dry season and comes to an equally abrupt end in autumn (Fig. 6), *(back of Map No 5)*.

Rice fields are less frequently inhabited by *A. superpictus*, unless the adjacent riverbeds have almost completely dried out and furnish next to no breeding pools— a situation which we observed in the Heri Rud valley east of Herat in 1964. At an earlier date we did find sporadic larvae and egg deposits of *A. superpictus* in rice fields in Sarobi, but these were almost exclusively at the water intake and outflow openings, where a stream flow existed and which resembled the biotopes naturally preferred, at least in part, by the species.

The season of the *adult mosquito* (see Fig. 6) begins in July and ends in October when the females withdraw to hibernate [313]. The question of the degree to which *A. superpictus* is housebound has been answered in differing ways. IYENGAR found the species in inhabited rooms in Kabul even during the daytime but stressed, however, that humidity was 10 to 30 per cent higher there than in shady places out of doors. In Sarobi, however, a warmer and drier place, *A. superpictus*, could scarcely ever be encountered indoors during daytime; the species would appear to live as a guest mosquito, entering only at night for the purpose of sucking blood, but spending the day in shady places outside these buildings; in the Laghman and Herat districts we found *A. superpictus* in dark, open stables or out of doors in the cracks of walls during the hours of daylight; we never discovered them in occupied rooms (Plate 16 b and c). Similar observations have been reported from Iraq, Iran and Syria [370]; the varying degree of attachment to the house probably depends on local and microclimatic peculiarities and above all on humidity in particular areas.

The *sporozoite rate* among adult females of *A. superpictus* has varied a great deal in the Afghan areas investigated. Before the malaria campaign had started it amounted to 0.4 per cent in the hyperendemic Eastern Province, to 0.17 per cent in Kataghan, to 0.39 per cent in Kabul and to 0.26 per cent in Sarobi [245, 273, 313, 441], but even in areas of the country with lower endemicity it was sufficiently high to keep the infection in balance under the given climatic peculiarities and the close contact between mosquitoes and man.

In addition RAO [417] reported in 1949 that *A. culicifacies* near Laghman in the Eastern Province was infected as a rate of 0.44 per cent; he thus established the existence of an Oriental-Indian species in the subtropical area south east of the Hindu Kush and showed that the most important vector in central India was a vector in Afghanistan as well. Among others, *A. culicifacies* also appears to inhabit breeding waters which are analogous to those of *A. superpictus*, but it still prefers irrigation ditches, stagnant pools and in particular ricefields, which happen to be numerous in the Laghman region [232, 430, 441]. Since ricefields are kept continuously irrigated for a period of 120 to 160 days after planting [86], they offer a favourable biotope for *A. culicifacies* and other ricefield breeders at precisely the right season for the mosquitoes.

Irrigation ditches of the older type *(jui;* in Iran *jub* at times) (Plate 11 b) and especially overgrown ditches the bank edges of which have been neglected may certainly serve as breeding grounds for some species of anopheline mosquitoes if they carry water at all times. They have, however, been of little importance for the development of Afghan malaria vectors and we scarcely ever found larvae in them.

A. stephensi has not been found to be infected in Afghanistan; in the alluvial river districts of the Shatt-el-Arab and in the Indus region [370] in West Pakistan it is a dreaded vector, but in the arid highlands it is relatively rarely represented and may, if at all, be considered a "potential" malaria vector. The breeding biotopes resemble those of *A. culicifacies* and in the Eastern Province of Afghanistan *A. stephensi* appears to be predominantly a ricefield breeder.

All other species recorded in the list from page 97 to page 98 and in *Map No 6* do not act as vectors in Afghanistan and are therefore of no account epidemiologically speaking.

e) The yearly course of malaria. The fact that *A. superpictus* is the decisive vector throughout Afghanistan appears to be significant in the interpretation of the epidemiological picture of malaria. Since *A. superpictus* occurs only during the summer months, the *infection period* must be seen to fall in the months July to September [245, 313]; the result is seasonal malaria, the course of which, when shown diagrammatically, follows the season of the anopheline mosquitoes vector with a delay of about two months, and—a characteristic of the arid highlands of the Middle East—it is always a *malaria of the dry season* which only attains its full spread when the summer temperatures have already passed their maximum; it lasts for a few months only and falls away rapidly in October or November (Figs. 6 to 8; see back of *Maps No 5 and 6).* Thus the arid highland together with the arid climate provide the conditions for the establishment of a vector species adapted to the environmental factors which in turn determines the epidemiological picture of malaria.

Although *A. superpictus* in many places is but little house-bound, the spread of malaria is not impeded by this. On the one hand mosquitoes enter the living quarters at night to suck blood from man, and on the other the spread of the infection is made possible or even facilitated by the habit, which is common throughout the Middle East, of sleeping outdoors. The chain of infection is closed by the habits of the people—in themselves conditioned by climate—and the epidemiology of malaria in the countries of the Middle East demonstrates very clearly *how much the combined effect of all three factors—geomorphology, climate and the way of life of the people—shapes the picture of the disease.*

Comparing the inter-relationships which have been discovered with the results of investigations in *neighbouring countries,* there appears to be a remarkable conformity over large areas of the arid highlands. In the higher arid zones of Iran and Iraq as well, a seasonal malaria transmitted by *A. superpictus* rages in the dry season [365, 370, 424], while in India, which enjoys a high precipitation which in turn provides different geographical and climatic conditions which thus attract different species of vectors, malaria can be found throughout the year, albeit with a marked increase in the period of monsoon rains. Thus the analysis which has been carried out shows that *Afghanistan together with the remaining Iranian-Turanian highland represents a unity not only from the geographical-climatological point of view—as has hitherto been discussed—but also, as far as malaria is concerned, with regard to her geomedical and epidemiological features.*

f) The anti-malarial campaign. As early as 1948 a first malaria control service had been started in Kabul, which, despite limited staff to begin with, embarked on the *"preparatory phase"* of the malaria campaign—that is, on the entomological and epidemiological inventory. But at an early stage the unforeseen extent of these projects necessitated the setting up of a considerably larger organization, and this was done with WHO aid. In 1949 the *Central Malaria Institute* was founded in Kabul, the urgent task of which was to train the entomologists, the laboratory workers and the technicians required for the campaign and to put them into action in malaria areas [245, 252, 386]. Since that time the institute has been continuously advised by a malariologist of the WHO attached to the Regional Centre in New Delhi (Plate 15 a).

Regional Headquarters, malaria units and sub-units were then set up in the most endangered areas and at the present time there is one central institute, three regional headquarters and 23 units and sub-units available in Afghanistan; these are recorded in *Map No 6.* The regional headquarters (Plate 15 b) are headed by a malariologist (medical doctor) and—according to the number of population in the area to be attended to—staffed by a specialist entomologist, 5 to 13 inspectors, 1 to 4 insect collectors, 5 to 13 technical assistants, 20 to 50 insecticide sprayers and a further 10 to 16 labourers and other employees. The programme requires that each inspector continuously supervises an area inhabited by 10,000 people [252]. With this establishment the conditions for the start of the *"attack phase"* (lasting as a rule for 3 to 4 years) had been provided. The aim is to interrupt the transmission of malaria in the country and to severely reduce the reservoirs of parasites in the population.

Work was started in the hyperendemic malaria areas of Laghman and Kunar where the first 8,000 people could be afforded protection in 1948; it was then extended to Pol-i-Khumri, where high absenteeism among the workers due to subtertian malaria was at times a serious threat to the textile industry; in the following years the Kunduz, Kandahar and Herat districts were also included in the "attack phase". The number of people placed under protection rose from 570,000 in 1951 to 1.4 million in 1955; it had already risen to 4 million in 1963 and to 5.1 million in 1966/7 [133, 134, 134 a, 245] and it was planned to extend the malaria protection to a total of 7.8 million sedentary people and 2.5 million nomads, thereby probably including the entire population under threat from malaria [386]. Under this scheme each case of fever, should, if possible, be checked for malaria by a blood test and be treated immediately with choloroquine and primaquine as a precautionary measure.

At the same time the *campaign against vectors* in living quarters and breeding places was commenced. In the *country*, after initial difficulties, members of the anti-malaria squads soon gained access to private houses and were able to spray the interiors and stables with aqueous suspensions of DDT (1 gr./m² of wall). But because the effect on *A. superpictus* in these rough mud walls was proved to fade after 10 to 12 weeks [475], the applications had to be repeated at the appropriate intervals. In addition the biotopes of the larvae were sprayed with oily solutions of D.D.T. throughout the entire breeding season.

In *urban residential areas,* however, insecticide sprayers were refused access to dwellings for a much longer time in some places. The effect was that in many areas at the outset the repeated D.D.T. treatment was necessarily confined to larvae biotopes [245, 252].

The *cost of the programme* was relatively low; for the treatment of the larvae alone they amounted to 0.5 Afghani (0.02$) and for the combined spraying of breeding places and indoor areas to about 2.7 Afghani (0.12$) for every person in the country [252].

The results were surprising; after only 3 to 4 years malaria had diminished in almost all endemic areas as demonstrated by the following changes in the spleen and parasite rates [245].

Place or province	Spleen rate in % before campaign			Parasite rate in % before campaign		
	%	(year)	1953	%	(year)	1953
Pol-i-Khumri	76.0	1948	11.0	14.2	1948	0.55
Baghlan	74.7	1951	24.7	23.5	1951	3.3
Khanabad	47.6	1950	20.5	9.9	1950	1.7
Taluqan	60.3	1951	14.6	8.1	1951	0.0
Laghman	76.2	1949	9.0	18.5	1949	0.0
Kandahar Prov.	46.0	1952	22.0	13.1	1952	9.3
Khost	65.6	1952	19.5	?	1952	3.1
Kabul	21.0	1951	10.0	13.4	1951	0.55
Sarobi	58.0	1951	10.0	22.5	1951	1.6

Already by 1953, numerous former hyperendemic and mesoendemic malaria areas could be considered as having reached the *consolidation phase* in which the remaining reservoirs of parasites were to be eliminated. In the year 1962, that is fourteen years after the campaign had been started, about 2 per cent—and in the summer of 1963 already 11 per cent—of the population lived in areas under consolidation with a parasite rate of only 0.01 per cent; the total number of malaria cases reported in the country was 661 [526]. In 1965 (19.2 per cent of the population under consolidation), 33 small autochthonous foci of malaria were recorded; in the areas under consolidation the parasite rate amounted to 0.06 per cent, and at the time of my last visit to Afghanistan in the autumn of 1964, malaria appeared to have practically died out in all the endemic areas I saw—as for example in Sarobi, Laghman, Kunar, Pol-i-Khumri and in the Heri-Rud valley, but particularly in the formerly highly infected area of Kunduz. Such a successful campaign deserves unreserved appreciation and would seem to be all the more remarkable if one considers the difficulties with which the difficult terrain of the country confronts such work.

In their former areas the anopheline mosquitoes are also only to be met in small numbers. *A. superpictus* appears to have been almost completely eliminated in many places; because it has not developed any discernible resistance to insecticides so far, the success of indoor spraying has been good despite the fact that the mosquitoes display little attachment to dwellings. In principle, however, neither *A. superpictus* nor *A. stephensi* nor any other species can be regarded as completely exterminated. It is in any case not the aim of anti-malaria measures to eradicate all anopheline mosquitoes in the country; it ought to be possible to attain a tolerable "anophelism without malaria"—i. e. the number of vectors should be reduced, since the parasite rate has also been decreased markedly, to such a degree that malaria will no longer remain in equilibrium in the long term but retreat more and more.

In spite of the most fortunate results in the areas under consolidation, the last part of the programme—the maintenance phase—which amounts to no more than mere supervision, should not be introduced too early. The possibility can by no means be excluded that there are foci of malaria in remote mountain valleys which have been overlooked and it is quite well possible that malaria would spread from such isolated foci to other areas. Local outbreaks of malaria must be expected every now and then, and especially so on building sites where numerous people live together at close quarters without sufficient protection from mosquitoes. Malaria has in large part been suppressed in Afghanistan, but it has not died out and among 640,000 blood tests carried out in 1966, 2,320 were found to be positive, so that there are more cases than had been supposed in previous years [386].

Besides this, as *A. superpictus* has become almost epidemiologically inert in many areas, the possibility cannot be excluded that other species of anopheline mosquitoes, which were hitherto less anthropophilic, will adapt to man. In my opinion it is not inconceivable that one day *A. stephensi* or one of the other Oriental-Indian species of vectors which has so far remained epidemiologically unimportant, will take over the role of a malaria vector in southern Afghanistan. For that reason further supervisory projects should bear in mind the possibility of a "change of vector".

In connection with the anti-malaria campaign, special attention has recently been drawn to the *movements of nomads* in Afghanistan as well as in West Pakistan, who are certain to be *potential malaria disseminators*—a fact which is countered by the Afghan Malaria Service by the setting up of check points at the most important crossing points on the frontier [386, 435].

Mecca pilgrims are scarcely likely to present a continuing and serious epidemiological problem since, compared with earlier times, the modern way of travelling has greatly reduced the chances of infection. On the other hand pilgrims on the Arabian coast come into contact with *A. gambiae* which transmits malaria even in the towns, and with *A. stephensi* as well, so that the possibility of isolated malaria infections among the vast number of pilgrims travelling to Mecca from the Iranian-Turanian-Pakistan area every year (about 25 to 30,000) must at least be taken into consideration. Before taking off from Kandahar, Afghan pilgrims are given prophylactic chloroquine [386], and in Mecca too, the health authorities have included malaria control among their duties [261].

The Afghan Malaria Service reckons to have malaria completely eradicated by 1972 [386]. Already now the institution in close cooperation with Afghan malariologists and WHO experts has tackled one of the greatest disease problems of the country with unusual success, and should it be possible in the future to carry on with the programme in an equally effective manner, it may have real hope of achieving this aim.

2. The Leishmaniases

These are infections caused by protozoa of the genus *Leishmania* (Flagellata), which are transmitted by *Phlebotomus* flies (Psychodidae; sandflies). Thus the distribution of the disease is tied up with the vegetation zones of the vector insects. In the Old World two kinds of leishmaniasis are known; the *visceral* form, *Kala-Azar (L. donovani)*, a serious general infection accompanied by fever, anaemia, enlarged spleen and liver, and the localized cutaneous leishmaniasis or *oriental sore* (known also as Bagdad boil; *sāldānăh*, ساالدانه i. e. one year sore, in Kabul) *, which, if left untreated, usually disappears after a year.

a) Distribution in the Country. The *oriental sore*, the only leishmaniasis which occurs in the country, has for a long time been endemic in many areas of Afghanistan [413]. In Herat and Kandahar, as well as in Kabul and in the east of the country, we saw numerous cases and the disease also appears to occur frequently in the Afghan-Turkestani areas—in some parts among 30 to 50 per cent of the children according to CUTLER [234]. Probably the entire inhabited territory in Afghanistan up to an altitude of 1,800 metres—we encountered neither autochthonous cases nor sandflies above this height—is affected. It thus belongs to the extensive endemic area stretching from Asia Minor across Iran into the Soviet Central Asian republics and West Pakistan, which includes almost the entire arid and semi-arid zone of western Asia [413].

During the years immediately following the war the endemic area appears to have expanded in Afghanistan. Before the war, for instance, there were practically no endemic oriental sores in Kabul but some sporadic occurrences in Dehmasang, an old quarter of the town; the remaining parts of the town and the surrounding villages were free [266, 319 a], and the majority of our patients with oriental sore came from the endemic areas in the west and south west of the country. During the first years following the war, however, the number of autochthonous cases increased greatly—and this was true for Kabul as well—and the disease spread over the entire municipal area and into the villages of the environs. This was most likely due to the fast growing traffic from place to place and from endemic areas to the capital where there were numerous sandflies during the warm season [267, 269, 270].

A preference for certain *age groups* such as has been observed in countries with hyperendemic infection like Iran [295, 413] has not been observed in Kabul. Children and adults of all age groups were afflicted. This was obviously because penetration of the infection and

exposure to it were relatively limited, with the consequence that the majority of inhabitants were not infected in infancy and thus immunized for later years, as is the case in strongly infected areas.

b) Forms of the disease. As in Iran and the neighbouring Soviet republics, so also in Afghanistan cutaneous leishmaniasis occurs in *two forms which are clinically and epidemiologically distinct* [177, 253, 352] and the parasite strains must also be regarded as different [272] since they do not have a cross-immunization effect upon one another. In the north of the country, just as in the areas beyond the Amu Darya [468] and in northern Iran [177], the so-called *rural* or *moist* form predominates and occurs chiefly in rural areas. After a short incubation period which at times lasts only ten days, it develops quickly and brings on severe ulceration which in most cases takes several months to heal. In a manner similar to conditions in Iran, the west, south and east of Afghanistan manifests only the *dry* or *urban* form. This is characterized by a remarkably long and irregular incubation time which may last several weeks or even months, by crusty scabs and by the but slowly progressing development of ulcers; as a rule it heals up after one year, but some isolated cases lasting for several years have been reported [272].

In Kabul *seasonal fluctuations* in the frequency of fresh infections were not observed by us in the case of the dry forms of oriental sore with its irregular incubation period. Although patients attended sessions in our out-patient clinics at all seasons of the year, the inaccurate anamnestic statements did not permit any conclusions to be drawn concerning the true onset of the disease. The moist form, on the other hand, thanks to its short incubation time, allows what in many places is a marked seasonal relationship, in which there is an increased frequency of new cases during the summer months, to be clearly recognized [175].

c) Epidemiologically both forms of the oriental sore differ most significantly. The *rural* or *moist* form, endemic north of the Hindu Kush, in northern Iran and beyond the Amu Darya, primarily appears to be a zoonosis of subterranean rodents. The most important animal reservoir, according to Soviet and Iranian researchers [175, 255], is the racing mouse *Rhombomys opimus* LICHT (Gerbillidae), the population of which was infected with *L. tropica* to an average degree of 30 per cent (2.3% in May, 56.3% in late summer) in the Murghab valley [351, 352, 353]. Similar findings were made in Tajikistan (infection rate 35.5%), while *Meriones erythrourus* GRAY and *Spermophillopsis leptodactylus*, both of them typical representatives of the desert fauna, were much more rarely infected (Mer. erythr. 6.7%) [413, 468] and thus represented a reservoir of subordinate importance.

Large numbers of *sandflies* were found chiefly in the rodent burrows; in south west Turkestan the species *P. arpaclensis* was the one most frequently caught (76.2% of all sandflies) and about 48 per cent of these were infected with *L. tropica* [410, 468]; moreover, *P. caucasius*, *P. sergenti* and, for the first time in the U.S.S.R., *P. sumaricus* proved to be carriers of the infection. In Uzbekistan rodent burrows some 500 to 2,000 metres distant from human settlements were examined and *P. arpaclensis* and *P. mongolensis* were found to be infected with leptomonads to an extent of 22.7 per cent in the summer months [243, 249]. Since

---

* The English or international term for a disease is followed, in brackets, by the Persian term used in Kabul both in phonetic transcription and Persian characters.

the Phlebotomus species mentioned are predominantly zoophilic species, the assumption is justified that the infection with *L. tropica* is a zoonosis which is spread among the rodent population by infected sandflies; the observation that birds nests can also serve as an abode for sandflies does not contradict this assumption [410, 411].

Near human settlements the rate of infection is higher among rodents and sandflies alike than in uninhabited areas [249, 468]; *P. papatasii* (infection rate up to 19.2%) and *P. arpaclensis* appear to favour particularly the connection between rodent burrows and human homes and must therefore be considered as the most important vectors of cutaneous leishmaniasis from animal reservoirs to man in the Turkmen and Uzbek areas. A reverse transmission from man to rodents might be conceivable but has so far remained unproven; apparently the chain of infection can be maintained within the rodent population by the zoophilic species, and above all by *P. mongolensis* and *P. caucasius* as well as by *P. arpaclensis* [243, 249, 468].

In the loess-covered hilly regions and steppes of northern *Afghanistan* which geographically, climatically and faunistically correspond in large part with the areas lying beyound the Amu Darya at altitudes of 400 to 800 metres, *Rhombomys opimus* appears to be the most important animal reservoir, as it was found to be infected to the extent of 60 to 80 per cent in inhabited oases [253, 254]. Unfortunately no systematic investigations have so far been produced concerning the sandflies of Afghanistan, but on the basis of the research results cited it may already be suggested that the epidemiological connections are very similar to those in the endemic areas north of the Amu Darya—that is to say that in northern Afghanistan too, the rural form of cutaneous leishmaniasis is a zoonosis of rodents which is transmitted to man by sandflies.

The *dry* forms of cutaneous leishmaniasis must, epidemiologically speaking, be assessed differently. In the rocky areas of south west Afghanistan there are apparently no zoonotic leishmaniases. Here animal reservoirs are unknown, so that the chain of infection obviously leads directly from man to sandflies to man. Even dogs do not appear to be reservoirs. In south west Afghanistan the transmitting sandflies have also not yet been investigated; *P. papatasii* and *P. sergenti* which appear to be vectors in Iran, Tajikistan and Iraq [249, 295, 359, 360, 426] also suggest themselves as vectors of the urban cutaneous leishmaniasis in Afghanistan. But above all it must be pointed out that differing determining factors are operative in the distribution of cutaneous leishmaniasis north and south of the great mountain ranges and that the Hindu Kush, as far as results so far published permit the drawing of any conclusions, emerges as an epidemiological frontier between both forms of the oriental sore in Afghanistan.

In modern times DDT applications directed against malaria have also thinned out and at times ever exterminated the phlebotomus populations, and similar to the pappataci fever, leishmaniases have become much rarer, at least in those areas known to me. The rural form can probably only be effectively attacked by the decimation of the rodent population as has already been successfully done in certain Soviet endemic areas. As far as I am aware such attempts have not yet been made in Afghanistan, even in the most recent times.

Kala-Azar is unknown in Afghanistan. Cutaneous and visceral leishmaniasis are spread in areas which are almost everywhere separated from one another; in the arid highlands cutaneous leishmaniasis is endemic, while Kala-Azar is found chiefly in humid areas of Bengal influenced by the monsoon. Isolated cases have also been observed in Iran and Iraq [197, 315, 334, 425, 444], and there are some small areas known to be foci of infection in the Uzbek and Tajikistan Republics and in Kashmir where both types exist side by side [285, 315, 353, 354, 385]. In the Indian countries *P. argentipes* is held to be the chief vector, in the Transcaucasian areas *P. major* and possibly in some places *P. chinensis* and *P. kandelaki* [353], while *P. papatasii* has only seldom been found in Kala-Azar territory [374]. The possibility of jackals acting as animal reservoirs for *L. donovani* in Tajikistan is discussed by MARUASHVILI [374].

Thus in Afghanistan the epidemiology of the leishmaniases also clearly demonstrates how the distribution of the disease is linked with soil, climate and the natural animal kingdom and Afghanistan emerges in this field as well as part of the geomedical unity of the remaining Iranian-Turanian zone.

3. Typhus

Of the *rickettsial diseases* which occur in the western Asiatic area only the *classical typhus fever* (typhus exanthematicus; *hōmāye-lākādar*, حمای لکه دار) has so far been observed in Afghanistan. It is an acute infectious disease which is accompanied by high fever and the germ of which, *Rickettsiia prowazeki*, is transmitted from man to man by the bite of infected body lice. Animal reservoirs are as yet unknown. Typhus is a disease of poverty and misery and makes its epidemic appearances at times of heavy louse infestation—as is known from both world wars. *Volhynia fever* (five-day fever, trench fever; *R. quintana*) which is also transmitted by lice, and *murine typhus (R. mooseri)*, transmitted by fleas from rodent reservoirs to man and which has been seen on occasion in ports on the Persian Gulf [188] as well as in India [322, 481], are just as little known in Afghanistan as rickettsial fevers spread by ticks. The question of the occurrence of Q-fever *(R. burneti)* will be discussed in connection with the zoonoses of the country.

a) Distribution in the country. Typhus has been endemic in almost all the countries of the Middle East and hence in Afghanistan as well until the 'fifties and has also occurred epidemically in various parts of the country [211]. In Kabul we encountered it both in pre-war and wartime years [266, 267], although no reports on the frequency of the disease in particular years or on the predilection for certain provinces on the part of the infection which could be turned to account are available. Only BERKE [201] has reported on a serious epidemic outbreak which raged in Aibak near Mazar-i-Sharif in the year 1937—that is before the war.

Exact data are only available from the post-war period, and we have attempted to present a review on the distribution and frequency of the fever during the years 1948 to 1953 as well as on the development of the course of the disease up to 1964 in *Maps No 7 and 8* and Table VI associated with them. The representation is based on the official reports of the Afghan Ministry of Health to the WHO [513, 521]; it must be assumed that in the main they cover only the hospital cases, so that the figures reported, as already stressed on page 94, do not correspond by far with those of the disease which did in point of fact occur. The maps and tables alike are therefore only able to give, on a comparative basis, the approximate degree of infection in the individual provinces of the country and in the case of the more serious outbreaks those which were registered.

To begin with, some of the larger *epidemics* which over the years have been observed in certain provinces are remarkable. In Kandahar a larger outbreak with almost 1,000 cases and high mortality is said to have raged in 1947—48, and in the winter of 1949—50 the town and province were hit once more by a typhus epidemic with a total of more than 1,800 cases; in Kabul, which had numerous cases in practically every winter, a total of 476 cases were reported in the year 1951. In Herat (1953), in Mazar-i-Sharif (1949—50) and in the Parwan Province (1953), epidemic outbreaks have been reported, although they never attained the extent of those epidemics in Kabul and Kandahar already mentioned. In all other provinces the number of cases of typhus is remarkably small. It would seem that larger outbreaks are lacking in so far as it is possible to come to any firm conclusion on the basis of reports.

Surveying the *degree of infection of the country during the report period* from 1948—53, and relating the figures of cases to the number of inhabitants, the same picture emerges. Kandahar with 138.7 cases for every 100,000 inhabitants, is the province most severely infected; Kabul takes second place, whereas in all other provinces the degree of infection remains essentially below the average for the country with 47.9 cases for every 100,000 inhabitants. A comparison of Afghanistan's typhus situation with that of other countries in the Iranian-Turanian area is scarcely possible since the requisite data are lacking; but as far as any opinion is possible on the basis of the few figures available, even prior to the anti-disease measures typhus fever appears to have been scarcely more common in Afghanistan than in the remainder of the Middle East [211].

A direct relationship between the number of infected cases and the *population density* of individual provinces cannot be derived. Kabul Province (33 inhabitants per km²)and Jenoubi (45 inhabitants per km²) may have had comparatively many cases of typhus in every year, but in the most affected province, Kandahar, there are only 7 persons to the square kilometre. Much more likely is the assumption that the concentration of many inhabitants in a small area in the large towns of Kabul, Kandahar and Herat—all of which have recorded several epidemic outbreaks—is responsible for the rate of infection illustrated in *Map No 7*. Typhus is rather more a disease of large towns and especially of old residential quarters, than of the open country with its frequently widely dispersed villages and isolated homesteads.

At times even the *Afghan nomads* have been suspected of playing a part in the spread of typhus [36, 180]. This possibility must be admitted, but I think it scarcely likely that the nomads have ever played a decisive role in the spread of the fever. For one thing they live among themselves during the cold season in their winter quarters in the south and east of the country, and for another they do not maintain any close contact with the sedentary population during their migration to the north which is begun in the spring, and is still during the

typhus season; the outcome is that transmission of infected lice to the villagers can only occasionally take place. That typhus can spread within a group of nomads, as indeed within any other residence or social community in the country, must be assumed, but it is just these cases that have almost always escaped the statistical record since nomads only rarely attend the hospitals in towns. Nevertheless, it is certainly advisable to include nomads as far as possible wherever any modern prophylactic measures are applied.

b) Seasonal dependency of typhus. Figure 10 (back of *Map No 7*) demonstrates the relationship between the frequency of typhus cases and the seasons over the period 1949 to 1951. Although isolated cases occur at all seasons, great numbers of fever cases always occur in the *cold season*, especially towards the end of the winter when the number of lice among the population and the rickettsial infection of the lice stand at their highest level. This annual course of disease frequency with a peak towards the end of the winter, which is not to be observed in the case of murine fevers, is characteristic of the classical typhus. With the onset of pre-summertime warmth, which naturally encourages people to exchange their restricted homes for outdoor life, to exercise greater cleanliness, to wear lighter clothing and to change their underwear more frequently, the numbers of cases invariably go down; only in very long winters may typhus decline later than is normal, although it always does so with the onset of the warm season. Since animal reservoirs are not to be taken for granted, the few isolated cases, and the late relapses which occur in the course of the summer and autumn in spite of the small number of lice, must be sufficient to retain the infection until the following winter.

It is of course obvious that the typhus fevers of the winter season rage for the main part in the poor quarters of the old areas of the towns which are thickly covered by buildings. Inadequate conditions of hygiene and the communal huddle under the *sandali* (vide page 81) occasioned by the shortage of fuel, leads to the creation of a micro-climate ideal for the development of lice which have always favoured the spread of the disease within the domestic communities in the old quarters of the town. The prosperous part of the population, most of whom enjoy considerably better hygiene conditions in the new suburbs, are naturally far less exposed.

c) The severity of the disease has been judged in various fashions. WHO observers [178] have chiefly seen serious cases with a high mortality rate in Kandahar. At an earlier stage when I myself was in Kabul, I formed the impression that typhus in Afghanistan, as in some parts of southern Russia, takes a relatively light course. BERKE [201] who was observing previously unvaccinated patients in Kabul in the 'forties—that is, before the introduction of antibiotics—recorded a mortality rate of only 14.4 per cent, a figure which remains considerably below the rate of 17 to 21.9 per cent noted in Iran [299, 453]. Considering the low endemicity of the disease, I consider it improbable that there is a partial immunity against infection in many population groups; whether mild re-infections as reported from Kazakhstan [384] play any role at all in the pattern of some cases and in the epidemiological picture, is not known. Probably the general condition and individual resistance, medical treatment and care are more decisive than the differing virulence of particular parasite strains which is at times suggested. The introduction of antibiotics in the treatment of typhus should have considerably improved the therapeutic success when compared with earlier years.

d) The fight against typhus met up which great difficulties both in pre-war and wartime periods. The conditions of hygiene in the old homes could scarcely be altered and for reasons of family traditions the isolation of patients proved to be impossible in most cases; moreover, insecticides for the extermination of lice were not yet available. Thus prophylactic vaccination, the effect of which was undisputed but the application of which was always restricted to relatively small groups of the population, presented practically means of controlling typhus at that time. In the winter of 1949/50, DDT was used in large quantities for the first time in Kandahar.

In 1951, the WHO and UNICEF, together with the Afghan Ministry of Health, took up the planned campaign against the fever, beginning their work in the worst-affected provinces of Kabul and Kandahar. In the period ending in the middle of March, 1952, a total of 312,832 persons were treated with 10 per cent DDT in both of these provinces and another 70,000 people in other areas at risk. The action which had necessarily to impinge on the private sphere of the communities, presented something completely novel for town and country, but was soon received with interest by the population and particularly so because there were numerous female members among the 172 helpers in the teams who could deal with the treatment of women and girls. Costs were low: they amounted to about 0.60 Afghani (0.024$) per person. Only those persons who had been in direct contact with sick people, and thus with infected lice, were vaccinated [36, 178, 386].

The *results* of the campaign were remarkable: Fig. 9 and a comparison of *Map No 8* with *No 7* show that already one to two years after the start of the campaign the number of typhus fever cases reported had receded abruptly. Great epidemics such as had occurred in Kabul and Kandahar kept away, and apart from one small outbreak in Parwan Province in 1960, only isolated cases were registered after 1954. Even if numerous cases were not noticed and did not appear in the reports in the following years, it must be assumed that the danger of great outbreaks of typhus had already been overcome in 1953 and that single cases and infections of small groups which occurred at later dates did not in any way epidemiologically approach the importance every individual case had to attract in earlier times.

This does not mean that there will not be any typhus in Afghanistan in the future! The possibility of outbreaks of typhus in towns and villages from time to time in the winter months, especially in the old residential quarters, must be faced squarely. But the success of the measures taken so far has shown that it is possible to suppress such outbreaks, if they are recognized sufficiently quickly, by systematic de-lousing of inhabitants and additional vaccination of exposed persons. The DDT-resistance of lice observed in similar actions in Iran [381, 545] should not present a problem in Afghanistan since the same insecticides must be used in case of need only and not regularly in the same place every year.

The results of the campaign against typhus show once again how successfully the Afghan government, in intelligent cooperation with WHO and UNICEF, has solved one of its many serious public health problems. If a careful supervisory service is conducted in the various provinces of the country in the coming years, which is bound to become more effective as the number of Afghan doctors increases gradually, hope seems to be well founded that the success achieved so far will prove lasting.

4. Relapsing Fever

The relapsing fevers (*Febris recurrens; hŏmâye-rājeăh,* حمای راجعه) constitute a group of acute infectious diseases which are marked by repeated fever relapses which last for several days and are caused by different species of *Borrelia* (described in earlier times as "blood spirochaeta"). Body lice or ticks are the vectors, so that the *louse-borne relapsing fevers,* which occur seasonally and for the most part *epidemically,* must be distinguished from the *tick-borne relapsing fevers* which are *endemic* and occur throughout the year, albeit as a rule in isolated cases only.

a) Distribution in the country. The occurrence of relapsing fevers in the entire Middle East, and particularly in the Iranian-Turanian area, had already been repeatedly described in the pre-war years. The infections were, however, by no means described uniformly. While WILLCOX [539] and BODMAN and STEWART [209] chiefly observed mass occurrences of the louse-borne fevers, other authors [182, 288, 302, 327, 328, 375, 440] had already pointed out at an early stage that the relapsing fevers of the Iranian-Turanian countries, including the Soviet Central Asian Republics, are predominantly transmitted as endemic fevers by ticks.

It is extraordinarily difficult to gain a clear picture of the real distribution and frequency of relapsing fevers in Afghanistan. Statistical data seem to be so incomplete as to permit scarcely any reliable conclusions, and the number of publications which deal specifically with Afghan relapsing fevers is minimal. The reports of the WHO [513] published during the 'fifties show, however, that relapsing fevers still occurred at that time in most of the provinces of the country. Two larger epidemics are said to have struck Kabul Province in 1950 and 1951; the provinces of Kandahar, Jenoubi (Gardez), Ghazni and Parwan too, as well as Mazar-i-Sharif and Badakhshan in the north of the country are mentioned, while no cases are reported from what was then the Herat Province. Table IX gives a synopsis of all figures published in WHO reports. Assuming a population total of about 12 million for the period 1948—51, an annual rate of infection of 0.8 to 1.1 cases per 100,000 inhabitants is arrived at. Since there are only a few single cases during the following years the country would appear to have been already free of relapsing fever since the mid-1950's. Nevertheless, it is the very epidemiology of relapsing fevers in the arid areas of the Middle East which even now shelters a number of problems and these will need to be discussed on the basis of what are regrettably few statistical data.

b) Epidemiology. Table IX and Fig. 11 (back of *Map No 8*) which give the number of cases reported in each month, show that relapsing fever, even if only in small numbers, can occur *at all seasons* in Afghanistan. It must therefore be assumed that only an incomplete dependency on the seasons seems to exist—an indication that at least some of the cases might be *endemic re-currens* infections, *transmitted by ticks,* which, due to the biological particularities of their vectors, occur throughout the year and mostly as single cases.

But on the other hand in the period 1949—51, there is a striking increase in infected cases *in the spring months* with a sudden increase in March and a peak of the graph in April. The assumption which suggests itself is that this seasonal peak was caused by *epidemic out-breaks of louse-borne relapsing fevers,* which, similar to typhus, occur towards the end of winter at the time when the louse population is most highly infected. Obviously such conclusions are only of conditional utility considering the small number of reported cases; never-theless, while assuming a requisite critical viewpoint, the assumption may be made from the epidemiological analysis and the comparisons with neighbouring coun-tries, that in Afghanistan the *endemic tick-borne as well epidemic relapsing fever spread by lice, have existed side by side* until modern times [266, 268].

An unequivocal clarification of the question is pos-sible only through an investigation of the agent-vector relationship, i. e. the borrelia and their development in lice and ticks. Since such investigations have been carried out in Iran and the Soviet Central Asian Republics, but not in Afghanistan, the epidemiological analysis of Af-ghan relapsing fever must, in decisive points, rest on results gained in neighbouring territories.

Of the numerous species of *Ornithodorus* found in the Middle East including the Soviet Central Asian Repub-lics—to mention only *O. crossi, O. erraticus, O. lahorensis, O. papillipes, O. tholozani* and *O. verrucosus* [239, 403, 405, 440] at this juncture—*O. tholozani* is now considered to be the most decisive and probably virtually the only transmitter of *B. persica* to man [191, 239, 403, 437, 455, 499], while *O. verrucosus* only appears to transmit human infections in Caucasian and Trans-caucasian areas [372, 470]. The decisive factor, however, is that *O. tholozani* occurs in the surroundings of Kabul— a fact established some years ago—and BALTAZARD, BAH-MAYAN and CHAMSA [191], on the basis of their own observations, think it highly probable that even in Af-ghanistan endemic relapsing fever is caused by *B. persica* and transmitted by *O. tholozani,* i. e. that it is subject to the same epidemiological laws as the tick fevers of geo-graphically and climatologically similar areas.

That *louse-borne relapsing fevers,* too, occur in the country at the same time must be accepted as proved on the basis of epidemiological observations. The 100 cases among prisoners in Kabul described by SÉNÉCAL and AHMED [461] were clearly cases of louse-borne fever and from medical experience I too know cases of the "European" relapsing fever well (i. e. louse-borne re-lapsing fever), which occur late in winter and in the spring and at times expand into small family epidemics.

The question whether an epidemiological and pos-sibly significant "cross-wise" transmission of tick borrelia by lice, and of louse borrelia by ticks, is possible has been considered on several occasions. It appears that louse-fever borrelia can live for a limited period and even propagate in ticks, but that infection of experimental animals or man with such borrelia "alien to the vec-tor" does not take place [406, 479] and that on the other hand human tick-fever borrelia cannot develop in lice [357]. Only some species of *Borrelia* which are not pathogenic for man but live in rodents and are not nor-mally transmitted by ticks, could be used to infect lice [187, 189]. The possibility of the development of epi-demic outbreaks of recurrent fever from endemic foci by a "change of vector" is thus eliminated as an epi-demic factor, and in accordance with epidemiological theories the results of the studies mentioned above speak for the fact that even in most recent times *two different relapsing fevers existed side by side* in the Middle East, and therefore probably in Afghanistan as well, as had already been suggested in earlier works [268].

The question of the importance of *animal reservoirs* has not been followed up in Afghanistan, although it has been pursued in the neighbouring countries. In the Transcaucasian areas *O. lahorensis* is considered to be a carrier only within the rodent population (Gerbillidae and Muridae div. spec.), but not a vector to man [406, 493]. In the Soviet part of Turkestan, however, the anthropophilic species *O. tholozani* has sometimes been found infected in rodent burrows [405, 470, 493], so that here the endemic fever is possibly primarily a zoonosis which can be transmitted to man under favour-able conditions. But since ticks remain capable of in-fecting man for many years and are even able to pass on the infection transovarially to the next generation, it is debatable whether there is any necessity for animal reservoirs in the preservation of the infection. Investiga-tions in this very area of the Middle East have left many open questions and not succeeded in providing conclusive answers. It has also not yet been proved whether the same inter-relationships exist in Afghanistan as in Iran and the areas north of the Amu Darya or not, although this is probable. As far as louse-borne fevers are con-cerned, the existence of animal reservoirs has been denied by the majority of investigators.

c) Control of the fevers. In recent years the num-bers of cases of relapsing fever have markedly receded in Afghanistan as well as in Iran, and no cases have been reported in the 'sixties. That the epidemic fevers transmitted by lice have practically disappeared in the course of the DDT campaigns against typhus fever comes as no surprise. But the tick populations too, may well have been reduced by repeated DDT applications— directed especially against malaria vectors—at least in so far as they were lodgers in domestic quarters. As a result tick—borne fevers have also become rarer. In any case this holds true for the residential areas of the towns where the improvement of sanitary conditions in old parts and the erection of new buildings have also led to decisive results in the battle against relapsing fever. In the countryside, in villages and isolated homesteads, the construction of which offers conditions of life especially favourable to ticks in spite of the DDT campaign, re-current fevers probably still occur—although less fre-quently than heretofore and in most cases not recorded statistically—and when the epidemic louse-borne fever is practically extinguished, the endemic relapsing fever will have hidden in many places and, almost unnoticed, still have survived.

It is not known whether the Afghan nomads, as a result of their close contact with rodent populations and thus with infected *Ornithodorus* species, fall ill with relapsing fever more frequently than the sedentary popu-lation. Earlier reports from Iran [417] tell, on the other hand, of caravanserais and nomad camps acting as tick biotopes dreaded as places of infection—which they probably still are in some places. It may be assumed that such reports are equally true of Afghanistan. But since relapsing fever appears to occur only sporadically nowadays, no longer presenting a great public health problem, the nomads, too, can no longer be considered as significant epidemiological factors, especially since they have also long since been included in the prophylactic measures.

5. Virus Diseases

In the hot lands of the Old as well as New World some virus diseases are transmitted by insects, and some of these are endemic whilst others have led to serious epidemics. *Pappataci fever (sandfly fever)* is a benign disease with a fever that often lasts for only three days but is followed by a rather protracted period of convalescence. It is transmitted by Phlebotomus flies (see page 102 also), and as a rule it leaves behind an immunity of but short duration. *Dengue fever* (dandy fever) which is spread by *Aëdes aegypti* and some other species of *Aëdes*, lasts for about seven days, pursues a fever course with two characteristic fever peaks, manifests itself with skin rashes and so-called dengue rheumatoids, is also prognostically favourable and in the main leaves behind an immunity which persists for several years. Great epidemics of dengue have been observed in the subtropical parts of America as well as in the Old World, particularly in India, the Mediterranean countries and Australia. The most dangerous of these virus infections, *yellow fever*, is a disease of African and American tropical countries, but is unknown in the entire Asian sphere and thus too in Afghanistan.

a) Pappataci fever was, until modern times, widely spread [266, 267] in Afghanistan in a manner similar to that of the neighbouring territories of Iran and Turkestan. Contrary to the assumption of earlier writers that the fever did not occur at altitudes above 600 metres, we saw numerous cases in Kabul (1,803 m.) every year after the start of the Phlebotomus season. Due to the lack of suitable laboratory equipment it was not possible to establish their existence virologically, but without doubt they impressed us as being pappataci fever from the clinical and epidemiological angle. However, larger epidemic outbreaks, as recorded in the lower lying areas of the Middle East region and the Soviet Central Asian Republics, have not been observed in the highlands. But in principle the entire inhabited area of Afghanistan up to a height of about 1,800 metres might well be infected; in areas above this altitude no cases of pappataci fever have been reported.

The *epidemiological* qualities of pappataci fever have not so far been investigated in Afghanistan, with the result that only the findings of research carried out in neighbouring countries can be used as a basis for assessment. In the endemic areas beyond the Amu Darya mainly *P. papatasii*, which is also known as a vector of cutaneous leishmaniasis (vide page 103) has been found in the vicinity of human settlements [247, 248, 373, 404, 410]. In Iraq, Iran and the North West Frontier Province too, *P. papatasii* together with other species, has been encountered [359, 423, 431, 444]. Because the species seeks contact with man and is established as a vector in the neighbouring countries of the western Asian arid zones [423], it seems likely that in Afghanistan too, *P. papatasii*, which is well adapted to the arid climate, is the decisive vector. But since it is said

to occur only at altitudes up to 600 metres or 900 metres [373, 423], the question must be considered whether other species transmit the virus at higher altitudes. In the mountainous endemic areas of the Kirgiz, north of Afghanistan, where *P. papatasii* was absent, *P. caucasicus* proved to be distinctly anthropophilic [404]; but whether this species acts as a vector and whether it occurs at all in Afghanistan also remains unknown so far.

The *seasonal fluctuations* of the frequency of the fever follow the main development phases of the adult sandflies.Thus PETROV and VISKOVSKY for example, noted a two-peaked annual graph in Tashkent (480 m.) with one peak in spring soon after the appearance of the first generation of vectors, followed by a passing decline in infected cases from the end of June until the beginning of August, and then a second peak in the months August to September; a course similar to the one observed earlier in the coastal regions of the Black Sea [538]. In the higher-lying areas, however, the fever seems to occur in the summer months only [227], and according to our own observations the disease occurs earlier and more frequently in the warmer areas of Afghanistan than in the Kabul highland, where—again dependent on the sandfly season—we saw it from the end of May until well into summer, but not in late summer or autumn.

In a manner similar to that of the inhabitants of Turkestan [404] the native Afghan population also seems to develop an early *immunity to infection* by repeated infections during childhood, with the result that we scarcely ever saw clinically-speaking fully developed aspects of the disease among adults. Non-immune foreigners, however, often fell ill, even during their first year in the country; this has also been reported by PAVLOVSKY [404]. On several occasions *re-infections* were observed, but it is not clear whether they represent the result of an incomplete immunity [233] or are fresh infections with other virus strains.

The question of the *hibernation* of the virus and the revival of the disease in the following spring has also as yet not been cleared up; in any case it is not certain whether a transmission of the agent to the progeny of the sandflies, hibernating only during the larval stage and not as adults, really takes place [390, 404, 452].

Before the introduction of insecticides the control of the disease was difficult and not very promising since sandflies easily penetrate mosquito nets with meshes of over 1.5 mm. Besides this the majority of the population cannot afford to buy these protective nets. In the course of the anti-malaria campaign using DDT, the *Phlebotomus* populations were also reduced in large measure, with the result that pappataci fever occurs much more rarely than before and has even completely died out in some places, especially those areas affected by the malaria protection measures. This seems to be similar to the situation in north east Iran where LEWIS [359] as early as 1957 failed to find any sandflies—obviously as a result of the application of DDT.

b) Whether the *dengue fever*, which can still be found in neighbouring West Pakistan, in almost all low lying areas of India, in southern Iran and in Iraq [161, 275, 276, 503], occurs at all in Afghanistan is still unknown; for the most part the country is at least considered to be free of dengue fever [378, 503, 541].

Assuming that the genuine dengue fever is confined to areas with an annual isotherm of at least 14° C. [242], the fever, if it were endemic in Afghanistan at all, could occur only in the lower lying areas of the country—where in fact it has as yet never been noted.

It is equally unknown whether there are any suitable *vectors* in Afghanistan; in any case, neither *Aëdes aegypti* nor *A. albipictus* or *A. scutellaris* have been found to exist in Afghanistan. *A. aegypti* is found chiefly in the coastal area of the Persian Gulf [251], in Iraq [394] and in north western Iran, but recently also in West Pakistan in the region of Kohat-Hangu, Lahore and Peshawar [172, 226, 246, 432], that is on the southern slopes of the Afghan-Pakistani border mountains, and it has been suspected by some authors that over the course of years *A. aegypti* has migrated inland from the basin of the river Indus [246, 305, 432] and has now become a vector of the dengue fever in West Pakistan. But in Afghanistan and in the areas north of the Amu Darya this species has never yet been observed [267, 276].

A. albipictus prefers damp breeding areas with an annual precipitation of at least 1,000 mm. [246, 503], but it has recently occurred in West Pakistan even at altitudes of 1,700 metres [172, 432], while *A. scutellaris* is unknown in almost all countries adjacent to Afghanistan. The remaining species found on the Iranian Plateau:—*A. caspicus, A. pulchritarsis, A. geniculatus* and *A. vexans*, which might conceivably be expected in Afghanistan are not considered to be vectors. Thus the conditions for the spread of dengue fever in Afghanistan do not appear to be present, at least in so far as the problem of transmission is concerned, even if the subtropical regions of the Eastern Province are well within a climatic zone suited to the settlement of *A. aegypti*.

It was far more surprising to see dengue-like fevers, isolated cases and group infections alike, occurring quite often in Sarobi as well as in Kabul. But even then neither we nor the entomologists engaged in the country found Aëdes mosquitoes; with virological investigations impossible, the cases could not be explained etiologically. It might be conceivable that other types of viruses related to the dengue virus and transmitted by culicine mosquitoes have been the cause of these diseases. In any case it appears desirable in regard to the extent of the areas of distribution of *A. aegypti* and *A. albipictus* on the southern slopes of the Afghan-Pakistani border mountains, that entomological research is being carried out not only on anopheline but also on the epidemiologically distinctive culicine mosquitoes.

Thus the epidemiology of virus diseases transmitted by insects also demonstrates the close connection between the Afghan area and the remaining Iranian-Turanian countries.

II. Infectious Diseases Transmitted by Water and Food

1. Cholera

a) *Endemic and epidemic cholera (wābā ‎وبا).* The cholera germ *(Vibrio cholerae)* is taken in when drinking infected water. After an unusually short incubation period, which may last a few hours or days only, it causes an acute infectious illness which, accompanied by vomiting, very loose discharge, extremely high loss of body fluid and disturbances of the circulation, leads to death in a high percentage of cases despite modern treatment. The source of the distribution of the disease is mainly infected persons who contaminate the drinking water by the passing out of vibrios; healthy carriers, however, play but a minor role. In its home areas cholera reigns endemically; but during the last 150 years it has repeatedly covered all the continents save Australia with great pandemics [448, 449, 450, 486].

The home of *endemic cholera* is India and East Pakistan where the disease is known in the area of the great river flats as well as at the mouths of the Ganges and Brahmaputra, together with the Godavari River, since antiquity as a *nesting disease* [206, 419, 420, 490]. Thus it is linked with humid lowlands; at altitudes above 75 metres in East Pakistan and 150 metres in India there is no more endemic cholera [206, 489].

The slow moving and infected rivers of the lowland and the stagnant waters of ditches, wells and pools, which, due to the processes of decomposition, show pH values favourable to the development of vibrios, are considered as the *disease foci*. Cholera vibrios have been proved in the rivers and wells of the endemic areas at almost all seasons [158, 208, 229, 238, 323, 489].

Seasonal fluctuations in frequency are also known in the case of endemic cholera; it generally occurs to an increasing degree in the hot season. The monsoon rains can sweep infected faeces into the water containers; infected pools, on the other hand, may be flooded and thus cleaned by the rains, so that evidently local circumstances, which are decisive for the preservation of the endemicity, can rather vary from one area to the next. A coincidence of great humidity with high temperatures and intermittent rains at the time of a high groundwater level, seems to create the best conditions for preservation or spread of the disease [229, 323, 458, 489].

Epidemic outbreaks within the endemic area, which are in part caused by the contamination of water, a by-product of large scale pilgrim festivals, have been observed in India as well as in East Pakistan [195, 488], and even in Calcutta, where endemic cholera had receded remarkably after the filtration of water had been introduced, epidemic outbreaks occurred repeatedly in most recent times as a result of the pollution of water [159, 208, 229, 238, 323, 451, 458].

In addition cholera has repeatedly broken out of its purely endemic areas and has affected adjacent countries and those further afield as a *migrating disease*, sometimes persisting there for several years—a process, the causes of which and the laws governing it, has been as yet inadequately clarified [166, 318, 319, 458]. It is true that cholera has been known for a long time mainly to follow the traffic routes, but why the disease is suddenly spreading in a country with entirely different geophysical, hydrological and climatological conditions from the country of its origin, why it has made repeated migrations from Bengal to eastern Asian, to southern India and to the north west into the Iranian-Turanian Highlands, remains unknown. The following description of cholera outbreaks in Afghanistan must therefore be limited essentially to an account of the course followed by the disease; the causal analysis, however, remains incomplete.

b) Cholera movements in Afghanistan. It may be assumed as a matter of certainty that the great pandemics of the 19th Century also reached Afghanistan [288, 300, 419, 450, 486]; in the second half of the last century, at least, the disease had appeared in the country on several occasions [42]. The last pandemic, which lasted from 1899 to 1923, probably reached Afghanistan as well as Iran.

The migrations of the disease which took place in more recent times, that is after 1930, can already be followed up much more clearly than the earlier ones and are shown in *Map No 9*. In *July, 1930*, cholera migrated from the North West Frontier Province, which had been strongly infected on that occasion, along the Khaiber Road to Jalalabad, Kabul and Charikar. From there it moved through the Logar Valley, along the great communications route to Ghazni where 160 new cases were reported within two days, then, again following the caravan and road route, moved via Mukur to the Kandahar area where it gradually came to a close late in August. The total number of infections and deaths has not been recorded. Trade caravans or individual travellers who were "contacts" were probably responsible for spreading it along the traffic routes. It could not have been done by nomads since they do not, practically speaking, travel along the road in the south westerly direction during mid-summer.

An unimportant outbreak occurred in Zurmat (Southern Province) in *October 1936,* a fact which deserves attention, because cholera broke out in the North West Frontier Province as well some four weeks later, and the possibility of its having been spread by nomads who were migrating southward in the autumn cannot be excluded [220, 517].

Much more serious, however, was the *cholera epidemic in 1938*, which had already started in Peshawar late in April; it moved through the Logar valley with a caravan of nomads and reached Kabul in May, from whence, once more taking the traffic route, it moved to Kandahar and, by way of Seistan, further afield to Khorassan. Today it is no longer possible to trace how far it penetrated to the west and north west into Herat Province or even into Iranian Khorassan.

In Kabul, immediately after the first case has been notified, we established a protective service and attempted to counter the disease by treating the sick, chlorinating the water reservoir and shaft latrines in the old part of the town, halting the importation of fresh fruit from the cholera areas of the Southern Province, diverting the nomads' route around the city and by vaccinating as many people as possible with a vaccine produced in Kabul itself (vide page 92). Although we did not succeed in preventing scattered cases of contagion, we were able to avoid an epidemic spread of the disease in the city, the old parts of which furnished the best possible conditions for its spread. It is true that the dry climate and the permeability of the alluvial loess-soil may have assisted our efforts most favourably. In country areas in those settlements situated on roads and along the nomad routes, similar desinfective measures and prophylactic vaccinations were already carried out in 1938; it is said that a total of about 500,000 persons in town and country had been given protection through vaccinations [220, 266, 301].

In autumn the number of infections decreased. In Kabul itself the last cases occurred in mid-November,

but it was only from January, 1939, that the country was really free from cholera. The total of cases reported amounted to 3,855 with a mortality of 55.5 per cent (2,141 deaths); this was a not altogether surprising result in view of the still inadequate medical service in the rural areas proper [220, 515, 516, 517].

This epidemic is remarkable because it happened, comparatively speaking, early in the year, i. e. immediately after the rainy season (vide Fig. 12; back of *Map No 9*), and continued throughout the year. It demonstrated the importance of the nomad movement in the spreading of cholera from one country to another and at the same time taught us that in a town, when soil and climate are unfavourable to disease, the prevention of great epidemical outbreaks can be successfully undertaken with comparatively simple measures, even when hygiene conditions are unsatisfactory, so long as the infection of the numerous wells in the old part of the town and of the central water reservoirs is avoided.

In June, 1939, a few months after the abatement of the epidemic of the previous year, cases of cholera cropped up once more in the Girishk area—a fact which can obviously not be linked with any importation from areas situated beyond the border mountains, since the adjacent Baluchistan was perfectly free of cholera, but rather with a recrudescence of the disease from the previous year after it had hibernated. The first cases occurred on June 25th, and within a few weeks the disease, following roads, caravan routes and the course of the Helmand River, spread in a fan-like fashion in different directions, and in the course of the summer it penetrated as far as Kandahar and the Herat Province. Whether the city of Herat itself and the Iranian part of Khorassan were affected is not longer apparent. Details of this dispersion of cholera, as far as they can be traced from available reports, are also given in *Map No 9* [220, 517].

Based on the experiences from the previous years, measures to fight it were quickly introduced. Apart from the treatment of patients, they consisted above all of protective vaccinations in affected and endangered settlements, as well as in the closure of the epidemic areas. From the end of October no more fresh cases were reported, and on December 8th, 1939, the country was declared free of cholera. The total of cases reported amounted to 1,444 with a mortality of 57.8 per cent (835 deaths). Bacteriological investigations on the type of germs involved are not available in the literature.

This epidemic also occurred in the dry season (Fig. 12; back of *Map No 9*). Since no importation from neighbouring areas is discernible it must be viewed from the epidemiological angle—that is as an offshoot of the disease which had already been on the move since the previous year from its endemic areas towards the north west and thus into the Iranian-Turanian area [318, 319].

A few unimportant and locally restricted outbreaks have been reported from the Southern Province in 1941 and 1946 [208, 220, 301, 517]. But following those, Afghanistan was spared from cholera for fourteen years, although several epidemic outbreaks did occur in the adjacent West Pakistan and caravan connections continued to be maintained as hitherto.

Only *in the year 1960* did cholera once more re-enter Afghanistan and it moved from West Pakistan where numerous cases had already occurred by the end of

May. In the middle of August it advanced from Quetta to Kandahar, where 268 cases (61 deaths) were reported over the period August to November. Independently of this, the disease moved from Peshawar to Jalalabad in September and spread in the Eastern Province where 395 cases (56 deaths) were notified. It was carried to Kabul by a single traveller who was already infected but only showed symptoms at a later stage, but thanks to control measures which were introduced immediately only 20 cases (7 deaths) were reported.

In October the disease spread to Kataghan Province as well and 206 cases (75 deaths) were recorded, 65 of which occurred in the town of Baghlan. It remains doubtful whether migrating nomads were really responsible for the northward dissemination, as has been assumed by Soviet authors [415], because the Afghan nomad route does not lead to the north in October, it seems far more probable that trade caravans or other travellers are to be considered as the spreaders. In November the epidemic died down and by the end of the month the country was once more free of cholera. The total number of cases was given as 889 (199 deaths).

Concerning the action taken against this outbreak, a group of Soviet experts was engaged by the Afghan government and it carried out an extensive programme of protective vaccination in endangered and affected places, together with the application of bacteriophages as well as a thorough treatment of all patients also supported by bacteriophages [415]. In spite of the inadequacy of the hospital beds available, the results were surprisingly good. The treatment with bacteriophages is said to have proved itself, and for the first time mortality was lowered to 22.4 per cent. Considering the inadequacy of the accommodation and provision for many patients, this outcome was remarkable.

Epidemiologically it is a remarkable fact that the disease had once again moved along the traffic routes; it has also become evident that the slow-flowing irrigation channels in the north of the country are suited to the spread of cholera once they are affected by vibrios [520]. Bacteriologically speaking, classical cholera vibrios (Ogawa strain) have been identified [415, 515, 517].

A *final cholera intrusion* into the Middle East area was observed in *1965*. The epidemic began in the village of Arabkhana near Andkhoi, where the first cases of diarrhoeal illness already occurred in May. From here the disease spread to the south west as far as Herat, and eastwards across the entire northern area of the country as far as Khanabad and Taluqan. It did not, however, move south, so that the area of the Southern and Eastern Provinces, which had so often been infected in earlier times, were spared on this occasion.

The isolated infection of the northern provinces was bound to arouse suspicion that on this occasion the disease had not been imported from the south eastern border countries as had so often happened on previous occasions. It has been supposed that a pilgrim had been infected when on the way home to Kabul from Mecca by air and had fallen ill on arrival at his home village [160]. The further diffusion from place to place was probably effected by travellers by 'bus and car, by caravans and on foot along the roads. With an average travel speed of 6.6 kilometres a day, the cholera reached Taluqan on August 18th; assuming a speed of only 4.4 kilometres a day, it also arrived at Herat on August 25th.

In the case of this epidemic, control measures were carried out by Afghan doctors, supported by a Soviet group of bacteriologists. Patients, who could be isolated in towns but not in villages, were treated with chloramphenicol, large intravenous infusions and bacteriophages [386]; in addition, quarantine stations were set up on the provincial boundaries with the aim of supervising, and at times carrying out, protective vaccinations. In the infected and endangered areas a total of 111,000 persons were vaccinated. Water for drinking and domestic purposes was disinfected as far as this was practicable.

With the onset of autumn the number of infections decreased; from October 3rd, Afghanistan was once more free of cholera. The total number of reported cases reached 1,564 with a mortality rate of 20.8 per cent (325 deaths). Bacteriologically, *classical cholera vibrios* as well as—for the first time in Afghanistan—*El Tor strains* were identified, a fact which justifies the assumption of a possible connection with the El Tor cholera raging in South East Asia in the same year.

In addition the last outbreak of cholera in Afghanistan must be seen as part of a larger epidemic in the Middle East. Already in July the first cases were reported from the *Iranian eastern provinces,* leading to an extensive epidemic which persisted until the end of November (2,943 cases notified). Whether the disease was introduced from Afghanistan by the border traffic has not yet been elucidated, but it must be considered to be a possibility. In the same year the *Soviet Union* too, reported altogether 570 cases of cholera (23 deaths) in the Kara Kalpak Republic and in the Khorezm area (Uzbekistan) over the period from August 21st to September 13th, amongst which *Ogawa* strains were bacteriologically identified. In these cases, too, the possibility of importation by border traffic from Afghanistan, that is ferries across the Amu Darya, cannot be excluded. In any case the Soviet authorities temporarily suspended entries from Afghanistan then as part of their measures against the disease [160, 386, 517].

c) Epidemiological explanation of cholera occurrences in Afghanistan. From these reports on cholera outbreaks during the last decades it may be seen that the entire Iranian-Turanian area is a *non-endemic cholera region.* The arid highland, strong radiation, permeability of the soil in alluvial settlement areas and the fast-flowing highland rivers create conditions which make the development of endemic cholera difficult or even prevent it. *Epidemic* outbreaks, however, have occurred from time to time, but they have always died down again after a few months and only once (1938/9) did the disease revive in the following year after hibernation.

It becomes apparent, moreover, that the cholera outbreaks recorded in Afghanistan must not be regarded as isolated events within the country. Similar to the epidemics in 1938 and 1939, which were partial manifestations of *a larger cholera migration* which had already begun in India in the mid-thirties [319], the new epidemics in 1960 and 1965 must be seen, too, in connection with outbreaks in adjacent countries, the last of which occurred in Iraq as late as 1966 (227 cases reported) [517].

The cholera migrations chiefly follow the *lines of communication.* In earlier times—evidently as late as

1938 in Afghanistan—the disease was spread by caravans. Later, just as had happened previously in 1930, it followed to the great road to the south west of the country, be it with trade caravans, nomads or single travellers. In recent times it moved with modern transport media, in the main with cars (e. g. in 1960), still using the same roads, but moving much more speedily than before. It may cover even greater distances in a minimum of time by travelling by air (possibly in 1965), thus making the movement of the disease more erratic and also harder to trace than was the case before. In north Afghanistan in 1960, Soviet experts showed how slow-moving *infected watercourses* can spread the disease in Afghanistan, although it lies outside the endemic area [415]; the fast-flowing and modern irrigation channels in the newly-opened agricultural areas in the south of the country are, on the other hand, most probably not a hazard in view of the spread of the disease.

In Afghanistan, as in neighbouring arid countries, cholera is a *disease of the hot dry summer season*. Figure 12 shows that all the cholera outbreaks recorded since 1930 began at the end of the rainy season and persisted throughout the summer, dying down again with the onset of the cool season. The epidemics are seasonally conditioned and manifest themselves at the times of water shortage when the infection of individual pools and wells is more serious, and not during the winter months which enjoy ample precipitation. *Thus the epidemiological qualities of the disease are essentially different from those in the Indian endemic areas.*

Finally, the presentation demonstrates that even in modern times, attempts to extinguish the epidemics succeed in the main only after the passage of several months. The sanitary conditions in rural areas and in the old residential quarters of the towns, as well as the use of surface water from irrigation channels, still present factors which make the fight against the disease difficult. Old-fashioned habits of the conduct of life within families make the isolation of patients difficult and the number of hospital beds is often insufficient in the case of epidemics. Even if everything possible is done by the health authorities, early interruption of the natural course the disease appears to be difficult.

The *success of treatment*, however, has improved remarkably in recent times. The reduction of deaths from 57.8 per cent to 22.4 or even 20.8 per cent in the last outbreaks, represents progress attributable not only to foreign assistance but also to the accomplishments of the young Afghan medical profession which had already managed to play a decisive part independently in the fight against cholera in 1965.

No one can predict whether cholera will again break out of its endemic areas in years to come and whether it will infect the Iranian-Turanian area once more. But in any event, the necessary quarantine measures in case of unexpected epidemic outbreaks should be prepared well in advance, so that at the moment of danger a campaign can be initiated at once with all the means available.

2. Typhoid Fever and Paratyphoid Infections

Typhoid and paratyphoid fevers (*mŭreqāh*, محرقه) are infectious diseases accompanied by high fever, which occur in all the countries of the earth, the germs of which, the *salmonellae (S. typhi;* numerous salmonellae

of the paratyphoid group), are taken in with infected foodstuffs, particularly milk, fruit and lettuce, and also with drinking water. Convalescent persons and healthy carriers of the infection play a prominent role in the spreading of the disease (food sellers and kitchen personnel particularly so). The manuring of the gardens with fresh faeces also can lead to contamination of lettuce and raw vegetables, while flies, although present in abundance in the East, have no significant influence in the spreading of typhoid infections.

a) Distribution in the country and frequency. In Kabul we at all times saw comparatively numerous typhoid and paratyphoid infections, and in other parts of the country too, they were always present. Unsatisfactory sanitary conditions in the old residential quarters, insufficient water supplies by water carriers in the town centre, manifold contaminations of fruit and lettuce in the bazaars by water taken from open ditches, as well as milk products which are brought into town from the villages all provide many possibilities for infection.

It is difficult, however, to gain a clear picture of the *distribution* and *frequency* of the disease. Table VIII shows the number of typhoid and para-typhoid cases statistically recorded in the period 1948 to 1966. The figures are remarkably low and it is to be assumed that this list contains only those cases which were treated in hospitals—and all of these may not have been entered—and that the true figure of infections is much higher. Nevertheless, I feel justified in concluding from this table that Afghanistan is less strongly infected than some of its neighbours, probably as a result of its geophysical and climatic peculiarities. Iran and Iraq, for example, both reported several thousand cases every year—that is, several times the total of cases registered in Afghanistan.

Furthermore, the table shows that typhoid infections were more numerous in 1948, 1950, 1953 and 1954 than in the other years. This was also the case in adjacent countries and it is known that in most countries of the Near and Middle East, typhoid infections increased markedly at the beginning of the 1950's, a fact obviously resulting from the fast increase of traffic from town to town and from country to country in the post-war years [502].

Apart from this, the number of infections remained fairly constant over the years. It must be remembered, however, that, due to the development in hospital care and medical treatment as well as to improved bacteriological diagnosis, a higher percentage than before of all cases occurring is now recognized and appears in the reports and that the total of infections had probably decreased, even if this has not yet been made plain in the statistics.

b) Seasonal fluctuations cannot be indubitably recognized from the few reports available [513]. From a purely empirical point of view, we used to have the impression that in Kabul typhoid infections occurred more frequently during the summer and autumn months than during the cold season, a situation which would be probable, epidemiologically speaking. Table VII shows the number of cases in different months as recorded in the years 1948—1951. It is true that June and July show a higher infection rate than the remaining months; but, on the other hand, the epidemic of 1950 occurred in January, so that as a result of the regrettably short period covered by the report and the small number of cases, no definite relationship of seasonal dependency is to be recognized. Isolated local outbreaks apparently determine the course of the annual graphs more than seasonal fluctuations. No clues on the selective infection of certain provinces, especially in relation to population density, are to be found in the report under consideration.

c) *The clinical course* taken by the disease by no means always corresponded to the classical form of the disease, as has also been observed with earlier epidemics in central and nearer Asia [292]. As a rule the disease took a relatively mild course among the indigenous population and, even before the introduction of antibiotics, intermittent fevers of short duration, without any development of continua, were often observed. In spite of often wholly inadequate sanitary conditions, contact infections within a residential community were relatively rare, so that a certain immunity to infection possibly exists among the native population. With foreigners, however, serious and persistent manifestations of the disease were at times observed. No data on the death rate among natives and foreigners are available.

Bacteriologically speaking Salmonella typhi predominates. Table VIII shows that in the period from 1952 to 1964, out of a total of 7,441 infections there were 7,003 cases of typhoid fever but only 438, that is 5.9 per cent, cases of paratyphoid fever. In the paratyphus group, paratyphus B appears to occur most frequently, while the types A and C are rare. As sporadic cases only, I recall typhoid-like disease manifestations with which *Bact. alcaligenes faecalis* were identified.

The introduction of antibiotics made the treatment of typhoid infections significantly more effective and safer than before. It can be assumed that with further improvement in therapy but, above all, with further developments in sanitary installations and marked supervision, a gradual decrease of typhoid and para-typhoid infections will take place. For the time being foreigners living in the country would be well advised to take advantage of reliable prophylactic vaccination.

3. Dysentery and Dysentery-like Infections

Particularly during the summer months, genuine dysentery and dysentery-like infections *(peetsch, ‏چهه‎)* are extremely frequent in Afghanistan as in almost all countries of the Near and Middle East. They are amoebic infections as well as bacterial dysentery and so-called "unspecific" bacterial catarrhs of the large intestine.

a) Amoebic infections. Of the numerous kinds of amoebae living in the intestines of man, only *Entamoeba histolytica* is pathogenic; it occurs in most countries of the world, but more frequently in the hot zones than in the temperate ones [272]. Infection takes place through cysts which are taken up with foodstuffs, above all with lettuce and raw vegetables which have been irrigated by contaminated surface water. Infected kitchen staff are largely responsible for the spread of amoebiasis abroad; flies also play an important role in the spread of cysts. Amoebae infections are generally more frequent in arid zones than in the humid tropics, but they do not always appear as such since they can remain latent for years before leading to the develop-

ment of clinically manifest amoebic colitis by the addition of secondary bacterial infections of the intestines.

There are no satisfactory data on the *frequency of amoebic infections* in Afghanistan. The degree of infestation probably corresponds with that of adjacent countries of the Iranian-Turanian area. During the 'forties for example, about 12.7 per cent of the population in Tashkent was infected by *Entamoeba histolytica* [356], other areas of Turkestan reached a level of up to 40 per cent [257], and in northern India (Amritsar) there were 13.6 and 29.8 per cent respectively who were infected among the groups selected for examination. Evidently the entire Iranian-Turanian area as well as India are strongly infected by amoebae. Most of these are *latent infections* without clinical symptoms, and certainly in Afghanistan, too, the great majority of all amoebae infections remain latent for a long time.

The *clinically manifest amoebic colitis* which represents about 3.8 per cent of all dysentery cases observed in southern Iran [483], to quote an example, is also rare in Afghanistan, at least at the higher altitudes [386]. This assumption is supported not only by experience gained in Kabul, but also by observations made on people returning from Afghanistan in whom amoebae were found frequently, but colitic symptons only very occasionally. The clinically manifest amoebic dysentery probably occurs much more often in the lower lying, hot provinces of the country than in the highlands, as is known from other countries as well.

Table X gives a synopsis of all cases of amoebic dysentery reported in the years 1952—64. Since only a fraction of all cases which really occur undergo medical treatment, it must be assumed that the real figure amounts to a multiple of the given data. As in other countries [580], the frequency of amoebic dysentery in Afghanistan too, seems to have decreased in the course of the last ten years.

The *clinical reports* show all stages from very slight catarrhal to the most serious ulcerous forms; but regrettably enough, diarrhoeal cases are not always considered severe enough, so that planned treatment is often not possible. Liver complications (amoebic hepatitis and liver abcesses) have been observed on occasion.

No observations on the frequency of infections with *apathogenic amoebae* such as *Entamoeba coli, Dientamoeba fragilis* or *Endolimax nana* are available.

b) Bacterial dysentery. Much more frequent, however, than amoebic colitis is the bacterial dysentery, and this fact, too, corresponds with the conditions in the adjacent countries, and particularly with the observations made in southern Iran where 37.3 per cent of all dysentery cases examined were proved to be bacterial infections [483, 520]. The cases reported in Afghanistan in the period 1952—64 are represented in Table X; since diarrhoeal diseases are everyday affairs and by no means always a cause for medical treatment, the figures cannot give a picture of the true distribution of the disease, although they do show that bacterial infections are much more frequent than amoebic colitis. The bacterial dysentery, which occurs clinically in all gradations from slight catarrhs of the intestines, which are scarcely noticeable, to serious ulcerous dysentery accompanied by heavy losses of water, may well be one of the most frequent—particularly in summer—and in paediatrics also one of the most dreaded diseases in Afghanistan; the death rate among small children, which was formerly extremely high, was largely conditioned by bacterial dysentery infections just as in Iran and Turkestan [266, 338, 386, 417].

Bacteriologically infections of the type Shiga, as well as Flexner were observed; but as in the neighbouring West Pakistan [349], dysentery of the type Sonne appeared to be frequent and occasionally led to highly febrile and gravely toxic conditions. We seldom saw even *paratyphoid infections* (especially type A) pass under the clinical picture of a genuine dysentery [266, 386], a fact which has already been noted in other countries of the Middle East—e. g. Mesopotamia—several years ago [347].

Today, in the age of sulfonamides and antibiotics, the treatment of bacterial dysentery infections is by no means as serious a problem any longer as it was in the earlier days of post-war and wartime years.

c) Unspecific intestinal catarrhs. Throughout the country, as in adjacent countries, the so-called "unspecific" bacterial catarrhs of the intestines occur unusually frequently among natives as well as among foreigners. STEWART [483] found up to 56.5 per cent of all "dysentery" patients examined by him in southern Iran to be suffering from such unspecific infections, and the proportions may well be similar in Afghanistan. A large number of these may possibly be slight dysentery infections, some possibly even infections with atypical coli bacteria [157]. Persons having an insufficient hydrochloric acid production in their stomachs fall ill more frequently than those with healthy stomachs.

d) Nothing is known in Afghanistan about *Balantidial dysentery (Balantidium coli;* Ciliata, Protozoa). It appears to be rare in most countries of the Middle East as in the Soviet Central Asian Republics [277, 379, 400]. Even if occurring at times, it scarcely plays any role in Afghanistan. *Lambliasis (Lamblia intestinalis* or *Giardia lamblia;* Flagellata, Protozoa) is possibly more common in the Iranian-Turanian area as indeed in other hot countries too, than in Europe; but on the occasion of an examination in Kabul schools, it was found in no more than 1.3 per cent of all stool samples examined, so that infections with lambliae do not appear to be of major importance [386].

III. Contagious Infections

1. Smallpox

Smallpox (Variola; *chi-chăk,* چيچك) the germs of which are Paschen's inclusion bodies belonging to the viruses, is one of the diseases which have been known since antiquity and which have occurred in all parts of the earth. It is a contagious disease, chiefly spread by droplet infection and contact. The Asian countries have always been strongly affected, and only after the introduction of protective vaccination in modern times was the extermination or at least the reduction of the disease successful in many countries. Despite thorough measures to fight it, smaller isolated outbreaks, a result of the importation of smallpox from Asia, have still occurred in northern European countries in the post-war years.

a) Distribution in the country. In *Afghanistan,* too, smallpox raged in almost all parts of the country until modern times [394 a]. Again and again there have been epidemic outbreaks, at times localized within the area

of a few settlements only, at times branching out into other areas and similar to happenings in Iran [417], Turkestan and other countries of the East and of Central Asia [303]. Shortly before the war we had the opportunity to witness the misery of smallpox in not easily accessible mountain villages of the Hindu Kush and this made a marked impression on us.

Table XI and Fig. 13 (see back of *Map No 10*) provide information on the *number of smallpox cases registered after 1949.* For the years 1949 and 1950 they show relatively small numbers of infections, a fact probably due to the incomplete registration of cases. In the following years, however, the number of smallpox cases reported fluctuates between 1,000 and 2,180 annually. This would mean, assuming a sedentary population of 10 million people at that time [60, 100], that there was an annual infection rate of 10.0 to 21.8 for every 100,000 inhabitants. A comparison with India and Pakistan—average rate of 26.7 per 100,000; North West Frontier Province 6.0 cases per 100,000 inhabitants [477]—shows that figures given for Afghanistan are at an acceptable level and that the country, although more strongly infected than the adjacent districts of West Pakistan in the 'fifties, was by no means as severely hit as India and in particular as the most infected province, Orissa (45.1 cases per 100,000 inhabitants annually). Nevertheless, the figure had to give rise to concern since in a family, which lives together in a minimum of space under totally inadequate sanitary conditions, every single case contains the danger of epidemic outbreaks within as well as beyond the immediate communal group. There are no data on the frequency of smallpox among nomads, but it must be assumed that they too are infected by the disease at times, especially when they are in their winter quarters.

Since 1956/7, the number of infections has decreased rapidly. As a result, in the 'sixties, apart from one isolated rise to 554 cases in 1963, only single cases and insignificant local outbreaks have been recorded.

Map No 10 represents the *very different infection of individual provinces* in the period of the report from 1949—64, in which, however, the *population density* appears to be but *one* of the determining factors. The densely populated provinces of Jenoubi (45 inhabitants per km²), Kabul (33 per km²), Kataghan (30 per km²) and Parwan (28 per km²) for example, show an above average infection rate, but in equally heavily populated provinces of Ghazni (27 per km²) and Mashreqi (44 per km²) such small infection rates were observed during the entire period of the report and such high ones in the extremely thinly populated Farah Province (4 per km²) that in addition to the population density other factors too must obviously determine the degree of infection.

These are probably to be found in the natural quality of the landscape and *settlement form.* Larger towns like Kabul, Kandahar and Herat do not produce unusually high infection rates, and it would appear that smallpox is predominantly a disease of the open country, i. e. of the villages and the mountain localities especially. Such a case is the Parwan Province where people live particularly close together in old villages which provide a milieu in which smallpox has established itself much more firmly than in towns where medical care as well as sanitary conditions have always been somewhat better. Smallpox is evidently more an endemic disease of the open country than typhus, the epidemiological appearance of which is in large part determined by localized outbreaks in the large residential quarters of towns.

b) Seasonal fluctuations in the frequency of smallpox are presented in Fig. 14 (see back of *Map No 10).* Ignoring some outbreaks which were limited in time and space, it becomes clear, unmistakably so at least for the period before 1955, that in Afghanistan smallpox is predominantly a *disease of the cold season.* In autumn the number of infections increases and reaches its maximum in the winter months; it recedes in spring and is at its lowest in summer. They show an annual contagious disease course which is explicable in terms of the way of life of people during the winter which is in turn conditioned by land and climate. It was only with the general reduction of the disease after 1956 when the number of cases registered became so small that a seasonal relationship was no longer to be recognized distinctly.

c) Clinical aspects. Concerning the seriousness of infections in different years no data which could be turned to account were available. Mortality apparently varies greatly; at times only a few deaths occurred, but in Badakhshan and Kandahar a death-rate of more than 50 per cent was observed in 1953 and 1954 [399], and smallpox certainly contributed to the high infant mortality of earlier times, a threat which lost its importance only with the general diminution of the disease.

d) Control of the disease. In earlier times the fight against smallpox in Afghanistan was limited to the practice of variolation with the contents of virulent pustules, a widespread practice in Asia which often did more harm than good. In the 1930's BERKE [203] set up the first modern vaccination service and had already vaccinated about three million people in the country in the period 1936—39. The result was that infections of smallpox receded markedly in the protected areas.

In the post-war years this was taken up once more and in recent times the vaccine centre established in Kabul with the aid of WHO (532; vide page 92) has formed the basis for a comprehensive vaccination service which has in the meantime been placed on a juridical basis and is to include infants, schoolchildren and military service recruits. According to information furnished by "Survey of Progress" [133, 134], more than 2.5 million lots of smallpox vaccine were produced in Kabul in 1341 (1962/63), a total of 2.85 million lots in the year 1342 and in the following years [134 a] 185,330 *, and 325,000 lots; about 140,000 lots were made in the year 1345 (1966/67). In addition to this, dried vaccine of Soviet origin has also been employed [386]. Hospital installations have been improved and facilities for isolation have been arranged; a mobile smallpox vaccination unit can be put into action, and already at this time a quite effective vaccination service can begin work, the activities of which find significant support in the information passed on by the *Rozantoon* Organization (vide page 91) and which has in recent times been aided by a WHO expert.

The success of the campaign against smallpox begun in 1953—54 is obvious. Table XI, Fig. 13 and *Map No 10* show the sudden and lasting drop in the number of smallpox infections recorded. It is true that in 1963, two localized outbreaks occurred in the Kandahar and Ma-

* The data in sources 134 and 134 a are in part mutually contradictory; it is not clear whether the figure of 1.853 million or 185,330 is valid for the year 1343.

zar-i-Sharif Provinces, but since then the infection rate in the country has fallen to 1.7 and during the last two years even as low as 0.65—0.7 infections per 100,000 inhabitants.

This does not mean that there is no more smallpox in Afghanistan. Isolated cases and even small but localized outbreaks in remote areas are still facts to be taken into account. Even though they do not find their way into statistics, they still contain the danger of larger epidemics and it must remain the aim of the Afghan health authorities, together with the WHO, to determine and to improve the sanitary conditions of the endemic areas in order finally to overcome the danger of smallpox in the country.

2. Chicken-pox

Chicken-pox (Varicella; *āb-i-chī-chăk,* چيچك ب آ)
is regarded as a mild children's disease which occurs in almost every country on the earth but is not considered to be of any great importance.

In *Afghanistan* the disease is certainly widespread as a contagious infection, but in the report it only occurs in recent years: in 1343 (1964/65) 863 cases were noted and these were followed by 1,440 in the following year and by 2,314 in the year 1345 (1966/67) [134 a]. No data on the infection of individual provinces, and any seasonal fluctuations which possibly have been observed, have come to my notice.

Although the clinical diagnosis does not as a rule present great difficulties, varicella ought to be treated with the closest attention in a country in which smallpox still occurs at times. This is particular the case since a definite distinction from smallpox is scarcely possible in the absence of virological diagnosis.

3. Trachoma

Trachoma (Egyptian eye disease; *kōkrăh,* كوكره)
also belongs to the group of contagious virus infections. In addition to the geographical and climatic qualities of the country, the way of life of the inhabitants and the sanitary conditions are chiefly responsible for the spread of the disease. As a rule, hot arid areas are especially strongly infected in cases where chronic irritation of the conjunctiva of the eyes by dust, wind and sun creates conditions favourable for the intrusion of the infection [472, 473]. Lack of water and especially the common use of dirty towels, which are often used for wiping the eyes of infected members of the family, effect the spread of the infection within the community group [391]. As vectors of conjunctival secretions flies also play a large role in the spread of trachoma [198, 380, 471].

Those *countries of the Middle East* which belong to the arid zone, the Asiatic part of Turkey, Iraq and Iran, were even in modern times still much infected by trachoma in certain areas. In Iran the areas on the Persian Gulf are the most affected part of the country with an infection rate of 73 to 90 per cent (active and scarred trachomas). In Seistan, bordering on Afghanistan, rates of infection of 30 to 40 per cent have been observed [294, 454, 497] and in some places in the Punjab, 60 to 70 per cent of the population were infected even in the most recent times [492], while in India, with the increasing influence of the monsoon rains, the frequency of the disease decreases from the north to the south [402]. In the Soviet Central Asian Republics, however, the infection, reported to be 2.1 to 20 per cent, already appears to be considerably lower than in the other countries mentioned [472, 473].

It must therefore be assumed that in Afghanistan as well, trachoma is endemic in almost all parts of the country—an assumption which is supported by the great number of often partially or totally blind people to be seen on the streets. Regrettably enough data on the *de facto* distribution of trachoma are still quite incomplete and at times contradictory. When we examined food sellers, tea-room and restaurant owners in 1940 in Kabul—that is, a selected group of people checked from time to time—we found a 13.5 per cent infection by active trachoma [266], a result with which the findings of POIROT [416a] who, in 1952, studied high-school students—i. e. a different group of people—in Kabul, comply quite well. MOUTINHO [391]. however, quotes a trachoma frequency in excess of 30 per cent for Afghanistan and its adjacent countries, and BAUM [198] noted in 1949 that 85 per cent of the patients attending his ophthalmic consultation in Kabul—again a selected group of people—were suffering from trachoma.

Only the inventories carried out in various areas of the country in recent years by the WHO and the Afghan Ministry of Health have given a somewhat more exact picture of the true distribution of trachomas in the country; the preliminary results were kindly made available to us, but can only be mentioned briefly here as these broadly-based investigations have not yet been completed. Thus in Herat for example, a total infection rate of 70.2 per cent (36.0% active, 34.2% scarred trachomas), and in the surrounding villages a rate of 63.3 per cent were noted; it reached 58.9 per cent (31.6% active, 27.3% scarred) in Kandahar and 35.6 per cent in the villages in the surroundings of Kabul [422]. On the other hand the infection rates are remarkably low in the north of the country (Mazar-i-Sharif: 13.2%) and in the eastern provinces (9%) [433]. However, in conclusion it may be said that in so far as it is possible to generalize from the available results, the assumption that more than 30 per cent of the population are attacked by trachoma once in their lives is justified. The degree of infection seems to be similar to that in several neighbouring countries, although there are great regional differences.

The Ministry of Health in Kabul, together with the WHO have started a programme to *combat* trachoma. It begins in the worst infected areas and lays most stress on the registration and treatment, if possible, of all infected persons—as well as striving for education in cleanliness and the elimination of troublesome flies. Results of this campaign are not yet available for publication; this note is only intended to show that when fighting trachoma, the Afghan health authorities together with WHO experts are attempting to tackle and to solve an especially difficult problem of public health care.

4. Leprosy

Leprosy (*jēžām*, جذ ا م) has been known since ancient times. The germ is *Mycobacterium leprae*, which is passed from person to person by direct contact. From the oldest endemic areas known in India, China and Egypt,

the disease has spread all over the world. In the course of time it receded in the temperate zones, but it is still widely spread in many tropical and subtropical countries. In the Middle East—from Arabia to Iran and Afghanistan—leprosy has been endemic for centuries, although not manifesting such high infection rates as in the humid tropical countries [223, 368].

Today leprosy is rare in Afghanistan. In the 'thirties LICHWARDT [361] reckoned that there was an infection rate of 0.5 per thousand, which would have meant about 5,000 leprosy patients in Afghanistan, given a population of 10 million at that time. In the course of four years, the dermatological clinic in Kabul has seen 163 leprosy patients, i. e. 0.24 per cent of all patients [297], while in the muncipal out-patient clinics, which attended in the main to internal diseases, leprosy remained an exception. GÜRÜN [297] estimates that a total of 25,000—30,000 lepers live in Afghanistan and that the disease is on the increase, while Afghan colleagues mention 250 to 300 people infected by leprosy—a figure which refers only to the position in the Hezarajat. Thus a definitive quotation on the true infection rate cannot be given, and even the comparative figures from Iran and Turkey—put at 2,000 and 2,500 to 3,000 respectively—hardly permit any conclusions on the frequency of leprosy in Afghanistan to be drawn. On the basis of my own observations I would assume that on the whole the disease is rare and that GÜRÜN's estimate probably greatly overstates the situation.

In the earlier times only the mountain country of Hezarajat was known as an *endemic area* of the disease; it is an area where leprosy is still endemic among the Mongol population of poor mountain farmers [266, 386]. Later a few more, and certainly unimportant, foci were discovered in Nuristan, in the southern provinces, near Kandahar and in the north of the country [297], so that apparently only the west of the country is completely free of leprosy. Beyond the border, in Khorassan, the Iranian leprosy areas extend as far as Mazanderan [387].

A special *susceptibility* on the part of *certain population groups* was still assumed by LICHTWARDT [361, 362], who saw the disease in Afghanistan only among members of the Mongolian group, and in Iran predominantly among the Turk population, and never among Pathans and but rarely among "true Iranians". It does seem unjustified, however, to base an assumption of racial susceptibility on these few pieces of information. Even if such a situation existed, we now consider leprosy to be chiefly a disease of poverty and misery. In the first line it affects the Hazaras, who live in the poorly cultivated Central Mountains, and whose resistance is reduced by malnutrition, as well as by lack of protein and vitamins. That members of other population groups also become infected, has been demonstrated by GÜRÜN's investigation [297, 358].

The number of lepers in the dermatological clinic in Kabul increased every year (1949: 0.16% and by 1952 already 0.43% of all patients) but does not indicate an increase of the disease; it does, however, mean that medical institutions have become more competent, can distribute more effective medicines and can, as a result, enjoy greater confidence than hitherto.

Leprosy occurs among all *age groups* in the population. Many infections are detected at the examination undertaken when enlisting for military service. It would therefore appear that numerous patients are infected during childhood. In view of the slow moving start of the disease, it is for the most part impossible to reconstruct the onset of the first symptoms with any reliability.

According to the list compiled by the Kabul dermatological clinic—which no longer complies with current definitions—of the 157 cases which were analysed, the following clinical forms were observed:

Tuberculoid leprosy	17.2%
Lepromatous leprosy	14.7%
Maculo-anaesthetic leprosy	34.4%
Lepra mutilans	3.2%
Mixed forms	30.6%

This picture deviates markedly from the results arrived at in Turkey, according to which—among the inmates of a leper hospital, where a different disease cross-section is naturally to be expected—56.3 per cent of lepromatous and only 2.1 per cent of tuberculoid forms were found [447].

The planned *anti-leprosy campaign* is still in its first stages in Afghanistan. The infected persons mostly live in their villages and are advised and treated as far as possible in the nearest medical ambulatory station. Modern chemotherapeutics, such as DDS (Diamino-Diphenyl-Sulfone), are available in the leprosy areas. The plan to establish a leprosarium was first discussed in 1939, but in view of the more urgent health problems was postponed during the war. Now the setting up of a leper hospital in the Bamyan Province, the true endemic leprosy area, is being considered [386].

5. Tuberculosis

a) Distribution within the country. As in most countries of the Near and Middle East, so too in Afghanistan *tuberculosis (mărāz-i-sell, مرض سل)* has been widely spread until the present time. Indeed, after malaria, it quite possibly constitutes one of the greatest problems of public health [471], although concerning its extent only a few exact data are available. Already in the periods both before and during the war we saw many sick people with grave tuberculosis both in Kabul and in the rural areas, even though at that stage the possibilities of examination were inadequate, and we were convinced then that the disease was much more widely spread than in many other countries, particularly the European ones. Poverty and malnutrition, the living together of people in the most confined quarters, the inadequate airing of their homes and the poor heating in the cold season, but above all the unimaginable concentration of dust in the old houses and the way of life of the womenfolk who were veiled and practically excluded from light, sun and bodily exercise, have always markedly favoured the spread of the disease. Statistical data on the true extent of the disease in the population of town and country were totally lacking at that time.

The first reports on the disease were published in the post-war era. In the period from January 1st to June 30th, 1949, 1,648 cases of tuberculosis were statistically recorded in Afghanistan [536]; data on the severity of the illness and organ involvement are lacking and it is apparent that only those patients observed in hospitals have been reported, and these therefore comprise only a fraction of total numbers really involved. This report does not therefore permit any conclusions on the true distribution of tuberculosis to be drawn.

On the other hand, the serial examination carried out in the Kabul grammar schools by French physicians in 1950, the results of which are listed in the following table, yielded a first survey on the distribution of tuberculosis among children and adolescents [462].

Age	Positive cutaneous reactions	
	Boys	Girls
6 years	11.90%	13.0 %
10 years	34.90%	28.75%
14 years	48.72%	43.0 %
16 years	49.60%	47.88%
20 years	73.21%	—
23 years	85.10%	—

With increasing age, girls as well as boys demonstrate an almost linearly increasing frequency of positive cutaneous reactions and indicate that practically every adult grammar school pupil in Kabul had already experienced a tuberculous infection at some stage of his life. Similar conditions are to be found among pupils in Lahore who—if one takes the average of all classes—showed a 67.77 per cent positive reaction [183]. Moreover the Kabul statistics relate to grammar school pupils, most of whom came from the economically better-off families; among the children of the poor, the graph of positive skin reactions must be presumed to rise considerably earlier and more steeply. But since no observations on the number of active, inactive or healed infections could be undertaken during the examinations, these studies, too, furnish only limited information and up to the present day we do not really know how far the disease is spread in the various provinces and towns or among different age or occupational groups.

b) There is similarly little information on the *clinical forms of the disease* in Afghanistan. In our out-patient clinics pulmonary infections were very prevalent and we chiefly encountered patients with far advanced open and cavernous pulmonary phthisis in which help was scarcely if at all feasible; cases at an early stage were much rarer. But apart from these there were numerous extra-pulmonary forms, especially bone and joint tuberculosis. Miliar tuberculosis and tuberculous meningitis on the other hand, were seldom found and skin tuberculosis, which is said to be rare in the other countries of the Middle East as well [216] hardly ever occurred among the patients of our clinics or in my own consulting room, although they were much more frequently noted by dermatologists [234].

Because many sick persons applied for medical care at too late a stage, and as in most cases they refused to stay in hospital for treatment and also continuously changed their doctors, the misery of tuberculosis together with the inevitable infections which followed suit, were bound to spread in a terrifying manner within the communities, and the facilities for treatment, which were then still rather circumscribed, were scarcely able to afford much relief.

Control of tuberculosis. The necessity of planned measures against tuberculosis was recognized at an early stage and as early as the 1930's the Ministry of Health founded a hospital for men in Kabul, which, though simple in its installations, was followed by another one for women a few years later. Unfortunately no serial examinations aimed at the registration of infected persons could be carried out before the war, and during the war a radical extension of the protective service against tuberculosis was out of the question, although the necessity for such a service was discussed on several occasions [183 a].

So it was only in 1954 that the Afghan health ministry together with WHO experts, was able to take up the question of anti-tuberculosis measures once again and to set up a *Tuberculosis Centre* in Kabul in one of the former municipal out-patient clinics. This was in the Dirwasa-i-Lahori part of the town and was intended to permit the operation of a campaign against the disease not only in the capital but also in Jalalabad, Mazar-i-Sharif, Pol-i-Khumri and Kandahar from there. The centre was staffed by specialists and equipped with x-ray, photographic and radiographic apparatus, with the result that from then onwards serial examinations could be carried out in Kabul as well as in the provinces. Work began with the registration of children, school pupils and students of different age groups. In addition skin tests on remaining family members were carried out in cases of a positive result wherever and whenever this proved to be possible.

On the *scale of the operations initiated* no final account can as yet be drawn up since reports of the results have not yet been published. According to Survey of Progress [134]*, about 30,000 persons were examined by x-rays in 1341 (1962/63), in 1342 (1963/64) it was already 52,000 and by 1343 (1964/65) 64,500 persons. Thus a significant proportion of the younger population groups in several of the country's towns has already been registered and the scheme has probably been extended to the population of the rural areas already. It may therefore be assumed that there is now a much more complete picture of the distribution of the disease than there was at the start of the operation.

Besides the diagnostic recording, *prophylactic* measures have also been started; in the year 1341 (1962/63) 15,200 BCG protective vaccinations were carried out and this figure reached 17,100 in 1342 (1963/64) and 34,280 in 1343 (1964/65) [134]. In the years 1344 (1965/66) and 1345 (1966/67) the number of vaccinations was raised to 52,797 and 41,796, respectively [134 a]*.

This team has also taken over the *treatment* of patients detected in this manner and their numbers are reported to be rising continually-being given as 1,080 for the year 1341 (1962/63), 1,940 in 1343 (1964/65) and 2,020 in 1344 (1965/66) [134 a]. Such people not only come from Kabul in order to attend the health centre, but also travel from distant parts of the rural areas. Since the number of beds in tuberculosis hospitals is very restricted, the great majority of patients is advised in out-patient departments and encouraged by the physicians to present themselves from time to time.

Medicines such as Rimifon, PAS and streptomycin, as well as vitamins, dried milk preparations and soap for sick children, are distributed without charge.

Continuous x-ray controls are carried out and are also free of charge, and many patients, especially mothers with sick children—quite contrary to their former habits—have become accustomed to attending subsequent checks regularly and punctually. This is a fact which best demonstrates the population's implicit confidence in the tuberculosis centre, the work of which is supported by an intelligent campaign of enlightenment.

The *success* of this broad-based scheme can only be fully assessed when a detailed report on the results becomes available. So far it can only be assumed that although there is no enforced isolation and undoubtedly a great number of infections still take place within families, many tuberculous persons are effectively helped in a manner unknown in the Afghanistan of former years when it would have been regarded as impossible. The unflagging efforts of the physicians concerned as well as of their nurses and auxiliary staff, who are just as fully aware of the difficulties of their task as of the necessity of the work they have undertaken, appear the more praiseworthy because in the case of the anti-tuberculosis campaign results will manifest themselves only gradually in the course of years, whilst demanding a special degree of perseverance, patience and energy.

6. Influenza, Pneumonia, Meningitis and Encephalitis

a) Influenza. Over the last decades Western Asia has been beset on several occasions by *influenza epidemics* which at times spread as far as Europe and also to South East Asia. In 1950 a widespread epidemic of influenza-like character with infection of the respiratory organs was observed in Iran; it is not known whether this was a true virus-influenza. In the same year a mild outbreak of influenza occurred in Israel [280] and in 1952 some cases were identified here as of the B-type [312].

From *Afghanistan* an epidemic outbreak of influenza had been reported in 1949 [524]; a much more severe outbreak appears to have occurred in 1956 and 1957 [133, 524]. The further course of the disease frequency during the following years is illustrated by table XII which includes the influenza cases observed by and reported to hospitals in the period from 1952 to 1966 [133, 134, 134 a]. The number of persons treated for influenza as stationary hospital patients has fallen steadily in the 'sixties. Provided that these reports are complete, these declining numbers over the last years may by explained by the supposition that the improvement of care by family doctors allowed more patients than hitherto to be treated at home. In 1966/67, however, Survey of Progress again reported a large increase in the number of influenza cases [134 a]. But since the diagnoses are not virologically verified, it must be assumed that these were by no means all true cases of virus-influenza but included non-specific cold infections of an influenza-like character.

Seasonal fluctuations of frequency cannot be recognized with any certainty from the reports available. Only in the case of the period 1953—55 are there records for individual months [523, 524], which permit a certain increase to be discerned not only in winter but also during the transitional months. Fluctuations in

---

* The data in survey of progress 1964/65 [134] deviate so markedly from those of the same year book of the year 1962/64, that it is impossible to glean any reliable information from it. We have confined ourselves to quoting data from the 1964/65 publication. Exact figures are only to be expected with the appearance of the reports on the activities of the tuberculosis centre.

weather conditions and inadequate domestic heating may account for the increased susceptibility to colds and influenza infections in spring and autumn. However, influenza does not appear to be a significant problem for the Public Health Service in Afghanistan.

b) *Pneumonias* (sinäh-băghăl سينه بغل) occur in company with bronchial pneumonias (catarrhal pneumonias) in the course of influenza and colds as well as in the form of true *lobal pneumonias*. Epidemiologically they present no qualities which differ from those observed in other countries; in 1949, 692 cases were reported in the period from January to June [523]; further statistical data do not appear to have been published. In former years every instance of pneumonia in small children was regarded as decidedly dangerous and pneumonias contributed markedly to the high infant mortality. Only since the introduction of sulphonamides and antibiotica as well as the improvement of the general conditions for children due to better nutrition, have pneumonias become less dangerous than heretofore.

c) There are scarcely any reports on the occurrence of true *meningococcal-meningitis* (epidemic meningitis). As a cosmopolitan disease it probably occurs in Afghanistan as in other countries. But while in Iran 2,000 to 3,000 cases were reported annually in some years, e. g. 1958 and 1959, Afghanistan registered only single cases [529, 530]. Epidemic outbreaks in some towns or provinces or the seasonal fluctuations of frequency are not known, and from my own medical experience I can recall only some rare individual cases which, moreover, could not always be verified by bacteriological examination.

d) An epidemic outbreak of *encephalitis-like infection* numbering altogether 27 cases (14 deaths) was observed in a village near Maidan (Province Wardak), i. e. in the vicinity of Kabul, in May, 1958, together with similar manifestations among slaughter cattle [170] There was no indication of this encephalitis being insect-borne, and neither the nature of the disease nor its actual transmission—by contact or by foodstuff—were verified.

7. Hepatitis epidemica

Concerning the distribution of *Hepatitis epidemica* (virus hepatitis, epidemic jaundice) in Afghanistan, no statistical data has so far been published. It must be assumed, however, that the disease is endemic in the country and that similar to India, West Pakistan, Iraq and Israel, it also leads to epidemic outbreaks [335, 522]. On the basis of my own experience, I suppose that hepatitis occurs more often in Afghanistan than is the case in Europe under normal conditions. In Kabul we saw severe and obstinate cases at times; it possibly affected foreigners more severely than natives, with whom it may possibly pursue a midly course. FÜHNER too (personal communications) frequently noticed the disease among Germans, but only seldom observed acute cases among the Afghan population.

Statements on the distribution in certain age groups of the population, the distribution in town and country—in the 1950's the rural population in Israel appeared to be more strongly infected than the inhabitants of towns [335]—or on seasonal fluctuations of frequency cannot be made. Whether the increase in the number of cases observed in Israel during the winter months exists in Afghanistan too, still remains to be investigated. In any case, however, it must be assumed that in the case of hepatitis as well, the true number of cases is much higher than is known to doctors, and this is especially true of the country areas where many patients never attend a surgery. It may be hoped that with the improvement of hygiene conditions, particularly in the case of the water supply and the disposal of garbage and sewage, hepatitis will, in the course of time, also become rarer.

8. Diphtheria

a) *Distribution in pre-war times*. In Afghanistan, as in most western Asian countries, *diphtheria* (khŏnăq, خناق) has been a rare disease late in the 19th and in the first half of the 20th century [266, 304, 317, 417]. I can remember only a few sporadic cases which I saw in Kabul before the war and in the first years after the war; paediatricians were more familiar with the disease, but they too encountered it comparatively rarely.

The causes of this rare occurrence of the disease throughout the entire western Asian area are unknown. The far smaller volume of traffic between the countries in earlier times and the few possibilities of contact—which are very important for the spread of many diseases of civilization—may have played an important role in this; so far there are no apparent reasons which might suggest the existence of an antitoxic immunity in the Afghan population such as possibly exists in the Punjab [382].

b) *Distribution in modern times*. Already during the war, but even more so in the years after it, an increase in morbidity from diphtheria appears to have occurred. In Table XIII, compiled on the basis of KANTER's data [324], the frequency of diphtheria in some European and western Asian countries, and relating in all cases to 100,000 inhabitants, is presented; the periods 1934 to 1938 and 1949—53 are compared. On the one hand the table shows that the disease occurs much more rarely in most western Asian countries than in Europe, Israel being the one exception and the fact probably to be accounted for by European immigrants. But apart from that it would appear that the disease becomes rarer the further east one moves; of all comparable countries, Afghanistan probably presents the lowest rate of infection—a fact which corresponds perfectly with my own experience and with that of other physicians working in the country [386]. It is, nevertheless, debatable whether the diagnoses made in the 'thirties were made correctly and some colleagues maintain that already in those days diphtheria was more frequent in Kabul than was accepted as being the rule.

On the other hand, the table shows that in the countries mentioned the frequency of diphtheria had, at least in parts, *increased* considerably. In Iran and Iraq particularly the increase in the number of infections is evident, and as far as India is concerned, some authors consider the increase in morbidity to be a serious problem already [205]. The question must therefore be asked whether Afghanistan also manifests a similar increase in the rate of infections in the post-war years.

On wholly empirical grounds I tend to agree with this and other physicians also held the view that the frequency of diphtheria had increased, at least in the towns, during the 1950's [386]. Table XIV which contains the figures of cases recorded in the period 1948 to 1964, together with the morbidity rate related to 100,000 inhabitants in both instances, shows, in so far as it is possible to draw any firm conclusions on the basis of the few figures recorded, that in the first years after the war diphtheria was still rare in Afghanistan but increased distinctly in the early 1950's. However, already a few years later the rate of infection returns to its earlier and lower level, showing a renewed increase which commenced in 1963 and continued to the end of the period under report. Thus a constant increase in the frequency of diphtheria cannot be recognized. The disease comes and goes and the figures registered do not show any regularity in its course, although in recent times they did attain heights at times which had seldom occurred before. Thus in observing the disease over a period of many years it may still have become more frequent than had been assumed by the medical profession using wholly empirical evidence.

The causes of the increase in cases observed at times may lie predominantly in exogenous factors. The continuously increasing traffic with European endemic countries is probably a decisive factor; in addition to this the inadequate conditions of hygiene and the residential circumstances in the old town quarters create conditions favourable to its spread, with the result that once importation has taken place to a larger degree an increase in disease infection must be expected.

c) *Seasonal fluctuations of frequency.* Diphtheria is considered to be a seasonal disease which occurs mainly in seasons having frequent changes of weather. In Iran the peak of the annual graph seems to be in October and November—that is at the time of moving low atmospheric pressures—in Turkmenistan and Uzbekistan in autumn as well when sudden falls of temperature occur, and in India during the rainy season [566]. In Afghanistan a certain increase in infections during the transitional seasons may possibly be expected, but the number of cases reported is so low as to allow no conclusions to be drawn as to regularity in the seasonal occurrence. Smaller epidemics are said to occur chiefly in October [551], and because the disease does appear to contain a certain tendency to spread, increased attention should be paid to it in future.

d) I am not in a position to give reliable information on the *clinical course* among Afghan patients since I saw too few cases to permit me to form my own opinion. But I am inclined to assume that the disease, in a manner similar to that in southern Iran [304], takes a relatively mild course. Apparently it has not been held to contribute substantially to infant mortality which was so far high [457]. On the other hand, there are reports that severe cases followed by paralysis and heart complications have been observed; the prognosis is particularly blurred by the fact that infected children are often brought for medical treatment at too late a stage [386].

Whether certain *age groups* are more affected than others is another point which we were unable to substantiate because of the lack of sufficient information; paediatric experience indicates that children between the age of 2 and 8 years are most frequently infected, while babies in their first year of life fall ill very rarely [551].

Measures against the disease have so far been limited to the treatment of individual cases; whether protective vaccinations are carried out on a large scale or only at times is not known to me.

9. Acute Exanthema

a) *Measles* (Morbilli; *surkhakăn*, سرخکان) seem to have been known for a long time in Afghanistan and the adjacent countries of the Middle East. In Iran, Arabia and India they are said to have occurred epidemically in the second half of the 19th century [303, 417], and it is quite likely that outbreaks of that kind happened in Afghanistan as well.

In *recent times* (i. e. in the years during and after the war), we frequently encountered measles in Kabul. The following table shows the numbers of cases reported annually over the period 1949—64; it probably contains those which were statistically registered in hospitals—that is, only a fraction of those cases which actually occurred. For the most part children infected by the disease are treated at home, if medical advice is sought at all.

Measles in Afghanistan

Year	Cases reported	Year	Cases reported
1949	396	1957	1104
1950	463	1958	1196
1951	766	1959	958
1952	1652	1960	651
1953	2269	1961	3157
1954	1536	1962	2071
1955	1742	1963	1420
		1964	248

Despite all the fluctuations in the figures reported, the table shows that the frequency of measles has remained fairly constant over the course of years; in any case a distinct increase or decrease during the period covered by the report is not discernible.

The differing degree of *infection in individual provinces* too, is but incompletely reflected in the statistical material available. The only published information [548] shows that Kabul and Kandahar Provinces are clearly the most affected, an indication that measles is a disease of towns where life at close proximity in the old residential quarters is favourable to the spread of so contagious a disease far more than in the case of small villages or isolated farmsteads.

The *seasonal course* of the disease is evident from Fig. 15. Earlier reports already pointed out on several occasions the fact that in the Middle East measles occur increasingly in the cold season [266, 303, 417]. The monthly means of infection numbers over a longer period of years (1952—63) on which Fig. 15 is based, shows that although measles can occur in Afghanistan throughout the year, the greatest frequency falls clearly into the winter months. Such a fact is not altogether surprising when one considers the contagiousness of the disease and the form that family life takes around the fire in winter.

Clinical peculiarities. In Afghanistan measles are considered as an unusually *serious and dangerous children's disease.* A mortality rate as a result of complications, especially broncho-pneumonia which was very frequent in earlier times, has been recorded at 50 per cent for untreated babies [457]. Besides smallpox and whooping cough, measles have always caused a signi-

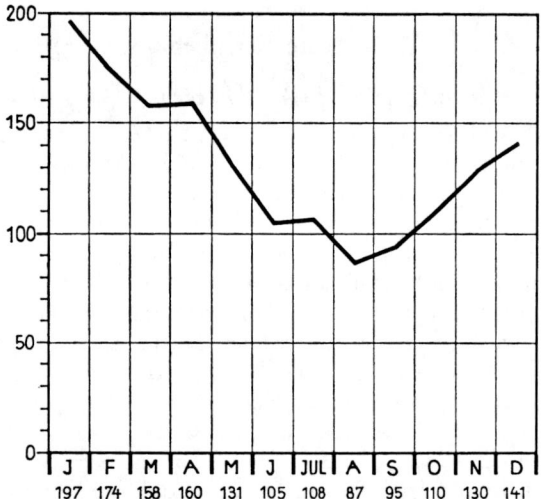

Fig. 15. *Measles in Afghanistan 1952—1963;* monthly means of cases recorded during the single months of this period. [Compiled from Communication Inst. Publ. Hlth. (386)]

ficant proportion of the high infant mortality—an observation which has also been made in a similar way in the case of Iran in the 19th century [417]. But in more recent times paediatric care has made considerable progress, confidence in hospital treatment has grown, the resistance of children has increased in the towns at least, thanks to better care and nutrition, and above all the dreaded complications can be prevented or suppressed by the sulphonamides and antibiotics, with the result that the disease has lost much of its terror; in medically well-serviced areas mortality now amounts to 1—3 per cent [457, 551]). Nevertheless, measles are still considered as a serious disease by paediatricians in Kabul.

b) Scarlet fever (Scarlatina; *măkhmălăk,* مخملك) appears to have remained practically unknown until modern times throughout the entire Middle East. At the close of the 19th century, the coastline of Asia Minor was considered to be the eastern frontier of its distribution; Syria, the then Mesopotamia, Arabia, Iran and probably India as well, should have been practically free of scarlet fever [303, 317, 417].

Even in the first half of the 20th century, scarlet fever was *extremely rare* in the Orient, the Middle East and the Soviet Central Asian Republics. In the 'twenties Syria had a morbidity rate of 0.5 per 100,000 inhabitants [207]; in Uzbekistan one case was observed among 57,000 children [164] and in Tashkent there was a single outbreak with a total of 21 cases [207]. In Afghanistan I did not see a single definite case in the years 1938—41; colleagues working in clinics and practices reported in a similar manner, so that the country was then most probably *practically free of scarlet fever* [266]. Whether racially-conditioned resistance [207] or climatic peculiarities of the arid zone were the cause of the absence of the disease, has not yet been decided.

A *change of scene* occurred in the post-war period, late in the 1940's, when scarlet fever also began *to spread in Western Asian to an increasing degree.* In Cyprus the number of cases reported rose from 25 in

the 1950 to 227 in 1951; in Israel only 518 cases were observed in 1949 but this rose to 1,311 in 1950 and to 1,232 cases in the first six months of the year 1951 [498]. In Iran the number of scarlet fever infections increased from 54 to 624 annually in the period 1950 to 1953, and the disease is now well known in Teheran.

In *Afghanistan,* too, scarlet fever appears to have immigrated in the course of its move to the east. Thus in 1948 for the first time 110 cases were recorded; in 1949 there was a drop to 41 cases, and since then no further infections have been reported. But at the present time it is said that occasional cases of scarlet fever do occur in Kabul, even though the disease is *still rare* [386].

On the causes of the spread of scarlet fever to the east in recent times, just as little is known as about its former absence in the western Asian area. It is probably a matter of complex epidemiological events [207], in which traffic from country to country, which has grown rapidly in the post-war years, constituted only one, albeit significant, factor.

Thanks to its rare appearances, scarlet fever is no great problem for the Public Health Service of Afghanistan; nevertheless, it would be welcome if the few cases that do occur could be registered in the future as this is the only way of observing a possible further migration of the disease to the east.

c) German measles (Rubeolae; *sŭkhăkăn-chăh,* سرخكانچه) appears to be rare in Afghanistan and I cannot recall having seen any definite cases during my years in the country. It is possible, however, that the paediatricians in Kabul come across German measles more often; so far relevant reports on the distribution and frequency of the disease have not been published, and considering the mildness of the disease it appears to be of subsidiary importance.

10. Whooping Cough

a) Frequency and distribution. In Afghanistan and its adjacent territories *whooping cough* (pertussis; *siăh sŭrfăh,* i. e. "black cough", سیا ه سرفه) is a well known children's disease. However, it is scarcely possible to detect a clear picture of its true *frequency* and *distribution* in the country. For reasons already mentioned above, the records are incomplete, especially so since children suffering from whooping cough frequently receive no medical treatment at all. According to my own observations, I consider whooping cough to be a frequent but not inordinately wide-spread disease in Kabul, although I am unable to substantiate this opinion with statistics; it is quite likely that paediatricians hold quite different views on the frequency of the disease. Table XV presents the number of cases reported during the period 1952—67, i. e. in hospital and therefore only a small proportion of the cases which did in fact occur; it thus does not reveal the true frequency of the disease in the country.

Whether whooping cough has become more or less frequent in the course of years can also not be recognized from the table. In Iran and Iraq a considerable increase was noted in 1951 and 1955; in Afghanistan the years 1953 and 1966/67 stand out with their increased frequency of infections. But a decrease or increase in the same direction can not be recognized in the period covered by the report.

No detailed data on the *rate of infection of individual provinces* or towns can be given; it is also not known whether epidemic outbreaks occurred only in the residential quarters of the towns or in the country areas as well.

Seasonal fluctuations of frequency can also not be assumed on the basis of the available data. As in other countries, so probably in Afghanistan too, neither season nor climate or weather exercise an influence on epidemic accumulations. Only in Iran do reports suggest [564] a relationship between whooping cough and the hot and dry summer months—a phenomenon the cause of which has as yet not been investigated.

b) Clinical aspects. Although whooping cough does not appear to be too frequent a disease, it has always been greatly feared. Before the introduction of modern medicines, complicating broncho-pneumonias as well as disturbances of the circulation were extremely frequent, especially among weak and undernourished babies and, without being able to give exact figures, we know that the mortality has always been very high.

But in the course of the last twenty years whooping cough mortality has receded markedly, not only in America and Europe but also in many Asian countries. In the Federal Republic of Germany it fell from 2.64 per cent in the year 1949 to 0.92 per cent in 1959; in the 'fifties Iraq [525] reported a mortality of 1.5 per cent (according to Epidem. Vit. Stat. Rep. 5, 323 [537] but in 1952 below 0.5 per mille) and in Afghanistan too, where whooping cough—besides smallpox, measles and intestinal infections—used to be one of the major causes of the high infant mortality, a fundamental improvement has taken place in recent times. Naturally babies continue to be more in danger than older children, but on the whole the effect of sulphonamides and antibiotics, more efficient medical care and the improved general condition of the children have reduced the dangers of the disease substantially, so that in this field too, in any case in towns, conditions have improved greatly. Progress already achieved in the towns may, however, set in at a much slower pace in the rural areas.

11. Mumps

Mumps (Parotitis epidemica; *kålå-chărăk*, كله چرك) is well known to paediatricians in Kabul, but there are no reports available concerning the frequency and distribution of the disease in town and country with the result that no account of disease geography can be given. Since it is a mild disease, rarely followed by complications, it is of subordinate importance in connection with geomedical problems.

12. Poliomyelitis

Poliomyelitis is an infectious disease caused by a virus, spread partly by droplets and attacking in the main children and adolescents. The germs are ubiquitous; the majority of infections takes an unapparent course, i. e. without paralysis or other clinical symptoms, but it does lead to the formation of antibodies (occult immunity), the proof of which makes it possible to define endemic areas. As a disease of civilization the disease appears to be on the increase in many countries.

Most *western Asian countries*—with the exception of Israel—have reported only few clinically manifest infections during the past 15 to 20 years [279, 408, 533, 544]. The Asiatic part of Turkey is considered to be an endemic area with single cases occurring from time to time, but epidemic outbreaks only seldom [409]; no observations on the possible existence of endemicity in the remaining countries of western Asia have been published.

But the continuous *increase* of infections also observed in western Asian during the past 10 to 15 years is remarkable. Over the period 1950—57, the number of cases reported annually increased from 49 to 301 in Iraq, from 3 to 47 in the Lebanon and from 71 to 101 paralytic cases in Iran in 1959 and 1960, the majority of which were of course observed in Teheran and in the immediate environs of the town [171, 533]. But in spite of this increase in the number of infections, poliomyelitis still appears to be a relatively rare disease in these countries even in the most recent times.

In *Afghanistan* poliomyelitis as a clinical disease was not known in earlier times; before and during the war in any case no acute paralytic cases were submitted for observation. We are informed by Afghan colleagues that the disease was imported early in the 1950's and has spread fast since then—an opinion which appears to be feasible but cannot be substantiated by me. In any case neurologists as well as orthopaedic specialists in Kabul are now familiar with late sequelae of poliomyelitis.

Details on the *clinical course* of the disease and the rates of infection in certain age groups have so far not been reported from Afghanistan. In Iran, 87 per cent of infections were recorded for babies and infants in their first three years of life. Mortality among children is estimated to be high, e. g. 50 per cent in Kabul [457]. In western Asia, in Turkey as well as in India, the type-1 virus seems to predominate [408, 409]; corresponding data from Afghanistan are lacking. Even seasonal fluctuations in frequency, such as occur in Europe, were only sporadically observed in the Middle East; in Iran an increase in the number of cases was observed in summer, but in Iraq and the Lebanon this was in spring, and otherwise the disease appears to occur throughout the year [409].

Further details are not available. More time is required to see how the epidemiological pattern of disease is going to develop in future and whether the increase in mortality observed so far is going to continue; it would be useful to gain an insight into the situation of immunity among the population by investigating the question of antibodies.

13. Infectious Mononucleosis

One of the contagious infections is *infectious mononucleosis* (previously known as *Pfeiffer's glandular fever*), a mild virus disease, accompanied by fever, which occurs together with tonsillitis, swelling of the lymphatic nodes and changes in the blood picture. In earlier times we did not encounter the disease in Kabul; FÜHNER [281] had first pointed out its existence and reported on an epidemic outbreak of 28 cases of proven infection in a group of 450 Germans in the years 1960/61. The disease affected all age groups present (up to 45 years of age), thus proving to be other than the children's disease which had been assumed earlier; similarly to poliomyelitis there were no infections within families and a seasonal fluctuation could also not be discerned.

14. Tetanus

Infections with *Clostridium tetani* intrude into the human body mainly by way of wounds contaminated by earth. In most countries of the Near and Middle East the disease is probably widely spread. While in the Federal Republic of Germany four lethal cases of tetanus infection for every million inhabitants are registered annually, in Iraq 100 to 300 cases, i. e. 15 to 30 deaths for every million inhabitants, were reported each year in the period 1953—57 [535]. No statistical data are available for *Afghanistan*, but according to clinical experience the disease seems to occur frequently, so that everybody who stays in the country for a longer period would be well advised to take advantage of active immunization.

15. Noma

In addition *noma* (cancrum oris) should be mentioned, although it is not a contagious infection in the strict sense but rather a complication arising in the course of other infectious diseases and chiefly among children. It is an infection of the cheeks caused by unknown germs, which leads rapidly to a serious deterioration of the tissue and frequently to death. In Europe the disease has become rare. We repeatedly encountered it in Kabul [266]; in the space of two years REYNAUD [446] observed about 30 cases, for the most part among undernourished children having a low resistance. Mortality is cited at about the 50 to 75 per cent level, but, thanks to planned treatment with penicillin, REYNAUD was able to effect cures in 76.9 per cent of cases among older children.

IV. Anthropozoonoses

This is a group of etiologically and epidemiologically differentiated infections which occur in animals but may also be transmitted to man. Some of the diseases are widespread in western and central Asia, but because there are scarcely any utilizable data available on the occurrence of anthropozoonoses in Afghanistan they can only be briefly considered on the basis of data from neighbouring countries which have been published.

1. Brucellosis

The *brucelloses* are infections caused by several closely related germs (e. g. *Brucella abortus, B. melitensis, B. suis)*, which occur epizootically among domestic animals but as so-called *Bang's disease* or *Malta fever* among human beings as well. The prevalence of one or the other form of brucellosis mainly depends on the occurrence of the various germs in dairy products or meat intended for human consumption. In areas with cattle breeding, *B. abortus* predominates but where sheep or goats are kept it is *B. melitensis*. The disease developing in man is accompanied by chronic "undulating" fever, bone and joint conditions and infections of internal organs.

Throughout the cattle breeding areas of the entire Near and Middle East brucellosis appears to be far more widely spread than had been assumed on the basis of earlier observations. In Turkey, Israel, the Lebanon, Syria and Iran, rates of infections between 20 and 43 per cent—*B. abortus* as well as *B. melitensis*—were observed only a few years ago among cattle, whereas human infections have always been rare [168, 240, 256, 546]. In the North West Frontier Province, however, brucellosis was practically absent among dairy cattle [465], while in the Punjab animal as well as human infection is endemic [377].

No systematic investigations on the distribution of brucellosis in *Afghanistan* are so far available. WUNDT [546] notes that cattle and sheep brucelloses have been observed in the Kabul district in the years 1953—57, but there is no further information and even the most recent Survey of Progress [134 a], published in 1967, does not contain any information on brucella infections in Afghanistan. *Human* infections were not seen by me either in the 'thirties or at the beginning of the 'fifties, but it must be assumed that they do occur at times. In the extensive cattle raising areas in the north of the country particularly, the existence of brucellosis must definitely be assumed. Human infections are probably relatively rare, even there, since milk is, almost without exception, consumed only after it has been boiled, so that the fresh cheese prepared in the rural areas is probably the most important and possibly the only foodstuff of importance in its transmission. But in any case it would appear to be necessary in the context of improvements in cattle and sheep breeding, which are considered to be very important in recent times [134 a], to carry out investigations on the degree of infestation of the herds as well as of the human population. Such a mode could provide a survey on the true brucellosis distribution in the different provinces and such measures appear to be of especial importance for the newly opened-up areas in the south.

2. Anthrax

Anthrax (siāh-săkhm, سياه زخم) is an infection of domestic animals caused by *Bac. anthracis* which can be contracted by man through contact with infected animals or infectious animal products. Those who are exposed to the disease are chiefly slaughterers, stock owners, tanners and all workers in abattoirs and firms handling rags. In the clinical sense anthrax is to be distinguished in its skin, lung and intestinal forms.

There are reports of numerous infections in the Asiatic part of Turkey as well as from Iraq; in the 1950's the number of cases reported rose to a high as 1,758 annually in Turkey [514]. In *Afghanistan* anthrax occurs enzootically among sheep and sporadically with goats and horses as well. The provinces of Herat, Kataghan and Kabul are considered to be endemic areas [329], but in the country's remaining provinces too, anthrax is suspected as being endemic. Concerning infection among man, which have also been known, no statistical data are available; only in the year 1962/63 were 25 cases recorded in the country and these were seen in hospitals [386]. There is no reason to suggest that the epidemiology differs from that in other countries.

3. Rabies

Rabies (Lyssa; *mărăz-i-săg-i-dewānăh* مرض سگ

دیوانه) is a viral epizootic infection which occurs in all the continents and is transmitted to man by the bite of infected animals. In the countries of the Middle East it is chiefly stray dogs, as well as wolves and jackals [193, 235, 287] and in India tigers, monkeys and cats as well that are infected [167], but as far as man is concerned, dogs are undoubtedly the most important source of infection.

In *Afghanistan* too, the disease is frequent among dogs. Although to date no figures on the frequency of its occurrence have been published, the problem of rabies is one well known to doctors and bacteriologists over the past years. As early as the 1930's, the Bacteriological Laboratory in Kabul started to immunize persons who had been bitten by dogs suspected of being infected by rabies, by vaccinating them with inactivated or dead viruses. But at that time only patients living in or near Kabul could be safeguarded.

Today the vaccination service has been considerably enlarged. In the year 1341 (1962/63) 44,000 ampoules and in 1342 (1963/64) somewhat more than 56,000 ampoules of vaccine were produced at the Vaccine Centre in Kabul [133, 134]. For the same years the number of patients who were immunized was quoted as being 436 and 378 respectively, but in the ensuing years the production of vaccine has been much reduced [134, 134 a], probably as a consequence of decreasing demand. At the same time, over the last years about one to two thousand ampoules of vaccine have been regularly produced for veterinary purposes [133, 134, 134 a], so that protection against rabies can now be carried out quite effectively.

4. Other Anthropozoonoses as yet Unrecorded in Afghanistan

In the following, some further epizootics which can be transmitted to man will be mentioned; they have so far not been brought to medical attention, but their occurrence seems to be a possibility.

a) Leptospiroses. Leptospiral infections are not only widely spread among rodents but also among other mammals such as foxes, dogs, horses, cows, cats and pigs. Man can acquire the infection through contact with infected animals or their excretions. The disease manifests itself as septicaemia with ensuing damage to the organs such as the liver.

In Israel and Iran numerous strains like *L. canicola, L. grippo-typhosa, L. hyos, L. icterohaemorrhagiae* and *L. pomona* have been verified among livestock [335, 439]; in Iran *L. grippo-typhosa* was also found among people.

Since *Afghanistan,* especially in its northern provinces, manifests geophysical, climatic, agricultural and even parasitological qualities which are very similar to those in northern Iran, it is conceivable that in the Bactrian cattle-raising districts as well, enzootic leptospiroses and occasionally even human infections do occur.

b) Q-fever is a *rickettsiosis (R. burneti)* frequent all over the world, particularly among cattle. The manner of transmission to man has not yet been fully eluci-

dated; probably the inhalation of infected dust (hay, straw, dry tick excretions) and direct contact with infected animal excretions are the most important ways of transmission. The human disease follows the pattern of an obstinate bronchial pneumonia.

In Turkey as well as in Israel, Iraq, northern Iran and the Soviet Central Asian Republics, livestock are seriously infected in some parts; in some places in Tajikistan Soviet researchers found specific antibodies in 13 to 24 per cent of all the persons examined, an indication that human infections, too, are widespread. Thus almost the entire Iranian-Turanian area apparently constitutes a single vast, much infested, endemic unit [210, 283, 289, 310, 325, 326, 337, 350, 427, 428, 438, 456, 487, 494, 549].

In *Afghanistan* Q-fever has so far never been identified. In fact we do know of disease patterns which were interpreted as "viral pneumonias" but could not be firmly established as such by microbiological or serological examination. But since grasslands, steppe regions, countries with extensive agriculture and large herds of cattle, and particularly areas with migrating herds (nomads!) are specially favoured [494], it must be assumed that in Afghanistan, and especially in the north, the infection is endemic just as in the neighbouring countries. It should be the aim of the veterinary and health services to elucidate this question and, if need arises, to embark on the counter measures which may be necessary.

c) Plague (tā-ŭn, طاعون *)* is unknown in Afghanistan at the present time. A final epidemic outbreak is said to have moved through the country from Kabul to the Helmand Valley in 1905 [434], but since then the country is said to have been free from plague.

But north of the Amu Darya there is a large area of *enzootic rodent plague* stretching from China across the Central Asian steppes to Kurdistan, where the disease is always kept alive by the fact that resistant *(Meriones persicus, M. libycus)* and susceptible rodents *(M. tristami, M. vinogradovi)* are living side by side [186, 190, 192, 194, 196, 291, 434, 531]. Vectors within the rodent populations are the fleas of the *Xenopsylla, Nosopsyllus* and *Stenoponia* species, which, although specific rodent fleas, occasionally suck blood from man as well [194, 348]. Epidemiologically this Central Asian plague must therefore be considered as being distinct from the Indian form, which is maintained by bandicots (Bandicota; Muridae) in some places and by rats in others [418, 459, 467].

That this rodent plague can also establish contact with man is proved by the "accidental" outbreaks in Kurdistan observed at the beginnings of the 1950's [531]. Admittedly these are rare because rodent fleas have little contact with man in these thinly populated endemic areas and visit him only as a substitute host. But once an infection has occurred within a social community, it can easily be spread further by human fleas *(Pulex irritans)* [190, 348].

So far *Afghanistan* also appears to be free from rodent plague; rodents and their fleas *(Xenopsylla* and *Nosopsyllus* species [412]) examined by KULLMANN [346] in the north of the country have not yet been proved to be plague carriers or vectors. But since it recently became known that even camels can contract bubonic plague [262], the problem of the endemicity of plague becomes important for the caravan traffic, so that further investigations into the question of rodents and their ecto-parasites in northern Afghanistan appear to be desirable.

d) From Afghanistan, as from the remaining countries of the Middle East, no information has been published on *toxoplasmosis* which occurs as a natural infection among numerous kinds of animals, most frequently among dogs, and can also be transmitted to man.

V. Venereal and Dermatological Diseases

1. Venereal Infections

It must be assumed that in Afghanistan, as in other countries of the arid western Asian area, in addition to venereal syphilis, the *endemic non-venereal syphilis* also occurs [216, 296, 306]; among the nomads in particular it is said to be endemic [36, 234]. The infection is for the main part contracted in infancy, but not congenitally. Nothing is so far known about the frequency of infections among individual tribes or different age groups.

In former times opinions were very much divided on the distribution of *veneral syphilis* among the Afghan population. In our municipal out-patient clinics, which were specialized in internal medicine, we scarcely ever saw venereal diseases and were inclined therefore to rate their frequency at a low level only. CUTLER [234] on the other hand, working in a special ambulatory unit— i. e. with another selected group of patients—saw signs of fresh or healed specific infections among 8.4 per cent of the patients in Herat and among 50 per cent of those in Kabul.

However, new examinations carried out by WHO experts [401], did produce an essentially different picture. Thus, in the early 1950's among 7,768 patients of a special ambulatory unit in Kabul—that is, once again a previously selected groups of patients—only 29 (27 males and 2 females) were diagnosed as suffering from fresh primary syphilis, 79 (53 males and 26 females) from the secondary form and 241 (158 male and 83 female) from latent sero-positive syphilis, and THIERS and his associates [496] found a total of 80 syphilis infections at different stages among 3,534 patients in Kabul. Thus both groups of statistics show an infection rate of 4.5 and 2.3 per cent respectively within the groups of patients examined. The majority of infected persons was made up of unmarried men between 20 and 30 years of age. Primary and secondary stages occurred in all their usual forms; tertiary changes were often observed as serious ulcerations of nose and palate, while aortitis and other visceral forms were seen, as also with neuro-lues, only on extremely rare occasions [401, 496].

Congenital lues, too, appears to be relatively rare; it is said to be more frequent in the western provinces of the country than in Kabul. In most instances the diagnosis is based on the serological evidence. Clinical symptons, particularly the typical HUTCHINSONIAN trias, and the characteristic changes of the teeth were almost always absent [496].

Gonorrhoea (sozák, سوزاك *)* appears to be the most widely spread of the veneral diseases and it was found on 290 occasions (recently infected cases only!) in the circle of patients by PARANJPE and his team. Again, as in the case of syphilis, unmarried men in the 21 to 30 year age group were the most affected. Unspecific post-gonorrhoeal catarrhs of the urethra were frequently noticed but other complications during the course of gonorrhoea were seen but rarely [401].

In Kabul, as indeed everywhere in the Orient [216] *Ulcus molle* and *Lymphogranuloma inguinale* seem to be scarcely known; PARANJPE [401] only saw a total of 12 cases of soft chancre among his 7,000 or more patients.

Hence it follows that *venereal diseases are by no means as frequent* in Kabul as had, on the basis of earlier observations, been at times expected. Islam, the rules of which are still strictly observed among large parts of the population, demands premarital chastity and marital fidelity, and there is no public prostitution in Kabul which might serve as a source for infections [401]. It must be admitted, however, that modern traffic from country to country and an increasing neglect of religious injunctions in recent times do favour the spread of venereal infections.

Women are but seldom affected by venereal diseases; according to GADE [282, 401], only 21 or 0.6 per cent of 3,500 pregnant women at the Shararah clinic were found to be infected venereally. In most *occupational groups* the infection rates were small. The students of some faculties at the university were completely free of infections; only in one teacher training college, most of whose pupils had come from the western provinces, was a rate of infection of 4.4 per cent found and this was mostly of a congenital syphilis type; the inmates of the workhouse and the prison also manifested higher rates of infection. On the whole the WHO experts accept a *mean rate of infection of 2.2 per cent* of venereally infected persons, a figure based on a test of 7,160 anamnestically and clinically healthy inhabitants of the town and its immediate surroundings carried out in the period between March, 1952, and August, 1953.

By the beginning of the 1950's the WHO had already contributed significantly to the *campaign* against venereal diseases by establishing a special clinic and supplying specialist staff. It was extremely difficult to carry out the planned programme. It was hardly ever possible to identify contacts; many patients arrived with protracted disease processes and the women in particular, who were still veiled at that time, were naturally reluctant to be examined and treated by the clinic's doctors. Nevertheless, in consideration of the relatively favourable state the disease had reached, it was possible to close the clinic in the autumn of 1953 and to pass on its responsibilities to doctors practicing in Kabul and to the dermatological clinic which comes under the Medical Faculty there. As a result the team of experts were able to turn their attention to the western provinces of Herat and Kandahar in which systematic measures had not so far been inaugurated. To all appearances conditions had already improved considerably by 1955 compared with those CUTLER met in the year 1948 [234, 401, 496].

2. Non-venereal Dermatological Diseases

Purely dermatological conditions are to be discussed only briefly together with a few examples, the information about which is based on my own not very extensive experiences. Naturally enough we saw relatively few skin cases at our municipal out-patient clinics and it should be an aim of dermatologists engaged in Afghanistan to provide a up-to-date and detailed report on this important special aspect of the discipline, as was last done by THIERS and his associates [496].

The superficial *mycoses*, among which *favus* is most feared on account of its chronic qualities, are widely spread. THIERS [496] saw a total of 185 (i. e. 5.2%) favus patients among 3,534 subjects at the dermatological ambulatory unit in Kabul, a frequency which fails by a large margin to attain the infection rates which then existed in some parts of Iran. *Microsporosis, trichophytosis* and *pityriasis versicolor* also belong to the range of superficial fungoid infections which occur frequently.

We frequently encountered *Molluscum contagiosum*, which is caused by a virus and appears to be widespread throughout the Near and Middle East, and we often saw bacterial dermatoses such as *impetigo, acne* and *pyodermia*—as THIERS had done—among the poorer classes of the population particularly; these people live under inadequate conditions of sanitation and are not in a position to attend to the matter of skin cleanliness and care.

Vitiligo, which depends on a loss of skin pigmentation, is widespread in all tropical and sub-tropical countries and appears to be common in Afghanistan as well, while *psoriasis*, which was often encountered by THIERS, was but seldom observed by us, as is said to be the case in some other areas of western Asia, for example Israel [491].

Pellagra-like changes of the skin, caused by *deficiency diseases* and accompanied by desquamation and hyperkeratoses, were observed on several occasions. As for *occupational dermatoses* among bakers, bricklayers, cobblers, tanners and others—which seem to be remarkably frequent in Iraq [216]—I am unable to provide information from my own experience; typically industrial dermatoses (e. g. oil exzemas) probably occur only rarely at present but will increase in the future. For further details on dermatological diseases occurring in the country the reader is referred to THIERS et al. [496].

VI. Helminthic Diseases

Infections with parasitic worms of the most varied types are much more frequent in most warm countries, even those of the arid zones, than in northern Europe. Climatic peculiarities, agriculture on irrigation, the manuring with human faeces and the consumption of infected foodstuffs, create conditions for the development of numerous worm-diseases. In the following only those human helminthiases will be considered, which are characteristic of Afghanistan and its adjacent territories, and that without regard to zoological systematics, however, a complete review of all worms which may possibly occur in the country must be foregone. The few reports published so far concerned with helminthological examinations carried out in Afghanistan show that it is just in this field that most important results are to be expected which will be equally important for the fight against disease by both human and veterinary medicine.

1. Echinococcosis

Evidently, *echinococcosis* is the main helminthological problem in Afghanistan. The adult *dog tapeworm (E. granulosus* and E. *multilocularis)* inhabits the intestines of dogs *(E. granulosus)* and other wild-living canine animals *(E. multilocularis)* which void cast-off segments or eggs with their faeces. The intermediate hosts are domestic animals such as sheep and cattle, and in Asia these also include goats, buffaloes and camels. These become infected by taking in segments or eggs with the fodder, and typical hydatid cysts develop in their organs. Even man, when he comes into close contact with dogs, can become a carrier of cysts through oral infection by worm eggs. The disease, which has extremely serious consequences, is caused by the development of cysts in the liver, lungs and other organs. Dogs pick up the infection with *E. granulosus* from butcher's scraps which contain cysts; wild canine animals do so by eating infected field mice—among other sources—and these latter, in northern Europe at least, act as intermediate hosts to *E. multilocularis*.

It has been known for years that echinococcus occurs in man in *Afghanistan*, but there are no data available on the frequency of the disease—in 1962/63 10 cases were reported in Kabul [386]—or on the extent of infection of the intermediate hosts, so that only a com-

Echinococcus granulosus in the Middle East

Town or country	Cyst in					Adult worms in dogs %	Author
	cattle %	sheep %	goats %	buffaloes %	camels %		
Lebanon	47.0	11.6			67.4	11.75 32.9	PIPKIN et al., 1951 [414]
Syria and Beirut	45.7		13.8—27.8		100	20—25	TURNER et al., 1936 [501]
Iraq Baghdad		42.0	40.0	50.0	75.0	18—85	IMARI, 1962 [311]
Iraq Baghdad	16.0	30.0				86.5	KELLY et al., 1959 [330]
Iran Teheran	6.0	3.13				13.0	KHALIL [169] cit. after ALAVI, 1964
Iran Ahwaz	14.73		4.3	57.76	11.32		ALAVI et al., 1964 [169]
West-Pakistan Rawalpindi	15.4	4.6	2.0			18.2	LUBINSKY, 1959 [369]

parison with neighbouring countries permits an assessment of Afghan conditions. The table page 125 provides a review of the distribution of echinococcus in several towns of western Asia, which shows that the entire Middle East, as far as it has been investigated, presents one heavily infected endemic area.

What is valid for neighbouring countries may be assumed to be valid for Afghanistan too. Here, also, domestic animals are probably infected to a high degree and particularly in the cases of the rural and nomadic population contact with domestic animals and dogs carries with it the danger of infection. When animals are slaughtered in rural areas or on caravans, this is mostly carried out in the open air, with the result that dogs have access to practically all the offal and there are therefore many opportunities for infection. The degree of infection of the numerous stray dogs is unknown. In European houses in Kabul, KULLMANN [346] found that about 21 per cent of the dogs were infested with adult echinococcus; a year after informing the dog owners of the dangers of the infestation and its avoidance by meticulous feeding, he found only one infestation among twenty dogs.

Only the cystic form, that is the *E. granulosus*, seems to occur clinically in Kabul and also among patients from other parts of the country. The cases which I saw were lung echinococcus; how frequently liver echinococcus occurs at the same time is unknown to me. By contrast, in Baghdad about 61.4 per cent of the patients were suffering from liver echinococcus and only 15 per cent from lung echinococcus [250].

North of the Amu Darya, *E. alveolaris*, larva of *E. multilocularis*, is also endemic and causes about one third of the cases observed there [179]; whether it occurs in northern Afghanistan will require investigation.

The control measures have already been outlined by LEHMENSICK [355]. But it will prove to be difficult to interrupt the chain of infections among the nomads and the rural population since people cannot be isolated from domestic cattle, nor can the infection of dogs be prevented fully. The training of meat inspectors—Kabul has now got its public slaughter-house—will certainly procure success more readily in town. A further necessity is the removal of stray dogs and in addition domestic dogs should be examined for worms from time to time.

2. Taeniasis

The *beef tapeworm* (*Taenia saginata*; Taeniidae, Cestoidea) which lives as a cysticercus in the muscle tissue of cattle and as an adult worm in the intestines of man, is said to be widespread in the Lebanon, in Iraq and in Iran and particularly so among the poor population which prefers the cheaper beef which is often eaten as *kebab* which has been insufficiently roasted [173, 341, 393]. Among the Afghan population which eats mutton for the main part, *T. saginata* was formerly little known. But in the course of years the use of beef, even as *kebab*, seems to be becoming increasingly popular. As a result the worm has been found surprisingly often, even among the native population [281]; among the pupils of a secondary school in Kabul the infection rate amounted to 5.3 per cent in 1965 [386].

The *pork tapeworm* (*T. solium*) may, on the other hand, quite well be unknown in the country since no pigs have been kept up to the present day.

3. Infections by Intestinal Nematodes

a) *Hookworms* (Ancylostomatidae, Nematoda) are parasites of the hot humid tropics and sub-tropics. In Asia, both kinds, *Ancylostoma duodenala* and *Necator americanus*, are widely spread. The larvae live in loose soil which is moistened by fresh water; they bore themselves through men's skins, and after moving through the organism they develop into adult, blood-sucking worms in the upper parts of the small intestine, thus causing progressive anaemia, pain in the region of the digestive organs and circulatory disturbances.

In the Middle East, the Caspian lowlands, the coastal area of the Persian Gulf and Iranian Seistan are strongly affected in certain-parts—in some places even as highly as 40 per cent [185, 258, 320, 393]; but in Lahore an infection rate of only 12.92 per cent was found in 1959 [165].

In *Afghanistan* hookworms have never presented a significant danger factor. The dry highland is hardly able to furnish suitable conditions for development of the larvae and even in the lower lying areas in the east and west of the country no definite findings have so far been reported. As late as 1965, hookworms were found among 0.5 per cent of all pupils in a school in Kabul, so that in principal the existence of hookworms must be acknowledged.

It is difficult to predict whether the newly-exploited agricultural areas in the south of the country will always remain free of hookworms. Introduction from neighbouring Seistan is possible and conditions favourable to the development of larvae should exist in fields watered by irrigation unless the dry heat can effect a rapid parching of the surface. In any case, examinations for hookworm infestations among the sedentary or newly-settled populations at regular intervals are recommended.

b) *The remaining nematodes which are parasitic in human intestines* such as *Ascaris lumbricoides*, *Oxyuris vermicularis*, *Trichostrongylus colubriformis* and *Trichuris trichiura*—all of which occur in the Middle East [173, 184, 185, 383, 393, 484, 485, 508]—will not be considered in detail here. It must be assumed that they often occur in Afghanistan as well, and some of them are known well from my own experience. But since no precise data on the their frequency and distribution in the country has been published it is necessary to omit any detailed discussion.

4. Trichinosis

Human infections with trichina (*Trichinella spiralis*; Trichinellidae, Nematoda) are so far unknown in Afghanistan. The problem of trichinosis has, however, gained unexpected significance since KULLMANN [343, 344, 345] first established the existence of muscular trichinosis among wild animals—swamp lynx (*Felix chaus*), wolf (*Canis lupus*) jackal (*Canis aureus*) and red fox (*Vulpes vulpes*). It may be assumed that so far it is a matter of pure zoonosis. As no pigs are kept and since these are the main transmitters to man, human infection has so far not occurred and the religious taboo constitutes an effective protection against the infection of people.

5. Other Helminthiases which Possibly Occur but Have so far not been Observed

a) Urinary *Bilharziasis* (*Schistosoma haematobium*; Schistosomatidae, Trematoda) is a disease of warm, low-lying areas in which both the larvae of the worm and the snails which act as intermediate hosts find good conditions for their development. The larvae *(miracidia)* which hatch from worm eggs passed out into water by an infected person, develop into swimming *cercariae* inside freshwater snails. They penetrate the injured skin of man and develop into adult worms and cause a chronic bladder disease. Agriculture based on irrigation, the rinsing of laundry in water which contains cercariae, bathing and even the ritual ablutions in infected water can have the effect of spreading the disease.

The endemic areas of the Middle East are found in southern Iran and Iraq, where over the recent years bilharziasis has in some places spread rapidly where new agricultural areas based on irrigation have been opened up [176, 241, 393, 509, 510, 511]. In *Afghanistan* the existance of the disease has so far not been established beyond doubt. The mountainous highland with its cold and for the main part fast-flowing rivers does not offer the right conditions for the development of cercariae and their intermediate hosts. Only the Iranian-Afghan border country in the Helmand area is said to be rather sporadically affected [236, 237], and this raises the question whether the newly developed agricultural areas in the south of the country may possibly become endemic areas at some stage. So long as it remains uncertain whether snails suitable to act as intermediate hosts are living there no prognosis is possible. Nevertheless, as far as the observations noted above are concerned it might be advisable to investigate the area from time to time since it is climatically well suited for the development of bilharziasis, for *S. haematobium* and snails which act as intermediate hosts.

Intestinal bilharziasis (S. mansoni) is unknown throughout the entire Orient and Middle East [582].

b) *Liver flukes (Fasciola hepatica;* Fasciolidae, Trematoda) appear to be widespread among grazing stock in western Asia and in northern Afghanistan [346, 393], but human infections have not so far been reported. Nothing is known about the occurrence of *Dicrocoelium dendriticum* (small liver fluke; Dicrocoeliidae, Trematoda) in Afghanistan [346].

c) The *Dracunculus medinensis (Medina worm;* Dracunculidae, Nematoda), the larvae of which develop in *Cyclops,* a crustacean, is transmitted by drinking water which has been contaminated by infected specimens. In Afghanistan it has been endemic, if at all, only in the environs of Balkh [259, 364, 367], but for a long time it has been quite unknown in the country. The nearest endemic areas are probably those on the Persian Gulf.

d) Infections with *filariae* (Filariidae, Nematoda) are unknown in the arid highlands of Afghanistan and there is no reason to believe that individual cases, which might possibly be imported, will spread in the country as experiences in neighbouring countries have demonstrated [218, 244, 259, 445, 476].

VII. Cosmopolitan Non-infectious Diseases

Even in the field of *cosmopolitan non-infectious diseases* Afghanistan presents some peculiarities, and these will be mentioned below in order to complete the geomedical picture for the country.

1. Cardiovascular Diseases

A fact remarkable above all the others was the frequency of *arterial hypertension.* About 7 per cent of the patients attending my consulting hours suffered from high-pressure complaints and these were often under relatively small increases of pressure which would probably have gone unnoticed by hypertension patients in our home countries. Women (9.1%/o of all patients), particularly in their menopause years, were more often affected than men (5.5%/o). In almost all cases it was a matter of essential hypertension and instances of renal hypertension were scarcely encountered in the consulting room.

A satisfactory explanation for the frequent occurrence of complaints due to hypertension in Kabul is lacking, although a reaction to life at high altitudes does suggest itself. But by contrast with our observations the drop in blood pressure at extreme altitudes above 4,000 metres in the South American Andes for example, is striking; this is a fact which has been interpreted as a reactional dilitation of the vessels due to the low partial pressure of oxygen [307, 363]. However, the effects on the circulation which occur at such extreme altitudes cannot simply be compared with those at Kabul (1,803 m.). Most probably the continuous pressure increases among foreigners in Kabul should be regarded as inadequate adaptation in the sense defined by v. MURALT or SELYE; the reason for its occurrence among natives as well remains obscure. Moreover, it might be noted that contradictory observations have also been made; RAOULT DE LA VIGNE, for example, stresses the rarity of hypertension [442], a fact which may be explained by the different clientel of the psychiatrist as compared with that of a specialist for internal diseases.

As at the high altitudes of the Andes [307, 363] *cardiac infarct* was also rare among the Afghan population in Kabul and probably throughout the entire country and the phenomenon is probably to be related more to the less hectic way of life of the Afghan population than to coronary circulation which is supposed to be better at high altitudes.

Functional heart complaints of all sorts are very frequent whereas *endocarditis* and organic valvular diseases resulting from it were observed on relatively rare occasions. *Arteriosclerosis* in its various forms, however, appears to occur comparatively often [386]. For details on *acclimatization* and *heat stress* the reader is referred to page 75.

2. Diseases of the Stomach and Intestines

In pre-war days it was noticeable how seldom *gastric* and *duodenal ulcers* occurred among the diseases of the stomach and intestines, whereas in the 1950's we found ulcus much more frequently, and according to the information from Afghan colleagues [386] gastric and duodenal ulcers appear to be on the increase. How far the improved x-ray diagnosis, the change in the way of life with an increased intake of stimuli and luxuries, or the quickening of the pace of work are responsible for this development, cannot be decided for the time being.

Gastritis was frequent but whether the genuine *sprue* occurs in Afghanistan is not known. NIMEH [398] considers sprue to be common in the Middle East as well. But in my opinion it is not certain up to the present day whether the sprue-like disease patterns which undoubtedly occur and are often observed in Afghanistan, do in fact constitute the true sprue or are actually old gastric and intestinal catarrhs, attended by diarrhoea, and practically complete absence of ferments.

3. Carcinomas

As in many other countries of the East, cancers were formerly extremely rare in Afghanistan. During my first stay in the country, a period of $3^1/_2$ years, I saw only 4 cancer patients among thousands of patients (carcinomas of the stomach and bone-metastases). This observation is one which was confirmed by other doctors working in Kabul, and POLAK stresses that even in his time cancer was extremely rare in Iran [266, 417].

But in the post-war years carcinomas have also increased, possibly on account of the improved diagnosis, possibly as a result of the increased intake of cancerogenic stimuli or even because of the longer life expectation of people generally. As far as the statistics are concerned, gastric and bronchial carcinomas seem to predominate, whilst cervical cancer appears to be unknown or at least very rare. In the statistics of the Ministry of Health, 77 malignant tumours of all types were registered in the year 1341 (1962/63), amongst which there were 8 cases of gastric and 8 cases of bronchial cancer, a distinct indication that carcinomas have become more frequent as compared with our earlier observations [386].

4. Endemic Goitre

The *problem of goitre* presents some special features in Afghanistan. In neighbouring Iran, goitre was not observed at all in former times [417], and it was only more recently that some endemic areas have become known in the north of the country [331]. Nonetheless, an extensive area of goitre extends across the entire central mountain ranges of Middle Asia from the Pamir across the Himalaya to Nepal and the interior of China [303], and the endemic occurrence of goitre in the high mountain valleys of Afghanistan, just like the goitre zones north of the Amu Darya in Tajikistan and Uzbekistan, seems to be related to the other areas of Central Asia where goitre is endemic.

There is dispute over the etiology of goitre occurrences. Lack of iodine does not appear to be the cause in the southward stretching valleys of the Himalaya [331], while a connection between the frequency of goitre and the lack of iodine apparently exists in West Pakistan, Tajikistan, Uzbekistan and the north western slopes of the Pamir, with the result that one is inclined to suspect similar relationships in Afghanistan. So far no analyses of water from the Afghan goitre areas have been published, but goitres apparently occur chiefly in high mountain valleys, the water supply of which is derived from ancient rocks. But on the other hand goitres are said to occur outside the high mountain areas as well in the north of the country over calcareous and recent soils, so that the lack of iodine alone does not explain the problem; the causes are probably of a complex nature such as was thought to be the case by KELLY and SNEDDEN [331], who point out contamination of drinking water by bacteria or faeces, among other reasons, as a possible cause of goitre. It would be worthwhile investigating this problem in the Afghan goitre areas as well.

5. Urinary Concrements

Uroliths appear to occur frequently [266, 386], and Afghanistan probably belongs to the great area of urinary concrements which stretches from Arabia across Israel, Iran, Iraq, West Pakistan and the Hindu Kush into the Soviet Central Asian Republics, covering the entire arid Western Asia [212, 303]. We did in fact encounter urinary concrements, remarkably frequently in Kabul and large outlet stones of the bladder were found even among small children. In the Afghan disease statistics too, stones are well known, but unfortunately no distinction has been made between the stones of the pyelon and those of the bladder [386].

So far no analytical studies of the structure of the stones have been published and the cause of their formation is therefore unknown. Bilharziasis must be dismissed as a cause and it has never been proved that the development of concrements is a result of avitaminosis. The investigations carried out by FRANK's team in Israel may possibly provide a clue [278], by suggesting that one of the main causes of the formation of stones might be found in the insufficient replacement of water, great quantities of which are lost by inapparent transpiration, in the arid zones and the consequent excessive concentration of urine.

6. Other Diseases

The organic diseases of the *skeleton*, the *rheumatic affections* and the *metabolic disturbances* will not be discussed here since they do not represent qualities in their frequency and course which are characteristic of the country. However, it is worth mentioning chronic *bronchitis caused by emphysema* among hashish smokers on the one hand and the rarity of *damaged intervertebral disks* on the other. This is especially the case among the rural as well as the poor urban people who for the most part sleep on the hard ground, and stands in contrast to the frequency of the complaint among city dwellers equipped in the modern way, as for example in Teheran where damaged intervertebral discs are said to be commonplace.

No investigations are available in the case of Afghanistan on the various *anaemias*, the *thalassaemia* and *haemoglobic anomalies*, some of which have already become well known in India and Iran; investigation into them would present a worth-while task for physicians interested in haematology.

Among the neurological-psychiatric diseases the frequency of *epilepsy* and *debility* is noticeable, whereas *schizophrenia* and *paranoia* are apparently observed relatively rarely. *Multiple sclerosis, amyotrophic lateral sclerosis* and other diseases of the spinal system do not appear to present any special features [442].

Questions of paediatrics have already been mentioned on several occasions in connection with the infectious diseases. Here it is only necessary to point out once more the high numbers of children who are already underweight at birth. Similarly it is important to stress the frequency of malnutrition, with a deficiency of protein and vitamins, which has serious consequences, as well as the high infant mortality rate which in former times was estimated to amount to 50 per cent or more. Diarrhoea, dysentery, typhoid infections, whooping cough, measles and, in earlier times, even smallpox, were the most frequent causes of the high mortality among undernourished infants [266, 399, 452, 464, 542, 551].

In the meantime a great deal has also been done in the field of *children's welfare*. With the aid of WHO and UNICEF the Afghan health authorities were already able to achieve visible success by instructing mothers on the necessary care of children, improvement of their nutrition, the dispensing of vitamins and food preparations, tuberculosis welfare, prophylactic vaccination and the medical supervision of kindergardens and schools. It is true that the misery of undernourished and sick children is still considerable, but on the whole—judged by the impressions I gained during my last visit to Kabul—the general condition of children appears to have improved in essence. Paediatricians in Kabul also confirm this view and the infant mortality is now estimated at 15 to 30 per cent by foreign observers [75, 155].

In conclusion the progress in child care ought once more to be stressed, since it is of especial importance because the younger and growing generation is involved which is the group expected to carry on the development of the country in the near future.

Conclusion

Since the epidemiological inter-relationships and the measures taken against the diseases in each case have already been discussed in presenting the different diseases and disease groups, it is not necessary to add a detailed epicrisis to the ideas which have been put forward so far; only the results of the investigations carried out will be briefly recapitulated.

Apart from the rain forest zones of the true tropics, there are probably scarcely any countries which permit the *relationships which exist between regional character and disease* to be recognized so clearly as in the arid areas of the Middle East. On the one hand the establishment of certain species of anopheline mosquitoes is dependent on the region, i.e. the soil with its biotopes, and on the other on the climate; the type of vectors living in the country in turn determines the annual course of malaria. Cholera attacks the Iranian-Turanian highland as a migrating disease, but it has never been endemic in Afghanistan as it was in the areas at the mouths of the great rivers in humid-tropical India, since the arid highland with its fast flowing rivers does not offer suitable conditions for the "nestling" of the disease. The occurrence of enzootic plague in the areas north of the Amu Darya and in Kurdistan as well as the epidemiology of the leishmaniasis, i.e. the presence of the cutaneous and absence of the visceral forms, are further examples of the close *connection between soil, climate, animal reservoirs and vectors of the diseases*.

Furthermore the *way of life of man* in a country not yet opened up by technical progress, is also equally much dependent on soil and climate and is coequally decisive in the closing of chains of infections. Prior to the introduction of insecticides, an effective protection against mosquitoes was inconceivable in the old-style houses in town or country. Against this, the custom in the arid zones of sleeping out of doors in summers makes possible malaria infection of man by vector species of *Anopheles* which are little if at all house-bound. Agriculture based on irrigation and the use of contaminated surface water from the irrigation channels create sources of infection which do not exist in areas with rainfall agriculture. Communal life in the closest possible quarters during the cold winter months favours the infestation with lice and thus the spread of typhus, as well as tuberculosis and other contact infections, within the communities. Even the distribution of goitre in the vast goitre region of Central Asia can probably be related to the qualities of the soil and to water usage.

Nomadism, one of the oldest and economically a necessary way of life in the arid zones, is subject to its own epidemiological laws; nomads are potential carriers of malaria and typhus and they have brought cholera into the country on several occasions. The endemic non-venereal syphilis which occurs among the migrant tribes is definitely a disease of the arid zones. So it once again becomes clear how far *soil, climate and the way of life of man* conditioned by them act *together* to determine the distribution and routeways of many diseases.

On the other hand it was shown that Afghanistan as a geomedical region cannot be considered in isolation. Comparisons with adjacent territories have confirmed that the countries of the Iranian-Turanian area, which have for a long time been regarded as a *geographical unit*, must *also be taken as such in the epidemiological sense*. Many of the country's epidemiological qualities point to the north. The transmission of leishmaniasis in northern Afghanistan corresponds with that in the areas north of the Amu Darya; the vectors of malaria are in part the same both north and south of the Oxus; the distribution of helminthes in northern Afghanistan demonstrate that they have several features in common with the Soviet Central Asian Republics. One day the epidemiology of endemic goitre in Afghanistan might permit the recognition of certain analogies with those of the northern Pamir valleys. Other epidemiological conformities point to Iran and Baluchistan. Thus Afghanistan presents, in the *epidemiological sense, a unity with the neighbouring countries of the Middle East*.

Obviously there are *geographically, climatologically and even epidemiologically different zones* within a country so very much divided orographically. The role of the Hindu Kush should be stressed once again, not only as a geographical and climatic but also as an epidemiological barrier between northern and southern Afghanistan, as is demonstrated by the distribution areas of certain species of anopheline mosquitoes, by the epidemiology of leishmaniasis and the special qualities of enzootic plague in the areas north and south of the mountains. To a much lesser degree the Sulaiman Mountains also present an epidemiological barrier—as indeed we once suspected in earlier times. But apart from that the semi-arid zone of West Pakistan more closely resembles the Iranian-Turanian area than the Indian one as far as epidemiology is concerned and the fundamentally different epidemiological conditions of which only become recognizable in the realm of the monsoon regions.

Finally it should once again be stressed that we came to know Afghanistan when it was in the middle of a dynamic *development process*, of which the fight against endemic diseases presents only a single aspect, albeit a most significant one. Ignoring the initial attempts to control diseases which took place in the pre-war period and which were in almost all cases of merely local character, the establishment of a health service began in post-war times and the systematic measures taken against diseases in connection with it are scarcely older than twenty years. During this period the Afghan government, together with specialist advisers from the WHO and UNICEF, has carried out the campaign against malaria, typhus, cholera, smallpox, tuberculosis and other diseases of general importance in a methodical way and the tables, diagrams and maps which supplement the text permit everyone to appreciate what a measure of success has been achieved in a short time.

No critical reader will assume that the infectious diseases have thus been eradicated and from time to time some local outbreaks of malaria or smallpox will certainly occur once more. It must even be assumed that cholera will once again move out from its endemic areas and that it may also reach Afghanistan. Such things are inevitable and in the end must be treated as a matter of fate. But what is decisive is the manner in which the country will meet such hazards, and the results of the campaign waged against diseases over the last two decades lead us to believe that the circumstances which could check any unexpected disease outbreak are much better than in former times.

Hand in hand with the fight against diseases the development of the *health service* and the *medical profession*, as well as the establishment of *institutes* and the *university*, has been pushed ahead. The university chairs are coming to be filled more and more by indigenous specialists, but partnership with overseas faculties has permitted beneficial co-operation in the case of visiting lecturers, successful teaching activities and, as a next step, the carrying out of scientific research in different specialist fields.

There is no shortage of special *tasks for the future*. Many large and costly projects under the aegis of the Public Health Service, some of them closely connected with the economic development of the country, must be tackled or continued. There are numerous examples and one could cite water supplies, sewerage systems, the setting up of additional hospitals in the provinces, the improvement of nutrition for the relief of deficiency diseases, measures against tuberculosis, trachoma, smallpox and any possible fresh outbreaks of malaria and the further expansion of medical supervision in schools and business—to name but a few. But anyone who has worked in the medical profession in Afghanistan for several years both before and after the war and has had the chance to revisit the country in very recent times, will wholeheartedly appreciate what has been achieved in the past years and will also face further development with confidence. Such development will include not only technical, chemical and medicamentous aids, but also the instruction of the population through the media of broadcasting and the press on the importance of measures against diseases and for public hygiene.

The young Afghan doctors are fully aware of the importance of the task assigned to them. With progressive development being continued, we should share their confidence with the same conviction and should assist them in solving their problems wherever we can.

Tabelle I. *Monatsmittel der Temperaturen in Afghanistan gemessen an 16 verschiedenen Stationen des Landes.* Aus: HERMAN [55]

Table I. *Mean monthly temperatures in Afghanistan taken at 16 different stations in the country.* From: HERMAN [55]

Stationen Stations	Höhen in m[a] Altitude in metres[a]	Temperatur in °C / Temperatures in °C												Jahresmittel Annual mean
		J	F	M	A	M	J	J	A	S	O	N	D	
Baghlan	510	2,6	5,9	10,9	16,0	20,8	26,0	27,0	25,2	21,1	14,6	6,6	2,2	14,9
Farah	651	7,1	11,1	16,0	20,4	25,6	31,4	34,4	29,5	25,4	19,5	11,5	8,5	20,0
Ghazni	2183	-4,6	-2,7	4,4	10,4	15,3	20,9	23,0	22,0	17,4	8,7	2,3	-2,0	9,6
Herat	964	4,0	6,4	10,5	16,5	22,1	26,7	29,4	26,2	22,7	15,6	7,9	4,0	16,0
Jabul-uz-Saraj	1628	3,6	7,6	10,2	14,2	19,4	24,8	27,9	24,5	22,2	17,4	9,3	4,5	15,5
Jalalabad	552	8,3	12,1	16,1	20,9	26,7	33,1	33,3	32,1	29,0	22,0	13,2	8,9	21,3
Kabul Air port	1803	-1,3	0,8	6,6	11,8	16,1	22,0	22,0	23,4	19,6	12,7	4,8	0,8	11,8
Karizimir	1860	-1,8	-1,7	5,2	10,5	15,4	19,1	22,6	20,4	17,1	11,3	4,0	0,0	10,2
Kandahar	1030	5,3	9,5	13,8	19,1	25,1	29,9	31,5	29,3	24,8	17,6	10,1	6,5	18,5
Khost	1185	4,9	9,9	11,9	16,5	22,0	28,5	27,9	26,3	23,0	18,1	10,7	5,7	17,1
Kunduz	430	4,2	6,5	10,7	16,7	22,1	28,7	31,5	28,9	23,8	16,2	8,5	3,4	16,8
Lashkargah	780	6,1	10,8	15,6	20,2	24,6	30,5	31,6	30,0	24,4	17,6	10,7	6,8	19,1
Mazar-i-Sharif	378	3,9	6,7	10,8	17,2	23,1	28,8	32,6	28,9	23,4	16,3	7,2	3,6	16,8
Maimana	854	3,2	5,7	8,0	14,4	19,1	24,6	26,9	24,9	19,6	14,1	8,1	3,3	14,3
Salang North	3350	-9,0	-5,9	-3,8	0,8	2,7	7,0	9,3	9,6	3,4	1,0	-5,0	-6,5	0,3
Salang South	3100	-5,7	-4,8	-3,2	1,6	5,3	10,2	12,2	11,8	8,1	4,7	-2,2	-5,6	2,7

[a] Höhenangaben nach HERMAN

[a] Altitude according to HERMAN

Tabelle II. *Mittlere tägliche Schwankungen der Temperaturen in Kabul und Kandahar.* Nach: Tables of Temperature [136]

Table II. *Mean daily deviations of temperatures in Kabul and Kandahar.* According to: Tables of Temperature [136]

Monat / Month	Kabul	Kandahar
Januar / January	10,0° C	13,9° C
Februar / February	10,0	14,5
März / March	10,6	16,6
April / April	12,8	18,3
Mai / May	15,0	19,4
Juni / June	17,3	20,5
Juli / July	17,2	20,0
August / August	17,8	20,0
September / September	18,8	23,3
Oktober / October	17,2	22,7
November / November	16,1	20,6
Dezember / December	11,1	16,1
Jahresmittel / Annual mean	14,4	18,9

Tabelle III. *Mittlere Niederschlagshöhen (mm) in Afghanistan 1958—1963, gemessen an 16 verschiedenen Stationen des Landes. Die Trockenperiode (monatlich weniger als 20 mm Regen) ist durch das umrandete Feld gekennzeichnet.* Nach: HERMAN [55]

Table III. *Mean annual rainfall (mm) in Afghanistan, 1958—1963, taken at 16 different stations in the country. The dry season (less than 20 mm rain per month) is indicated by the framed part of the table.* According to: HERMAN [55]

Stationen Stations	Höhe in Meter[a] Altitude in metres[a]	J	F	M	A	M	J	J	A	S	O	N	D	Summe Total	Beobachtungsjahre Years of observations
1 Baghlan	510	35,5	31,2	50,7	65,9	40,4	0,6	0,0	0,0	1,1	0,2	0,0	6,2	231,8	1958/63
2 Farah	651	2,2	8,8	24,2	17,6	9,3	0,0	0,0	0,0	0,0	0,0	1,6	11,4	75,1	1960/63
3 Ghazni	2183	24,4	33,7	74,4	84,9	32,4	3,8	22,0	0,0	0,0	0,3	14,3	32,6	328,5	1958/63
4 Herat	964	21,1	23,3	73,2	47,3	19,3	0,2	0,0	0,0	0,2	0,0	16,8	29,8	231,2	1958/63
5 Jabul-uz-Seraj	1628	5,2	52,6	102,2	153,5	64,1	1,2	4,4	0,0	1,3	4,8	30,8	24,0	444,3	1961/63
6 Jalalabad	552	19,8	21,7	38,0	28,6	9,2	0,4	11,0	3,6	0,0	4,4	19,1	20,5	176,3	1958/63
7 Kabul	1803	12,4	52,3	75,5	106,8	35,1	2,0	5,9	1,1	0,2	1,2	40,2	15,9	348,6	1958/63
8 Kandahar	1030	21,6	20,8	58,2	46,0	13,3	0,0	0,0	0,0	0,0	0,0	13,6	51,3	224,8	1958/63
9 Karizimir	1860	25,1	58,7	119,2	130,4	44,0	1,8	2,0	1,0	0,8	4,6	52,2	22,8	463,5	1962/63
10 Khost	1185	0,0	6,4	51,0	61,8	73,4	16,5	96,3	91,9	54,4	10,8	4,3	15,4	381,9	1958/63
11 Kunduz	430	32,2	34,3	49,5	63,8	41,0	0,0	0,0	0,0	0,0	6,6	36,2	21,3	285,0	1958/63
12 Lashkargah	780	1,2	6,8	28,5	26,9	8,5	0,0	0,0	0,0	0,0	0,0	1,4	15,9	89,2	1960/63
13 Maimana	854	36,3	53,8	79,9	87,3	65,3	4,8	0,0	0,0	0,1	8,7	40,2	31,8	408,2	1958/63
14 Mazar-i-Sharif	378	28,0	32,3	42,5	45,3	16,0	0,3	0,0	0,0	0,3	1,6	20,6	26,9	213,5	1958/63
15 Salang North	3350	36,5	170,2	267,1	267,8	253,1	11,3	6,5	1,0	6,9	21,0	90,8	77,0	1209,2	1962/63
16 Salang South	3100	37,5	122,7	249,5	332,7	200,8	6,6	6,1	1,0	1,6	11,2	106,5	99,1	1176,1	1962/63

[a] Höhenangaben nach HERMAN

[a] Altitude according to HERMAN

Tabelle IV. *Blutgruppenverteilung in der Bevölkerung Afghani-*
stans und einiger Nachbargebiete, umgerechnet auf das OAB-
System

Table IV. *Distribution of blood groups in the population of*
Afghanistan and some adjacent territories, converted to the
OAB-system

Gruppe Group	Anzahl der Unter-suchten Persons examined	Blutgruppenanteile in % Rates of blood groups in per cent				Aufteilungs-schema n. OTTERSBERG Arrangement according to OTTERSBERG	Autor Author
		A	B	0	AB		
Pathans (Afghanistan)	835	29	32	28	11	B > A > 0	MARANJIAN [81]
Pathans (Kabul)	556	27,5	30,9	31,5	10,1	0 > B > A	Inst. Publ. Health, Kabul [7]
Pathans (Quetta)	?	31,3	33,3	29,3	6,1	B > A > 0	MALONE u. LAHIRI nach BOYD [11]
N.W. Frontier Province (West Pakistan)	101	23,8	39,6	27,7	8,9	B > 0 > A	CHAUDHRI [16]
N.W. Pakistan	?	24,48	34,78	30,64	10,10	B > 0 > A	KHAN [12] a. bei BOYD
Tajiks (Afghanistan)	1355	29	31	29	11	B > 0 = A	MARANJIAN [81]
Tajiks (Kabul)	538	31,6	30,9	27,0	10,6	A > B > 0	Inst. Publ. Health, Kabul [7]
Tajiks	?	41,6	22,6	24,1	11,7	A > 0 > B	MARTIN u. SALLER [82]
Hazaras (Afghanistan)	171	24	32	37	7	0 > B > A	MARANJIAN [81]
Hazaras (Kabul)	650	25,0	29,9	37,4	7,7	0 > B > A	Inst. Publ. Health, Kabul [7]
Hazaras (Quetta)	?	25	39	32	4	B > 0 > A	MALONE u. LAHIRI nach BOYD [11]
Uzbeks (Afghanistan)	74	43	20	24	12	A > 0 > B	MARANJIAN [81]
Uzbeks (Turkestan)	?	33,9	27,0	29,4	10,6	A > 0 > B	BIASUTTI [6]
Turkomans	?	33,9	27	29,4	10,6	A > 0 > B	MARTIN u. SALLER [82]
Inhabitants of Punjab	?	20,58	32,83	33,33	13,23	0 > B > A	BOYD [12]
Baluchs (Quetta)	?	24,3	24,3	47,2	4,2	0 > A = B	MALONE u. LAHIRI nach BOYD [11]

Tabelle V. *Krankenhäuser und Zahl der Krankenbetten in Afghanistan* in Beziehung zur Einwohnerzahl der einzelnen Provinzen in alphabetischer Reihenfolge. Stand vom Herbst 1967. Zusammengestellt nach: Surv. Progr. [133, 134, 134 a], Mittlg. Inst. Publ. Hlth. [386] und Statist. Rep. Min. Hlth. [482]

Abkürzungen:

H = Krankenhaus
CH = Staatl. Krankenhaus
MH = Männerkrankenhaus oder Männerabteilung
WH = Frauenkrankenhaus oder Frauenabteilung
MMH = Krankenhaus des Minenministeriums
MPWH = Krankenhaus des Arbeitsministeriums

Table V. *Hospitals and number of beds in Afghanistan* in relation to the number of inhabitants of the various provinces in alphabetic order in autumn, 1967. Compiled from Surv. Progr. [133, 134, 134 a], Communication Inst. Publ. Hlth. [386] and Statist. Rep. Min. Hlth. [482]

Abbreviations:

H = Hospital
CH = Civil hospital
MH = Men's hospital or men's ward of a hospital
WH = Women's hospital or women's ward of a hospital
MMH = Hospital Ministry of Mines
MPWH = Hospital Ministry of Public Works

No.	Provinz / Province — Einwohner in 1000 (abgerundet) / Inhabitants in thousands (rounded off)		Hauptstadt / Capital — Einwohner in 1000 (abgerundet) / Inhabitants in thousands (rounded off)		Krankenhäuser / Hospitals	Bettenzahl / Number of beds	Gesamtzahl d. Betten i. d. Provinz / Total number of beds in the province	Krankenhausbett pro Einwohner / Relation bed to inhabitants
	Name							
1	Badakhshan	317	Faizabad	58	Faizabad	25	25	1 : 12 680
2	Badghis	294	Qala-i-Nao	70	Qala-i-Nao	10	10	1 : 29 400
3	Baghlan	573	Baghlan	92	Baghlan, CH	14	130	1 : 4408
					Pol-i-Khumri CH	10		
					Textil-Ges. H / Text. Co. H [a]	84		
					MMH [a]	12		
					Zuckeraff. H / Sugar Factory H [a]	10		
4	Balkh	325	Mazar-i-Sharif	40	Mazar CH	65	105	1 : 3095
					Maternity	10		
					Ölges. H / Petrol Co. H [a]	20		
					Balkh CH	10		
5	Bamyan	318	Bamyan	44	Bamyan	15	15	1 : 21 200
6	Chakhansour	112	Zaranj	16	Zaranj	15	15	1 : 7467
7	Farah	289	Farah	26	Farah	15	25	1 : 11 560
					Shindad	10		
8	Faryab	399	Maimana	51	Maimana	25	40	1 : 9975
					Andkhoi	15		
9	Ghazni	718	Ghazni	40	Ghazni	25	25	1 : 28 720
10	Ghor	297	Chakhcharan	56	Chakhcharan	20	20	1 : 14 850
11	Hilmend	292	Bust-Lashkargah	26	Girishk	20	134	1 : 2179
					CH	30		
					MPWH [a] Lashkargah	50		
					Nad-i-Ali	20		
					Char-i-Angin	14		

Tabelle V (Fortsetzung) / Table V (continued)

No.	Name	Provinz / Province Einwohner in 1000 (abgerundet) / Inhabitants in thousands (rounded off)	Hauptstadt / Capital	Einwohner in 1000 (abgerundet) / Inhabitants in thousands (rounded off)	Krankenhäuser / Hospitals	Bettenzahl / Number of beds	Gesamtzahl d. Betten i. d. Provinz / Total number of beds in the province	Krankenhausbett pro Einwohner / Relation bed to inhabitants
12	Herat	630	Herat	66	Herat MH	40		
					WH	20		
					Maternity	10		
					Ghorian	10	80	1:7875
13	Jawzjan	396	Shiberghan	50	Shiberghan	15	15	1:26400
14	Kabul	1177	Kabul	425	Kabul Aliabad incl. Tbc.	500		
					WH	300		
					Wezir Akbar H	180		
					Avicenna H	110		
					Maternity Schararah	65		
					Tuberkulose-Sanat. Frauen / Women	67		
					Armenhaus / Poor Law H[a]	15		
					Gefängnis H / Prison H[a]	52		
					MPWH[a]	50		
					Inst. of Technology H[a]	40		
					Baghman	15		
					Mirbacha Kot	10	1404	1:838
15	Kandahar	682	Kandahar	117	Kandahar MH	62		
					WH	35		
					Marzel Bagh H[a]	20		
					Kandahar Highway H[a]	8		
					Kandahar Flughafen H / Airport H[a]	25		
					Maternity	10	160	1:4263
16	Kapisa	317	Tagab	65	Tagab	10		
					Sarobi[a]	15	25	1:12680
17	Kunar	303	Assadabad (fr. Chigaserail)	26	Assadabad	10	10	1:30300
18	Kunduz	373	Kunduz	74	Kunduz CH	10		
					Spinzar H[a]	50		
					Khanabad CH	10		
					Hazrat Imam	25	95	1:3926
19	Laghman	204	Metarlam	67	Laghman	8	8	1:25500
20	Logar	284	Baraki-Barak	46	Baraki	25	25	1:11360
21	Nangarhar	752	Jalalabad	45	Jalalabad CH	40		
					Maternity	10		
					Univers. H[a]	80		
					Ganihel	4	134	1:5611

22	Paktia	551	Gardez	30	Gardez MH	30		1:6482
					WH	10		
					Khost	15		
					Ali Kheel (Jaji)	10		
					Zurmat	20	85	
23	Parwan	815	Charikar	84	Charikar	30		1:13 583
					Gulbahar[a]	30	60	
24	Samangan	190	Aibak	35	Aibak	15	15	1:12 667
25	Takhar	454	Taluqan	61	Taluqan	10		1:22 700
					Rustaq	10	20	
26	Katawaz-Urgun	512	Katawaz	34	Katawaz	10		1:34 133
					Urgun	5	15	
27	Urozgan	485	Urozgan	43	Urozgan	13	13	1:37 308
28	Wardak	382	Maidan	50	Maidan	2	2	1:191 000
29	Zabul	329	Kalat	46	Kalat	10	10	1:32 900
	Summe	12 770					2720	1:5599
	Nomaden	2 458						
		15 228						

a Krankenhäuser unterstehen nicht dem Gesundheitsministerium, sondern Gesellschaften oder dem Arbeits- und Minenministerium.

a These hospitals are not under the control of the Ministry of Health; they belong to Industrial Companies, to the Ministry of Public Works or to the Ministry of Mines.

Tabelle VI. *Fleckfieber in Afghanistan 1948—1964*
Zahl der jährlich in den einzelnen Provinzen gemeldeten Fälle.
Zusammengestellt nach WHO-Berichten [513].

Table VI. *Typhus in Afghanistan, 1948—1964*
Number of cases annually reported in the various Provinces.
Compiled from WHO Reports [513]

	Einw. in Mio / Inhab. in Mio	Einw. pro qkm / Inhab. per qkm	1948	1949	1950	1951	1952	1953	Summe/Total 1948—1953	Fälle pro 100 000 Einw. / Cases per 100,000 inhab.	1954	1955	1956	1957	1958	1959	1960	1961	1962	1963	1964	Summe/Total 1954—1964	Summe/Total 1948—1964
1 Badakhshan	0,4	10	—	—	—	—	—	1	1	0,25	1	—	—	—	—	—	—	—	1	—	—	2	3
2 Farah[a]	0,3	4	—	—	—	—	—	—	—	0,0[a]	—	—	—	—	—	—	—	—	—	—	—	10	10
3 Ghazni	0,8	27	—	—	—	—	16	9	25	3,1	7	—	—	6	—	—	—	—	—	—	—	13	38
4 Herat	1,1	9	24	1	84	86	59	188	442	40,2	17	—	—	1	—	—	3	—	1	—	—	22	464
5 Jenoubi	0,9	45	19	99	25	57	97	5	302	33,6	11	3	—	10	—	—	—	—	5	—	—	29	331
6 Kabul	1,3	33	58	255	278	476	100	11	1178	90,6	8	25	3	6	1	1	—	2	1	10	—	57	1235
7 Kandahar[a]	1,1 (1,4)	7	33	1065	763	49	25	7	1942	138,7	—	1	—	5	—	—	—	—	—	1	—	7	1949
8 Kataghan	0,9	30	32	3	22	17	1	—	75	8,3	1	3	—	—	—	—	—	1	—	—	—	5	80
9 Maimana	0,4	16	49	9	—	—	6	9	73	18,3	—	—	—	—	6	36	3	3	—	—	—	48	121
10 Mashreqi	1,1	44	—	222	27	18	8	—	275	25,0	—	—	—	—	—	—	—	—	—	—	—	—	275
11 Mazar-i-Sharif	1,0	18	9	181	132	14	—	—	336	33,6	—	—	—	2	1	—	2	—	—	—	—	5	341
12 Parwan	0,7	28	—	—	—	—	44	100	144	20,6	17	—	—	—	—	3	—	—	4	35	—	59	203
Summe[b] / Total	10,0	15	224	1835	1331	717	356	330	4793	47,9	63	34	7	35	7	40	4	4	12	50	1	257	5050

[a] Da Farah in der Berichtszeit noch nicht als selbständige Provinz meldete, wurden die 0,3 Mio Einwohner bei Kandahar zugeschlagen. Zahl in Klammern.
[b] Erwa 2,0 Mio Nomaden blieben bei der Fleckfieberberechnung unberücksichtigt. Gesamte Bevölkerung des Landes betrug damals etwa 12,0 Mio.

[a] Since Farah did not report as an independent province during the mentioned years, 0.3 million inhabitants have been added to Kandahar. Number in brackets.
[b] About 2 million nomads are not included in this figure; total population of the country about 12.0 million.

Tabelle VII. *Typhus abdominalis in Afghanistan 1948—1951*
Zahl der in den einzelnen Monaten gemeldeten Erkrankungsfälle. Zusammengestellt nach WHO Wkly Fasc. Singapore Bd. XXV, Suppl. 3, 1952

Table VII. *Typhoid fever in Afghanistan, 1948—1951*
Number of cases reported in each month of the year. Compiled from WHO Wkly Fasc. Singapore, Bd. XXV, Suppl. 3, 1952

Jahr / Year	Total	I	II	III	IV	V	VI	VII	VIII	IX	X	XI	XII
1948	1129	←			837		→	39	46	46	51	55	55
1949	378	86	49	3	29	7	42	39	24	52	21	11	15
1950	757	331	22	2	18	324	32	12	1	4	4	3	4
1951	499	1	5	8	22	30	187	66	49	52	32	30	17

Tabelle VIII. *Typhus abdominalis und Paratyphus in Afghanistan 1948—1966*
Zahl der jährlich (gregorianische und afghanische Jahre) gemeldeten Fälle. Zusammengestellt nach Surv. Progr. [133, 134, 134 a], Mittlg. Inst. Publ. Hlth. [386] und WHO-Berichten [513]

Table VIII. *Typhoid and paratyphoid fever in Afghanistan, 1948—1966*
Number of cases annually reported (given for the Gregorian and Afghan calendar). Compiled from Surv. Progr. [133, 134, 134 a], Communication Inst. Publ. Hlth. [386] and WHO Reports [513]

Jahr Year (Gregorian)	gemeldete Typhus-Fälle / Cases of typhoid fever reported	Afghan. Jahr / Afghan year	gemeldete Typhus-Fälle / Cases of typhoid fever reported	Jahr Year (Gregorian)	gemeldete Paratyphus-Fälle / Cases of paratyphoid fever reported
1948	1129				
1949	378				
1950	757				
1951	499				
1952	577			1952	41
1953	1511			1953	10
1954	667			1954	10
1955	219			1955	63
1956	315			1956	33
1957	200			1957	34
1958	286			1958	2
		1338 (1959/60)	425	1959	31
		1339 (1960/61)	560	1960	9
		1340 (1961/62)	745	1961	84
		1341 (1962/63)	576	1962	46
		1342 (1963/64)	472	1963	42
		1343 (1964/65)	535	1964	33
		1344 (1965/66)	486		
		1345 (1966/67)	...[a]		

[a] keine Fälle gemeldet / no cases reported.

Tabelle IX. *Rückfallfieber in Afghanistan 1948—1959*
Zahl der in den einzelnen Monaten gemeldeten Fälle; zusammengestellt nach WHO-Berichten [513]

Table IX. *Relapsing fever in Afghanistan, 1948—1959*
Number of cases reported in each month. Compiled from WHO Reports [513]

Jahr Year	Total	I	II	III	IV	V	VI	VII	VIII	IX	X	XI	XII
1948 [a]	60	← 26 →						3	7	6	5	6	7
1949	92	—	2	1	28	1	17	18	9	2	4	1	9
1950	138	6	10	10	74	18	13	2	1	—	—	4	—
1951	91	—	3	—	16	17	33	9	11	1	1	—	—
1952 [b]	18	—	—	—	2	—	2	2	2	2	7	—	1
1953 [b]	21	2	1	—	3	4	6	3	—	—	2	—	—
1954 [b]	23	—	2	1	1	1	3	5	4	5	1	—	—
1955	7	2	—	—	—	2	—	—	—	2	1	—	—
1956	6	—	1	5	—	—	—	—	—	—	—	—	—
1957 [c]	(1)												
1958	—	—	—	—	—	—	—	—	—	—	—	—	—
1959	1	—	—	—	—	—	—	—	1	—	—	—	—
Summe Total 1949—1950	397	10	19	17	124	43	74	39	28	12	16	5	10

[a] 1948 ist bei der Addition nicht berücksichtigt, da für die erste Hälfte des Jahres nur die Gesamtzahl der Fälle, nicht aber die Verteilung auf Monate angegeben ist.

[b] 1952 bis 1954: Meldungen sind in 13 vierwöchigen Perioden in Epidem. vital Stat. Rep. angegeben; die wenigen Fälle des mittleren Monats wurden auf Monat VI und VII verteilt. In allen anderen Jahren Meldungen nach Kalendermonaten.

[c] 1957 nur 1 Fall ohne Angabe des Monats, daher nicht berücksichtigt.

[a] 1948 is not included in the sum total as, for the first half year, only the total cases are given but not the cases for each month.

[b] In Epidem. vital Statist. Rep., generally data are given for 13 periods of 4 weeks each. The Afghan Health Service, however, has adopted this system only for 1953—54. Since for all the other years the Afghan reports are given for the 12 months of the calendar, the few cases of the 7th period (1952—54) have been divided and added to the months June and July.

[c] 1957: Only 1 case reported for the year without stating the month; therefore not included.

Tabelle X. Amöbenruhr und bakterielle Ruhr in Afghanistan, 1952—1966
Table X. Amebic and bacillary dysentery in Afghanistan, 1952—1966

Zahl der in Krankenhäusern beobachteten und gemeldeten Fälle. Angaben teilweise nach afghanischer Zeitrechnung. Zusammengestellt nach Surv. Progr. [133, 134, 134 a], Mittlg. Inst. Publ. Hlth. [386] und WHO-Bericht [520]

Number of cases reported from hospitals. Data given for the Gregorian and Afghan calendar, respectively. Compiled from Surv. Progr. [133, 134, 134 a], Communication Inst. Publ. Hlth. [386] and WHO Report [520]

Jahr / Year	Zahl der Fälle in Krankenhäusern / Cases reported in hospitals	
	Amöbenruhr / Amebic dysentery	Bakterienruhr / Bacillary dysentery
1952	1422	2620
1953	3165	4753
1954	2047	4103
1955	1802	6434
1956	2230	4054
1957	938	2218
1958	941	2059
1338 (1959/60)	343	3006
1339 (1960/61)	103	3873
1340 (1961/62)	893	7957
1341 (1962/63)	271	4313
1342 (1963/64)	421	5513
1343 (1964/65)	259	8884
1344 (1965/66)	110	2072
1345 (1966/67)	862	4243

Tabelle XI. Pocken in Afghanistan 1949—1964
Zahl der in den einzelnen Provinzen gemeldeten Fälle in Beziehung zur Einwohnerzahl. Zusammengestellt nach WHO-Berichten [513]

Table XI. Smallpox in Afghanistan, 1949—1964
Number of cases reported in the various provinces in relation to the number of inhabitants. Compiled from WHO Reports [513]

Provinz / Province	Einwohner / Inhabitants in Mio.	pro km / per square km	1949	1950	1951	1952	1953	1954	1955	1956	1957	1958	1959	1960	1961	1962	1963	1964	Zahl d. Fälle / Number of cases 1952—1964	Fälle auf 100 000 / Cases per 100,000	Jahresmittel pro 100 000 Einwohner / Annual mean per 100,000 inhab. 1952—1964
Badakhshan	0.4	10	.	.	.	97	89	58	7	—	—	6	—	3	8	24	14	3	309	77.3	5.9
Farah	0.3	4	.	.	.	—	35	78	14	68	31	39	26	4	29	—	32	12	368	122.7	9.4
Ghazni	0.8	27	.	.	.	159	38	2	7	2	24	12	—	10	1	6	—	—	261	32.6	2.5
Herat	1.1	9	23	80	54	13	98	93	106	11	16	69	212	21	2	11	26	24	702	63.8	4.9
Jenoubi	0.9	45	1	3	171	805	177	5	15	8	19	11	3	—	34	51	4	1	1059	117.7	9.1
Kabul	1.3	33	85	121	705	703	85	35	49	26	11	34	38	19	34	35	27	29	1130	86.9	6.7
Kandahar	1.1	7	14	177	55	8	11	30	52	96	34	41	10	9	9	63	202	61	598	54.4	4.2
Kataghan	0.9	30	50	81	126	99	125	171	209	315	29	52	53	—	32	63	35	5	1188	132.0	10.2
Maimana	0.4	16	.	.	.	4	—	—	197	161	48	—	12	—	38	23	5	5	524	131.0	10.1
Mashreqi	1.1	44	93	117	135	26	55	49	30	26	1	32	38	31	2	3	27	—	289	26.3	2.0
Mazar-i-Sharif	1.0	18	127	33	53	31	61	206	123	65	4	10	38	6	8	27	120	25	724	72.4	5.6
Parwan	0.7	28	.	.	.	234	1078	1040	602	224	22	11	8	12	11	9	62	2	3315	473.6	36.4
Summe / Total	10.0	15				2179	1852	1767	1411	1002	239	306	438	115	174	263	554	167	10 467	104.7	8.1

Tabelle XII. *Influenza in Afghanistan 1952—1966*
Zahl der in Krankenhäusern beobachteten und gemeldeten Fälle.
Angaben teilweise nach afghanischer Zeitrechnung. Zusammengestellt nach Surv. Progr. [133, 134, 134 a] und WHO-Berichten
[523, 524]

Table XII. *Influenza in Afghanistan, 1952—1966*
Number of cases reported from hospitals. Data given for the
Gregorian and Afghan calendar, respectively. Compiled from
Surv. Progr. [133, 134, 134 a] and WHO Reports [523, 524]

Jahr Year		Zahl der Fälle Cases reported
	1952	280
	1953	180
	1954	126
	1955	445
	1956	182
1335	(1956/57)	16 387
	1957	7 948
	1958	116
1338	(1959/60)	1 184
1339	(1960/61)	1 686
1340	(1961/62)	762
1341	(1962/63)	590
1342	(1963/64)	266
1343	(1964/65)	121
1344	(1965/66)	137
1345	(1966/67)	1 231

Tabelle XIII. *Diphtherie in verschiedenen Ländern Europas und
Westasiens 1934—1938 und 1949—1953*
Jährliches Mittel der Morbidität, bezogen auf 100 000 Einwoh-
ner. Aus: KANTER [324]

Table XIII. *Diphtheria in some European and West-Asian
countries, 1934—1938 and 1949—1953*
Mean annual morbidity given for 100,000 inhabitants. From:
KANTER [324]

Land Country	Mittel aus den Jahren Means of the years	
	1934—1938	1949—1953
Europa / Europe		
Deutschland / Germany	20,5	63,1
Italien / Italy	69,0	32,5
Griechenland / Greece	12,0	22,2
W-Asien / West-Asia		
Türkei / Turkey	6,7	8,4 [a]
Israel	22,1	140,5
Syrien / Syria	2,1	3,2
Irak / Iraq	6,8	14,0
Iran	4,9	10,4
Turkmenistan	21,1	?
Usbekistan / Uzbekistan	18,9	?
Afghanistan	?	0,53 [b]

[a] 1950—1954   [b] 1948—1951

Tabelle XIV. *Diphtherie in Afghanistan 1948—1966*
Zahl der jährlich in Krankenhäusern beobachteten und gemeldeten Fälle und Erkrankungszahlen pro 100 000 Einwohner (bei
Annahme einer Gesamtbevölkerung von 12 Millionen). Angaben teilweise in afghanischer Zeitrechnung. Zusammengestellt
nach Surv. Progr. [133, 134, 134 a], Mittlg. Inst. Publ. Hlth.
[386] und WHO-Berichten [519]

Table XIV. *Diphtheria in Afghanistan, 1948—1966*
Number of cases annually reported from hospitals and morbidity given for 100,000 inhabitants (assuming a total population of 12 millions). Data given for the Gregorian and Afghan
calendar, respectively. Compiled from: Surv. Progr. [133, 134,
134 a], Communication Inst. Publ. Hlth. [386] and WHO Reports [519]

Jahr Year		Zahl der gemeldeten Fälle Cases reported	
		Absolut Total	auf 100 000 Einw. per 100,000 inhab.
	1948	92	0,77
	1949	40	0,33
	1950	38	0,32
	1951	89	0,74
	1952	92	0,77
	1953	217	1,81
	1954	304	2,53
	1955	299	2,49
	1956	64	0,53
	1957	31	0,26
	1958	89	0,74
1338	(1959/60)	120	1,00
1339	(1960/61)	56	0,47
1340	(1961/62)	94	0,79
1341	(1962/63)	100	0,83
1342	(1963/64)	221	1,84
1343	(1964/65)	242	2,02
1344	(1965/66)	252	2,10
1345	(1966/67)	232	1,93

Tabelle XV. *Keuchhusten in Afghanistan 1952—1966*
Zahl der jährlich in Krankenhäusern beobachteten und gemel-
deten Fälle. Angaben teilweise in afghanischer Zeitrechnung.
Zusammengestellt nach Surv. Progr. [134, 134 a] und Mittlg.
Inst. Publ. Hlth. [386]

Table XV. *Whooping cough in Afghanistan, 1952—1966*
Number of cases annually reported from hospitals. Data given
for Gregorian and Afghan calendar, respectively. Compiled
from Surv. Progr. [133, 134, 134 a] and Communication Inst.
Publ. Hlth. [386]

Jahr Year		Zahl der Fälle Cases reported
	1952	1319
	1953	2111
	1954	1827
	1955	1537
	1956	913
	1957	436
	1958	1009
1338	(1959/60)	364
1339	(1960/61)	585
1340	(1961/62)	1576
1341	(1962/63)	974
1342	(1963/64)	1082
1343	(1964/65)	1871
1344	(1965/66)	872
1345	(1966/67)	2314

Literatur

Die zum *Teil A* gehörige Literatur ist im Laufe der Jahre so umfangreich geworden, daß nur die für die Darstellung unbedingt notwendigen neueren und ganz wenige grundlegende alte Arbeiten aufgeführt worden sind.

Dagegen ist für die *Teile B und C* die Literatur, soweit sie sich auf Afghanistan selbst bezieht, so vollständig wie möglich erfaßt worden. Nur die für den internen Gebrauch der WHO bestimmten Berichte, die ich in New Delhi einsehen durfte, konnten bei der Bearbeitung noch nicht berücksichtigt werden. Die dadurch an einzelnen Stellen des Textes entstandenen Lücken — z. B. Trachom- oder Tuberkulosebekämpfung — müßten evtl. später nach Veröffentlichung der Abschlußberichte durch die WHO geschlossen werden.

Die Seuchendaten sind den zitierten WHO-Zeitschriften, zumeist Wochen- oder Monatsberichten, entnommen worden. Da diese Hinweise sich teilweise auf viele Jahre beziehen, ist eine detaillierte Angabe aller Einzeldaten aus Gründen der Raumersparnis gar nicht möglich; es sind daher alle Hinweise, die sich auf die langjährige Seuchendynamik beziehen, unter einer Sammelnummer [513] zusammengefaßt worden. Wer Einzelfragen über die Entwicklung dieser oder jener Krankheit im Laufe der Jahre bearbeiten will, sollte ohnehin alle Jahrgänge der genannten Zeitschriften durcharbeiten, bekommt aber durch unsere Angabe bereits einen ersten Hinweis zum Aufsuchen der Unterlagen.

Die sehr umfangreiche epidemiologische Literatur über die *Nachbarländer* ist nur so weit berücksichtigt worden, als sie zu Vergleichszwecken unbedingt erforderlich ist.

Im übrigen seien Leser, die weitere Einzelstudien über Afghanistan und seine Anrainergebiete betreiben wollen, auf die am Schluß des Verzeichnisses angeführten Bibliographien über West- und Südwestasien verwiesen.

Abkürzungen

PM = Petermanns geogr. Mitteilungen, Gotha
TDB = Tropical Diseases Bulletin, London
WA = Welt-Seuchen-Atlas — World Atlas of Epidemic Diseases. Hrsg. von E. RODENWALDT und H. J. JUSATZ, Falk-Verlag Hamburg, Band I 1952, Band II 1956, Band III 1961.
Jb. = Jahrb. = Jahrbuch

References

Over the course of years, the literature belonging to *Part A* has proliferated to such an extent that only the most recent works, which are absolutely necessary for this presentation, together with a very few earlier but fundamental studies, have been listed.

For *Parts B and C*, however, the literature, as far as it relates to Afghanistan, has been included as comprehensively as possible. Only those reports intended for the internal use of the WHO, which I was able to peruse in New Delhi, could not as yet be considered here. The gaps which thus occur at certain points in the text — as for example, measures against trachoma or tuberculosis — may have to be filled in at a later stage after publication of the final reports by the WHO.

The data on epidemic diseases have been taken from the cited WHO periodicals — mostly weekly or monthly reports. Since some of these references relate to many years, detailed citations of all individual data are, for reasons of space limitation, quite impossible; for this reason all references concerned with the protracted dynamic of epidemic diseases have been collated under a single collective number (513). If the intention is to study particular aspects of the development of certain diseases over the course of years, all volumes of the periodicals mentioned ought, in any case, to be investigated, and our reference may already furnish the first clue for the tracing of basic source material.

The very prolific epidemiological literature on *neighbouring countries* has only been considered in so far as it was absolutely necessary for the purposes of comparison.

Apart from this, readers who are intending further individual studies on Afghanistan and its adjacent territories are invited to make use of the bibliographies on western and south-western Asia which are given at the end of the index.

Abbreviations

PM = Petermanns geogr. Mitteilungen, Gotha
TDB = Tropical Diseases Bulletin, London
WA = Welt-Seuchen-Atlas — World Atlas of Epidemic Diseases. Edited by E. RODENWALDT and H. J. JUSATZ. Publisher Falk, Hamburg, Vol. I, 1952; Vol. II, 1956; Vol. III, 1961.
Jb. = Jahrb. = Jahrbuch

Teil A / Part A

1. ALISOW, B. P.: Die Klimate der Erde. Dtsch. Verlag d. Wissensch. 1954.
2. ALTHEIM, P.: Weltgeschichte Asiens im griechischen Zeitalter, Bd. I u. II. Halle 1947.
2a. AMIRZADA, H.: Die wirtschaftlichen Entwicklungsprobleme Afghanistans unter Berücksichtigung der natürlichen Gegebenheiten und der Bevölkerung. Nürnberger Wirtschafts- u. Sozialgeogr. Arb. d. Sozialgeograph. Inst. d. Univ. Nürnberg 1967.
3. ANASTOS, G.: The Third Danish Exped. to Central Asia: Zoolog. Results XII. Ticks from Afghanistan. Videnskabelige Middelesler fra Dansk Naturhistor. Forening Copenhage Vol. 116, 169—174 (1954).
4. — The Ticks of the Klapperich-Afghanistan Expedition 1952—1953. J. Wash. Acad. Sci. Vol. 46, 18—19 (1956).
5. Beitrag naturkundl. Forsch. SW-Deutschl. XIX (3) 1961 und XXVI (3) 1967 (1. u. 2. Afghanistan-Heft).
6. BIASUTTI, R.: Razze e Popoli della Terra, Bd. I, Turin 1958.
7. Blood Bank, Sonderheft Ministry of Health. Kabul 1967.
8. BOBEK, H.: Beiträge zur klimaökologischen Gliederung Irans. Erdkunde VI, 65—84 (1952).
9. Borderlands of Soviet Central Asia. Centr. Asian Rev., London, Vol. 4, 161—200 (1956).
10. BORNMÜLLER, J.: Aus der Flora Afghanistans. Botan. Jahrb. f. Systematik, Pflanzengesch. u. Pflanzengeographie Vol. 66, 216—246 (1934).
11. BOYD, W. C.: Blood Groups. Den Haag 1939.
12. —, and L. G. BOYD: The Blood Groups in Pakistan. Amer. J. Physic. Anthrop. Vol. 12, 393—405 (1954).
13. BRÜCKL, K.: Über die Geologie von Badakhshan und Kataghan (Afghanistan). N. Jahrb. Mineral., Geol. u. Paläont. Abtlg. B, 74. Beilagenband 1935.

14. BURNES, A.: Kabul, Schilderung einer Reise nach dieser Stadt. Übers. TH. OELKERS. Leipzig 1843.
15. CAMMAN, SCH.: Ancient Symbols in Modern Afghanistan. Ars Orientalis Vol. 2, 7—34 (1957).
16. CHAUDHURI, J. M., et al.: The Blood-Groups of the People of NE-Pakistan. Man Vol. 52, S. 158 (1958).
17. CIZANCOURT, H., et V. VAUTRIN: Remarques sur la structure de l'Hindou-Kouch. Bull. Soc. Géol. France 5. série, Bd. 7, S. 377 (1937).
18. CODRINGTON, K.: A Geographical Introduction to the History of Central Asia. The Geograph. J. Vol. 104, 27—40 (1944).
19. DATTA, BH. N.: An Enquiry into the Racial Elements in Belutchistan, Afghanistan etc. Man in India Vol. 19, S. 174 (1939).
20. DAUBERT, K., u. F. AICHINGER: Wetter, Klima, Haut. Handb. d. Dermatol. v. GOTTRON u. SCHÖNFELD Bd. I, Stuttgart 1962.
21. DESIO, A.: Ricognizione geologiche nell'Afghanistan. Boll. Soc. Geol. Ital. Vol. 79, S. 85 (1960).
22. —, et al.: On the Geology of Central Badakhshan. Quart. J. Geol. Soc., London, Vol. 120, 127—151 (1964).
23. DOLLOT, R.: L'Afghanistan. Paris 1937.
24. DROYSEN, J. G.: Geschichte Alexanders d. Großen. Neuauflage Laupheim 1950.
25. DUPREE, L: Note on the Distribution of the Indian Crested Porcupine, Hystrix Indica J. Mammalogy, Vol. 37, S. 299, Baltimore 1956.
26. Economic Review of Afghanistan, 1949. Internat. Reference Service Vol. 7, S. 90 (1950).
27. ELLIOT, H. M., and J. DOWSON: History of Ghazni, 1869. Neuaufl. Calcutta 1953.
28. FAO Development Paper No. 43, Agriculture. Water Law in Moslem Countries, Rome 1954.

29. FERDINAND, K.: Les Nomades. In: HUMLUM, Géographie de l'Afghanistan, Kopenhagen 1959.
30. — Preliminary Notes of Hazara Culture. Hist. Filos. Medd. Dan. Vid. Selsk. Vol. 37, No. 5 (1959).
30a. FESEFELDT, K.: Das Paläozoikum im Gebiet der Oberen Logar im östlichen Hazarajat. Beih. Geol. Jb., Heft 70, S. 185 (1964).
31. FISCHER, L.: Beitrag zur Kenntnis der afghanischen Volksheilkunde. Dtsch. Tropenmed. Zschr. Vol. 47, S. 346 (1943).
32. — Afghanistan, Kreuzweg Mittelasiens. Naturw. Rundschau 1954, S. 384.
33. — Balneotherapie und hydrolog. Forschung in Afghanistan. Dtsch. med. Wschr. Vol. 79, S. 509 (1954).
34. —, u. G. HAUSER: Untersuchungen über die Mineralquellen Afghanistans. Arch. Physikal. Ther. Vol. 6, S. 316 (1954).
35. FRANCK, P. G.: Problems of Economic Development in Afghanistan. Teil I u. II. Middle East J. Vol. III, 293 u. 421 (1949).
36. — Technical Assistance through the UN. The UN-Mission in Afghanistan 1950—1953. Hands across Frontiers, New York 1955.
37. — Economic Progress in an Encircled Land. Middle East J. Vol. X, 43—59 (1956).
38. FURON, R.: L'Hindou-Kouch et le Kaboulistan. Paris, Blanchard 1927.
39. — Géologie du Plateau Iranien. Mém. Muséum d'Hist. Natur. N. s. Vol. VII, 177—414 (1941).
40. — L'Iran; Perse et Afghanistan. Paris 1951.
40a. GABERT, G.: Zur Geologie des Gebietes von Karkar. Beih. Geol. Jahrb. Heft 10, S. 77 (1964).
41. GABRIEL, A.: Aus den Einsamkeiten Irans. Stuttgart 1939.
42. GRAY, J. A.: At the Court of the Amir. London 1895.
43. GRIESBACH, C. L.: Report on the Geology of the Takht-i-Suleiman. Rec. Geol. Survey India, Vol. XVII, S. 175 (1884).
44. — Afghan Field Notes. Ibid. Vol. XVIII, 57—64 (1885).
45. — Field Notes from Afghanistan. Ibid. Vol. XIX, S. 235 (1886).
46. — Afghan and Persian Field Notes. Ibid. Vol. XIX, S. 48 (1886).
47. — The Geology of the Safed Koh. Ibid. Vol. XXV, 59—109 (1892).
48. GRIFFITH: Extracts from a Report on Subjects Connected with Afghanistan. Ann. and Magazine of Natural Hist. Vol. X, S. 190 (1842).
48a. GRÖTZBACH, E.: Das Khwaja Muhamed-Gebirge: Ein Überblick. Münchener-Hindukusch-Rundfahrt 1963. Selbstverlag Dtsch. Alpenverein, München 1964.
48b. — Kulturgeographische Beobachtungen im Farkhar-Tal (Afghan. Hindukusch). Die Erde, Vol. 96, 279—300 (1965).
49. HAECKL, I., u. W. TROLL: Botanische Ergebnisse der Dtsch. Hindukusch-Expedition. Repertorium specierum novarum regni vegetabilis CVIII, 1. Beiheft.
50. HAHN, H.: Die Stadt Kabul und ihr Umland. Bonner Geograph. Abh. Heft 34 u. 35, 1964 u. 1965.
50a. — Persönl. Mittlg.
51. HAMBLY, G.: Weltgeschichte, Bd. 16, Zentralasien. Frankfurt/M. 1966.
52. HAYDEN, H. H.: The Geology of Northern Afghanistan. Mem. Geol. Survey India Vol. XXXIX (1913).
53. HERBORDT, O.: Reisebeobachtungen am N-Abhang des Safed-Koh-Gebirges in E-Afghanistan. PM Vol. 76, S. 134 (1930).
54. — Geographisch-Geologisches aus dem Hindukusch-Randgebiet in Afghanistan. PM Vol. 77, 289—292 (1931).
55. HERMAN, N. M.: Le climat de l'Afghanistan. Monographies de la Météorologie Nationale No 52 (Min. des trav. publ.) Paris 1965.
56. HERRLICH, A.: Beitrag zur Rassen- u. Stammeskunde der Hindukusch-Kafiren. Deutsche im Hindukusch, Berlin 1937, S. 168 ff.
56a. HINZE, C.: Die geologische Entwicklung der östlichen Hindukusch-Nordflanke. Beih. Geol. Jb., Heft 70, S. 19 (1964).

57. HOFFMANN, W.: Einrichtung eines hydrometrischen Dienstes in Afghanistan. Gas- u. Wasserfach Vol. 102, 1311—1318 (1961).
58. — Die Bedeutung wasserwirtschaftlicher Maßnahmen für die Entwicklung Afghanistans. Die Wasserwirtschaft Vol. 53, 184—191 (1963).
59. HUMLUM, J.: L'Agriculture par irrigation en Afghanistan. C. rend. Congr. Internat. Géogr. Lissabon 1949, Bd. III, Sect. IV, S. 318 (1951).
60. — La géographie de l'Afghanistan. Kopenhagen 1959.
61. Irrigation Plans for the Jalalabad Area. Afghanistan News Vol. 3, 8—9. Kabul 1959.
62. IVEN, H. E.: Das Klima von Kabul. Breslau, Hirt 1933.
63. IVEN, W.: Vom Pändschir zum Pändsch. PM Vol. 81, 113 u. 157 (1935).
64. JARRING, G.: On the Distribution of Turk Tribes in Afghanistan. Lunds Univers. Arsskrift N. F. Avd. 1, Bd. 35, 1—104 (1939).
65. JENTSCH, CH.: Typen der Agrarlandschaften im zentralen und östlichen Afghanistan. Univ. d. Saarlandes; Arb. a. d. Geogr. Inst. Vol. 10, 23—68 (1965).
66. KAEVER, M.: Das Hajar-Kreide-Tertiär-Profil und seine Stellung in der Oberkreide; Zentral-Afghanistan. N. Jahrb. Geol. Paläontol. Vol. 12, 669—677 (1963).
67. — Untersuchungen zur Schichtenfolge im Gebiet Qasim Khel–Ali Khel, Ostafghanistan. Ibid. 1967 (5), 284 bis 304.
68. — Zur Geologie des Gebietes von Khost und Yakubi, SE-Afghanistan. Ibid. 1967 (6), 361—383.
69. — Verbreitung und Fazies der oberkretazischen und tertiären Sedimente in E-Afghanistan. Ibid. 1967 (4), 217—223.
70. — Histor. Entwicklung und derzeitiger Stand der geologisch-paläontologischen Erforschung Afghanistans. Zbl. Geol. Paläontol. Teil I, 1967, 174—181.
70a. — Das Tertiär Afghanistans. Ibid. 1967, 351—368.
70b. — Die Kreide Afghanistans. Ibid. 1967, 1853—1880.
71. KAISER, M. N., and H. HOOGSTRAAL: The Hyalomma Ticks of Afghanistan. J. Parasitol. Vol. 49, 130—139 (1963).
72. KERSTAN, G.: Die Waldverteilung und Verbreitung der Baumarten in E-Afghanistan und Chitral. Deutsche im Hindukusch. Berlin 1937, S. 141 ff.
73. KHALEQUE, K. A., et al.: Further Observations on the Effect of Fastening in Ramadhan. J. Trop. Med. Hyg. Vol. 63, S. 241 (1960).
74. — Stress in Ramadhan Fasting. Ibid. Vol. 64, 277—279 (1961).
75. KLIMBURG, M.: Afghanistan, das Land im historischen Spannungsfeld Mittelasiens. Austria Edition Wien 1966.
76. KØJE, M., u. K. H. RECHINGER: Symbolae Afghanicae. Kongel. Danske Videnskabernes Selskab. Biol. Skrifter Bd. 8, Kopenhagen 1955, Bd. I—V, Kopenhagen 1954—1965.
76a. KUSSMAUL, F.: Badaxšan und seine Tagiken. Tribus, Veröffentl. d. Linden-Museums Stuttgart Nr. 14, August 1965.
77. LANDSBERG, H. E.: Verteilung der Sonnen- und Himmelsstrahlung auf der Erde. In: Weltkarten zur Klimakunde — World Maps of Climatology (Hrsg. R. RODENWALDT u. H. J. JUSATZ), 3. Aufl. Heidelberg 1966.
78. LAPPARENT DE, A. F.: Observations sur les conglomérats de Bamian. C. R. Soc. Géol. France 1962, S. 68.
78a. — Les dépots de travertins des montagnes afghanes à l'ouest de Kaboul. Rev. Géograph. Physique et de Géologie dynamique. Paris (2), VIII, Fasc. 5, 351—357 (1966).
79. LENTZ, W.: Sprachwissenschaftliche und völkerkundliche Studien in Nuristan. Deutsche im Hindukusch. Berlin 1937, S. 247 ff.
80. MACMUNN, and G. FLETCHER: Afghanistan, from Darius to Amanullah. London 1929.
81. MARANJIAN, G.: The Distribution of ABO-Blood-Groups in Afghanistan. Amer. J. Physical Anthropol. n. s. Vol. 10, S. 263 (1952).
82. MARTIN, R., u. K. SALLER: Lehrbuch der Anthropologie Bd. III. Stuttgart 1962.
83. MENNESSIER, G.: Lexique stratigraphique international; Afghanistan Vol. 3, S. 2. Paris 1961.

84. MENNESSIER, G.: Sur la stratigraphie du crétacé dans le Turquistan Afghan. Ann. Soc. Géol. Nord. Vol. 82, 19—25. Paris 1962.

85. MEYER-OEHME, D.: Die Säugetiere Afghanistans (III) Chiroptera. Science, Quart. J. Kabul, August 1965.

86. MICHEL, A. A.: The Kabul, Kunduz and Helmand Valleys and the National Economy of Afghanistan. Foreign Field Res. Programme, Office of Naval Res., Rep. No. 5, Wash. 1959.

87. MOTAMEDI, A. A.: Nomadism in Afghanistan. Afghanistan Rev. Kabul, Vol. 12, 1—17 (1957).

88. MOURANT, A. E.: The Distribution of the Human Blood Groups Blackwells Sci. Publ. Oxford 1954.

89, MUAZZAM, M. G., and K. A. KHALEQUE: Effects of Fasting in Ramadhan. J. Trop. Med. Hyg. Vol. 62, S. 292 (1959).

90. MUET LE, G.: Aspect actuel du géophagisme au Maroc. Maroc. Méd. Vol. 35, S. 933 (1956). Ref. TDB Vol. 54, S. 486 (1957).

91. NEUBAUER, H. FR.: Beobachtungen über die Verdunstungsgrößen in Afghanistan. Wetter u. Leben Vol. 4, S. 18 (1952).

92. — Die Wälder Afghanistans. Angewandte Pflanzensoziologie. Festschr. Aichinger, Bd. I, S. 494 (1954).

93. — Versuch einer Kennzeichnung der Vegetationsverhältnisse Afghanistans. Ann. Naturhist. Museum Wien Vol. 60, 77—113 (1954/55).

94. NIEDERMAYER, v., O.: Afghanistan. Leipzig 1924.

95. — Persien und Afghanistan. In: KLUTE, Hdb. d. Geograph. Wissensch. Potsdam 1937.

96. NIETHAMMER, J.: Die Säugetiere Afghanistans. Insectivora, Rodentia, Lagomorpha. Science, Quart. J. Kabul, August 1965.

97. PETER, Prince of Greece: Post-War Developments in Afghanistan. J. Roy. Central Asian Soc. London, Vol. 34, 275—286 (1947).

98. — The Abul Camp in Central Afghanistan. J. Roy. Central Asian Soc. London, Vol. 41, 44—53 (1954).

99. PFÄFFLIN, R.: Seuchenzüge von Asien nach Europa. Dissertation Tübingen 1947.

100. PIKULIN, M. G.: Afghanistan. Taschkent 1956. (Ekonomitcheskii Otcherk.)

101. POULLADA, L.: Problems of Social Development in Afghanistan. J. Roy. Central Asian Soc. London Vol. 49, 33—39 (1962).

102. PROKOP, O., u. G. UHLENBRUCK: Lehrbuch der menschlichen Blut- u. Serumgruppen. Leipzig 1963, S. 30 ff. und S. 503 ff.

103. RAHIM, A.: The Origin of the Afghans and their Rise to the Sultanate of Delhi. J. Pakistan Histor. Soc. Vol. IV, Part 1, S. 64 (1956).

104. RATHJENS, C.: Der Wirtschaftsaufbau in Afghanistan und seine Grundlagen. Umschau Vol. 56, S. 330 (1956).

105. — Das Hilmend-Projekt in Afghanistan. PM Vol. 100, Nr. 3 (1956).

106. — Die Staats- und Wirtschaftsstruktur Afghanistans. Geograph. Taschenbuch. Wiesbaden 1956—1957.

107. — Afghanistan, ein Land junger Wirtschaftsentwicklung. Geograph. Rundschau Vol. 9, S. 463 (1957).

108. — Kabul, die Hauptstadt Afghanistans. Leben und Umwelt, Vol. 13, 73—82 (1957).

109. — Geomorphologische Beobachtungen an Kalkgesteinen in Afghanistan. Stuttgarter Geograph. Studien. Bd. 69 (1957).

110. — Zur älteren geomorphologischen Entwicklung der Hochgebirge Afghanistans. PM Erg.-Heft 262 (1957).

111. — Mediterrane Beziehungen und Züge in der Landschaft Afghanistans. Die Erde, Vol. 89, S. 257 (1958).

112. — Afghanistan. Westermanns Lexikon d. Geographie. Braunschweig 1961.

113. — Karawanenwege und Pässe im Kulturlandschaftswandel Afghanistans seit dem 19. Jahrhundert. v. Wissmann-Festschrift. Tübingen 1962.

114. REINER, E.: The Thermoisopleths of Selected Stations in Afghanistan. Geograph. Rev. Afghanistan. Vol. I, H. 2. Kabul 1962.

114a. — Neuere, statistische Angaben zu Afghanistan. PM 1966, H. 4, S. 303.

115. RHEIN, E., u. A. GH. GHAUSSY: Die wirtschaftliche Entwicklung Afghanistans 1880—1965. Schriften Dtsch. Orient-Inst. Monographien. Opladen 1966.

116. RITTER, C.: Erdkunde von Asien, Bd. V. Berlin 1837.

117. — Die Stupas oder die architektonischen Denkmale an der Indo-baktrischen Königstr. und die Colosse von Bamian. Berlin 1838.

118. ROSSET, L. F.: Contribution à l'Étude tectonique de l'Hindou-Kouch. Afghanistan Rev. Kabul Vol. 7, S. 60 (1952).

119. SCHEIBE, A.: Die Landbauverhältnisse in Nuristan. Deutsche im Hindukusch. Berlin 1937, S. 98 ff.

120. SCHURMANN, H. F.: The Mongols of Afghanistan. 'S-Gravenhage 1962.

121. SCHWEINFURTH, U.: Die horizontale und vertikale Verbreitung der Vegetation im Himalaya. Bonner Geograph. Abh. Heft 20 (1957).

122. SCHWOB, M.: The Economic Challenge in Afghanistan. U. N. Rev Vol. 2, S. 25 (1955).

123. SERFATI, A., et M. VACHON: Quelques remarques sur la biologie d'un scorpion de l'Afghanistan: Bothotus alticola. Bull. Muséum Nat. Hist. Natur. Paris, Vol. 22, S. 215 (1950).

124. SMITH, M. A.: Contribution to the Herpetology of Afghanistan. Ann. a. Magazine of Natural History incl. Zool., Bot. a. Geolog. n. s. Vol. 5, S. 382 (1940).

124a. SNOY, P.: Nuristan und Mungan. Tribus. Veröffentl. d. Linden-Museums Stuttgart Nr. 14, August 1965.

125. SQUIRE, Sir G.: Recent Progress in Afghanistan. J. Roy. Central Asian Soc. London Vol. 38, 6—18 (1951).

126. STENZ, E.: On Evaporation Capacity in Kabul. Min. Publ. Works; Afghan Meteorolog. Serv. Publ. No. 2. Kabul 1941.

127. — Système hydrologique et débits des rivières d l'Afghanistan. Min. Publ. Works, Afghan Meteorolog. Serv. Publ. No. 3. Kabul 1942.

128. — Les tremblements de terre en Afghanistan. Afghanistan Rev. Kabul Vol. 1, 43—54 (1946).

129. — The Climate of Afghanistan. Polish Inst. of Arts a. Sci. in America. New York 1946.

130. — Water Resources in Afghanistan. Rev. Meteorol. a. Hydrology. Warschau 1949, No. 1—4.

131. — Precipitation, Evaporation and Aridity in Afghanistan. Acta Geophysica Polonica. Warschau 1957, S. 244—263.

132. STOCKHAUSEN, v. W.: Afghanistan. In: Entwicklungsländer, eine Einführung in ihre Probleme. H. BECK 1961.

133. Survey of Progress 1962—1964; Ministry of Planning. Kabul 1964.

134. — 1964/65; Ministry of Planning. Kabul 1965.

134a. — 1966/67; Ministry of Planning. Kabul 1967.

135. SYKES, Sir P.: A History of Afghanistan. London 1940.

136. Tables of Temperature, Relative Humidity and Precipitation for the World. Part V, Asia, Meteorol. Off. London.

137. TAJ-EL-DIN, S., et al.: Favism in Iraq. J. Fac. Med. Baghdad. Vol. 5 n. s., 1—7 (1963).

138. TATE, G. P.: Seistan, a Memoir on the History, Topography, Ruins and People. Calcutta 1912, Part 1—4.

139. THESIGER, W.: The Hazaras of Central Afghanistan. Geograph. J. Vol. 121, S. 311 (1955).

140. — A Journey in Nuristan. Geograph. J. Vol. 123, S. 457 (1957).

141. TRINKLER, E.: Afghanistan, eine landeskundliche Studie. PM Ergänzungsheft Nr. 196 (1928).

142. TROMP, E. W.: UN-Technical Assistance in the Field of Hydrological Development of Afghanistan. Proc. Ankara Sympos. on Arid Zones Hydrology. UNESCO 1953.

143. — The Stratigraphy and Main Structural Features of Afghanistan Part I. Proc. Kon. Nederl. Akad. Wissensch. Amsterdam 1954, S. 370—394.

144. VOGEL, FR.: Lehrbuch der allgemeinen Humangenetik. Berlin-Göttingen-Heidelberg 1961.

145. —, et al.: Über die Populationsgenetik der ABO-Blutgruppen. Acta genet. (Basel) Vol. 10, 267—294 (1960).

146. VOLK, O. H.: Vegetationseindrücke in Afghanistan. Vegetatio, Acta Geobotanica Vol. III, S. 210 (1951).

147. — Klima und Pflanzenverbreitung in Afghanistan. Vegetatio, Acta Geobotanica Vol. V—VI, S. 422 (1954).

148. — Landwirtschaftliche Probleme Afghanistans. Mittlgn. Inst. f. Auslandsbeziehungen Stuttgart Vol. 4, S. 233 (1954).

149. — Afghanische Drogen. Planta med., Stuttgart Vol. 3, 129—146 (1955).

149a. Waller, P.: Vorläufiger Bericht über eine Reise nach Afghanistan. Hilmend- und Nangahar-Projekt. Die Erde Vol. 98, 61—70 (1967).

150. Walter, H.: Die Klimadiagramme als Mittel zur Beurteilung der Klimaverhältnisse für ökologische, vegetationskundliche und landwirtschaftliche Zwecke. Ber. Dtsch. Botan. Ges. Vol. 48, 331—344 (1955).

151. —, et al.: Klimadiagramm-Weltatlas. Karte 2,2 (Iran-Turan). Jena 1964.

152. Watanabe, K.: Über die Bestimmung und Morphologie der Skorpione Kabuls. Zool. Magazine (Dobutugaku Zassi) Tokyo Vol. 53, 471—474 (1941).

153. Weippert, H.: Zur Geologie des Gebietes Doab-Saighan-Hajar (Nordafghanistan). Beih. geol. Jb. Vol. 70, 153—184 (1964).

154. Whistler, H.: Materials for the Ornithology of Afghanistan. J. Bombay Natural History Vol. 45, 61—72 u. 106—122 u. 462—485 (1945).

155. Wilber, D. N.: Afghanistan, its People, its Society, its Culture. HRAF Press, New Haven 1962.

156. Wirtz, D.: Zur regiongeologischen Stellung der afghanischen Gebirge. Beih. Geol. Jb. Vol. 70, 5—18 (1964).

Teil B und C / Part B and C

157. Abd El-Ghaffar, Y., and M. Abd El-Ghaffar: Atypical Coliform and Other Organisms as Possible Causes of Chronic Intestinal Disorder in Egypt. J. Trop. Med. Hyg. Vol. 62, 62—67 (1959).

158. Abou-Gareeb, A. H.: Cholera Vibrios in Calcutta Mosque Water. J. Trop. Med. Hyg. Vol. 62, 195—197 (1959).

159. — Cholera in Calcutta during the Season of Prevalence. J. Trop. Med. Hyg. Vol. 63, 122—128 (1960).

160. — The 1965 Cholera Outbreak in Afghanistan. J. Trop. Med. Hyg. Vol. 70, 123—132 (1967).

161. Achundow: Zur Frage der Biologie und über das Vorkommen von Aëdes aegypti in Baku. Arch. Schiffs-u. Tropenkrankh. Vol. 36, 31—33 (1932).

162. Afghani „Sera Miasht"; Bericht vom September 1967.

163. Afridi, M. K., and M. L. Bhatia: Malaria Control of Villages around Quetta (Balutchistan) with DDT. Indian J. Malariol. Vol. 1, 279—287 (1947).

164. Agadshanoff: Gig. Epidemiol. Moskau 1927, zit. nach Bingel (207).

165. Ahmad, N., and Gh. Rasool: Bephenium against Hookworm in West-Pakistan. J. Trop. Med. Hyg. Vol. 62, S. 284 (1959).

166. —, et al.: Epidemiological Observations based on Cholera Outbreaks in Recent Years in West-Pakistan. Pakistan J. of Health Vol. 12, 59—75 (1962).

167. Ahuja, M. L.: Rabies in India. J. Trop. Med. Hyg. Vol. 61, 95—99 (1958).

168. Akay u. Gürsel: Zit. nach Wundt (546).

169. Alavi, A., et G. Maghami: L'echinococcose hydatide en Iran. Arch. Inst. Razi Teheran, Fasc. Vol. 16, 76—81 (1964).

170. Ali, S., et al.: An Outbreak of Encephalitis in a Village in Afghanistan. Indian J. Publ. Health Vol. 3, 279—282 (1959).

171. Ameli, N. O.: Poliomyelitis in Iran. WHO-Regional Off. Eastern Mediterranean Report. EM/RC 9B/Techn. Disc./4, Sep 1959.

172. Ansari, A.: A Report on the Culicine Mosquitoes in the Collection of the Department of Entomology and Parasitology (I.H.P.M.) Lahore. Pakistan J. Health Vol. 8, 25—36 (1958).

173. —, et al.: Parasites intestinaux de la région de Téhéran Publ. de la Chaire de Parasitologie, Faculté de Médecine, Téhéran 1950.

174. Ansari, N.: Contribution à l'étude du paludisme en Iran. Inst. de Parasitol. et service de recherches. Faculté de Médecine Téhéran 1950.

175. —, et M. Faghih: Leishmaniase cutanée à L. tropica chez Rhombomys opimus. Ann. de Parasitol. Humaine et Comparée Vol. 28, 241—246 (1953).

176. — Contribution à l'étude de la bilharziose en Iran. Bull. Soc. path. exot. Paris Vol. 46, 515—526 (1953).

177. Ansari, M., et Ch. Mofidi: Contribution à l'étude des formes humides de la leishmaniase cutanée. Bull. Soc. path. exot. Paris Vol. 43, 601—607 (1950).

178. Antityphus Campaign in Afghanistan. WHO-Chronicle, Genf Vol. 6, S. 351 (1952).

179. Arslanova, A. K.: (Alveolar Echinococcus in the South Part of Kazakhstan.) Med. Parasit. a. Parasit. Dis. Moskau Vol. 29, 349—350 (1960). Ref.: TDB Vol. 57, S. 1190 (1960).

180. Atiq-Ur-Rahman, M., and A. S. Nasir: Human Louse; its role in the Transmission of Diseases. Pakistan J. Health Vol. 5, 119—130 (1955/56).

181. Atiq-Ur-Rahman, A. M., and N. A. Swaleh: A Preliminary Note on Anophelism of Lahore Suburbs. Pakistan J. Health Vol. 4, 212—223 (1955).

182. Avanessov, G. A.: (Cas de spirochétose transmis par des tiques en Afghanistan.) Med. Parasit. a. Parasit. Dis. Moskau Vol. 7, 88—94 (1938).

183. Awan, A. H., and M. S. Dar: Tuberculosis Survey of Mozang High School, Lahore. Pakistan J. Health Vol. 8, 19—20 (1958).

183a. Aziz, Abdul-Ghafar: (Stadtverwaltung und Tuberkulosebekämpfung). Rev. d'Hygiène Kabul, Hamal 1319 (März 1940) (persisch).

184. Babero, B. B., et al.: The Zoonosis of Animal Parasites in Iraq, Part VI. J. Fac. Méd. Baghdad Vol. 5, 8—39 (1963).

185. Balley, V. M.: An Intestinal Parasite Survey in a Rural District of Baghdad. Bull. End. Dis. Baghdad Vol. 2, 148—151 (1958).

186. Baltzard, M.: La peste; état actuel de la question. Acta Med. Iranica Vol. 4, 1—19 (1961).

187. Baltzard, M., M. Bahmanyar et C. Mofidi: Fièvres récurrentes transmises à la fois par Ornithodorus et par poux. Ann. Inst. Pasteur Vol. 73, 1066—1071 (1947).

188. Baltzard, M., et M. Bahmanyar: Présence du virus du typhus murin chez les rats des ports d'Abadan et Benderbouchir. Bull. Soc. path. exot. Paris Vol. 41, S. 334 (1948).

189. —, et al.: Fièvres récurrentes humaines. Leur transmissibilité par le pou. Bull. Soc. path. exot. Paris Vol. 43, 309—317 (1950).

190. —, et al.: Le foyer de peste du Kurdistan. Bull. WHO Genf Vol. 5, 441—472 (1952).

191. —, M. Bahmanyar et M. Chamsa: Sur la fièvre récurrente en Afghanistan. Bull. Soc. path. exot. Paris Vol. 48, 159—161 (1955).

192. —, et al.: Recherches sur la peste en Iran. Bull. WHO Genf Vol. 23, 141—155 (1960).

193. —, and M. Ghodssi: Prevention of Human Rabies. Bull. WHO Genf Vol. 10, 797—803 (1954).

194. —, B. Seydian et Ch. Mofidi: Sur le résistence à la peste de certaines espèces de rongeurs sauvages. Ann. Inst. Pasteur Vol. 85, S. 411 (1953).

195. Banks, A. L.: Religious Fairs and Festivals in India. Lancet 1961, S. 162—163.

196. Barojan, O. V.: World Distribution of Plague during the Twentieth Century. J. Mikrobiol., Epidemiol., Immunobiol. London Vol. 28, 897—904 (1957).

197. Bashir, Y.: A Preliminary Report on the Occurrence of Infantile Kala-Azar in Northern Iraq. Bull. Endem. Dis. Baghdad Vol. 1, S. 77 (1955).

198. Baum, F. L.: Trachoma in Afghanistan. S. Afr. Med. J. Vol. 23, 214—215 (1949).

199. Beklemishev, V. N., and A. A. Gontaeva: (Anophelogenous Landscapes of North-West Iran.) Med. Parasit. a. Parasit. Dis. Moskau Vol. 12, 17—23 (1943). Ref.: TDB Vol. 42, S. 248 (1945).

200. Beklemishev, W. N., and N. K. Shipitsina: (Anopheles marteri in the North-Western Iran.) Med. Parasit. a. Parasit. Dis. Moskau Vol. 16, 66—67 (1947). Ref.: TDB Vol. 45, S. 297 (1948).

201. Berke, Z.: Inoculation Experiments against Typhus in Afghanistan. Brit. Med. J. 1946, S. 944—945.

202. — La santé publique et l'hygiène en Afghanistan. Afghanistan Rev. Kabul Vol. I, 1—9 (1946).

203. — Pockenbekämpfung in Afghanistan. Zbl. Bakt. Abt. I. Orig. Vol. 165, 301—304 (1956).

204. BERNIER, G.: Hygiène et action sanitaire et sociale en Afghanistan. Rev. hyg. méd. soc., Paris Vol. 4, 687—699 (1956).

205. BHATT, A. N., and H. S. BHARGAVA: Laryngeal Diphtheria; a Study of 56 Cases. Indian J. Med. Sc. Vol. 14, S. 793 (1960).

206. BHATTACHARJI, L. M., and N. MADJUMDER: Some Observations on the Epidemiology of Cholera in Calcutta during 1958. Alumn. Ass. Bull. Calcutta Vol. 8, 18—31 (1959). Ref.: TDB Vol. 56, S. 1129 (1959).

207. BINGEL, K.: Globale Verbreitung des Scharlach 1928 bis 1953. WA Bd. II, S. 13 ff., Hamburg 1956.

208. BIRAUD, Y., and P. M. KAUL: World Distribution of Cholera in Recent Years. WHO Epidem. vital Statist. Rep. Vol. 1, S. 140 (1947).

209. BODMAN, R. I., and I. S. STEWART: Louse-borne Relapsing Fever in Persia. Brit. Med. J. 1948, S. 291—293.

210. BORISOV, V. D., et al.: The Present State and Future Prospects for Studies on Q-Fever in Kazakhstan. J. Microbiol., Epidemiol. Immunobiol. London Vol. 30, 83—89 (1959).

211. BORMANN, v. F.: Das Vorkommen des Läusefleckfiebers auf der Erde 1920—1955. WA Bd. III, S. 67, Hamburg 1961.

212. BOSHAMMER, K.: Die Steinerkrankungen. Teil III. Die Steingebiete der Welt. In: Handb. d. Urologie, Bd. X, S. 34 (1961).

213. BOULENGER, D.: Méfaits de certains traitements empiriques de la stérilité féminene en Afghanistan. Semaine Hôpitaux Paris Vol. 26, 1657—1658 (1950).

214. BOULENGER, P.: La faculté de médecine de Kaboul (Afghanistan). Ibid. Vol. 26, 1627—1631 (1950).

215. BOZHENK: (Zur Frage der Verbreitung von *Anopheles hyrcanus* PALL. in Kazakhstan.) Med. Parasitol. a. Parasit. Dis. Moskau Vol. 10, 133—134 (1941).

216. BRÄUER, W. G.: Brief aus Mossul. Hautarzt Vol. 6, 378—382 (1955).

217. BROUNST, G.: Présence de *Plasmodium ovale* à Beyrouth (Liban). Bull. Soc. path. exot. Paris Vol. 42, S. 257 (1949).

218. —, et N. NAFFAH: Un foyer de filariose au Liban... Ibid. Vol. 46, S. 191 (1953).

219. BRUCE-CHWATT, L. J.: Malaria Eradication in the USSR. Bull. WHO Genf Vol. 21, 737—772 (1959).

220. Bull. Off. Internat. Hyg. Publ. Bd. 22 (1930), Bd. 30 (1938), Bd. 31 (1939), Bd. 32 (1940) und Bd. 34 (1942) (Cholera in Afghanistan).

221. BURCA DE, B.: Malaria in Fort Sandeman. J. Malaria Inst. India Vol. 6, 359—365 (1946).

222. —, and V. P. JACOB: Further Notes on Malaria in Fort Sandeman. Indian J. Malariology Vol. 1, 413—416 (1947).

223. BURGESS, P.: World Distribution and Prevalence of Leprosy. Internat. J. Leprosy Vol. 12, Suppl. (1944).

224. BÜTTIKER, W.: Observations on the Physiology of Adult Anophelines in Asia. Bull. WHO Genf Vol. 19, 1063—1071 (1958).

225. CHRISTOPHERS, S. R.: Studies on the Anopheline Fauna of India. Rec. Malaria Survey India Vol. 2, 305—332 (1931).

226. — Aëdes aegypti (L.); its Life, History, Bionomics and Structure. Cambridge 1960.

227. CHTCHERBAKOFF: Les maladies tropicales à Kachgar. Rev. méd. hyg. trop. 1930. Ref.: TDB Vol. 28, S. 771 (1931).

228. CHUTTANI, H. K., et al.: Study of Amebiasis in Medical Students of Amritsar. J. Ass. Physicians India Vol. 9, 534—566 (1961).

229. COCKBURN, TH. A., and J. G. CASSANOS: Epidemiology of Endemic Cholera. Publ. Health Rep. Vol. 75, 791 to 802 (1960).

230. COVELL, G.: The Distribution of Anopheline Mosquitoes in India and Ceylon. Indian J. Med. Res. Suppl. 2, Ser. Memoirs (1927).

231. — The Distribution of Anopheline Mosquitoes in India and Ceylon; Additional Records, 1926—1930. Rec. Malaria Survey India Vol. II, S. 225 (1931).

232. — Malaria and Irrigation in India. J. Malaria Inst. India Vol. 6, S. 4 (1946).

233. CULLINAN, E. R.: Immunity to Sandfly Fever. Brit. Med. J. 1946, S. 12.

234. CUTLER, J. C.: Survey of Veneral Diseases in Afghanistan. Bull. WHO Genf Vol. 2, 689—703 (1950).

235. DAVIES, A. M.: Rabies in Israel. Harefuah, Jerusalem Vol. 57, 8—9 (1959). Ref.: TDB Vol. 56, S. 1124 (1959).

236. —, and M. ELIAKIM: Bilharzia in Israel; an Immunological Survey among Recent Immigrants. Ann. Trop. Med. Vol. 49, S. 9 (1955).

237. DAWOOD, M. M., and A. GISMANN: Schistosomiasis in Africa and Adjacent Regions about 1955. WA Bd. III, S. 87, Karte 102 u. 103. Hamburg 1961.

238. DE, S. D., L. CHOUDHURY, and A. MONDAL: Observations on Epidemic and Non-epidemic Cholera in Calcutta. Transact. Roy. Soc. Trop. Med. Vol. 52, 349—353 (1958).

239. DELPY, L. P.: Présence en Iran d'*Ornithodorus erraticus* (LUCAS 1849). Bull. Soc. path. exot. Paris Vol. 40, 90—95 (1947).

240. —, et M. KAWEH: Existence de la brucellose en Iran. Arch. Inst. Razi, Hessarek, Teheran Vol. 2, S. 55 (1946).

241. DENEKE, K.: Die Helminthosen im Iraq. Arch. Hyg. Vol. 138, 149—156 (1954).

242. DERRICK, E. H., and V. A. BICKS: The Limiting Temperature for the Transmission of Dengue. Australas. Ann. Med. Vol. 7, S. 102 (1958).

243. DERGACHOVA, T. I., and A. V. DOLMATOVA: (The Epidemiology and Epizootology of Cutaneous Leishmaniasis of the Rural Type in the Karshi Oasis (Uzbek SSR) Part IV.) Med. Parasitol. u. Parasit. Dis. Moskau Vol. 31, 206—211 (1962). Ref.: TDB Vol. 59, S. 660 (1962).

244. DESCHIENS, R., et A. YUCEL: Complément d'enquête sur la filariose à *Wuchereria bancrofti* en Turkie Orientale. Bull. Soc. path. exot. Paris Vol. 54, 1328—1336 (1961).

245. DHIR, S. L., and A. RAHIM: Malaria and its Control in Afghanistan. Indian J. Malariol. Vol. 11, 73—102 (1957).

246. DIEDRICHSEN, U.: Die Verbreitung von Culicinen im Mittleren Osten und ihre Bedeutung als Krankheitsüberträger. Dissertation Tübingen 1965.

247. DOLMATOVA, A. V.: (On the Biology of Sandflies Inhabiting Burrows.) Med. Parasitol. and Parasit. Dis. Moskau Vol. 15, 47—55 (1946). Ref.: TDB Vol. 44, S. 982 (1947).

248. — (Morphological Adaptations of Sandflies to Dry and Humid Climate.) Dokl. Akad. Nauk, Moskau (n. s.) Vol. 69, 285—288 (1949). Ref.: Rev. Appl. Entom. Ser. B Vol. 40, 48—49 (1952).

249. —, T. I. DERGACHEVA, and L. N. ELISEEV: On the Epidemiology and Epizootiology of Cutaneous Leishmaniasis of the Rural Type in the Karshi Oasis of the Uzbek SSR. Rev. Inst. Med. Trop. Saõ Paulo, Brazil Vol. 4, 65—78 (1962).

250. DOUGLAS, D. M.: Hydatid Disease. Edinbourgh Med. J. N. S. Vol. 55, S. 78 (1958).

251. DOW, R.: Notes on Iranian Mosquitoes. Amer. J. Trop. Med. Hyg. Vol. 2, 683—695 (1953).

252. DY, F. J.: Present Status of Malaria Control in Asia. Bull. WHO Genf, Vol. 11, S. 725 (1954).

253. ELISEEV, L. N., and O. I. KELLINA: (Cutaneous Leishmaniasis in the Afghanistan.) Med. Parasitol. u. Parasit. Dis. Moskau Vol. 32, 728—735 (1963).

254. —, u. O. I. KELLINA: (Hautleishmaniase in Afghanistan; Mitteilung über auswärtige Kommandierung.) Ibid. Vol. 32, S. 381 (1963).

255. —, I. S. KOZLOV, and G. A. SIDOROVA: (Natural Foci in the Desert Type of Cutaneous Leishmaniasis in the Bukhara District of Uzbek SSR.) Ibid. Vol. 27, 69—73 (1958). Ref.: TDB Vol. 56, S. 287 (1959).

256. ENTESSAR, F., and A. ARDALSIN: The Incidence of Brucellosis in Iran. FAO/WHO-Meeting on the Control of Brucellosis in the Mediterranean Region. Malta 1964.

257. EPSTEIN, G. V.: (Materials on the Epidemiology of Amebiasis.) Med. Parasitol. u. Parasit. Dis. Moskau 1933. Ref.: TDB Vol. 31, S. 278 (1934).

258. ERHARDT, A., u. W. SCHULZE: Die Verbreitung der Ankylostomiasis des Menschen unter besonderer Berücksichtigung der Angaben seit 1939. In: WA Bd. III, S. 137 u. Karte Nr. 105. Hamburg 1961.

259. —, u. U. Wellensieck: Globale Verbreitung der Filarien des Menschen um 1955. In: WA, Bd. III, S. 101 u. Karte Nr. 106. Hamburg 1961.

260. Etherington, D., and G. Sellick: Notes on the Bionomics of *Anopheles sacharovi* in Persia and Iraq. Bull. Entomol. Res. Vol. 37, 191—195 (1946).

261. Farid, M. A.: Implications of the Mecca Pilgrimage for a Regional Malaria Eradication Programme. Bull. WHO Genf Vol. 15, S. 828 (1956).

262. Fedorov, V. N.: Plague in Camels and its Prevention in the USSR. Bull. WHO Genf Vol. 23, 275—281 (1960).

263. Fischer, L.: Afghanischer Brief. Z. ärztl. Fortbild, 1939, 724—727.

264. — Bericht über die Tätigkeit der Städtischen Polikliniken in Kabul im Jahre 1317 (1938/39). Rev. hyg. Kabul, Hamal 1319 (März 1940) (persisch).

265. — Aufgaben der Tuberkulosebekämpfung in Kabul, Afghanistan. Rev. hyg. Kabul, Hamal 1319 (März 1940) (persisch).

266. — Ärztliche Erfahrungen in Afghanistan, zugleich ein Beitrag zur Krankheitsgeographie Mittelasiens. Dtsch. tropenmed. Zschr. Vol. 48, 210—244 (1944).

267. — Ärztlicher Brief über Afghanistan. Dtsch. med. Wschr. Vol. 77, 1569 u. 1605 (1953).

268. — Zur Frage des Rückfallfiebers in Afghanistan. Zschr. Tropenmed. Vol. 4, S. 339 (1953).

269. — Geomedizinische und epidemiologische Probleme im Mittleren Osten. Ärztl. Praxis Vol. VIII Nr. 52, 29. Dez. 1956.

270. — Quelques observations épidémiologiques en Moyen Orient. Conférence Hôpital Pahlevi Téhéran 1955.

270a. — Nomaden und Tropenkrankheiten. In: Das Nomadenproblem in einer sich entwickelnden Welt. Bochumer Symposium 1967 (z. Zt. im Druck).

271. —, A. Ghafar Aziz, A. Nazrullah u. M. Jussuf: Die Malariaepidemie vom Jahre 1318 in Kabul. Rev. hyg. Kabul, Hamal 1319 (März 1940) (persisch).

272. —, u. E. Reichenow: Protozoenkrankheiten. In: Handb. d. Inneren Med. 4. Aufl. Bd. I/2 (1952).

273. —, u. W. Steinhart: Malaria und Malariaüberträger in Sarobie (Afghanistan). Zschr. Tropenmed. Vol. 8, 69—83 (1957).

274. Fisher, W.: Quelques facteurs géographiques de la répartition de la malaria en Moyen-Orient. Ann. Géogr. Paris Vol. 61, 263—274 (1952).

275. Fleming, R. F., and J. M. French: Dengue in Iraq. Transact. Roy. Soc. Trop. Med. Vol. 40, 851—860 (1947).

276. Foote, R., and D. R. Crook: Mosquitoes of Medical Importance. In: Agriculture Handbook No. 152; Agriculture Res. Serv. U. S. Dept. of Agriculture. Washington 1959.

277. Forsyth, D. M.: Balantidiasis in Kuweit. Lancet 1954, S. 628—629.

278. Frank, M. A. A., et al.: Epidemiological Investigation on Urolithiasis in the Hot Arid Southern Region of Israel. Urologica Internationales Vol. 15, 5—76 (1963).

279. Freyche, M. J.: World Incidence of Poliomyelitis in 1951. WHO Epidem. vital Statist. Rep. Genf. Vol 5, 145—190 (1952).

280. —, and Ch. Klimt: World Incidence of Influenza in 1950/51. WHO Epidem. vital Statist. Rep. Genf Vol. 4, S. 139 (1951).

281. Fühner, F.: Epidemisches Auftreten der infektiösen Mononukleose in Kabul. Münch. med. Wschr. Jhg. 104, S. 1879 (1952).

282. Gade, A. M.: Persönl. Mittlg.

283. Gadjusek, D. C., et M. Bahmanyar: Sur la fièvre Q en Iran. Bull. Soc. path. exot. Paris Vol. 48, 31—33 (1955).

284. Garret-Jones, O.: An Experiment in Trapping and Controlling *Anopheles maculipennis* in North Iran. Bull. WHO Genf Vol. 4, 547—562 (1951).

285. Gevorkov, A. A.: (Incidence of Visceral Leishmaniasis in Samarkand during 20 years; 1924—1944.) Med. Parasit. a. Parasit. Dis. Moskau Vol. 14, 86—89 (1945). Ref.: TDB Vol. 43, S. 720 (1946).

286. Ghaffari, A. N., u. E. Shagudian: (Die Malariaüberträger in Iran.) Inst. Parasitol. a. Malarial. Teheran Publ. Nr. 466 (1956) (persisch).

287. Ghodssi, M.: Dix années de traitement antirabique à l'Institut Pasteur de l'Iran (Téhéran) 1936—1946. Ann. Inst. Pasteur Vol. 73, 900—902 (1947).

288. Gilmour, J.: Report on an Investigation into the Sanitary Conditions in Persia. League of Nations Genf 1924.

289. Giroud, P., et H. Yassemi: À propos de la fièvre Q et sa diffusion dans le monde, sa constatation en Iran. Bull. Soc. path. exot. Paris Vol. 45, S. 23 (1952).

290. Glagoleva, E. M.: (Ecological Studies on Anopheles larvae in Tadzhikistan, Middle Asia; Breeding Places of *A. hyrcanus*. Ref.: TDB Vol. 46, S. 10 (1949) und Rev. Appl. Entom. Ser. B, Part 7, S. 124 (1948).

291. Golvan, Y. J., et J. A. Rioux: Écologie des mérions du Kurdistan Iranien. Ann. parasit. Paris, Vol. 36, 449—588 (1961).

292. Gordin u. Fedulow: (Zur Klinik des Typhus abdominalis in Tashkent.) Pensées médicales d'Ousbequistan Vol. 1, S. 84 (1927).

293. Gramiccia, G.: *Anopheles claviger* in the Middle East. Bull. WHO Genf Vol. 15, 816—821 (1956).

294. Gremliza, F. G. L.: Infektionskrankheiten in Südpersien. Zschr. Tropenmed. Vol. 3, S. 390 (1952).

295. — Epidemische Hautleishmaniasen im Kindesalter. Zschr. Tropenmed. Vol. 7, S. 385 (1956).

296. — Bejel im Desht-e-Mischian, Khuzistan (Iran). Zschr. Tropenmed. Vol. 7, S. 438 (1956).

297. Gürün, H.: Lepra ve Afghanistan. „Klinik" Istanbul Vol. 10, 305—310 (1952) (türkisch).

298. Gutsevich, A. V.: (On the Mosquitoes of North Iran.) Comptes rendus (Dokl.) de L'Académie des Sci. de l'URSS Vol. XL, No. 3 (1943) (russisch).

299. Habibi, M.: Étude des lésions anatomo-pathologiques du typhus exanthématique etc. . . . Arch. Inst. Razi, Hasarek (Téhéran) No. 4, 63—75 (1946).

300. Heggs, T. N.: Cholera in Iraq. J. Egypt. Med. Ass. Vol. 21, S. 269 (1938). Ref.: TDB Vol. 35, S. 735 (1938).

301. Heine, H. D.: Die Cholera im Mittleren Osten. Dissertation Tübingen 1964.

302. Hindle, E.: Relapsing Fever. Ref.: TDB Vol. 32, S. 309 (1935).

303. Hirsch, A.: Die allgemeinen akuten Infektionskrankheiten vom historisch-geographischen Standpunkt aus. Stuttgart 1881.

304. Hodgson, R., and I. S. Stewart: Diphtheria in South Persia. Brit. Med. J. 1950, S. 1238—1239.

305. Horsefall, W. R.: Mosquitoes; Their Bionomics and Relation to Disease. London 1955.

306. Hudson, E. H.: Bejel: The Endemic Syphilis of the Euphrate Arabs. Transact. Roy. Soc. Trop. Med. Vol. 31, S. 9 (1947).

307. Hurtado, A.: Some Clinical Aspects of Life at High Altitudes. Ann. Intern. Med. Vol. 53, 247—258 (1960).

308. Hussain, M. Z. Y.: The Vectors of Malaria and Malaria Transmission in Pakistan. Pakistan J. Health, Vol. 1, S. 69 (1951).

309. —, and S. A. Talibi: Eradication of the Vector of Malaria in Federal Karachi Area. Pakistan J. Health Vol. 6, 65—72 (1956).

310. Imanov, E. D.: The Distribution of Q-Fever in the Kirghizian SSR. J. Microbiol., Epidemiol. a. Immunobiol. London Vol. 32, 1885—1889 (1961).

311. Imari, A. J.: Pulmonary Hydatid Disease in Iraq. Amer. J. Trop. Med. Hyg. Vol. 11, 481—490 (1962).

312. Influenza Epidemic in the Northern Hemisphere. WHO Epidem. vital Statist. Rep. Vol. 6, 203—226 (1953).

313. Iyengar, M. O. T.: Vector of Malaria in Kabul, Afghanistan. Transact. Roy. Soc. Trop. Med. Vol. 48, 319—324 (1954).

314. Jacob, V. P.: Some Aspects of Malaria in Jammu and Kashmir State. Indian J. Malariol. Vol. 4, 251—260 (1950).

315. —, and S. L. Kalra: Kala-Azar in Kashmir. Indian J. Med. Res. Vol. 39, 323—327 (1951).

316. Janjua, N. A.: Insects of Baluchistan and their Distribution. S. bei Field, H.: "An Anthropological Reconnaissance in West-Pakistan 1950." Peabody Mus. Papers, Harvard Univ. Vol. 52, S. 231 (1959).

146   Literatur / References

317. JENSEN, E.: Der Einfluß klimatischer und rassischer Faktoren auf den Ablauf von Diphtherie und Scharlach. Arch. Schiffs- u. Tropenhyg. Vol. 42, S. 481 (1938).
318. JUSATZ, H.: Die gegenwärtige Verbreitung der indischen Cholera in der Welt. Med. Welt Vol. 14, S. 994 (1940).
319. — Pandemische Ausbreitung der indischen Cholera. In: Seuchenatlas hsg. v. H. ZEISS, Gotha, 1942—1945.
319a JUSSUF, M.: (Über das Auftreten von Leishmaniosen [Orientbeule] in Kabul). Rev. hyg. Kabul, Hamal 1319 (März 1940).
320. KAJAHN, E.: Ankylostomiasisbehandlung in Nord-Iran. Zschr. Tropenmed. Vol. 4, 506—509 (1952/53).
321. KALANDADZE, L. P., and O. P. KAVILADZE: (On the Blood-sucking Mosquitoes of the Western Part of the Iran Azerbaijan.) Med. Parasit. a. Parasit. Dis. Moskau Vol. 16, 57—65 (1947). Ref.: TDB Vol. 45, S. 296 (1948) (russisch).
322. KALRA, S. L., and K. N. A. RAO: Typhus Fevers in Kashmir State. Part I. Epidemic Typhus. Indian J. Med. Res. Vol. 37, 395—400 (1949).
323. KAMAL, A. M.: Endemicity and Epidemicity of Cholera. Bull. WHO Genf Vol. 28, 277—287 (1963).
324. KANTER, H.: Diphtherie in der Welt. In: WA Bd. III, S. 21 und Karte Nr. 85. Hamburg 1961.
325. KAPLAN, M. M., and P. BERTAGNA: The Geographic Distribution of Q-Fever. Bull. WHO Genf Vol. 13, 829—860 (1955).
326. KARULIN, B. E.: The Geographic Ecological Analysis of Foci of Q-Fever. J. Microbiol., Epidemiol. a. Immunobiol. London Vol. 31, 1597—1604 (1960).
327. KASSIRSKY, J. A.: Diagnose und Klinik des mittelasiatischen Zecken-Rückfallfiebers. Arch. Schiffs- u. Tropenhyg. Vol. 37, S. 380 (1933).
328. KATZ: Sur les espèces du typhus récurrent aux Pamirs. Pensées Méd. d'Ousbequistan, Tashkent 1930. Ref.: TDB Vol. 28, S. 298 (1931).
329. KAUKER, E.: Globale Verbreitung des Milzbrandes. Sitzungsberichte der Heidelberger Akademie der Wissenschaften, Math.-nat. Klasse Jahrg. 1965, 2. Abhdlg.
330. KELLY, T. D., and N. IZZI: Pulmonary Hydatid Disease in Iraq. J. Med. Fac. Baghdad Vol. 1 (n. s.), 115—140 (1959).
331. KELLY, F. C., and W. W. SNEDDEN: Prevalence and Geographical Distribution of Endemic Goitre. Bull. WHO Vol. 18, 5—173 (1958).
332. KESHISH'YAN, M. N.: (A New Species of the Anopheles Mosquito: A. sogdianus n. sp. in Tajikistan.) Med. Parasit. a. Parasit. Dis. Moskau Vol. 7, 888—896 (1938) (russisch).
333. — (Culicidae of Tajikistan.) Ibid. Vol. 10, 77—80 (1941). Ref.: Rev. Appl. Entom. Vol. 31, S. 160 (1943).
334. KIRCHMAIR, H.: Kala-Azar in North Iraq. J. Med. Prof. Ass. Baghdad, Vol. 2, 1—7 (1954).
335. KLEEBERG, J.: Les particularités de la leptospirose et de l'hépatite infectieuse à virus en Israel. Rev. internat. hépatologie Paris Vol. VI, S. 779 (1956).
335a. KNOCH, V. B. CH.: Verbreitung und Ökologie der Anophelen im Mittleren Osten (insbes. Afghanistan) und ihre Beziehung zur Malaria. Dissertation Tübingen 1967.
336. KOGAY, E. S.: (Ecology of the larvae of Anopheles hyrcanus PALL.) Med. Parasit. a. Parasit. Dis. Moskau Vol. 28, 28—32 (1959).
337. KOTSINIAN, M. E.: Q-Fever in the Armenian S.S.R. Probl. Virology, London Vol. 3, S. 109 (1958).
338. KOVALTSCHIK: Sur la clinique des maladies infantiles en Turkménie. Ber. d. Soz. Gesundheitsverw. in Turkmenistan 1939, H. 5/6, S. 113.
339. KRAFT, V. A.: (Influence of Hydrometeorological Factors on Malaria Incidence in the Akmolinsk Region). Med. Parasit. a. Parasit. Dis. Moskau Vol. 28, 75—79 (1959).
340. KRIUKOVA, A. P.: (The Flagellate Parasites of Phlebotomus arpaklensis, Part III.) General a. Exper. Parasit. a. Med. Zool. Moskau Vol. 7, 70—73 (1954). Ref.: TDB Vol. 51, S. 37 (1954).
341. KRUEGER, M.: Bandwurmkuren in Südpersien. Med. Klin. Vol. 52, S. 1975 (1957).
342. KULLMANN, E.: Die Säugetiere Afghanistans, Teil I. Science, Quart. J. Fac. Sc. Kabul, August 1965, 1—17.

343. KULLMANN, E.: Über den ersten Nachweis von Trichinella spiralis (OWEN) in Afghanistan. Z. Parasitenk. Vol. 25, 393—398 (1965).
344. — Trichinen in Afghanistan. Parasitol. Inform.-dienst Vol. 3, H. 3 (1965).
345. — Ein neues parasitologisches Problem in Afghanistan: Trichinella spiralis und die Trichinellosis. Science, Quart. J. Fac. Sc. Kabul, H. 1, 1965 (persisch).
346. — Persönl. Mittlg.
347. KÜLZ, K.: Pathologische und therapeutische Beobachtungen aus Niedermesopotamien. Arch. Schiffs- u. Tropenhyg. Vol. 20, S. 487 (1926).
348. LANGER, R.: Über die Bedeutung der Flöhe für die Übertragung und Verbreitung der Pest. In: WA Bd. III, S. 31. Hamburg 1961.
349. LARGE: Zit. nach L. FISCHER (266).
350. LASHKEVICH, V. A.: The Results of Examination of Domestic Animals and Endemic Focus of Q-Fever in the Kirghiz S.S.R. J. Microbiol., Epidemiol. a. Immunobiol., London Vol. 29, 1472—1474 (1958).
351. LATYSHEV, N. I., and A. P. KRIUKOVA: (On the Epidemiology of Cutaneous Leishmaniasis. The Cutaneous Leishmaniasis as a Zoonotic Disease of Wild Rodents in Turkmenia.)Trav. Acad. Mil. Méd. Armée Rouge URSS, Moskau Vol. 25, 229—241 (1941). Ref.: TDB Vol. 40, S. 24 (1943) (russisch).
352. — (The Present State of the Problem of Cutaneous Leishmaniasis: Pluralism of the Causative Organism.) Med. Parasit. a. Parasit. Dis. Moskau Vol. 11, 74—78 (1942). Ref.: TDB Vol. 40, S. 296 (1943) (russisch).
353. LATYSHEV, N. I., A. P. KRIUKOVA, and T. P. POVALISHINA: (Essays on the Regional Parasitology of Middle Asia. I. Leishmania in Tadjikistan.) Gen. a. Exper. Parasit. a. Med. Zool. Moskau Vol. 7, 35—62 (1951). Ref.: TDB Vol. 51, S. 37 (1954)(russisch).
354. —, M. A. SHOSHINA, and A. I. POLYAKOV: (Essays etc. Pat. II. Visceral and Cutaneous Leishmaniasis in the Town Ish [Girghizia].) Ibid. S. 63—69 (russisch).
355. LEHMENSICK, R.: Trichinellose in Deutschland und Echinococcose in Afghanistan. Z. Parasitenk. Vol. 25, 6—7 (1964/65).
356. LEITMAN, M. Z., and I. A. VITLINSKAYA: (Treatment of Carriers of Pathogenetic Protozoa.) Med. Parasit. a. Parasit. Dis. Moskau Vol. 14, 46—50 (1945). Ref.: TDB Vol. 43, S. 1143 (1946) (russisch).
357. LEONOVA, N. A.: (On the Possibility of the Transmission by Lice of the Spirochaetes of Tick-borne Relapsing Fever.) Med. Parasit. a. Parasit. Dis. Moskau Vol. 14, S. 79 (1945). Ref.: TDB Vol. 43, S. 746 (1946) (russisch).
358. Leprosy in Afghanistan. J. Amer. Med. Ass. Vol. 152, S. 1362 (1953).
359. LEWIS, D. J.: Some Phlebotominae from Iran. Ann. Mag. Natur. Hist. Ser. 12, Vol. 10, 689—694 (1957).
360. —, A. MESGHALI, and B. DJANBAKHSH: Observations on Phlebotomic Sandflies in Iran. Bull. WHO Vol. 25, 203—208 (1961).
361. LICHTWARDT, H. A.: Leprosy in Afghanistan. Internat. J. Leprosy Vol. 2, 75—76 (1934).
362. — Leprosy in Iran. Leper Quart. Vol. 14, 12—18 (1940).
363. Life at High Altitudes, Lancet 1960, S. 1434—1436.
364. LINDBERG, K.: Dracunculose in Iran. Arch. Schiffs- u. Tropenhyg. Vol. 40, 330—340 (1936).
365. — Le paludisme en Iran. Acta Med. Scand. Vol. 107, 547—578 (1941).
366. — Le paludisme en Afghanistan. Riv. malariol. Roma Vol. 28, 1—54 (1949).
367. — La dracunculose en Asie etc.... Rev. palud. Paris Vol. 8, S. 87 (1950).
368. LITTANN, K. E.: Die Lepra in Europa. In: WA Bd. I, S. 39. Hamburg 1952.
369. LUBINSKY, G.: Echinococcus granulosus in Domestic Animals in Western Pakistan. Canad. J. Zool. Vol. 37, S. 83 (1959). Ref.: TDB Vol. 56, 478—479 (1959).
370. MACAN, T. T.: The Anopheline Mosquitoes of Iraq and Northern Persia. London School of Trop. Med. Hyg. Vol. 7 (1950).
371. MALDONADO-CAPRILOS, J., and A. S. NASIR: DDT-Resistent Adults of Anopheles subpictus in the Lahore District. Mosquito News Vol. 20, 52—54 (1960).

372. Maruashvili, G. M.: (On the Tick-borne Relapsing Fever.) Med. Parasit. a. Parasit. Dis. Moskau Vol. 14, S. 24 (1945). Ref.: TDB Vol. 43, S. 43 (1946) (russisch).

373. — (Epidemiological Significance of Different Species of Phlebotoma in Georgia.) Med. Parasit. a. Parasit. Dis. Moskau Vol. 27, S. 591 (1958). Ref.: TDB Vol. 56, S. 285 (1959).

374. (Types of Visceral Leishmaniasis Foci.) Med. Parasit. a. Parasit. Dis. Moskau Vol. 30, 188—198 (1961). Ref.: TDB Vol. 59, S. 21 (1962) (russisch).

375. Marzinowsky, E.: Über das Zeckenrückfallfieber. Abh. Auslandskunde, Hamburger Univ. Reihe D. Festschrift Nocht (1927).

376. Matevosian: (Présence du Plasmodium ovale en Arménie.) Med. Parasit. a. Parasit. Dis. Moskau Vol. 9, S. 291 (1940) (russisch).

377. Mathur, T. N.: The Problem of Brucellosis in Punjab. J. Indian Med. Ass. Vol. 43, 377—382 (1964.)

378. May, J. M.: Map of the World Distribution of Dengue and Yellow Fever. Geogr. Rev. Vol. 42, 283—286 (1952).

379. McCarrey, A. G.: Balantidiasis in South Persia. Brit. Med. J. 1952, S. 629—631.

380. McGuire, S. D., and R. C. Durant: The Role of Flies in the Transmission of Eye Diseases in Egypt. Amer. J. Trop. Med. Hyg. Vol. 6, 569—575 (1957).

381. McLintock, J., et al.: Development of Insecticide Resistance in Body Lice in Villages of North-Eastern Iran. Bull. WHO Genf Vol. 18, S. 678 (1958).

382. Mehta, O. N.: Schick-Test in Ludhiana District. Indian J. Paediatr. Vol. 27, S. 395 (1960).

383. Melik-Gulnazarian, E. A., u. N. N. Kostanian: Trichostrongyloidose des Menschen in Iran. Münch. med. Wschr. 1956, Nr. 42.

384. Mercalov, E. N., et al.: (Zur Frage wiederholter menschlicher Fleckfiebererkrankungen in der Kasachischen SSR.) Žurn. microbiol. Moskau 1954, S. 11—13 (russisch).

385. Mitra, R. D.: Notes on Sandflies of Punch and Riasi Districts of Kashmir. Zschr. Tropenmed. Vol. 10, 56—66 (1959).

386. Mitt. d. Kgl. Afghanischen Gesundheitsministeriums, d. Inst. of Publ. Health und des Inst. of Malariol. in Kabul.

387. Mofidi, Ch.: Tentative Suggestions for a Leprosy Project. Inst. Parasitol. a. Malariol. Teheran, Publ. No. 349 (1955).

388. — Brief Review of Epidemiology of Malaria and Status of Malaria Eradication in Iran 1961. Internat. Conf. Tashkent. Publ. Inst. Parasitol. a. Malariol. Teheran, Sep 1961.

389. —, et al.: The Problem of Nomads in Iran and their Seasonal Migration. Inst. Parasitol. a. Malariol. Teheran, Publ. No. 454 (1956).

390. Moshkovsky, S. D., et al.: (Researches on Sandfly Fever; Part VIII. Transmission of Sandfly Fever Virus Hatched from Eggs Laid by the Infected Females.) Med. Parasit. a. Parasit. Dis. Moskau Vol. 6, S. 922 (1937) (russisch).

391. Moutinho, H.: Législation internationale contre le trachome. Rev. internat. trachome Vol. 26 N. S. S. 3 (1949).

392. Mulligan, H. W., and J. D. Baily: Malaria in Quetta, Balutchistan. Rec. Malaria Survey India Vol. 6, 289—385 (1936).

393. Mumford, E. Ph.: The Distribution of Some Parasites of Man in the Near and Middle East. J. Trop. Med. Hyg. Vol. 63, 77—85 (1960).

394. Murayati, J.: A Brief Note on the Occurrence of Aëdes aegypti in the City of Baghdad. Bull. Endem. Dis. Baghdad Vol. 1, S. 311 (1956).

394a. Murray, L. H.: A World Review of Smallpox Incidence. WHO Epidem. vital Statist. Rep. Genf Vol. 4, S. 398 (1951).

395. Naglev, G. M.: On the Ecology and Summer-autumn Phenology of the Common Malaria Mosquito Anopheles maculipennis etc. . . . Entomological Rev. Vol. 38, S. 366 (1958).

396. Naqvi, S. H., and M. Quttub-Ud-Din: A Report on the Malaria Survey of Kohat-Hangu Valley. N. W. Fr. Pr. Pakistan. Pakistan J. Health Vol. 3, S. 241 (1954).

397. Nathan, S.: Le Trachome en Iraq. Thèse, Lausanne 1947.

398. Nimeh, W.: La sprue en Moyen-Orient. Rev. méd. du Moyen-Orient. Vol. 9, S. 398 (1952).

399. Omar, M.: Einrichtungen und Sonderprobleme des Öffentlichen Gesundheitsdienstes in Afghanistan. Arb. Akad. f. Staatsmedizin Hamburg 1956.

400. Ostroumov, V. G.: (Materials on the Problem of the Identiy of Balantidium suis and B. coli.) Med. Parasit. a. Parasit. Dis. Moskau Vol. 15, 43—44 (1946). Ref.: TDB Vol. 44, 904—905 (1947) (russisch).

401. Paranjpe, V. S.: Progress Report on Veneral Diseases. Control Aspects in Afghanistan. WHO-Report INT/VD/75, Mai 1954.

402. Parthasarati, N. R.: Prevalance of Active Trachoma in Rural India. Ind. J. Med. Res. Vol. 51, 18—22 (1963).

403. Pavlovsky, E. N.: (On the Natural Focal Distribution of the Tick Relapsing Fever in the Turkoman SSR. Med. Parasit. a. Parasit. Dis. Moskau Vol. 14, 56—59 (1945). Ref.: TDB Vol. 43, S. 743 (1946) u. Rev. Appl. Entom. Vol. 34 (1946) (russisch).

404. — (Sandfly Fever and its Vector.) State Med. Publ. Off. Leningrad 1947. Ref.: TDB Vol. 47, S. 1079 (1950) (russisch).

405. —, and A. Y. Alumov: (Tick-borne Relapsing Fever in Southern Kirgisistan.) Probl. Region, Parasit. Moskau Vol. 3, S. 72 (1939). Ref.: TDB Vol. 42, S. 565 (1945) (russisch).

406. —, and L. A. Kuzmina: (On the Possibility of Transmission of Spirochaetes of Tick-borne Relapsing Fever to Monkeys and to Man by the Tick Orn. lahorensis.) Med. Parasit. a. Parasit. Dis. Moskau Vol. 13, 66—70 (1945). Ref.: TDB Vol. 43, S. 744 (1946) (russisch).

407. —, and A. Skrulinnik: (Some Biological Pecularities of the Ticks Ornithodorus etc. . . .) Dokl. Akad. Nauk. Moskau Vol. 78, 1069—1072 (1951). Ref.: TDB Vol. 51, S. 389 (1954) (russisch).

408. Payne, A. M. M., and J. M. Freyche: Poliomyelitis in 1954. Bull. WHO Vol. 15, 43—121 (1956).

409. Payzin, S.: Some Epidemiological Aspects of Poliomyelitis in Turkey. Bull. WHO Vol. 15, 339—354 (1956).

410. Petricheva, P. A., and V. V. Gubar: (The Breeding of Phlebotomus in the Colonies of the Large Gerbil Rhombomys opimus Licht].) Ref.: Rev. Appl. Entom. Ser. B. Vol. 41, Pt. 2, 19—20 (1953).

411. Petricheva, .P A., et al.: (Nests of Birds as Breeding Places of Sandflies.) Zool. Zh. Moskau Vol. 28, 284—286 (1949). Ref.: TDB Vol. 50, S. 695 (1953).

412. Peus, F.: Flöhe aus Afghanistan. Beitr. z. Entomologie Vol. 7, 604—608 (1957).

413. Piekarski, G., W. Henning u. W. Sibbing: Die geographische Verbreitung der Leishmaniasen und der Phlebotomen als Überträger in Asien 1900—1957. In: WA Bd. III, S. 83 Hamburg 1961.

414. Pipkin, A., et al.: Echinococcosis in the Near East and its Incidence in Animal Hosts. Transact. Roy. Soc. Trop. Med. Vol. 45, S. 253 (1951).

415. Plankina, Z. A., et al.: The Fight against Cholera in Afghanistan. J. of Microbiol., Epidemiol. a. Immunobiol. London Vol. 32, S. 2183 (1961).

416. Pletnev, E. A.: (Blood-sucking Mosquitoes of Southern Kazakhstan.) Izv. Kazakh. Fil. Akad. Nauk, Alma Ata (ser. zool.) Vol. 2, 5—22 (1943). Ref.: Rev. Appl. Entom. Vol. 35, S. 110 (1947) u. TDB Vol. 44, S. 957 (1943) (russisch).

416a. Poirot, J.-C.: Indice trachomateux scolaire dans les établissements d'enseignement secondaire de Kaboul. Rev. internat. Trachome Vol. 29, 27—33 (1952).

417. Polak, E.: Persien, das Land und seine Bewohner, 2 Bde. Leipzig 1865.

418. Pollitzer, R.: Plague Studies, Part I u. Part IX. Bull. WHO Genf Vol. 4, 475—533 (1951) u. Vol. 9, 131—170 (1953).

419. — Cholera Studies, Part X. Epidemiology. Bull. WHO Genf Vol. 16, 783—857 (1957).

420. Pollitzer, R., S. Swaroop, and W. Burrows: Cholera. WHO Monograph Series No. 43, Genf 1959.

421. Popal, A.: Ausbildung der Frauen in Afghanistan — Ein zentrales Problem des Schulwesens. Mitt. Inst. f. Auslandsbeziehungen Stuttgart Vol. 17, S. 31 (1967).

422. Preobrajenski, V. V.: Assigment Report on Trachoma Health Vol. 8, 22—24 (1958).

423. Pringle, E.: The Sandflies (Phlebotominae) of Iraq. Bull. Entom. Res. Vol. 43, 707—734 (1953).

424. — A Summary of Malaria and Malaria Control in Iraq before 1946. Bull. Endem. Dis. Baghdad Vol. 1, 2—45 (1955).

425. — Kala-Azar in Iraq. Preliminary Epidemiological Considerations. Bull. Endem. Dis. Baghdad Vol. 1, S. 275 (1956).

426. — Oriental Sore in Iraq; Historical and Epidemiological Problems. Bull. Endem. Dis. Baghdad Vol. 2, S. 41 (1957).

427. Proreshnaia, T. L., and N. K. Mishchenko: A study of a Focus of Q-Fever in the Issyk-Kul'sk District of the Kirghiz S.S.R. J. Microbiol., Epidemiol. a. Immunobiol. London Vol. 29, 218—223 (1958).

428. —, et al.: A Study of Natural Foci of Q-Fever in Kirgizia. Ibid. Vol. 31, 1613—1618 (1960).

429. Puri, I. M.: The Distribution of Anopheline Mosquitoes in India: Additional Rec. 1931—1935. Rec. Malaria Survey India Vol. 6, S. 177 (1936).

430. — Dass. Part V. Additional Records, 1936—1947. Indian J. Malariol. Vol. 2, S. 67 (1948).

431. Quttub-Ud-Din, M.: The Sandfly-Fauna of Kohat-Hangu Valley, N. W. Fr. Pr., West Pakistan. Pakistan J. Health Vol. 1, 34—36 (1951).

432. — The Mosquito-Fauna of Kohat-Hangu Valley, N. W. Fr. Pr., West Pakistan. Mosquito News Vol. 20, S. 355 (1960).

433. Radovanovic, M.: Trachoma Problem in Afghanistan. WHO-Report SEA 64/124, Juli 1958, New Delhi.

434. Raettig, H. J.: Die Pestpandemie des 20. Jahrhunderts. In: WA Bd. III, S. 31 u. Karte Nr. 87. Hamburg 1961.

435. Rafi, S. M.: Role of Nomads in Reintroduction of Malarial Infections to West Pakistan... Pakistan J. Control in Afghanistan. WHO, SEA-63/500, New Delhi 15. Juli 1963.

436. —, M. Rashid, and W. U. Shorey: Malaria Survey of Border Area of Balutchistan Adjacent to Iran. Pakistan J. Health Vol. 6, S. 233 (1957).

437. Rafyi, A.: Sur la fièvre récurrente sporadique en Iran. Arch. Inst. Razi, Hesarak, Teheran Vol. 2, S. 37 (1946).

438. —, et G. Maghami: Sur la présence de la fièvre Q en Iran. Bull. Soc. path. exot. Paris Vol. 47, 766—768 (1954).

439. — — Sur la fréquence de la leptospirose en Iran. Bull. Soc. path. exot. Paris Vol. 50, S. 657 (1957); Vol. 52, S. 592 (1959); Vol. 54, S. 179 (1961).

440. Rao, K. N. A., and S. L. Karla: Tick-borne Relapsing Fever in Kashmir. Indian J. Med. Res. Vol. 37, S. 385 (149).

441. Rao, T. R.: Malaria Control Using Indoor Residual Sprays in the Eastern Province of Afghanistan. Bull. WHO Genf Vol. 3, 639—661 (1951).

442. Raoult de la Vigne, A.: Notes d'un psychiatre en Afghanistan. L'Hygiène Mentale 1960, S. 278.

443. —, et A. Ahmad: Lathyrisme en Afghanistan. Rev. Méd. Moyen-Orient, Beirut Vol. 10, S. 325 (1953).

444. Reid, H. A.: Kala-Azar in South Persia. Transact. Roy. Soc. Trop. Med. Vol. 46, 555—557 (1952).

445. Reitler, R., and J. Yoffe: Filariasis in the Jewish Communities of Malabar. Acta med. Orient. Vol. 14, S. 83 (1955).

446. Reynaud, J.: Noma et pénicillinothérapie. Sem. hôp. Paris Vol. 35, 1640—1647 (1950).

447. Richter, R., and L. Tat: Leprosy Problems in Turkey. Internat. J. Leprosy Vol. 26, 134—143 (1958).

448. Rodenwaldt, E.: Cholera 1863—1868. In: WA Bd. I, S. 11. Hamburg 1952.

449. — Cholera in Asien 1931—1955. In: WA Bd. III, S. 1 (mit Karte). Hamburg 1961.

450. Rodenwaldt, E.: Die Seuchenzüge der Cholera im 19. Jahrhundert. In: Studien zur Medizingeschichte des 19. Jahrhunderts Bd. I: Der Arzt und der Kranke in der Gesellschaft des 19. Jahrhunderts. Hsg. W. Artelt u. W. Rüegg, Stuttgart 1967, S. 201—208.

451. Rogers, L.: Thirty Years' Research on the Control of Cholera Epidemics. Brit. Med. J. 1957, S. 1193—1197.

452. Sabin, A. B., C. B. Philip, and J. R. Paul: Phlebotomus Fever; A Disease of Military Importance. J. Amer. Med. Ass. Vol. 125, 603 u. 693 (1944).

453. Sachs, A.: Typhus Fever in Iran and Iraq, 1942—1943. J. Roy. Army Med. Corps Vol. 86, 1—11 u. 87—108 (1946).

454. Sadoughi, Gh.: La conjonctivite trachomateuse en Iran. Rev. internat. trachome Paris Vol. 25, n. s., S. 204 (1948).

455. Sarwar, M. M., and M. Abdussalam: Prevalence of Orn. tholozani in the Hills of West Pakistan and Kashmir. 4. Pakistan Sc. Conference, Peshawar 1952.

456. Schifrin, I. A.: (Erkrankungen an Q-Fieber in Tadjikistan und Kasakhstan.) Ž. mikrobiol. Moskau 1954, 8—11 (russisch).

457. Schohabzadah, N.: Die· Organisation der Gesundheitspflege für Mütter, Säuglinge und Kinder in Afghanistan. Akademie f. Staatsmedizin, Hamburg 1956.

458. Seal, S. C.: The Problem of Cholera in India. Indian J. Publ. Health Vol. 4, suppl., 1—27 (1960).

459. —, and L. B. Bhattacharji: Epidemiological Studies on Plague in Calcutta. Part I—III. Indian J. Med. Res. Vol. 49, S. 974, 1008 u. 1019 (1961).

460. Sénécal, J.: Aperçus sur la médecine en Afghanistan. Sem. hôp. Paris Vol. 26, 1632—1634 (1950).

461. —, et A. Ahmed: Considérations sur le traitement de la fièvre récurrente par la pénicilline. Ibid. Vol. 26, 1634—1638 (1950).

462. —, et K. Rassoul: L'index tuberculinique des écoliers de Kaboul. Ibid. Vol. 26, 1638—1640 (1950).

463. Senevet, G., et al.: Présence de Anopheles d'thali (Patt.) en deux régions de l'Afrique voisine d l'Atlantique. Arch. Inst. Pasteur d'Algérie Vol. 38, 106 (1960).

464. Seradj, S.: Quelques particularités étiologiques de la malnutrition en Afghanistan. Rev. Méd. Moyen-Orient Vol. 22, S. 153 (1965).

465. Shah, S. U.: Survey of Brucellosis in Peshawar. Proc. VI. Pakistan Sc. Conference Karachi 1954, S. 242.

466. Shahgudian, E. R.: Notes on Anopheles marteri (Senevet et Prunelle). Proc. Roy. Entomol. Soc. Vol. 31, 71—75 (1956).

467. Sharif, M.: Spread of Plague in the Southern and Central Divisions of Bombay... Bull. WHO Vol. 4, 75—109 (1951).

468. Shekhanov, M. B., and L. G. Suvorova: (Natural Foci of Cutaneous Leishmaniasis in the South West of Turkmenistan.) Med. Parasit. a. Parasit. Dis. Moskau Vol. 29, S. 524 (1960). Ref.: TDB Vol. 58, S. 301 (1961) (russisch).

469. Shieber, Ch.: The Presence of Plasmodium ovale in Palestine. Harefuah, Jerusalem, Vol. 16, 122—125 (1939) (hebräisch mit engl. Zusammenfassung).

470. Shustrov, A. K.: (The Problem of the Distribution of Ticks of the Genus Ornithodorus in Transcaucasia.) Zool. Zh. Moskau Vol. 35, 986—989 (1956). Ref.: TDB Vol. 56, 836—837 (1959) (russisch).

471. Sidky, M. M., and M. J. Freyche: World Distribution and Prevalence of Trachoma in Recent Years. WHO Epidem. vital Statist. Rep. Genf Vol. 2, S. 230 (1949).

472. Siebeck, R.: Trachom in Europa und im Nahen Osten. In: WA Bd. I, S. 77 u. Karte Nr. 26. Hamburg 1952.

473. — Die globale Verbreitung des Trachoms 1930—1955. In: WA Bd. III, S. 65 u. Karte Nr. 96. Hamburg 1961.

474. Simmons, J. St., et al.: Global Epidemiology. Bd. III: The Near and Middle East. Philadelphia u. London 1954.

475. Singh, J., R. Pal, and M. L. Bhatia: Control of Anopheline Vectors of Oriental Region with Residual Insecticides. Bull. Nat. Soc. India for Malaria and other Mosquito-borne Dis. Vol. 2, S. 31 (1954).

476. Sipahioglu, H.: Filariasis in Turkey. Trans. Roy. Soc. Trop. Med. Vol. 53, 151—153 (1959).

477. Smallpox Endemicity in the World during 1936—1950. WHO Epid. vital Statist. Rep. Vol. 6, 227—256 (1953).

478. SMITH, L. C.: Final Report, Vaccine Production Project Afghanistan. WHO Rep. SE-Asia, New Delhi, Dezember 1958.

479. SOFIEV, M. S., and M. Z. LEITMAN: (On the Possibility of Transmission of Spirochaetes of Louse-borne Relapsing Fever by Ticks etc...) Med. Parasit. a. Parasit. Dis. Moskau Vol. 15, 81—84 (1946). Ref.: TDB Vol. 44, S. 906 (1947) (russisch).

480. —, and N. A. LEONOVA: (New Data on the Reservoir of the Virus of Tick-borne Relapsing Fever in the Uzbek SSR.) Med. Parasit. a. Parasit. Dis. Moskau Vol. 14, 60—65 (1945). Ref.: Rev. Appl. Entom. Vol. 34 (1946) (russisch).

481. SOMAN, D. W.: The Incidence and Distribution of Murine Typhus amongst Bombay Rats. Indian Med. Gaz. Vol. 85, 249—253 (1950).

482. Statistical Report: Hospital Inpatients in Afghanistan 1341—1344. Publ. Health Inst. Kabul, März 1967.

483. STEWART, I. S.: Dysentery in South Persia. Brit. Med. J. 1949, 662—663.

484. — Human Infestation with Trichostrongylus in South Persia. Brit. Med. J. 1949, S. 737.

485. — Human Trichostrongylosis and its Relationship to Ankylostomiasis in Southern Iraq. Parasitology Vol. 43, S. 102 (1953).

486. STICKER, G.: Abhandlungen der Seuchengeschichte und Seuchenlehre, Band 2, Cholera. Gießen 1912.

487. SUKHODOEVA, G. S.: (Characteristics of the Properties of Rickettsia burneti strains etc...) Ž. mikrobiol. Moskau Vol. 40, 84—89 (1963). Ref.: TDB Vol. 60, S. 833 (1963) (russisch).

488. SWAROOP, S.: Endemicity of Cholera in Relation to Fairs and Festivals in India. Indian J. Med. Res. Vol. 39, 41—49 (1951).

489. — Endemicity of Cholera in India. Ibid. Vol. 39, 141—157 (1951).

490. —, and R. POLLITZER: Cholera Studies: Part 2, World Incidence. Bull. WHO Vol. 12, S. 311 (1955).

491. TAS, J.: Psoriasis, a Study on the Problem of the Occurrence of Psoriasis in a Hot Climate. Acta med. Orient. Jerusalem Vol. 6, S. 79 (1947).

492. TAYLOR et al.: Eye Infections in a Punjab village. Amer. J. Trop. Med. Hyg. Vol. 7, 42—50 (1958).

493. TERAVSKII, I. K.: (Ornithodorus lahorensis as a Reservoir of Central-Asiatic Tick-borne Relapsing Fever.) Zool. Zh. Moskau Vol. 35, 1820—1824 (1956). Ref.: TDB Vol. 56, S. 836 (1959) (russisch).

494. TERHAAG, L.: Die globale Verbreitung des Q-Fiebers, 1933—1958. In: WA Bd. III, S. 73 u. Karte Nr. 99. Hamburg 1961.

495. THEODOR, O.: On the Zoogeography of some Groups of Diptera in the Middle East. Rev. Fac. Sc., Université Istanbul, Sr. B. Vol. 17, S. 107 (1951).

496. THIERS, H., M. WASSEY, et A. ROUHANI: Les aspects particuliers de la dermatolo-vénéorologie à Kaboul. J. méd. Lyon Vol. 42, 2001—2011 (1961).

497. Trachoma Studies in Iran. Inst. Parasitol. u. Malariol. Teheran, Publ. No. 823 (1960).

498. Trend of Scarlet Fever during Recent Years. WHO Epidem. vital Statist. Rep. Vol. 4, S. 355 (1951).

499. TROITSKY, N. V.: (Transmission of the Tick-borne spirochaetosis by the Various Stages of Ornithodorus papillipes.) Med. Parasit. a. Parasit. Dis. Moskau Vol. 14, 70—75 (1945). Ref.: TDB Vol. 43, S. 745 (1946) (russisch).

500. TROUPIN, J.: Medical Schools and Physicians; Quantitative Aspects. Bull. WHO Vol. 13, 345—361 (1955).

501. TURNER, E., et al.: The Incidence of Hydatid Disease in Syria. Trans. Roy. Soc. Trop. Med. Vol. 30, S. 225 (1936).

502. Typhoid and Paratyphoid Fevers from 1950—1954. Bull. WHO Vol. 13, S. 173 (1955).

503. ULMANN, E.: Globale Verbreitung des Denguefiebers. In: WA, Bd. III, S. 51 u. Karte Nr. 92. Hamburg 1961.

504. ULTCHEVA, A. V.: (The Distribution of the Larvae of Anopheles maculipennis sacharovi through a Rice-field, Samarkand-District.) Med. Parasit. a. Parasit. Dis. Moskau Vol. 11, 47—52 (1943). Ref.: Rev. Appl. Entom. Vol. 32, S. 170 (1944) (russisch).

505. UNESCO Planning Team; Education in Afghanistan. Ministry of Education, Kabul, Dez. 1964.

506. VELTISHCHEV, P. A.: (Contribution of the Questions of Distribution of the Representatives of the Genus Anopheles in the Northern Part of Southern Kazakhstan.) Med. Parasit. a. Parasit. Dis. Moskau Vol. 11, 47—52 (1943). Ref.: Rev. Appl. Entom. Vol. 32, S. 170 (1944) (russisch).

507. VYSOTSKY, V. V.: (The Existence of Lingering Malaria Foci in the Alpine Areas of the Western Pamir.) Med. Parasit. a. Parasit. Dis. Moskau Vol. 31, 581—583 (1962). Ref.: TDB Vol. 60, S. 90 (1963) (russisch).

508. WATSON, J. M.: Human Trichostrongylosis and its Relationship to Ankylostomiasis in Southern Persia. Parasitology Vol. 43, 102—190 (1953).

509. — Bilharziasis in South Persia. Transact. Roy. Soc. Trop. Med. Vol. 47, 49—55 (1953).

510. — Studies on Bilharziasis in Iraq. Part I—VIII. J. Med. Fac. Baghdad Bd. 12 (1952) — Bd. 17 (1953).

511. — Distribution, Importance and Prevention of Urinary Bilharziasis in the Valley of the Tigris and Euphrate Rivers. Lebanese Med. J. 1952, S. 13—29. Ref.: TDB Vol. 50, S. 37 (1953).

512. WEYER, F.: Die Malariaüberträger. Stuttgart 1939.

513. WHO Wkly Epidem. Rec. Genf Vol. 24 (1949) — Vol. 42 (1967). Epidem. vital Statist. Rep. Genf Vol. 1 (1947/48) — Vol. 20 (1967). Wkly Fasc. Singapore 1949—1961 (Unterlagen für Tabellen über Pocken, Fleckfieber, Rückfallfieber u. a. / Material for Tables about Smallpox, Typhus, Relapsing fever etc.).

514. WHO Epidem. vital Statist. Rep. Genf. Vol. 11, S. 476 (1958) (Anthrax).

515. WHO Epidem. vital Statist. Rep. Genf Vol. 1 (1947/48), Vol. 5 (1952), Vol. 11 (1958), Vol. 13 (1960), Vol. 14 (1961) (Cholera).

516. WHO Stat. Suppl. to Wkly Epidem. Rec. Genf Vol. 17 (1938), Vol. 18 (1939), Vol. 19 (1940) (Cholera).

517. WHO Wkly Epidem. Rec. Genf Vol. 11 (1936), Vol. 13 (1938), Vol. 14 (1939), Vol. 15 (1940), Vol. 16 (1941), Vol. 35 (1960), Vol. 36 (1961), Vol. 37 (1962), Vol. 39 (1964), Vol. 40 (1965), Vol. 41 (1966) (Cholera).

518. WHO Monthly Epidem. Rec. — League of Nations Genf Vol. 10, 263—271 (1931), Vol. 11, S. 278 (1932) (Cholera).

519. WHO Epidem. vital Statist. Rep. Genf Vol. 5 (1952) — Vol. 11 (1958), Wkly Fasc. Singapore Vol. 23, Suppl. 4, 156—157 (1962) (Diphtherie in Mittel-Ost/ Diphtheria in Middle East).

520. WHO Epidem. vital Statist. Rep. Genf Vol. 14, S. 357 (1961) (Dysenterie/Dysentery).

521. WHO Wkly Fasc. Singapore Vol. 23, Suppl. 1 (1950) u. Vol. 24, Suppl. 1 (1951) (Fleckfieber — Typhus).

522. WHO Epidem. vital Statist. Rep. Genf. Vol. 14, S. 287 (1961) und Vol. 15, S. 637 (1962) (Hepatitis).

523. WHO Wkly Fasc. Singapore Vol. 22, Suppl. 4 (1949) (Influenza u. Pneumonien/Pneumonia).

524. WHO Epidem. vital Statist. Rep. Genf Vol. 11 (1958) u. ff. (Influenza).

525. WHO Epidem. vital Statist. Rep. Genf Vol. 8, S. 200 (1955) u. ff. (Keuchhusten/Whooping cough).

526. WHO Wkly Epidem. Rec. Genf Vol. 37 (1962), Vol. 38 (1963), Vol. 39 (1964), Vol. 40 (1965), Vol. 41 (1966) (Malaria in Afghanistan).

527. WHO Wkly Fasc. Singapore Vol. 22, Suppl. 4 (1949) (Malaria).

528. WHO Wkly Fasc. Singapore Vol. 23, Suppl. 4 (1952) (Masern/Measles).

529. WHO Epidem. vital Statist. Rep. Genf Vol. 8, S. 547 (1955), Vol. 9, S. 647 (1956), Vol. 13, S. 209 (1960) (Meningitis).

530. WHO Wkly Fasc. Singapore Vol. 24, Suppl. 2 (1951) (Meningitis).

531. WHO Wkly Fasc. Singapore. N. S. Vol. 4 (1958) u. Vol. 7 (1961) (Pest/Plague).

532. WHO Official Rec. No. 114: The Work of WHO 1961, S. 127 Afghanistan Project No. 20 (Pocken/Smallpox).

533. WHO Epidem. vital Statist. Rep. Genf Vol. 11, 307 to 308 (1958) u. ff. Bde. (Poliomyelitis).

534. WHO Epidem. vital Statist. Rep. Genf Vol. 1 (1947/48), Vol. 3 (1950), Vol. 4 (1951), Vol. 5 (1962), Vol. 6 (1953), Vol. 9 (1956) *(Scharlach/Scarlet fever)*.

535. WHO Epidem. vital Statist. Rep. Genf Vol. 12, S. 440 (1959) *(Tetanus)*.

536. WHO Wkly Fasc. Singapore Vol. 22, Suppl. 3 (1949) *(Tuberkulose/Tuberculosis)*.

537. Whooping Cough, its Recent Trend. WHO Epidem. vital Statist. Rep. Vol. 5, S. 323 (1952).

538. WIEGERS, H.: Pappatacifieber 1943 auf der Krim. Dissertation Tübingen 1944.

539. WILLCOX, P. H.: Louse-borne Relapsing Fever in Persia. Brit. Med. J. 1948, S. 473.

540. WILSON, J. L.: Health and History in the Middle East. New England J. Med. Vol. 260, S. 751 (1959).

541. WISSEMAN and SWEET: The Ecology of Dengue. In: MAY, Studies in Disease Ecology. New York 1961.

542. WOOD-WALKER, R.: Expedition to Afghanistan. Lancet, 1964, 28. März, S. 713.

543. World Health, Magazine of WHO (Publ. Health Inst. Kabul), Mai und September 1967.

544. World Incidence of Poliomyelitis in 1952. WHO Epidem. vital Statist. Rep. Genf Vol. 6, S. 87 (1953).

545. WRIGHT, J. W., and A. W. A. BROWN: Survey of Possible Insecticide Resistance in Body Lice. Bull. WHO Genf Vol. 16, 9—31 (1957).

546. WUNDT, W.: Die Verbreitung der Brucellose auf der Erde. In: WA Bd. III, S. 11 u. Karte Nr. 83. Hamburg 1961.

547. YAGUZHINSKAYA, L. V.: (Malaria Vectors on the Northern Part of Urgut, According to Observation in 1943.) Med. Parasit. a. Parasit. Dis. Moskau Vol. 14, 47—56 (1945). Ref.: Rev. Appl. Entom. Vol. 34, Pt. 12 (1946) (russisch).

548. YEKUTEL, P.: Problems in Malaria Eradication. Bull. WHO Genf, Vol. 22, S. 669 (1960).

549. YEVDOSHENKO, V. G., and T. L. PRORESHNAYA: Natural Infection of Wild Animals of Northern Kirghizia with *Rickettsia burneti*. Probl. Virology, London Vol. 6, 656—660 (1961).

550. ZANINA, Z. L.: (Biological Characteristics of *Anopheles superpictus* in the Rushan District [Western Pamir].) Med. Parasit. a. Parasit. Dis. Moskau Vol. 26, S. 721 (1957). Ref.: TDB Vol. 55, S. 369 (1958) (russisch).

551. ZIAH, A.: Morbidität und Mortalität der Kleinkinder in der Kinderklinik in Kabul/Afghanistan. Deutsches Ärzteblatt 1968, Nr. 15, S. 879.

552. ZOLOTAREV, K.: *(Anopheles maculipennis* of North Iran.) Med. Parasit. a. Parasit. Dis. Moskau Vol. 14, 50—57 (1945). Ref.: TDB Vol. 43, S. 519 (1946) (russisch).

Bibliographien/Bibliographies

1. AKRAM, MOH.: Bibliographie analytique de l'Afghanistan. Paris 1947.

2. FIELD, H.: Bibliography on South-Western Asia. Bd. 1—7, Coral Gables, Florida 1953—1962.

3. GLAZER, S. S.: Bibliography of Periodical Literature in the Near and Middle East. Reprinted from the Middle East Journal. No. 1 (1947) — No. 82 (1967). Washington.

4. WILBER, D. N.: Annotated Bibliography of Afghanistan. New Haven 1956.

Bildbeilagen

Illustrations

Zu den Bildbeilagen

Alle Bilder, bei denen nicht ausdrücklich ein anderer Urheber genannt ist, sind nach Aufnahmen des Verfassers angefertigt worden. Einige geographische und geologische Aufnahmen, also Darstellungen heute noch unveränderter Motive, sind früheren Publikationen [32, 34, 273] entnommen; ihre Wiedergabe schien notwendig, da ein möglichst vollständiges Bild von der Vielgestaltigkeit Afghanistans vermittelt werden sollte. Die Mehrzahl der nachstehenden Bilder wurde jedoch 1964 während des letzten Aufenthaltes im Lande aufgenommen, so daß die Bildreihe in ihrer Gesamtheit einen Überblick über das heutige Afghanistan bringt — Landschaften, Menschen, Landwirtschafts- und Bauformen, Krankenhäuser und Institute, einige der in die Zukunft weisenden Entwicklungsprojekte und die malariologisch wichtigen Eigenarten.

A Note on Illustrations

If another person has not been named, all pictures are originals of the author. Some photographs, depicting unchanged geographical and geological sights have been previously published [32, 34, 273], but they are considered indispensable for a complete visual description of Afghanistan. Most of the following photographs, however, were taken during the last stay in the country, in 1964, so that the total series of pictures represents the impression Afghanistan given today — the country, people, agriculture, buildings, hospitals and institutes, and some of the projects under development with their aspect of the future, as well as the most important habitats of malaria vectors.

Tafel 1.

a) Hindukusch; Schlucht nördlich des Shibar-
Passes mit permischen Fusulinidenkalken.
b) Tenge-Gharu bei Kabul; jungpaläozoische
und mesozoische, schwach metamorphosierte
Kalke und Ultrabasica.
c) Paghmangebirge bei Kabul; metamorphe
Sedimente.
d) Anjuman-Paß; alte kristalline Gesteine der
Hindukusch-Schwelle

Plate 1.

a) Hindu Kush; gorge, north of Shibar Pass,
with permian fusulinide limestone.
b) Tenge-Gharu near Kabul; upper palaeozoic
and mesozoic, slightly metamorphosed limestones and ultrabasics.
c) Paghman range near Kabul; metamorphic
sedimentary rocks.
d) Anjuman Pass; old metamorphic rocks of
the Hindu Kush Basement

154

Tafel 2.

a) Oligo-/miozäne Konglomerate mit Erd-
pyramiden-Bildung nördlich des Unai-Passes
bei Bamian.
b) See von Bend-e-Amir; oberkretazische
Steilwände, deren unterer Teil stark über-
schottert ist.
c) Fuladi bei Bamian; oligo-/miozäne grob-
klastische Gesteine wie in der Wand von
Bamian.
d) Bergwand bei Doab nördlich des Hindukusch; teilweise überschotterte jurassische
Saighan-Serie, überlagert von Konglomeraten
der unterkretazischen Red Grit-Serie; oberste
Schichten oberkretazisch

Plate 2.

a) Oligo-/miocene conglomerates with formation of earth pyramids, north of Unai Pass
near Bamyan.
b) Lake of Bend-e-Amir; upper cretaceous
scarps, the lower parts covered with gravel.
c) Fuladi near Bamyan; oligo-/miocene coarse
clastic rocks like in the scarp of Bamyan.
d) Scarp near Doab, north of the Hindu
Kush range; the upper strata of the jurassic
Saighan series are partly hidden by gravel,
covered by conglomerates of the lower cretaceous Red Grit series; topmost formations
upper cretaceous

a)

b)

c)

Tafel 3.

a) Balkh-Fluß bei Tschischma-i-Schäfa.
b) Östlicher Logarzufluß bei Kulangar südlich von Kabul; junge plio-/pleistozäne intramontane Schotterfüllung.
c) Kunar-Fluß bei Shewa; Fährboot aus aufgeblasenen Tierhäuten.
d) Pendschir-Tal; überschottertes Paläozoikum, vorwiegend karbonatische Gesteine. Rechts unten Feldbau auf Irrigation

Plate 3.

a) Balkh River near Chishma-e-Shefa.
b) Eastern tributary to the Logar River near Kulangar, south of Kabul; young plio-/pleistocene intramontane gravel.
c) Kunar River near Shewa; ferry-boat made of blown-up hides.
d) Penjir Valley; palaeozoic formations covered with gravel, mainly limestone. At the lower right irrigated fields

d)

a)

b)

c)

d)

Tafel 4.

a) „Drachenquelle" von Istalif; steinerne Rinne mit
Karbonatsinter.
b) „Drachenquelle" bei Bamian; Quellsinter mit Längs-
bruch infolge unterirdischer Erosion.
c) Quellsinter am Shatu-Paß; Gesamtlänge 780 m, vorn
kleiner, nicht mehr sprudelnder Sinterkegel.
d) „Drachenquelle" von Istalif; Struktur des Sinter-
gesteins am Vorderende des „Drachens"

Plate 4.

a) The "Dragon"-spring of Istalif; trough with calcareous sinter.
b) The "Dragon"-spring near Bamyan; calcareous
sinter with longitudinal cleft caused by underground
erosion.
c) Spring sinter near Shatu Pass; 780 m in lenght, in
the foreground an old inactive sinter cone.
d) "Dragon"-spring of Istalif; detail of the sinter formation at the forepart of the "dragon"

Tafel 5.

a) Landstraße alter Bauart; Auffahrt zum
   Altimur-Paß.
b) Tenge-Gharu bei Kabul; neue Straße von
   Kabul nach Dschelalabad.
c) Salang-Paß; neue Straße mit Tunnelunterführung auf 3000 m.
d) Obeh bei Herat; Badehaus der Thermal-
   quelle

Plate 5.

a) The old road ascending to Altimur Pass.
b) Tenge-Gharu near Kabul; new highway
   from Kabul to Jalalabad.
c) Salang Pass; new highway with tunnel
   (3000 m above sea-level).
d) Obeh near Herat; baths of the thermal
   spring

a)

b)

d)

c)

Tafel 6.

a) *Saccharum spontaneum* bei Grischk.
b) *Acantholimum erinaceum;* sogen. „Igelsteppe" bei Bend-e-Amir (3000 m).
c) *Callotropis procera* (Asclepiadeaceae) bei Dschelalabad.
d) *Erianthus ravennae* am Ufer des Kunduz-Flusses unterhalb von Baghlan

Plate 6.

a) *Saccharum spontaneum* near Girishk.
b) *Acantholimum erinaceum;* so-called "hedgehogsteppe" near Bend-e-Amir (3000 m).
c) *Callotropis procera* (Asclepiadeaceae) near Jalalabad.
d) *Erianthus ravennae* at the banks of the Kunduz River below Baghlan

a)

b)

c)

d)

Tafel 7.

a) Baumwacholder *(Juniperus seravschanica)* auf der
N-Seite des Salang-Passes.
b) Zedernwald *(Cedrus deodora)* im Grenzgebirge;
Provinz Paktia (O. H. VOLK phot.).
c) Handelskarawane bei Doab.
d) Handelskarawane westlich von Bamian

Plate 7.

a) Juniper tree *(Juniperus seravschanica);* northern slope
of Hindu Kush (Salang Pass).
b) Cedar wood *(Cedrus deodora)* in the Paktia Province mountains (O. H. VOLK phot.).
c) Merchant caravan near Doab.
d) Merchant caravan west of Bamyan

a)

c)

b)

d)

Tafel 8.

a) Junger Pathane; Ghilzai, aufgenommen bei Ghazni
(M. KLIMBURG phot.).
b) Hezareh aus Bamian (M. KLIMBURG phot.).
c) Bergtadschike aus Badakhshan (H. SCHLENKER phot.).
d) Usbeke aus Kabul (P. SNOY phot.)

Plate 8.

a) Young Pathan (Ghilzai) near Ghazni (M. KLIM-
BURG phot.).
b) Hazara from Bamyan (M. KLIMBURG phot.).
c) Tajik from the Badakhshan Mountains (H. SCHLEN-
KER phot.).
d) Uzbek from Kabul (P. SNOY phot.)

a)

b)

c)

Tafel 9.

a) Dorfhaus im Hochgebirge; oberes Pendschir-Tal.
b) Geschlossene Dorfsiedlung; Rakhanat bei Herat,
   mit Taubenturm in Bildmitte.
c) Kuppelhäuser südlich von Farah; N-Grenze der
   Dattelpalmen.
d) Kabul; Dächer der Altstadt (Deh Afghanan)

Plate 9.

a) Village house on the high mountains; upper Penjir
   Valley near Anjuman Pass.
b) Compact rural settlement; Rakhanat near Herat,
   with pigeon-tower in the centre.
c) Dome-shaped huts south of Farah; northern
   borderline of date-palm vegetation.
d) Kabul; roofs of the old town

d)

a)

b)

c)

d)

Tafel 10.

a) Kabul; das neue Spinzar-Hotel.
b) Modernes Einzelhaus in Lashkargah; offene Bauweise
unter Verzicht auf die früher üblichen Ummauerungen
der Grundstücke.
c) Freitags-Moschee in Herat; erbaut im 12.—13. Jhdt.,
gute Restaurierung in der Neuzeit.
d) Alte afghanische Bauernburg *(qaleh)* in der Gegend
von Kabul

Plate 10.

a) Kabul; the new Spinzar Hotel.
b) Modern detached house in Lashkargah; open construction instead of the former enclosure of the court-
yard with mud walls.
c) Friday Mosque in Herat; built in the 12th and 13th
century, expert restauration in modern times.
d) Old Afghan peasant castle ("qaleh") near Kabul

a)

Tafel 11.

a) Reisernte bei Kunduz; alle Getreidearten werden
von Hand mit der Sichel geschnitten.
b) Bewässerungsgraben *(dschui)* am Kunduz-Fluß unterhalb von Baghlan.
c) Terrassenfelder bei Sarobi.
d) Haken- oder Wühlpflug in Kohdaman

Plate 11.

a) Rice harvest near Kunduz; all cereals are cut by
hand with a sickle.
b) Irrigation canal ("jui") following the Kunduz River
below Baghlan.
c) Terrace fields near Sarobi.
d) Wooden plough in Kohdaman

164

Tafel 12.

a) Dreschen des Getreides mit Ochsen.
b) Stausee des Arghandab-Flusses bei Kandahar.
c) Moderne Bewässerungsanlagen bei Grischk, der vom
Hilmend-Fluß abgeleitete Bogra-Kanal.
d) Getreidereinigung im Wind

Plate 12.

a) Threshing corn with oxen.
b) Reservoir of the Arghandab River near Kandahar.
c) Modern irrigation near Girishk; the Bogra Canal
which is diverted from the Helmand River.
d) Cleaning corn in the wind

a)

b)

d)

Tafel 13.

a) Gulbahar; moderner Spinnereibetrieb (Ch. Danzer phot.; überlassen von Kreditanstalt für Wiederaufbau).
b) Sarobi; Stauwehr mit Kraftwerk.
c) Avicenna-Krankenhaus in Kabul; Umbau der früheren Städtischen Poliklinik Tschendaol.
d) Modernes Landkrankenhaus in der Provinz Logar; Teilansicht

Plate 13.

a) Gulbahar; modern spinning-mill (Ch. Danzer phot.; courtesy of „Kreditanstalt für Wiederaufbau").
b) Sarobi; dam and power station.
c) Avicenna Hospital in Kabul, enlarged former municipal policlinic of Chendaol.
d) Modern rural hospital in Logar Province; partial view

a)

b)

c)

d)

Tafel 14.

a) Institute of Public Health in Kabul.
b) Universität Kabul; neues Vorlesungsgebäude.
c) Universität Kabul; neue Bibliothek.
d) Universität Kabul; modernes Studentenwohnheim

Plate 14.

a) Institute of Public Health in Kabul.
b) University of Kabul; new lecture hall.
c) University of Kabul; new library.
d) University of Kabul; modern students' hostel

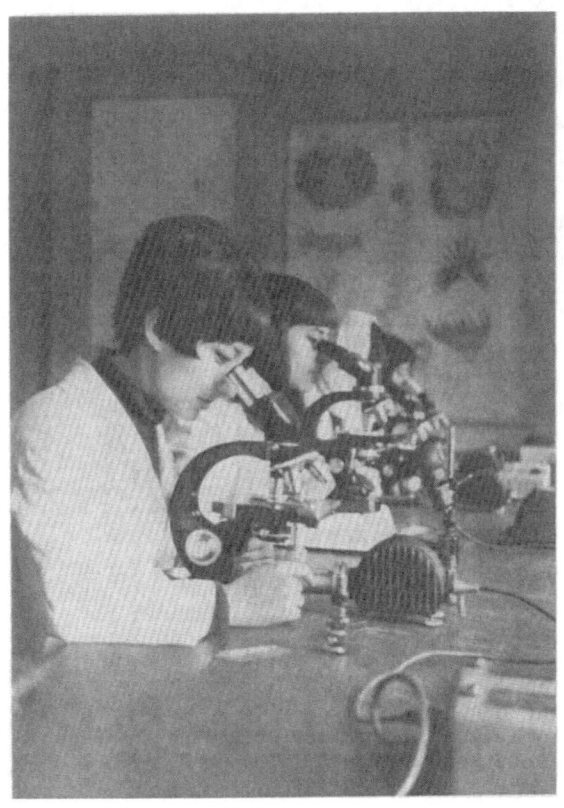

a)

b)

c)

d)

Tafel 15.

a) Malaria-Institut Kabul; Laboratoriumsarbeiten
(S. Wenzel phot.).
b) Malaria-Institut in Dschelalabad.
c) Sarobi; Brutplatz von *Anopheles superpictus* Grassi
im Flußbett.
d) Sarobi; überschwemmtes Reisfeld mit jungen Reis-
pflanzen, Potamogeton und Algenbewuchs. Vor der
Malaria-Bekämpfung Brutplatz von *A. hyrcanus* Pallas, *A. stephensi* Liston und *A. superpictus* Grassi

Plate 15.

a) Institute of Malariology, Kabul; laboratory research
(S. Wenzel phot.).
b) Institute of Malariology, Jalalabad.
c) Sarobi; breeding place of *Anopheles superpictus*
Grassi in the river-bed.
d) Sarobi; flooded rice field with young rice plants,
vegetation of Potamogeton and algae; before the beginning of the malaria campaign, breeding place of
A. hyrcanus Pallas, *A. stephensi* Liston, and *A. superpictus* Grassi

d)

Tafel 16.

a) Brutplatz von *A. superpictus* Grassi im Trocken-
bett des Kabul-Flusses oberhalb von Kabul.
b) Offenes Stallgebäude bei Laghman; Tagesaufenthalt
von *A. superpictus* Grassi.
c) Ribat Haschim bei Herat; Fang von *A. superpictus*
Grassi außerhalb der Wohnungen (Tagesaufenthalt
großenteils im Freien).
d) Brutplatz von *A. superpictus* Grassi bei Laghman

Plate 16.

a) Breeding place of *A. superpictus* Grassi in the dry
bed of the Kabul River above Kabul.
b) Open stables near Laghman, day-time habitat of
A. superpictus Grassi.
c) Ribat Hashim near Herat; collecting *A. superpictus*
Grassi outside the houses.
d) Breeding place of *A. superpictus* Grassi near
Laghman

ZEICHENERKLÄRUNG

☐	Hauptstadt
⊚	Stadt über 100 000 Einwohner
○	Ortschaft
——	Hauptstraße
——	Nebenstraße
△	Gipfel, Bergspitze
⬭	Sandwüste
✝	Flugplatz
⌣	Pass (P.)
+++++	Eisenbahn
-·-▪-·-	Staatsgrenze
········	Waffenstillstandslinie
⤳	Flußlauf
⬤	See, Reservoir
⬤	Salzsee
⩘	Kanal
⌣	Damm

LEGEND

☐	Capital
⊚	Town more than 100,000 inh.
○	Place, Settlement
——	Highway
——	Secondary road
△	Peak
⬭	Sand desert
✝	Air base
⌣	Pass (P.)
+++++	Railway
-·-▪-·-	Boundary
········	Cease-fireline
⤳	River
⬤	Lake, Reservoir
⬤	Salt lake
⩘	Canal
⌣	Dam

Maßstab · Scale 1 : 4 000 000

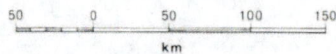

km

Ludolph Fischer: Afghanistan

Springer · Verlag: Berlin · Heidelberg · New York

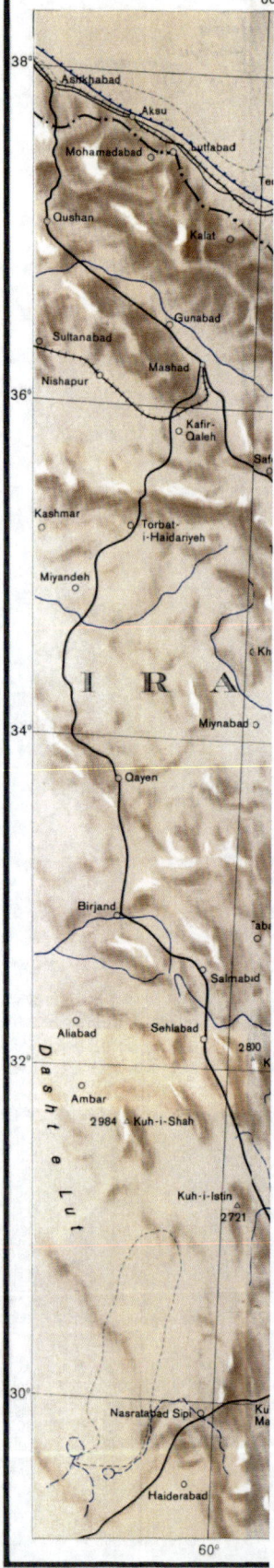

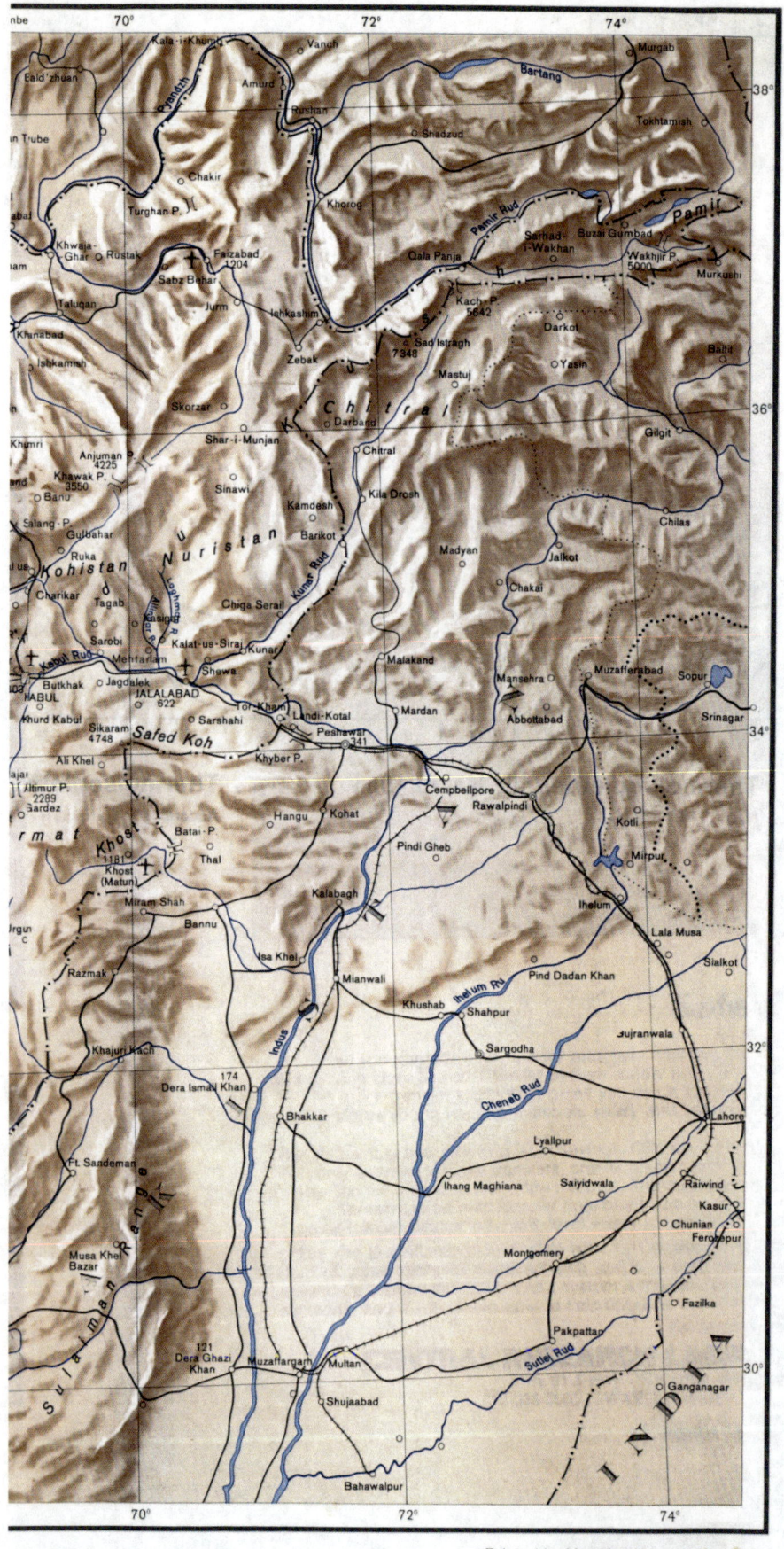

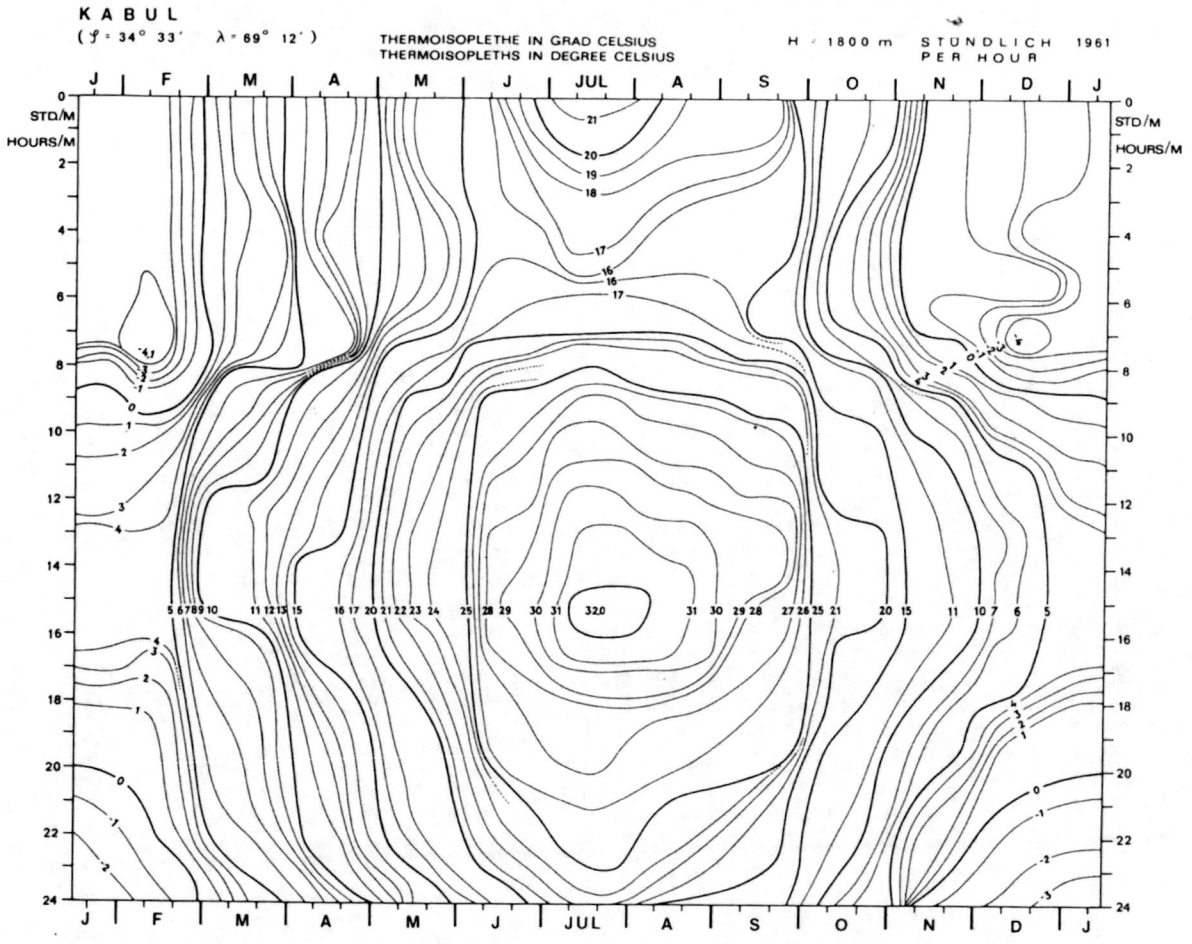

Abb. 2 Thermoisoplethen für Kabul 1961

Nach E. REINER (114)

Fig. 2 **Thermoisopleths of Kabul 1961**

According to E. REINER (114)

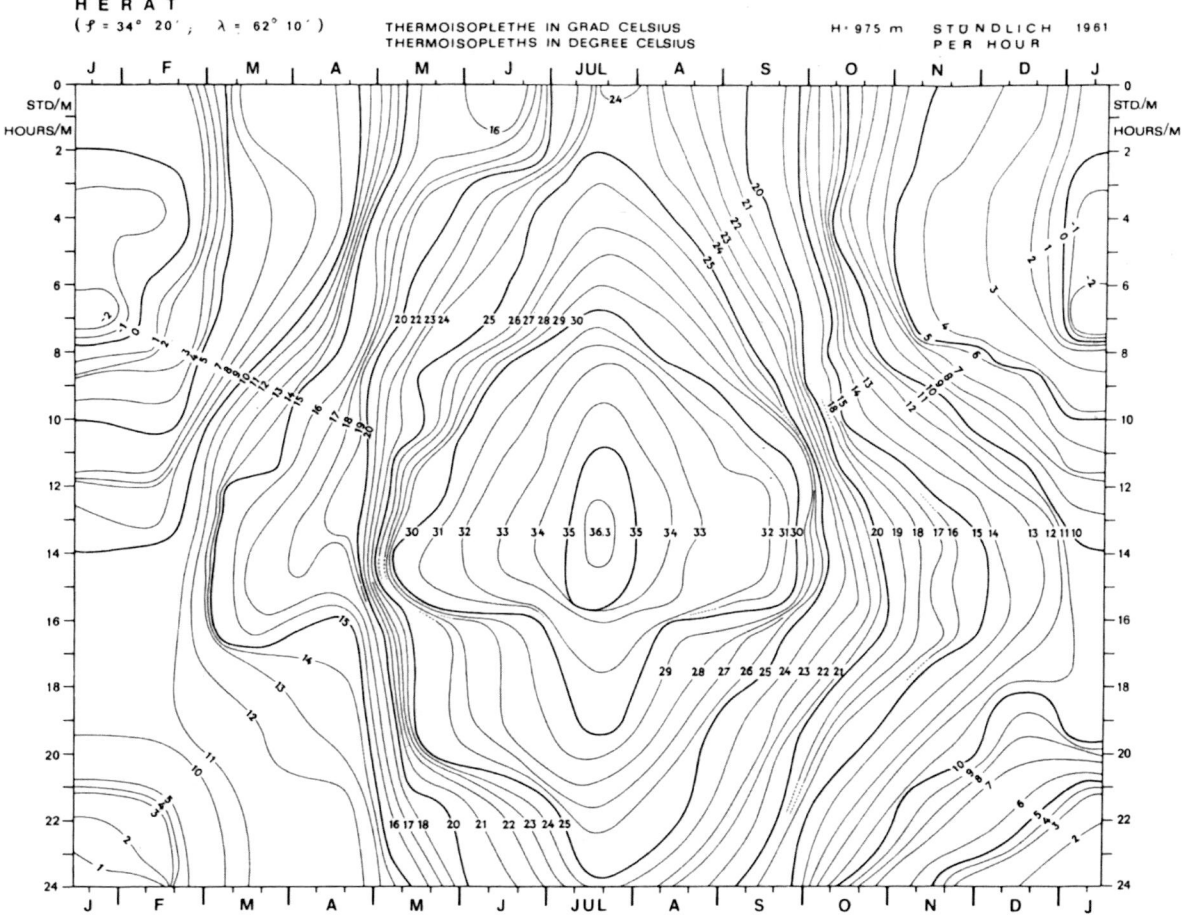

Abb. 3 Thermoisoplethen für Herat 1961

Nach E. REINER (114)

Fig. 3 Thermoisopleths of Herat 1961

According to E. REINER (114)

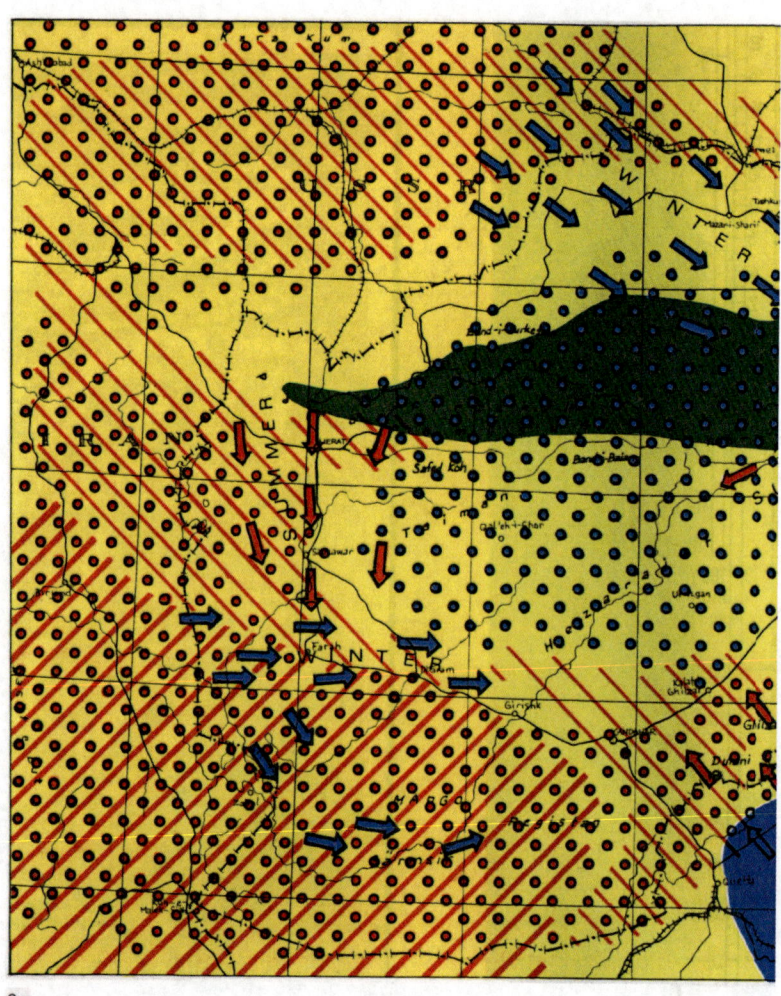

2a

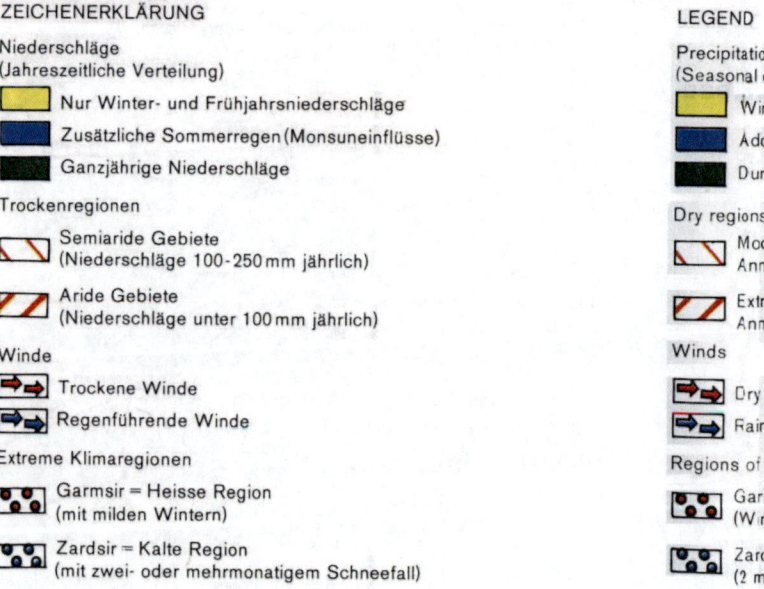

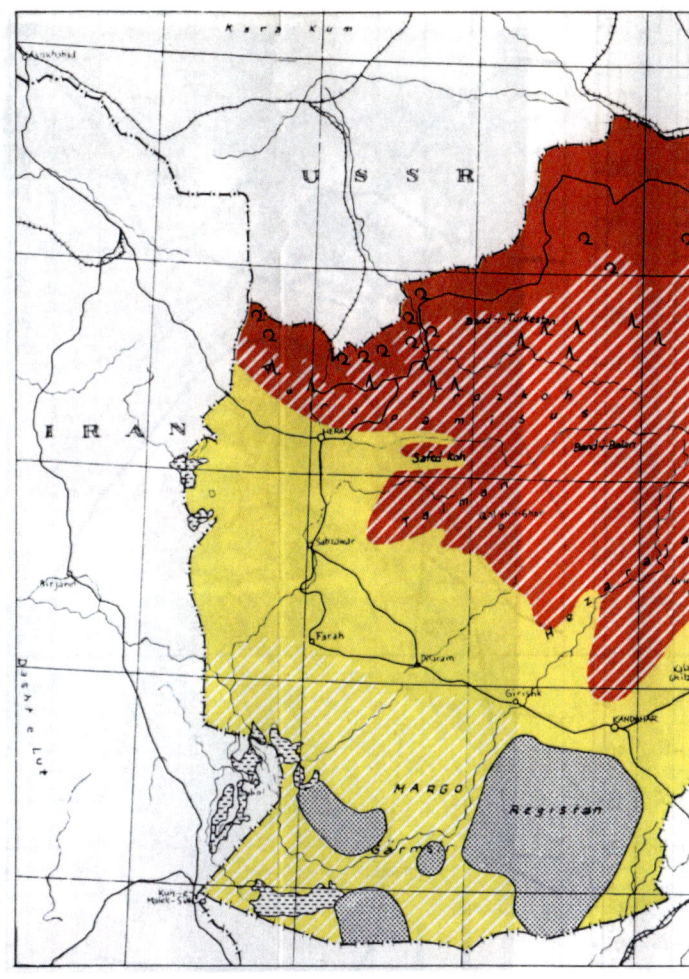

2b

According to O. H. VOLK
from: Atlas for Secondary Schools in Afghanistan,
by Karl Wenschow G.m.b.H. München (changed)

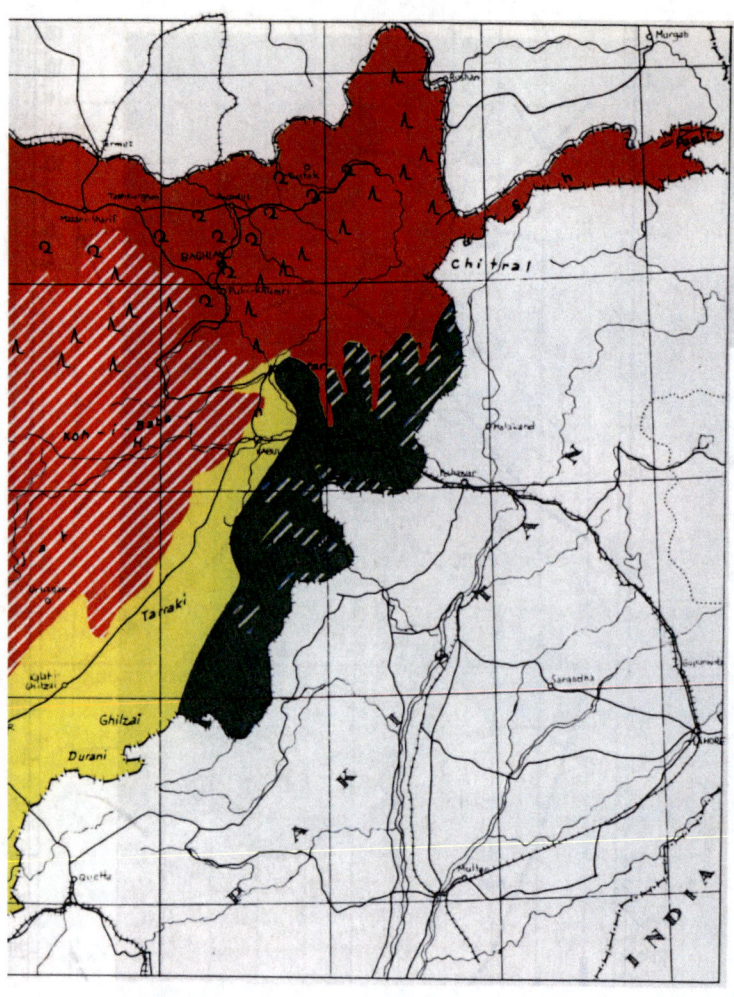

LEGEND

■	Steppes with Ephemerals of Southern Turkestan
▨	Steppes of the High Mountains
■	High Mountain Semi-Deserts (pamiro-altaian)
▨	Desertic Steppes of the Midlands
▨	Southern Semi-Deserts and Deserts
■	Palaeotropical Steppes and xerophyllous Woodlands, influenced by Monsoon
▨	Cedrus deodora or Pine forests of Monsoon District
▨	Sandy Country
□	Lakes, Swamps
▨	Salt flats
▨	Pistacia vera shrublands
▨	Juniperus seravschanica shrublands

ıldungen

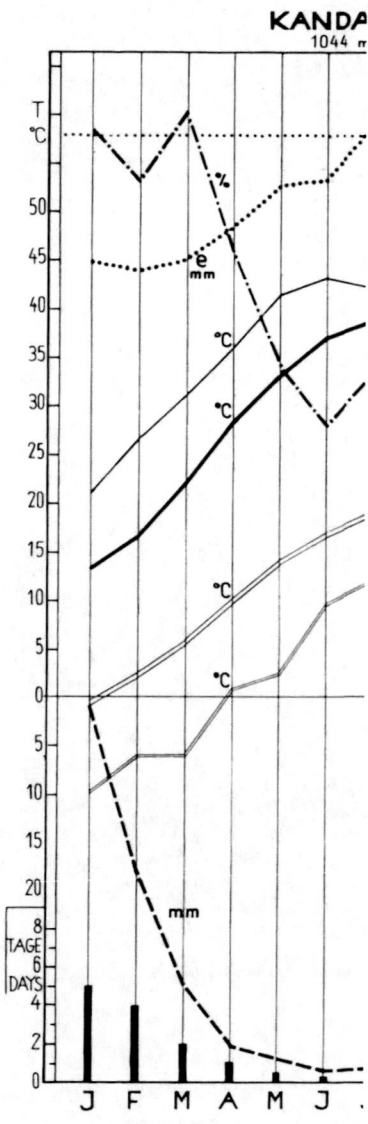

Abb. 4 **Klimakurven von Kand:**
zusammengestellt von K. DAUBERT n
und KÖPPEN: Grundriß der Klimakun

a.) Kandahar: mediterrane Einflüsse n
naten zeitweise Auftreten von Schwül«
Nachmittagsstunden.

a.) Kandahar: Mediterranean influence
season. Occasional sultriness during tl
noon and afternoon hours.

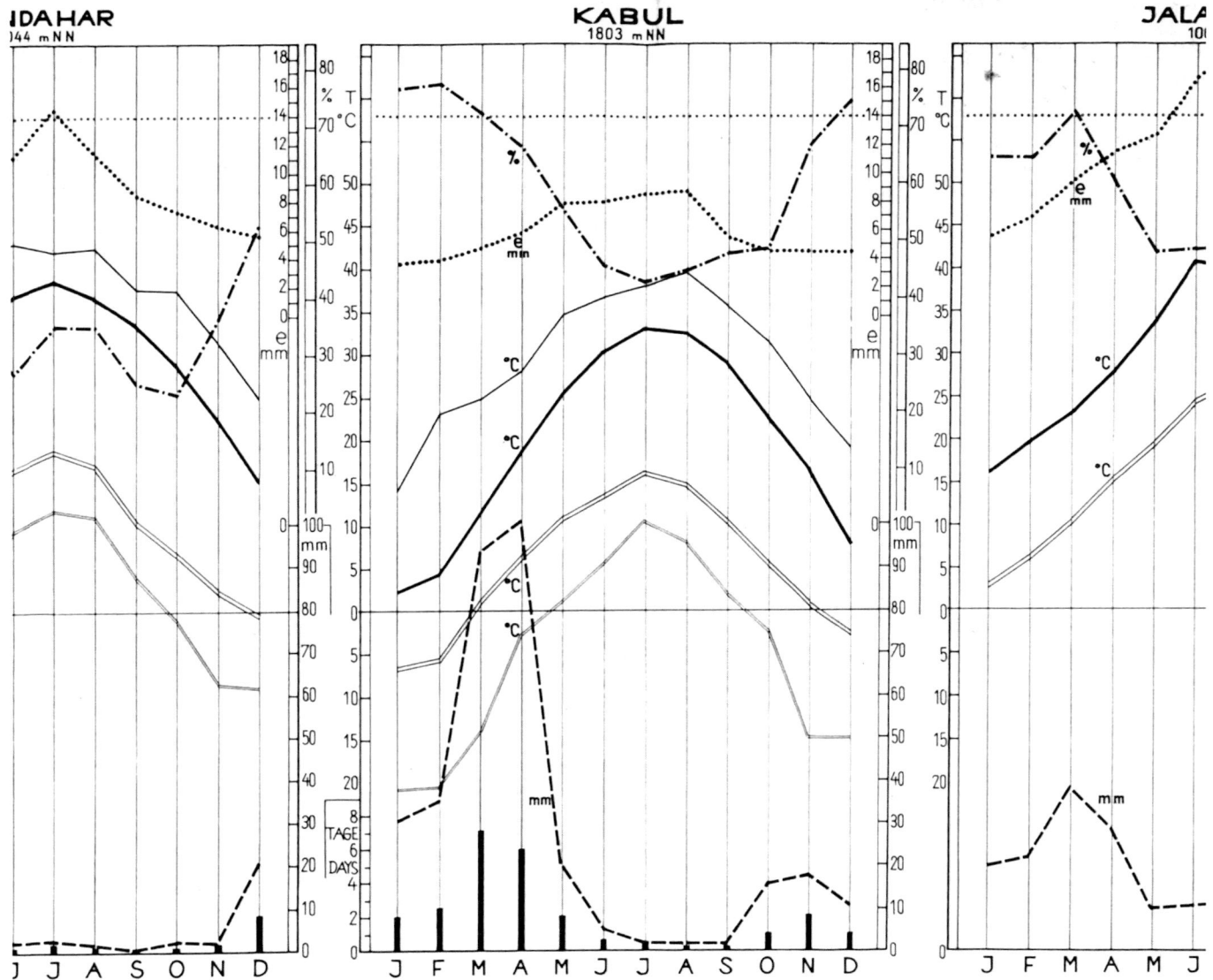

IDAHAR
)44 m N N

KABUL
1803 m NN

JAL
10

ndahar, Kabul und Jalalabad

:RT nach HERMAN (55)
akunde

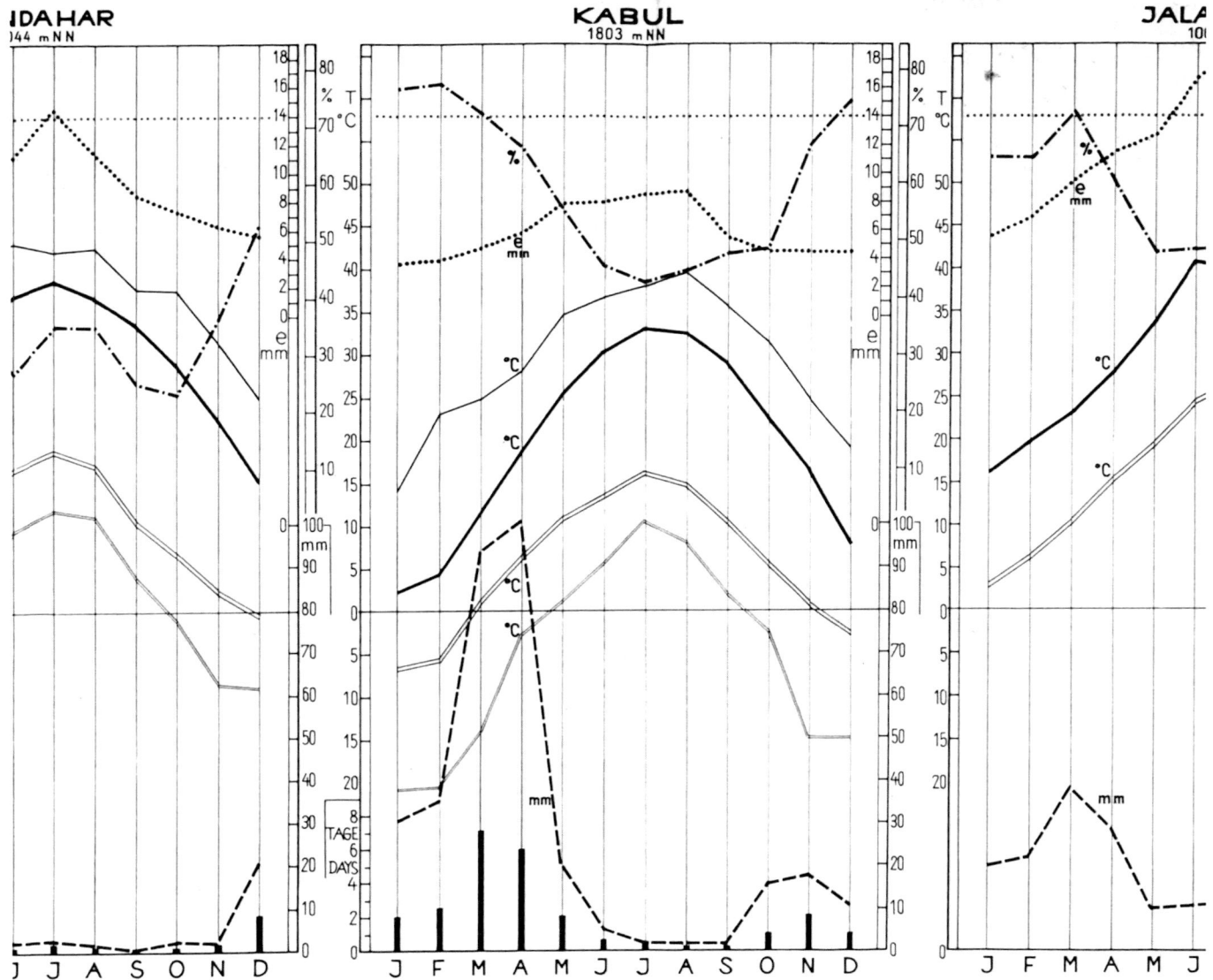

Fig. 4 **Climate of Kand**

Compiled by K. DAUBERT
and KÖPPEN: Grundriß der

ZEICHENERKLÄRUNG LEGEND

────	Mittlere monatliche Maximaltemperatur (°C) Mean monthly maximum of temperature (°C)
═══	Mittlere monatliche Minimaltemperatur (°C) Mean monthly minimum of temperature (°C)
──	Absolute monatliche Maximaltemperatur (°C) Absolute monthly maximum of temperature (°C)
══	Absolute monatliche Minimaltemperatur (°C) Absolute monthly minimum of temperature (°C)

── ── ──	Monatliche Niederschlagshöhe in mm Monthly precipitations in mm
─·─·─·─	Relative Feuchtigkeit (in %) Relative humidity (in %)
••••••••••	Dampfdruck Vapor pressure
··········	Schwülegrenze (Dampfdruck von 14,08 mmHg) Limit of sultriness (vapor pressure of 14.08 mmHg)

sse mit Winterregen. In den Sommermo-
hwüle, besonders in den Mittags- und

ience with rainfall during the winter
ing the summer months, particularly during

b.) Kabul: Frühjahrsregen; Schwülegrenze von 14,08mmHg wird in der Regel
nicht erreicht, daher in Kabul nur selten ausgesprochene Schwüle in den
Sommermonaten.

b.) Kabul: Rainfall during the early spring; true sultriness is rare even during
the summer months, as the vapor pressure of 14.08mmHg is generally not
reached.

c.) Jalalabad: äußerst geringe Frühj
Schwülegrenze (nur nach Mittlerem
da absolute Maxima nicht vorliegen)
Im Sommer ausgesprochen schwül

c.) Jalalabad: Sparce rainfall during
constant sultriness during the summ
monthly maxima, as absolute maxim

ALALABAD
1065 m NN

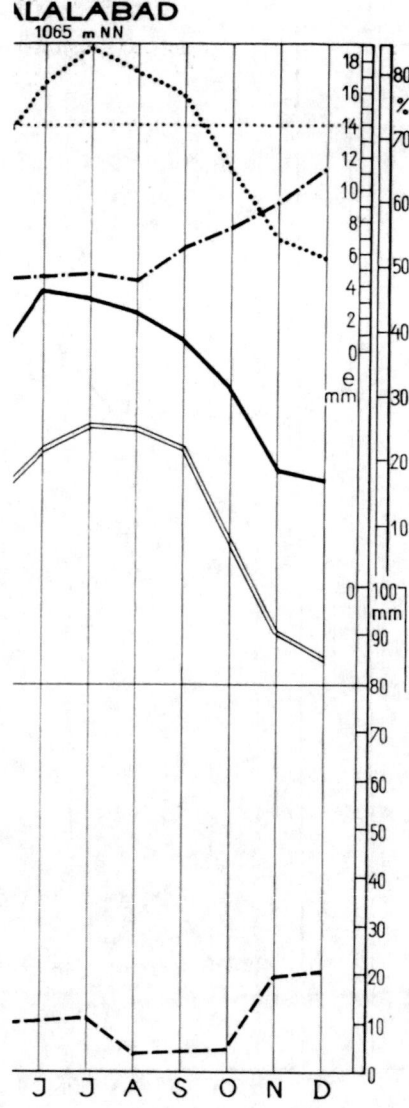

J J A S O N D

ndahar, Kabul and Jalalabad

ERT according to HERMAN (55)
ß der Klimakunde

Frühjahrsregen. Keine Frosttemperaturen.
erem Monatsmaximum der Temp. berechnet,
egen) über mehrere Monate ständig erreicht.
hwül.

uring the spring season. No frost period;
summer (calculated on the basis of mean
axima are not available).

Ludolph Fische

Einwohnerzahlen der Provinzen und Städte, abgerundet auf volle Tausender

ZEICHENERKLÄRUNG

- 1000 Einwohner; ländliche Bevölkerung
- 10000 Einwohner; städtische Bevölkerung
- 100000 Einwohner; städtische Bevölkerung

Zusammengestellt nach HAHN (50a), HUMLUM (60), REINER (114a) und der afghanischen Bevölkerungsstatistik von 1966/67.

Numbers of inhabitants in the provinces and towns, rounded off to full thousands

LEGEND

- 1,000 Inhabitants; rural population
- 10,000 Inhabitants; urban population
- 100,000 Inhabitants; urban population

Compiled from HAHN (50a), HUMLUM (60), REINER (114a) and the Afghan census of 1966/67.

Einwohnerzahlen der Provinzen siehe Kartenrückseite / Census of provinces see back of this map

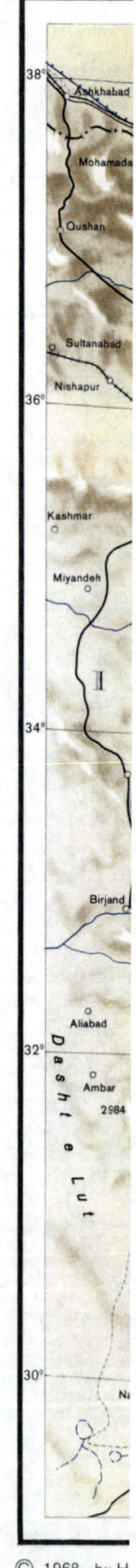

Lambert Confo

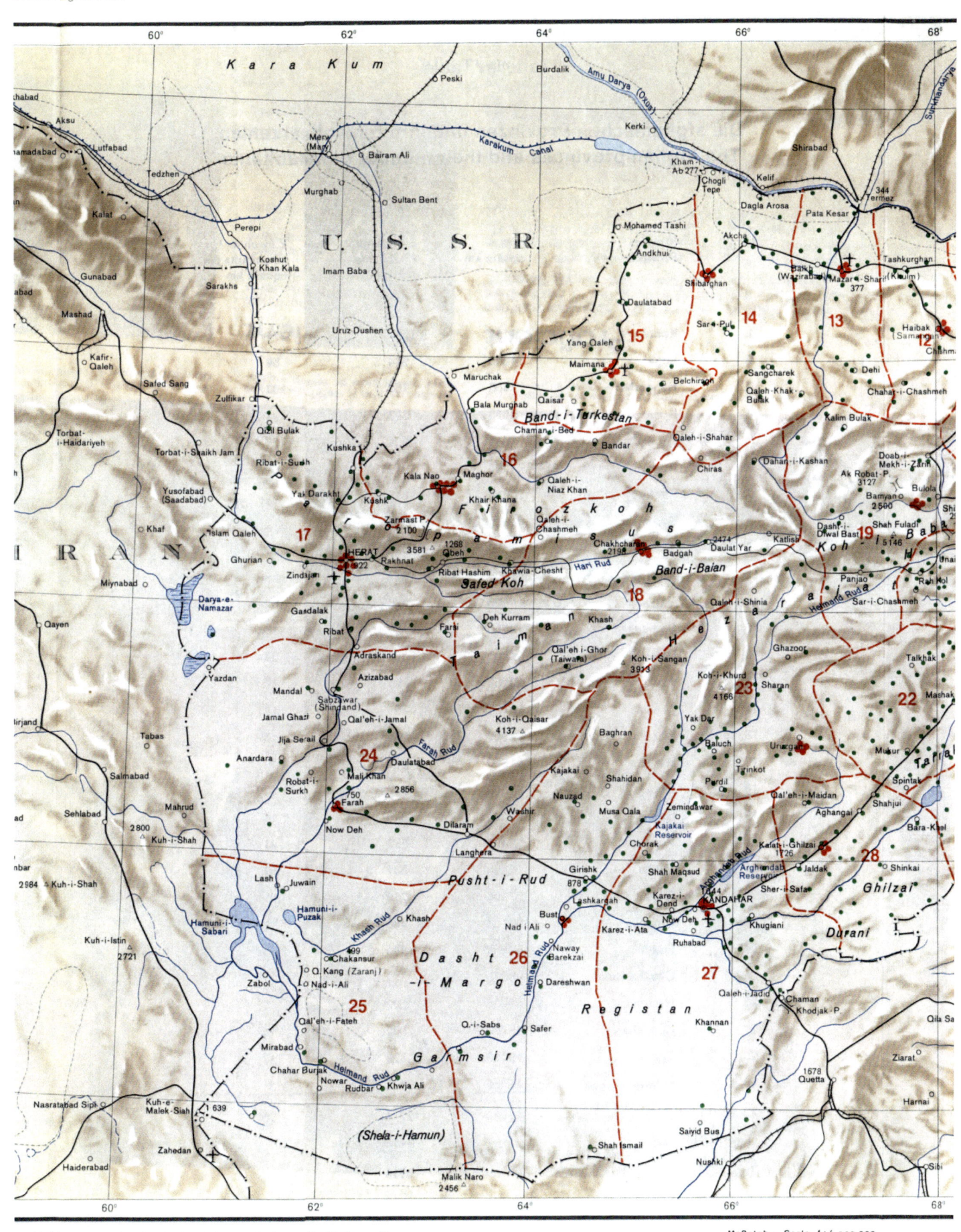

scher: Afghanistan

by Heidelberger Akademie der Wissenschaften   Heidelberg Germany

Conformal Projection Conic Standard   Parallels at 32° and 36°

Maßstab · Scale 1:4 000 000

50   0   50   100   150

km

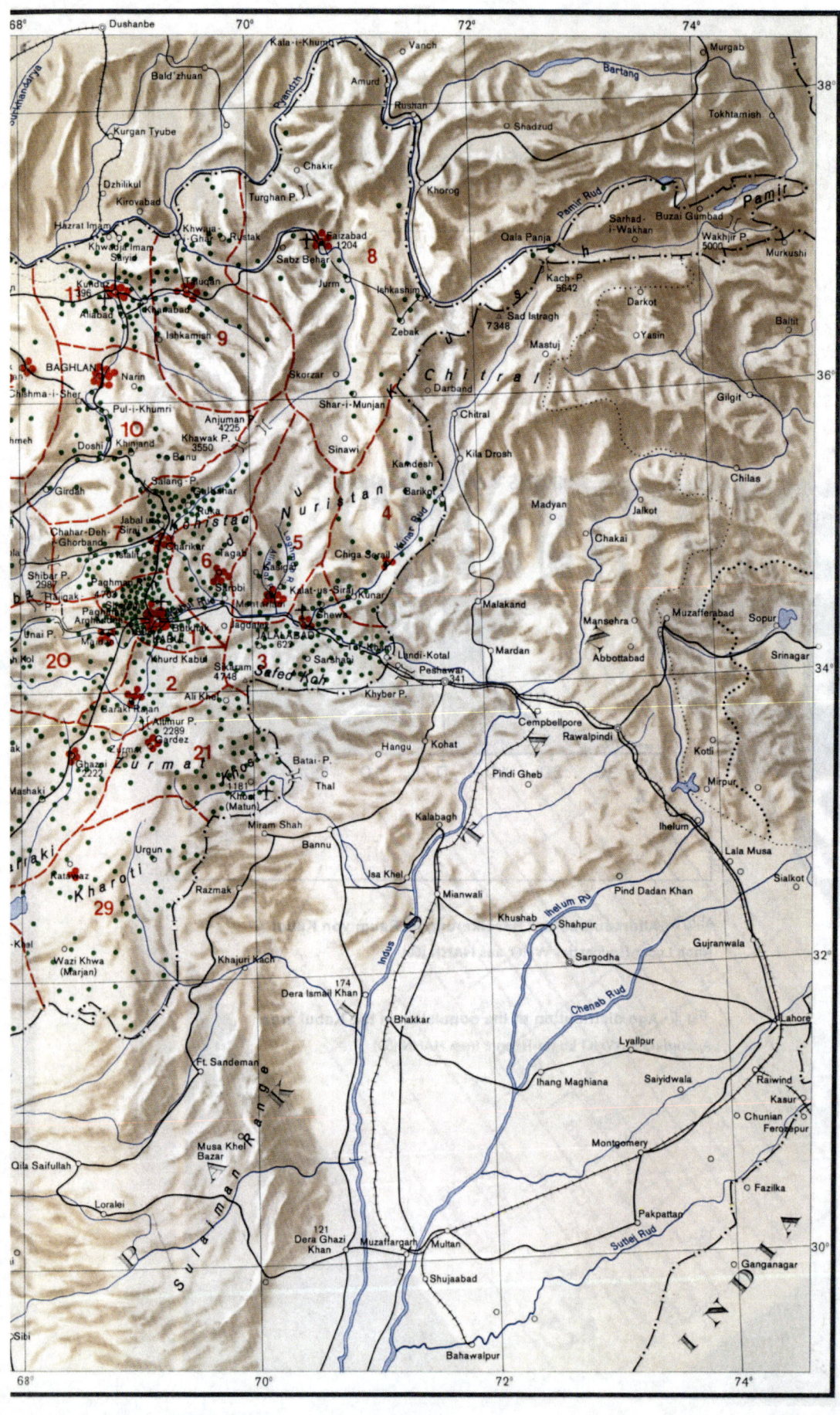

Springer-Verlag Berlin Heidelberg GmbH

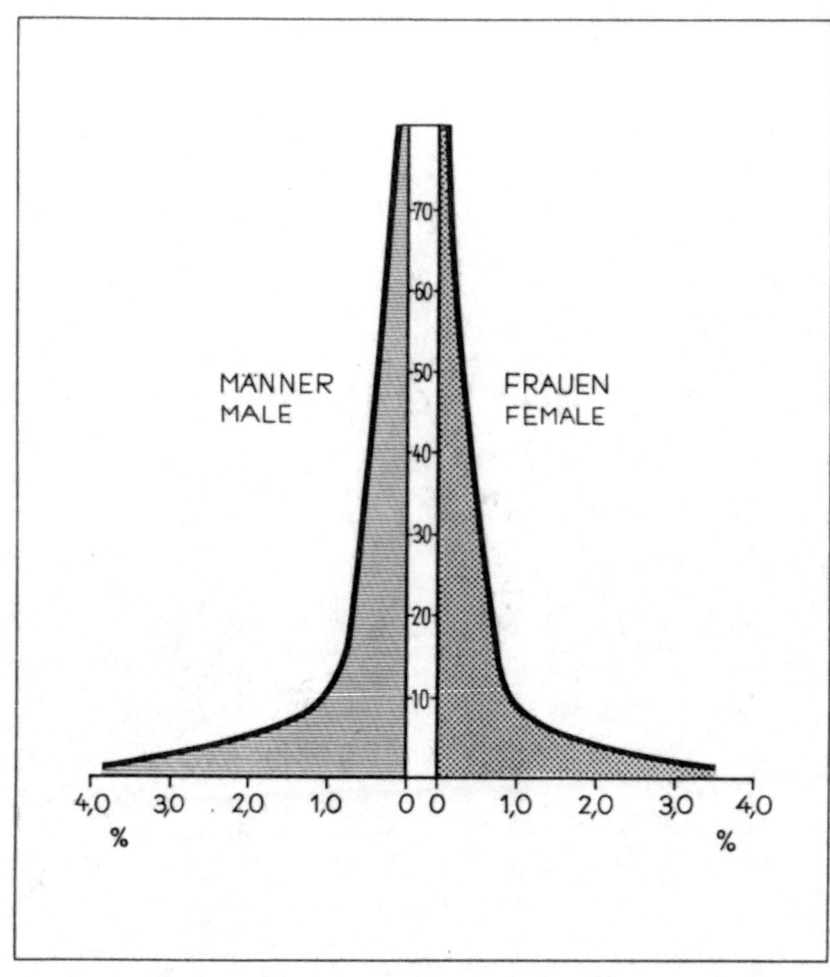

Abb. 5 **Altersaufbau der Bevölkerung im Raum von Kabul**
Nach Logar-Bericht der WHO; aus HAHN (50)

Fig. 5 **Age distribution of the population in the Kabul area**
According to WHO Logar-Report; from HAHN (50)

Die afghanischen Provinzen und ihre Einwohnerzahlen
The Afghan provinces and their number of inhabitants

No.	Provinz Province	qkm square km	Einwohner inhabitants per 1000	Einwohner/qkm inhabitants per square km
1.	Kabul	3150	1177	374
2.	Logar	4800	284	59
3.	Nangarhar	7400	752	102
4.	Kunar	9650	303	31
5.	Laghman	7500	204	27
6.	Kapisa	4700	317	67
7.	Parwan	10550	815	77
8.	Badakhshan	44800	317	7
9.	Takhar	13550	454	34
10.	Kunduz	7800	373	48
11.	Baghlan	14400	573	40
12.	Samangan	13050	190	15
13.	Balkh	14050	325	23
14.	Jawzjan	23550	396	17
15.	Faryab	22400	399	18
16.	Badghis	22900	294	13
17.	Herat	41550	630	15
18.	Ghor	31050	297	10
19.	Bamyan	23350	318	14
20.	Wardak	9400	382	41
21.	Paktia	9600	551	57
22.	Ghazni	22400	718	32
23.	Urozgan	29150	485	17
24.	Farah	58850	289	5
25.	Chakhansour	48850	112	2
26.	Hilmend	59900	292	5
27.	Kandahar	49050	682	14
28.	Zabul	19050	329	17
29.	Katawaz -Urgun	16550	512	31
Total		643000	12770	20
Nomads/Nomaden			2458	
Total			15228	

Ludolph Fischer

Krankenhäuser und andere Abteilungen des ärztlichen Dienstes in Afghanistan

(Stand vom Frühjahr 1968) Mehrere an einem Ort befindliche gleichartige Einrichtungen sind aus Gründen der Raumersparnis jeweils nur einmal verzeichnet worden (Vergl. Tab. V)

ZEICHENERKLÄRUNG

- Männer-Krankenhaus bzw. Männerabteilung eines Stadtkrankenhauses
- Frauen-Krankenhaus bzw. Frauen-Abteilung eines Stadtkrankenhauses
- Landkrankenhaus
- Tuberkulose-Krankenhaus für Männer
- Tuberkulose-Krankenhaus für Frauen
- Poliklinische Sprechstunde
- Röntgen-Abteilung
- Laboratorium
- Zahnärztliche Station
- Entbindungs-Abteilung
- Fahrbare Ambulanz
- Station des Roten Halbmondes

Zusammengestellt nach Survey of Progress (133, 134, 134a), Mittlg. Min. Publ. Hlth. (386) und Stat. Rep. Min. Hlth. (482)

Hospitals and other medical wards in Afghanistan

(status of spring, 1968) To save space, places with several institutions of the same kind are denoted with only one of the respective symbols (cf. Table V)

LEGEND

- Hospital for men or men's ward of an urban hospital
- Hospital for women or women's ward of an urban hospital
- Rural hospital
- Tuberculosis hospital for men
- Tuberculosis hospital for women
- Outpatient hospital
- Radiology
- Laboratory
- Dental ward
- Maternity hospital
- Mobile ambulance
- Red Crescent station

Compiled from Survey of Progress (133, 134, 134a), Comm. Min. Publ. Hlth. (386) and Stat. Rep. Min. Publ. Hlth. (482)

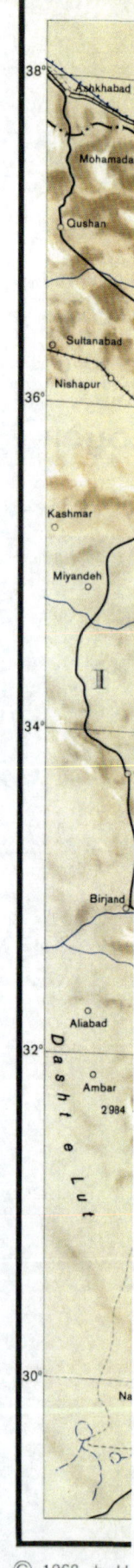

Lambert Confo

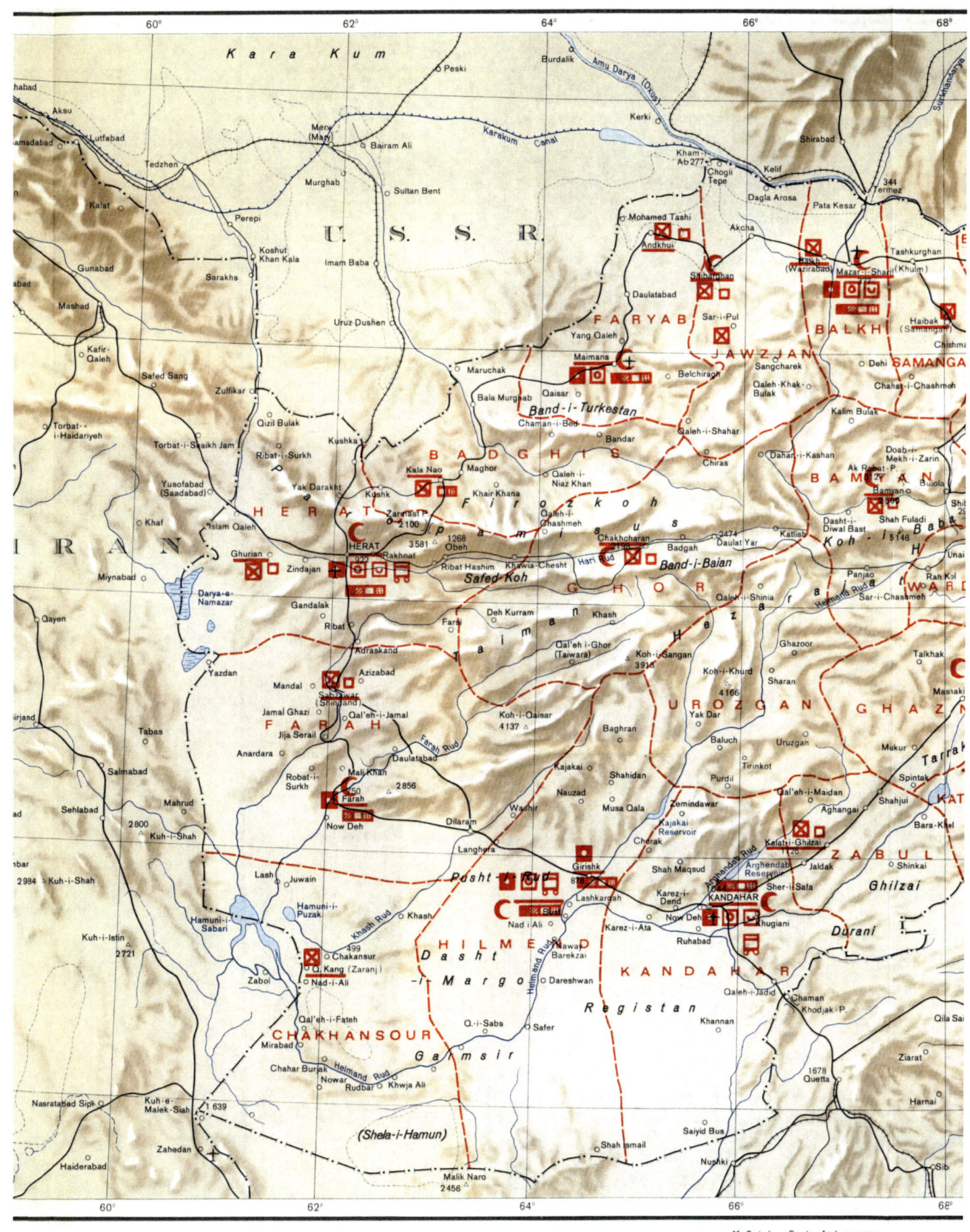

by Heidelberger Akademie der Wissenschaften   Heidelberg Germany

Conformal Projection Conic Standard   Parallels at 32° and 36°

Maßstab · Scale 1 : 4 000 000

50   0   50   100   150

km

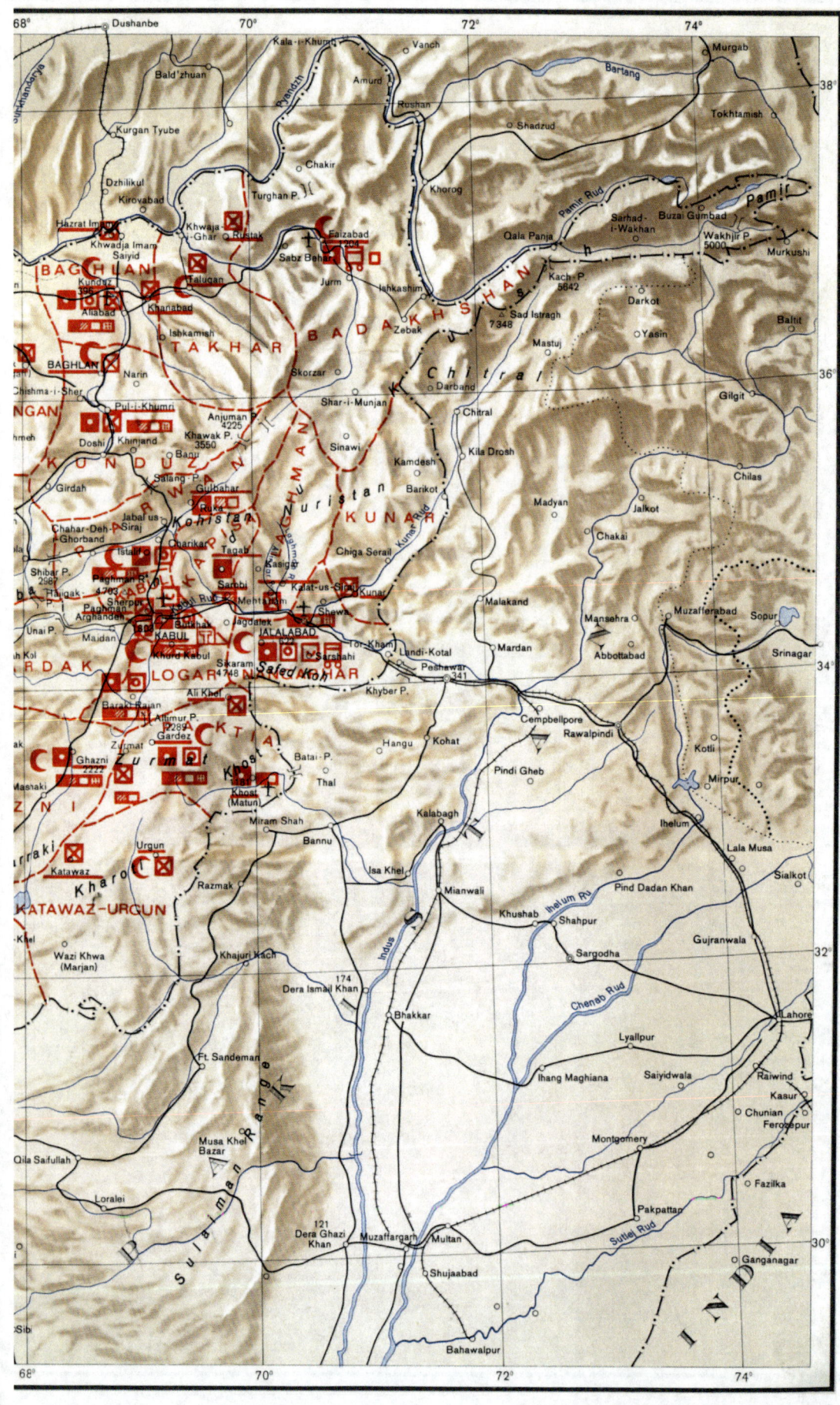

Springer-Verlag · Berlin · Heidelberg · New York

Printed by Henning Wocke, Karlsruhe

Verbreitung der Malaria in Afghanistan
vor Beginn der Bekämpfung

Nahezu alle Anbau- und Siedlungsgebiete unter 2000 m waren befallen; nur die darüber gelegenen Gebirgszonen und die einzelnen Wüsten- und Steppengebiete galten als malariafrei.

ZEICHENERKLÄRUNG

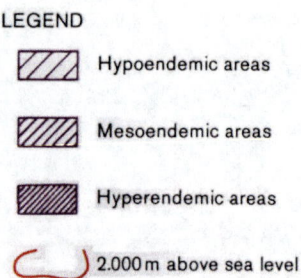

Hypoendemische Zonen

Mesoendemische Zonen

Hyperendemische Zonen

2000 m ü. M.

Zusammengestellt nach DHIR u. RAHIM (245), DY (252), FISCHER u. STEINHART (273), IYENGAR (313), RAO (441) und Beobachtungen des Afghanischen Malaria-Institutes.

Distribution of malaria in Afghanistan
before the campaign

Almost all cultivated and settled areas below 2,000 m (6,500 feet) were malarious; only the mountain regions at higher altitudes and some of the desert and steppe areas were considered free of malaria transmission.

LEGEND

Hypoendemic areas

Mesoendemic areas

Hyperendemic areas

2.000 m above sea level

Compiled from DHIR a. RAHIM (245), DY (252), FISCHER a. STEINHART (273), IYENGAR (313), RAO (441) and continuous assessment by the Afghan Institute of Malariology.

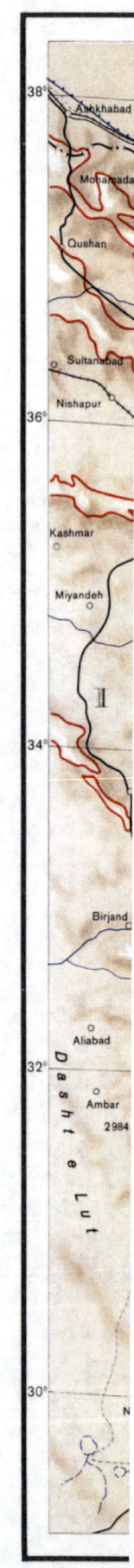

Lambert Conf

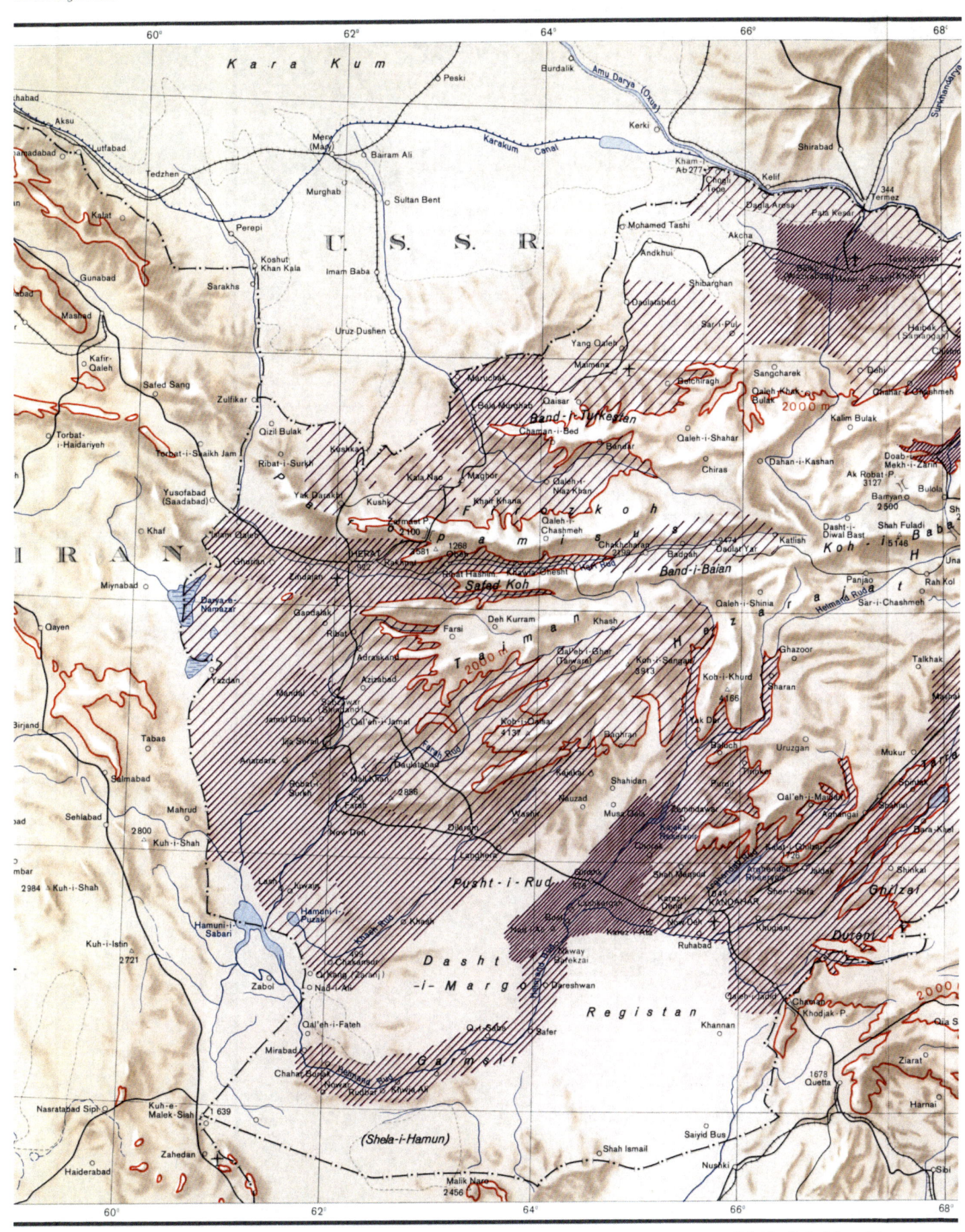

by Heidelberger Akademie der Wissenschaften   Heidelberg Germany

Conformal Projection Conic Standard   Parallels at 32° and 36°

Maßstab · Scale 1:4 000 000

50   0   50   100   150

km

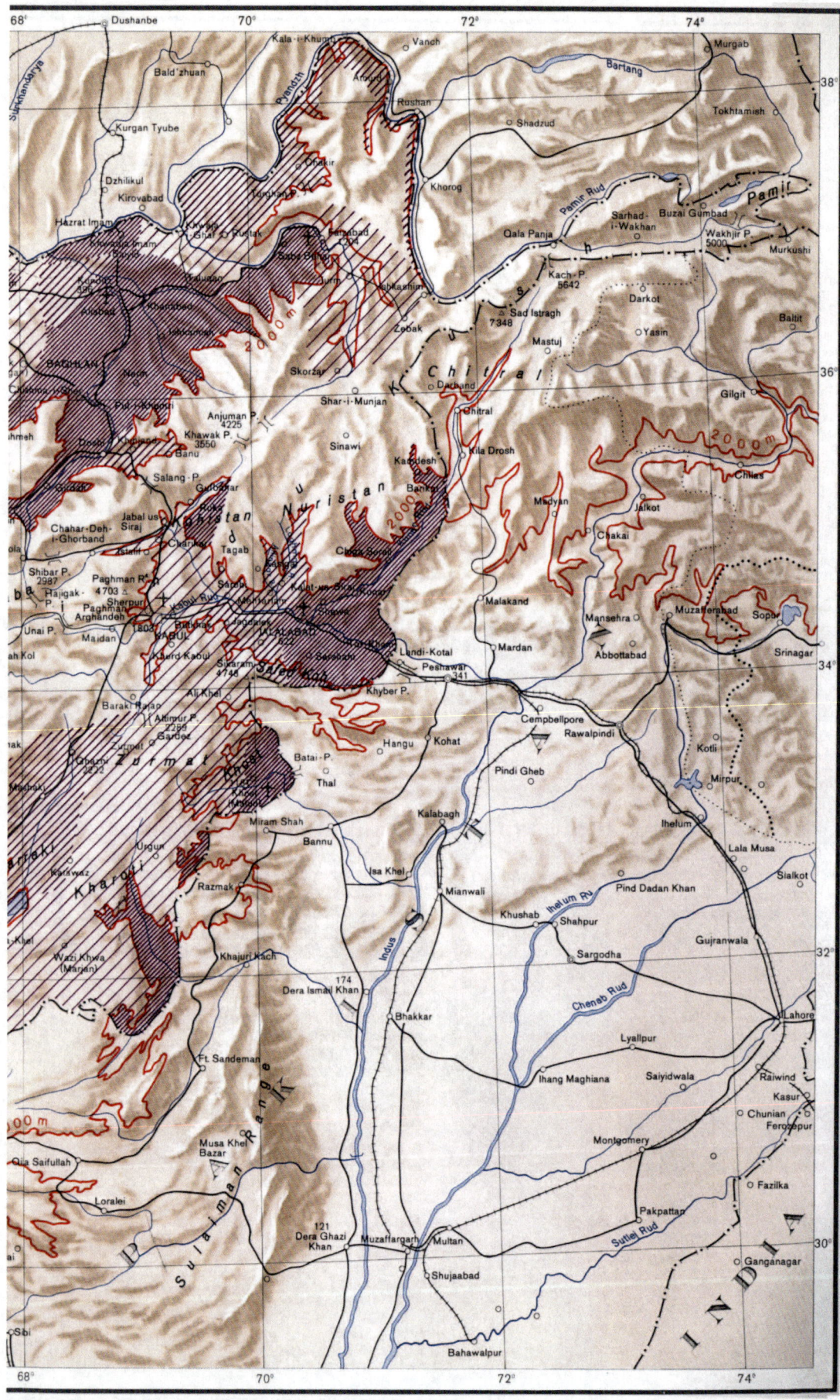

Springer·Verlag: Berlin·Heidelberg·New York

Printed by Henning Wocke, Karlsruhe

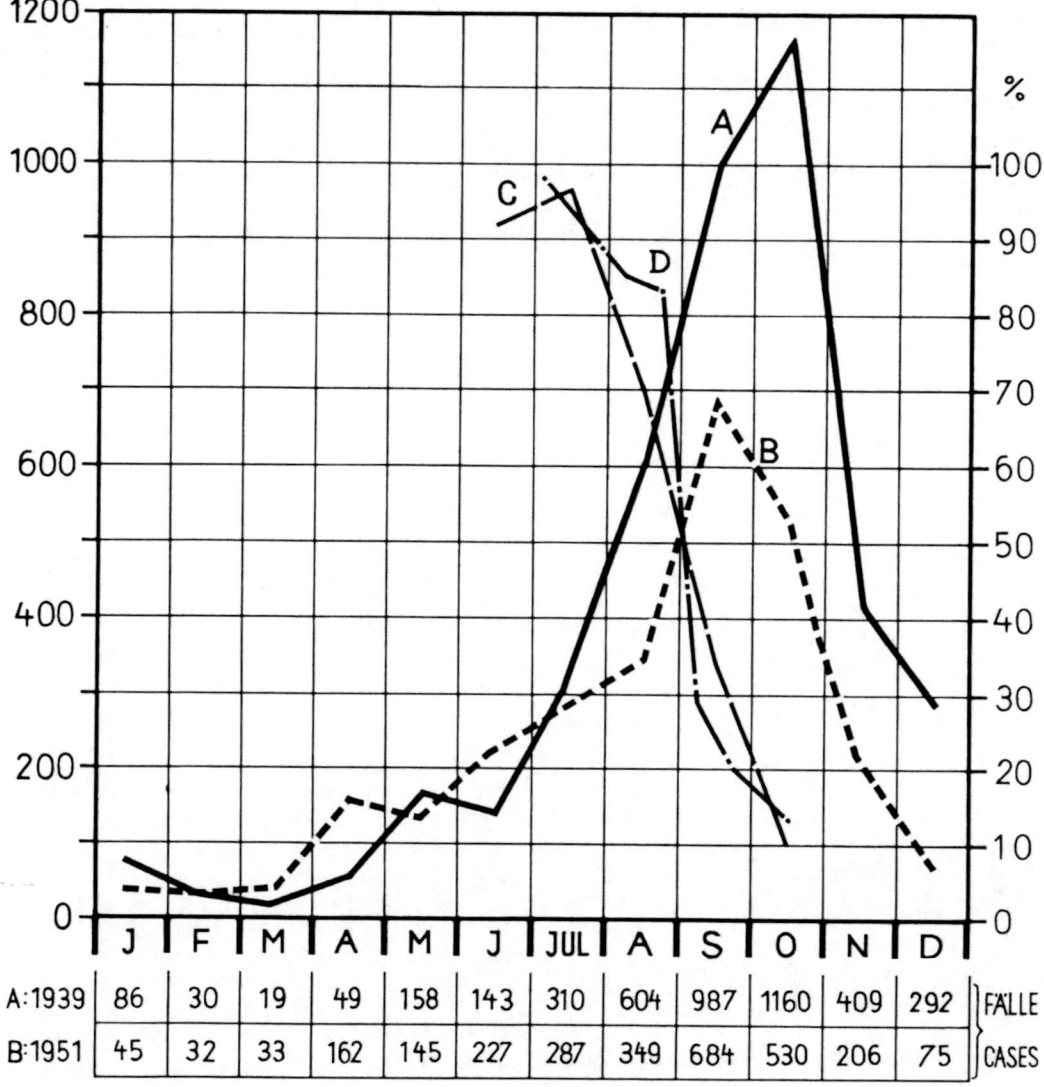

	J	F	M	A	M	J	JUL	A	S	O	N	D	
A:1939	86	30	19	49	158	143	310	604	987	1160	409	292	FÄLLE
B:1951	45	32	33	162	145	227	287	349	684	530	206	75	CASES

Abb. 6

Malaria in Kabul 1939 und 1951

in Beziehung zur Frequenz von Anopheles superpictus GRASSI. Zusammengestellt nach FISCHER et al. (271), FISCHER u. STEINHART (273) und IYENGAR (313)

A. Zahl der Malariafälle in Städtischen Polikliniken 1939

B. Zahl der Malariafälle in Städtischer Poliklinik 1951

C. Anteil an A. superpictus-Larven in den Sommermonaten in Prozenten aller gefangenen Larven (IYENGAR):

Juni	92%
Juli	97%
August	70%
September	34%
Oktober	10%

D. Anteil an A. superpictus-Imagines in Häusern von Kabul, gleichfalls in Prozenten der Gesamtfänge (IYENGAR):

Juli	1.-15.	98,5%
	16.-31.	90,0%
August	1.-15.	85,2%
	16.-31.	83,2%
September	1.-15.	29,0%
	16.-30.	20,2%
Oktober	1.-15.	13,4%

Fig. 6

Malaria in Kabul, 1939 and 1951

in relation to the occurrence of Anopheles superpictus GRASSI. Compiled from FISCHER et al. (271), FISCHER a. STEINHART (273) and IYENGAR (313)

A. Malaria cases in the municipal outpatients hospitals, 1939.

B. Malaria cases in the municipal outpatients hospital, 1951.

C. Percentage of A. superpictus larvae in the collections (IYENGAR):

June	92%
July	97%
August	70%
September	34%
October	10%

D. Percentage of adult A. superpictus collected in houses of Kabul (IYENGAR):

July	1.-15.	98.5%
	16.-31.	90.0%
August	1.-15.	85.2%
	16.-31.	83.2%
September	1.-15.	29.0%
	16.-30.	20.2%
October	1.-15.	13.4%

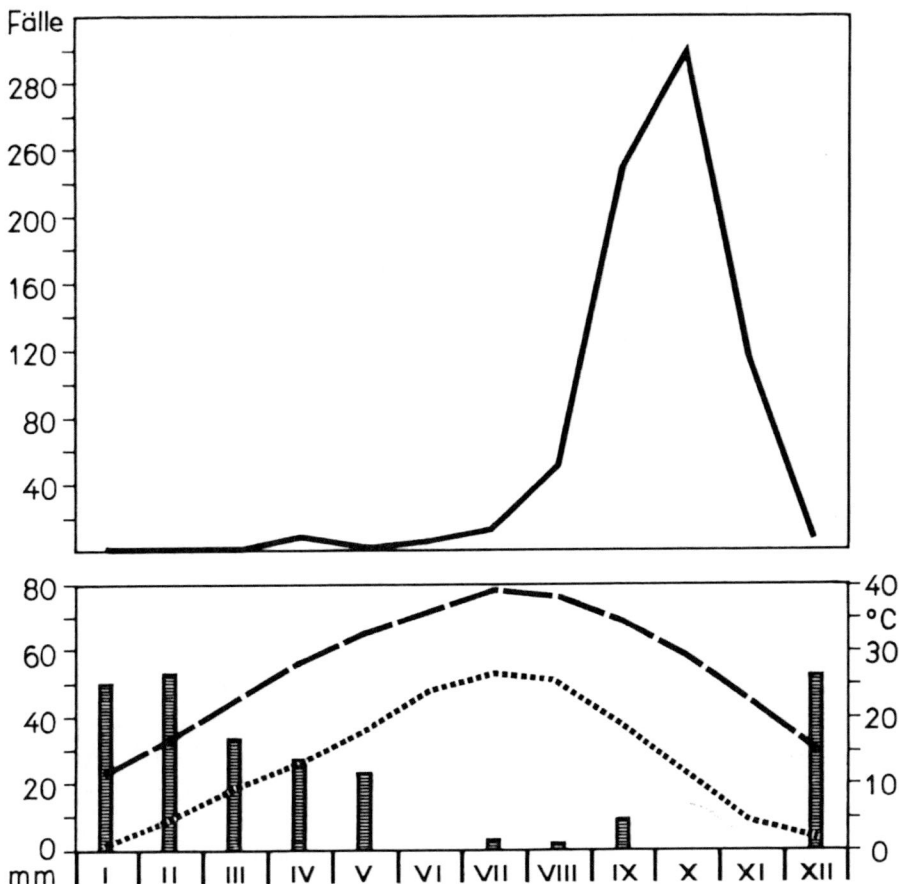

Abb. 7
Malaria in Sarobi 1952/53
Nach FISCHER u. STEINHART (273)

Fig. 7
Malaria in Sarobi, 1952/53
According to FISCHER a. STEINHART (273).

1 ▬ Zahl der Malariafälle in den einzelnen Monaten

2 ▬ ▬ Mittleres Maximum der Temperatur für die einzelnen Monate

3 ▪▪▪▪▪ Mittleres Minimum der Temperatur für die einzelnen Monate

4 ▦ Säulen: Regenhöhe in mm

Malaria cases given for the months of the year

Mean monthly maxima of temperature

Mean minima of temperature

Columns: Rainfall in mm

Saisonmalaria; kurze Dauer der Malariasaison, die erst nach Kulminieren der Temperaturkurve auftritt, im November dann rasch abklingt.

Seasonal malaria; short duration of the malaria season which commences after the temperature peak, declining rapidly in November.

Anopheles-Funde in Afghanistan, wichtigste Funde in den Anrainer-Gebieten und Malaria-Stationen

ZEICHENERKLÄRUNG

 Anopheles-Fundstellen (Eintragung unter einem Ortsnamen bezeichnet Vorkommen der genannten Arten in der weiteren Umgebung)

 In Afghanistan als Überträger erwiesene Arten

 Grenze zwischen den Ausbreitungsgebieten der paläarktischen und indischen bzw. orientalisch-indischen Arten in Afghanistan

 Malaria-Institut

 Regionales Malaria-Zentrum

 Malaria-Einheit

Zusammengestellt nach DHIR u. RAHIM (245), FISCHER u. STEINHART (273), IYENGAR (313), RAO (441) und den Beobachtungen des afghanischen Malaria-Institutes

Collecting sites of Anopheline mosquitoes in Afghanistan, the most important habitats in adjacent territorries and stations of the Afghan Malaria Service

LEGEND

 Collecting sites of Anopheline mosquitoes (The data given for a locality actually refer to surrounding area)

 Species recognized as vectors of malaria in Afghanistan

 Borderline between habitats of palaearctic and Indian or Indian-oriental species

 Institute of Malariology

 Regional Headquarter

 Malaria Unit

Compiled from DHIR a. RAHIM (245), FISCHER a. STEINHART (273), IYENGAR (313), RAO (441) and continuous assessment by the Afghan Institute of Malariology

Vorkommen nördl. oder südl. des Hindukusch bzw. der Zentralgebirge
Occurrence north or south of the Hindu-Kush or the Central Range

Abkürzung abbreviation	Art species	in Afghanistan	in Nachbar-gebieten in adjacent territories
Paläarktische Arten / Palaearctic species			
CL	A. claviger	N	N
MP	A. maculipennis	...	N + S
NI	A. nigripes (plumbeus)	...	N + (S)
SA	A. sacharovi	N	N + (S)
Mediterrane Arten / Mediterranean species			
DT	A. d'thali	...	S
HA	A. habibi	(N)	S
MT	A. marteri (sogdianus)	...	N + S
MU	A. multicolor	S	S
PU	A. pulcherrimus	N + S	N + S
SE	A. sergenti	...	S
SU	A. superpictus	N + S	N + S
Mediterran-Orientalisch-Indische Art / Mediterranean-Oriental-Indian species			
HY	A. hyrcanus	N + S	N + S
Orientalisch-indische und Indische Arten / Oriental-Indian and Indian species			
AN	A. annularis	S	S
CU	A. culicifacies	S	S
FL	A. fluviatilis	S	S
MA	A. maculatus	S	S
MO	A. moghulensis	S	S
PA	A. pallidus	...	S
SP	A. splendidus	S	S
ST	A. stephensi	S	S
SB	A. subpictus	S	S
TU	A. turkhudi	S	S
VA	A. vagus	S	S
Orientalisch-alpine Arten / Oriental-Alpine species			
GI	A. gigas	...	S
LI	A. lindesayi	...	N + S

Lambert Conf

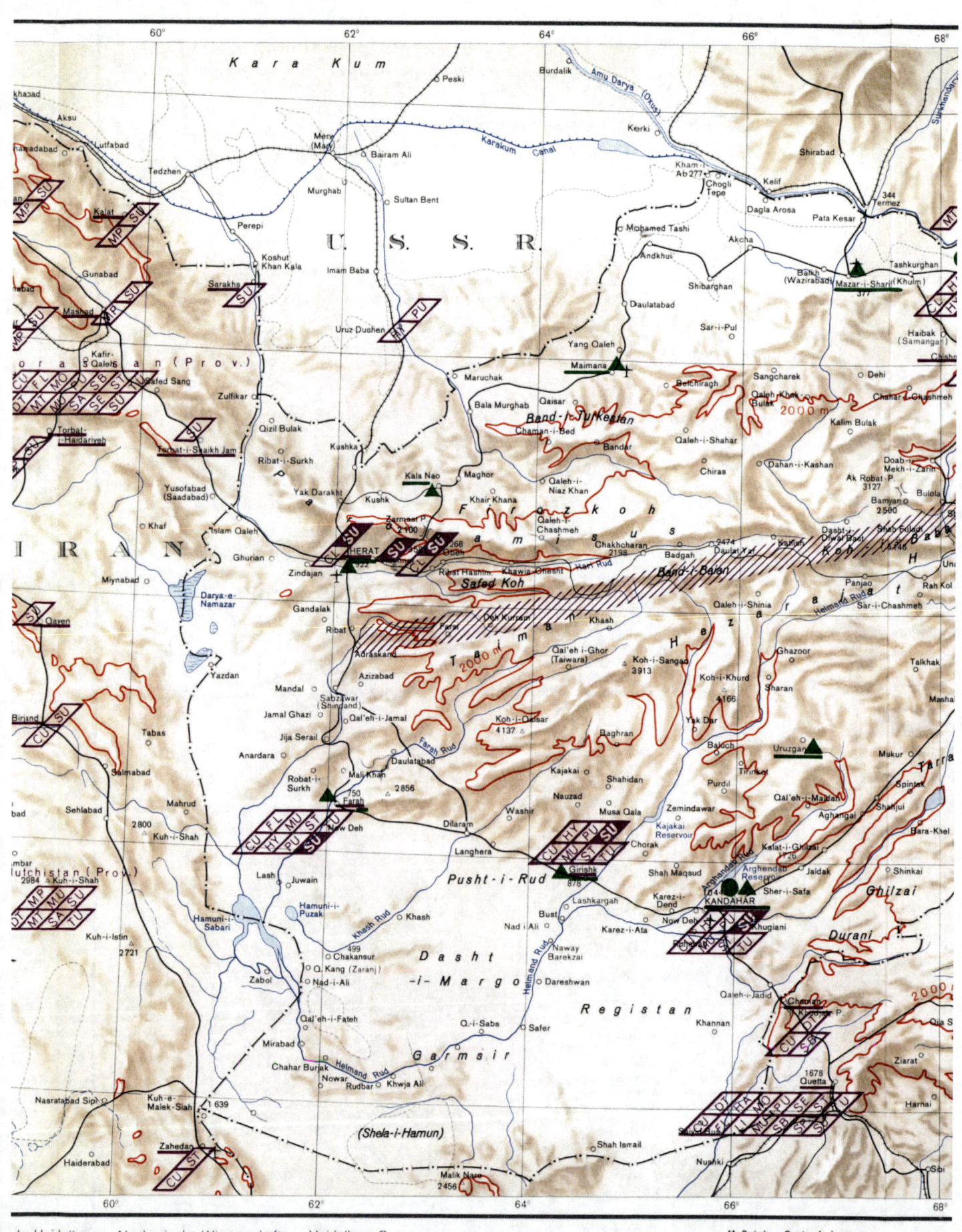

ischer: Afghanistan

by Heidelberger Akademie der Wissenschaften   Heidelberg Germany

Conformal Projection Conic Standard   Parallels at 32° and 36°

Maßstab · Scale 1:4 000 000

50   0   50   100   150

km

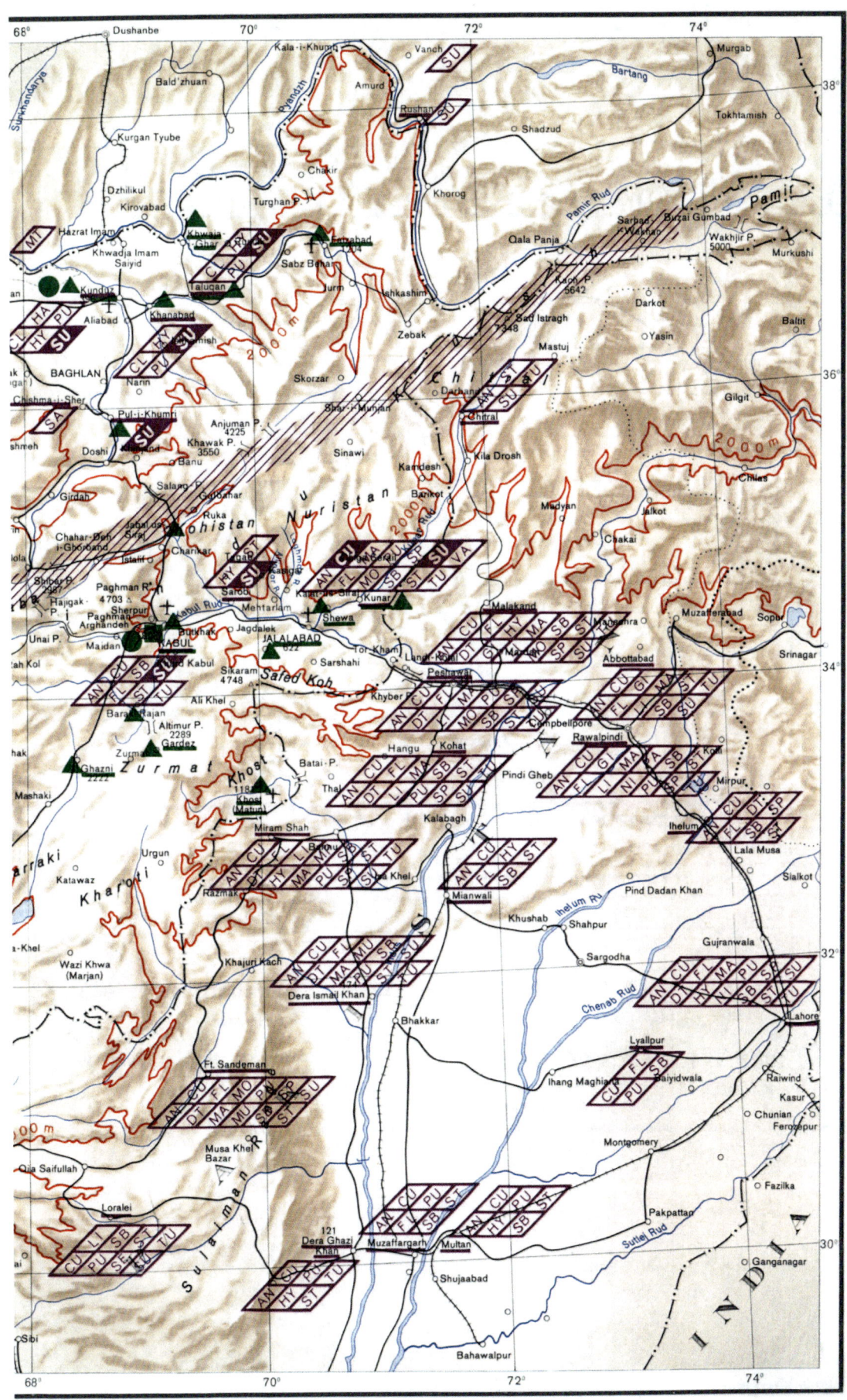

Springer - Verlag · Berlin · Heidelberg · New York

Printed by Henning Wocke, Karlsruhe

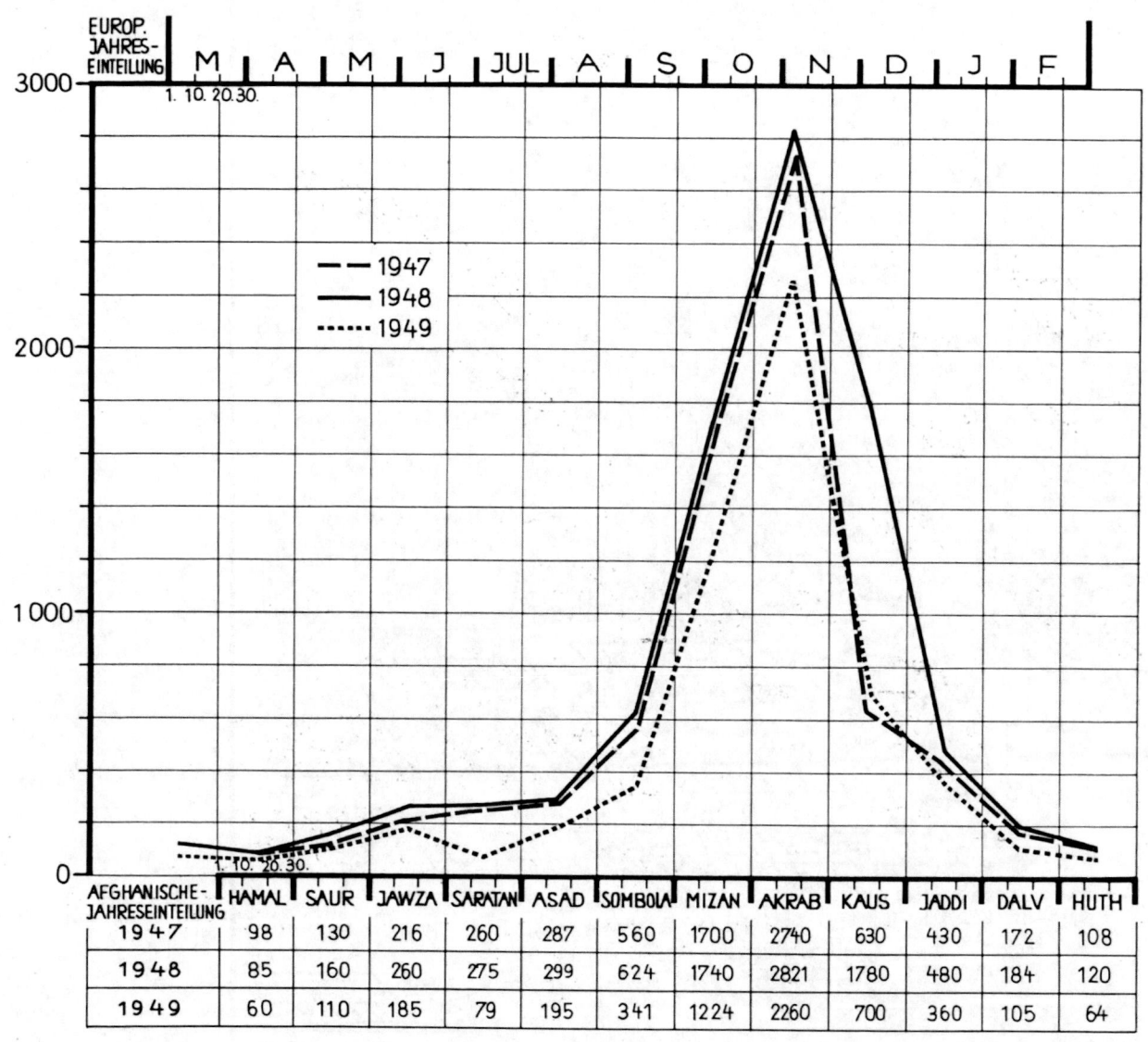

AFGHANISCHE-JAHRESEINTEILUNG	HAMAL	SAUR	JAWZA	SARATAN	ASAD	SOMBOLA	MIZAN	AKRAB	KAUS	JADDI	DALV	HUTH
1947	98	130	216	260	287	560	1700	2740	630	430	172	108
1948	85	160	260	275	299	624	1740	2821	1780	480	184	120
1949	60	110	185	79	195	341	1224	2260	700	360	105	64

Abb. 8

Malaria in Khanabad 1947, 1948 und 1949

Zusammengestellt nach DHIR u. RAHIM (245)
Zahl der Malariafälle 1947-1949
Typische Saisonmalaria, die verhältnismäßig spät im Jahr auftritt und
im November rasch abklingt.
Überträger ist A. superpictus GRASSI

Fig. 8

Malaria in Khanabad, 1947, 1948 and 1949

Compiled from DHIR a. RAHIM (245)
Malaria cases, 1947-1949
Typical seasonal malaria, commencing rather late during the year
and declining rapidly in November.
The vector is A. superpictus GRASSI

Läusefleckfieber in Afghanistan 1948-1953

Alte Provinzgrenzen; die in Farah beobachteten Fälle
sind bei Kandahar verzeichnet.

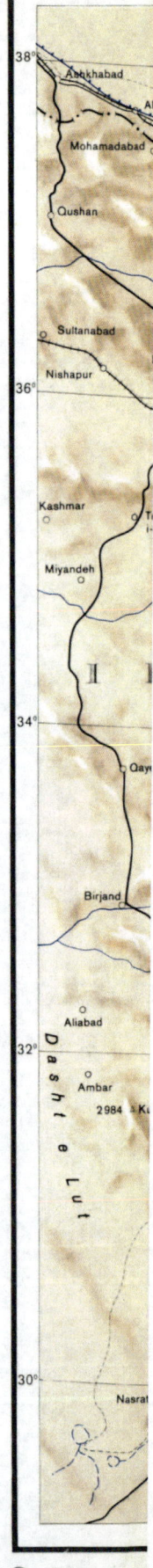

Louse-borne typhus in Afghanistan, 1948-1953

Provincial borders as they existed in 1948; cases in the Province Farah are included in the data
stated for Kandahar.

Ludolph Fischer: A

© 1968 by Heid

Lambert Conform

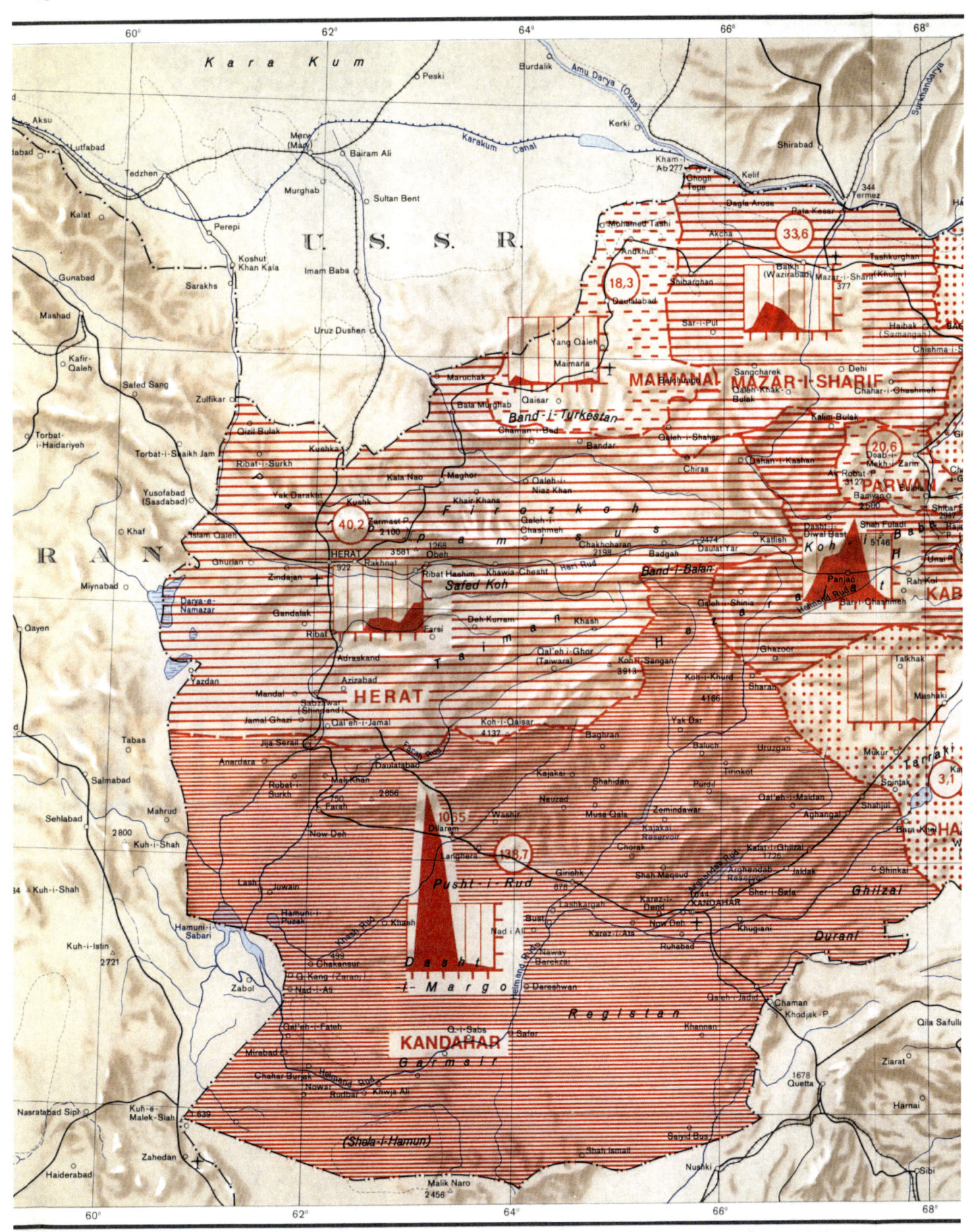

60°   62°   64°   66°   68°

Kara Kum

U. S. S. R.

Aksu
Lutfabad
Tedzhen
Kalat
Gunabad
Mashad
Kafir-Qaleh
Torbat-i-Haidariyeh
Safed Sang
Yusofabad (Saadabad)
Khaf
Miynabad
I R A N
Qayen
Tabas
Salmabad
Mahrud
Sehlabad
2800
Kuh-i-Shah
Kuh-e-Malek-Siah
Nasratabad Siph
Haiderabad
Zahedan

Perepi
Koshut Khan Kala
Sarakhs
Zulfikar
Qizil Bulak
Torbat-i-Shaikh Jam
Ribat-i-Surkh
Islam Qaleh
Ghurian
Zindajan
Darya-e-Namazar
Yazdan
Mandal
Jamal Ghazi
Anardara
Robat-i-Surkh
Juwain
Hamun-i-Puzak
Chakansur
Qi Keng (Zaranj)
Nad-i-Ali
Zabol

Murghab
Bairam Ali
Sultan Bent
Imam Baba
Uruz Dushen
Kushka
Kala Nao
Vak Darakht
Kushk
Zarmast P. 2100
Rakhnat
922
Gandalak
Ribat
Adraskand
Azizabad
Sabzawar (Shindand)
Qal'eh-i-Jamal
Jija Serah
Mal Khan
2856
Now Deh
Lash
Hamun-i-Sabari
C. Khash
Ghakansur
Mirabad
Chahar Burjak
Nowzar
Rudbar
Khwja Ali
Malik Naro 2456
(Shela-i-Hamun)

Peski
Burdalik
Amu Darya (Oxus)
Kerki

Merv (Mary)
Mohamed Tashi
Andkhui
Daulatabad
Yang Qaleh
Maimana
Maruchak
Qaisar
Bala Murghab
Band-i-Turkestan
Chaman-i-Bed

Maghor
Khair Khana
Qaleh-i-Chashmeh
Obeh
3581
1268
Chakhcharan
2198
Ribat Hashim
Khawja Chesht
Safed Koh
Deh Kurram
Khash
Earsi
Qal'eh-i-Ghor (Taiwara)
Koh-i-Qaisar 4137
Koh-i-Sangan 3913
Koh-i-Khurd 4166
Daulatabad
Farah
Dilarem
Langhran
Washir
Naured
Musa Qala
Kajakai
Shahidan
Purdji
Shah Maqsud
Chorak
Girishk 878
Lashkargah
Busat
Nad i Ali
Naway Barekzai
Dereshwan
Dasht-i-Margo
Q-i-Sabs
Safer
Shah Ismail

40,2
1065
138,7

Firozkoh
p a m
Qaleh-i-Chashmeh
2474
Badgah
Daulat Yar
Hari Rud
Band-i-Balan
Qal'eh-i-Shinia
Baghran
Baluch
Uruzgan
Tinnkot
Qal'eh-i-Maidan
Aghangar
Kajakai Reservoir
Kalat-i-Ghilzai 1726
Jaldak
Karez-i-Dand
Now Deh
Ruhabad
Khugiani
Qalch Djadid
Chaman
Khodjak P.
Khannan
Sayid Bos
Nushki

HERAT
KANDAHAR
Garmsir
Regislan
Pusht-i-Rud
Ghilzai
Durani

MAIMANA
MAZAR-I-SHARIF
PARWAN
GHA

18,3
33,6
20,6
3,1

Kham-i-Ab 277
Ohoguj Tepe
Kelif
Shirabad
Termez 344
Dagla Arose
Akcha
Shibarghan
Sar-i-Pul
Balkh (Wazirabad)
Mazar-i-Sharif (Khulm) 377
Tashkurghan
Haibak (Samangan)
Chishma-i-S
Sangcharek
Dehi
Qaleh-i-Khak
Bulak
Chahar-i-Chashmeh
Qaleh-i-Shahar
Chiras
Dahan-i-Kashan
Al Robat 3127
Doab-i-Mekhi-Zarin
Bamyan 2500
Shibar
2987
Shah Fuladi 5146
Dasht-i-Diwal Basti
Panjao
Hermond Rud
Sar-i-Chashmeh
Ghazoor
Sharan
Yak Oar
Zemindawar
Arghandab Reservoir
KANDAHAR
Sher-i-Safa
Shinkai
Mukur
Spintak
Shalqui
Bara Nawar
1678 Quetta
Ziarat
Qila Safulla
Harnai
Sibi

Kabul region:
KAB
Unai P
Rah Kol
Bamyan
Talkhak
Mashaki
Tarraki
Ka

Koh-i-Istin 2721
Kuh-i-Shah
34 Kuh-i-Shah

Maßstab · Scale 1:4 000 000

50   0   50   100   150

km

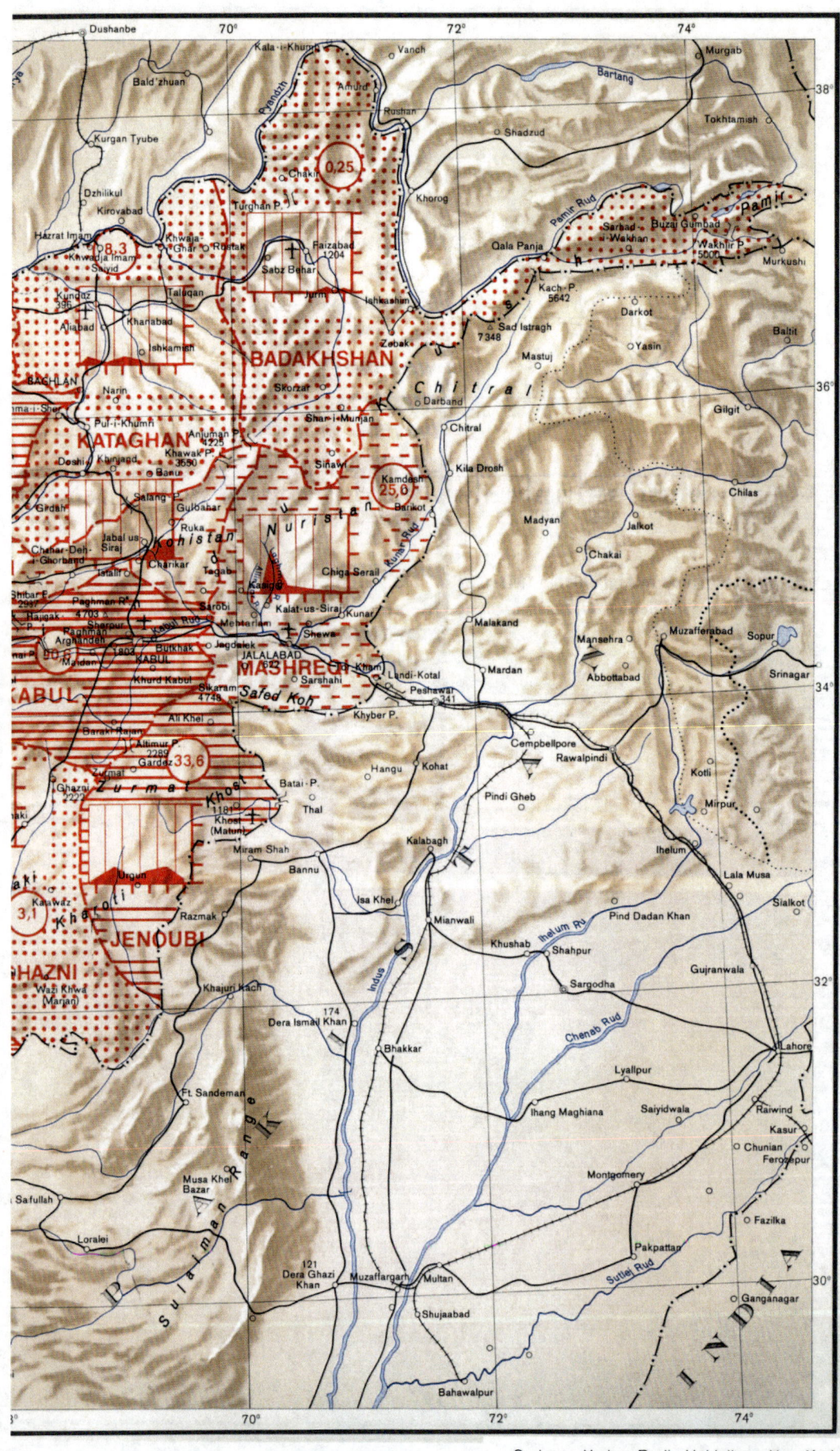

Springer-Verlag: Berlin·Heidelberg·New York

Printed by Henning Wocke, Karlsruhe

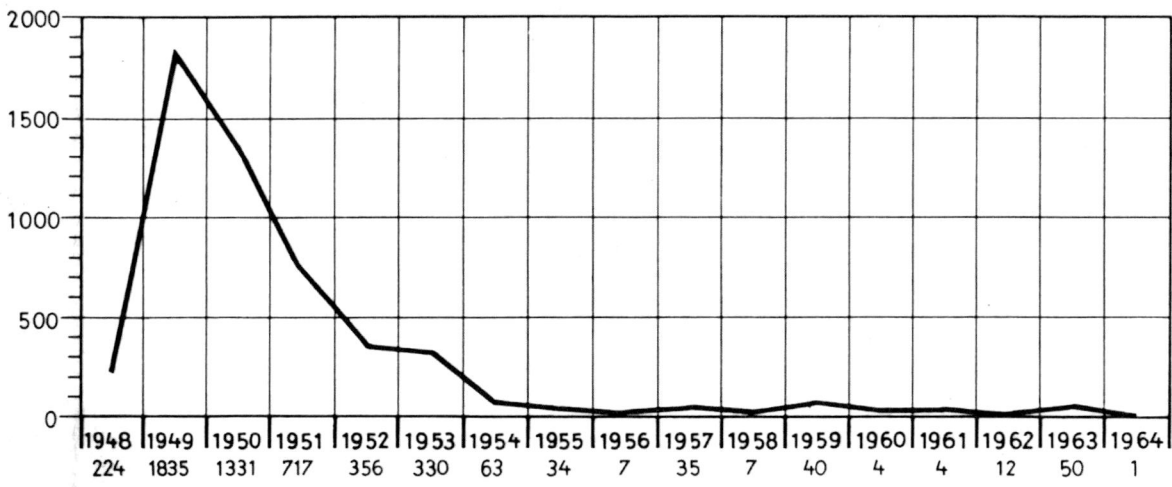

	1948	1949	1950	1951	1952	1953	1954	1955	1956	1957	1958	1959	1960	1961	1962	1963	1964
	224	1835	1331	717	356	330	63	34	7	35	7	40	4	4	12	50	1

Abb. 9

Fleckfieberhäufigkeit in Afghanistan 1948-1964

Absolute Zahl der gemeldeten Fälle. Zusammengestellt
nach WHO-Berichten (513)

Fig. 9

Occurrence of typhus in Afghanistan, 1948-1964

Number of reported cases. Compiled from WHO Reports (513)

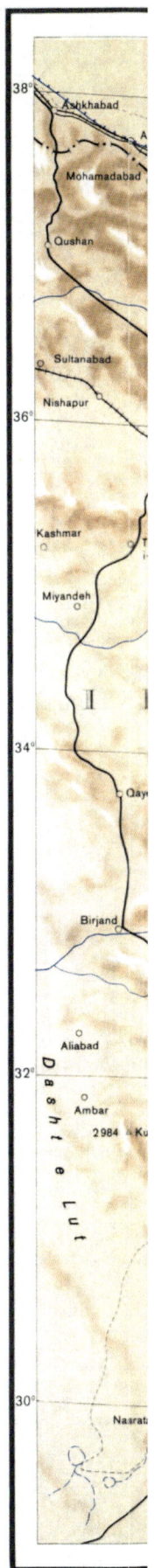

Läusefleckfieber in Afghanistan 1954-1964

Im Vergleich zu der Zeit von 1948-1953 im ganzen Land starker Rückgang der Krankheitsfrequenz; in den 60er Jahren ist nach den vorliegenden Meldungen Afghanistan praktisch fleckfieberfrei. Die Provinz Farah erscheint nunmehr mit eigenen Meldungen.

ZEICHENERKLÄRUNG

 Zahl der Fälle in den einzelnen Jahren

Zusammengestellt nach HUMLUM (60) und WHO-Berichten (513)

Louse-borne typhus in Afghanistan, 1954-1964

Compared with the years 1948-1953, the incidence rate of the disease has markedly declined so that, from a practical point of view, Afghanistan seems to be rid of typhus in this decade. Farah, meanwhile, appears as a seperate province.

LEGEND

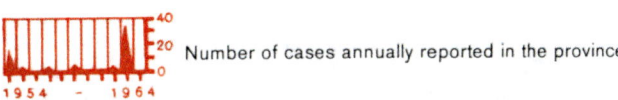 Number of cases annually reported in the province

Compiled from HUMLUM (60) and WHO Reports (513)

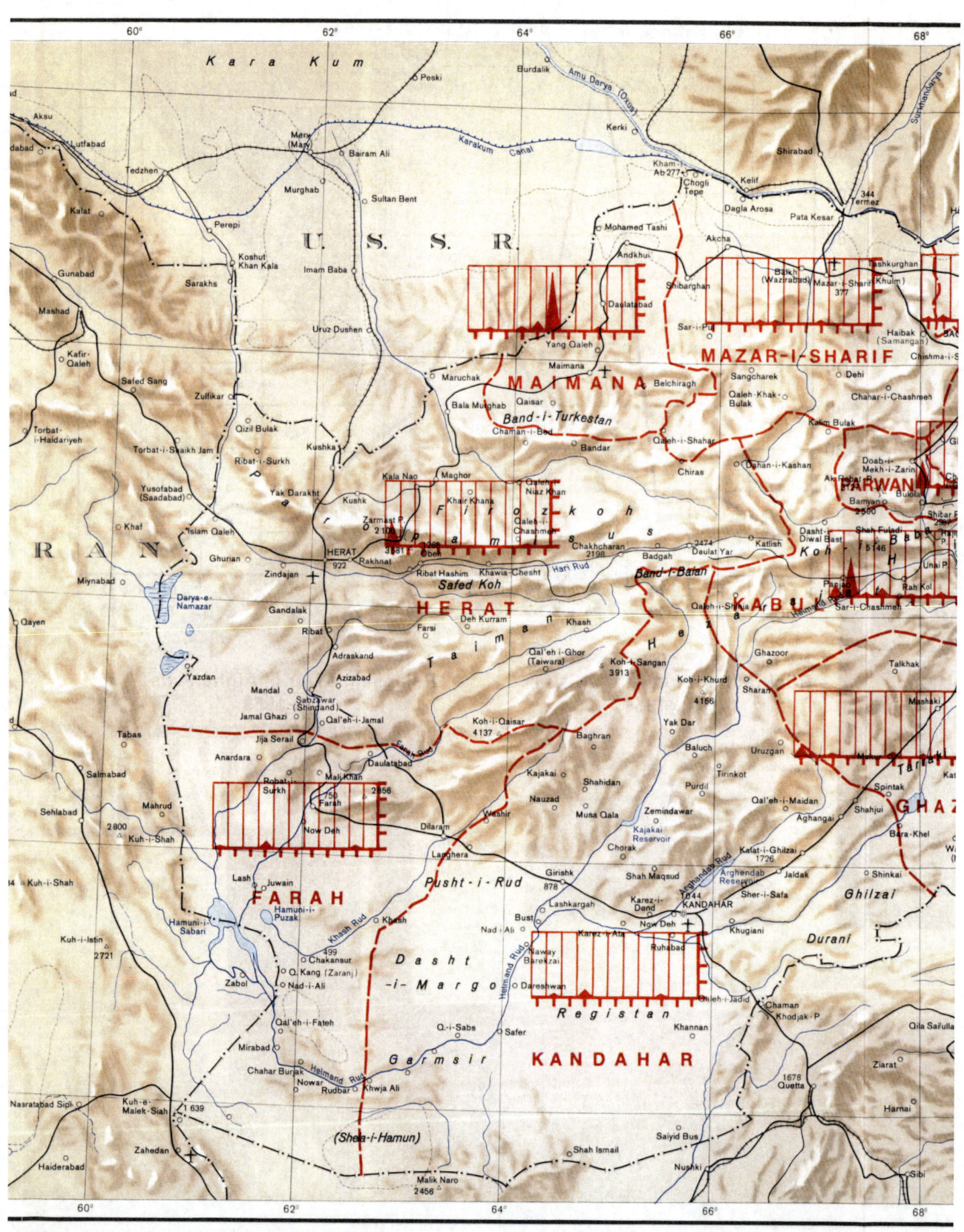

Heidelberger Akademie der Wissenschaften   Heidelberg Germany

formal Projection Conic Standard   Parallels at 32° and 36°

Maßstab · Scale 1:4 000 000

50   0   50   100   150

km

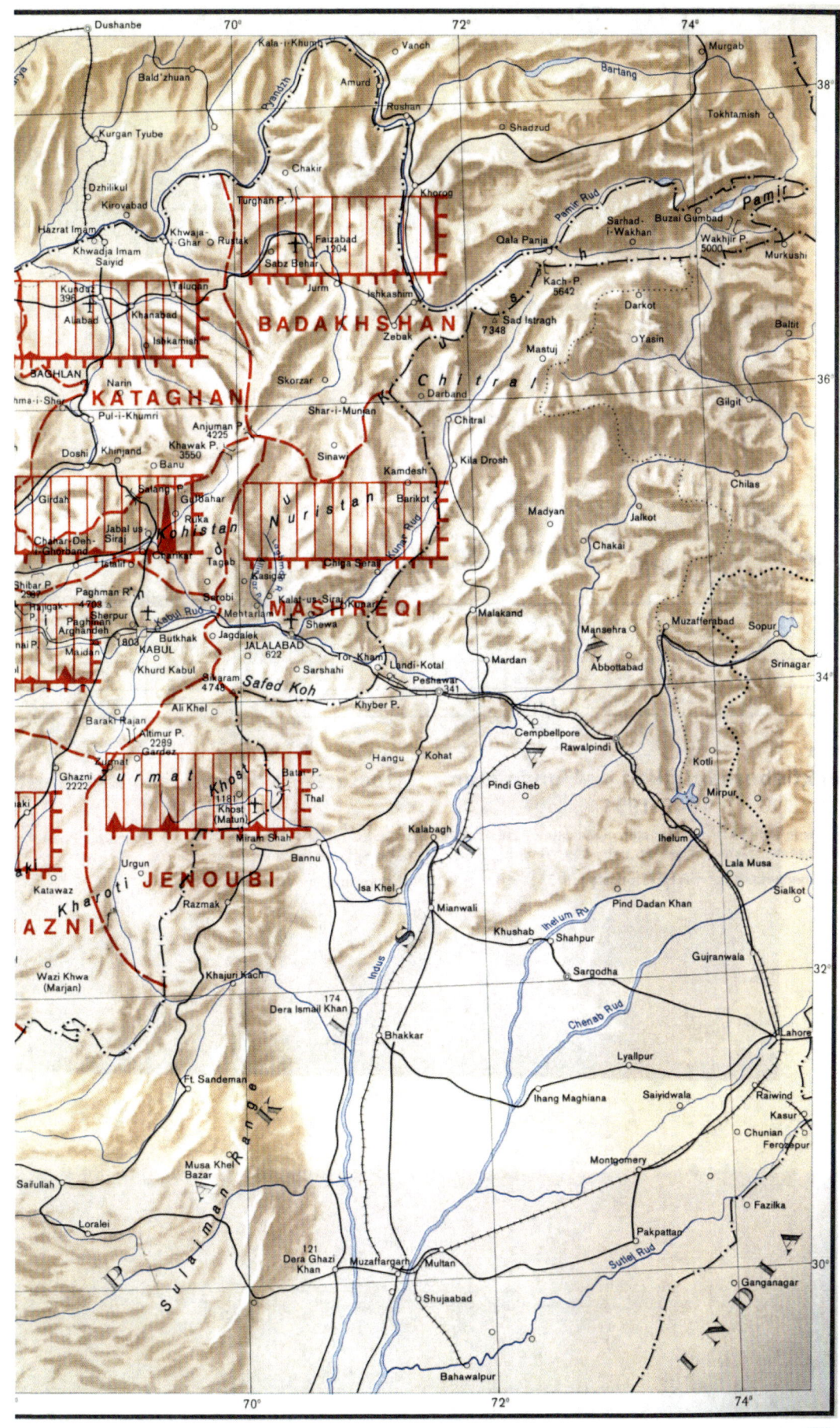

Springer-Verlag: Berlin·Heidelberg·New York

Printed by Henning Wocke, Karlsruhe

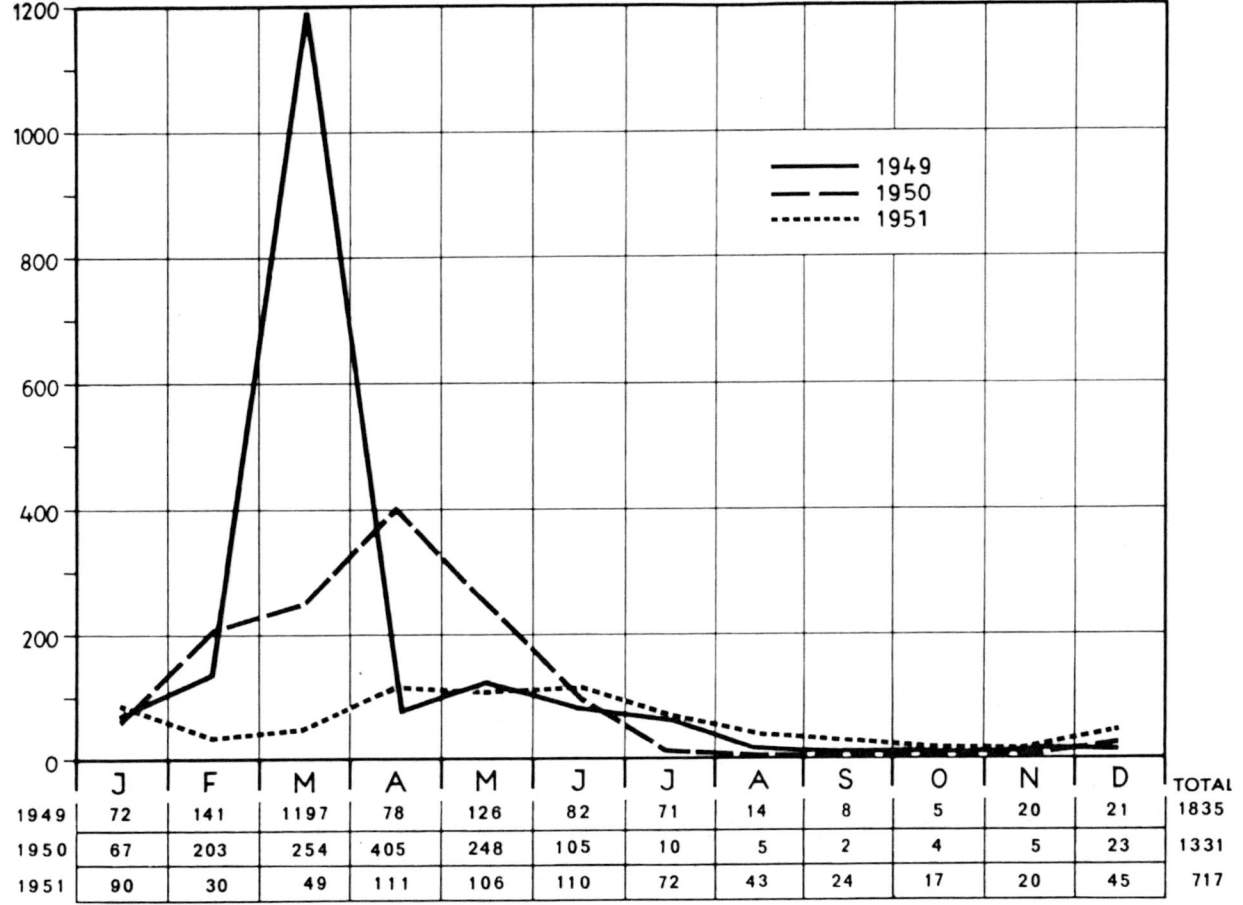

	J	F	M	A	M	J	J	A	S	O	N	D	TOTAL
1949	72	141	1197	78	126	82	71	14	8	5	20	21	1835
1950	67	203	254	405	248	105	10	5	2	4	5	23	1331
1951	90	30	49	111	106	110	72	43	24	17	20	45	717

Abb. 10

**Fleckfieberhäufigkeit in Afghanistan
1949-1951**

Zahl der in den einzelnen Monaten gemeldeten Fälle. Größte
Häufigkeit der Erkrankungen am Ende des Winters.

Zusammengestellt nach WHO-Berichten (513)

Fig. 10

**Occurrence of typhus in Afghanistan,
1949-1951**

Number of cases reported for the single month. Peak of morbidity
at the end of the winter season.

Compiled from WHO Reports (513)

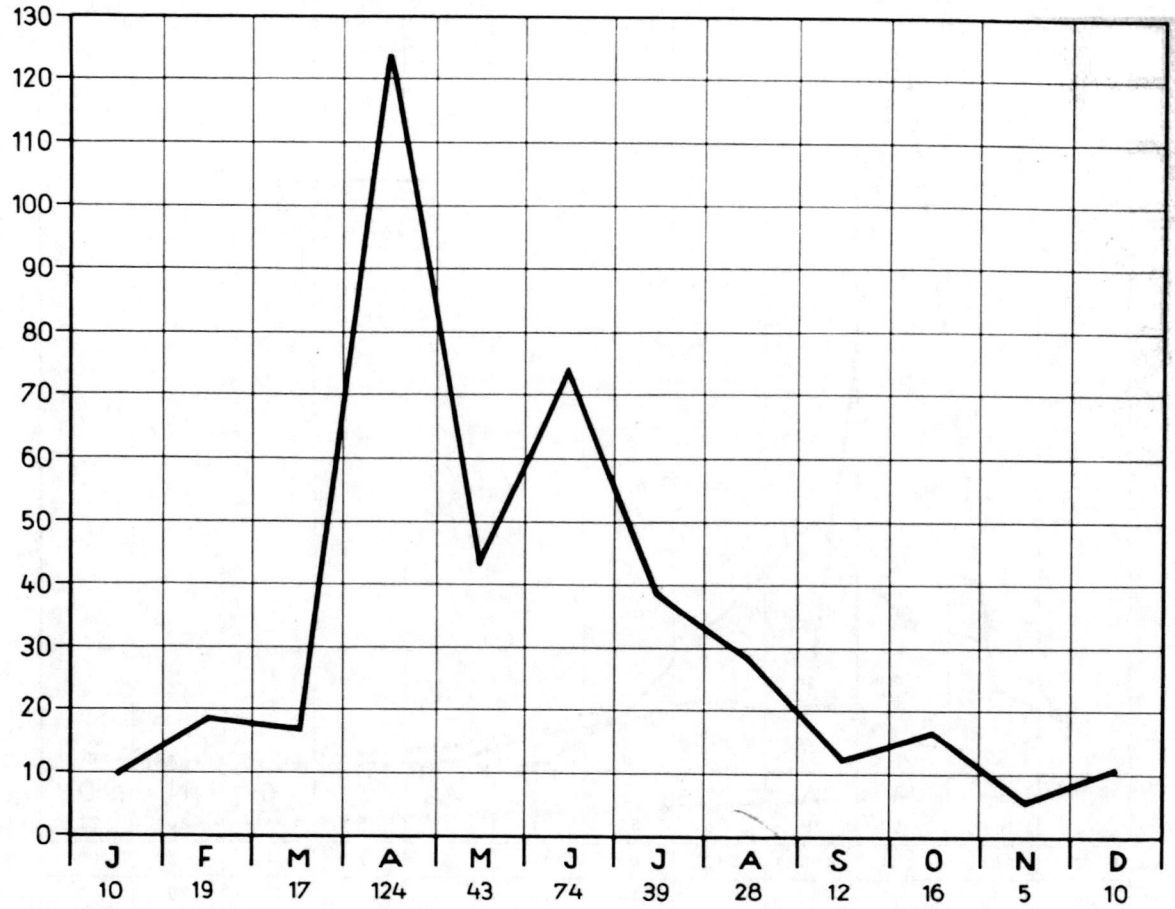

Abb. 11

Rückfallfieber in Afghanistan
1949-1959

Zahl der in den einzelnen Monaten gemeldeten Fälle (Summe aus den Jahren 1949-59)

Zusammengestellt nach WHO-Berichten (513)

Fig. 11

Relapsing fever in Afghanistan,
1949-1959

Number of cases reported in the single months of the year (total of, 1949-1959).

Compiled from WHO Reports (513)

Luidolph Fischer

Cholera in Afghanistan 1930-1965

Die Krankheit folgt als Wanderseuche den Verkehrswegen, ist aber im Lande nicht endemisch.

ZEICHENERKLÄRUNG

	Epidemie	Ausbruch (Monat)	Weg der Verbreitung	Mutmaßlicher Weg der Verbreitung	Verbreitung durch Karawanen
1930		VI			
1938		VI			
1939		VI			
1960		VI			
1965		VI			

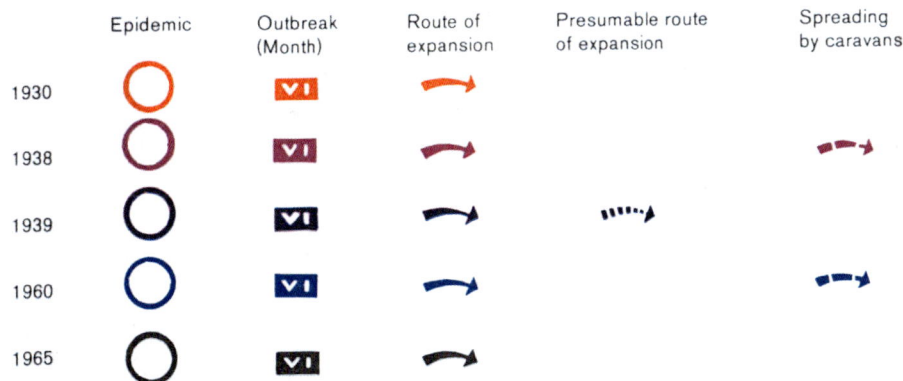

Zusammengestellt nach ABOU-GAREEB (160), Off. Internat. d' Hyg. Publ. (220) und WHO-Berichten (513)

Cholera in Afghanistan, 1930-1965

The disease is not endemic in the country; as a „migrating epidemic" cholera follows the traffic routes of the arid land.

LEGEND

	Epidemic	Outbreak (Month)	Route of expansion	Presumable route of expansion	Spreading by caravans
1930		VI			
1938		VI			
1939		VI			
1960		VI			
1965		VI			

Compiled from ABOU-GAREEB (160), Off. Internat. d' Hyg. Publ. (220) and WHO Reports (513)

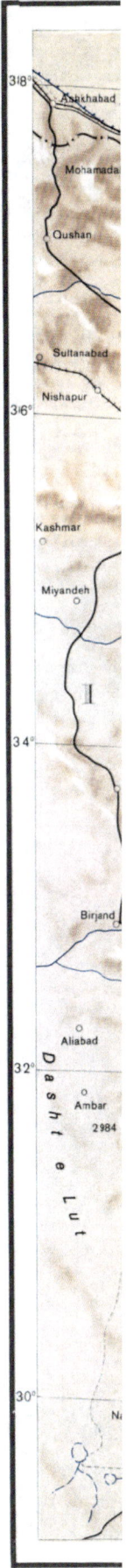

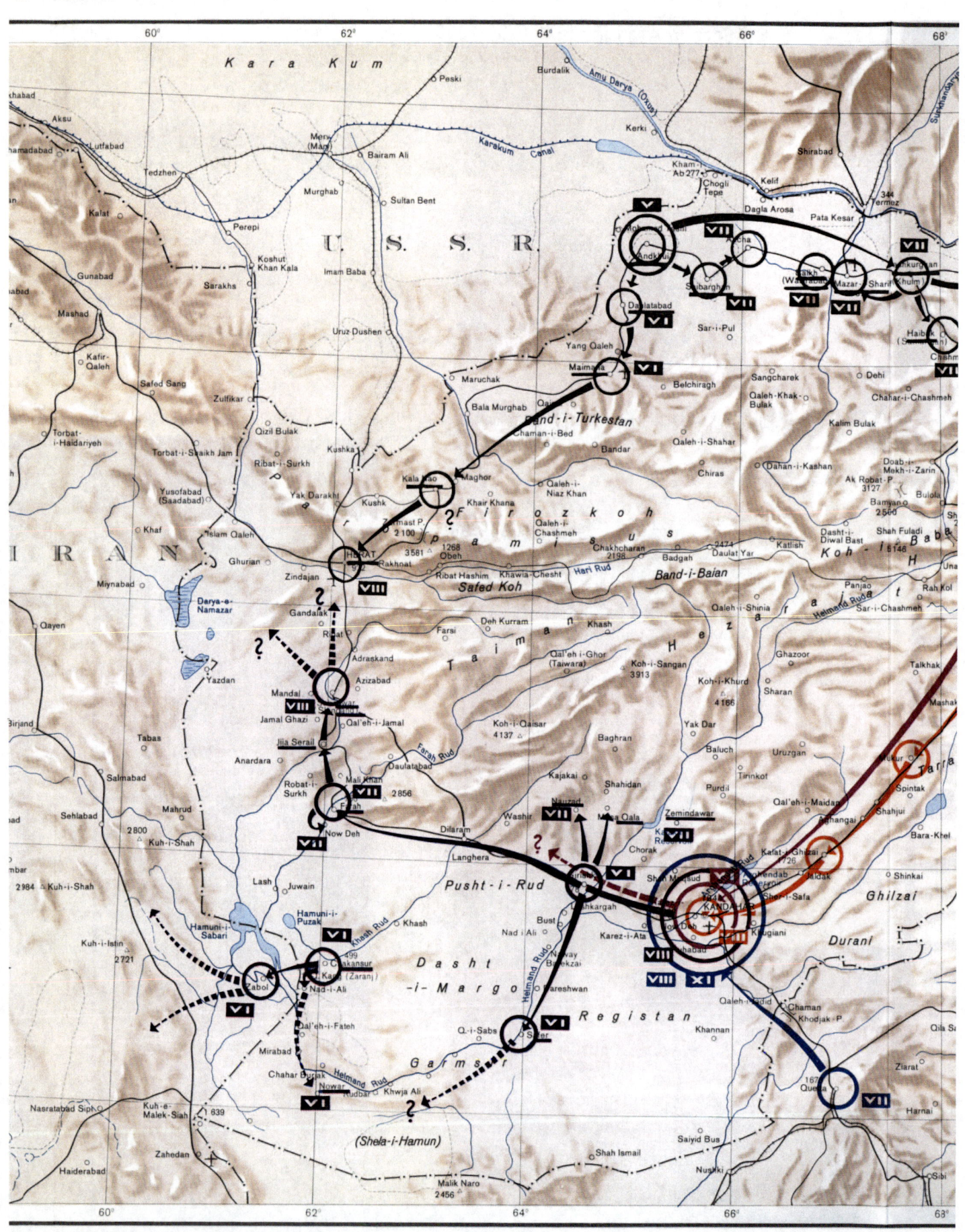

by Heidelberger Akademie der Wissenschaften   Heidelberg Germany

Conformal Projection Conic Standard   Parallels at 32° and 36°

Maßstab · Scale 1:4 000 000

50   0   50   100   150

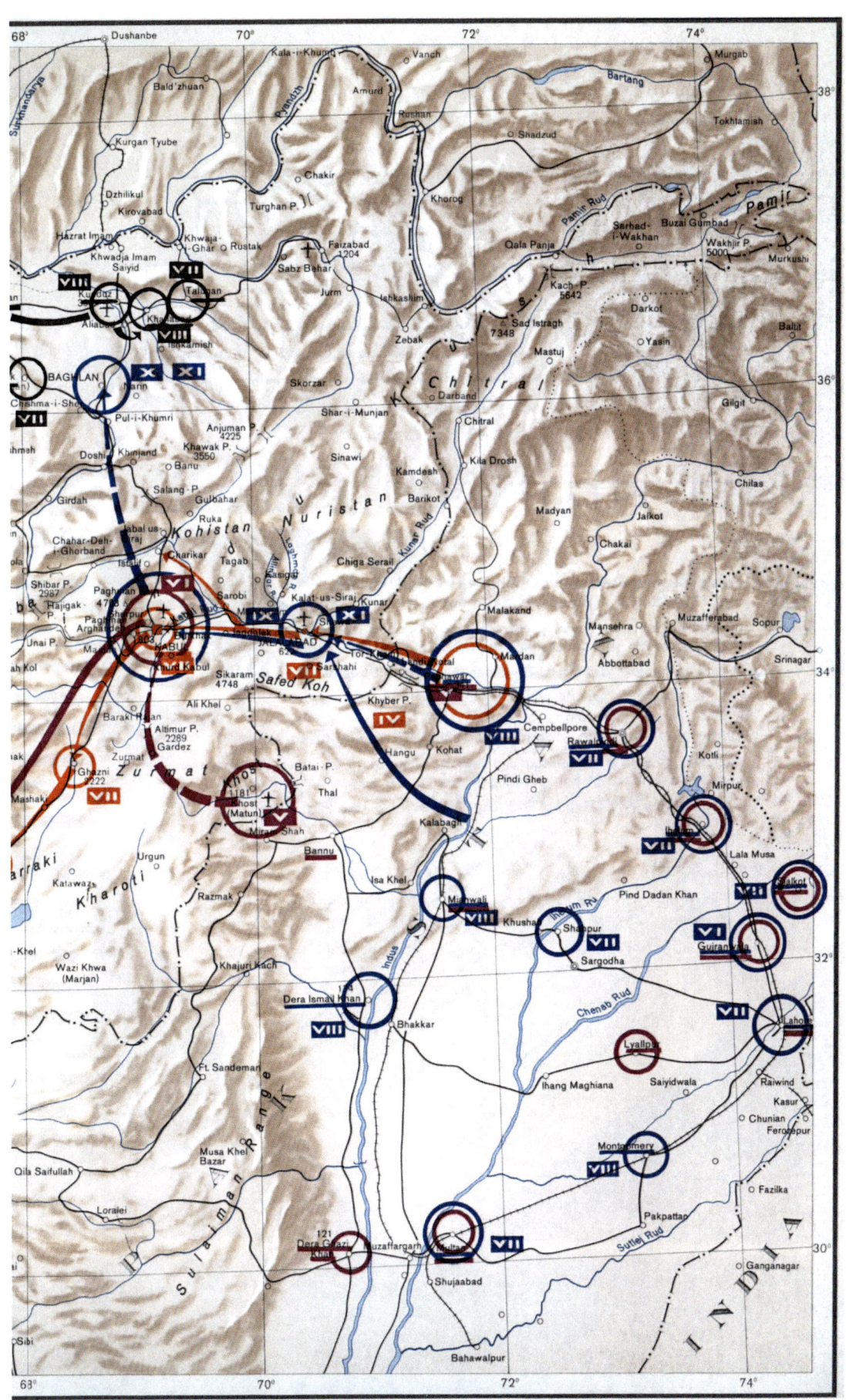

Springer · Verlag: Berlin · Heidelberg · New York

Printed by Henning Wocke, Karlsruhe

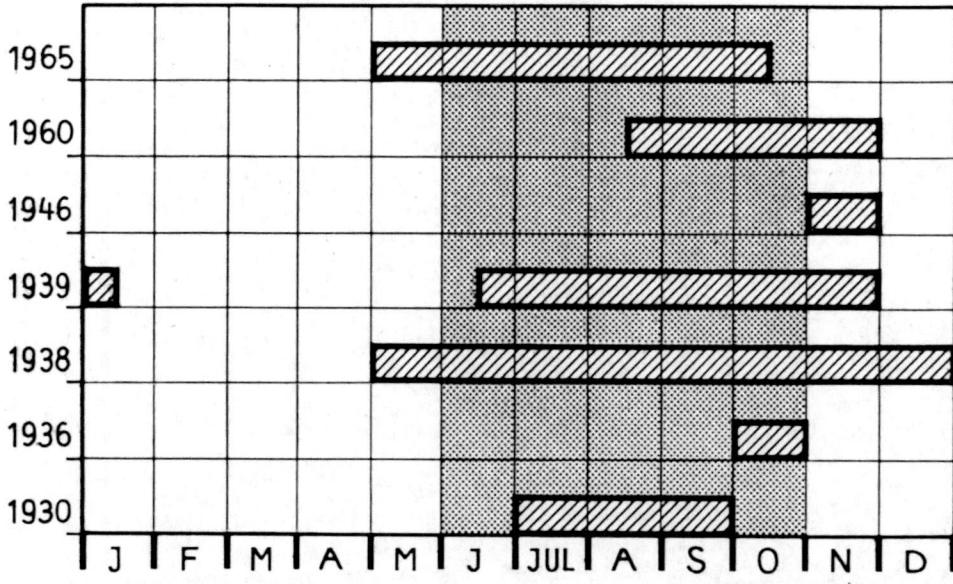

Abb. 12

**Epidemisches Auftreten der Cholera in Afghanistan
von 1930-1965 in Abhängigkeit von der Jahreszeit**

Die Cholera ist in der Regel eine Krankheit der warmen Trockenzeit (weniger als 20 mm
Regen monatlich; grau geschummerte Periode von Juni bis Oktober).

Zusammengestellt nach WHO-Berichten (513) und Off. Internat. d' Hyg. Publ. (220)

Fig. 12

Cholera epidemics in Afghanistan, 1930-1965 in relation to seasons

Generally, cholera in Afghanistan is a disease of the warm dry season (the gray-shaded
period from June to October, indicating the months with less than 20 mm rainfall).

Compiled from WHO Reports (513) and Off. Internat. d' Hyg. Publ. (220)

Gemeldete Pockenerkrankungen in Afghanistan 1952-1964

Relativ schwacher Befall in den meisten Provinzen

ZEICHENERKLÄRUNG

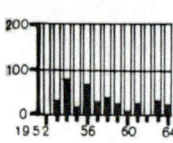

Absolute Zahl der jährlich gemeldeten
Fälle in den einzelnen Provinzen; wenn
in einem Jahr mehr als 40 Erkrankungs -
fälle in einer Provinz gemeldet wurden,
sind 2 oder mehr Säulen mit engem Ab -
stand nebeneinander gestellt worden;
die Abstände zwischen den einzelnen
Jahren sind breiter gehalten.

   Mittlere Befallsdichte auf 100000 Einwohner:

   0 - 2,5

   2,6 - 5,0

   5,1 - 10,0

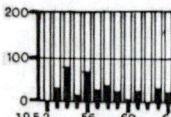   mehr als 10,0

Mittlere Dichte des jährlichen Befalls pro
100000 Einwohner in der Provinz
(alte Provinzeinteilung)

Zusammengestellt nach HUMLUM (60) und WHO-Berichten (513)

Cases of smallpox in Afghanistan, 1952-1964

In most provinces the rate of infection was rather low

LEGEND

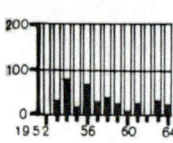

Absolute number of cases reported in
each year in each province. If more than
40 cases were reported for one province
within one year, this has been denoted
by two or more columns set close together.
Larger intervals indicate another year.

Mean rate of infection per 100,000 inhabitants:

   0 - 2.5

   2.6 - 5.0

   5.1 - 10.0

   more than 10.0

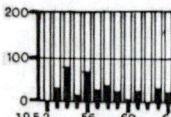   Mean annual rate of infection per 100,000 inhabitants
in the province (former province boundaries)

Compiled from HUMLUM (60) and WHO Reports (513)

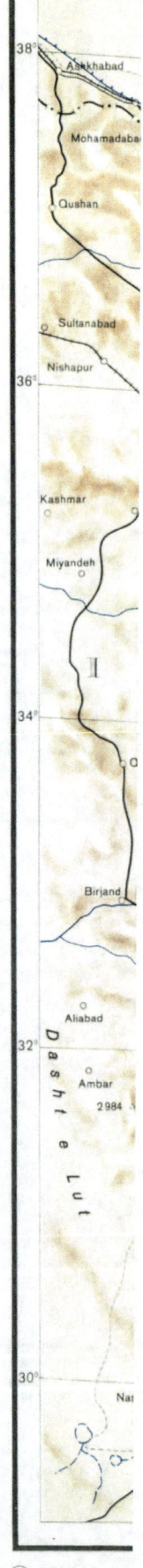

Lambert Confor

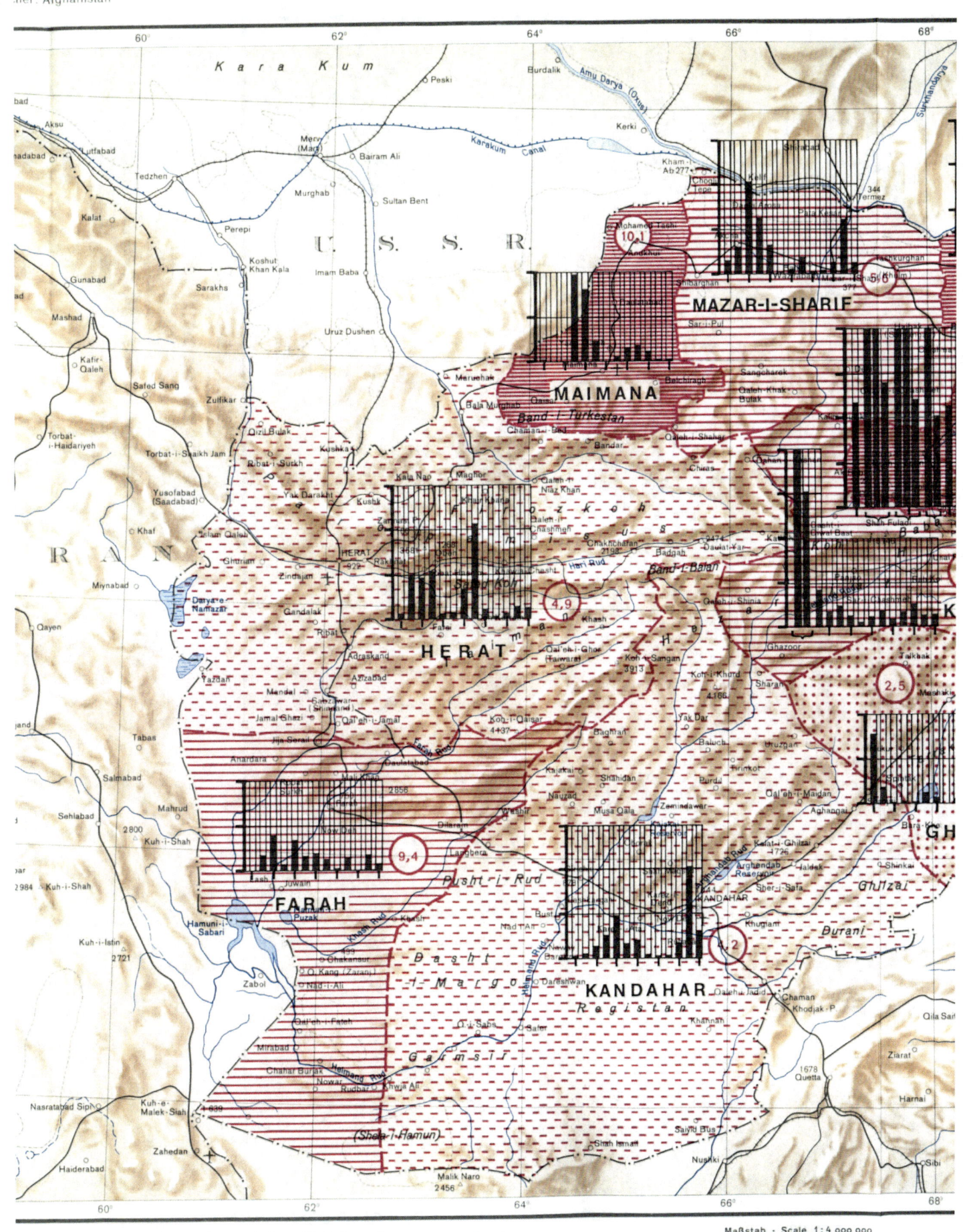

by Heidelberger Akademie der Wissenschaften   Heidelberg Germany

onformal Projection Conic Standard   Parallels at 32° and 36°

Maßstab · Scale 1 : 4 000 000

50   0   50   100   150

km

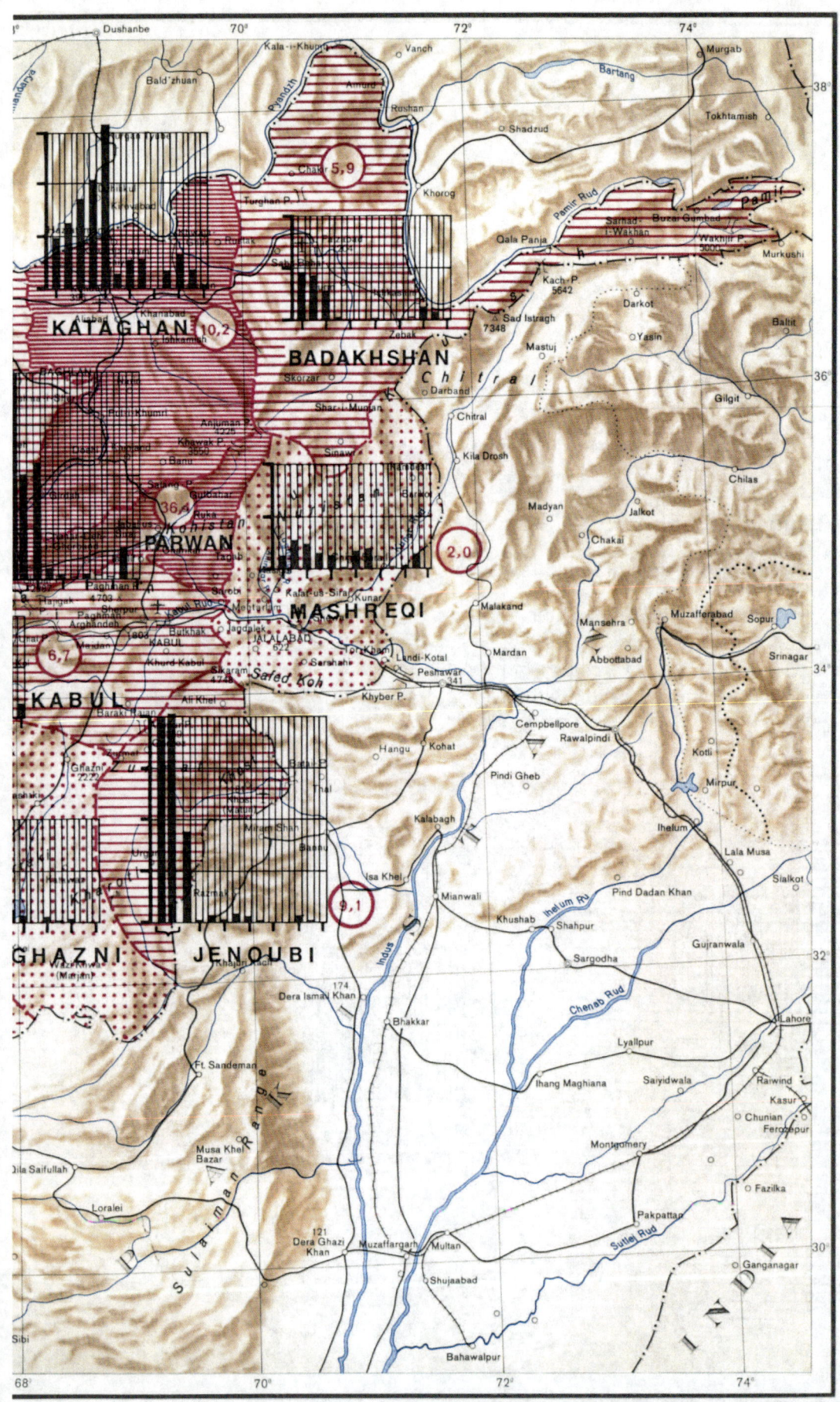

Springer-Verlag: Berlin·Heidelberg·New York

Printed by Henning Wocke, Karlsruhe

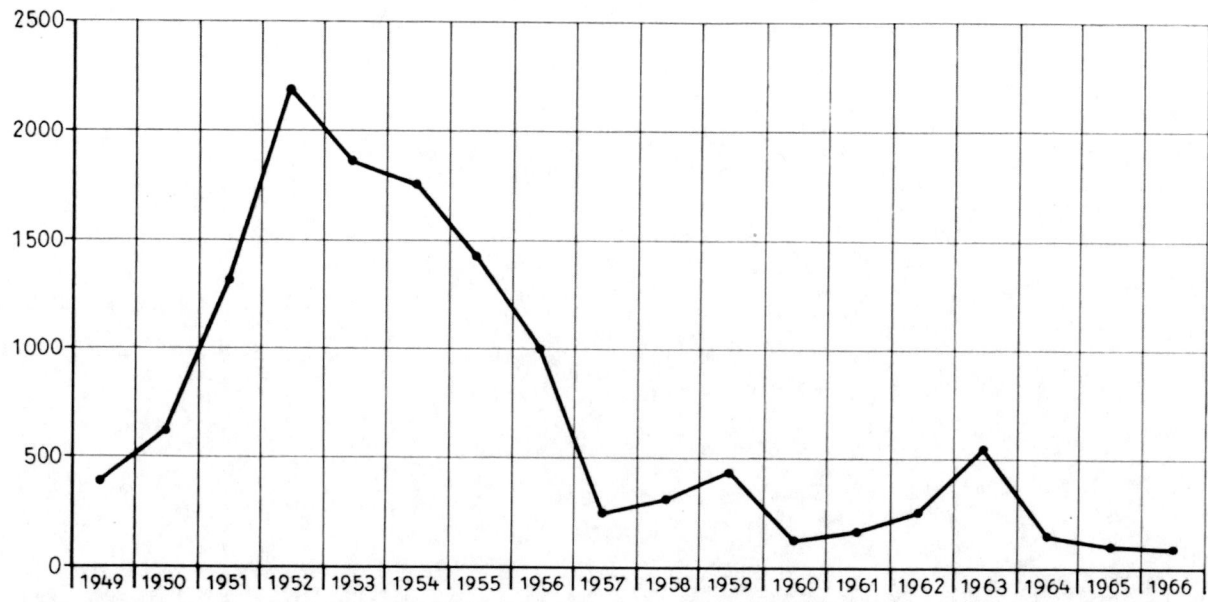

Abb. 13

Pocken in Afghanistan 1949-1966

Gesamtzahl der in den einzelnen Jahren gemeldeten Fälle
und Zahl der Erkrankungen auf 100,000 Einwohner (bei Annahme einer Bevölkerungszahl von 12 Millionen).

Zusammengestellt nach WHO-Berichten (513)

Fig. 13

Smallpox in Afghanistan, 1949-1966

Number of cases reported for the single years and morbidity
per 100000 inhabitants (assuming a population of 12 millions).

Compiled from WHO Reports (513)

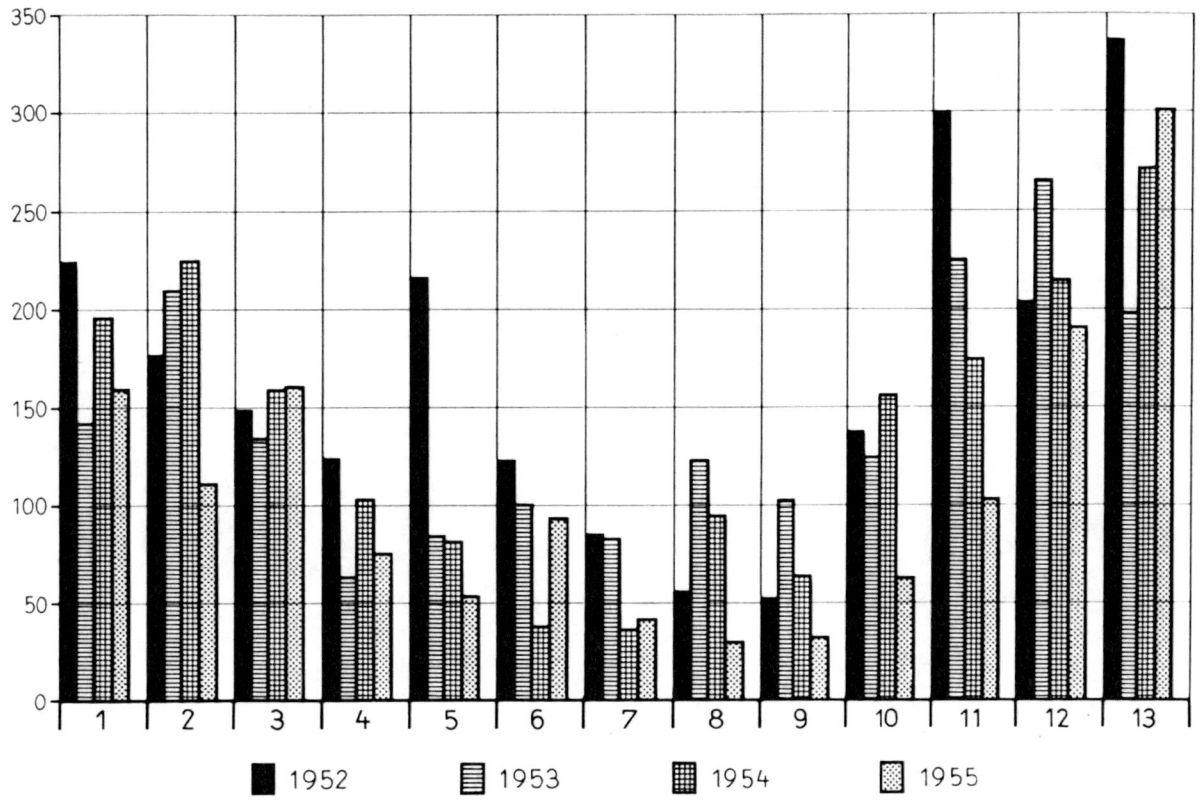

Abb. 14

**Pockenhäufigkeit in Abhängigkeit
von der Jahreszeit**

Zahl der in den vierwöchigen Perioden gemeldeten Fälle
von 1952-1955

Zusammengestellt nach WHO-Berichten (513)

Fig. 14

**Occurrence of smallpox
in relation to seasons**

Number of cases reported for 4-weeks' periods, 1952-1955

Compiled from WHO Reports (513)